U0218278

工程制图

主　编：周桂英　郭志全
邢鸿雁　郑圣子

内 容 提 要

本书是根据教育部高等学校工程图学教学指导委员会制定的《普通高等院校工程图学课程教学基本要求》,结合我校教学改革的实践,总结了我们多年的教学经验,编写而成的。

全书共分14章,另加附录。主要内容有:绪论、机械制图基本知识、正投影法基础、截切立体与相贯立体、组合体、轴测图、图样的画法、标准件与常用件、零件图、装配图以及计算机绘图、房屋建筑图、化工制图等,并配有与本书配套的多媒体教学光盘。同时还编写了《工程制图习题集》与本书配套使用。

本书全部内容采用最新《技术制图》和《机械制图》国家标准。

本书内容通俗易懂,简明扼要,适用于大专院校非机类专业,也适用于各类高等职业技术学校,并可供工程技术人员参考。

图书在版编目(CIP)数据

工程制图/周桂英编.—天津:天津大学出版社,2011.9(2022.9重印)

ISBN 978-7-5618-4150-1

Ⅰ.①工… Ⅱ.①周… Ⅲ.①工程制图 Ⅳ.①TB23

中国版本图书馆CIP数据核字(2011)第185645号

出版发行 天津大学出版社
地　　址 天津市卫津路92号天津大学内(邮编:300072)
电　　话 发行部:022-27403647　邮购部:022-27402742
网　　址 www.tjupress.com.cn
印　　刷 天津泰宇印务有限公司
经　　销 全国各地新华书店
开　　本 185mm×260mm
印　　张 20.5
字　　数 512千
版　　次 2011年9月第1版
印　　次 2022年9月第3次
定　　价 45.00元

前　言

本书是根据教育部高等学校工程图学教学指导委员会制定的《普通高等院校工程图学课程教学基本要求》,结合我校教学改革的实践,总结了我们多年的教学经验,编写而成的。

在编写过程中,本书着眼于21世纪对人才素质的要求,以加强对学生综合素质及创新能力的培养为出发点,注意到培养学生的科学思维方法、空间思维能力及图样处理能力。使教学内容、教学方法与教学手段相协调,充分利用有限的教学资源,调动学生的学习主动性和积极性,为学生创新能力和综合素质的培养打下较为坚实的基础。

本书在教材体系和内容的编排上,力求反映基础理论教学,以必需、够用为特色。全书叙述由浅入深,内容循序渐进,文字简练,通俗易懂,结构紧凑,图文并茂,更突出了其实用性和先进性。全书采用了最新《技术制图》和《机械制图》国家标准,书后列有附录,以帮助学生树立贯彻国家标准的意识和培养查阅国家标准的能力。

全书包括四部分内容:第1、2、3、4、5章为机械制图的基本知识和基本理论;第6、7章为投影制图;第8、9、10、11章为机械制图;第12、13、14章为计算机绘图及房屋建筑图、化工制图。

为配合本书的使用,同时出版《工程制图习题集》。为利于教学,本书配有多媒体教学光盘。本书适用于大专院校非机类专业,也适用于各类高等职业技术学校,并可供工程技术人员参考。

参加本书编写的有:周桂英(绪论、第1、3、4章);李言启(第2章);刘合荣(第5、11章);郭志全(第6、13章);范竞芳(第7、8章);张惠云(第9章);刘明涛(第10章);郑圣子(第12章);邢鸿雁(第14章及附录)。全书由周桂英教授和郭志全、邢鸿雁、郑圣子副教授任主编。

本书针对基础学科的特点,融入了积累多年的制图教学改革成果和经验,凝聚了全体制图教师的智慧和心血。尤其是老教师对本书作出了极大贡献,在此表示衷心的感谢。

本书参考了一些国内同类教材,在此特向有关作者表示诚挚谢意。

由于编者的水平有限,本书难免存在不足之处,欢迎读者批评指正。

编　者

2011年1月

目　　录

绪　论

1. 本课程的研究对象

《工程制图》是研究绘制和阅读工程图样的一门学科，是一门既有基本理论，又有较多绘图实践的技术基础课。

准确地表达物体的形状、尺寸及技术要求的图形，称为图样。在现代工业生产中，各种机器、设备，都是根据图样来加工制造的。设计者通过图样来表达设计对象，制造者通过图样来了解设计要求和设计对象。在加工制造过程中，人们离不开图样，就像生活中离不开语言一样。因此说，图样不但是指导生产的重要技术文件，而且是进行技术交流的重要工具，也是工程技术人员必需掌握的“工程界的技术语言”。

2. 本课程的学习目的和任务

本课程是工科院校学生必修的一门技术基础课。对于非机类专业学生来说，学习本课程的主要目的是培养学生绘制和阅读机械图样的能力及空间想象的能力。所以本课程的主要目的和任务是：

①掌握正投影法的基本理论、方法和应用；

②具有尺规绘图和徒手绘制草图的能力，掌握查阅和使用国家标准及有关手册的方法；

③能够绘制和阅读比较简单的零件图和装配图；

④学习计算机绘图的基本知识，初步掌握计算机绘图的技能；

⑤培养空间想象和空间分析的初步能力；

⑥培养耐心细致的工作作风和严肃认真的工作态度。

3. 本课程的学习方法

①认真听课，及时复习，扎实掌握正投影的基本理论，学会形体分析、线面和结构分析等分析问题的方法。

②认真完成作业。在完成作业过程中，必须严格遵守国家标准的规定；注意正确使用制图仪器和工具，采用正确的作图方法和步骤。作图不但要正确，而且图面要整洁。

③注意画图和看图相结合，物体与图样相结合。要多画多看，注意培养空间想象能力和空间构思能力。

第 1 章 机械制图基本知识和技能

1.1 概述

图样是工程技术界的语言，是表达设计思想、进行技术交流的重要工具。因此，在学习制图过程中，必须重视制图基本技能的训练，正确使用绘图工具和仪器，认真学习和遵守制图国家标准的有关规定。

本章主要介绍绘图工具和仪器的使用；介绍国家标准中有关《技术制图》、《机械制图》的图纸幅面及格式、比例、字体、图线及尺寸注法中的部分内容；介绍几何图形绘制的方法和技能。

通过对本章的学习，能正确使用绘图工具和仪器；掌握国家标准的有关规定；能较熟练地分析和绘制平面图形。

1.2 绘图工具与仪器

正确地使用绘图工具和仪器，既能保证绘图质量，又能提高绘图速度。下面简要介绍几种常用的绘图工具和仪器。

1.2.1 绘图工具

常用的绘图工具有铅笔、图板、丁字尺、三角板、比例尺等，如图 1-1 所示。

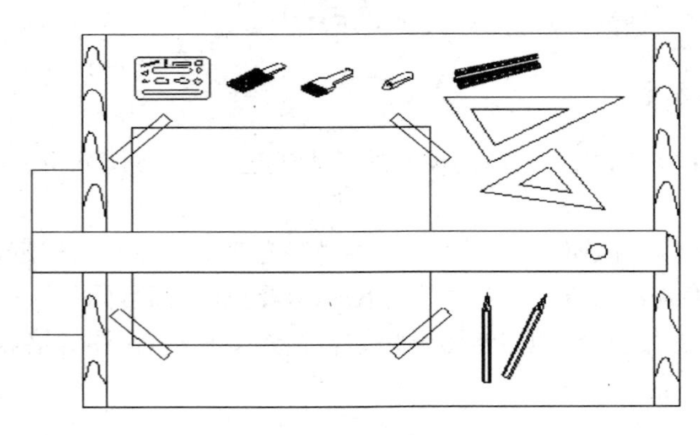

图 1-1 绘图工具

1. 铅笔

建议采用 B、HB、H 等中华高级绘图铅笔，H 表示硬，B 表示软。H 前面的数字值越大，铅芯越硬；B 前面的数字值越大，铅芯越软。通常打底稿时选用 H 或 2H；写字时选用 H 或 HB；

加深图线时选用 HB 或 B;加深圆弧时,圆规用铅芯选用 B 或 2B。铅芯最好削成如图 1-2 所示。

削铅笔时应从无标记的一端开始,以便保留标记,识别铅芯硬度。铅芯露出长度一般以 6 ~8 mm 为宜。

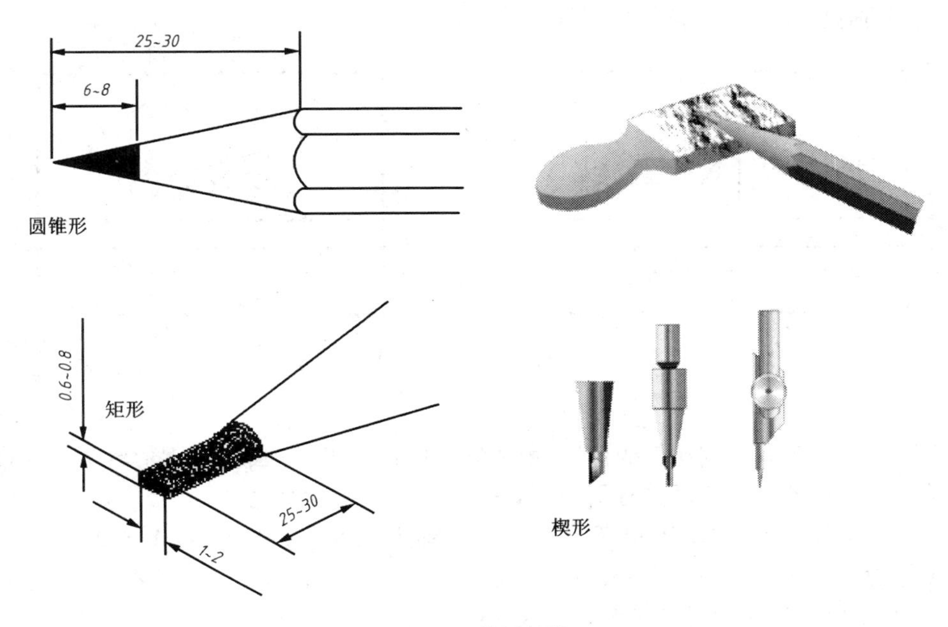

图 1-2　绘图铅笔

2. 图板

图板为矩形木板,供固定图纸用。图纸用胶带纸固定其上;图板表面必须平坦、光滑,左右两边必须平直,如图 1-3(a)。

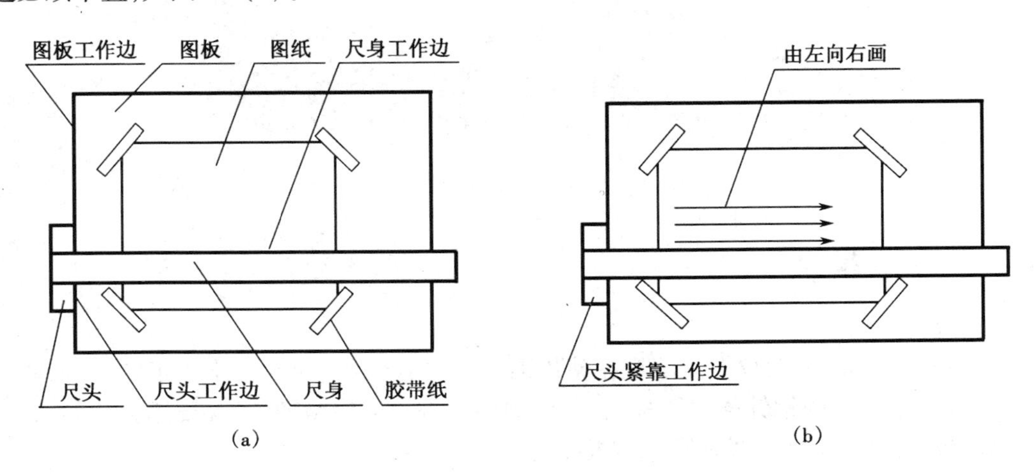

图 1-3　图板和丁字尺的使用

3. 丁字尺

丁字尺由尺头和尺身相互垂直固定在一起,主要用来画水平线,或作为三角板移动的导边。使用时,用左手扶住尺头,使尺头工作边紧靠图板工作边。画水平线时铅笔沿尺身的工作边自左向右移动,如图 1-3(b)。

4. 三角板

一副三角板有两块,分别具有 45°和 30°、60°的直角三角形透明板。三角板经常与丁字尺配合使用,可画铅垂线和 15°倍角的斜线,如图 1-4。

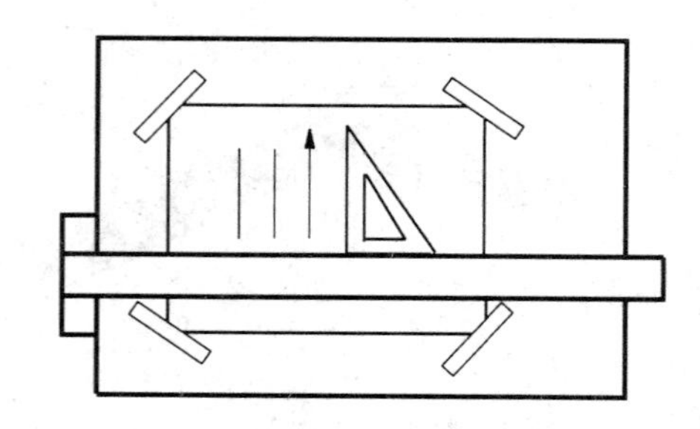

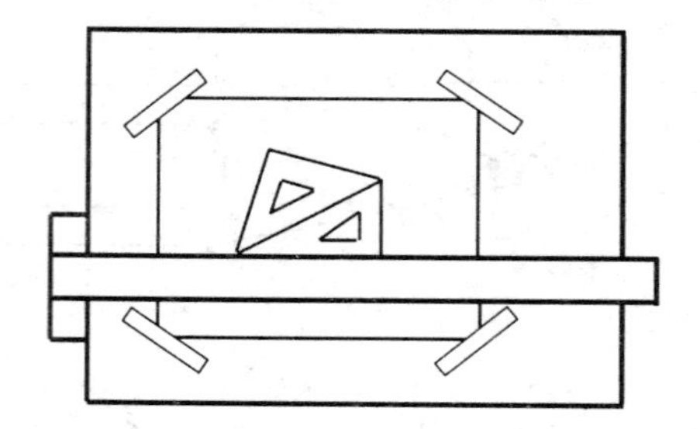

图 1-4　三角板和丁字尺的联合使用

5. 比例尺

比例尺是一种刻有不同比例的量尺,最常见的形式如图 1-5 所示。因形状为三棱柱形,又称为三棱尺。该尺的三个棱面共有六种不同的刻度,表示六种比例的尺寸。我们平常用的比例尺多为土木工程制图所通用的比例尺,所以在绘制机械图时,对其刻度 1:100(或 1:10 000)的刻度可作为 1:1使用。比例尺的使用方法有两种,一是直接把比例尺放在已画出的直线上量取长度,二是用分规或圆规在比例尺上截取长度。

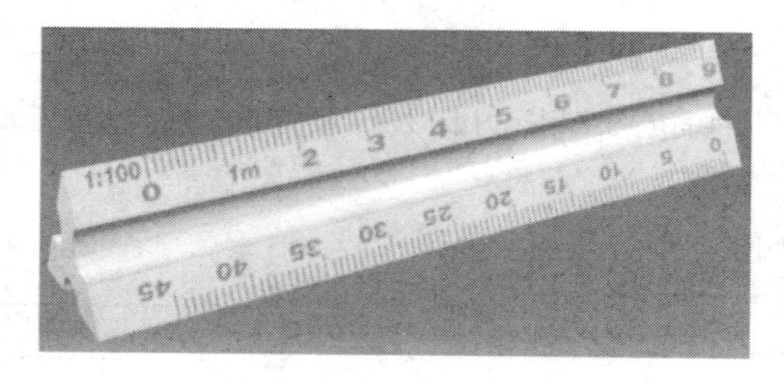

图 1-5　比例尺

1.2.2　绘图仪器

1. 圆规

圆规是画圆和圆弧的仪器。圆规在使用前应先调整针脚,使针尖略长于铅芯,如图 1-6。画圆时,应将带台阶的钢针插入图板内,使圆规向前进方向稍微倾斜,并要用力均匀,转动平稳。当画较大圆时,应使圆规两脚均与纸面垂直,如图 1-7。

2. 分规

分规是用来等分和量取线段的。分规两腿的针尖并拢后,应能对齐,如图 1-6 所示。从比例尺上量取长度时,不应把针尖扎入尺面。分规的使用方法如图 1-8 所示。

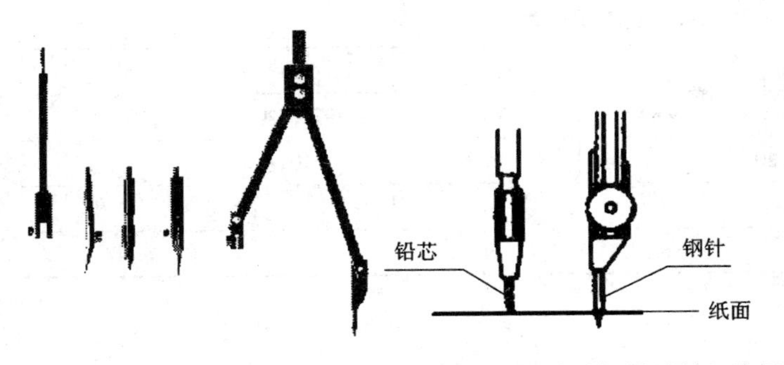

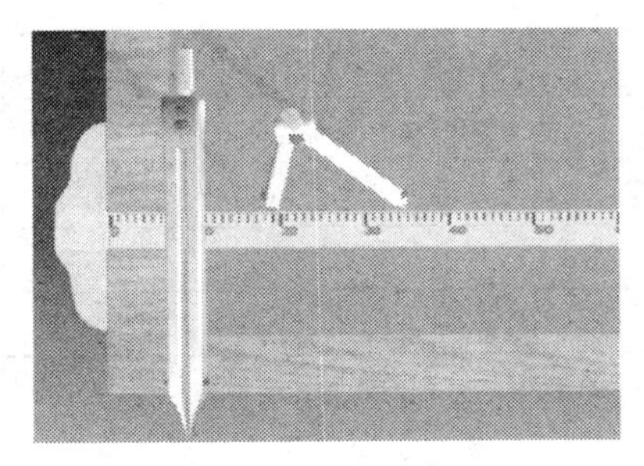

图 1-6　绘图仪器(圆规、分规)

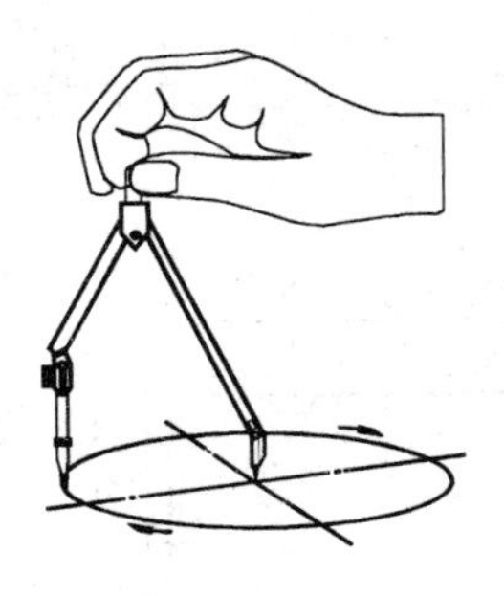

图 1-7　圆规的用法

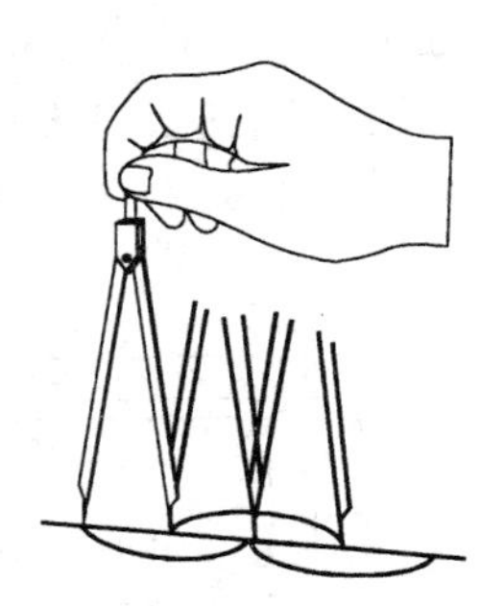

图 1-8　分规的用法

1.3　国家标准《技术制图》和《机械制图》的有关规定

为使绘制和阅读图样时有统一的依据,国家制定并颁布了一系列国家标准。如国家标准《技术制图》、《机械制图》。这些标准起着统一工程"语言"的作用。工程技术人员必须严格遵守,作为进行技术工作的基本准则。

1.3.1　技术制图　图纸幅面及格式(GB/T 14689—1993)

图纸幅面指图纸宽度与长度组成的图面。

标准编号的意义,例(GB/T 14689—1993)

1993——标准批准的年号。1993 表示本标准是 1993 年批准的

14689——标准批准的顺序号

GB/T——标准代号及属性。GB 为"国标"两字汉语拼音字头;T 为推荐的"推"字的汉语拼音字头

1. 图纸幅面尺寸

绘制图样时,应优先采用表 1-1 所规定的基本幅面(表中 B 为图纸短边,L 为图纸长边),必要时,可采用由基本幅面的短边成倍数增加后的幅面,请查阅 GB/T 14689—1993。

表 1-1　基本幅面尺寸

幅面代号	A0	A1	A2	A3	A4
$B \times L$	841 × 1 189	594 × 841	420 × 594	297 × 420	210 × 297
e	20		10		
c	10			5	
a	25				

2. 图框格式

无论图纸是否装订，在图纸上必须画出图框，其格式分为不留装订边和留有装订边两种，但同一产品的图样只能采用一种格式。

①留有装订边图纸的图框格式如图 1-9 所示，图中的尺寸 a 和 c 按表 1-1 的规定选用。一般采用 A4 幅面竖装，A3 幅面横装。

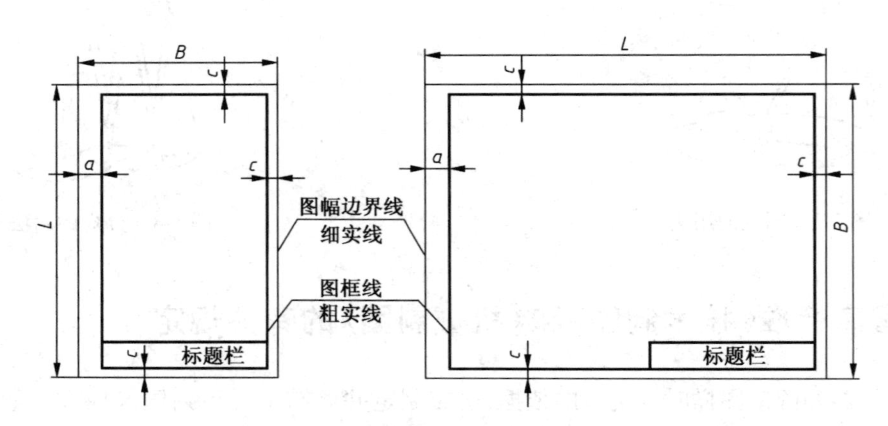

图 1-9　留有装订边的图纸格式

②不留装订边图纸的图框格式如图 1-10 所示，图中 e 的尺寸按表 1-1 的规定选用。

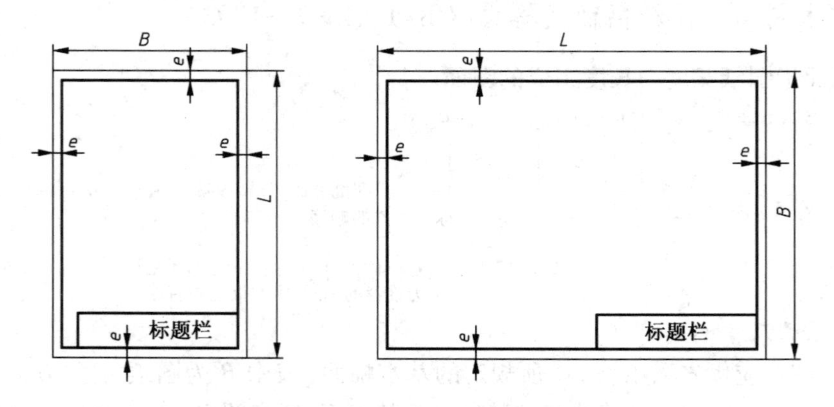

图 1-10　不留装订边的图纸格式

3. 标题栏的方位及格式

①每张图纸都必须画出标题栏。标题栏的位置通常位于图纸的右下角，如图 1-9、图 1-10

所示。标题栏中的文字方向为看图方向。

②标题栏的格式已由国标(GB/T 10609.1—2008)作出规定,如图 1-11(a)所示。学校的制图作业可采用图 1-11(b)、(c)所示格式。

③标题栏中的字体,除签名以外,其他栏目中的字体均应符合 GB/T 14691—1993《技术制图 字体》的规定。

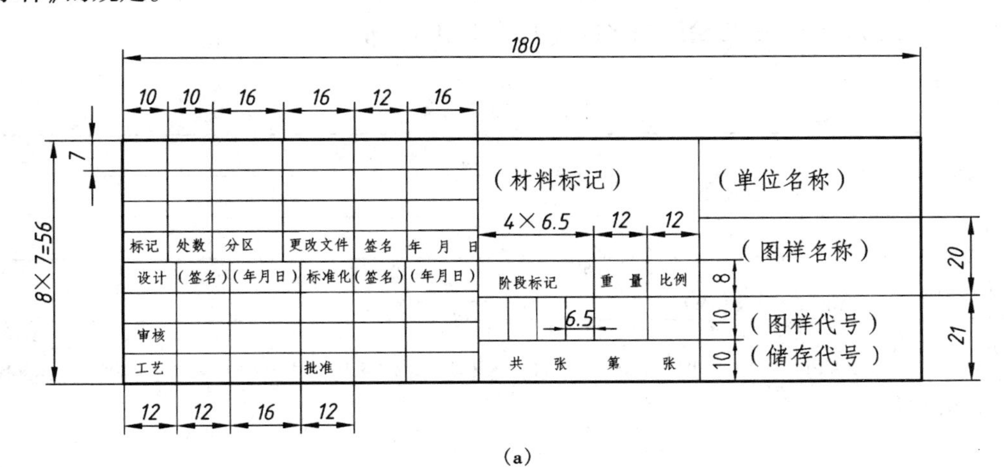

(a)

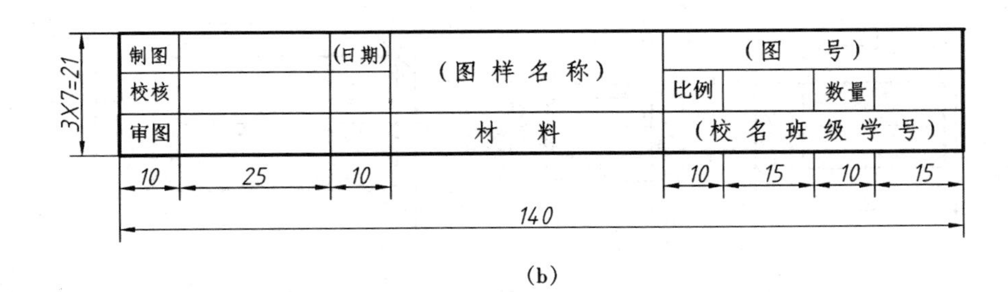

(b)

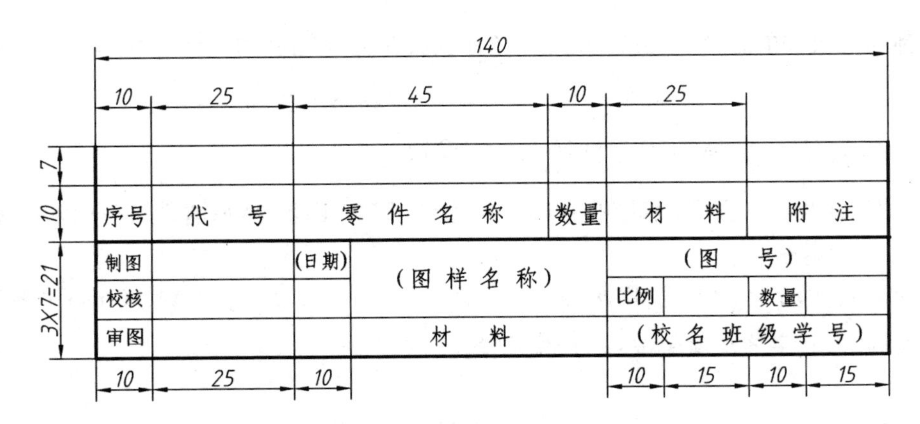

(c)

图 1-11　标题栏的格式

1.3.2 技术制图 比例(GB/T 14690 — 1993)

①图中图形与其实物相应要素的线性尺寸之比,称为比例。

②为了看图方便,绘制图样时,应尽可能按机件的原值比例画出。如果机件太大或太小,应优先采用表1-2中规定的优先比例画图。图样无论是放大或缩小画出,标注尺寸时,均应按机件的实际大小尺寸标注,与绘图的比例无关,如图1-12所示。

表1-2 标准比例

种类	比例							
	优先选取			允许选取				
原值比例	1:1			—				
放大比例	5:1 5×10^n:1	2:1 2×10^n:1		4:1 4×10^n:1	2.5:1 2.5×10^n:1			
缩小比例	1:2 1:2×10^n	1:5 1:5×10^n	1:10 1:10×10^n	1:1.5 1:1.5×10^n	1:2.5 1:2.5×10^n	1:3 1:3×10^n	1:4 1:4×10^n	1:6 1:6×10^n

注:n为正整数。

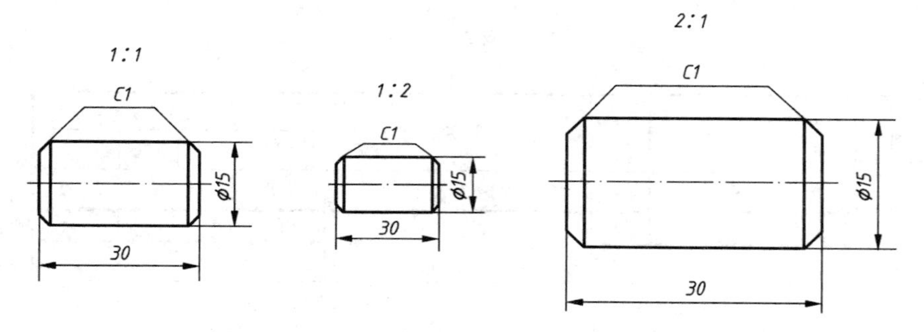

图1-12 同一零件采用不同比例时的尺寸标注

③绘制同一机件的各个视图应采用相同的比例,并在标题栏的比例一栏内写明采用的比例。

1.3.3 技术制图 字体(GB/T 14691—1993)

图样中书写的汉字、数字、字母的字体必须做到:字体工整、笔画清楚、间隔均匀、排列整齐。

字体的号数,即字体的高度,用h表示。分为1.8,2.5,3.5,5,7,10,14,20 mm八种。如需要书写更大的字,其字体高度应按$\sqrt{2}$的比率递增。

1. 汉字

图样中的汉字应写成长仿宋体,并采用国家正式公布推行的简化字。汉字的高度不应小于3.5 mm,其字宽一般为$h/\sqrt{2}$。长仿宋体汉字的书写要领是:横平竖直、结构匀称、注意起落、填满方格。

汉字示例如下:

10 号字：

字体工整笔画清楚间隔均匀排列整齐

7 号字：

横平竖直注意起落结构均匀填满方格

5 号字：

技术制图机械电子汽车船舶土木建筑矿山井坑港口纺织服装

3.5 号字：

螺纹齿轮端子接线飞行指导驾驶舱位挖填施工引水通风闸阀坝棉麻化纤

2. 字母和数字

字母和数字分 A 型和 B 型。A 型字体的笔画宽度(d)与字体高度(h)符合 $d=h/14$，B 型字体的笔画宽度与字体高度符合 $d=h/10$。在同一张图样上，只允许选用一种形式的字体。

字母和数字分直体和斜体两种，但在同一张图样上只能采用一种书写形式。常用的是斜体，斜体字字头向右倾斜，与水平成 75°。

斜体拉丁字母、罗马数字、阿拉伯数字的字体示例如下：

英文字母大写斜体：

ABCDEFGHIJKLMNOPQRSTUVWXYZ

英文字母小写斜体：

abcdefghijklmnopqrstuvwxyz

阿拉伯数字斜体：

0123456789

罗马数字斜体：

I II III IV V VI VII VIII IX X

英文字母大写直体：

ABCDEFGHIJKLMNOPQRSTUVWXYZ

英文字母小写直体：

abcdefghijklmnopqrstuvwxyz

1.3.4 图线(GB/T 17450—1998 技术制图 GB/T 4457.4—2002 机械制图 图样画法 图线)

1. 图线形式及应用

绘制机械图样时,应采用表1-3中规定的各种图线。各种图线的应用如图1-13所示。

图线分为粗、细两种,其比例关系为2:1。图线宽度(d)的推荐系列为0.13,0.18,0.25,0.35,0.5,0.7,1.0,1.4,2.0 mm。粗实线的宽度应按图的大小和复杂程度在0.5~2 mm之间选择,细线的宽度为$d/2$。

表1-3 图线及应用

图线名称	图线型式	图线宽度/mm	应用举例
粗实线		d=0.13~2.0	可见轮廓线
细实线		$d/2$	尺寸线,尺寸界线,剖面线,引出线
波浪线		$d/2$	断裂处的边界线,视图和剖视的分界线
双折线	7.5d 30° 14d	$d/2$	断裂处的边界线,视图和剖视的分界线
细虚线	12d 3d	$d/2$	不可见轮廓线
粗虚线	12d 3d	d	允许表面处理的表示线
点画线	24d 3d 3d 0.5d	$d/2$	轴线,对称中心线
粗点画线	24d 3d 3d 0.5d	d	有特殊要求的线或表面的表示线
细双点画线	24d 3d 0.5d	$d/2$	相邻辅助零件轮廓线,假想投影轮廓线

注:表中所注的线段长度和间隔尺寸可供参考。

2. 图线画法

①在同一图样中,同类图线的宽度应一致。虚线、点画线、双点画线的画和间隔也应大致相等。当某些图线互相重叠时,应按粗实线、虚线、点画线的顺序只画前面的一种。

②两平行线(包括剖面线)之间的距离应不小于粗实线的两倍宽度,其最小距离不得小于0.7 mm。

③绘制圆的对称中心线时,圆心应为线段的交点,且对称中心线的两端应超出圆弧2~5 mm。在较小的图形上绘制点画线或双点画线有困难时,可用细实线代替,如图1-14(a)所示。

④点画线和双点画线中的“点”应画成长约1 mm的短画,点画线和双点画线的首尾应是

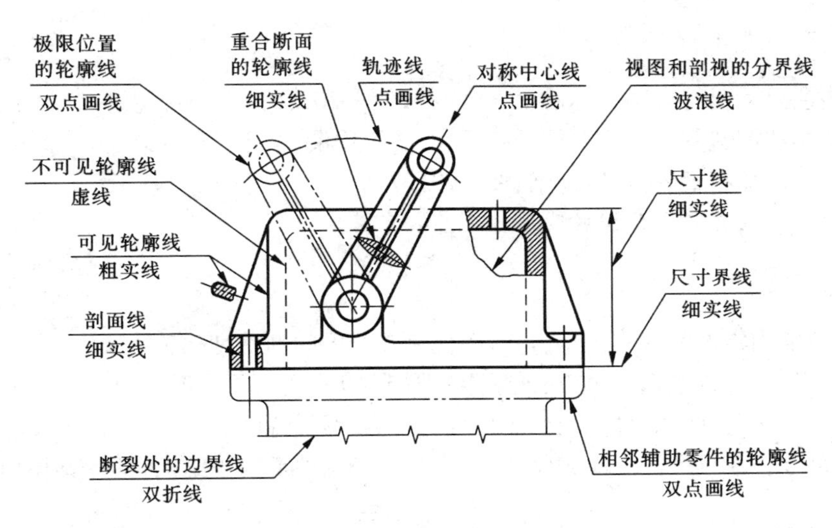

图1-13　图线应用举例

长画而不是“点”。画线时，点画线之间、虚线之间、虚线与实线之间以及虚线与点画线之间均应相交于长画处，而不应留空隙。但当虚线是粗实线的延长线时，相接处在虚线一侧应留出间隙，如图1-14(b)所示。

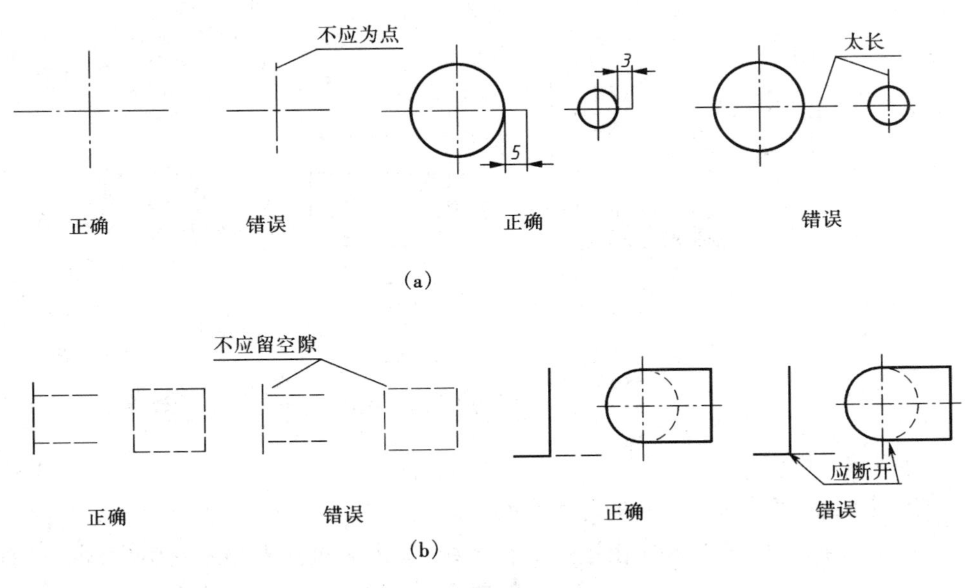

图1-14　图线画法举例

1.4　机械制图　尺寸注法(GB/T 4458.4—2003)

图样上的图形只能表达零件的形状，而零件的大小还必须通过标注尺寸才能确定。标注尺寸是一项极为重要的工作，必须认真细致，一丝不苟。如果尺寸有遗漏或错误，都会给生产带来损失。

1.4.1 标注尺寸的基本要求

正确:所注尺寸要符合国家标准(GB/T 4458.4—2003)的有关规定。

完全:要标注制造零件所需要的全部尺寸,既不遗漏,又不重复。

清晰:所注尺寸布置要整齐、清晰,便于阅读。

合理:标注的尺寸要符合设计要求及工艺要求。

1.4.2 标注尺寸的基本规则

①尺寸数值为零件的真实大小,与绘图比例及绘图的准确度无关。

②图样中的尺寸以毫米为单位,如采用其他单位时,则必须注明单位符号。

③图样中所注尺寸为零件完工后的尺寸,否则要另加说明。

④每个尺寸一般只标注一次,并应标注在最能清晰地反映该结构特征的视图上。

1.4.3 尺寸的组成要素

一个完整的尺寸,应由尺寸界线、尺寸线(包括尺寸终端)、尺寸数字(包括必要的符号和字母)三要素组成,如图1-15所示。

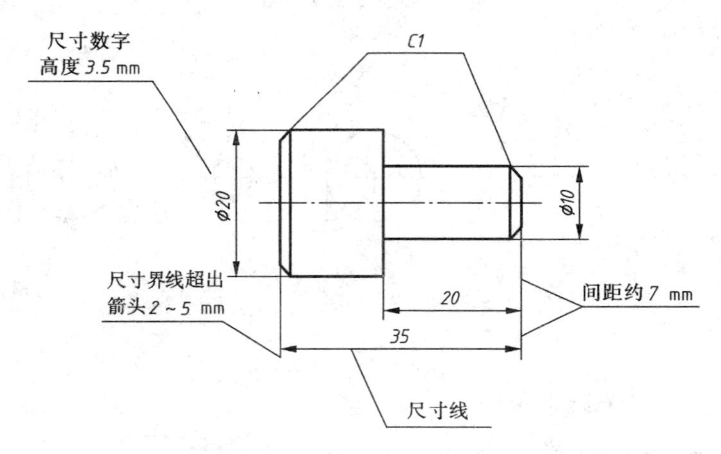

图1-15 尺寸的组成及标注示例

1. 尺寸界线

尺寸界线:用来表示所注尺寸的起始和终止位置。

尺寸界线用细实线绘制,并应由图形的轮廓线、轴线或对称中心线处引出,也可用这些线代替。尺寸界线应超出尺寸线2~5 mm。尺寸界线一般应与尺寸线垂直,必要时才允许与尺寸线倾斜。

2. 尺寸线

尺寸线用来表示所注尺寸的方向。

①尺寸线用细实线绘制,不能用其他图线代替,一般也不得与其他图线重合或在其延长线上。标注线性尺寸时,尺寸线必须与所标注的线段平行。当一处有几条相互平行的尺寸线时,大尺寸要注在小尺寸的外面,以避免尺寸线与尺寸界线相交,如图1-15所示。

②尺寸线的终端有两种形式。

a. 箭头:箭头的形式如图 1-16 (a)所示,适用于各种类型的图样。图中 d 为粗实线的宽度,长度≥$6d$,同一张图样中所有箭头的大小应基本相同。

b. 斜线:当尺寸线与尺寸界线相互垂直时,尺寸线的终端可采用斜线的形式时,斜线用细实线,其方向和画法如图 1-16 (b)所示,图中 h 为字体的高度。斜线作为尺寸线终端的形式主要用于建筑图样。

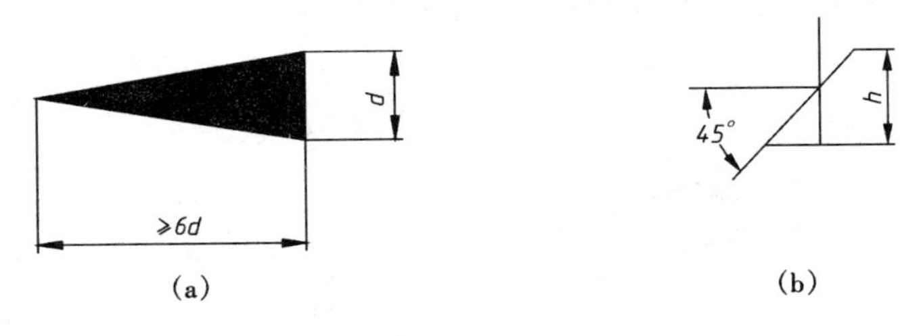

图 1-16　尺寸线终端的两种形式

③当尺寸线与尺寸界线相互垂直时,同一张图样中只能采用一种尺寸线终端形式，不得混用。

④圆的直径和圆弧半径的尺寸线终端应画成箭头。

3. 尺寸数字(GB/T 14691 — 1993)

尺寸数字用来表示零件的真实大小,与图形的大小无关。

①尺寸数字一般应注在尺寸线的上方,也可注在尺寸线的中断处,但同一张图样上注法应尽量一致。

②线性尺寸数字的方向一般应按图 1-17 所示方向注写。水平方向字头向上,垂直方向字头向左,倾斜方向的尺寸数字有字头向上的趋势。并尽可能避免在图示 30°范围内标注尺寸,无法避免时应引出标注,如图 1-18 所示。

③尺寸数字不可被任何图线所通过,当无法避免时必须将该图线断开,如图 1-19 所示。

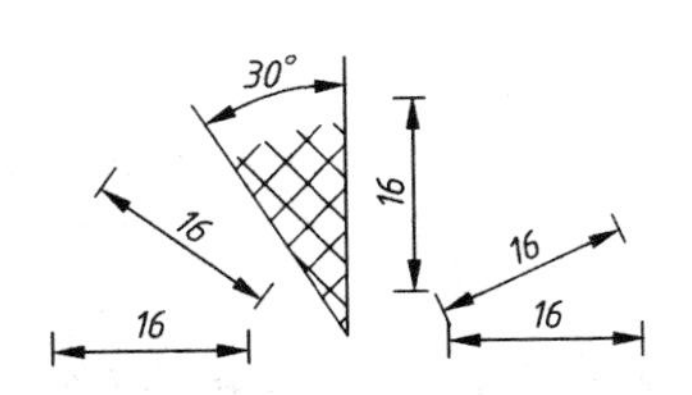

图 1-17　线性尺寸数字的方向

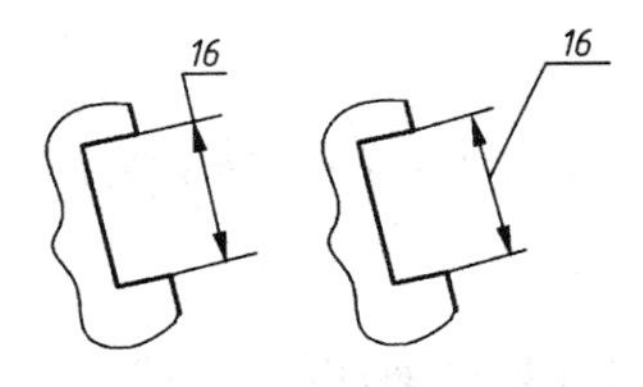

图 1-18　在 30°范围内的尺寸标注形式

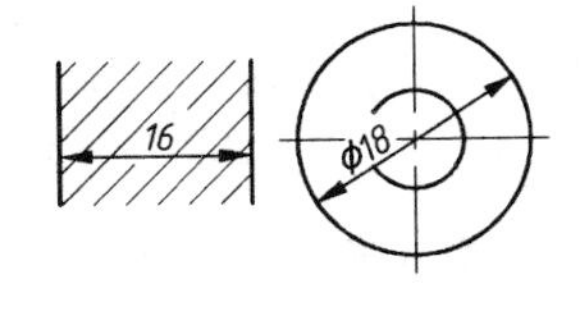

图 1-19　图线穿越尺寸数字时应断开

4. 相关符号(GB/T 4458. 4—2003)

标注尺寸时,应尽可能使用符号和缩写词。常用的符号和缩写词见表 1-4。

表 1-4　尺寸标注常用符号和缩写词

名称	直径	半径	球直径	球半径	厚度	正方形	45°倒角	深度	沉孔或锪平	埋头孔	斜度	锥度	均布
符号或缩写词	ϕ	R	$S\phi$	SR	t	□	C	↧	⌴	∨	∠	◁	***EQS***

1.4.4 角度、直径、半径及狭小部位尺寸的标注

1. 角度尺寸

①尺寸界线应径向引出，尺寸线应画成圆弧，其圆心是该角的顶点。

②角度数字一律注写成水平方向，一般注写在尺寸线的中断处。必要时，可注写在尺寸线上方或外边，也可引出标注，如图 1-20 所示。

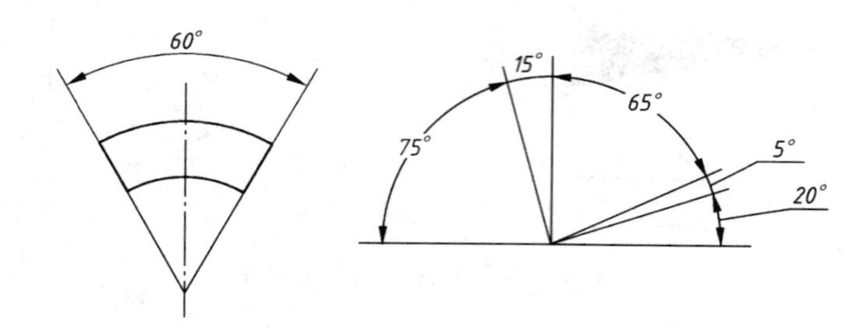

图 1-20 角度尺寸标注方法

2. 直径尺寸

标注直径尺寸时，应在尺寸数字前加注符号“ϕ”。当尺寸线的一端无法画出箭头时，尺寸线要超出圆心一段，如图 1-21 所示。

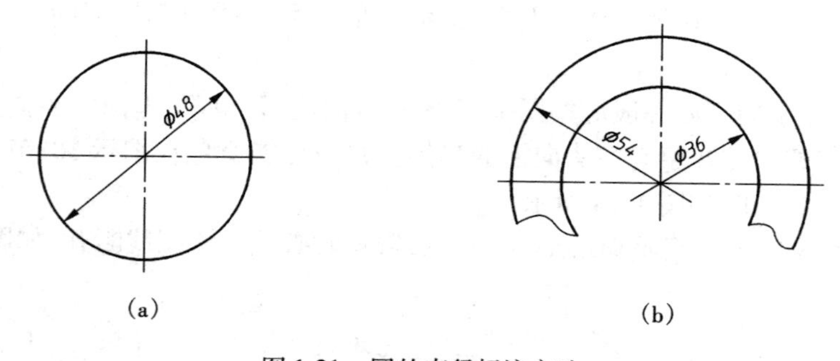

图 1-21 圆的直径标注方法

3. 圆弧半径尺寸

标注圆弧半径尺寸时，应在尺寸数字前加注符号“R”。若圆弧大于 180°时，应标注直径符号，如图 1-21(b)所示。圆弧小于或等于 180°时，应标注半径符号“R”，半径尺寸线一般应通过圆心，如图 1-22 所示。

4. 球面直径和半径尺寸

标注球面直径时，应在符号“ϕ”或“R”前加注符号“S”，不至于引起误解时“S”可省略，如图 1-23 所示。

5. 狭小部位尺寸

当采用箭头时，在没有足够位置的情况下允许箭头画在尺寸界线外面或用圆点或细斜线代替两个箭头，如图 1-24 所示。

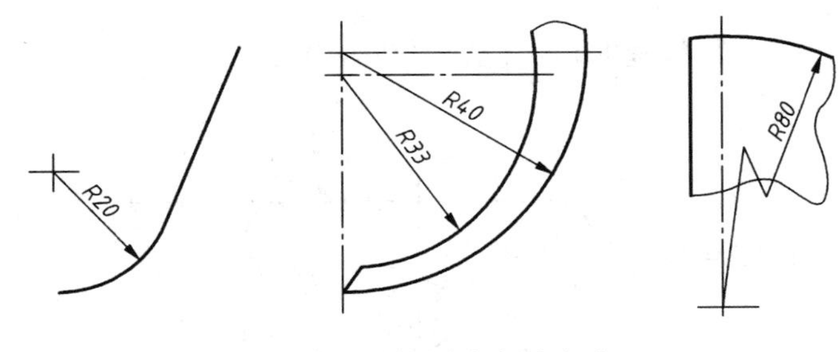

图 1-22　图弧半径标注方法

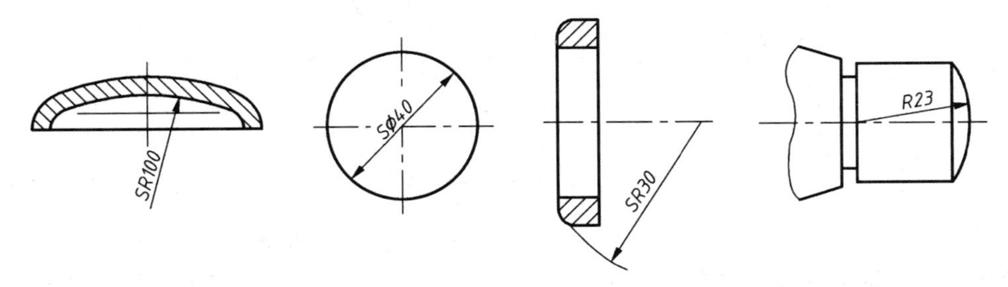

图 1-23　球面直径、半径标注方法

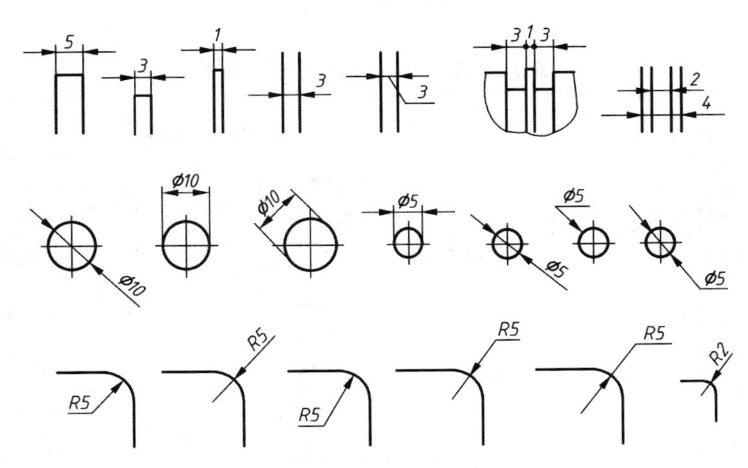

图 1-24　小尺寸标注示例

1.4.5　常见平面图形的尺寸标注示例

平面图形中标注的尺寸，必须能唯一地确定图形的大小。应遵守国家标准的有关规定，并做到不遗漏，不重复。其基本步骤如下。

1. 确定尺寸基准

从几何角度理解尺寸基准是确定尺寸位置的几何元素。平面图形中一般常选用图形的对称中心线、较大圆的中心线或较长的直线作为尺寸基准。

2. 注出定形尺寸

确定平面图形中各线段或线框形状大小的尺寸，如图 1-25 中的 $\phi20$、$4-\phi12$、$R10$、100、60 均为定形尺寸。

3. 注出定位尺寸

确定平面图形中各线段、线框的相对位置和圆的中心位置的尺寸，如图 1-25 中 50、30 为定位尺寸。

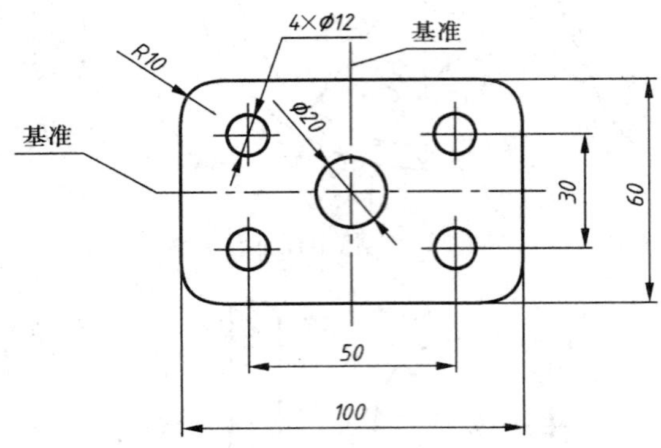

图 1-25　平面图形的尺寸标注

4. 注出总体尺寸

总体尺寸有时就是某形体的定形或定位尺寸，这时总体尺寸不再注出（见表 1-5）。

表 1-5 为常见平面图形的尺寸标注示例，供分析参考。

表 1-5　常见平面图形的尺寸注法

需标注总体尺寸		
R　4-ϕ	R	4-ϕ　ϕ　R　R
R　ϕ	3-ϕ　ϕ　ϕ　ϕ	ϕ　ϕ　R
不必标注总体尺寸		
2-ϕ　ϕ　ϕ	ϕ　ϕ　R	R　2-ϕ　ϕ

续表

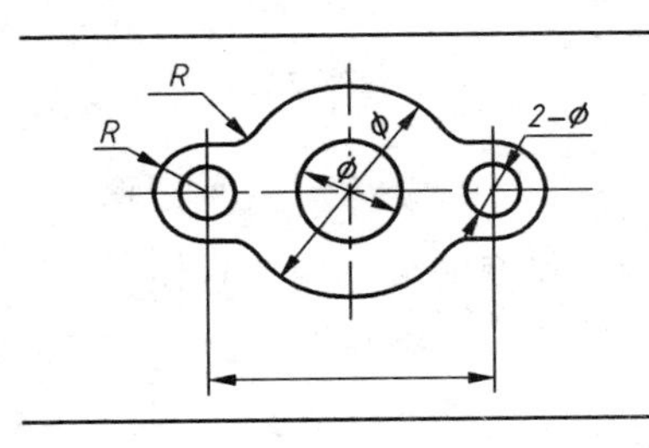	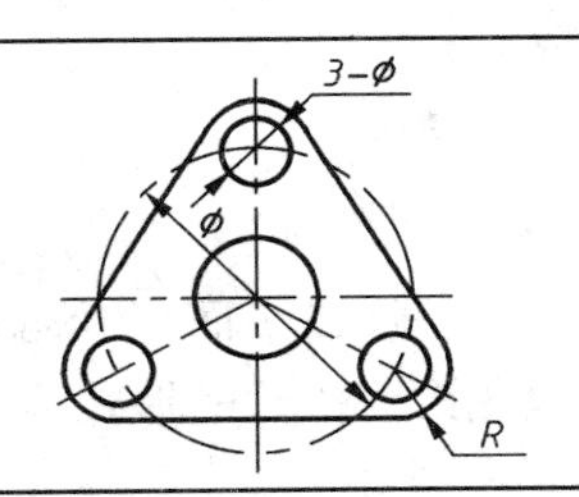	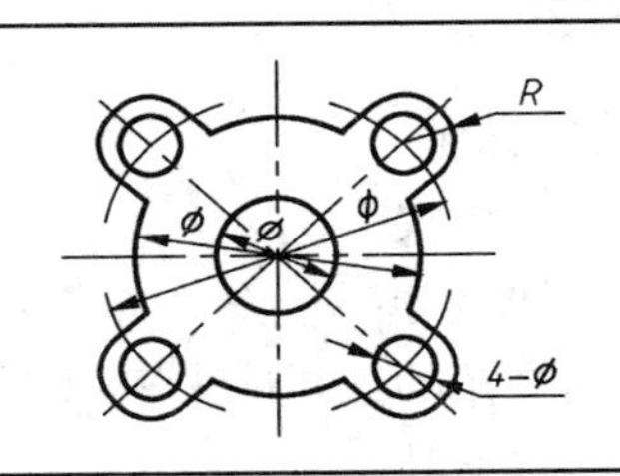

1.5　几何作图

根据图形的几何条件，用绘图工具将图形画出来，称为几何作图。在绘制图样时，无论零件的结构多么复杂，其图样总是由若干几何图形组成的。下面介绍几种常见的几何图形作图方法。

1.5.1　正多边形

1. 正六边形的画法

(1) 根据对角线长度作图

由于正六边形的对角线长度就是其外接圆的直径 D，且六边形的边长就是这个外接圆的半径，因此，以边长在外接圆上截取各顶点，即可画出正六边形，如图 1-26(a)所示。正六边形也可以利用丁字尺与 30° ~ 60°三角板配合作出，如图 1-26(b)所示。

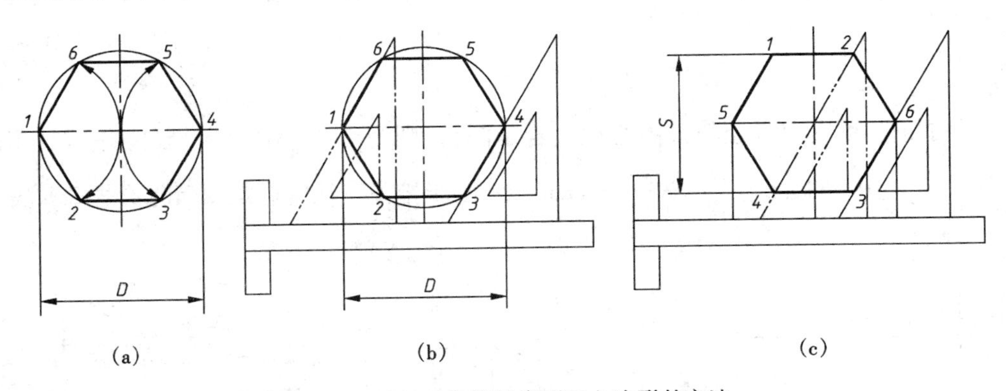

图 1-26　已知对角线长度画正六边形的方法

(2) 根据对边距离 S 作图

先从正六边形的中心画出对称中心线，再根据对边距离 S 作出水平对边，并用 30° ~60°三角板配合丁字尺，在对边上得到正六边形的四个顶点，如图 1-26(c)所示。最后完成正六边形。

1.5.2 斜度和锥度

1. 斜度

(1)定义

斜度是指一直线(或平面)对另一直线(或平面)的倾斜程度。斜度的大小用二直线(或平面)间夹角的正切值来表示,在图样上用"∠1:n"的形式标注。

(2)画法

若求一直线 AC 对另一直线 AB 的斜度为1:5,其作图步骤如下(见图1-27):

①将已知线段 AB 分为五等份;

②过 B 作 AB 的垂线 BC,并使 $BC=\frac{1}{5}AB$;

③连 AC 即为所求直线。

(3)标注

斜度采用符号标注。斜度符号按图1-28绘制,符号的线粗为 $h/10$(h 为尺寸数字的字高),标注方法见图1-28。注意:符号斜线的倾斜方向应与斜度方向一致。

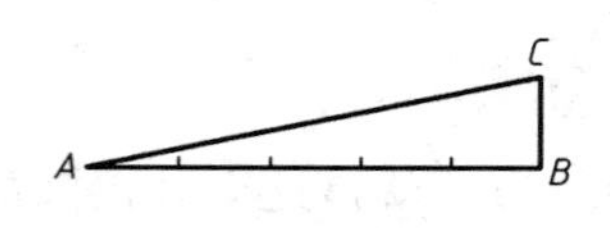

图1-27 斜度的画法

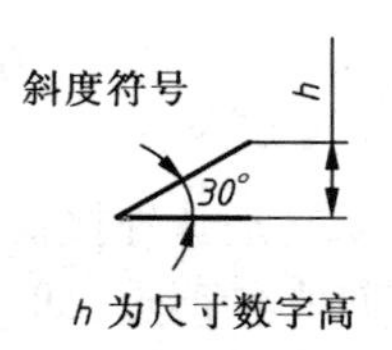

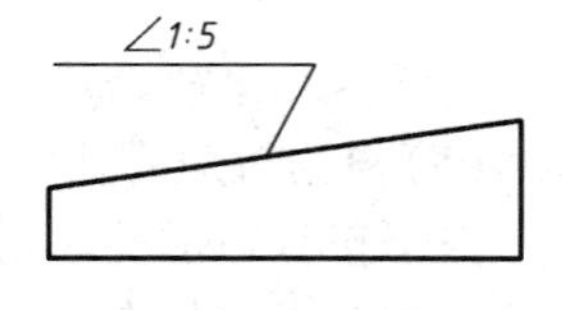

图1-28 斜度的符号及其标注

2. 锥度

(1)定义

锥度是正圆锥底圆直径与锥高之比。若是圆台,则为上、下两底圆直径之差与其高度之比。在图1-29中,锥度 $C=\frac{D}{L}=\frac{D-d}{l}=2\tan\alpha$,$\alpha$ 为半锥角。锥度也常用简化形式1:n表示。

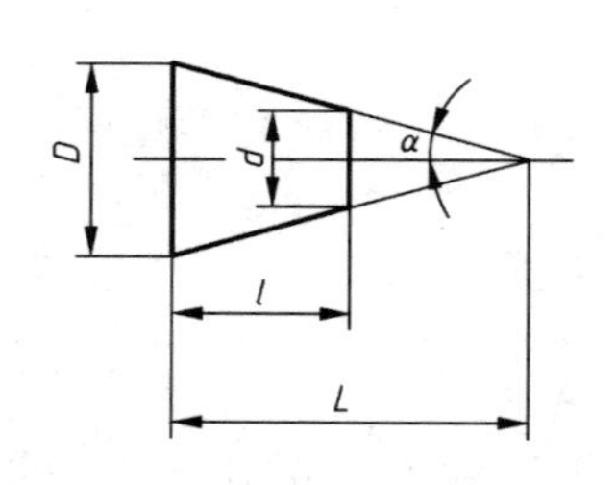

图1-29 锥度

锥度符号

h为尺寸数字高

d=h/10(d为线宽)

图1-30 锥度的画法及其标注

(2)画法

现以锥度1:5为例,其作图步骤如下(图1-30):

①作轴线 AB,自 A 向右任取5等份得 B 点;

②作 $BC \perp AB$，并取 $BC = BD = \frac{1}{2}CD$，得点 C、D；

③连接 AC、AD 即得锥度 1∶5的正圆锥，并且所有与 AC、AD 平行的线的锥度均为 1∶5。

(3)标注

锥度也采用符号标注，锥度符号按图 1-30 绘制，符号的线宽为 $h/10$。标注时，锥度符号应对称地配置在基准线上。符号的方向应与圆锥的方向一致，基准线要与圆锥的轴线平行，如图 1-30 所示。

1.5.3 圆弧连接

绘图时经常遇到用一已知半径的圆弧光滑地连接相邻的已知直线或圆弧（即相切）的作图问题，这种作图称为圆弧连接。这段已知半径的圆弧称为连接弧，如图1-31所示。画连接弧时，为了保证连接光滑，作图时必须准确地求出连接弧的圆心和连接点（即切点）。下面介绍圆弧连接的作图原理和作图方法。

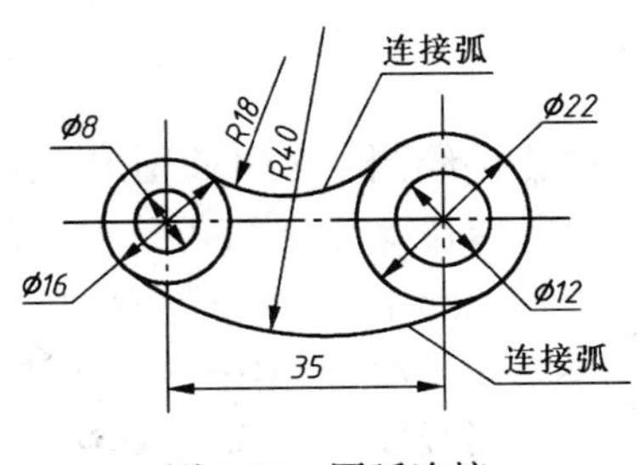

图 1-31　圆弧连接

1. 圆弧连接的作图原理

①半径为 R 的圆弧与已知直线 Ⅰ 相切，圆心的轨迹是距直线 Ⅰ 为 R 的平行线 Ⅱ。当圆心为 O 时，由 O 向直线 Ⅰ 作垂线，所得垂足 K 就是切点，如图 1-32(a)所示。

②半径为 R 的圆弧与已知圆弧（半径为 R_1）外切，圆心轨迹是已知圆弧的同心圆，其半径 $R_2 = R + R_1$。当圆心为 O 时，连心线 OO_1 与已知圆弧的交点 K 就是切点，如图 1-32(b)所示。

③半径为 R 的圆弧与已知圆弧（半径为 R_1）内切，圆心轨迹是已知圆弧的同心圆，其半径 $R_2 = R_1 - R$。当圆心为 O 时，连心线 O_1O 的延长线与已知圆弧的交点 K 就是切点，如图 1-32(c)所示。

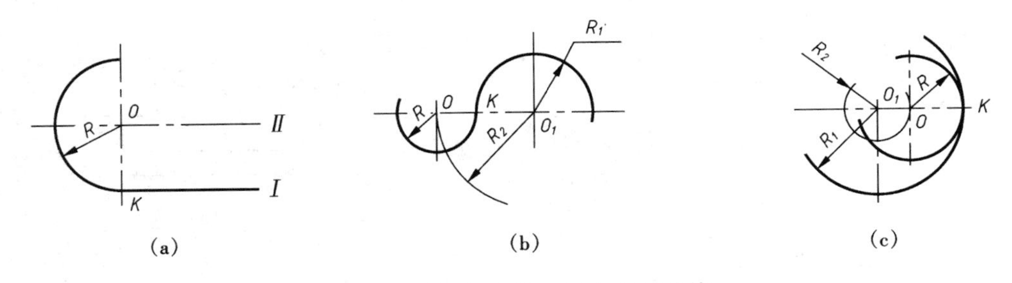

图 1-32　圆弧与直线、圆弧与圆弧连接

2. 圆弧连接作图方法举例

用已知圆弧连接已知圆弧，如图 1-33 所示。从图中可看出确定连接圆弧的圆心 O_1、O_2 和切点 T_1、T_2、T_3、T_4 的作图过程。

1.5.4 平面图形的画法

任何平面图形都是由各种线段（直线或曲线）构成的。平面内的线段之间可能彼此相交、等距或相切。

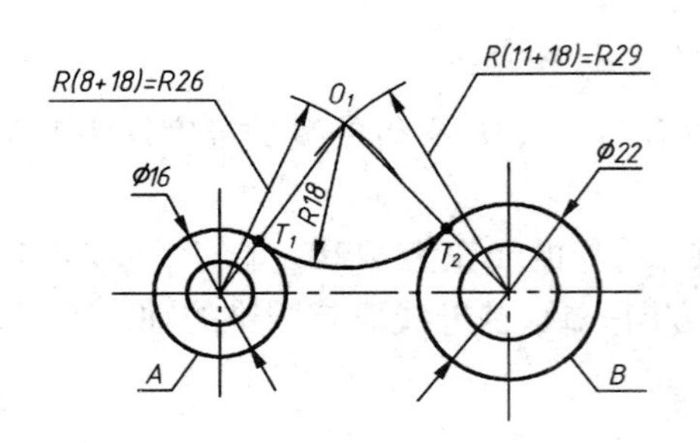

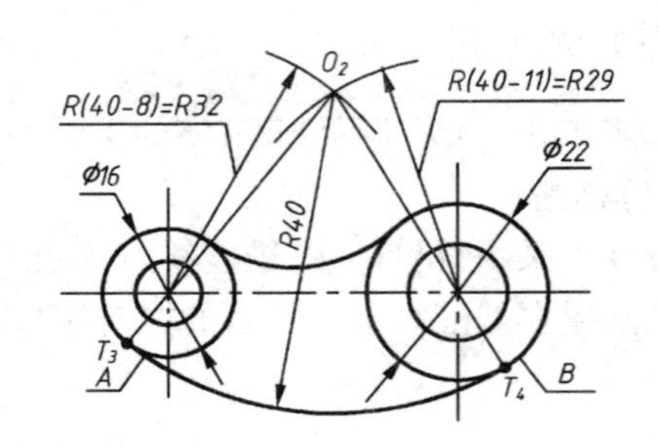

图 1-33 连杆的圆弧连接作图

要正确绘制一个平面图形,必须掌握平面图形的线段分析和尺寸标注。

1. 平面图形的线段分析

根据图形中所注的尺寸和线段间的连接关系,平面图形中的线段可分为三类。

①已知线段:根据图形中所注的尺寸,可以独立画出的圆、圆弧或直线。

②中间线段:除图形中标注的尺寸外,还需根据一个连接关系才能画出的圆弧或直线。

③连接线段:需要根据两个连接关系才能画出的圆弧或直线。

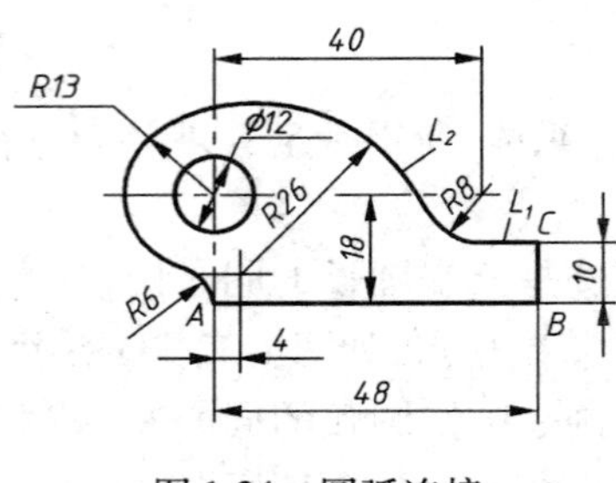

图 1-34 圆弧连接

例如图 1-34 中,圆 ϕ12、R13,直线 AB、BC 和 L_1 都是已知线段;圆弧 R26、R8 则是中间线段;而圆弧 R6 和 L_2 都是连接线段。

2. 平面图形的画图步骤

通过平面图形的线段分析,可以得出如下结论:绘制平面图形时,必须先画出已知线段,再依次画出各中间线段,最后画出各连接线段。图 1-35 表示图 1-34 的作图步骤。

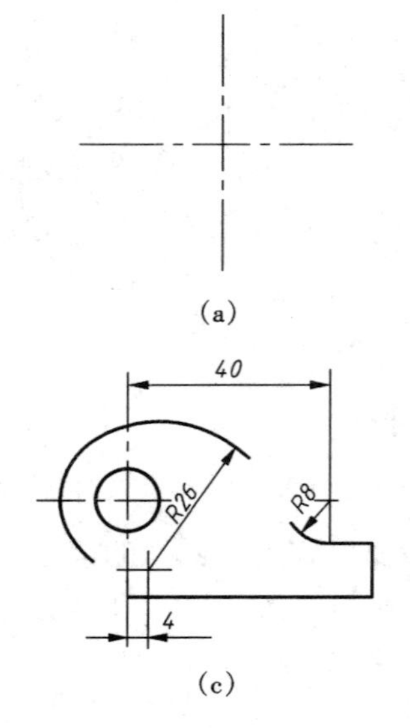

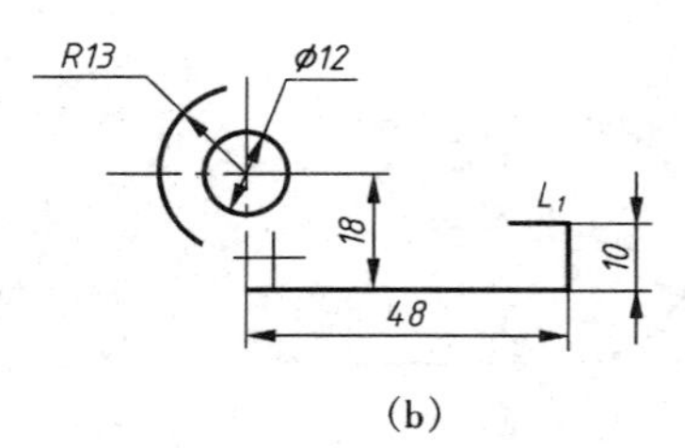

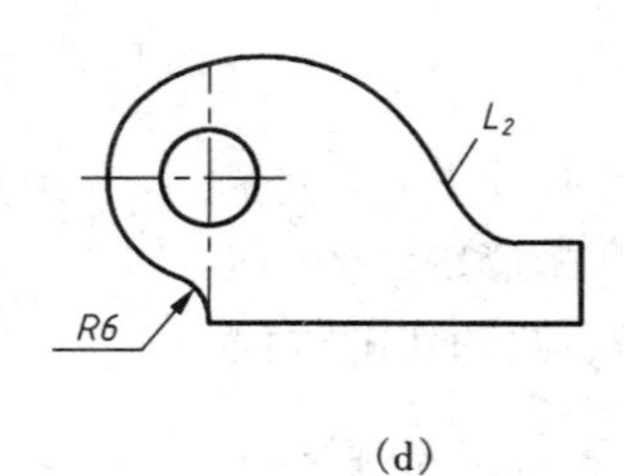

(a) (b) (c) (d)

图 1-35 平面图形的画图步骤

1.6　绘图的方法和步骤

1.6.1　绘制仪器图

1. 准备工作

绘图前应准备好必要的绘图仪器和工具，并擦拭干净。清理好桌面，熟悉和了解所画图样的内容及要求。

2. 确定图幅

根据图形的大小和复杂程度选定比例，确定图纸幅面。

3. 固定图纸及布局

①图纸要用透明胶带固定，如图1-36所示，下部空出的距离要能放置丁字尺，以便操作。

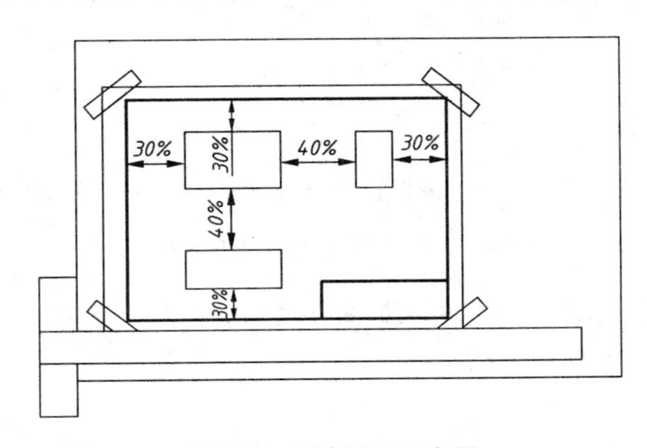

图1-36　固定图纸及布局

②确定各视图在图框中的位置。布局应匀称、美观，并考虑到标题栏及注尺寸的位置，如图1-36所示。

4. 画底稿

用H或2H铅笔画出图框和标题栏轮廓后，布置图形，画图形基准线（对称中心线、主要基线和主要轮廓线等），底稿线要细而轻，以便修改。底稿画好后应仔细校核，改正错误并擦去多余的图线。

5. 加深图形

加深图形的步骤与画底稿时不同，一般先加深图形，最后加深框图和标题栏（也可注好尺寸后再加深）。

加深图形时，常用H或HB铅笔描各种细线，HB或B铅笔描深粗实线，圆规的铅芯应比画直线的铅芯软一号。应按先细后粗、先曲后直、由上到下、由左到右、所有图形同时描深的原则进行。

6. 注写文本

画箭头，注写尺寸数字，填写标题栏及技术要求等。

1.6.2 画徒手草图的方法

不用绘图仪器和工具,靠目测按比例来估计物体各部分的尺寸,徒手绘制的图样称为草图。在设计、现场测绘时,都要徒手绘制草图,所以徒手绘制草图是一项基本技能。

1. 直线的画法

徒手画直线时,常将小手指靠着纸面,以保证线条画得直。图纸不必固定,因此可以随时转动图纸,使欲画的直线正好是顺手的方向,如图 1-37 所示。在画线过程中,眼睛要注意线段的终点,以保证直线画得平直,方向准确。

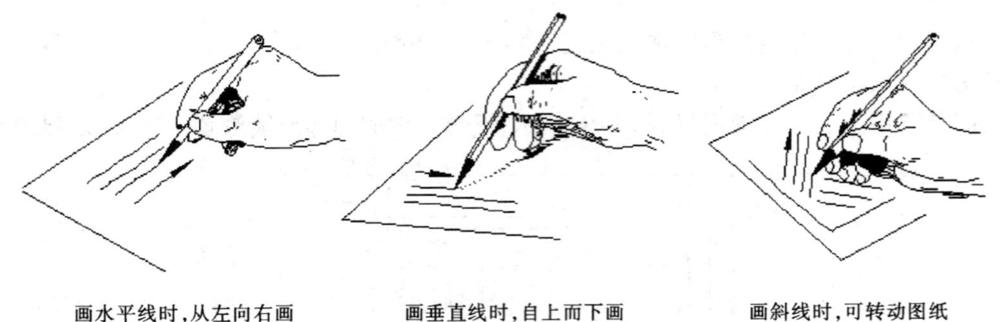

图 1-37　徒手画直线的姿势与方法

当画 30°、45°、60°常见的角度时,可根据两直角边的近似比例关系,定出两端点,然后连接两点即为所画的角度线,如图 1-38 所示。

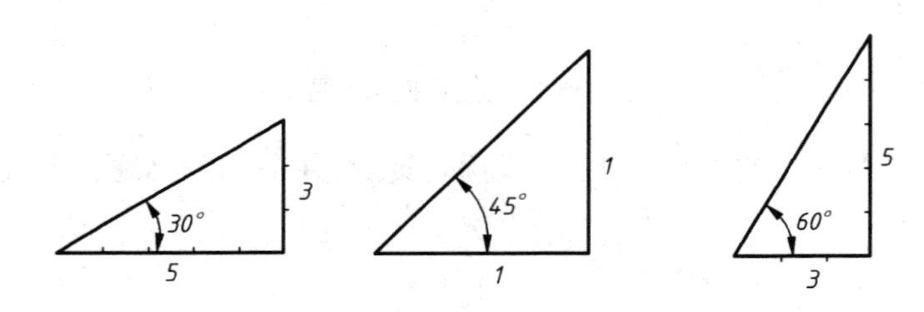

图 1-38　徒手画 30°、45°、60°斜线的方法

2. 圆和曲线的画法

徒手画圆、椭圆和圆角等曲线时,往往需要通过目测先描出一些点或一些辅助线,以便于作图。画圆时,应先作两条互相垂直的中心线,定出圆心。画小圆时,可按半径先在中心线上截取四点,然后分四段逐步连接成圆,如图 1-39(a)所示。画大圆时,除中心线上四点外,还可通过圆心画两条与水平成 45°的斜线,按半径在斜线上也定出四个点,分八段画出,如图 1-39(b)所示。

3. 利用方格纸绘制草图

在方格纸上徒手画草图,可大大提高绘图质量。利用方格纸可以很方便地控制各部分的大小比例,并保证各个视图之间的投影关系。图 1-40 为在方格纸上徒手画出的物体的三个视图,画图时,尽量使图形中的直线与方格纸上的线条重合,这样不但容易画好图线,也便于控制图形的大小和图形间的相互关系。

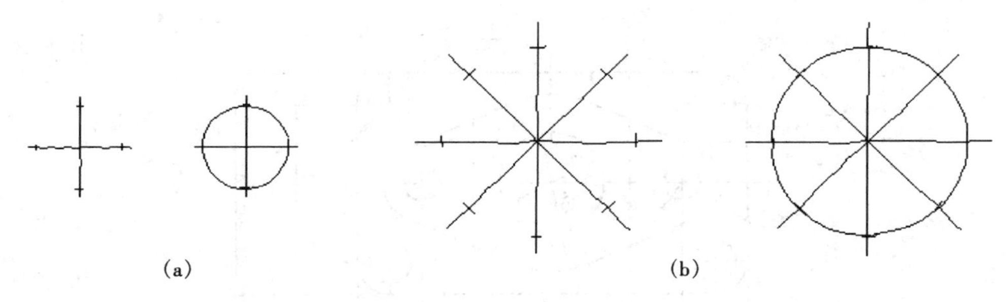

图 1-39　徒手画圆的方法

画草图的步骤基本上与用仪器绘图相同。但草图的标题栏中不能填写比例，绘制草图时，不应固定图纸。完成的草图图形必须基本上保持物体各部分的比例关系，各种线型应粗细分明，字体工整，图面整洁。

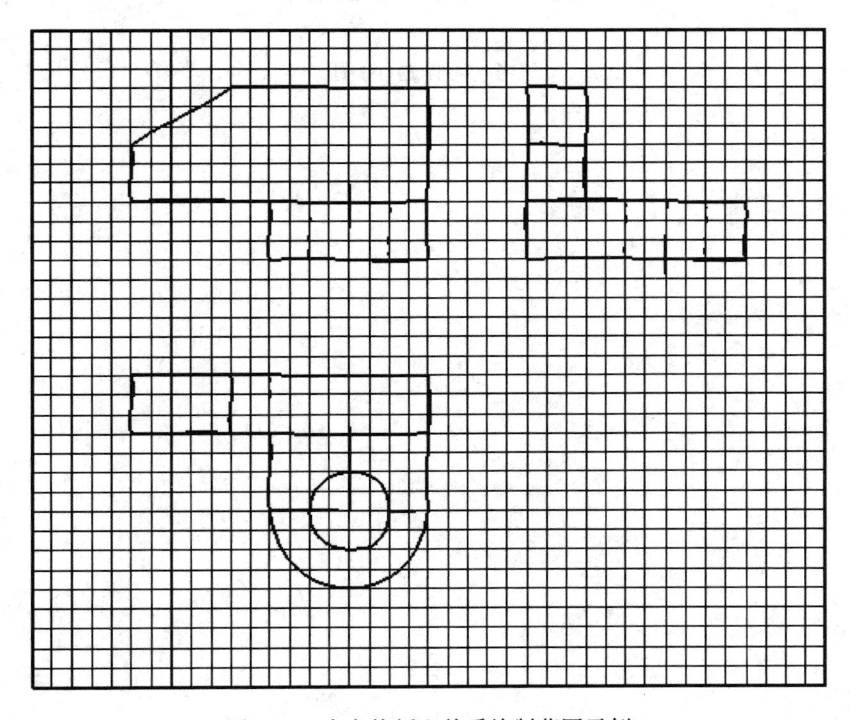

图 1-40　在方格纸上徒手绘制草图示例

思考与习作

(1) 常用的绘图工具与仪器有哪些？
(2) 本章介绍了哪些国家标准？
(3) 标注尺寸的基本要求与规则是什么？
(4) 什么是斜度、锥度？如何进行标注？
(5) 如何绘制仪器图及徒手绘制草图？
(6) 试完成如下图所示的平面图形。

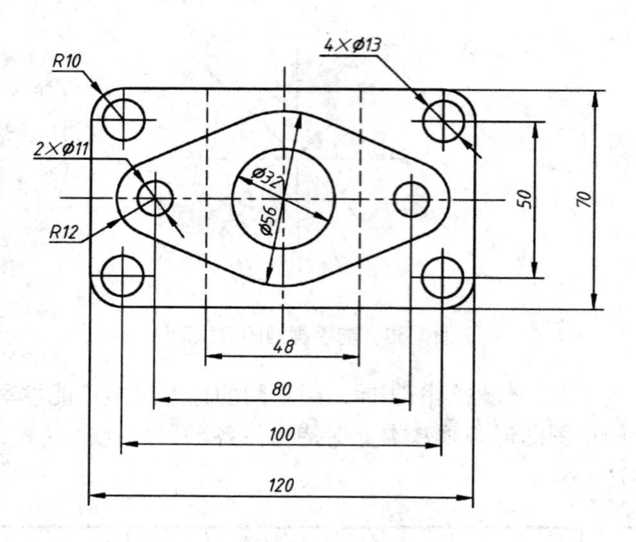

思考与习作题(6)图

第 2 章　正投影法和基本几何元素的投影

2.1　正投影法的基础

2.1.1　投影法概述

大家知道,空间物体在灯光或日光照射下,在地面上或墙面上会出现物体的影子。人们根据这一自然现象加以抽象,从而定义了工程上投影的方法。如图 2-1 所示,先设立一个平面 *P* 和平面外的一点 *S*,平面 *P* 称为投影面,点 *S* 称为投射中心。△*ABC* 上任何一点 *A* 与投射中心 *S* 的连线 *SA* 称为投射线,*SA* 与平面 *P* 的交点 *a* 称为点 *A* 在 *P* 面上的投影。同样,可以作出点 *B*、*C* 和△*ABC* 在平面 *P* 上的投影 *b*、*c* 和△*abc*。*P* 面上所得的图形称物体的投影。这种确定空间几何元素和物体投影的方法，称为投影法。

2.1.2　投影法的分类

投影法通常可分为两大类:中心投影法和平行投影法。

1. 中心投影法

如图 2-1 中的所有投射线均相交于投射中心 *S*,这种投影法称为中心投影法。用中心投影法得到的物体投影的大小与物体的位置有关,如果改变△*ABC* 与投射中心 *S* 的距离,投影△*abc*的大小也随之改变,且不能反映空间物体的实际大小。因此,物体的中心投影不适用于绘制机械图样,通常用于绘画或建筑物的外观图。

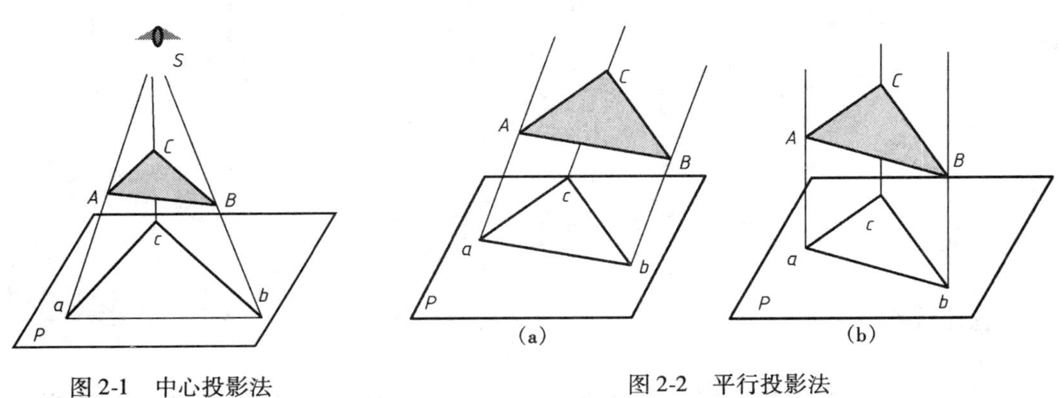

图 2-1　中心投影法　　　图 2-2　平行投影法

2. 平行投影法

若将图 2-1 中的投射中心 *S* 按指定方向移至无穷远处,则所有的投射线将互相平行,这种投射线互相平行的投影法，称为平行投影法，所得的投影称为平行投影，如图 2-2 所示。在平行投影法中，当平行移动空间物体时，它的投影的形状和大小都不会改变。

在平行投影法中，按投射线与投影面倾角的不同又分为两种。

(1)斜投影法

投射线倾斜于投影面时的投影方法称斜投影法，如图 2-2(a)所示。

(2)正投影法

投射线垂直于投影面时的投影方法称正投影法。因此，所谓正投影法，即是投射线互相平行并且垂直于投影面时的投影方法，如图 2-2(b)所示。由于正投影法能反映物体的真实形状和大小，便于度量，又简单易画，因此，《机械制图》国家标准规定，机械图样一般按正投影法绘制。用正投影法画出的空间几何元素(点、线、面)和物体的投影称为正投影。本章主要讨论的就是正投影法，并将正投影简称为投影。

2.1.3 正投影的特点

正投影中，直线和平面的投影有以下三个特点。

①当直线或平面与投影面平行时，则直线或平面在该投影面上的投影反映实长或实形。如图 2-3(a)所示，由于直线 *AB* 及△ *CDE* 平行于 *H* 面，所以，其投影 $ab = AB$；△ $cde \cong$ △ *CDE*，这种性质称为实形性。

②当直线或平面与投影面垂直时，则直线或平面在该投影面上的投影成一点或一直线。如图 2-3(b)所示，这种性质称为积聚性。

③当直线或平面与投影面倾斜时，则直线或平面在该投影面上的投影均不反映实长或实形；但边数相同。如图 2-3(c)所示，因直线 *AB* 及△ *CDE* 均与 *H* 面倾斜，所以，其投影 $ab < AB$；△ cde < △ *CDE*，这种性质称为类似性。

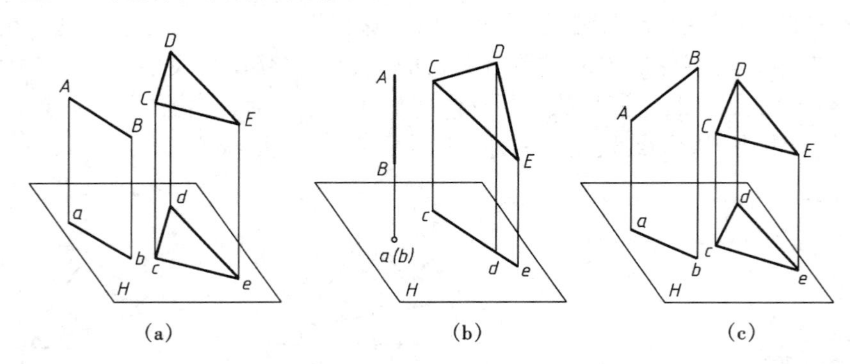

图 2-3 正投影法的投影特点

2.2 点的投影

任何立体的表面都是由点、线、面等几何元素构成的。研究和掌握点、线、面的投影特性和规律是学习物体投影的基础。本节将研究点、直线、平面的投影及相互之间的位置关系。

2.2.1　点在一个投影面上的投影

过空间点 A 作 H 面的投射线(垂线),与 H 面的交点 a 即为点 A 在 H 面的投影,具有唯一性,如图2-4(a)所示。反之,若已知投影却不能唯一确定点的空间位置,因为在过 a 点所作的 P 面垂线各点(如 A、B、C……)的投影都与 a 重合,如图2-4(b)所示。因此,要确定一个点的空间位置,常将点放置在互相垂直的两个或多个投影面中,然后分别向这些投影面作投影,形成多面投影,就可以解决点与投影的一一对应问题。下面我们介绍点的多面投影。

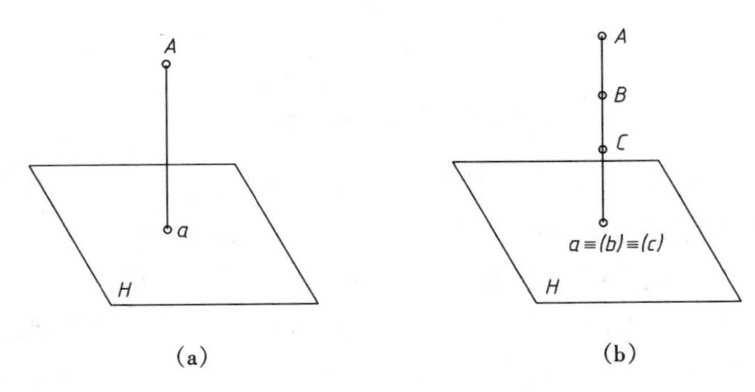

图2-4　点在一个投影面上的投影

2.2.2　点的三面投影

为了得到三面投影,我们需建立三投影面体系。

如图2-5所示,互相垂直的三个投影面,它们分别定义为:

正面投影面(简称正面或 V 面);

水平投影面(简称水平面或 H 面);

侧面投影面(简称侧面或 W 面)。

三投影面之间的交线称为投影轴,分别以 OX、OY、OZ 表示。其中:

OX 轴——V 面与 H 面的交线;

OY 轴——H 面与 W 面的交线;

OZ 轴——V 面与 W 面的交线。

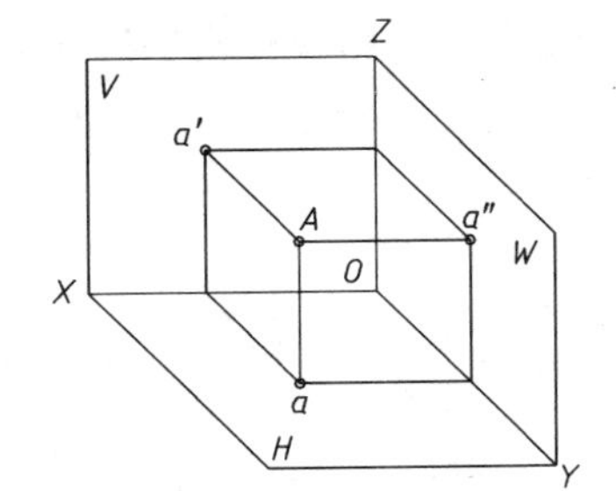

图2-5　点的三面投影

三投影轴 OX、OY、OZ 相交于一点 O,该点定义为原点。

过空间点 A 分别向三个投影面作投射线,与 V 面的交点为 a',为点 A 的正面投影;与 H 面的交点为 a,为点 A 的水平投影;与 W 面的交点为 a'',为点 A 的侧面投影。空间点用大写字母表示,点的水平投影用相应小写字母表示,点的正面投影用相应小写字母加一撇表示,点的侧面投影用相应小写字母加两撇表示。

为了使三面投影能够在一个平面上表达,须将三个投影面展平。国家标准规定:V 面不动,如图2-6(a)所示,将 H 面绕 OX 轴向下旋转90°,与 V 面成同一平面,W 面绕 OZ 轴向右后方旋转90°,同样也与 V 面成同一平面,如图2-6(b)所示。在画图时还通常去掉投影面的边框和 V、H、W 代号,如图2-6(c)所示。

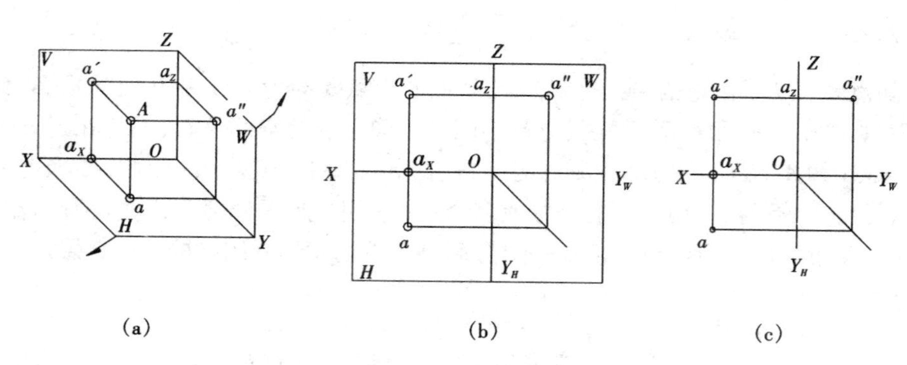

(a) (b) (c)

图 2-6 三投影面的展开

由图 2-6 可以总结出点在三投影面体系中的投影特性是：

①点的水平投影与正面投影的连线垂直于 OX 轴，即 $aa' \perp OX$；

②点的正面投影与侧面投影的连线垂直于 OZ 轴，即 $a'a'' \perp OZ$；

③点的水平投影到 OX 轴的距离等于点的侧面投影到 OZ 轴的距离，即 $aa_X = a''a_Z$。图 2-6(c)用 45°分角线表明了这样的关系。

必须指出：H、W 面的交线 OY 轴因 H、W 面的旋转分别记为 Y_H、Y_W，但都表示同一 Y 轴。

根据点的投影规律，若已知点的任意两个投影，即可求出它的第三投影。如图 2-7(a)所示，已知 A 点的水平投影 a 和正面投影 a'，求侧面投影 a''。

其作图步骤和方法如下：

①作 Y_H、Y_W的 45°分角线，并过 a'向右作水平线，如图 2-7(b)所示；

②过水平投影 a 作水平线与 45°斜线相交，由交点向上引铅垂线，与过 a'的水平线的交点即为空间点 A 的侧面投影 a''，如图 2-7(c)所示。

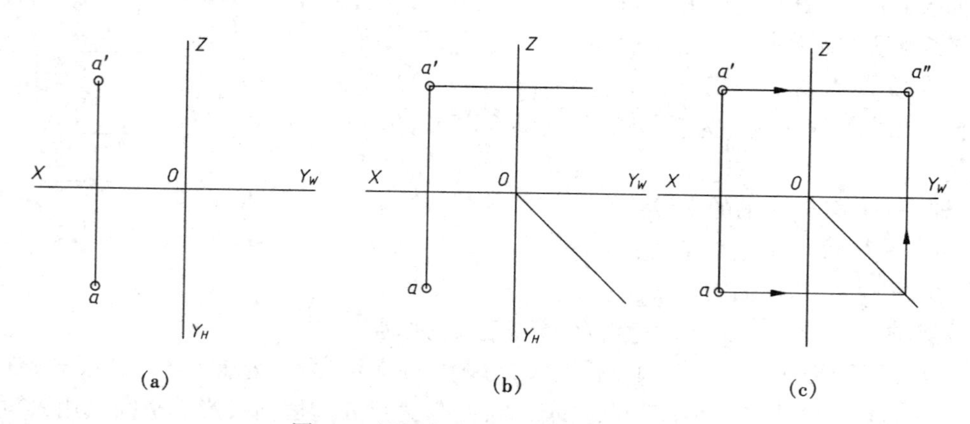

(a) (b) (c)

图 2-7 根据点的两个投影求第三投影

2.2.3 两点的相对位置

空间两点的相对位置关系是指以某点为基准，两点在空间的左右、前后、上下的位置关系。它可以利用投影图上点的各组同面投影坐标值的大小来判断，即这两个点对投影面 W、V、H 的距离差。例如要判断图 2-8 中的 A、B 两点的空间位置关系，可以选定以 A 点(或 B 点)为基准，比较它们的坐标大小。

判断方法：X 坐标大的在左；

Y 坐标大的在前；

Z 坐标大的在上。

因此，若以 A 点为基准，则 B 点在 A 点之右、之前、之下。

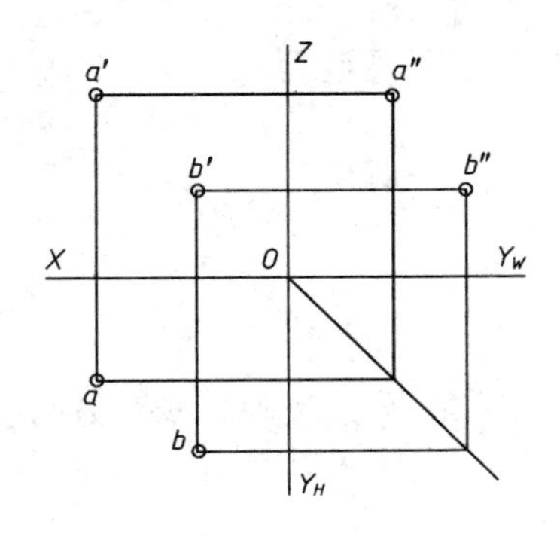

图 2-8　两点的相对位置

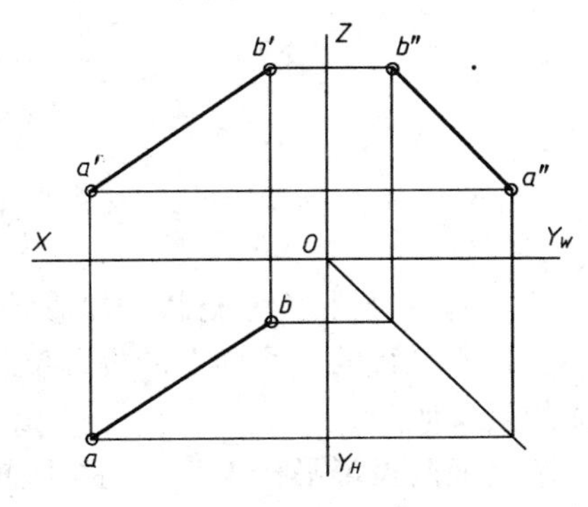

图 2-9　直线的投影

2.3　直线的投影

2.3.1　直线的投影

直线的投影一般仍为直线。画直线的投影图时，可在直线上任取两点，画出它们的投影图后，再把它们的同面投影相连即可。如图 2-9 中已知 $A(a,a',a'')$，$B(b,b',b'')$，连接 ab、$a'b'$、$a''b''$，即得直线 AB 的投影图。

2.3.2　各种位置直线的投影特性

直线在三投影面体系中的位置，可以分为三种。

投影面平行线——只平行于某一投影面而与其余两投影面倾斜的直线。

投影面垂直线——垂直于某一投影面而与另两投影面平行的直线。

一般位置直线——对三个投影面都倾斜的直线。

直线对水平面、正面和侧面的倾角分别用 α、β 和 γ 表示，如图 2-12(a)所示。

1. 投影面平行线

在投影面平行线中，只平行于正面的直线称为正平线；只平行于水平面的直线称为水平线；只平行于侧面的直线称为侧平线。

现以正平线为例，讨论其投影特性。如图 2-10(a)所示，因为直线 $AB /\!/$ 正面，并且与 H 面和 W 面倾斜，所以，其投影具有如下特性：

①直线的正面投影 $a'b'$ 倾斜于投影轴且 $a'b' = AB$，并且反映直线 AB 对 H、W 面的倾角 α、γ；

②直线的水平投影 ab 和侧面投影 $a''b''$ 分别平行于 OX 轴和 OZ 轴，如图 2-10(b)所示。

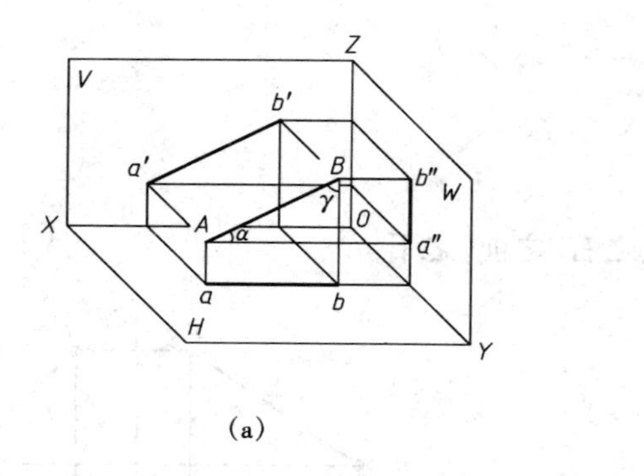

(a)

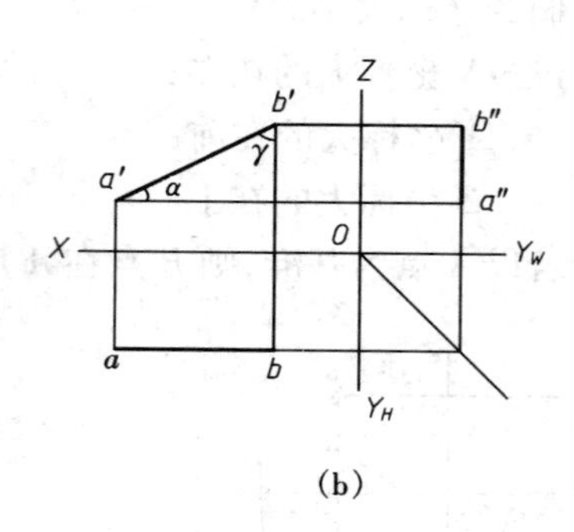

(b)

图 2-10 正平线的投影

综上所述,投影面平行线的投影特性是:

①在所平行的投影面上的投影反映实长,该投影与投影轴的夹角,分别反映直线对另两投影面的真实倾角;

②其他两投影平行于相应的投影轴,且都小于实长。

同样,对于水平线和侧平线也可得到类似的特性。投影面平行线的投影特性见表 2-1。

表 2-1 投影面平行线

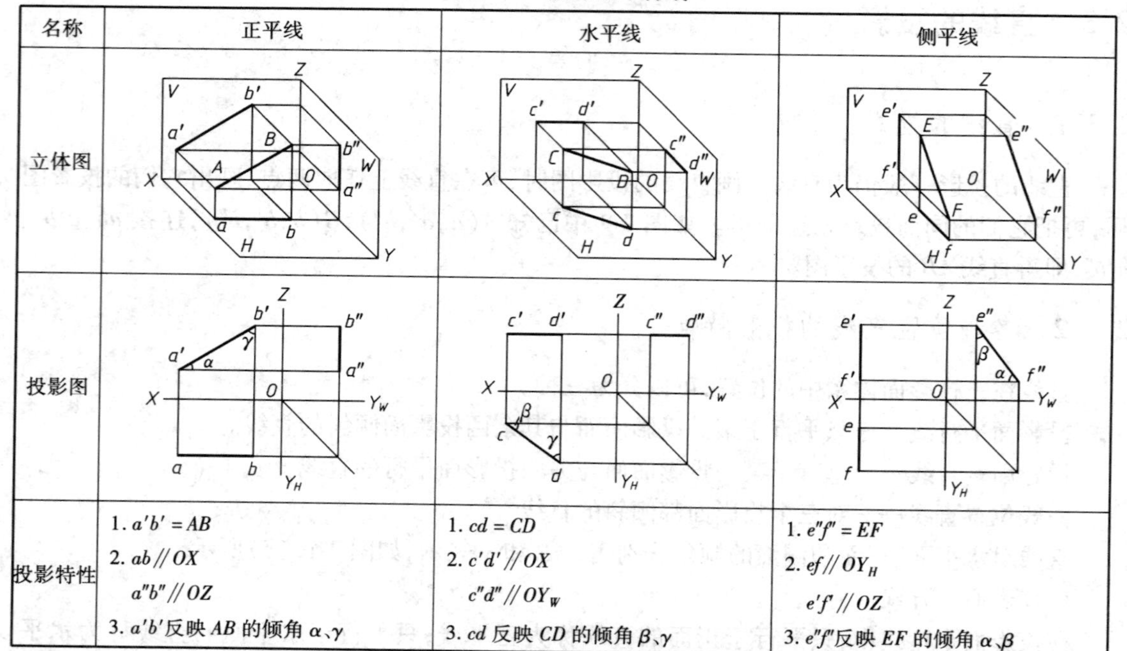

名称	正平线	水平线	侧平线
立体图			
投影图			
投影特性	1. $a'b' = AB$ 2. $ab \parallel OX$ $a''b'' \parallel OZ$ 3. $a'b'$反映 AB 的倾角 α、γ	1. $cd = CD$ 2. $c'd' \parallel OX$ $c''d'' \parallel OY_W$ 3. cd 反映 CD 的倾角 β、γ	1. $e''f'' = EF$ 2. $ef \parallel OY_H$ $e'f' \parallel OZ$ 3. $e''f''$反映 EF 的倾角 α、β

2. 投影面垂直线

在投影面垂直线中,垂直于水平面的直线称为铅垂线;垂直于正面的直线称为正垂线;垂直于侧面的直线称为侧垂线。

现以正垂线为例,讨论其投影特性。如图 2-11(a)所示,因为直线 $AB \perp$ 正面,所以,该直线必与 H 面和 W 面平行,因此,其投影具有如下特性:

①直线 AB 的正面投影 $a'b'$ 积聚成一点；

②直线的水平投影 ab 和侧面投影 $a''b''$ 分别垂直于 OX 轴和 OZ 轴，如图 2-11(b)所示。

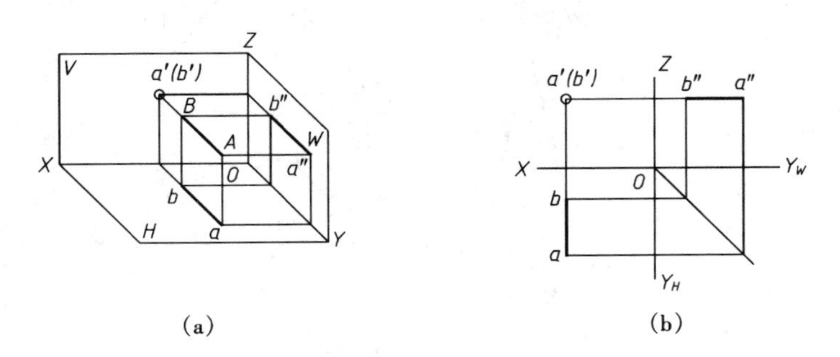

图 2-11　正垂线的投影

同样，对于铅垂线、侧垂线也可得到类似的特性。投影面垂直线的投影特性见表 2-2。

表 2-2　投影面垂直线

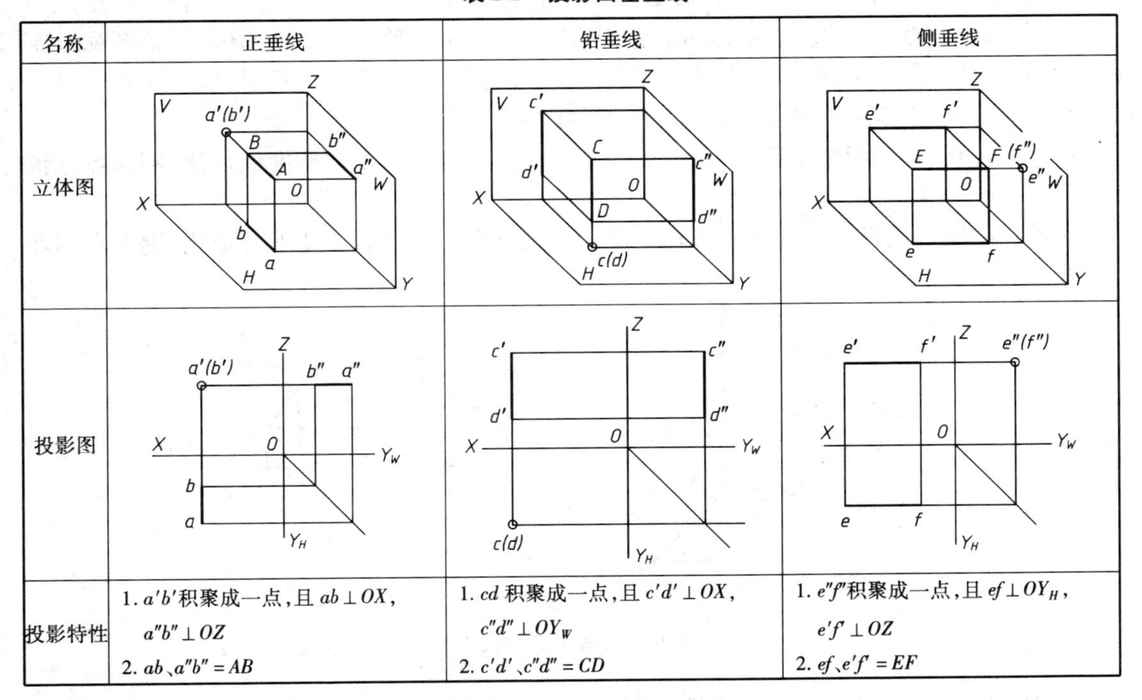

名称	正垂线	铅垂线	侧垂线
立体图			
投影图			
投影特性	1. $a'b'$ 积聚成一点，且 $ab \perp OX$，$a''b'' \perp OZ$ 2. ab、$a''b'' = AB$	1. cd 积聚成一点，且 $c'd' \perp OX$，$c''d'' \perp OY_W$ 2. $c'd'$、$c''d'' = CD$	1. $e''f''$ 积聚成一点，且 $ef \perp OY_H$，$e'f' \perp OZ$ 2. ef、$e'f' = EF$

综上所述，投影面垂直线的投影特性是：

①直线在所垂直的投影面上的投影积聚成一点；

②直线的其他两投影分别垂直于积聚投影所在投影面包含的投影轴，且均等于实长。

3. 一般位置直线

图 2-12(a)表示一般位置直线 AB 的三面投影。由于一般位置直线对三个投影面都是倾斜的，从图 2-12(b)可看出一般位置直线的投影特性：三个投影都倾斜于投影轴且都小于实长，也不反映与投影面的真实倾角。

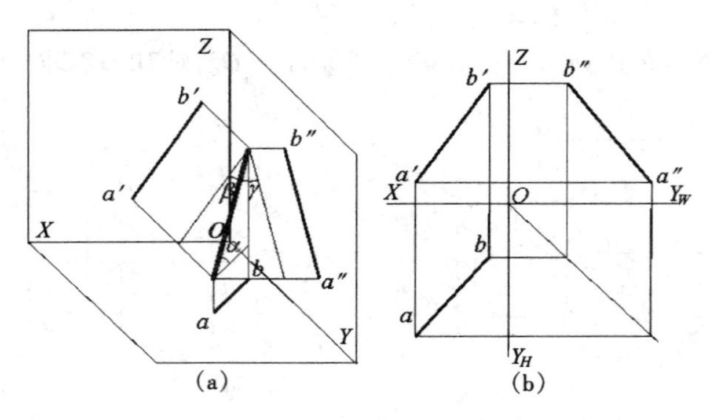

图 2-12 一般位置直线的投影

2.3.3 直线与点的相对位置

点与直线的相对位置可以分为两种,即点在直线上和点不在直线上。

①若点在直线上,则点的各个投影必在直线的同名投影上,并分割线段的各个投影成定比。如图 2-13(a)所示 ,*C* 点在直线 *AB* 上,则 *C* 点的正面投影 *c*′在直线 *AB* 的正面投影 *a*′*b*′上,*C* 点的水平投影 *c* 在直线 *AB* 的水平投影 *ab* 上,同样 *c*″在 *a*″*b*″上,而且 $AC/CB = ac/cb = a'c'/c'b' = a''c''/c''b''$,其投影图如图 2-13(b)所示。

反之,若点的各投影分别属于直线的同名投影,且分线段的投影长度成定比,则该点在该直线上。

②若点的任一投影不在直线的同面投影上或点分线段的投影长度不成定比,则该点不在该直线上。

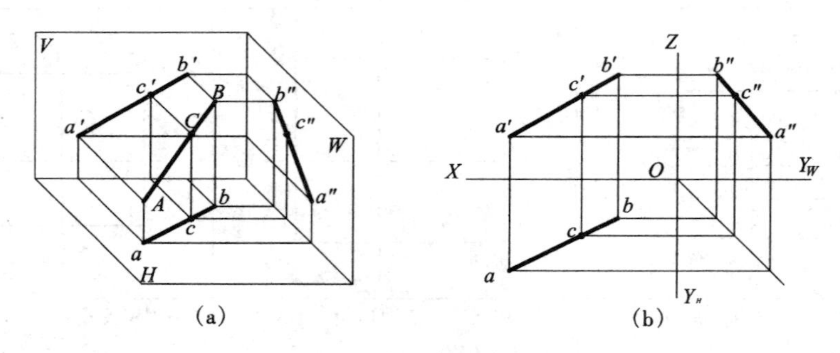

图 2-13 直线上点的投影

一般情况下,根据点的两个投影即可判断点是否在直线上,但当直线处于某些特殊位置时,并不能直接判断该点是否在直线上。

例如:如图 2-14 所示,已知直线 *AB* 和 *C* 点的正面投影和水平投影,判断点 *C* 是否在线段 *AB* 上。

因为 *AB* 是侧平线,根据点线从属的投影规律,虽然点 *C* 的正面投影和水平投影均在直线的投影上,但还是不能直接断定该点就在直线上。需要画出侧面投影,或用定比方法进行判断。

解法 1. 先画出直线 *AB* 的侧面投影 *a*″*b*″以及 *C* 点的侧面投影 *c*″,然后看 *c*″是否在 *a*″*b*″上。

从图 2-14(a)的侧面投影可看出，c''不在 $a''b''$上，所以 C 点不属于直线 AB。

解法 2. 用分割线段成定比关系进行判断。如图 2-14(b)所示，过 a 作直线 aB_0，取 $a'b'=aB_0$ 及 $a'c'=aC_0$，因为 $ac/cb \neq aC_0/C_0B_0$，所以 C 点不属于直线 AB。

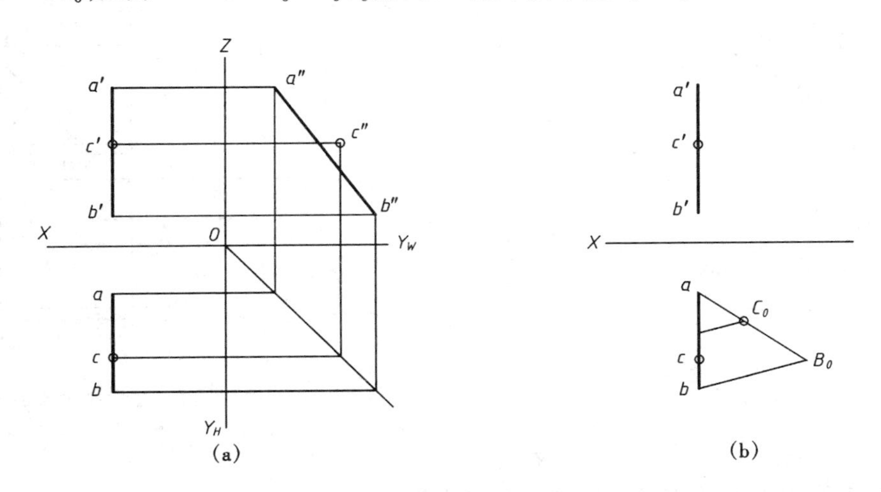

图 2-14　判断点 C 是否属于直线 AB

2.3.4　两直线的相对位置

空间两直线的相对位置有三种：平行、相交及交叉。如图 2-15 所示为三种相对位置直线在 H 面上的投影情况。

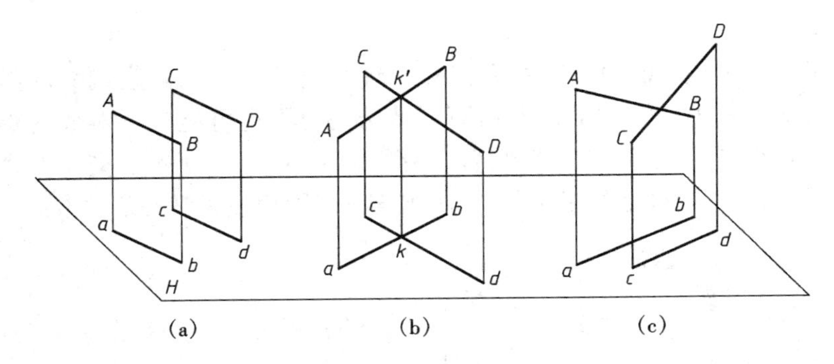

图 2-15　两直线的相对位置

1. 平行两直线

从平行投影的基本特性可知：若空间两直线平行，则其同面投影必然互相平行，如图 2-16 所示。反之，如果两直线的同面投影互相平行，则此两直线在空间也一定互相平行。即 $AB /\!/ CD$，则 $ab /\!/ cd$；$a'b' /\!/ c'd'$；$a''b'' /\!/ c''d''$。利用这一特性，可以解决有关两直线平行的作图问题，或用来判断两直线是否平行。

对于一般位置的两直线，只要已知其任意两对同面投影平行，就能确定这两条直线在空间互相平行，如图 2-16 所示；反之，不平行。但是当两直线同时平行于同一投影面时，则需看与两直线平行的那个投影面上的投影是否平行。例如，图 2-17 中给出了两条侧平线 AB 和 CD 的正面投影和水平投影，虽然 $a'b' /\!/ c'd'$，$ab /\!/ cd$，但仍不能确定它们在空间是否平行，必须求出其侧面投影才能确定。从图 2-17 通过其侧面投影可知,由于 $a''b''$ 与 $c''d''$ 不平行,所以空间两直线 AB 和 CD 不平行。

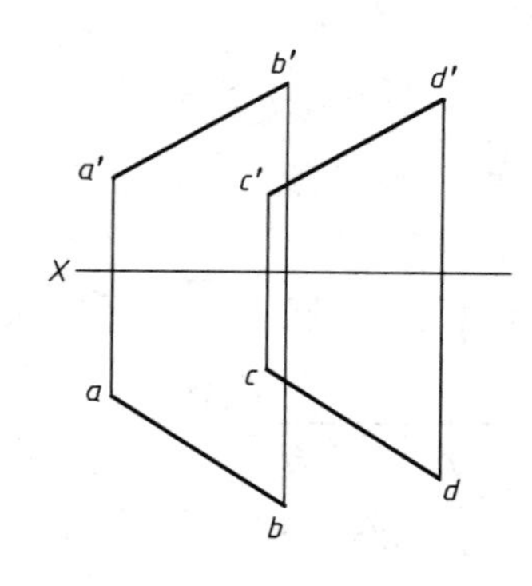

图 2-16 两直线平行

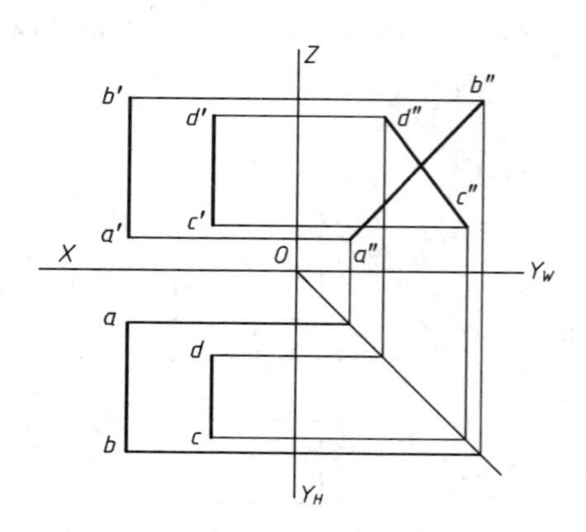

图 2-17 两直线不平行

2. 相交两直线

空间两直线相交时,他们在各投影面的同面投影必相交,并且交点的投影符合空间一个点的投影规律;反之亦然。如图 2-18(a)所示,直线 AB 与 CD 交于 K 点,则在投影图上 ab 与 cd、$a'b'$ 与 $c'd'$、$a''b''$ 与 $c''d''$ 相交,交点 k 与 k'、k' 与 k'' 的连线垂直于投影轴。

对于一般位置的两直线,只要已知其任意两对同面投影,就能确定这两条直线在空间是否相交,如图 2-18(b)所示。但是当两直线中有一直线平行于某一投影面时,则必须根据第三投影或用定比性来判断,如图 2-18(c)所示。

3. 交叉两直线

空间既不平行也不相交的两直线称为交叉(异面)直线。交叉两直线的同面投影可能相交,但“交点”不符合空间一个点的投影规律;在特殊情况下也可能有一对或两对甚至三对同面投影都相交,但交点连线不符合投影规律。如图 2-18(b)、(c)所示。交叉两直线在投影图上,有时可能有一对或两对同面投影平行,但决不会三对同面投影都平行,如图 2-17 所示。

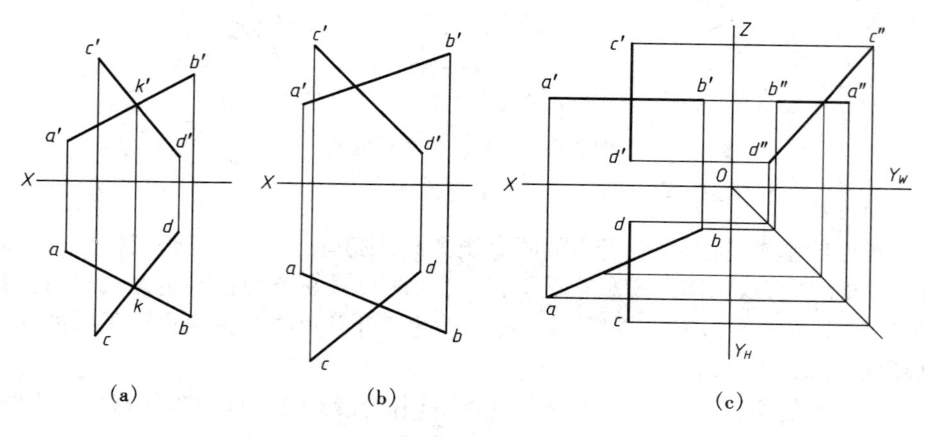

图 2-18 判断两直线相对位置

2.4　平面的投影

2.4.1　平面的表示法

在投影图上表示空间平面可以用下列几种方法确定：

①不在同一直线上的三点，如图 2-19(a)所示；

②一直线和直线外的一点，如图 2-19(b)所示；

③两条平行的直线，如图 2-19(c)所示；

④两条相交的直线，如图 2-19(d)所示；

⑤任意的平面图形（如三角形、四边形、圆或其他图形），如图 2-19(e)所示。

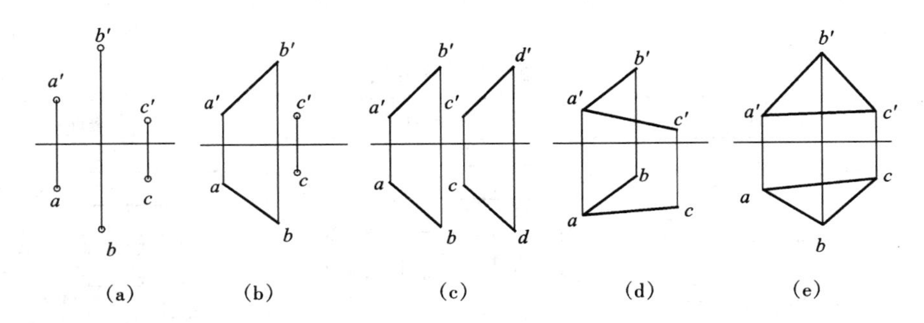

图 2-19　平面的表示法

上面几种确定平面的方法是可以互相转化的，其中以平面图形表示最为常见。

2.4.2　各种位置平面及其投影特性

平面在投影面体系中的相对位置有三种情况：

投影面垂直面——只垂直于一个投影面而与另两投影面倾斜的平面；

投影面平行面——平行于某一个投影面而与另两投影面垂直的平面；

一般位置平面——与三个投影面都倾斜的平面。

通常我们将投影面垂直面及投影面平行面统称为特殊位置平面。

平面的投影一般仍为平面，特殊情况积聚为一直线，平面与三个投影面的倾角分别定义为 α、β、γ。画平面图形的投影时，一般先画出组成平面图形各顶点的投影，然后将他们的同面投影相连。下面分别介绍各种位置平面的投影及其特性。

1. 投影面垂直面

在投影面垂直面中，只垂直于正面的平面称正垂面；只垂直于水平面的平面称铅垂面；只垂直于侧面的平面称侧垂面。

现以铅垂面为例，讨论其投影特性。图 2-20 表示铅垂面 P 的投影。由于平面 P 垂直于水平面 H，倾斜于正面 V 和侧面 W，因此，铅垂面的投影特性是：

①水平投影积聚成一倾斜直线段，并反映与 V 面和 W 面真实倾角 β、γ；

②正面投影和侧面投影都是类似形，且都小于实形。

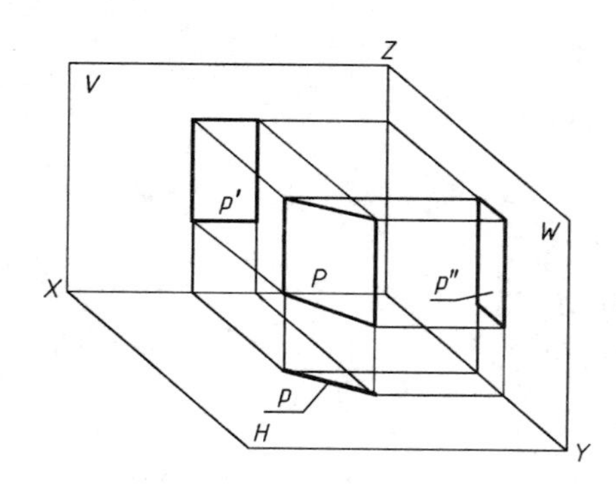

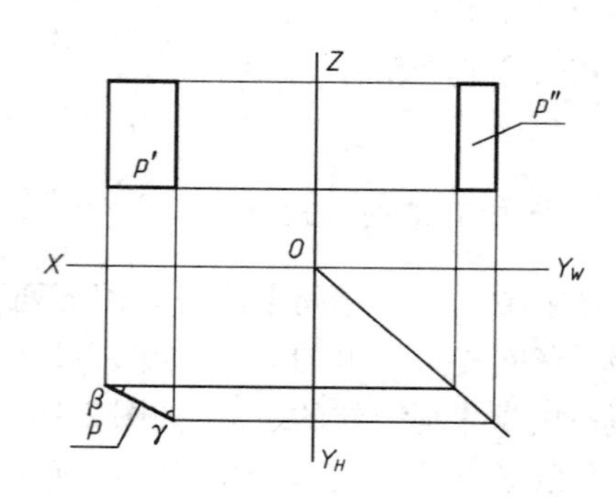

图 2-20 铅垂面的投影

同样，正垂面、侧垂面也有类似的投影特性，详见表 2-3。

表 2-3 投影面垂直面的投影特点

名称	正垂面	铅垂面	侧垂面
立体图	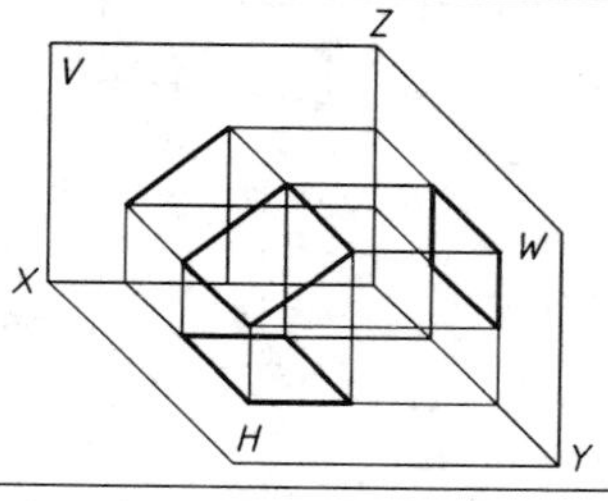	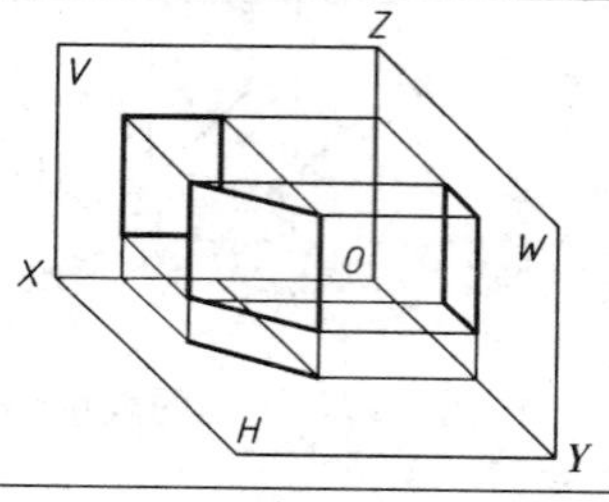	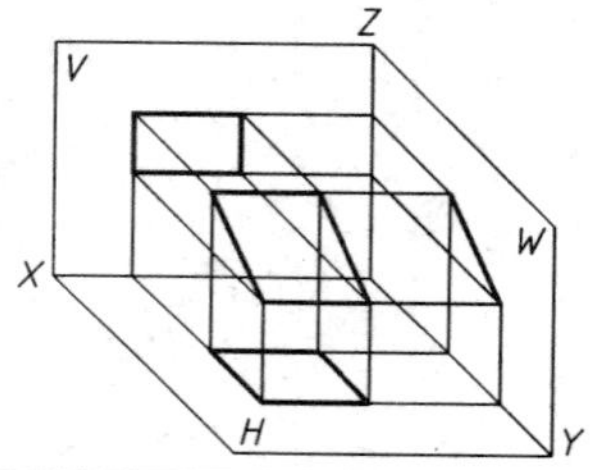
投影图	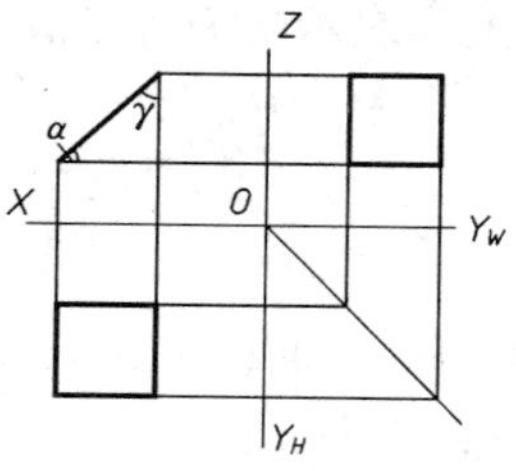	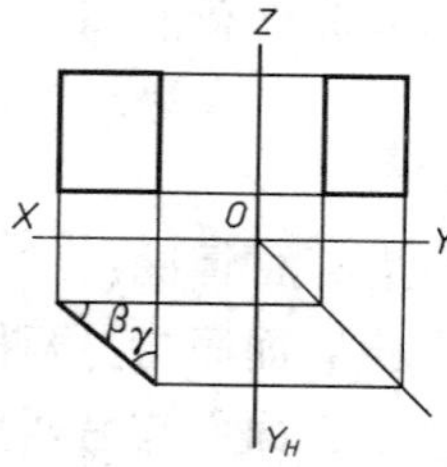	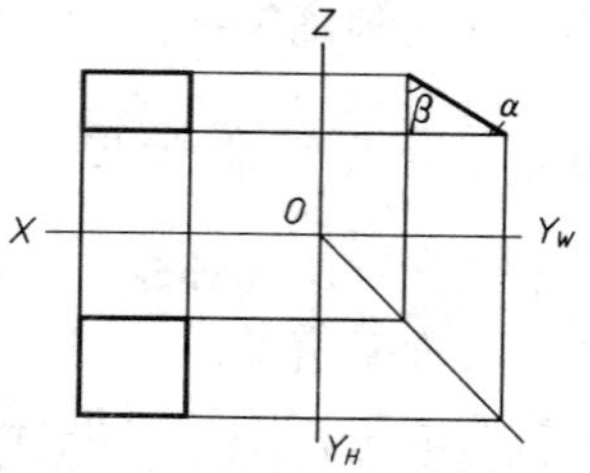
投影特性	1. 正面投影积聚成一线，且反映平面的倾角 α、γ 2. 水平投影、侧面投影为类似形	1. 水平投影积聚成一线，且反映平面的倾角 β、γ 2. 正面投影、侧面投影为类似形	1. 侧面投影积聚成一线，且反映平面的倾角 α、β 2. 正面投影、水平投影为类似形

综上所述，投影面垂直面的投影特性为：

①在所垂直的投影面上的投影积聚成一倾斜的直线段，它与投影轴的夹角分别反映平面对另外两个投影面的真实倾角；

②另外两个投影均为类似形。

2. 投影面平行面

在投影面平行面中，平行于正面的平面称正平面；平行于水平面的平面称水平面；平行于侧面的平面称侧平面。

现以正平面为例，讨论其投影特性。图 2-21 表示正平面 Q 的投影。由于平面 Q 平行于正

面,必定垂直于水平面和侧面,因此,正平面的投影特性是:

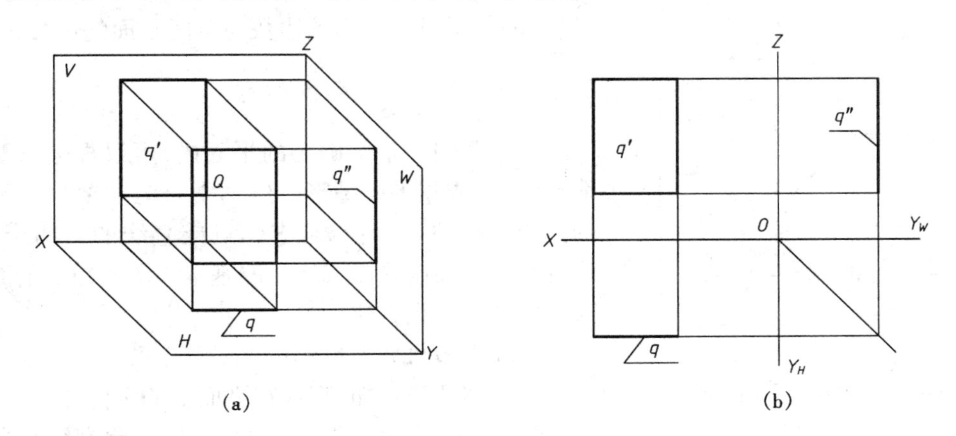

图 2-21　正平面的投影

①正面投影 q' 反映空间平面的实形;

②水平投影 q 和侧面投影 q'' 都积聚成直线段,且分别平行于 OX 轴和 OZ 轴。

同样,水平面、侧平面也有类似的投影特性,详见表 2-4。

表 2-4　投影面平行面的投影特点

名称	正平面	水平面	侧平面
立体图			
投影图			
投影特性	1. 正面投影反映实形 2. 水平投影、侧面投影积聚成一线,且分别平行于 OX、OZ 轴	1. 水平投影反映实形 2. 正面投影、侧面投影积聚成一线,且分别平行于 OX、OY_W 轴	1. 侧面投影反映实形 2. 正面投影、水平投影积聚成一线,且分别平行于 OZ、OY_H 轴

注意:不要把投影面平行面理解成投影面垂直面。它们的定义不同,投影特性有很大的差别。

3. 一般位置平面

图 2-22 表示一般位置平面△ABC 的三面投影。由于它对三个投影面都是倾斜的,因此,

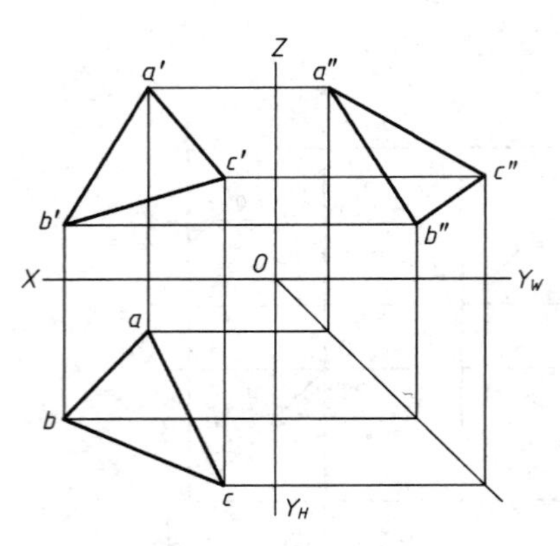

图 2-22　一般位置平面的投影

它的三个投影都是面积缩小的类似形。当平面为多边形时，它的每个投影图形的边数与空间平面的边数相同。

2.4.3　平面上的直线和点

在由几何元素所确定的平面内，可以根据需要任意取点、取线或作平面图形。绘图中有时需要根据平面内的点或直线的一个投影，求作点或直线的另两个投影。这就是在平面内取点或取线的基本作图问题。下面介绍这类问题的作图方法。

1. 在平面内取直线

由立体几何可知，直线在平面上的条件如下。

①若一直线通过平面上的两点，则此直线必在该平面内。如图 2－23(a)所示，平面由相交两直线 *AB* 和 *AC* 给定，在 *AB* 和 *BC* 上分别取点 *D* 和 *E*，则过 *D*、*E* 两点的直线 *DE* 必在该平面 *P* 内。

②若一直线通过平面内的一点，且平行于平面上的另一直线，则此直线也在该平面内。如图 2－23(b)中，*AB* 和点 *C* 在平面 *P* 内，过 *C* 点作直线 *CD* 平行于 *AB*，则 *CD* 线一定在该平面 *P* 内。

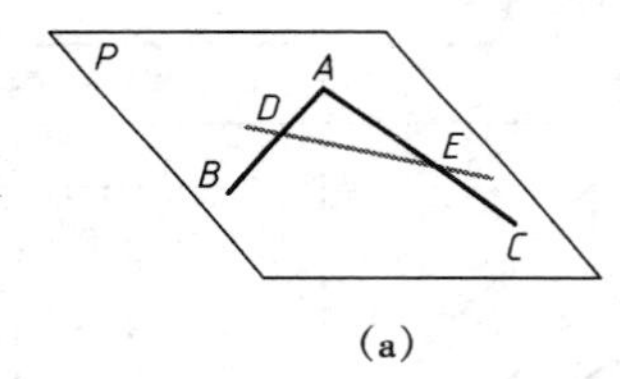

(a)

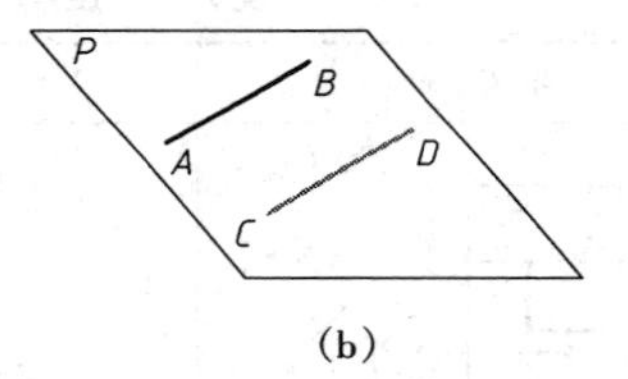

(b)

图 2-23　平面内的直线

［例 1］　图 2-24(a)所示，已知直线 *DE* 在△*ABC* 所确定的平面上，求其水平投影 *de*。

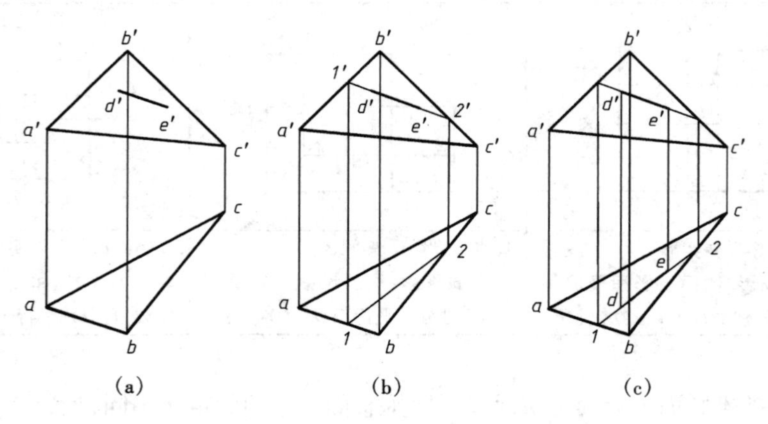

图 2-24　在平面内取直线

［解］　根据直线在平面内的条件，可按下列方法和步骤作图。

①如图 2-24(b)所示，延长 *d′e′*，分别与 *a′b′*、*b′c′*交于 1′、2′，应用直线上点的投影特性，求

得两点的水平投影 1 和 2；

②连接 1、2，再利用直线上点的投影特性，由 $d'e'$ 求得 de，如图 2-24(c)所示。

2. 平面内取点

根据立体几何可知，点在平面内的条件是：点在该平面的一条线上。由此可见，在一般情况下，要在平面内取点，必须先在平面内取直线，然后再在此直线上取点。

[例 2]　如图 2-25(a)所示，已知△ABC 及点 D 的投影，试判断点 D 是否属于△ABC？

[解]　点 D 若属于△ABC，则必属于△ABC 内某一直线。在图 2-25(b)中，连接 $a'd'$ 与 $b'c'$ 相交于 e'，再在 bc 上求得 e，连接 ae 并延长 ae，则直线 AE 必在△ABC 上。由于 d 不在直线 ae 上，故 D 不属于直线 AE，亦即 D 不属于△ABC。

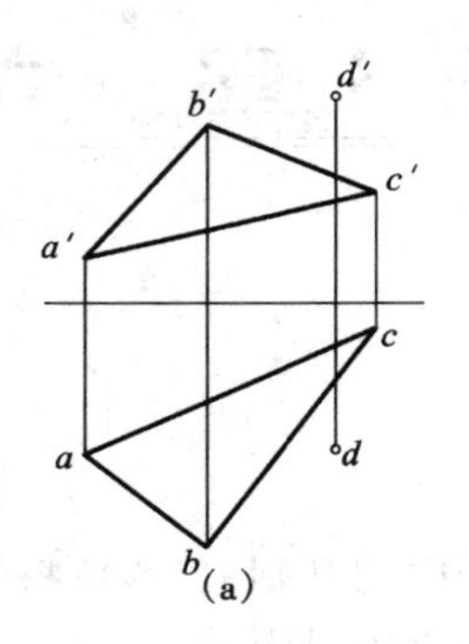

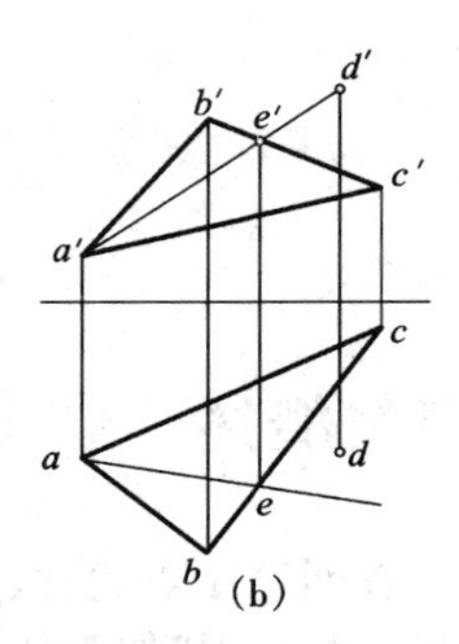

图 2-25　判断点 D 是否属于△ABC

思考与习作

(1) 投影法分为哪两类？何谓正投影？

(2) 点的三面投影有何特性？

(3) 直线对投影面的相对位置有几种？各有何特性？直线上的点有何特性？

(4) 如何判断两直线的相互位置？

(5) 试判断图中两直线的相对位置。

(6) 各种位置平面有哪些投影特性？

(7) 点或直线在平面上的条件是什么？

(8) 试完成图示平面四边形 ABCD 的水平投影。

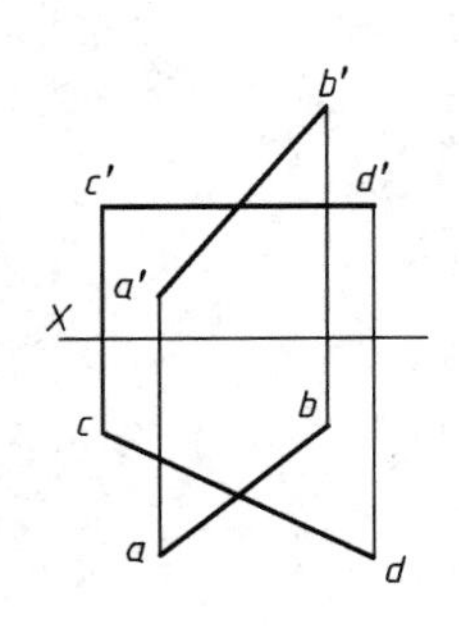

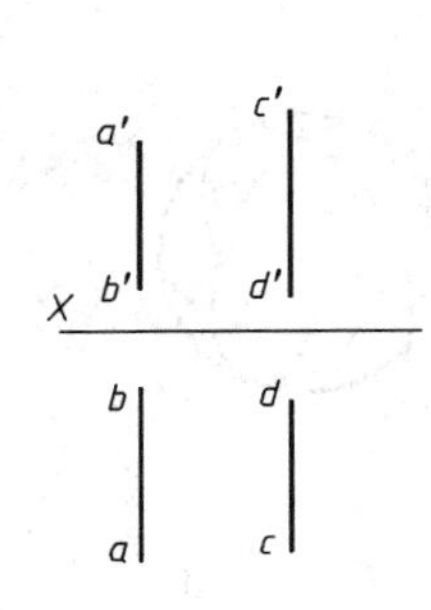

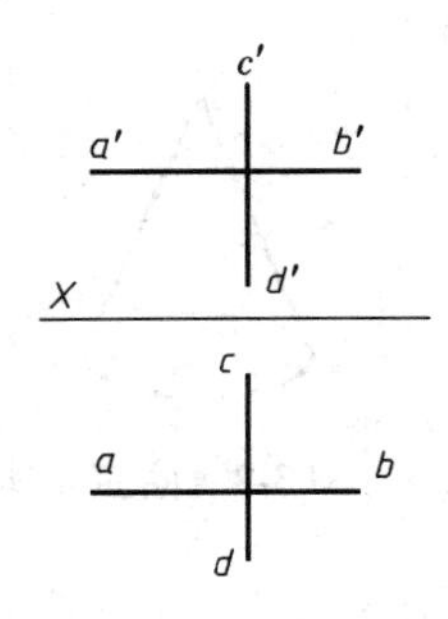

思考与习作题(5)图

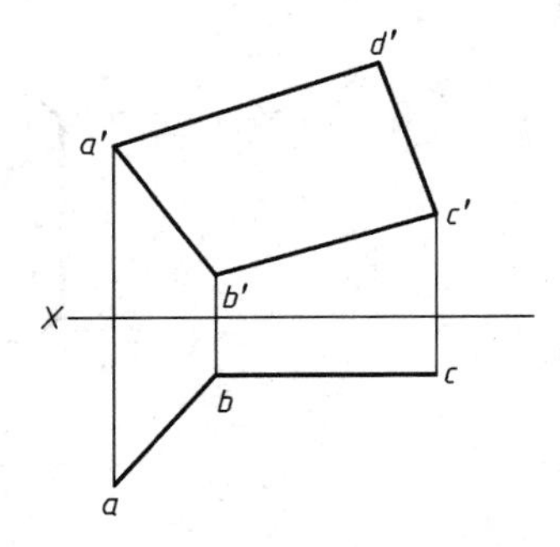

思考与习作题(8)图

第 3 章　立体的投影

3.1　概述

在研究了点、直线及平面的基础上，本章将研究基本立体的投影及表面上的点。本书将从这里开始，在投影图中将不再画投影轴。只要按照各点的正面投影和水平投影的连线位于同一铅垂线上，正面投影和侧面投影位于同一水平线上，两点的水平投影和侧面投影保持前后方向的宽度相等即可。

根据立体表面的几何性质的不同，立体可分为平面立体和曲面立体两种。表面都是由平面围成的立体，称为平面立体，如图 3-1 所示；表面由曲面或曲面与平面围成的立体，称为曲面立体，如图 3-2 所示。下面分别介绍它们的投影画法及在立体表面上取点的作图方法。

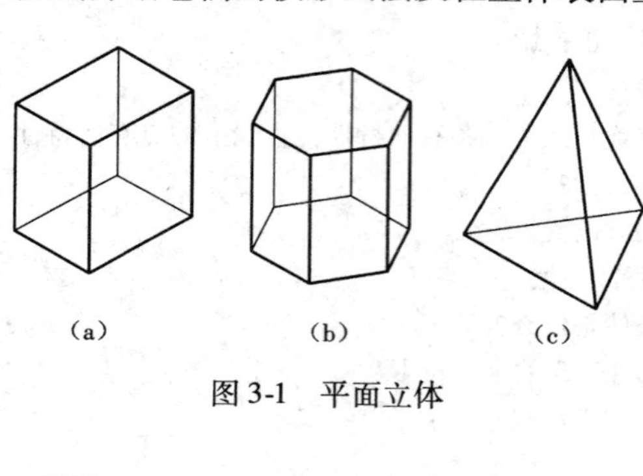

图 3-1　平面立体

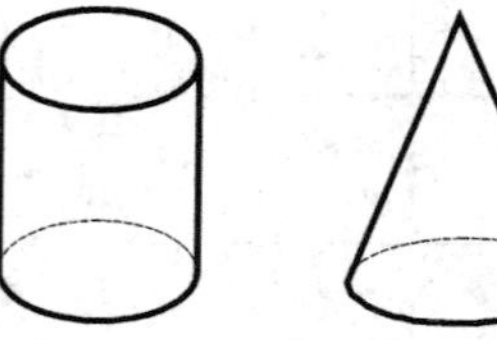
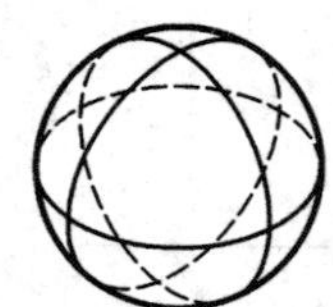

图 3-2　曲面立体

3.2　平面立体

工程上最常用的平面立体有棱柱和棱锥，其中包括棱锥台。

棱柱体的棱线互相平行，如图 3-1(a)、(b)所示。棱锥体棱线交于一点，如图 3-1(c)所示。因此，画平面立体的投影就是把围成该平面立体的各个棱面、棱线和顶点画出来，并判别它们的可见性。当轮廓线的投影为可见时，画粗实线；不可见时，画虚线；当粗实线与虚线或点画线重合时，应画粗实线；当虚线与点画线重合时，应画虚线。

3.2.1　棱柱的投影画法及其表面取点

1. 棱柱的组成

图 3-1(b)所示为一正六棱柱，它是由顶面和底面及六个侧棱面组成。侧棱面的交线叫侧棱线，侧棱线互相平行。

2. 六棱柱的三面投影

在图示位置时，六棱柱的顶面和底面都是水平面，水平投影重合为正六边形，且反映实形，正面投影和侧面投影都积聚成直线段。六棱柱的前、后棱面为正平面，其正面投影反映实形，水平投影和侧面投影积聚成直线段。棱柱的其余四个棱面均为铅垂面，在水平投影面上的投影积聚成直线段，并与正六边形边线重合，在正面投影和侧面投影面上的投影为类似形(矩形)。六棱柱的六条棱线均为铅垂线，在水平投影面上的投影积聚成一点，正面投影和侧面投影均分别垂直于 X 轴和 Y 轴，且反映实长。

其作图步骤是：

①先用点画线画出水平投影的对称中心线，正面投影和侧面投影的对称线，然后再画正六棱柱的水平投影(正六边形)及根据正六棱柱的高度画出顶面和底面的正面投影和侧面投影，如图 3-3(a)所示；

②根据投影规律，再连接顶面和底面的对应顶点的正面投影和侧面投影，即为棱线、棱面的投影；

③最后检查清理底稿，按规定线型加深，如图 3-3(b)所示。

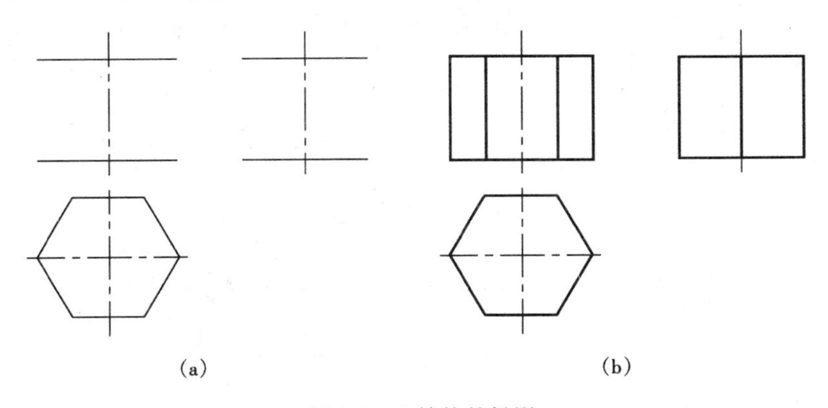

图 3-3　六棱柱的投影

3. 正六棱柱的表面取点

棱柱表面上取点，就是已知立体表面上点的一个投影，求另外两个投影。其作图原理和方法与前面讲述的在平面上取点方法相同。首先要根据已知投影分析判断点在哪个棱面上，再根据其棱面所处的空间位置利用投影的积聚性及其他作图方法作图，求其他两个投影。如采用直接量取相等的距离的方法作图(图 3-4 所示的 Y_1 及 Y_2)，要特别注意水平投影与侧面投影之间必须符合宽度相等和前后对应的关系。点的投影可见性依据点所在表面投影的可见性来判断。点所在表面可见，点的投影也可见，否则为不可见。点所在的表面投影有积聚性，则点的投影视为可见。

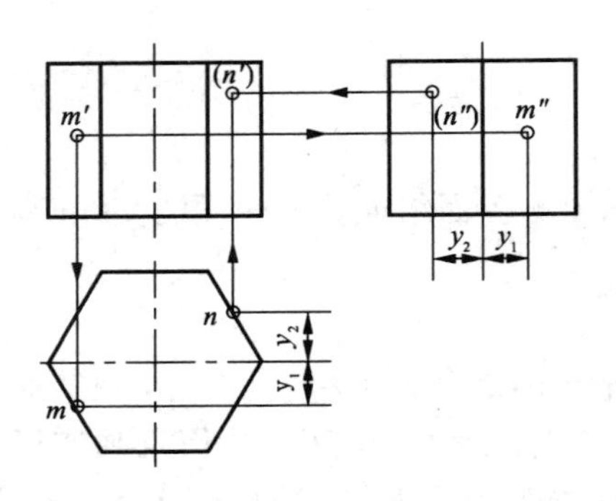

图 3-4　六棱柱表面上的点

如图 3-4 所示，已知棱柱表面上点 M 的正面投影 m'，求其水平投影 m 和侧面投影 m''。

由于 m' 可见，所以点 M 在左前棱面上，该棱面为铅垂面，其水平投影具有积聚性。M 点的水平投影 m 在该棱面的积聚性的投影上。所以，由 m' 按投影规律可得水平投影 m，再由正面投影 m' 和水平投影 m 即可求出侧面投影 m''。

同样，已知点 N 的侧面投影 (n'')（不可见投影加括号），求其正面投影和水平投影。用同样方法可以求出。请读者自己分析。

3.2.2 棱锥的投影及其表面取点

1. 棱锥的组成

图 3-5(a) 所示为一正三棱锥，它由三个棱面和一底面组成，三棱线（SA、SB、SC）相交于一点 S。

2. 棱锥的三面投影

画棱锥的投影图，即是画出构成棱锥的底面、全部棱线及锥顶的投影。棱锥的底面（$\triangle ABC$）是一水平面，它的水平投影 abc 反映实形，其正面投影和侧面投影积聚成水平直线段；棱面 SAC 为侧垂面，侧面投影积聚成直线段，其正面投影和水平投影为类似形（面积缩小的三角形），另两棱面（SAB、SBC）为一般位置平面，三面投影均为类似形，其侧面投影 $s''a''b''$ 和 $s''b''c''$ 相重合。

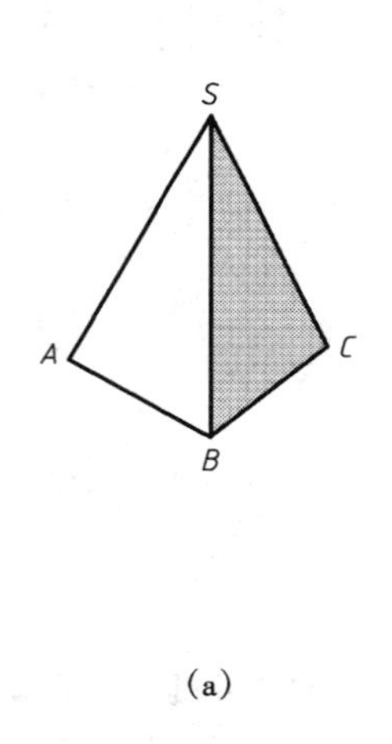

(a)

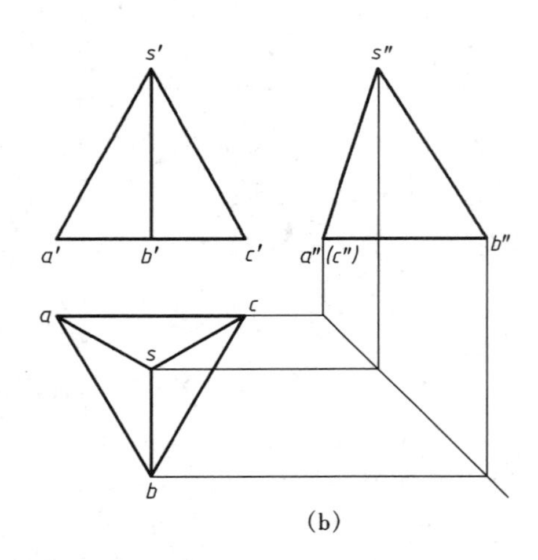

(b)

图 3-5　正三棱锥的投影

在作图过程中如采用图 3-5 所示添加 45°辅助线的方法作图，要特别注意 45°辅助线的起画点的正确位置和确保 45°角度。

图 3-5(b) 为正三棱锥的三面投影图。画棱锥的投影时，应先画反映实形的底面的水平投影（等边三角形），再画 $\triangle ABC$ 的正面投影和侧面投影，它们分别积聚成水平直线段；然后根据锥高再画顶点 S 的三面投影；最后将锥顶 S 与点 A、B、C 的同面投影相连，即得到三棱锥的三

面投影图。

在图 3-5(b)中,应特别注意水平投影和侧面投影之间必须符合前后的对应关系。

3. 正三棱锥表面取点

如图 3-6 所示,已知三棱锥表面上点 M 的正面投影 m' 及点 N 的正面投影(n'),求作它们的其余两投影。

由于三个棱面既有一般位置平面,又有特殊位置平面。位于特殊位置平面上的点,可直接利用积聚性作图,一般位置平面上点的投影,可在面上作辅助线,然后利用点、线从属关系求出其他两投影。

分析:点 M 所在的棱面 SAB 为一般位置平面,所以可利用过点 M 在该棱面上作辅助线来求解。点 N 所在的棱面 SAC 为侧垂面,其侧面投影积聚为一直线,所以点 N 的侧面投影在该直线上。

具体作图方法如下。

求点 M 的投影:

①由正面投影可知,M 点位于可见棱面 SAB 上,棱面 SAB 是一般位置平面,因此可过 S 及 M 点作辅助直线,即连接 $s'm'$ 并延长与 $a'b'$ 交于 $1'$;

②求出 SI 的水平投影 $s1$;

③因 M 点在 SI 上,利用点、线从属性,由 m' 求出 m,再根据投影规律,由 m、m' 求出侧面投影 m'',且点 m'' 可见。

求点 N 的投影:

由 N 点正面投影(n')可知,N 点位于棱面 SAC 上,棱面 SAC 为侧垂面,其侧面投影积聚成直线 $s''a''$,因此,N 点侧面投影 n'' 必在该直线段上,由(n')和 n'' 可求得水平投影 n。

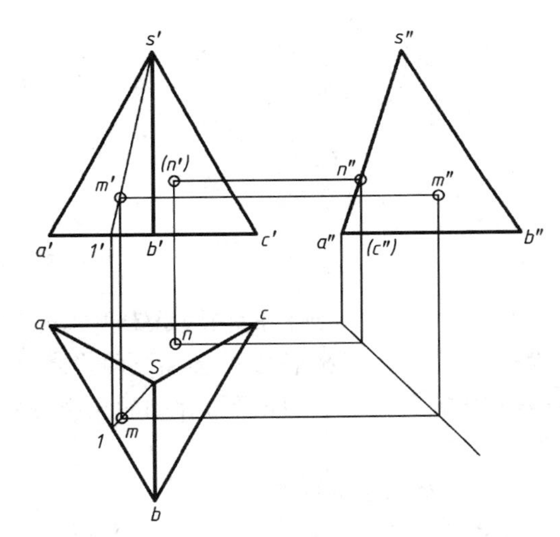

图 3-6　正三棱锥表面上的点

3.3　曲面立体

曲面立体由曲面或曲面和平面组成,曲面中最常见的为回转曲面。工程上最常见的回转体有圆柱、圆锥、圆球、圆环等。回转面是由一动线(或称母线)绕与它共面的一条定直线(轴线)旋转一周而成。母线在回转面上的任意位置称为素线。母线上任一点的运动轨迹皆为垂直于轴线的圆,称其为纬圆。它们的投影画法主要是把组成立体的回转面的轮廓或平面表示出来。回转面在投射时的转向轮廓素线是回转面在该投影面上可见面与不可见面的分界线,转向轮廓素线是对某一投影面而言的,即不同的投影面就有不同的转向轮廓素线。因此在绘制回转面投影时,必须注意作出该投影面的转向轮廓素线的投影。下面主要介绍常见曲面立体的投影画法及其表面上取点的方法。

3.3.1 圆柱的形成和画法及其表面取点

1. 圆柱的形成和投影分析

圆柱体是由圆柱面和顶面、底面所围成。圆柱面可以看成是由一直线 AA_1 绕与它平行的轴线 OO_1 回转而成，如图3-7(a)所示，因此，圆柱面上的素线都是平行于轴线的直线。

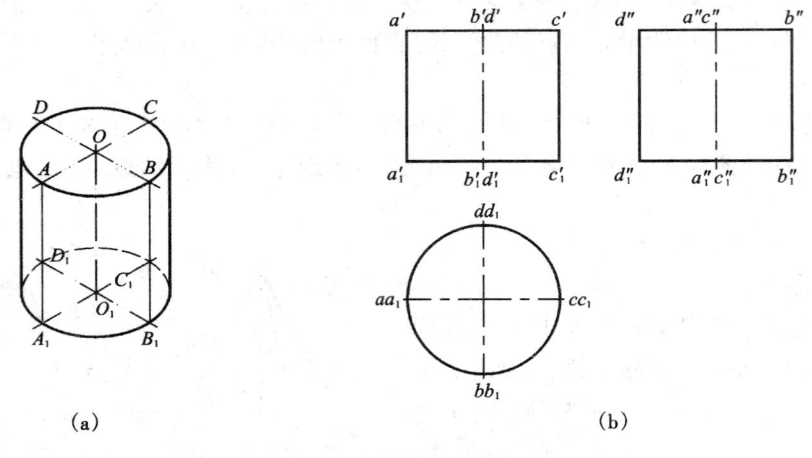

图3-7 图柱的形成与投影

在图3-7(a)中，圆柱的轴线是铅垂线，因此，圆柱面的所有素线都是铅垂线，圆柱面的水平投影积聚成一个圆，正面投影和侧面投影是大小相同的矩形。圆柱的顶面和底面均为水平面，其水平投影为圆，正面投影和侧面投影分别积聚成平行的两直线段，其长度和宽度等于圆的直径。

2. 圆柱的三面投影画法

圆柱的三面投影画法如图3-7(b)所示。

①先画对称中心线、轴线。要注意的是，在任何回转体的投影图中，必须画出轴线和圆的对称中心线(细点画线)。

②画出顶面和底面圆的三面投影。先画反映实形圆的水平投影，后画有积聚性的正面投影和侧面投影。

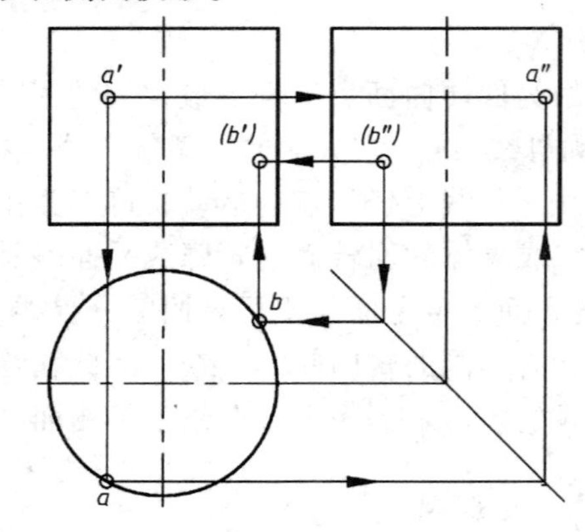

图3-8 圆柱面上点的投影

③画出确定曲面范围的最外面的轮廓线，如图3-7(b)所示。即正面投影画出的是圆柱面上最左和最右的两条转向轮廓素线 AA_1 和 CC_1(前、后两半圆柱可见性的分界线)的正面投影；侧面投影画出的是圆柱面上最前和最后的两条转向轮廓素线 BB_1 和 DD_1(左、右两半圆柱可见性的分界线)的侧面投影。

3. 圆柱表面上取点

已知圆柱表面上点 A 的正面投影 a' 和点 B 的侧面投影(b'')，求其余二投影，如图3-8所示。在图3-8中，由于圆柱的轴线垂直于水平面，所以圆柱面的水平投影有积聚性，凡是在圆柱面上的点或线水平投影一定积聚在圆上。

已知圆柱面上 A 点的正面投影 a'，其水平投影 a 必定在圆柱面的水平投影(圆)上，由 a' 位置可知，A 点位于前半个圆柱面上，由此可求得 A 点的水平投影 a，根据投影规律可求得 A 点的侧面投影 a''。

同样，由于 B 点在侧面投影上不可见，所以该点一定位于右、后圆柱面上，从而可求得 B 点的水平投影 b 和正面投影 b'，并且 b' 为不可见。

3.3.2　圆锥的形成和画法及其表面取点

1. 圆锥的形成和投影分析

圆锥是由圆锥面和底面所围成。圆锥面可以看成是由一直线 AA_1 为母线，绕与它相交的轴线 OO_1 旋转一周而成；母线的任一位置称为素线，圆锥面上所有素线均相交于一点，如图 3-9(a)所示。

图 3-9(c)是轴线垂直于水平面的圆锥体的三面投影，其正面投影和侧面投影是相同的等腰三角形，水平投影为圆。这个圆没有积聚性，因为圆锥面上所有素线都倾斜于水平面。从图 3-9(b)可知：在正面投影和侧面投影中，等腰三角形的底边是圆锥底面的投影，两腰是转向轮廓线的投影。其正面投影的转向轮廓线 $s'a'$ 和 $s'b'$ 是最左和最右两条素线 SA 和 SB(前半圆锥面可见和后半个圆锥面不可见的分界线)的正面投影，其侧面投影与点画线重合；侧面投影的转向轮廓线 $s''c''$ 和 $s''d''$ 是最前和最后两条素线 SC 和 SD(左半圆锥面可见和右半圆锥面不可见的分界线)的侧面投影，其正面投影与点画线重合。

2. 圆锥的三面投影画法

圆锥的三面投影画法如图 3-9(c)所示。

①先画中心线、轴线。

②画出底面圆的三面投影。先画反映实形的圆的水平投影，后画有积聚性的正面投影和侧面投影。

③圆锥面的水平投影和底面圆重合，正面投影和侧面投影是画出确定曲面范围的轮廓素

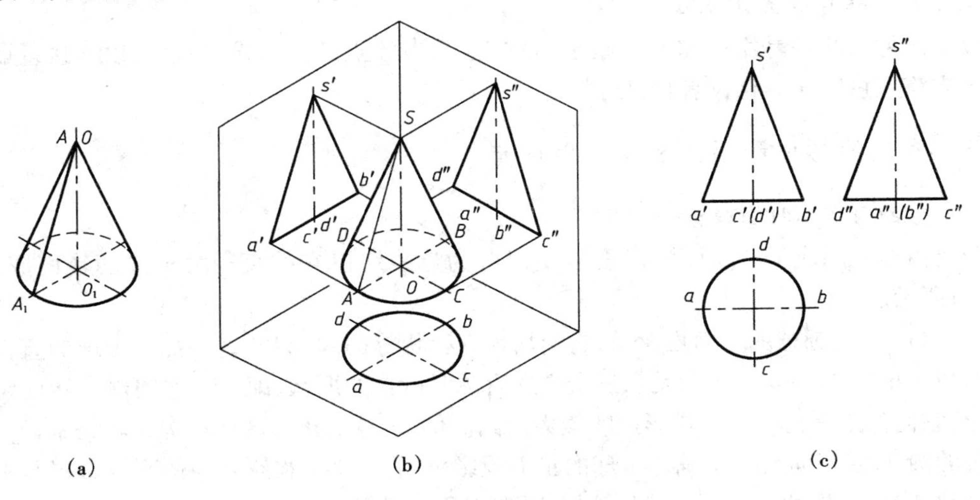

图 3-9　圆锥的形成与投影

线，显然，圆锥面的三个投影都没有积聚性。

3. 圆锥表面上取点

由于圆锥面的三个投影都没有积聚性，因此，不能像圆柱那样利用积聚性求表面上的点。图3-10(a)表示用辅助线法在圆锥面上取点的作图原理。即先通过已知点过锥顶作辅助素线；当圆锥轴线垂直于投影面时，也可使用垂直于圆锥轴线的辅助圆法。

[例] 已知圆锥面上点 A 的正面投影 a'，求其他两投影，如图3-10(b)。

[解法一] 辅助素线法 参阅图3-10(a)中的立体图，连 S 和 A，并延长 SA，交底圆于 I，因为 a' 可见，所以素线 SI 位于前半圆锥面上，由 $s'1'$ 求出 SI 的水平投影后，再按照点与直线的从属关系求其水平投影 a，然后根据投影规律求出侧面投影 a''，如图3-10(b)所示。

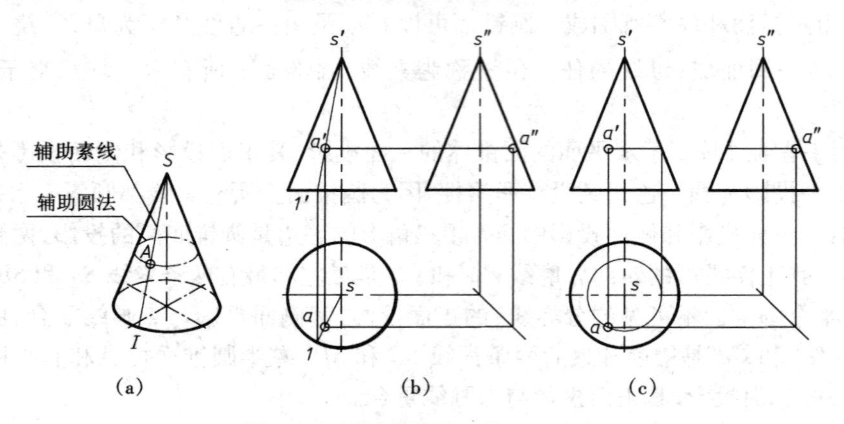

图3-10 用辅助线法在锥面上取点

[解法二] 辅助圆(纬圆)法 同样参阅图3-10(a)中的立体图。根据回转面的性质，圆锥直母线上任一点在回转运动中的轨迹总是圆，此圆所在平面垂直于轴线(即与底圆平行)。因此，通过点 A 在圆锥面上作垂直于轴线的辅助圆。其作图步骤如图3-10(c)所示：过点 a' 作水平线，它平行于底圆的正面投影，水平投影反映圆，其直径为圆锥轮廓范围内的长度，且 a 必在此圆周上。再由 a'、a 求出 a''。

以上两种方法都是用添加45°辅助线的方法来求 A 点的第三投影，也可以直接量取 a 的宽度求出第三投影 a''。请读者自己分析。

3.3.3 圆球的形成和画法及其表面取点

1. 圆球的形成和投影分析

球是由球面围成的。球面可以看成是以圆为母线绕以它的直径为轴线旋转而成，如图3-11(a)所示。

图3-11(c)是圆球的三面投影图，它们均为直径相等的圆，圆的直径都等于球的直径。从图3-11(b)可以看出：这三个圆是从三个方向看球时所得的形状，即三个方向球的转向轮廓线的投影，它们都是平行于相应投影面的最大的圆。例如：球的正面转向轮廓线就是平行于正面的最大的圆 A，其正面投影 a' 确定了球的正面投影范围，其水平投影 a 与侧面投影 a'' 与中心线重合。圆 A 是前、后两半球可见性的分界线圆，对 V 面来讲，前半球可见，后半球不可见。同理，圆 B、C 分别为球面上平行于 H、W 面的最大的圆。圆 B 为上半球可见、下半球不可见的分

界线圆,圆 C 为左半球可见、右半球不可见的分界线圆。

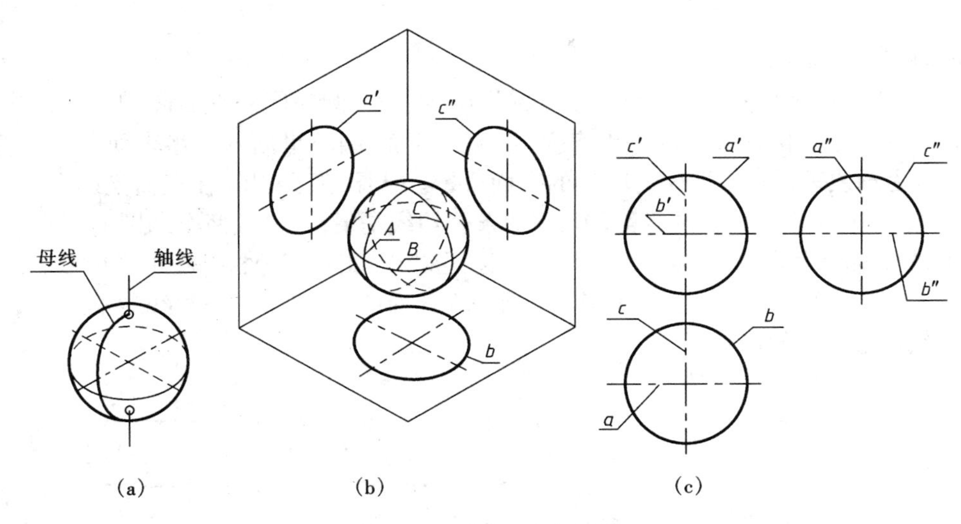

(a)　(b)　(c)

图 3-11　球的形成与投影

很显然,虽然球的三个投影皆为等径的圆,但三个圆是不同部位的球面轮廓线的投影。画投影图时,应先画出各个投影圆的中心线,再画出与圆球直径相等的三个圆。

2. 圆球面上取点

如图 3-12 所示,已知球面上 M 点的水平投影 m 及 N 点的侧面投影 n'',求其余两个投影。

如果点在圆球的转向线上,则可用点与线的从属性直接作图。如果点在球面上,因为球面的三个投影都没有积聚性,而且球面上不存在直线,所以应采用辅助圆法,即过已知点作平行于某一投影面的辅助圆,该圆的另两个投影均积聚成直线。那么点的一个投影在辅助圆的反映实形的投影——圆上,另两个投影分别在该圆的积聚性投影上。

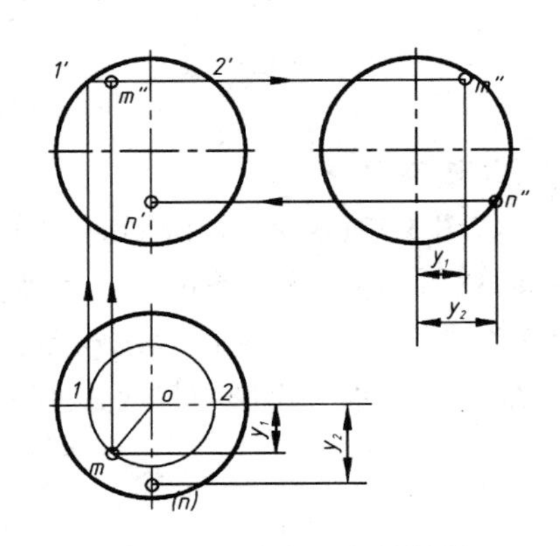

图 3-12　球面上点的投影

由于点 M 在球面上,所以需用辅助圆法求解。由点 M 的水平投影 m 可知,点 M 在球的前、上、左 1/4 个球面上;点 N 在球的侧面转向轮廓线上,且在前、下半球面上。

其作图步骤如下。

求点 M 的投影:

①以 o 为圆心,om 为半径作圆得 1、2 两点,再作出 1、2 两点的正面投影 $1'$、$2'$(在正面投影图的圆周上),m'必在水平圆的正面投影 $1'$、$2'$连线上,利用点的投影规律作出 m',由 m 和 m'求出 m'';

②判别可见性:m'、m''可见。

求点 N 的投影:

①由 n''根据正面投影与侧面投影要等高,在正面投影中心线上作出 n',然后作出点的水平投影 n;

②判别可见性:n'可见,n 不可见。

3.3.4 圆环的形成和画法

1. 圆环的形成和投影分析

如图 3-13(a)所示,圆环可以看成是以圆为母线,绕与圆在同一平面内,但不通过圆心的轴线 OO_1旋转而成。圆环外面的一半表面,称为外环面,圆环里面的一半表面,称为内环面。图 3-13(b)为轴线垂直于水平面的圆环的三面投影。从图中可看出,在正面投影中,左、右两个圆是最左、最右两个素线圆的投影,上、下两条公切线是最高、最低两个纬圆的投影,它们都是对正面的转向轮廓线。环的侧面投影与正面投影相似,请自行分析。在水平投影上,大圆为外环面的上、下半环分界线的水平投影, 小圆为内环面的上、下半环分界线的水平投影,点画线圆为母线圆心轨迹的水平投影。

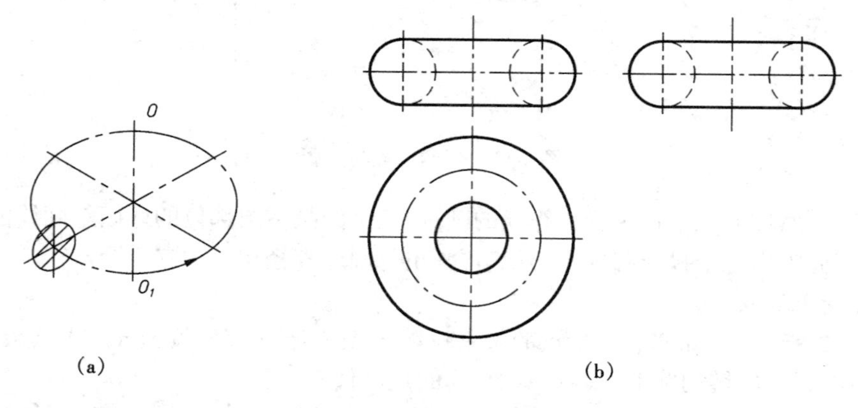

图 3-13 圆环形成与投影

2. 圆环画法

如图 3-13(b)所示,画图时,先画出各图的中心线、轴线;再画正面投影中平行于正面的素线圆,然后画上、下两条轮廓线,它们是内、外环面的分界处的圆的投影。因为圆环的内环面从前面看是看不见的,所以素线圆靠近轴线的一半应该画成虚线;侧面投影与正面投影的画法类同;最后画出水平投影中最大最小轮廓圆和中心线圆,即完成作图。

思考与习作

(1)什么是平面立体?什么是回转体?

(2)回转体是如何形成的?它的投影有何特点?

(3)试叙述画回转体三面投影图的步骤。

(4)如何根据立体表面上点的一个投影,求其他两投影?

第 4 章　截切立体的投影

4.1　概述

4.1.1　概念与术语

立体被平面所截称为截交。截交时，与立体相交的平面称为截平面，该立体称为截切体，截平面与立体表面的交线称为截交线，如图 4-1 所示。

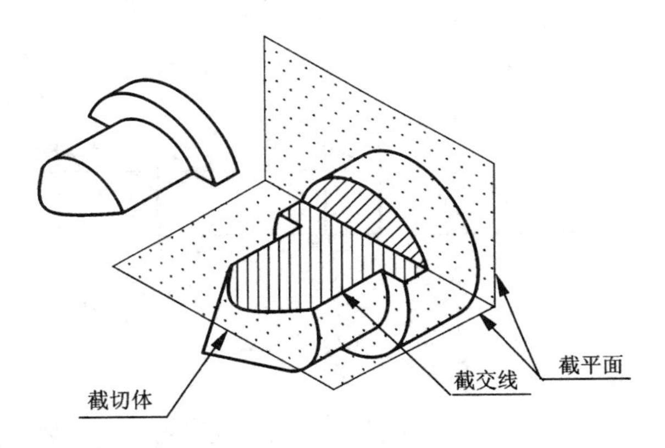

图 4-1　平面与回转体相交

画截切立体的三面投影时，不但要画出截切立体表面上截交线的投影，还要画出立体轮廓线的投影。

4.1.2　截交线的性质与形状

1. 截交线的性质

①共有性：截交线是平面截切立体表面而形成的，所以截交线是立体表面与截平面的共有线，截交线上的点也是它们的共有点。

②封闭性：由于立体表面具有一定的范围，所以截交线必定是封闭的平面曲线或折线。

2. 截交线的形状

截交线的形状与被截切立体的形状及截平面与立体的相对位置有关。

根据上述截交线的性质，求截交线的方法可归结为求截平面与立体表面一系列共有点的问题，也就是表面取点法。

4.2 平面与平面立体相交

平面与平面立体相交所产生的截交线是一个多边形，它的顶点是平面立体的棱线或底边与截平面的交点，它的边是截平面与平面立体表面的交线。常见的平面立体有棱柱和棱锥。下面以六棱柱和三棱锥为例说明平面立体截交线的求解过程。

4.2.1 平面与正六棱柱相交

［例 1］ 已知斜截正六棱柱的正面投影和水平投影，求其侧面投影。

［解］ 分析：由图 4-2 可以看出，六棱柱的轴线是铅垂线，它被一个正垂面斜截掉上面一部分，所得截交线是六边形，六边形的各个顶点是六棱柱各棱线与截平面的交点。截交线的正面投影积聚成一段直线，截交线的水平投影与正六边形重合。求斜截六棱柱的侧面投影时，既要求出截交线的侧面投影，也要求出六棱柱各棱线及底面的侧面投影。

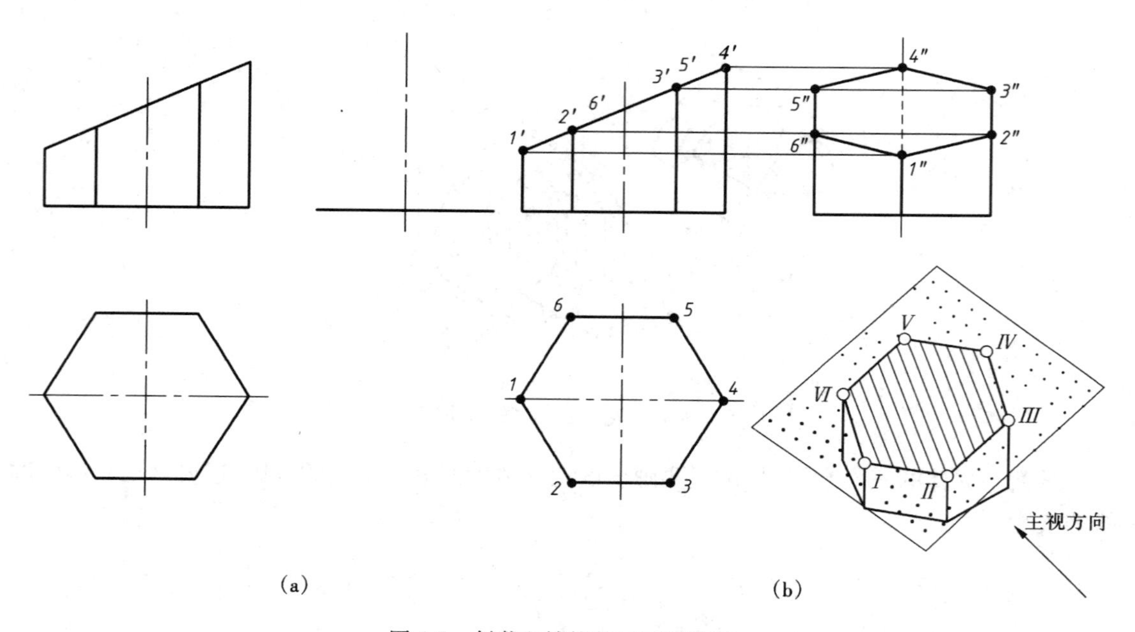

图 4-2 斜截六棱柱的三面投影图

作图步骤如下。

(1)画出完整六棱柱的侧面投影。

(2)求截交线的侧面投影。

①由截交线各顶点的正面投影 1′、2′、3′、4′、5′、6′可在六棱柱相应棱线的侧面投影上求得各点的侧面投影 1″、2″、3″、4″、5″、6″。

②依水平投影的顺序，连接 1″、2″、3″、4″、5″、6″、1″即得到截交线的侧面投影，它与截交线的水平投影成类似形。

(3)确定各棱线的侧面投影，并判别可见性。

截交线的侧面投影均可见。各棱线的投影到它们与截平面交点的投影为止，其余部分要擦去。Ⅳ点所在的棱线的侧面投影不可见,应画成虚线,其下面一段虚线与点Ⅰ所在棱线侧面投影的粗实线重合,不再画出。

(4)检查、加深图线,完成全图。

综上所述,求截切立体投影图的步骤可归结如下:

①画出完整立体的投影;

②求截交线的投影;

③整理立体轮廓线,判别可见性;

④检查、加深图线,完成全图。

4.2.2　平面与三棱锥相交

[例 2]　求图 4-3 中三棱锥 *S-ABC* 被正垂面 *P* 截切后的投影。

[解]　分析:由图 4-3 可以看出,平面 *P* 与三棱锥的三个棱面相交,交线为三角形,三角形的顶点是三棱锥三条棱线 *SA*、*SB*、*SC* 与平面 *P* 的交点。

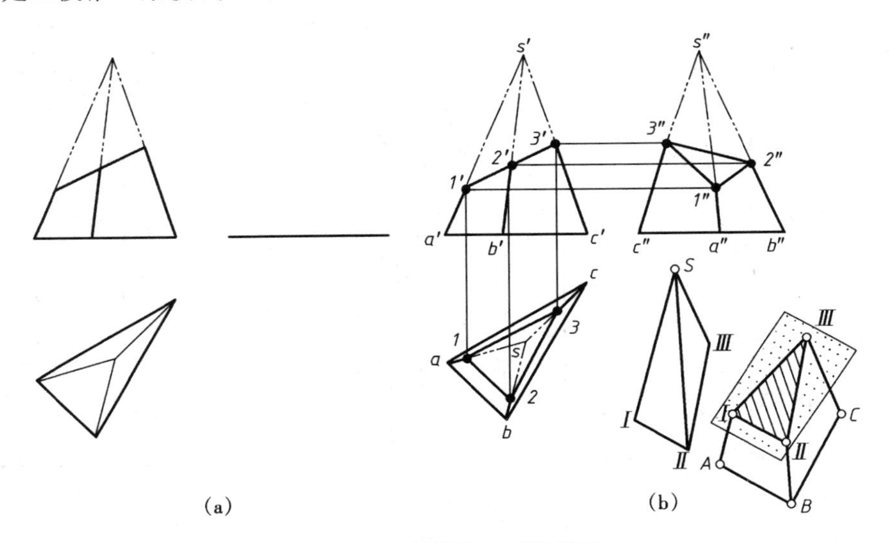

图 4-3　三棱锥的三面投影图

作图步骤如下。

(1)画出完整三棱锥的侧面投影。

(2)求截交线上的点。

①棱线 *SA*、*SB*、*SC* 与截平面 *P* 的交点Ⅰ、Ⅱ、Ⅲ的正面投影为 1′、2′、3′,所得直线 1′2′3′即为截交线的正面投影。

②由 1′、2′、3′引出作图线,分别与 *sa*、*sb*、*sc* 和 *s″a″*、*s″b″*、*s″c″*交于 1、2、3 和 1″、2″、3″。

(3)依次连线,判别可见性。按截交线的投影顺序,连接所得各点的水平投影和侧面投影,得到截交线的水平投影和侧面投影。由于三个棱面的水平投影和棱面 *SAB*、*SAC* 的侧面投影都可见,因此在其上的截交线的同面投影也都可见,画成粗实线;棱面 *SBC* 的侧面投影本不可见,但因锥顶被截掉,在其上的截交线的侧面投影 2″3″可见,应画成粗实线。

(4)检查、加深图线,完成全图。

三棱锥的棱线 SA、SB、SC 由于被平面所截，所以它们的投影应画到棱线与截平面的交点处为止，其余部分应擦去。

4.3 平面与回转体相交

在实际物体中，常见的回转体有圆柱、圆锥、球、环及圆弧回转体等。分析截交线的形状有助于我们对形体的了解和投影作图。平面截切回转体，截交线一般是由曲线或曲线与直线组成的封闭的平面图形，它的形状取决于回转体的种类和截平面与体的相对位置。当其投影为非圆曲线时，可以利用表面取点的方法求出截交线上一系列点的投影，再连成光滑的曲线。

4.3.1 平面与圆柱相交

圆柱被不同位置平面所截时，其截交线的形状有如下三种情况（参看表 4-1）。

表 4-1 平面与圆柱面的交线

截平面的位置	垂直于圆柱轴线	平行于圆柱轴线	倾斜于圆柱轴线
立体图	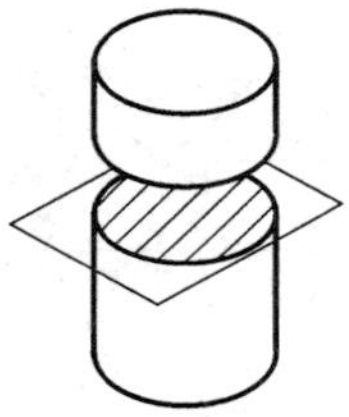	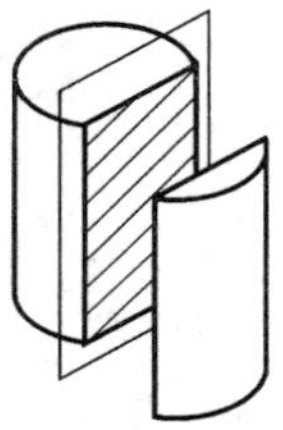	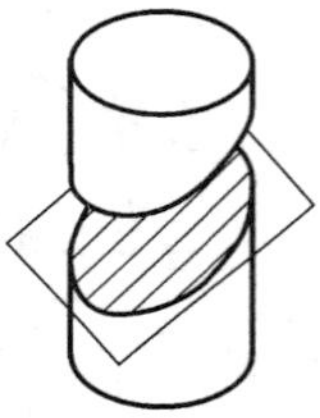
三面投影图	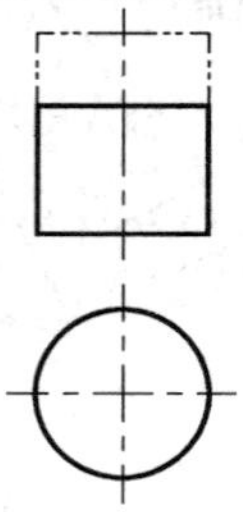	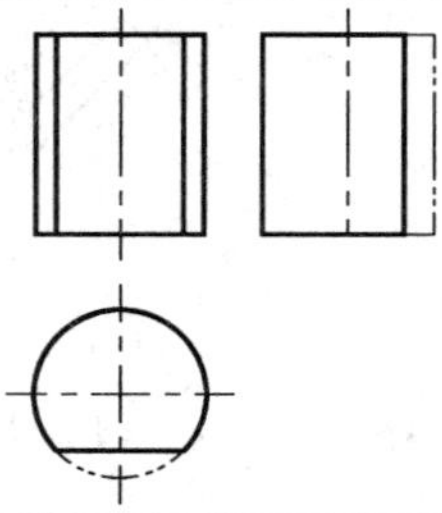	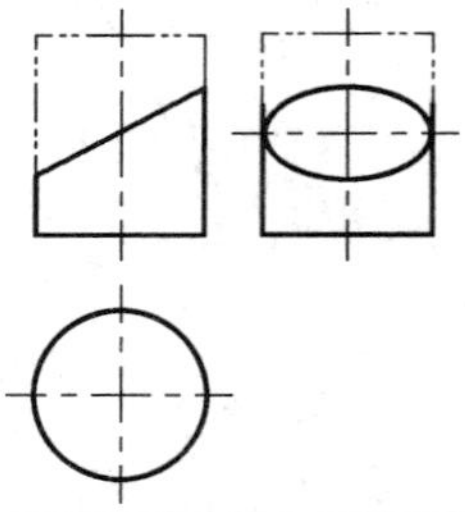
截交线的形状	圆	矩形	椭圆

①截平面与圆柱轴线垂直时，截交线为圆，其水平投影与圆柱面的水平投影重合，正面投影和侧面投影分别积聚成直线段。

②截平面与圆柱轴线平行时，截平面与圆柱面的交线为平行于圆柱轴线的两条平行线，与圆柱的截交线为矩形。由于截平面为正平面，所以截交线的正面投影反映实形；水平投影和侧面投影分别积聚成直线段。

③截平面与圆柱轴线倾斜时，截交线为椭圆，其正面投影积聚成直线段，水平投影与圆柱面的水平投影重合，侧面投影为椭圆。

下面举例介绍截切圆柱的作图步骤。

[**例** 3] 如图 4-4 所示，在圆柱上铣出一个方形槽，已知它的正面及水平投影，求其侧面

投影。

［解］　分析:圆柱方形槽是由三个截平面截切形成的,两个左右对称且平行于圆柱轴线的侧平面,它们与圆柱面的截交线均为平行于圆柱轴线的两条直线,与上顶面的截交线为两条正垂线;另一个截平面是垂直于圆柱轴线的水平面,它与圆柱面产生的截交线是两段水平圆弧。同时,三个截平面之间产生了两条交线,是正垂线。

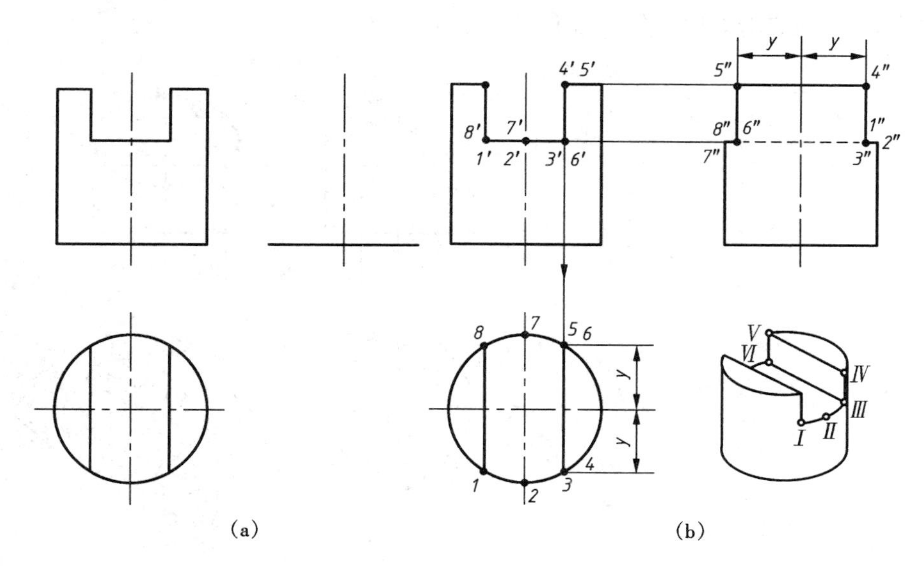

图 4-4　开槽圆柱的三面投影图

作图步骤如下。

(1)画出完整圆柱的侧面投影。

(2)求截交线的侧面投影。

①求出侧平面与圆柱面产生截交线的投影,即立体图上的直线段ⅢⅣ、ⅤⅥ投影。在已知的正面投影上取点的投影 3′、4′、5′、6′,利用表面取点法,由 3′、4′、5′、6′得到 3、4、5、6,再用分规在水平投影中量取 y,以前后对称面为基准,在侧面投影上量取 y,可求得 3″、4″、5″、6″。

②求出水平截面与圆柱面产生的截交线的投影,即图中两段圆弧。圆弧上点Ⅲ的侧面投影已经求出,点Ⅱ的侧面投影可由正面投影 2′和水平投影 2 直接求出。

③求出侧平截面与水平截面产生的交线的投影,即图中的直线段ⅢⅥ。交线上的点Ⅲ、Ⅵ也是水平截交线圆弧上的点,因此,它们的侧面投影 3″、6″已经求出。

④按照截交线水平投影的顺序,依次连接所得各点的侧面投影。

(3)整理轮廓线,判别可见性。

三个截平面与圆柱面产生交线的侧面投影均可见,应画成粗实线;截平面之间的交线其侧面投影不可见,应画成虚线;圆柱面侧面投影的轮廓线画到 2″、7″为止,其余部分擦去。

(4)检查、加深图线,完成全图。

［例 4］　已知斜截圆柱的正面投影和水平投影,求其侧面投影,如图 4-5(a)所示。

［解］　分析:由于正垂截面倾斜于圆柱的轴线,截交线的空间形状是一个椭圆,圆柱的轴线为铅垂线,截交线的正面投影积聚为一直线,水平投影与圆重合,侧面投影一般为椭圆,但不反映实形,如图 4-5(b)所示。

作图步骤如下。

(1)画出完整圆柱的侧面投影。

(2)求截交线的侧面投影。

①求截交线上特殊点的侧面投影。特殊点(主要指最高、最低、最左、最右、最前、最后或转向轮廓线上的点)如图4-5(b)所示的点Ⅰ、Ⅱ、Ⅲ、Ⅳ,它们也是椭圆长短轴的端点。由圆柱面轮廓线上的点Ⅰ、Ⅱ、Ⅲ、Ⅳ的正面投影1′、2′、3′、4′,按照点线从属关系可直接得到其侧面投影1″、2″、3″、4″,它们的水平投影分别为1、2、3、4。

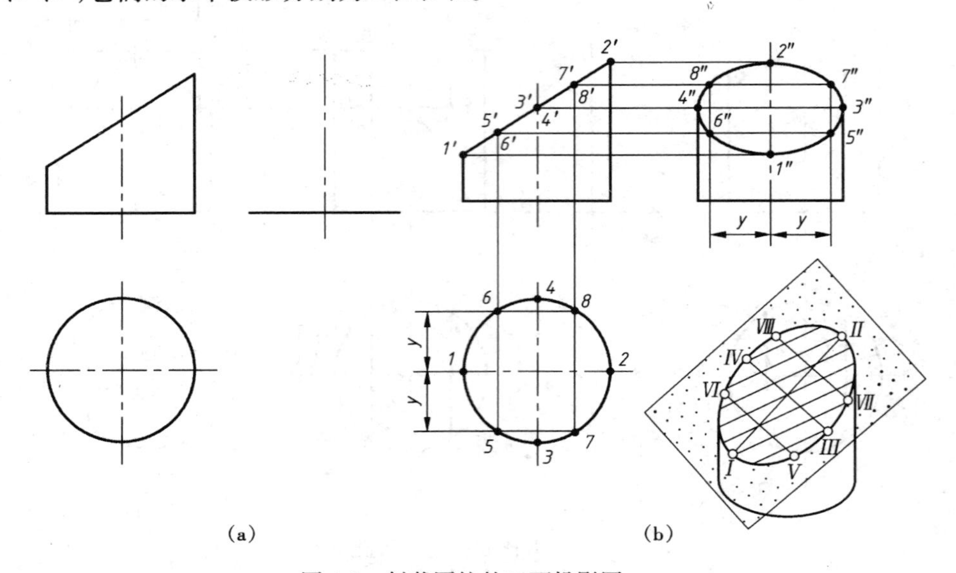

图4-5 斜截圆柱的三面投影图

②求截交线上一般位置点的侧面投影。为了使截交线作图比较准确,便于连线,还应在特殊点之间的适当位置取截交线上的若干个一般位置点。例如图中的Ⅴ、Ⅵ、Ⅶ、Ⅷ四个点。已知Ⅴ、Ⅵ点的正面投影5′、6′,利用圆柱表面取点的方法,由5′、6′得到5、6,再用分规在水平投影中量取y,以前后对称面为基准,在侧面投影上量取y,可求得5″、6″。同理,可得7″、8″。

③按照截交线的水平投影的顺序,平滑连接所求得的各点的侧面投影,得到截交线的侧面投影。

(3)整理轮廓线的侧面投影,判别可见性。

圆柱面轮廓线的侧面投影应画到3″、4″为止,其余部分应擦去。侧面投影的所有图线均可见,都应画成实线。

(4)检查、加深图线,完成全图。

圆柱切口、开槽、穿孔是机械零件中常见的结构,应熟练地掌握其投影的画法,图4-6是空心圆柱被水平截面与侧平截面组合截切后的投影,其外圆柱面截交线的画法与[例1]相同。内圆柱面的截交线画法与外圆柱面截交线的画法类同。但要注意,水平截面与侧平截面之间交线的侧面投影、圆柱孔的轮廓线、截平面与圆柱孔的截交线的侧面投影均不可见,应画成虚线,如图4-6(b)所示。

4.3.2 平面与圆锥相交

平面截切圆锥,当截平面与圆锥轴线的相对位置不同时,圆锥表面上便产生不同的截交

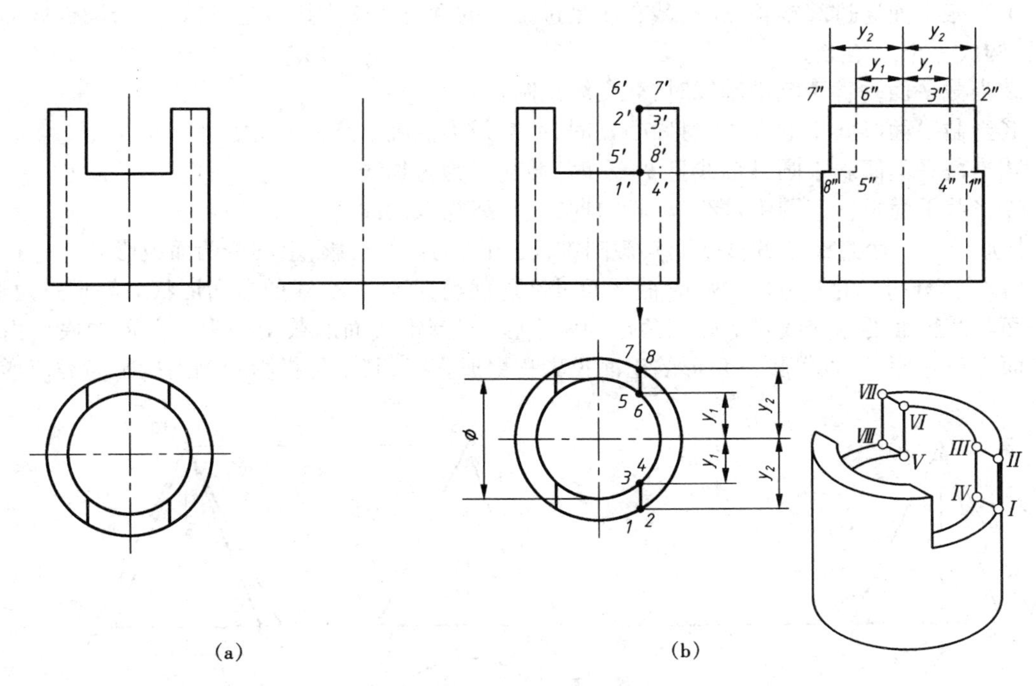

图 4-6　空心圆柱组合截切的三面投影图

线，如表 4-2 所示，其基本形式有五种。其中 α 角为圆锥顶半角，θ 角为截平面与圆锥轴线的夹角。

表 4-2　平面与圆锥面的交线

截平面的位置	过锥顶	不过锥顶			
		垂直于轴线	倾斜于轴线		平行于轴线（$\theta=0°$）
			$\theta>\alpha$	$\theta=\alpha$	
立体图					
截交线形状	过锥顶的两条相交直线	圆	椭圆	抛物线	双曲线
三面投影图					

①当截平面通过圆锥顶点时，截交线是过锥顶的两条相交直线，加上截平面与圆锥底面的交线，构成一个三角形。

②当截平面垂直于圆锥轴线时，截交线是圆。

③当截平面倾斜于圆锥轴线且 $\theta > \alpha$ 时，截交线为椭圆。

④当截平面倾斜于圆锥轴线且 $\theta = \alpha$ 时，截交线为抛物线。

⑤当截平面平行于圆锥轴线（$\theta = 0°$）时，截交线为双曲线。

［例 5］ 一个过锥顶的截平面斜截圆锥，已知它的正面投影，求其余两面投影。

［解］ 分析：如图 4-7(b)所示，截平面过锥顶截切圆锥，截交线的空间形状为等腰三角形，截平面与圆锥面的截交线是等腰三角形的两个腰，与圆锥底面的截交线为三角形的底。由于截平面为正垂面，所以等腰三角形的正面投影积聚成直线，其水平投影和侧面投影为类似形。

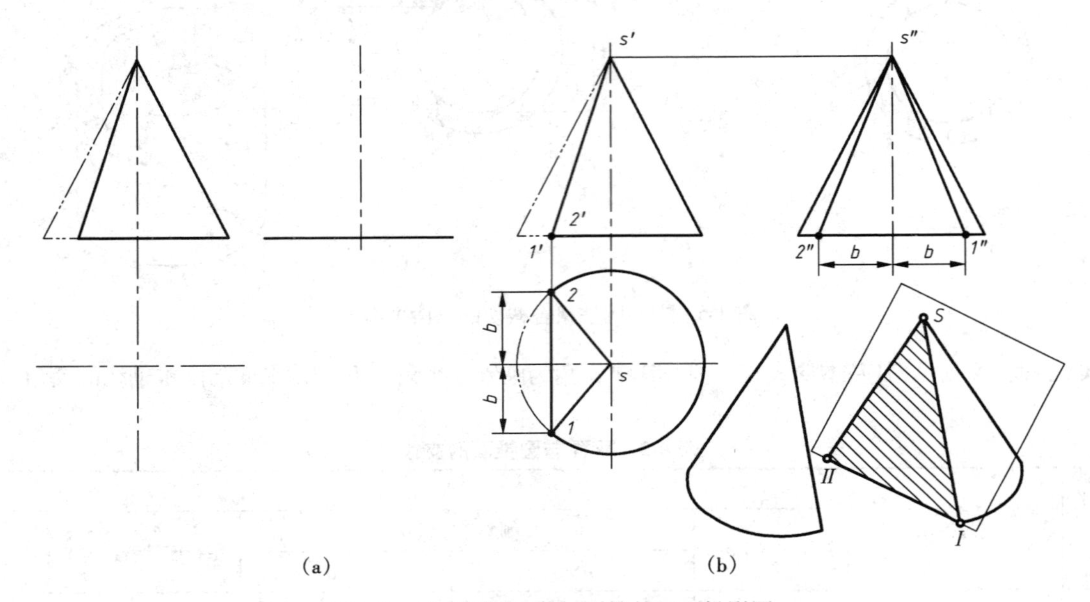

图 4-7 过锥顶平面截切圆锥的三面投影图

作图步骤如下。

(1)画出完整圆锥的水平投影和侧面投影。

(2)求截交线的水平投影和侧面投影。

由截交线 Ⅰ、Ⅱ 两个端点的正面投影 1′、2′，先求水平投影 1、2，然后再根据“宽相等”求侧面投影 1″、2″。连接 Ⅰ、Ⅱ 以及锥顶点 S 的同面投影，可求得截交线的水平投影和侧面投影，即 △$s12$ 和△$s''1''2''$。

(3)整理轮廓线，判别可见性。

截交线的三面投影均可见，应画成粗实线。圆锥轮廓线的投影中，双点画线部分应擦去。

(4)检查、加深图线，完成全图。

［例 6］ 求图 4-8 所示正垂面截切圆锥的投影。

［解］ 分析：因为正垂面倾斜于圆锥轴线，且 $\theta > \alpha$，所以截交线在空间是椭圆。由于椭圆垂直于正面投影面，所以截交线的正面投影积聚成一直线段，反映椭圆长轴的实长。又因为椭圆倾斜于水平及侧面投影面，具有类似形，所以需要求出椭圆上一系列点的水平和侧面投影，再将同面投影顺序光滑连线，即得截交线的水平投影和侧面投影。

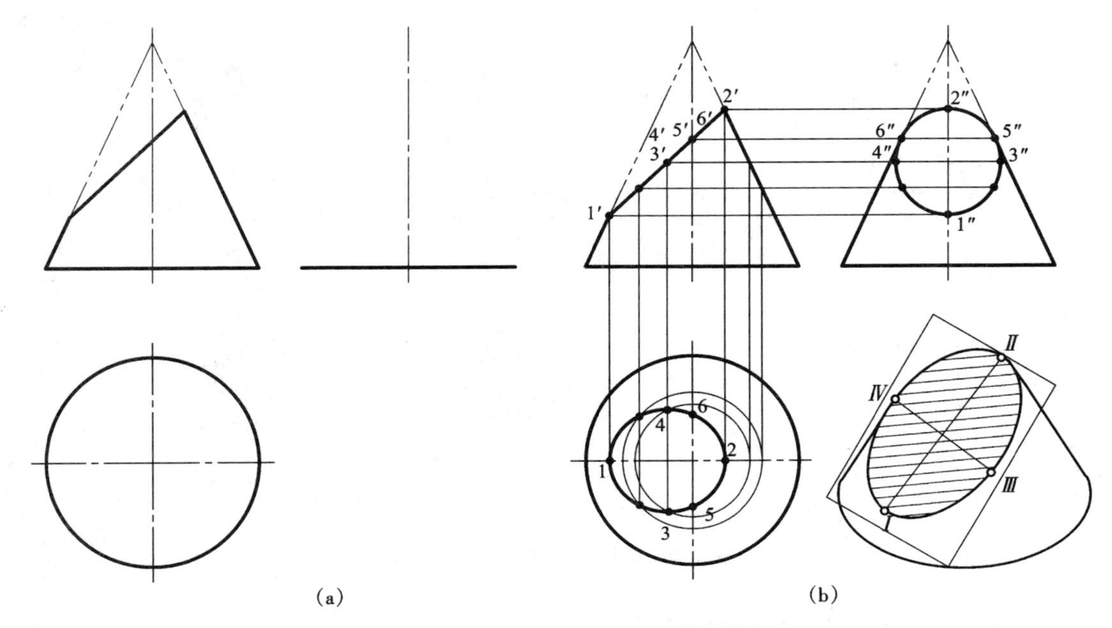

图 4-8　正垂面截切圆锥的三面投影图

作图步骤如下。

(1)画出完整圆锥的水平投影和侧面投影。

(2)求截交线的投影。

①求截交线上特殊点的投影。

a. 求圆锥轮廓线上点的投影。圆锥轮廓线上的点是指圆锥正面转向轮廓线上的点Ⅰ、Ⅱ及圆锥侧面转向轮廓线上的点Ⅴ、Ⅵ。

b. 求椭圆长短轴端点的投影。

椭圆长轴的端点Ⅰ、Ⅱ可根据它们的正面投影 1′、2′直接得到其水平及侧面投影。椭圆短轴的端点Ⅲ、Ⅳ(1′、2′连线的中点)可根据它们的正面投影,利用辅助圆法得到它们的其他两面投影。

②求一般位置点的投影。

利用辅助圆法或辅助素线法,求适当数量的一般位置点的投影,如图 4-8(b)所示。

③光滑连线,判别可见性。

将求得的各点按投影顺序光滑连接,从而得到截交线的水平及侧面投影。

(3)整理轮廓线

圆锥侧面投影轮廓线应画到 5″和 6″为止,其上部分不存在,应擦去。

(4)检查、加深图线,完成全图。

[例 7]　已知带切口圆锥的正面投影,如图 4-9(a)所示,求其水平和侧面投影。

[解]　分析:图 4-9(b)中的切口是由两个平面截切圆锥形成的。一个是通过锥顶的正垂面,它与圆锥面产生的截交线为过锥顶的两相交直线;另一个是垂直于圆锥轴线的水平面,它与圆锥面产生的截交线为圆弧。

作图步骤如下。

(1)画出完整圆锥的水平投影和侧面投影。

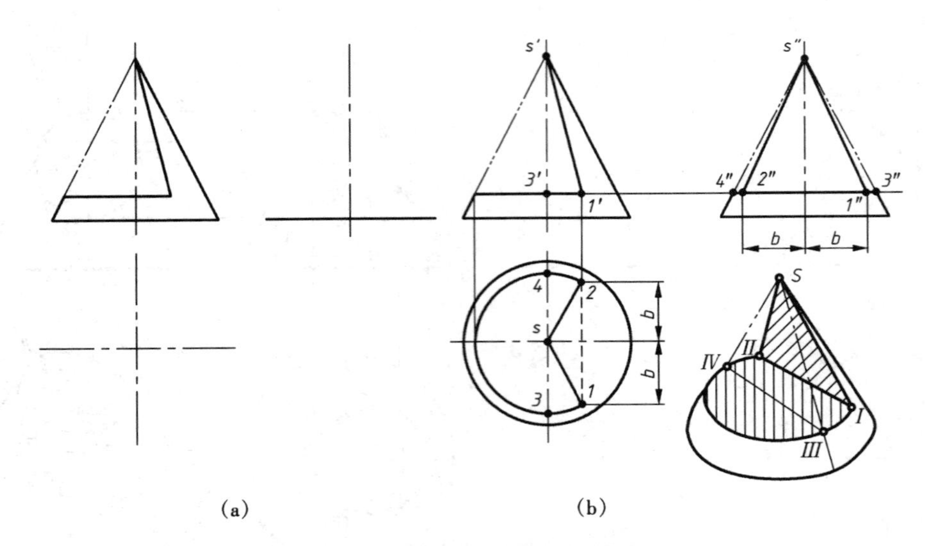

图 4-9　切口圆锥的三面投影图

(2)求截交线的水平投影和侧面投影。

(3)整理轮廓线,判别可见性。

在两个投影中,只有水平投影的直线 12 不可见,其余图线均可见。在水平投影及侧面投影中,画双点画线部分的圆锥轮廓线不存在,应擦去。

(4)检查、加深图线,完成全图。

4.3.3　平面与球相交

平面截切球时,不论截平面的位置如何,截交线的形状均为圆,该圆的直径大小与截平面到球心的距离有关,但由于截平面相对于投影面的位置不同,截交线投影的形状也不同,如表 4-3 所示。

表 4-3　平面与球面的交线

截平面位置	平行于投影图		垂直于投影图
	水平面	正平面	正垂面
立体图	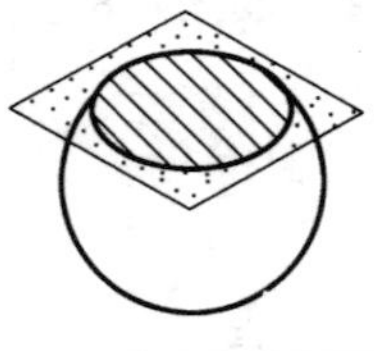	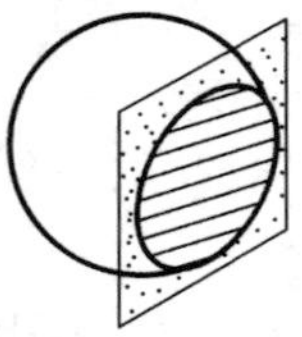	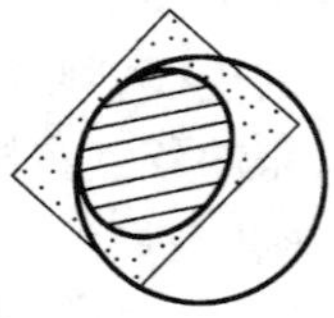
三面投影图	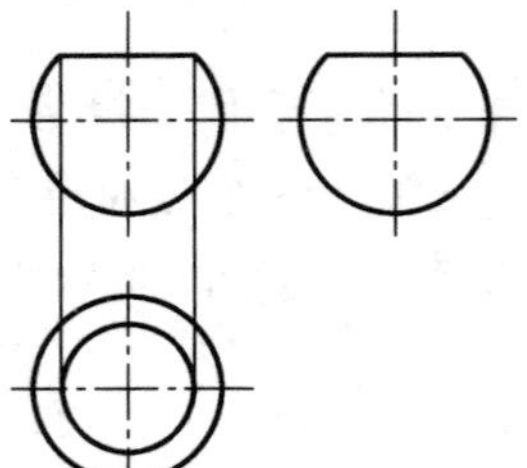	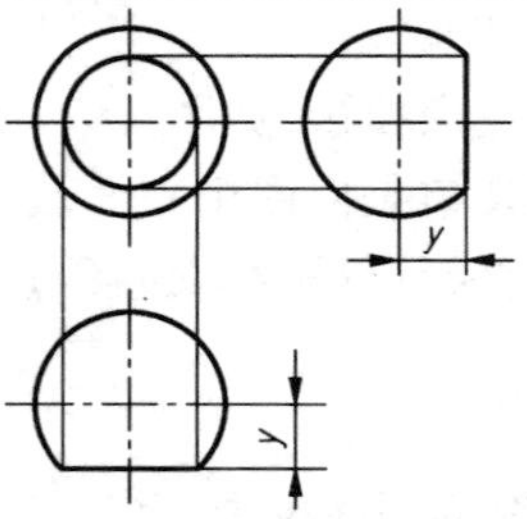	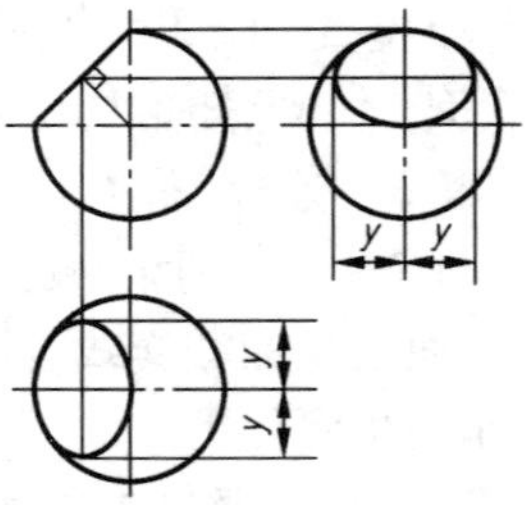

下面举例介绍截切球的作图步骤。

[**例 8**]　求图 4-10(a)所示球切槽的侧面投影和水平投影。

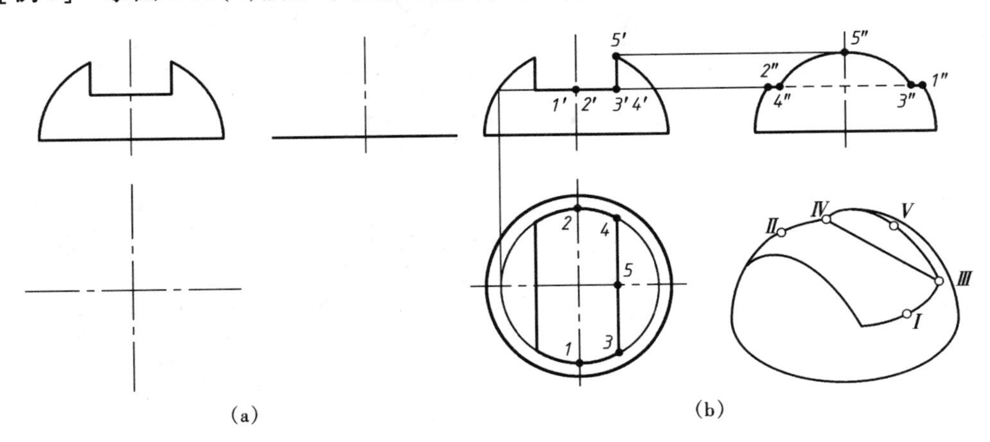

图 4-10　半球切槽的三面投影图

[**解**]　分析:槽是由两个侧平面和一个水平面截切球形成的,左右对称。两个侧平截面与球面的截交线均为一段圆弧,与水平截面的交线为正垂线,其侧面投影反映实形。水平截面与球面的截交线是两段圆弧,其水平投影反映实形圆弧。如图 4-10(b)所示。

作图步骤如下。

(1)画出半球的水平投影和侧面投影。

(2)分别画出各截平面的水平投影和侧面投影(画截平面的投影,就是画出截平面与立体表面的截交线及截平面之间交线的投影)。

(3)整理水平投影和侧面投影的轮廓线,判别可见性,擦去不要的图线。

侧面投影上,直线 3″4″不可见,应画成虚线。球的轮廓大圆只画到 1″、2″为止。

(4)检查、加深图线,完成全图。

[**例 9**]　如图 4-11(a)所示,求正垂平面截切球的水平及侧面投影。

[**解**]　分析:截交线的空间形状为圆,它的正面投影为直线段,其长度为截交线圆的直径;截交线圆的水平投影和侧面投影分别为椭圆,如图 4-11(b)所示。

作图步骤如下。

(1)画出球的水平投影和侧面投影。

(2)求截交线的水平投影和侧面投影。

① 求特殊点的投影。

截交线的正面投影上的点 1′、2′和 5′、6′及 7′、8′分别是球的正面、水平及侧面转向轮廓线上的点,它们对应的水平和侧面投影可直接求出。截交线的水平及侧面投影都是椭圆,它们的短轴分别为 12 和 1″2″。在正面投影上可以求出直线段 1′2′的中点 3′4′,利用辅助圆法求出其水平投影和侧面投影,即可得两个椭圆的长轴。

②求一般点的投影。

在 1′2′上再取适当数量的一般点,然后利用辅助圆法求出这些点的水平及侧面投影,图中未表示,读者可自己作图。

③依次光滑连线。

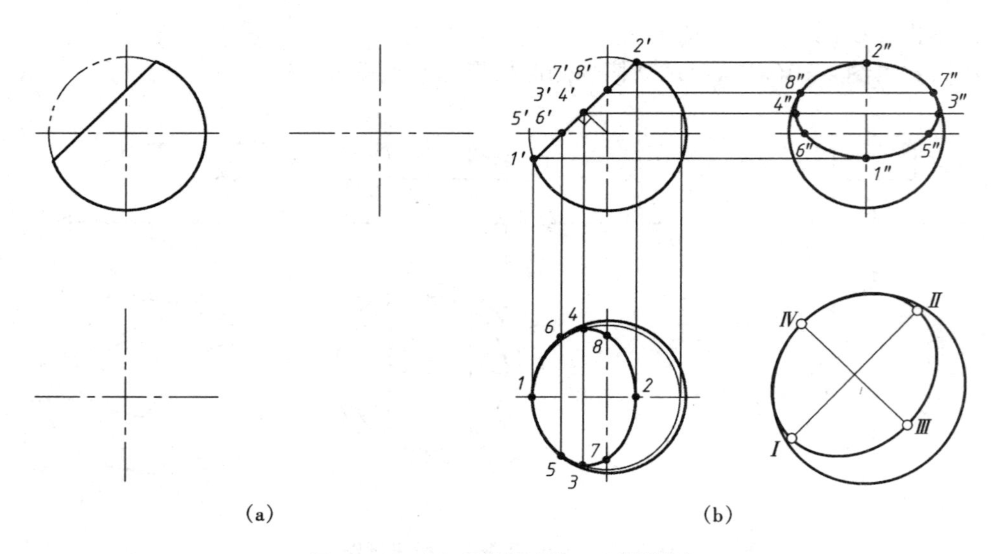

图 4-11 正垂面截切球的三面投影图

将所得各点按投影顺序光滑连线,即得所求截交线的投影。

(3)整理轮廓线,判别可见性。

水平投影上,球的轮廓线画到 5、6 为止。侧面投影上,球的轮廓线上边画到 7″、8″为止。截交线的水平及侧面投影均可见。

(4)检查、加深图线,完成全图。

4.3.4 平面与组合回转体相交

有的机件是由组合回转体被平面截切而成的,在求作其截交线时,应先分析组合回转体由哪些基本回转体组成及其连接关系,然后分别求出这些基本回转体上的截交线,并依次将其连接,即得所求组合回转面上的截交线投影。

[**例** 10] 求图 4-12 所示吊环的截交线。

[**解**] 图中吊环主体是由直径相等的半球和圆柱光滑相切组成的,因此,在投影图上没有分界线。它的左右两侧各用侧平面和水平面截去一部分,并在中间挖出圆柱孔。侧平面截半球所得的截交线为半圆,截圆柱所得的截交线为与轴线平行的两条直线,半圆和直线相切。水平面截圆柱所得截交线为圆弧。

作图步骤如图 4-12(b)所示。由于截平面的正面投影有积聚性,利用平面截切球和平面截切圆柱的作图方法求出其水平及侧面投影。

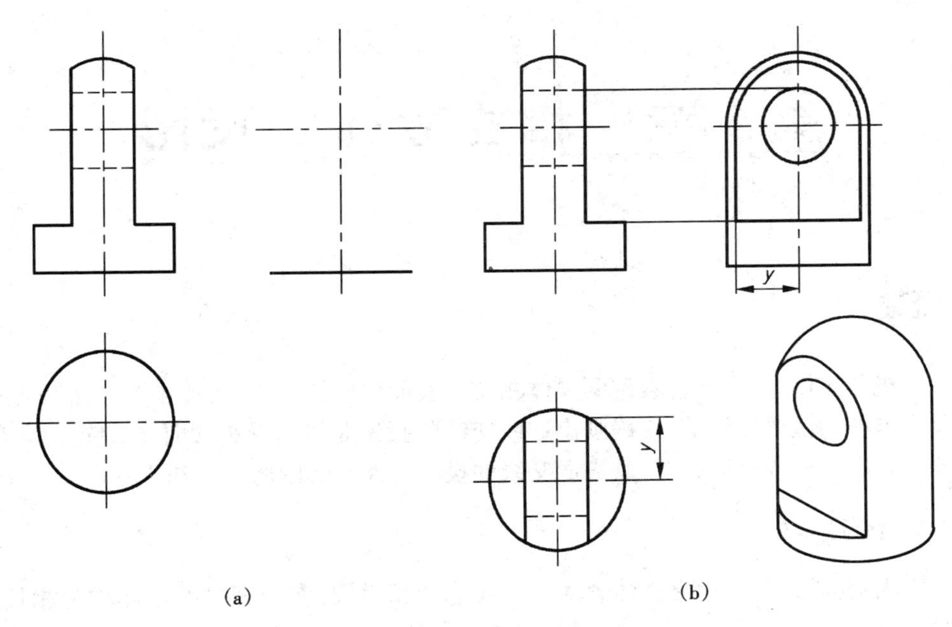

图 4-12　吊环的三面投影图

思考与习作

(1)截交线是怎样形成的？为什么平面立体的截交线一定是截平面上的多边形？多边形的顶点和边分别是平面立体上的哪些几何元素与截平面的交点和交线？

(2)当截平面是投影面的垂直面时，怎样求作平面立体的截交线？

(3)回转体的截交线通常是什么形状？还可能出现其他的哪些形状？当截平面为特殊位置平面时，怎样作回转体的截交线？

(4)怎样的点是回转体截交线上的特殊点？怎样的点是回转体截交线上的一般点？作图时，在可能和方便的情况下，应作出哪些特殊点？当作出了全部特殊点后，应在什么位置再作适量一般点？

(5)平面与圆柱面的交线有哪三种情况？为什么用表面取点、取线的方法就能非常简捷地作出轴线垂直于投影面的圆柱的截交线？

(6)平面与圆锥面的交线有哪五种情况？圆锥面的三个投影都没有积聚性，可用哪两种方法在圆锥面上取点求作截交线？

(7)平面与球面的交线是什么？试分别叙述当截平面平行、垂直和倾斜于投影面时，平面与球面的交线的投影情况。

第5章 相交立体的投影

5.1 概述

在一些机器零件上,常常会看到两立体相交在表面形成的交线、回转体上穿孔形成的孔口交线以及孔与孔的孔壁交线等,正确画出这些交线的投影是进行零件设计的基础。本章主要讨论不同立体在相交或被穿孔时,其表面交线的投影特性及作图的方法和步骤。

5.1.1 概念与术语

两立体相交称为相贯,相交立体表面的交线称为相贯线,参与相贯的立体称为相贯体,如图5-1所示。

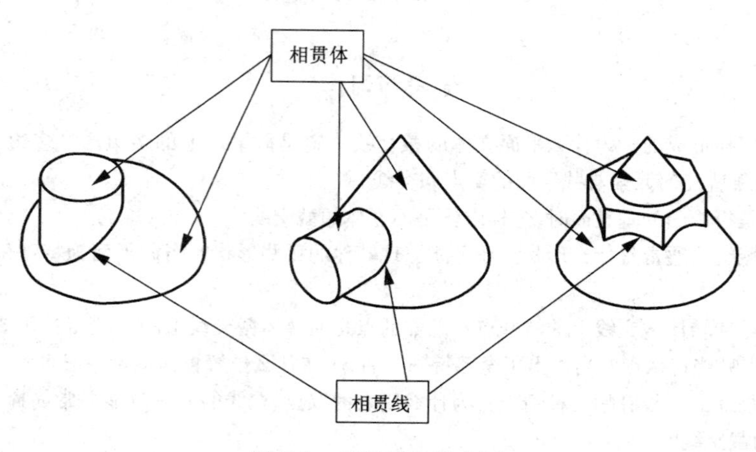

图5-1 相贯的有关术语

5.1.2 相贯的基本形式

相贯的基本形式:一般有平面立体与平面立体相贯、平面立体与回转立体相贯、回转立体与回转立体相贯,如图5-2所示。

由图5-2可以看出,相贯线的形状取决于参与相贯的立体表面形状、大小和相对位置。

5.1.3 相贯线的性质

由图5-1及5-2可以看出相贯线具有下列性质。

①表面性——相贯线位于相交立体的表面上。

②封闭性——相贯线一般是封闭的空间折线(通常由折线围成,或由折线与曲线共同围

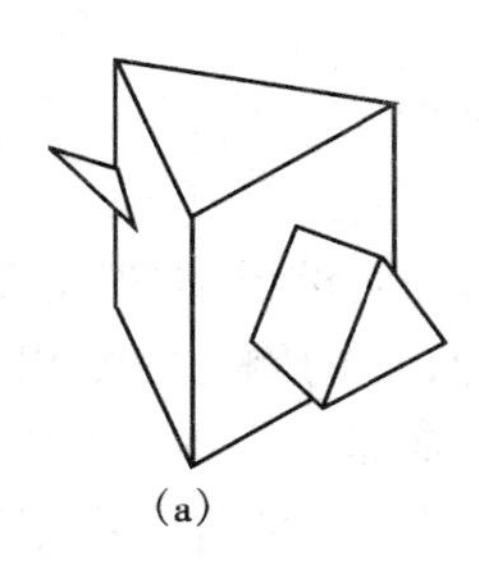
(a)

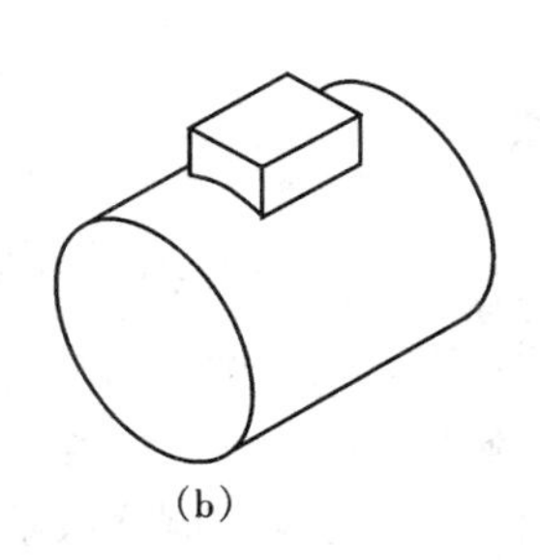
(b)

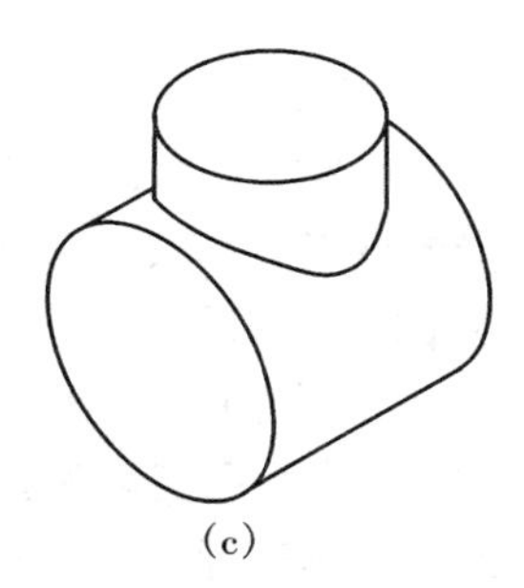
(c)

图 5-2　相贯的基本形式

成)或空间曲线,特殊情况为封闭的平面图形或直线。

③共有性——相贯线是两相交立体表面的共有线和分界线,线上所有点是相交立体表面的共有点,这也是求相贯线投影的重要作图依据。

5.1.4　求相贯线投影的方法

求相贯线的投影实质是求相贯线上适当数量共有点的投影,然后根据其可见与不可见,用相关图线依次光滑连接各点的同面投影。常用求相贯线的方法有:

①利用表面投影的积聚性求相贯线;

②利用辅助平面求相贯线。

5.1.5　求相贯立体投影的作图过程

求相贯立体的投影一般按以下步骤进行。

①分析:

a. 分析相贯立体的表面形状及其相对位置;

b. 分析相贯线的空间形状、投影形状及其投影所在范围,找出相贯线的已知投影;

c. 确定用什么方法求相贯线的投影。

②画出相贯立体的投影轮廓。

③求相贯线的投影:

a. 求相贯线上特殊点的投影,即相贯线上的极限位置点(最高、最低、最前、最后、最左、最右点)和转向轮廓线上点;

b. 在特殊点之间求一定数量的中间点;

c. 判别可见性后用相应图线依次光滑连接各点的同面投影。

④整理相贯立体在各投影中的投影轮廓线,并判别可见性。

⑤检查投影、整理图线并加深。

5.2　利用积聚性求相贯线

两相贯立体中只要有一个是圆柱且轴线垂直于某一投影面,就可以利用圆柱面投影的积聚性得到相贯线的一个投影,然后,根据相贯线共有性把相贯线上的点看成是另一个立体表面上的点,用表面取点的方法求出相贯线的其他面投影。

5.2.1 圆柱与圆柱相贯

1. 两圆柱正交(轴线垂直相交)相贯

直径不等的两圆柱正交。

[例] 如图5-3(a)所示,已知两圆柱正交相贯的水平投影和侧面投影,求正面投影。

[解] 分析:由图5-3(a)可知大圆柱轴线为侧垂线,故大圆柱面的侧面投影积聚在圆周上,那么相贯线的侧面投影也积聚在该圆上(是否整圆?若不是,应是圆上哪一段?),由相贯线共有性找出两立体表面的共有部分,得出相贯线的侧面投影为大圆上部落在小圆柱轮廓线之间的那段圆弧。

小圆柱的轴线为铅垂线,故相贯线的水平投影应积聚在小圆柱面的水平投影上(是整圆吗?为什么?)。由此可知,相贯线的水平投影和侧面投影是已知的,只需求出相贯线的正面投影。

作图步骤如图5-3(b)所示。

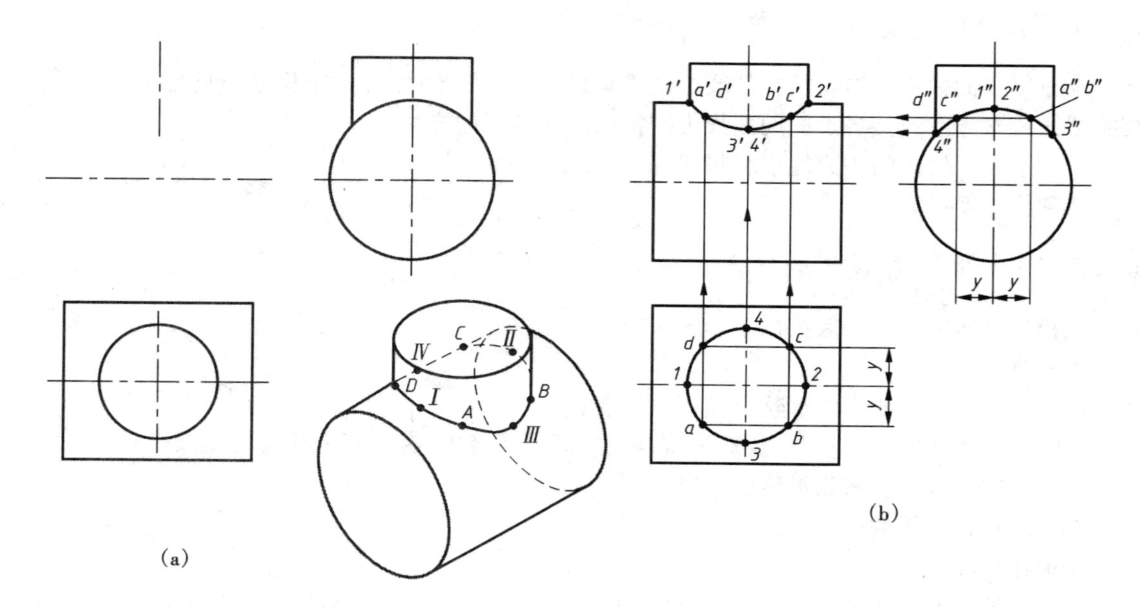

图5-3 两圆柱正交相贯

①画出相贯两圆柱的正面投影轮廓。

②求相贯线的正面投影。

a. 求相贯线上特殊位置点的投影。由图5-3(b)可以看出,特殊点的投影分别为1、2、3、4和1″、2″、3″、4″,是正交两圆柱正面投影轮廓线上共有点Ⅰ、Ⅱ(最左、最右点)及侧面投影轮廓线上共有点Ⅲ、Ⅳ(最前、最后点)的H、W面投影,由点线从属性和轮廓素线的投影特性可求得Ⅰ、Ⅱ、Ⅲ、Ⅳ点的V面投影1′、2′、3′、4′。

b. 在相邻两特殊点之间求适当数量一般点的投影,如图中分别取A、B、C、D四个一般点。先在H面投影(或W面投影)上确定a、b、c、d(或a''、b''、c''、d''),然后根据宽相等求得a''、b''、c''、d''(或a、b、c、d),最后根据点的投影规律求得a'、b'、c'、d'。

c. 判别相贯线正面投影的可见性。本例中相贯线正面投影的可见与不可见部分(即前后两半部分）重影。

d. 用粗实线依次光滑连接各点，得到相贯线的正面投影。

③整理两立体轮廓线的投影。

这里应该注意的是，贯穿在另一实体内部的轮廓线不再存在，如图中轮廓线画到共有点 1′、2′为止。1′、2′之间为实体，没有轮廓，不要连线。投影图中不能画线。

④检查投影、整理图线并加深。

检查投影，擦去多余图线，然后加深保留的图线。结果如图 5-3（b）所示（也可不保留作图线和标记）。

思考与习作

（1）将图 5-3 中竖直的小圆柱向下延伸，使其穿通水平放置的圆柱，相贯线的正面投影如何求？相贯线应为几条？

（2）将竖直小圆柱抽走，即在水平放置的圆柱上打一圆柱孔，相贯线的形状及其投影有无变化？

（3）将竖直小圆柱的直径变大，但不等于水平放置大圆柱的直径时，其相贯线形状及其投影有何变化？当两个圆柱的直径相等呢？

2. 两圆柱正交相贯的基本形式及其投影特点

由图 5-4 可看出正交两圆柱的相贯线投影的变化规律。

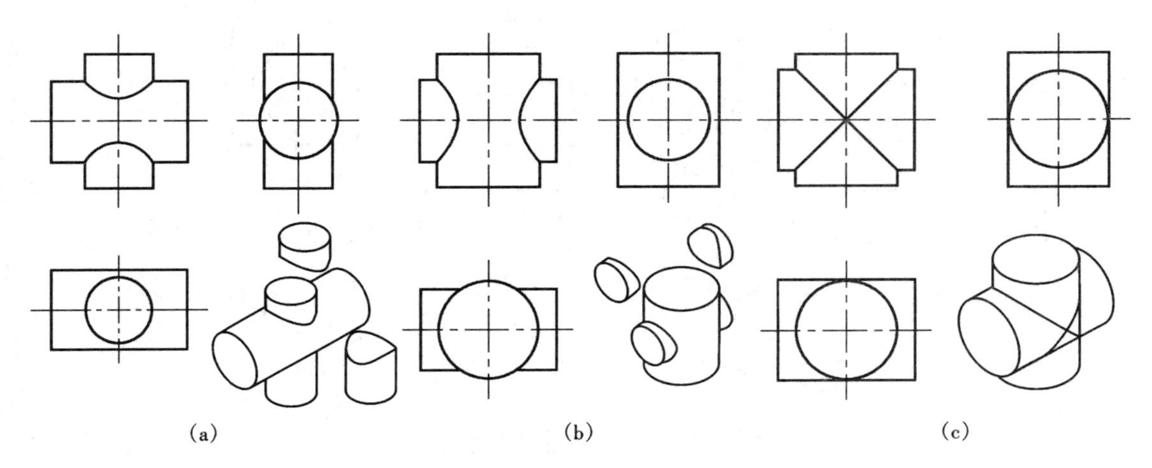

图 5-4　两圆柱正交相贯的基本形式

①直径不相等的两圆柱正交相贯时，其相贯线在平行于两圆柱轴线的投影面上的投影为两近似圆弧曲线，曲线的弯曲趋势总是向着大圆柱轴线投影的方向拱去，如图 5-4（a）、（b）所示。

②直径相等的两圆柱正交相贯时，其相贯线为两条平面曲线——椭圆。相贯线在平行于两圆柱轴线的投影面上的投影为两条相交直线，如图 5-4（c）所示。

图 5-5（a）、（b）为正交等径两圆柱不完全贯通的相贯线投影。图 5-5（a）的相贯线为两个左右对称的半椭圆，正面投影的两相交直线是两个左右对称的半个椭圆的投影。图 5-5（b）的相贯线为一个椭圆，正面投影为一条直线。

3. 圆柱与圆柱孔、圆柱孔与圆柱孔相贯形式

圆柱与圆柱孔、圆柱孔与圆柱孔相贯形式如图 5-6 所示。

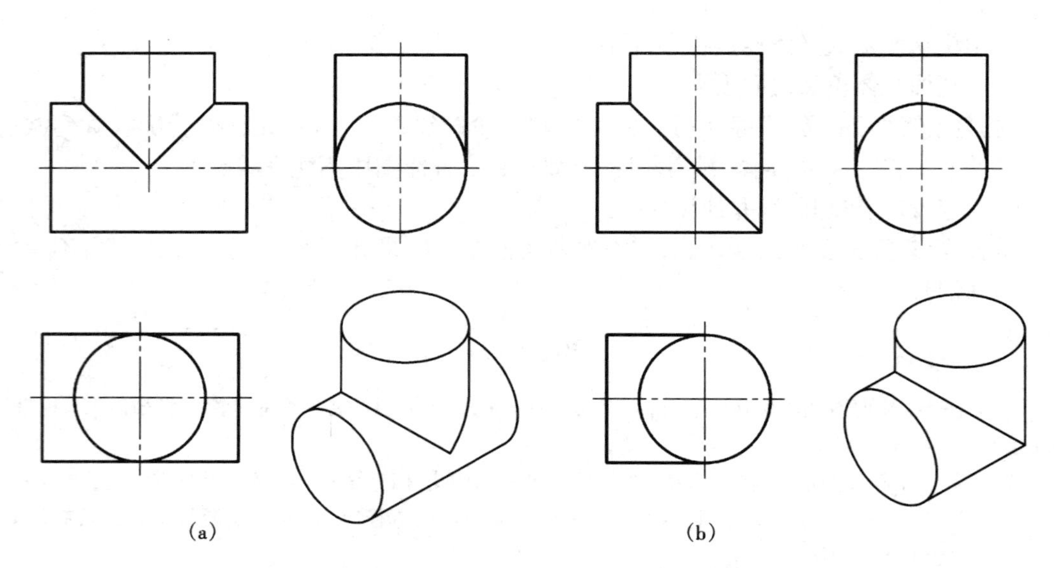

图 5-5 正交两圆柱不完全贯通的相贯形式

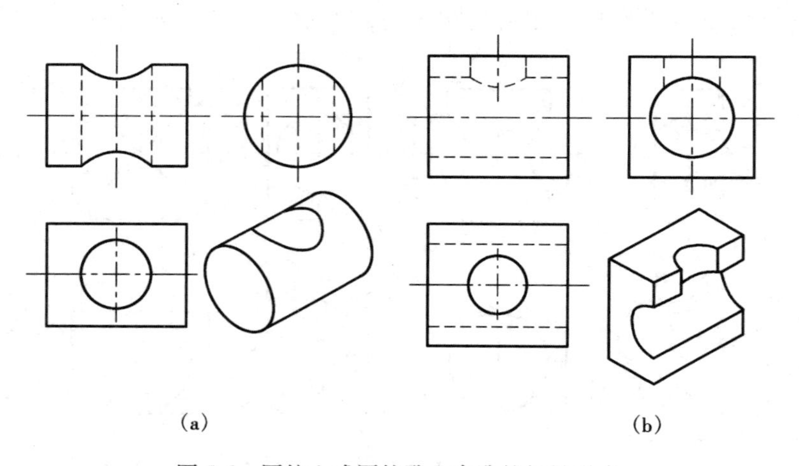

图 5-6 圆柱上或圆柱孔上穿孔的相贯形式

4. 空心圆柱与圆柱孔正交相贯

空心圆柱与圆柱孔正交相贯时,外表面与圆柱孔有交线,内表面与圆柱孔也有交线,按照两圆柱正交相贯的方法,分别求出外表面的相贯线和内表面的相贯线。绘制内、外表面圆柱轮廓素线时,应注意虚、实线的判别,如图 5-7 所示。

5.2.2 圆柱与棱柱相贯

图 5-8 所示的圆柱与四棱柱相贯、圆柱与四棱柱孔相贯、圆柱孔与四棱柱孔相贯属于平面立体与曲面立体相贯,其相贯线由直线与曲线组成,可看成棱柱、棱柱孔各棱面(平面)与圆柱面相交,采用求截交线的方法来作图。

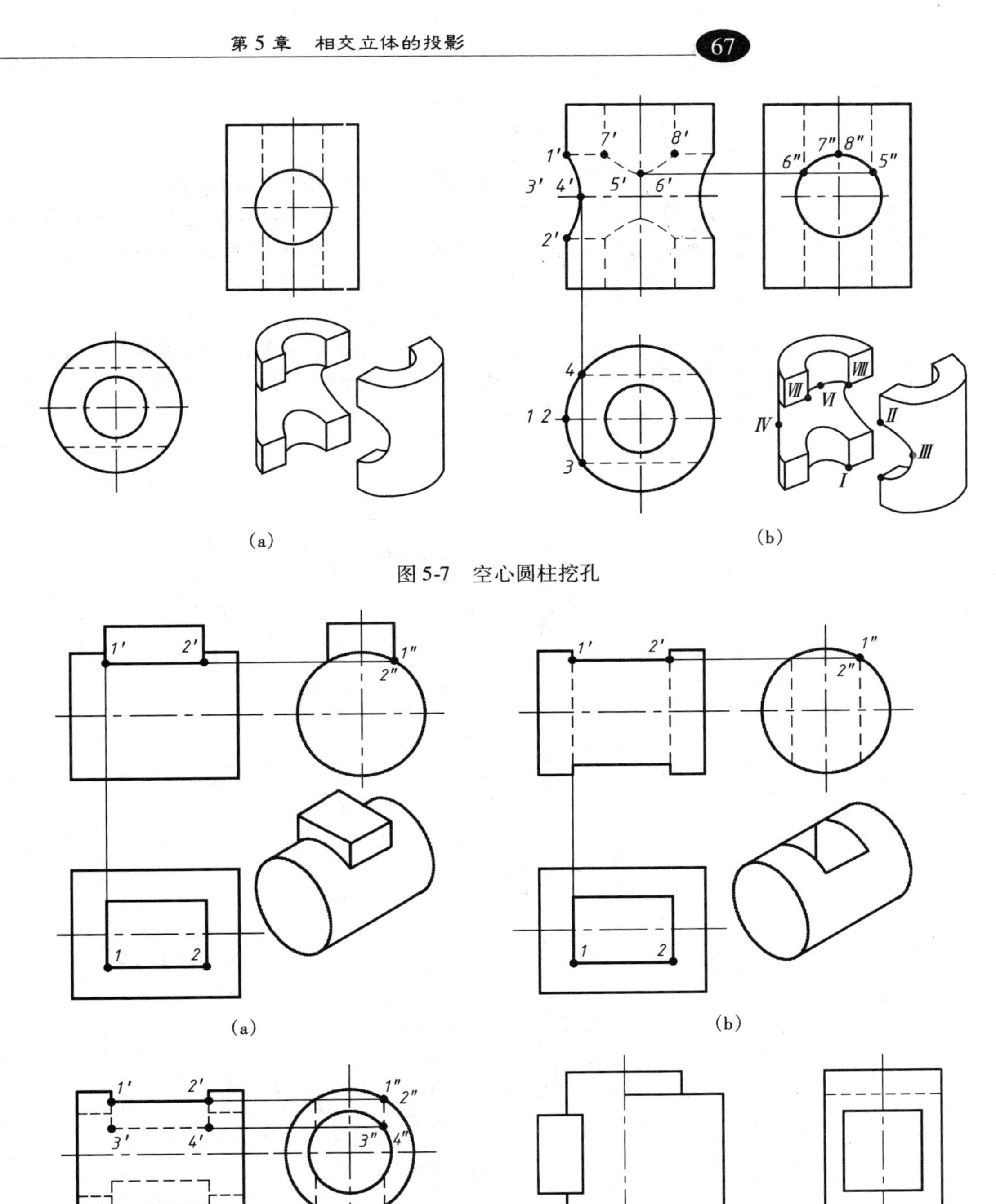

图 5-7　空心圆柱挖孔

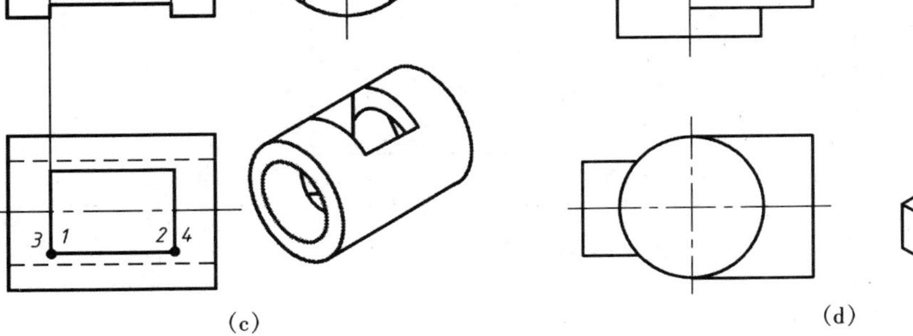

图 5-8　圆柱与四棱柱、四棱柱孔相贯

思考与习作

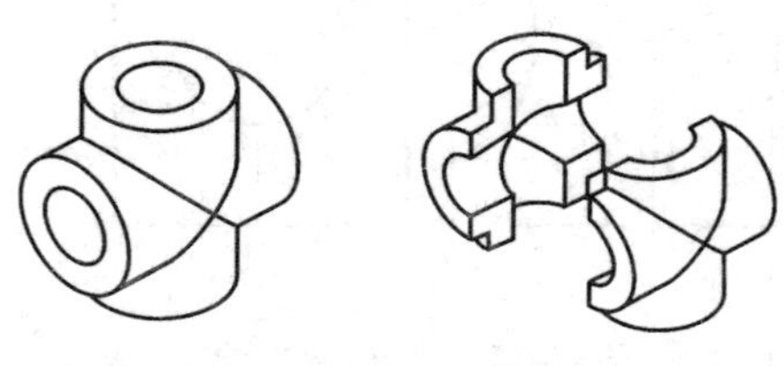

图 5-9　内外直径均相等的两圆柱

（1）仿照图 5-7，画出图 5-9 所示立体图的三面投影。

（2）将上述介绍的两圆柱（或圆柱孔）正交相贯各题中的立柱（或横柱）的位置前移（或后移），这样相交两圆柱的轴线变成垂直异面交叉，这种情况叫做正圆柱（或圆柱孔）偏贯，如图 5-10 所示。试分析相贯线形状及其投影与两圆柱（或圆柱孔）正交相贯时有何变化？等径两圆柱偏贯时其相贯线形状及其投影的作图步骤又有什么不同呢？动手做一做，自己总结一下。

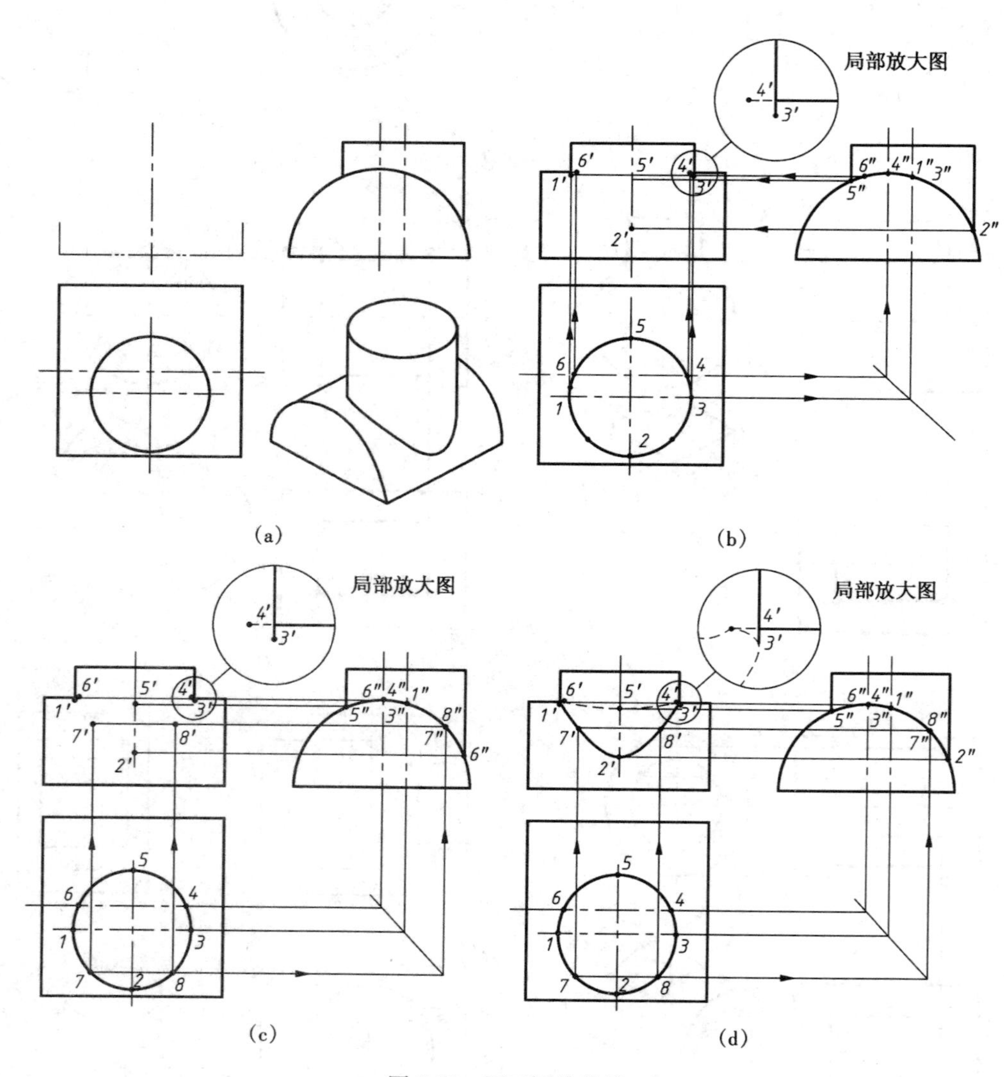

图 5-10　两正圆柱偏贯

5.2.3　圆柱与圆锥相贯

［例 1］　如图 5-11(a)所示,已知圆柱与圆锥正交相贯,试补全其正面投影和水平投影。

［解］　分析:主要分析相交两立体的表面形状及其表面投影特点,找出相贯线的已知投影。由图 5-11 可知,圆柱轴线为侧垂线,故圆柱表面的投影积聚在侧面投影图的圆周上。根据相贯线的共有性,相贯线的侧面投影也积聚在该圆上,并且圆上的所有点也是圆锥表面上的点。因圆锥的表面投影没有积聚性,所以相贯线在其他投影面上的投影为未知待求。可利用圆锥表面取点的方法求相贯线上点的投影。

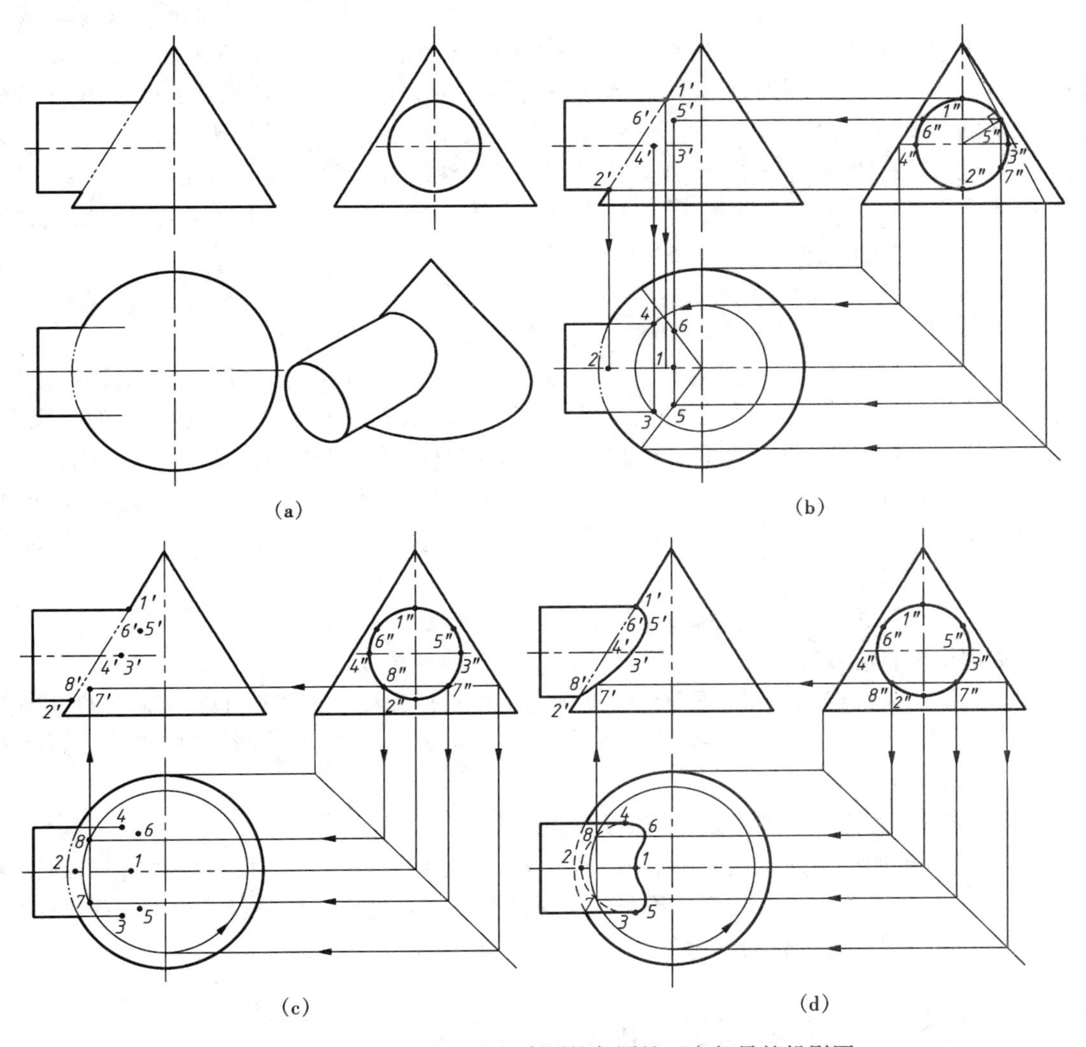

图 5-11　用表面投影积聚性求圆柱与圆锥正交相贯的投影图

具体作图步骤如下。

①画出相交圆柱和圆锥的 V 面轮廓线(题目已给出)。

②求相贯线的投影。

a. 求相贯线上特殊位置点的 V 面投影和 H 面投影。

由 W 面投影 1″、2″可判断出 V 面投影 1′、2′点是圆柱与圆锥轮廓素线的 V 面投影的交点，可直接求出，其 H 面的投影 1、2 可根据点的投影规律求出。

最前、最后点Ⅲ、Ⅳ的水平投影用圆锥表面取点的方法——辅助圆法或辅助素线法来求（这里采用辅助圆法求Ⅲ、Ⅳ点）。过Ⅲ、Ⅳ点作水平辅助圆，该圆的 W 面投影和 V 面投影都积聚成直线，H 面投影反映实形——圆，并与圆柱的 H 面投影轮廓线交于点 3、4，即为Ⅲ、Ⅳ的 H 面投影，由 3、4 和 3″、4″可求得 3′、4′。

b. 求相贯线上一般位置点的正面投影和水平投影。

在两个特殊位置点之间求适当数量的中间点，如图 5-11 中的Ⅴ、Ⅵ、Ⅶ、Ⅷ点。为了进一步巩固圆锥表面取点的求法，这里Ⅴ、Ⅵ采用素线法来求，Ⅶ、Ⅷ点采用辅助圆法来求。先在 W 面投影上确定 5″、6″（选 5″、6″为圆锥素线与圆的切点，由此求出 5、6（5、6 为相贯线 V、H 投影的极右点））及 7″、8″。采用素线法求Ⅴ、Ⅵ的 H 投影：在 W 面投影上连接锥顶和 5″、6″并延长与圆锥底圆相交，利用“宽相等”求出该底圆上交点的 H 投影，然后与圆心相连，则得这两条素线的 H 投影，再用“宽相等”求出 5、6 点。采用辅助圆法求Ⅶ、Ⅷ的 H 投影：先在 W 面上过 7″、8″作辅助水平圆的 W 投影和 H 投影，再根据投影规律“宽相等”在辅助水平圆的 H 投影上找到 7、8 点。最后用点的投影规律求得 5′、6′、7′、8′。

c. 判别相贯线上点的投影可见性。

判别原则：两立体表面均可见，相贯线上点的投影才可见。

分别判别相贯线上点的正面投影和水平投影的可见性。因相交的圆柱和圆锥轴线正交，且圆柱轴线垂直于 W 面，故相贯线的前半部分、后半部分在正面投影重影。在水平面的投影，对圆锥而言，因其轴线垂直于水平面且锥顶向上，故相贯线的 H 投影全可见。对圆柱而言，则只有上半个表面在 H 面投影可见，即只有上半部分相贯线在 H 面的投影可见。取其共同可见部分是上半部分（Ⅲ、Ⅴ、Ⅰ、Ⅵ、Ⅳ）的相贯线投影 3、5、1、6、4 可见，画粗实线。下半部分 3、7、2、8、4 不可见，画虚线。

d. 依次光滑连接相贯线上各点的同名投影，得到相贯线的投影。

③整理投影轮廓线和其他被遮挡部分的投影。

融为一体的轮廓线的投影不再画出，如圆锥的左侧轮廓线正面投影 1′2′不画。圆锥底面在 H 面的投影被圆柱遮挡了一部分须画虚线。圆柱在 H 面的投影轮廓线须用粗实线画到点 3、4。

④检查投影，擦除多余的图线，加深保留的图线，完成全图。

注意：可见点用粗实线依次光滑连接，不可见点用虚线依次光滑连接；凡参加相贯的轮廓线，可见的投影轮廓线总是与相贯线投影的可见部分与不可见部分的分界点相连，不可见的投影轮廓线总是与相贯线投影的不可见部分的一个点相连。

5.3 利用辅助平面求相贯线的投影

5.3.1 原理及作图方法

辅助平面法即利用辅助平面求相贯立体表面共有点的方法。用辅助平面法求相贯线采用的是三面共点的原理。即为了求相贯线上点，可在适当位置选择一个合适的辅助平面，使它分别与两相交立体表面截交,截交线的交点就是辅助平面与两相交立体表面的共有点,也是相贯线上的点。改变辅助平面的位置,可得到适当数量的共有点,然后依次光滑连接各点的同面投影,即可得相贯线的投影,如图 5-12 所示。

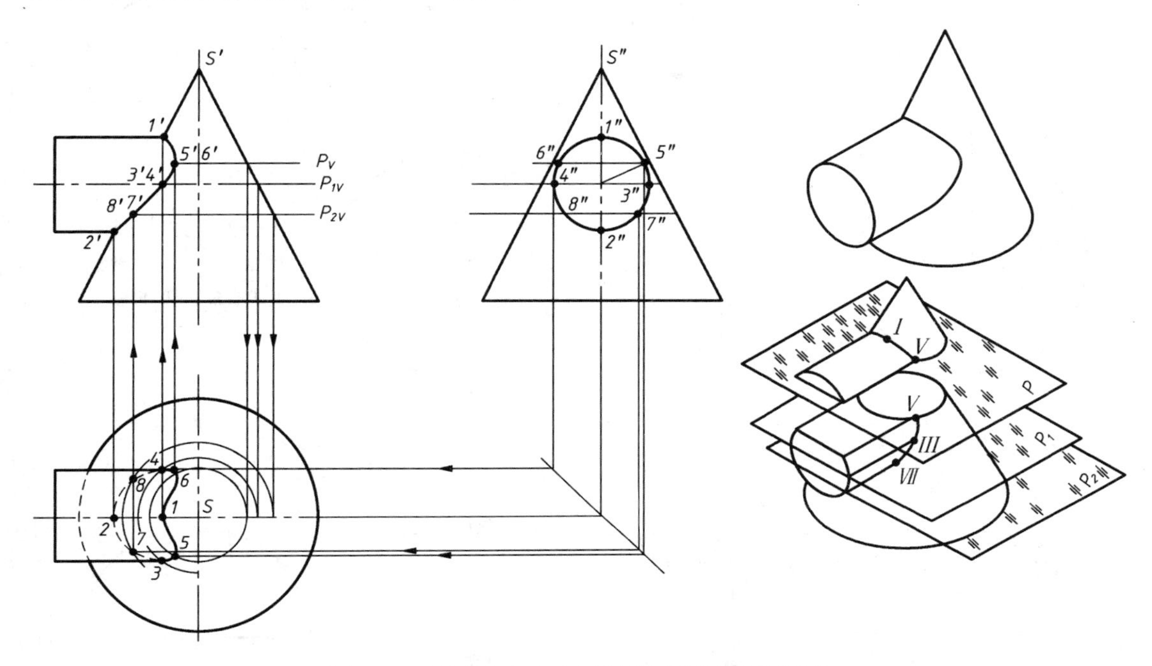

图 5-12 利用辅助平面求相贯线投影的作图原理

5.3.2 辅助平面的选择原则

选择辅助平面的原则是使所选择的辅助平面与相交两立体表面的截交线的投影为最简单易画的几何图形(圆或直线)。一般取投影面的平行面为辅助平面。

前面所讲的利用表面积聚性求相贯线的题目均可用辅助平面法求解。

5.3.3 作图步骤

以图 5-12 为例来说明辅助平面法的作图步骤。

①选择合适的辅助平面 P。

②求辅助平面 P 与圆柱体表面的截交线,截断面为矩形,H 面投影反映实形。

③求辅助平面 P 与圆锥体表面的截交线,截断面为圆,H 面投影反映实形。

④求两条截交线交点的投影,即为相贯线上的点。

⑤在相贯线范围内依次改变辅助平面的位置(亦称切片法),求得相贯线上一系列点的投影。

⑥判断所求各点的投影可见性,用规定的图线依次光滑连接各点即得到相贯线的投影。

[例 2] 如图 5-13(a)所示,已知圆锥台和半球相贯,试画全三面投影图。

[解] 分析:圆锥台与半球相贯,它们的表面在三个投影面上都没有积聚性,因此只能用辅助平面法来求相贯线。由图 5-13 给定的 H 面投影可知相交的圆锥台与半球前后对称,圆锥

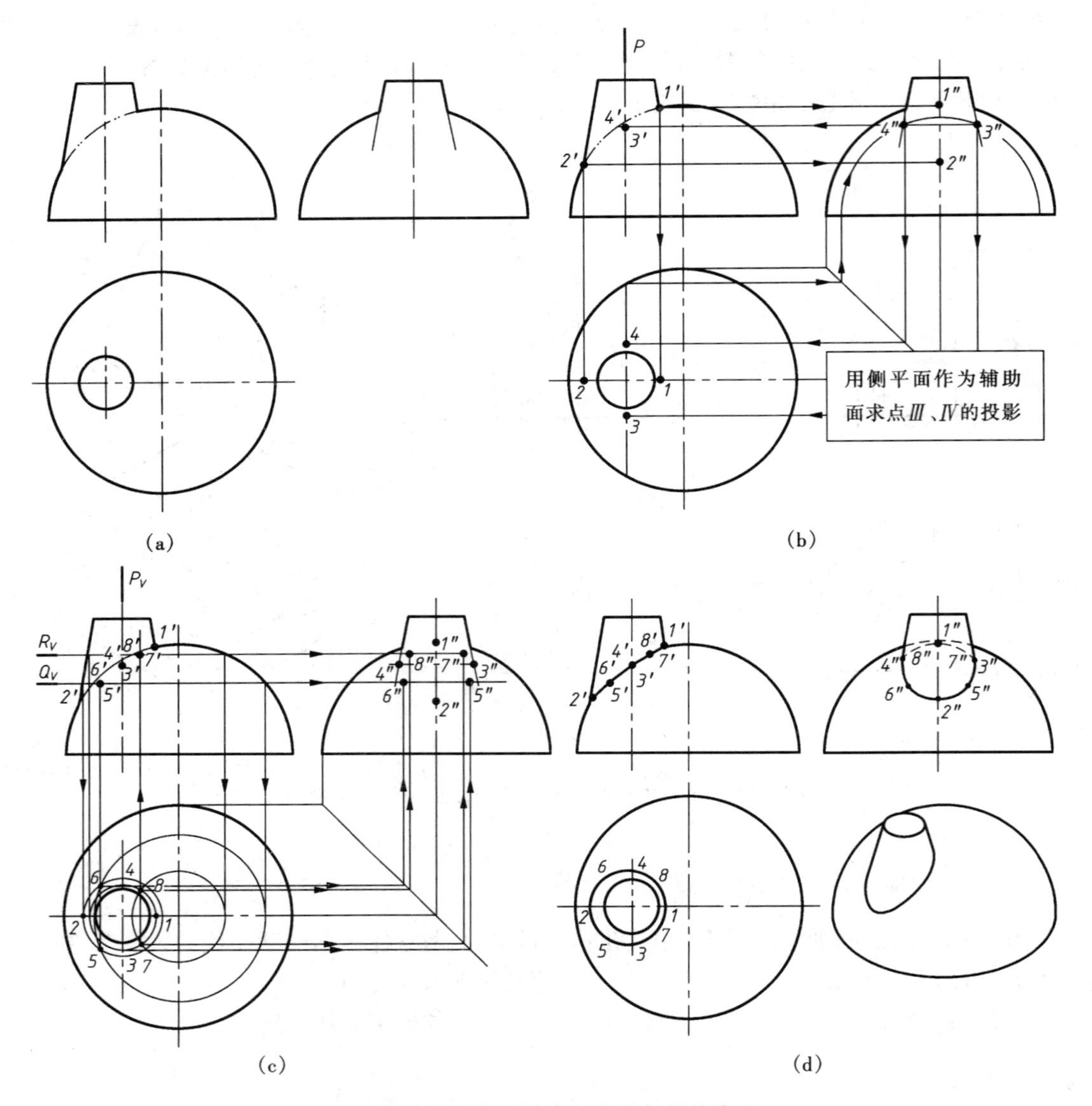

图 5-13 半球与圆锥台相交的相贯线求法

台和半球的前后转向轮廓素线相交于点Ⅰ、Ⅱ，故 V 面投影 1′、2′已知。根据投影规律和点线从属性可求得 1、2 和 1″、2″。圆锥台的前、后转向轮廓素线上的点Ⅲ、Ⅳ则须采用辅助平面来求其三面投影。

具体作图步骤如下：

①求相贯线上特殊位置点的投影。

a. 由分析可直接找到圆锥台和半球的前、后转向轮廓素线交点Ⅰ、Ⅱ的 V 面投影 1′、2′，根据投影规律和点线从属性可求得 1、2 和 1″、2″。交点Ⅰ、Ⅱ也是相贯线上最高、最底、最左、最右点。

b. 过圆锥台的轴线作侧平面 P 为辅助平面，该平面与圆锥台表面的交线为等腰梯形，在 W 面投影反映实形，即为圆锥台的侧面转向轮廓线。辅助平面 P 与半球表面的交线为半圆，

在 W 面的投影反映实形（注意半圆的半径如何量取，如图 5-13（b）所示）。两截交线的交点即为Ⅲ、Ⅳ两点的 W 面投影 3″、4″。最后按照点的投影规律和点线从属性求得 3、4 和 3′、4′。

②求相贯线上一般位置点的投影。

在两特殊点之间求出适当数量的中间点。在图 5-13（c）中选用水平辅助平面，平面 Q_V 与圆锥台和半球的交线均为圆，两圆在 H 面投影反映实形，其交点为 5、6，根据点线从属性和投影规律，由 5、6 可求得 5′、6′及 5″、6″。按同样的方法选取辅助平面 R_V，先求得 7、8，再求得 7′、8′和 7″、8″。

③判别各点的投影可见性。

判别所求各点的可见性。由分析可知整个立体前后对称，相贯线也前后对称，而且在 V 面上的投影前后重影，前半部分的相贯线在 V 面的投影可见，后半部分不可见。相贯线在 H 面投影都可见。在 W 面上的投影，圆锥台和半球表面共同的可见部分是圆锥台的左半个表面，因此，只有这半个表面上的相贯线是可见的，即 3″、5″、2″、6″、4″可见。3″、4″是相贯线 W 面投影的虚实分界点，3″、7″、1″、8″、4″不可见。

④用相应图线依次光滑连接各点的同面投影。

⑤整理立体在各投影图中的轮廓线。

半球的 W 面投影轮廓线与圆锥台不相交，所以，半球的 W 面投影轮廓线是完整的，但被圆锥台的投影遮挡了一部分，即圆锥台的 W 面投影的转向轮廓线之间的半球 W 面投影轮廓线不可见，画成虚线；圆锥台 W 面投影轮廓线可见，分别画至 3″、4″，如图 5-13（d）所示。

思考与习作

（1）由图（a）画出其 H 面投影（尺寸自定），再分别用辅助平面法和圆锥表面取点法画出正面投影和侧面投影。

（2）图（b）所示与日常生活中的什么物品外形相似？

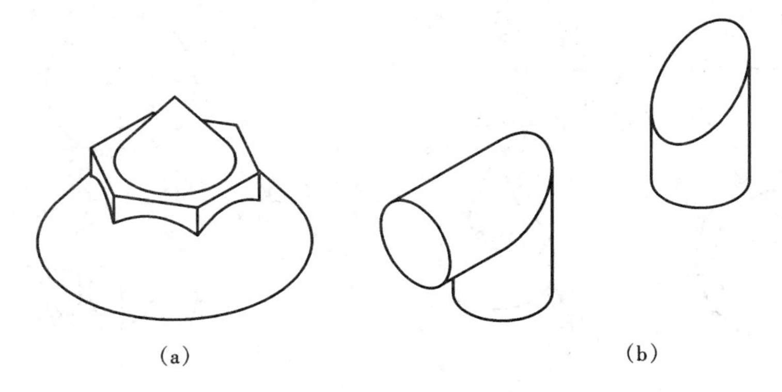

思考与习作题（1）、（2）图

5.4　相贯的特殊形式

两回转体相交，其相贯线一般为封闭的空间曲线，但特殊情况下，其相贯线是平面曲线或直线。

5.4.1 两等径圆柱正交

两等径圆柱正交的相贯线是平面曲线,即两个椭圆。见图5-4(c)及图5-5。

5.4.2 同轴回转体相贯

同轴回转体就是两个以上具有共同轴线的回转体,其相贯线是垂直于轴线的圆。相贯线在与轴线垂直的那个投影面上的投影反映实形,在与轴线平行的那个投影面上的投影是过两体投影轮廓线交点的一段直线(即为圆的直径),如图5-14所示。

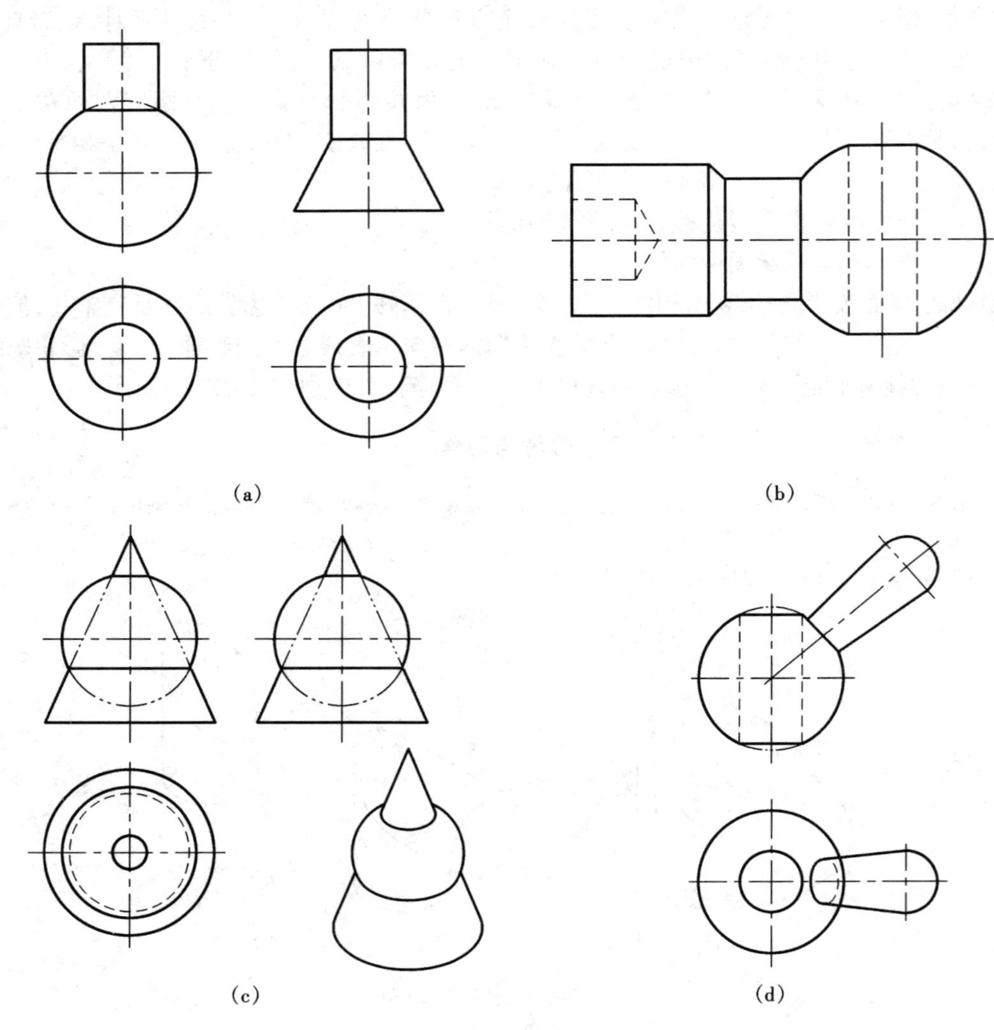

图5-14 同轴回转体相贯

5.4.3 外切于同一球的两回转体相贯

在图5-15中,(a)图是两个等径圆柱正交相贯,并外切于同一球面,其相贯线是两个相同的椭圆。在两轴线所平行的投影面上相贯线的投影为两相交直线,即两圆柱转向轮廓线交点的连线。(b)图是两个外切于同一球面的圆柱与圆锥正交。其相贯线是两个相同的椭圆。在两轴线所平行的投影面上相贯线的投影为两相交直线,即圆柱、圆锥转向轮廓线交点的连线。

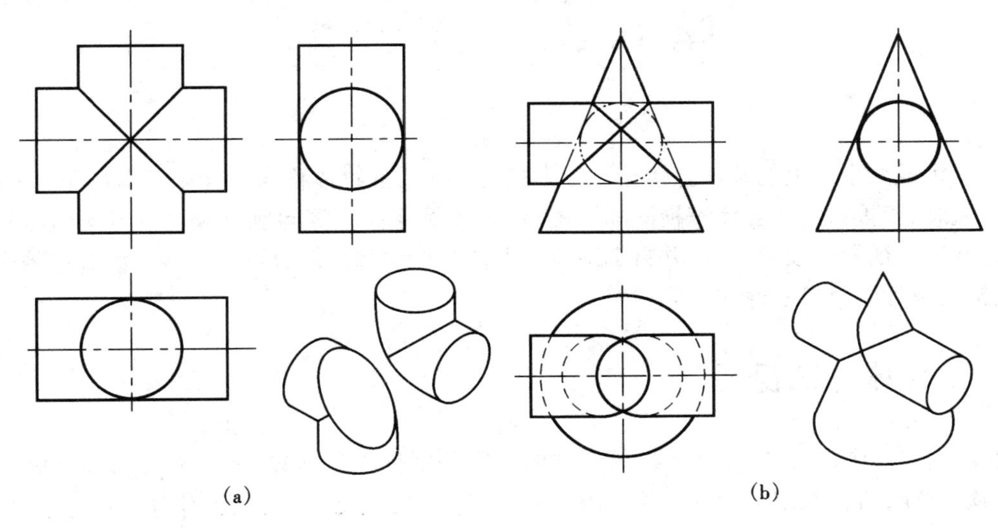

图 5-15　外切于同一球的两个立体相贯

5.5　相贯线投影的近似画法

当两正交相贯的圆柱直径不等时,其相贯线的投影可用圆弧近似代替。

画法一:三点定一圆弧,如图 5-16(a)所示。

画法二:是以大圆柱半径为半径,以两圆柱的投影轮廓线的交点(1′或 2′)为圆心画弧,与小圆柱轴线的投影交于一点(远离大圆柱轴线的那个交点),以该交点为圆心,大圆柱半径为半径画圆弧,用该圆弧近似地代替相贯线的投影,如图 5-16(b)所示。

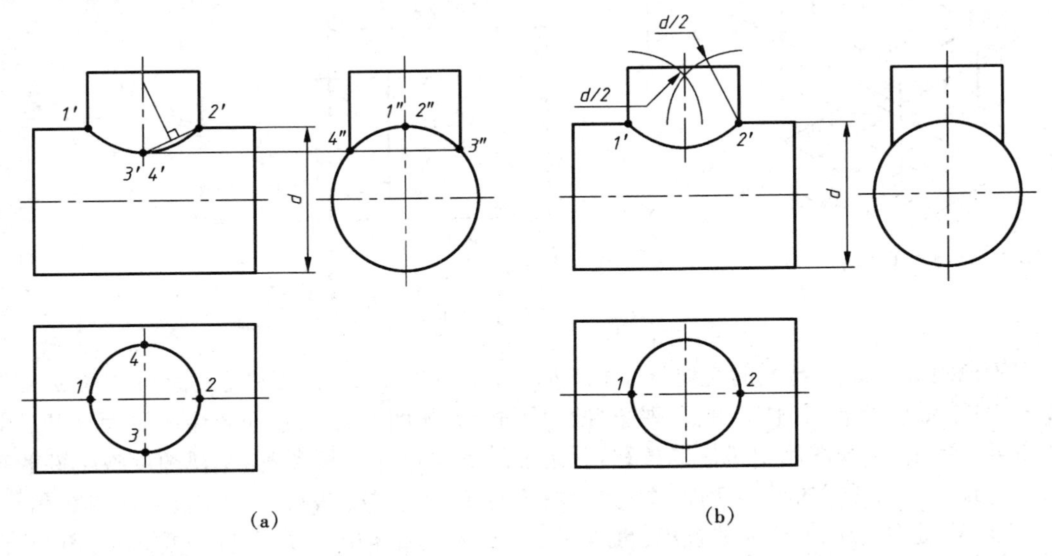

图 5-16　相贯线投影的近似画法

第6章 组合体

由两个或两个以上的基本立体按一定方式组合而成的物体称为组合体。本章介绍三视图的基本概念，着重讨论组合体三视图的画法、看图及尺寸标注等问题。通过本章的学习，能够熟练地掌握三视图的投影特性，并自觉地运用形体分析法和面形分析法来解决组合体的画图、看图、构型设计以及尺寸标注等问题。

6.1 组合体的三视图

在前面几章中，立体在三面投影体系中的投影分别称为正面投影、水平投影和侧面投影。根据国家标准《机械制图　图样画法》中的有关规定，用正投影法所绘制出物体的投影图形称为视图。如图6-1(a)所示，从前向后投射得到的正面投影图，称为主视图，从上向下投射得到水平投影图，称为俯视图，从左向右投射得到侧面投影图，称为左视图。

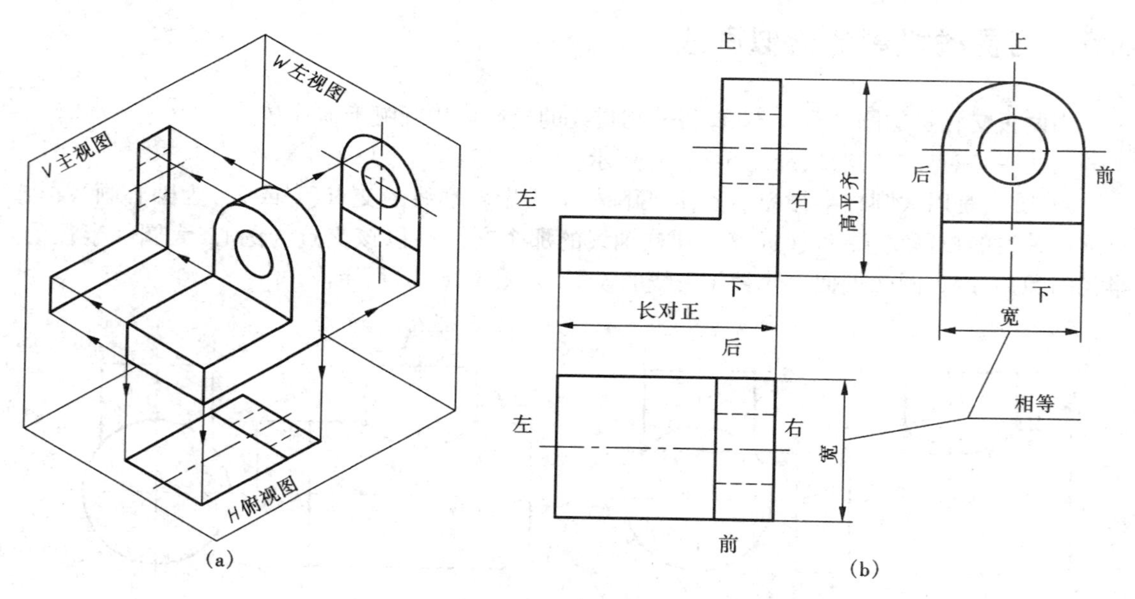

图6-1　组合体的三视图

将俯视图绕 V 面与 H 面的交线（OX 轴）向下旋转90°，再将左视图绕 V 面与 W 面的交线（OZ 轴）向右旋转90°，使主视图、左视图、俯视图共面，如图6-1(b)所示。由投影面展开后的三视图可以看出：主视图反映机件的长和高；俯视图反映机件的长和宽；左视图反映机件的高和宽。由此得出三视图的投影特性：主、俯视图长对正，主、左视图高平齐，俯、左视图宽相等。这个投影特性适用于机件整体的投影，也适用于机件局部结构的投影。特别要注意，俯、左视图除了反映宽相等以外，还有前、后位置对应的关系，即俯视图的下方和左视图的右方，表示机件的前方,俯视图的上方和左视图的左方,表示机件的后方。

6.2 组合体的组成方式

6.2.1 组合体组成方式的分类

为了便于分析、研究组合体,按照组合体中各基本体表面间的接触方式,可以把组合体的组成方式分为叠加、相交和切割与穿孔三种形式。

1. 叠加

如图 6-2 所示,组合体是由板 *I* 和底板 *II* 两块板叠加而成的,图(a)为三视图,图(b)为立体图。

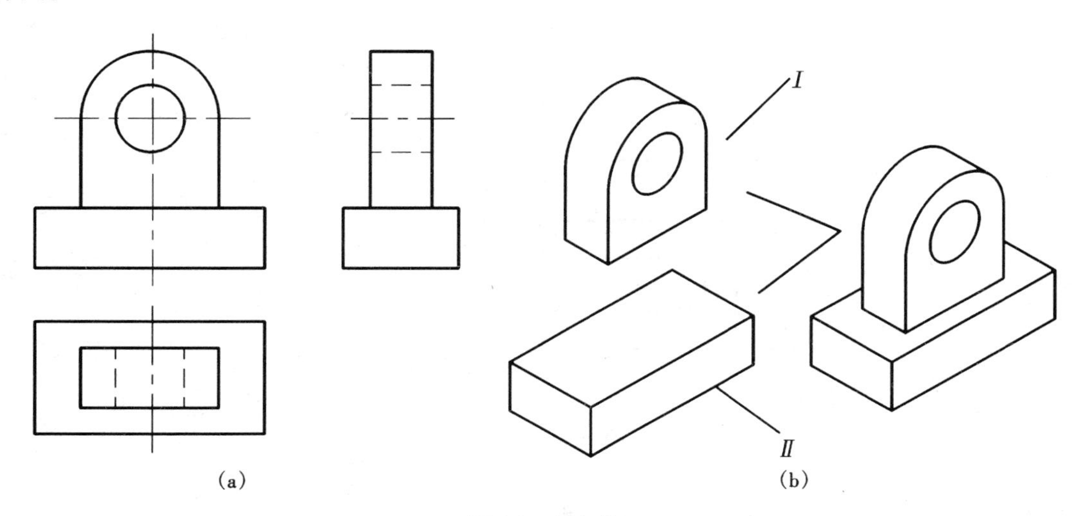

图 6-2 叠加体

2. 相交

如图 6-3 所示,组合体是由圆筒 *I* 和圆筒 *II* 两圆筒相交而成的。

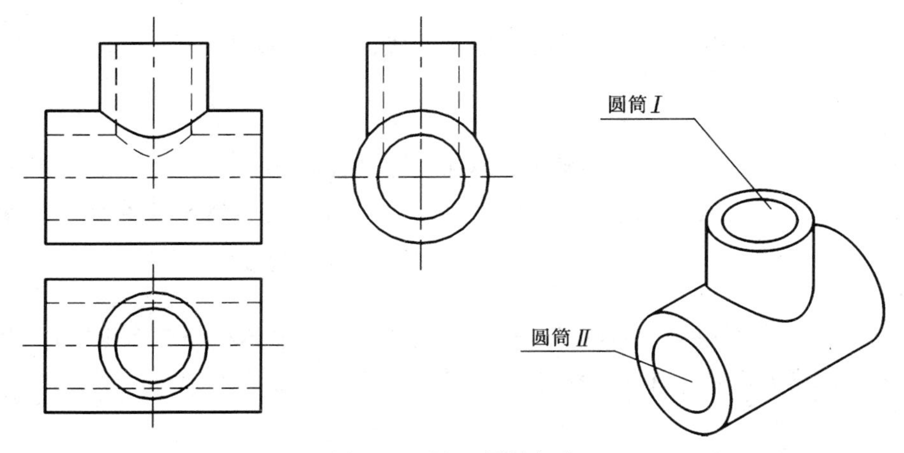

图 6-3 两空心圆柱相交

3. 切割与穿孔

如图 6-4 所示,组合体是由一个长方体经过若干次切割和穿孔而成。

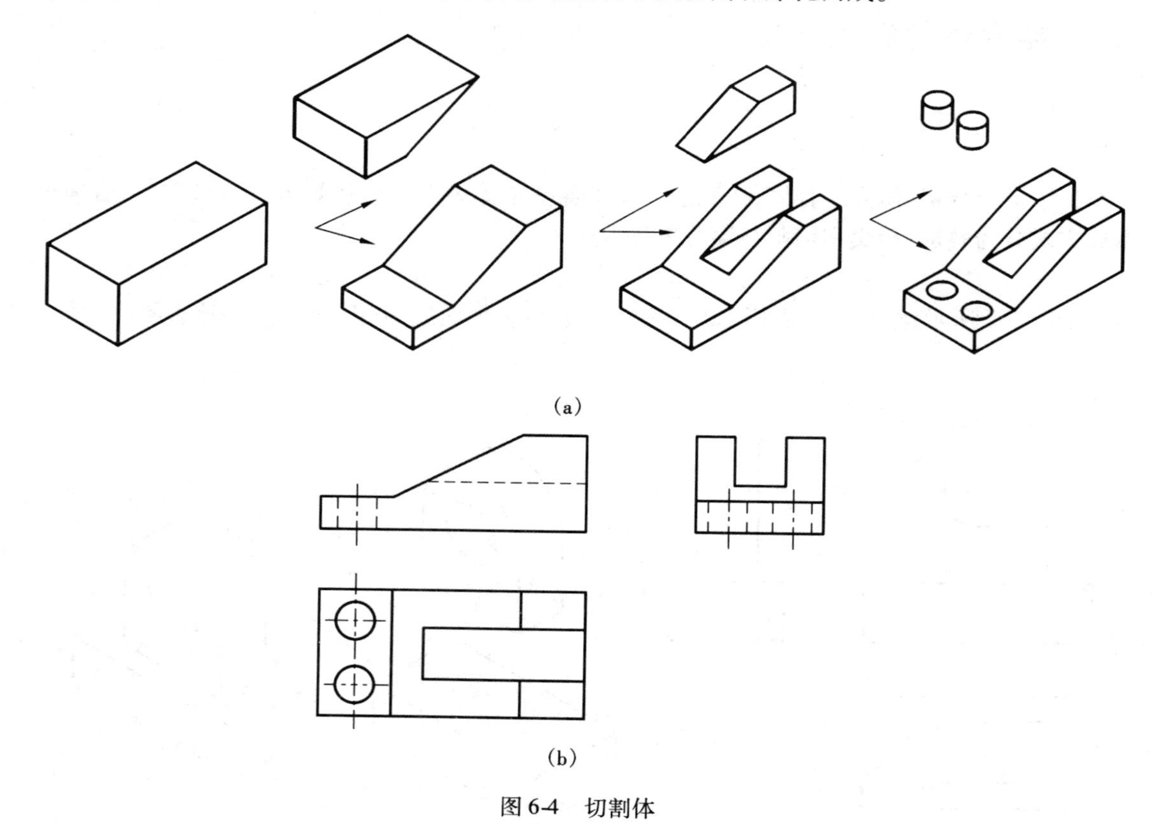

(a)

(b)

图 6-4 切割体

6.2.2 形体之间相邻表面的关系及其表示

基本体经过一定的方式进行组合,形成组合体时,其表面存在一定的过渡关系。形体之间的表面过渡关系一般分为四种:平齐、不平齐、相切和相交。

1. 表面平齐

如图 6-5 所示,组合体由上、下两基本体叠加而成,两个基本体的表面重合为一个表面,中间不应该有线。

2. 表面不平齐

如图 6-6 所示,组合体由上、下两基本体叠加而成,图(a)中的两基本体的前表面平齐,后表面不平齐,主视图中应该有虚线。图(b)中两基本体的前后表面都不平齐,主视图中应有实线。

3. 表面相切

如图 6-7 所示,组合体由左、右两基本体相交而成。当两形体相邻表面相切时,由于相切是光滑过渡,因此在表面相切处无分界线,主视图和左视图中无线。

4. 表面相交

如图 6-8 所示,组合体由左、右两基本体相交而成。当两形体相邻表面相交时,相交处有交线,在主视图和左视图中要相应画出。

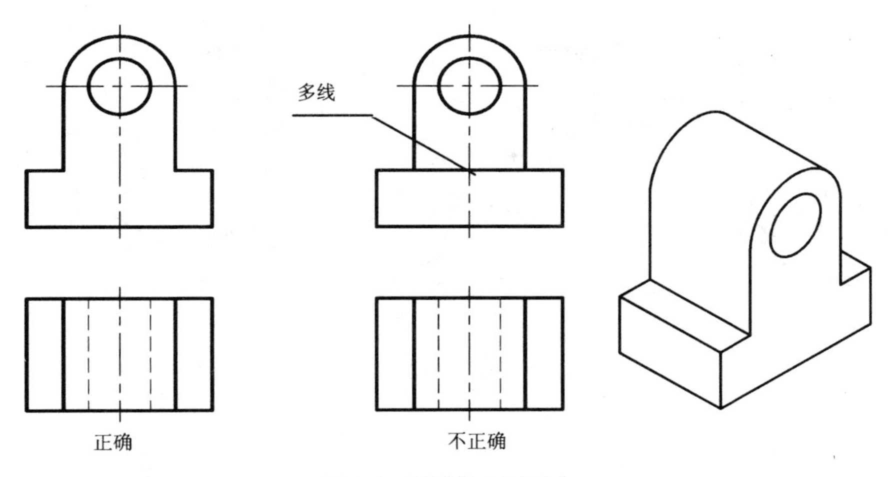

图 6-5　两形体表面平齐

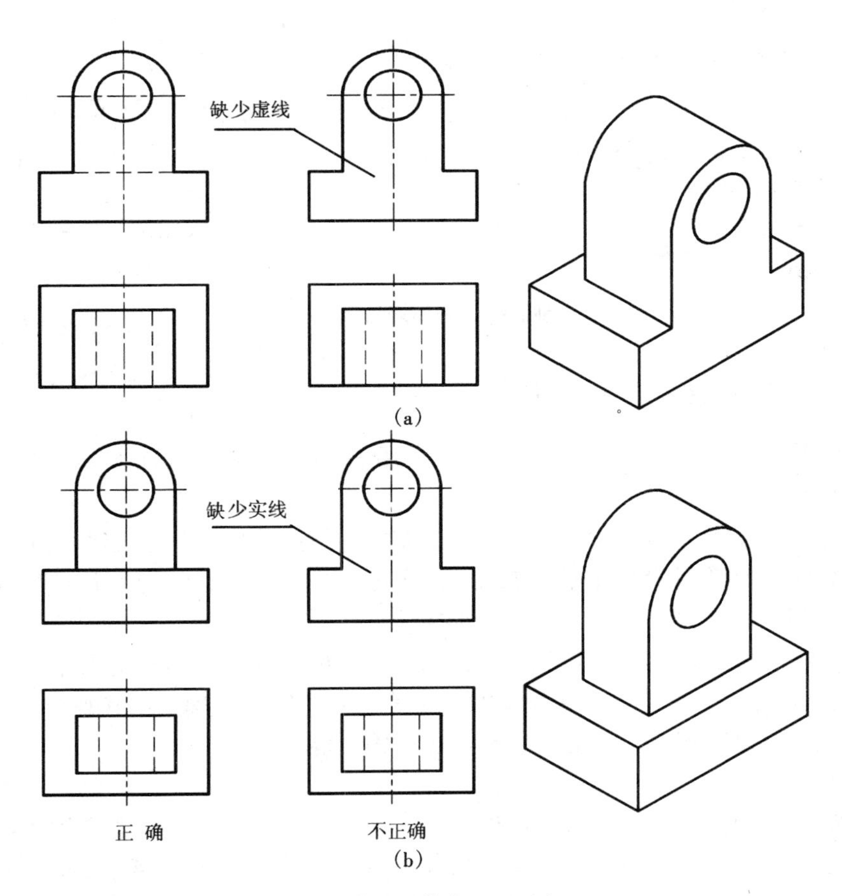

图 6-6　两形体表面不平齐

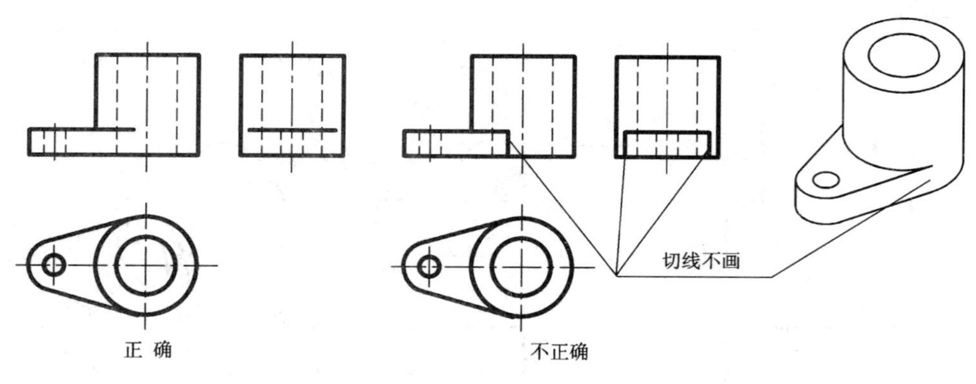

图 6-7　平面与圆柱面相切

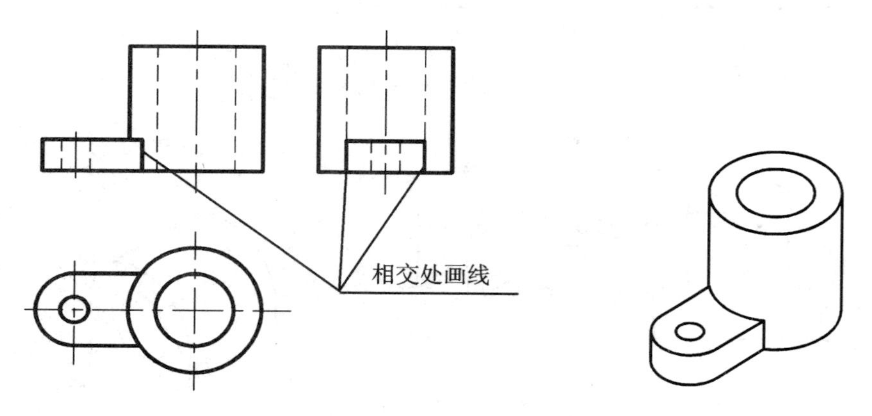

图 6-8　形体表面相交

6.2.3　组合体的画图及看图方法

组合体画图及看图(也称读图)的基本方法有两种:形体分析法和面形分析法。

1. 形体分析法

如前所述,组合体可以看成由若干个简单的基本体按照某种组合方式组合而成。因此,可以根据组合体的形状,将其分解成若干部分,弄清各部分的形状和它们的相对位置及组合方式,分别画出各部分的视图。这种方法称为形体分析法。

运用形体分析法时应着重注意两点:一是要把复杂的形体合理地分为若干个简单的基本体,即把问题简单化。二是要分析基本体之间的表面过渡关系,正确绘出其视图。

形体分析方法是组合体画图、看图和尺寸标注的主要方法。

2. 面形分析法

有些复杂形体是由棱柱、棱锥等平面体经过若干次挖切形成的。这类形体的特点是视图上的一个封闭线框,一般情况下代表一个面的投影,不同线框之间的关系,反映了物体表面的变化情况。根据各个面的投影以及各线框之间关系进行投影分析的方法称为面形分析法,也称为线面分析法。

6.3　组合体三视图的画图方法

6.3.1　应用形体分析法画图

形体分析法是画组合体视图的基本方法。下面以图6-9所示的轴承座为例,说明画组合体三视图的基本方法和步骤。

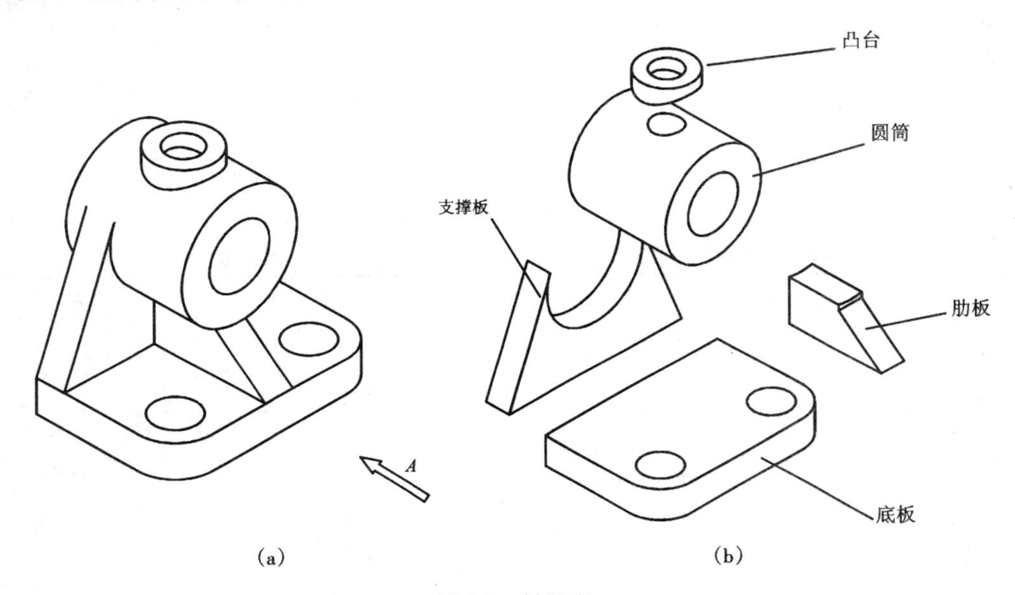

图6-9　轴承座

1. 形体分析

画图前,先对轴承座进行形体分析。轴承座由底板、支撑板、肋板、圆筒和凸台五部分组成,如图6-9(b)所示。底板在下,和支撑板、肋板叠加在一起。圆筒则由支撑板、肋板支撑着,圆筒与支撑板的两个侧面相切,与肋板相交。凸台在圆筒之上,两者正交。

2. 选择主视图方向

主视图是三视图中的主要视图。选择主视图时必须考虑组合体的安放位置和主视图的投射方向。

组合体的安放位置一般选择为组合体安放平稳的位置,或者是其工作、加工时的安放位置。如图6-9(a)所示,轴承座的底板位于下方且水平放置。

主视图的投射方向一般是选择最能反映组合体的形状特征或位置特征(各组成部分相互位置关系)的方向,同时还应考虑其他视图中虚线较少和图幅的合理使用。在本例中以*A*向作为主视图方向来绘制三视图。

3. 确定比例和图幅

主视图确定后,根据组合体大小和复杂程度确定绘图比例和图幅大小,一般应采用标准比例和标准图幅。绘图比例尽量采用1∶1,图幅为A3图纸。

4. 布置视图、画底稿线

视图应布置合理,排列匀称。三视图的位置应按第1章介绍的原则进行布局,使视图之间的距离适中,又留有充分空间便于标注尺寸。

画组合体的三视图时,要逐个形体对应地画出三个视图。对于每个形体,要从反映其形状

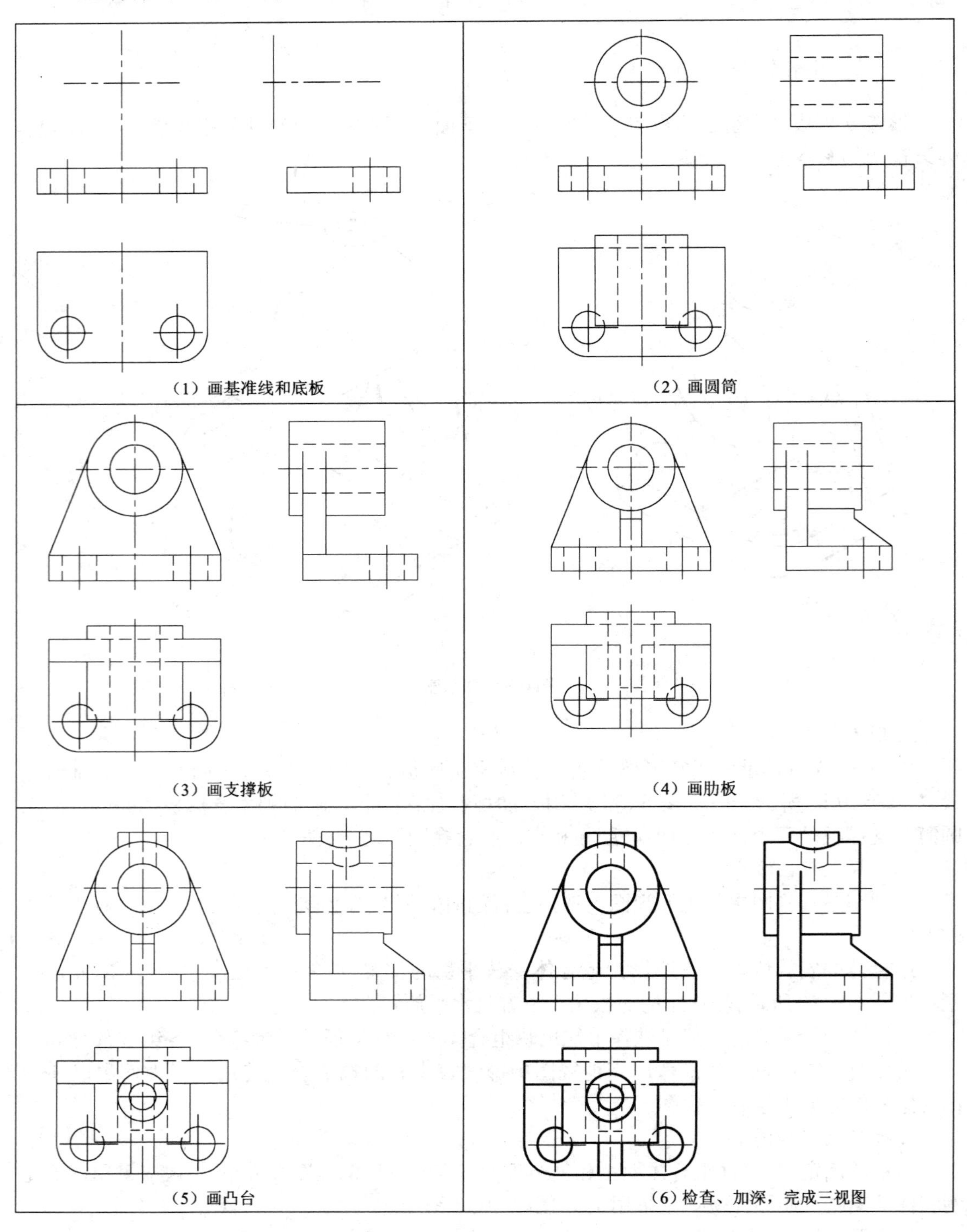

图 6-10　轴承座的画图步骤

特征的视图画起，各视图对应画。若相交表面具有积聚性，则应由具有积聚性的视图求出相关的其他视图。具体画法和步骤如下：

①布置视图，画出中心线、对称线以及主要形体的位置线。从反映底板实形的俯视图画起，画底板的三视图，如图 6-10(1)所示。底稿线要尽量细而轻，以便修改。

②从反映圆筒实形的主视图画起，画圆筒三视图，如图 6-10(2)。

③画支撑板和肋板三视图底稿，如图 6-10(3)、图 6-10(4)。

④画出凸台三视图底稿，完成整个轴承座三视图的底稿，如图 6-10(5)。

5. 校核、加深，完成全图

底稿完成后，应仔细检查。检查时要分析每个形体的三视图，其视图是否都画完全，位置是否对应，表面过渡关系是否正确等。最后，擦去多余的线，确认无误再加深。完成后的图形如图 6-10(6)所示。

6.3.2　应用面形分析法画图

上面我们所讨论的组合体，其各基本形体间的关系明确、容易识别，适用于形体分析法作图。对于挖切体来说，在挖切过程中形成的面和交线较多，形体不完整。解决这类问题时，通常采用面形分析法。下面以图 6-11(a)所示的组合体为例，说明其作图方法和步骤。

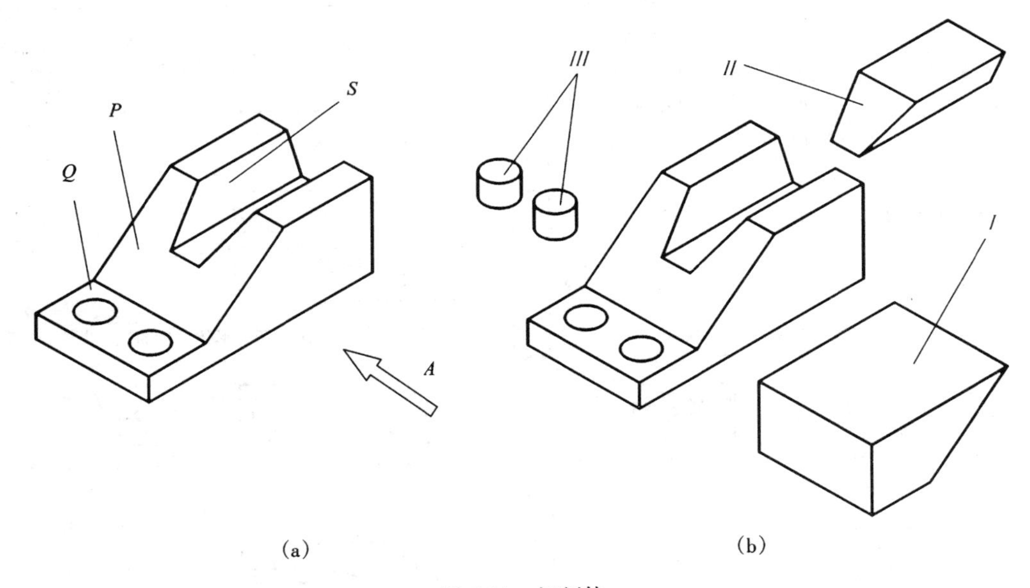

图 6-11　切割体

1. 面形分析

图 6-11(a)所示组合体的原形为一四棱柱，先后截切掉 *I*、*II*、*III* 三部分形体(如图 6-11(b)所示)，得到图(a)所示的切割体。

2. 选择主视图方向

以 *A* 向作为主视图方向。此时 *P* 面为正垂面，*Q* 面为水平面，*S* 面为侧垂面。

3. 确定比例和图幅

比例采用 1:1，图幅为 A3 图纸。

4. 布置视图、画底稿线

①布置视图,画出中心线、对称线以及主要形体的位置线,如图6-12(1)。

②画出被截切前的三视图,如图6-12(2)。

③分别画出截切去形体Ⅰ、Ⅱ、Ⅲ后的视图,如图6-12(3)、图6-12(4)和图6-12(5),完成三视图的底稿。

5. 检查、加深,完成三视图

如图6-12(6)所示。

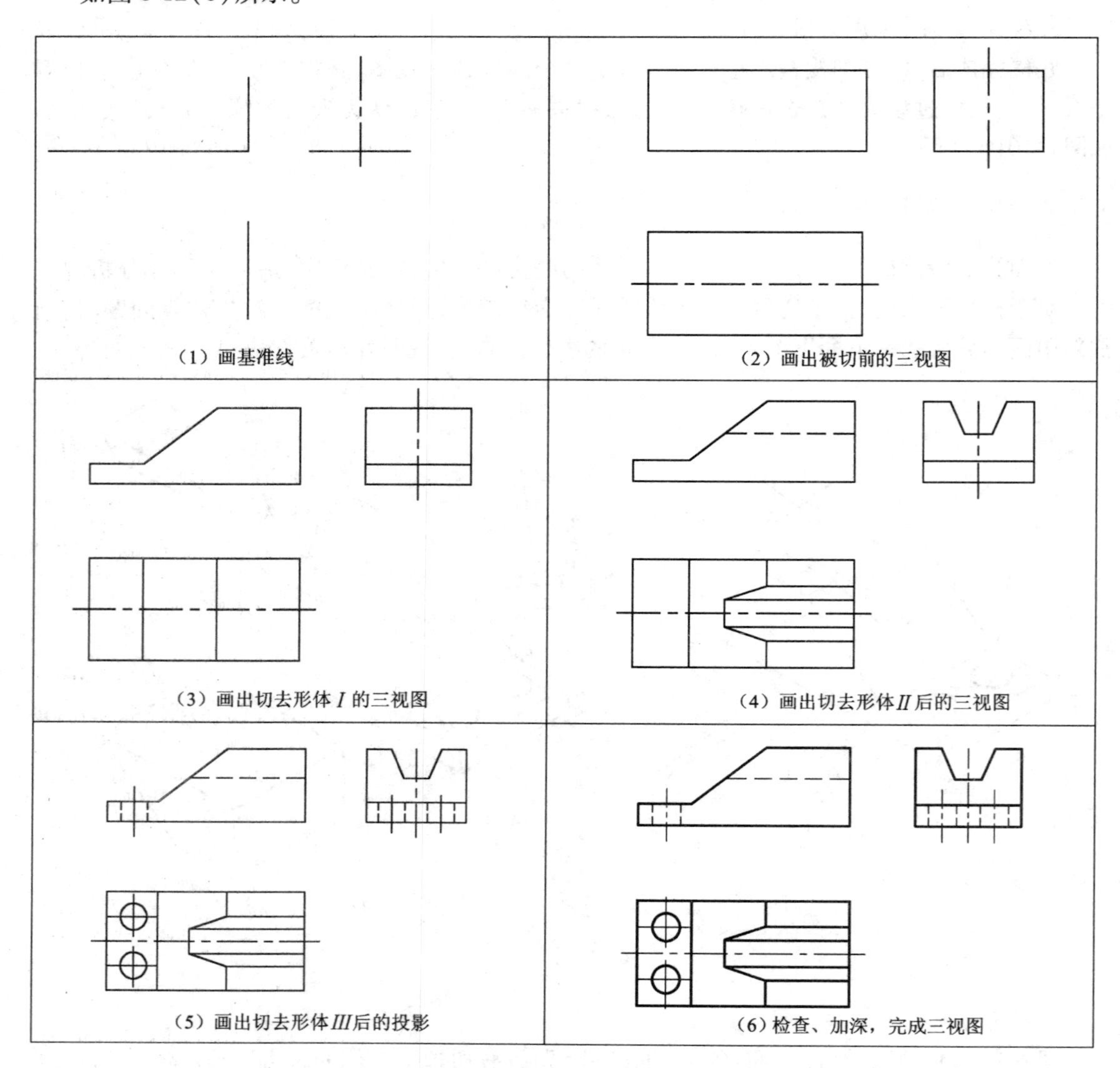

图6-12 用面形分析法画组合体的三视图

6.4 组合体的看图方法

根据三视图想象出物体形状的过程称为看图,也称为读图。组合体的看图主要应用形体分析法，对于那些不易看懂的局部形状则应用面形分析法。为了正确地看懂各视图，必须掌握看图的基本知识和正确的看图方法。

6.4.1　看图的基本知识及注意事项

1. 要把几个视图联系起来进行分析

通常情况下，一个或两个视图不能确定组合体的形状。因此，看图时不能孤立地只看一个视图或两个视图，而是要根据投影规律，把几个视图联系起来，才能想象出物体的形状。在图 6-13 中，三个物体的主视图和俯视图都相同，而左视图不同。

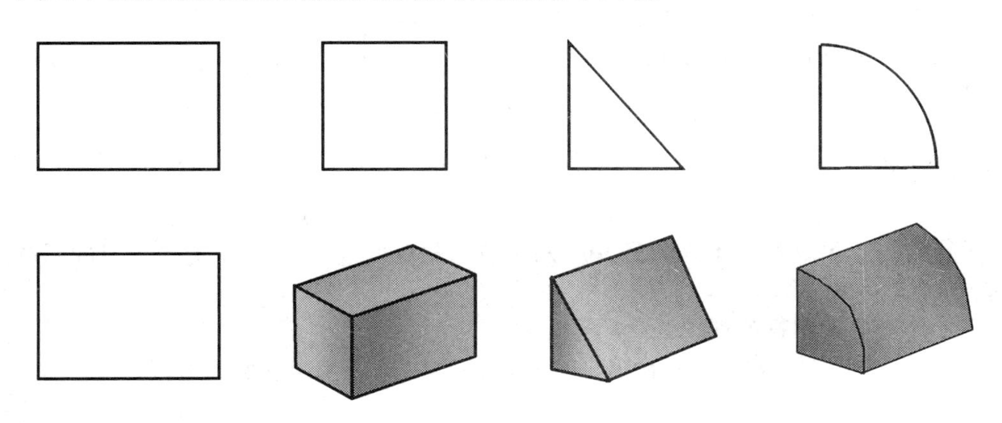

图 6-13　主视图和俯视图相同，而左视图不同

在图 6-14 中，两个物体的主视图和左视图都相同，而俯视图不同。因此，在看图的过程中只有把三视图联系起来看，才能正确地想象出不同形状的物体。

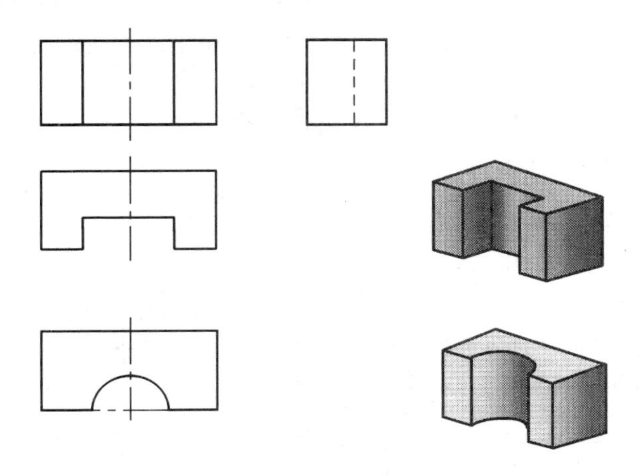

图 6-14　主视图和左视图相同，而俯视图不同

2. 注意抓特征视图

(1) 形状特征视图

最能反映物体形状特征的那个视图，称为形状特征视图。图 6-13 中的左视图，图 6-14 中的俯视图，都是形状特征视图。

(2)位置特征视图

最能反映物体位置特征的那个视图,称为位置特征视图。如图6-15所示的三视图中,左视图是位置特征视图。

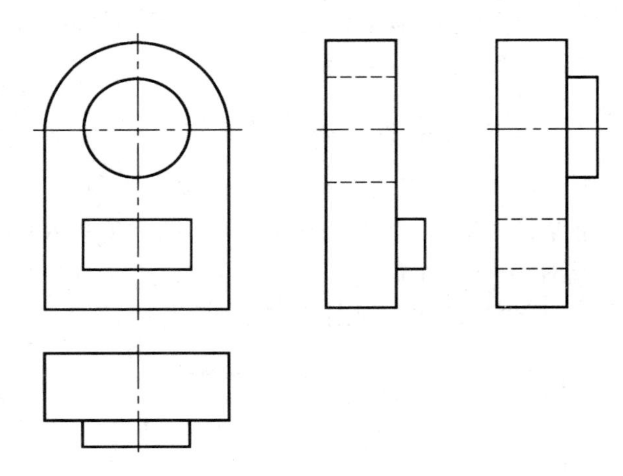

图6-15 左视图不同,反映形体的位置不同

6.4.2 看图的方法和步骤

1. 看图的方法

组合体的看图方法与画图方法一样,通常采用形体分析法。对于组合体中局部较为难看懂的投影部分可采用面形分析法。

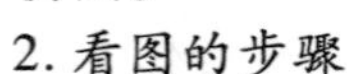

2. 看图的步骤

(1)看视图抓特征

看视图——以主视图为主,配合其他视图,进行初步投影分析和空间分析。

抓特征——找出反映物体特征较多的视图,在较短的时间里,对物体有个大概的了解。

(2)分解形体对视图

分解形体——参照特征视图,分解形体。

对视图——利用"三等"关系,找出每一部分的三视图,想象出它们的形状。

(3)综合起来想整体

在看懂每部分形体的基础上,进一步分析它们之间的组合方式和相对位置关系,从而想象出整体的形状。

(4)面形分析攻难点

一般情况下,以叠加为主形成的零件,用上述形体分析方法看图就可以解决。但对于一些较复杂的零件,特别是由切割形成的零件,仅使用形体分析法还不够,还需采用面形分析攻难点。

[**例1**] 根据图6-16所示的三视图,利用形体分析法看图。

[**解**] 解题方法和步骤如下。

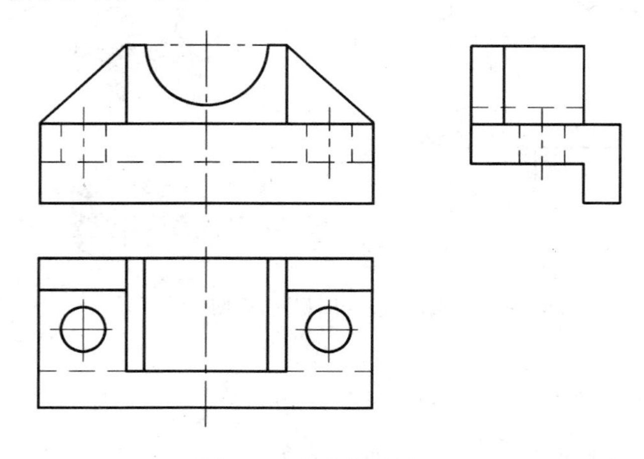

图6-16 组合体看图(一)

(1)划线框、分形体

先从主视图看起,并将三个视图联系起来,根据投影关系找出表达构成组合体的各部分形体的形状特征和相对位置比较明显的视图。然后将找出的视图分成若干封闭线框(有相切关系时线框不封闭)。从图6-17(1)中可看出,主视图分成Ⅰ、Ⅱ、Ⅲ、Ⅳ四个封闭的线框。

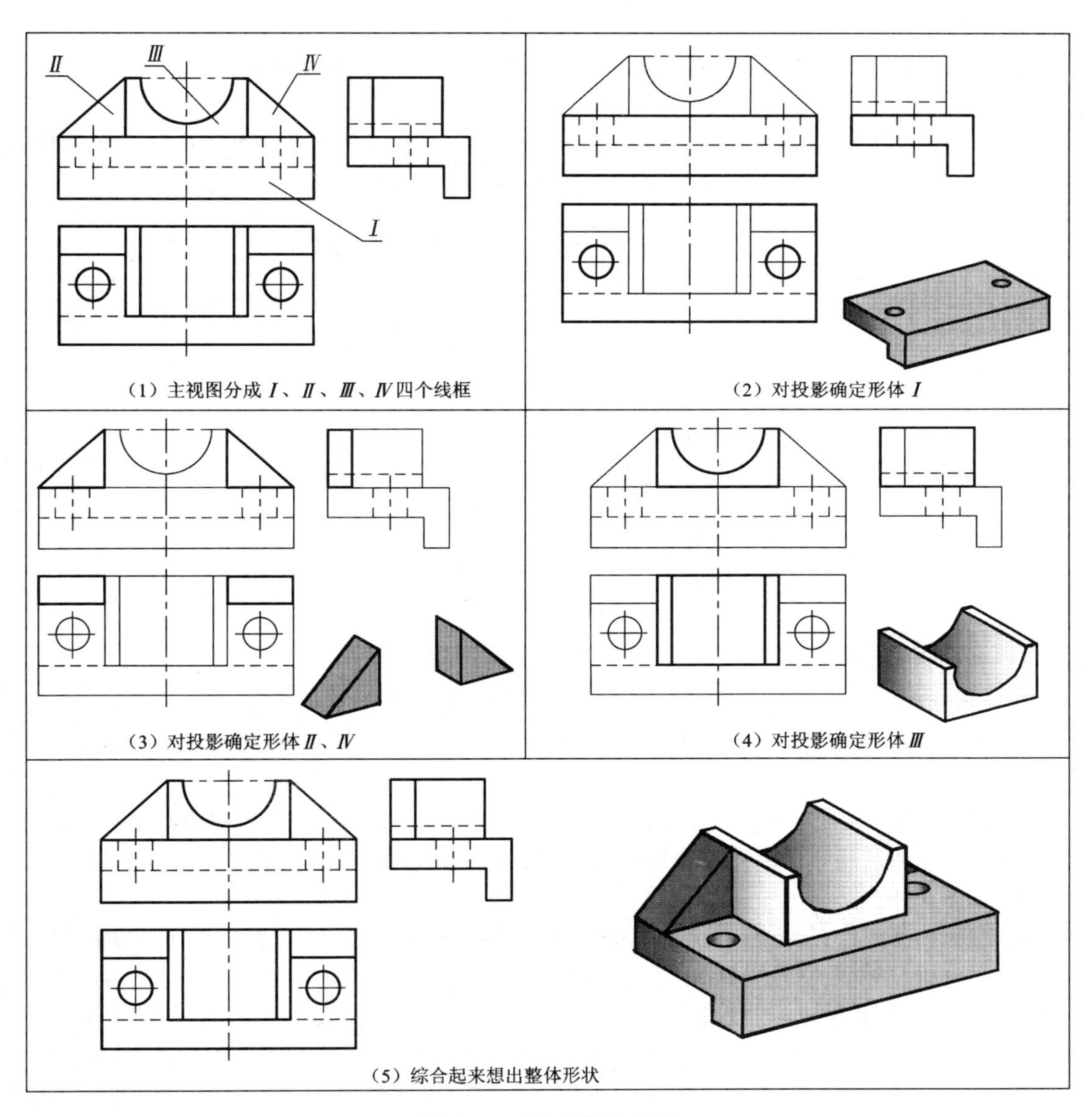

图6-17　形体分析法看图

(2)对投影、想形体。

根据主视图中所划分的线框,分别找出各自对应的另外两个投影,从而根据三面投影构思出每个线框所对应的空间形状及位置。如图6-17(2)、6-17(3)和6-17(4)所示。

(2)合起来、想整体。

各部分的形状和形体表面间的相对位置关系确定后,综合起来想象出组合体的整体形状,如图6-17(5)所示。

[例2] 根据图6-18所示的压块零件的三视图,利用面形分析法看图。

[解] 解题方法和步骤如下。

(1)对压块零件的三视图进行分析,确定该组合体被切割前的形状。由图6-18中可看出,三视图的主要轮廓线均为直线,如果将切去的部分恢复起来,那么原始形体为一四棱柱。

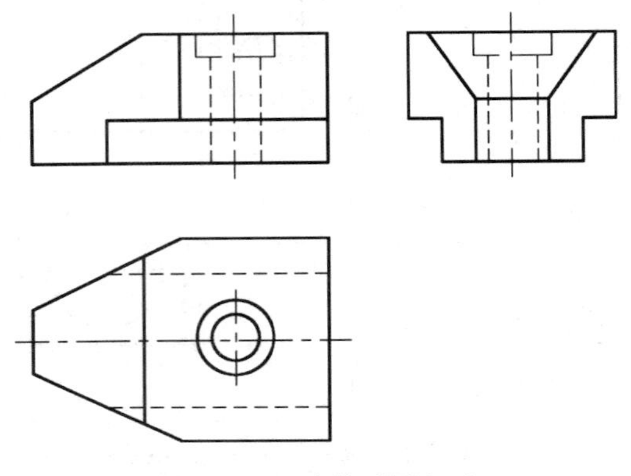

图6-18 组合体看图(二)

(2)进行面形分析。

①分析俯视图中的线框 p,在主视图中与它对应的是一条直线,在左视图中与之对应的是一梯形线框,可知这是一个正垂面,如图6-19(1),即用正垂面切去四棱柱的左上角,如图6-19(1′)。

②分析主视图中的线框 q',在俯视图中与它对应的是一条直线,在左视图中与之对应的是七边形线框,可知这是一个铅垂面,如图6-19(2),即用铅垂面切去四棱柱的左前方、左后方的两个角,如图6-19(2′)。

③分析主视图中的线框 r',其余两视图均具有积聚性,说明它是一个正平面,如图6-19(3)。分析俯视图中的线框 s,对应其他两视图均为直线,说明它是一个水平面,如图6-19(3)。由此可知,压块零件的前后两个缺口被正平面与水平面截切而成,如图6-19(3′)。

④视图中还有一阶梯孔结构,从已知的三视图中很容易看出,其结构如图6-19(4)所示。

(3)反复检查所想出的立体形状是否与已知的三视图对应,直到立体形状与三视图完全符合为止。其外形图如图6-19(4′)所示。

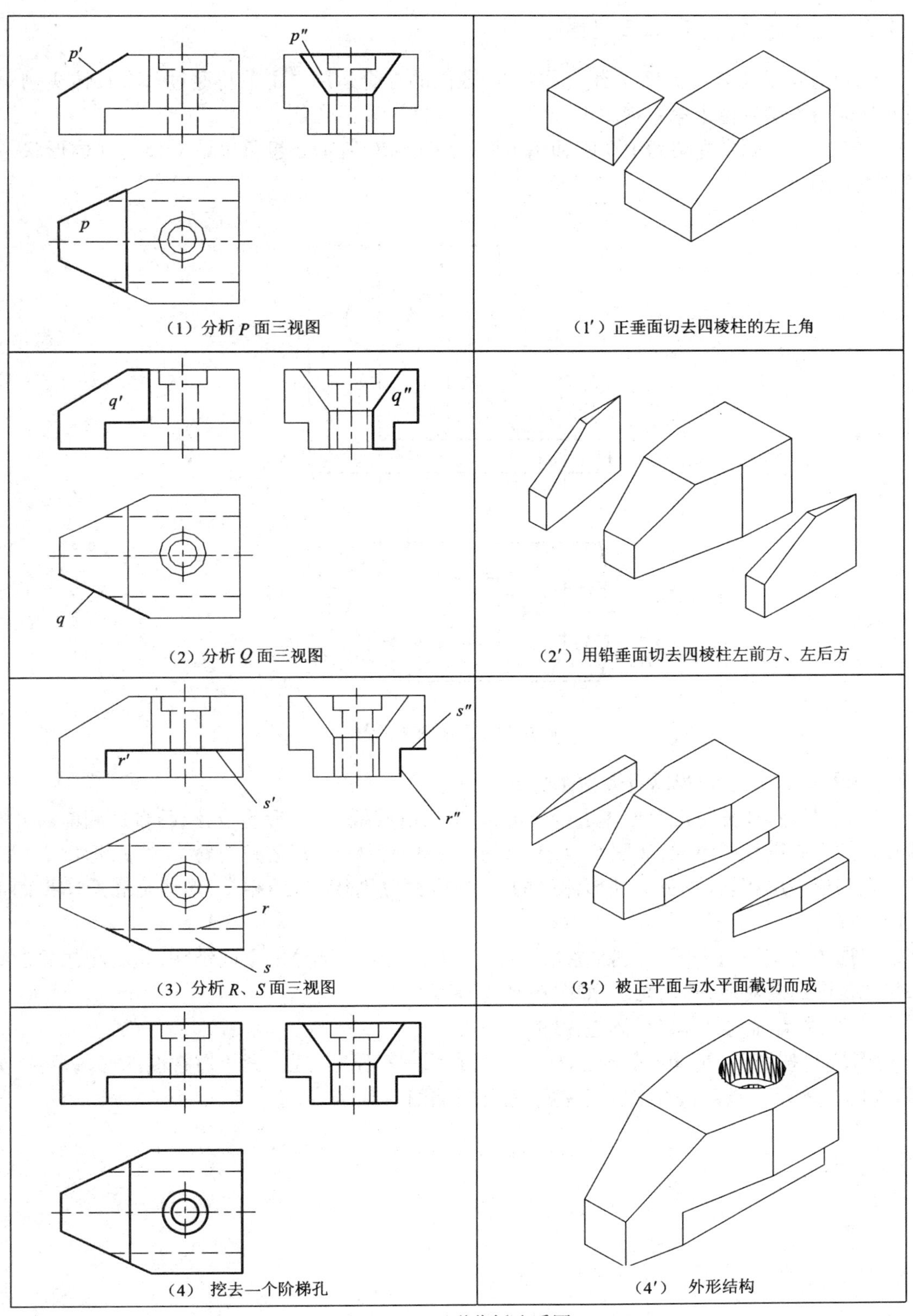

图 6-19　面形分析法看图

6.4.3 已知两视图求第三视图

已知两视图求第三视图，是组合体看图、画图的综合运用。本节将通过一个具体实例，来说明如何根据两视图求第三视图。

［**例**2］ 已知一支架的主视图和俯视图，如图6-20所示。想象出该支架的立体形状，补画出左视图。

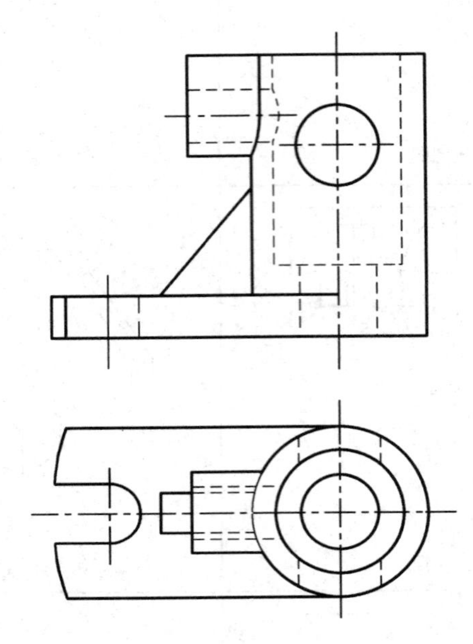

图6-20 支架的两视图

［**解**］ (1)由已知视图看懂物体的形状。

首先根据形体分析法对形体进行分析，该支架由底板Ⅰ、楔形肋板Ⅱ、凸台Ⅲ和前后开有圆柱孔的空心圆柱Ⅳ组成，如图6-21(1)所示。其中形体Ⅰ、Ⅱ之间为叠加关系，形体Ⅰ、Ⅱ、Ⅲ分别和形体Ⅳ相切(形体Ⅰ和形体Ⅳ的前、后表面分别相切)或相交，形体Ⅲ和形体Ⅳ的上顶面平齐。

根据主视图和俯视图，分别想象出形体Ⅰ、Ⅱ、Ⅲ、Ⅳ各部分的空间结构形状，将想象的结果与原视图反复对照，确认无误，如图6-21(2)所示。

(2)根据看懂的物体形状画左视图。

画图时，按照Ⅰ、Ⅱ、Ⅲ、Ⅳ各形体的顺序，利用三等原则，逐一画出左视图的底稿草图，如图6-21(3)所示。最后检查、加深，完成左视图，如图6-21(4)所示。

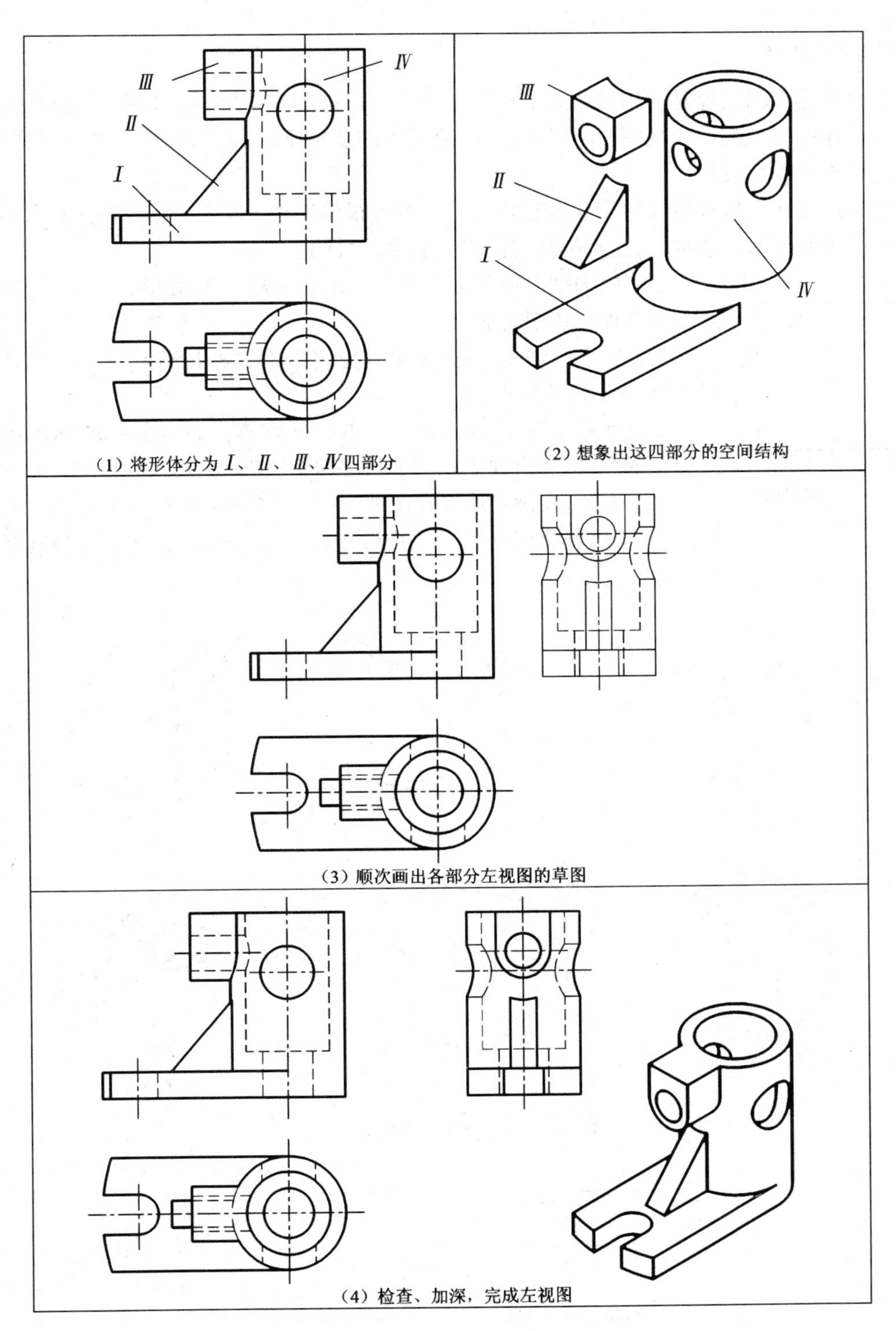

图 6-21　求作支架的左视图

6.4.4 构型设计

组合体的看图过程是从相关的几个视图中想象出形体的空间结构。在有些情况下，可能仅已知形体的一个或两个视图，在满足这个给定视图的要求下，构造出多种物体的空间结构。这一过程称为构型设计。

构型设计涉及机械零件的设计、制造工艺、强度等很多专业相关知识，本节仅从形体投影的角度来说明如何构造物体，达到提高空间思维能力的目的。

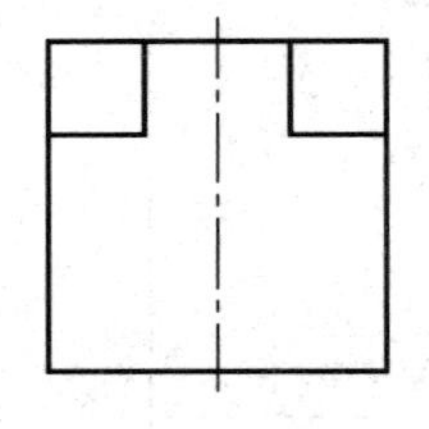

图 6-22 空间形体的主视图

物体的构型设计基本方法采用形体分析法和面形分析法，构造的形体多为叠加或切割而成。

①已知一个视图，构造出多种空间物体。如由图 6-22，可以构造出如图 6-23 所示的几种形体。

②已知两个视图，构造出不同的空间物体。如由图 6-24 所示的主视图和左视图，构造出如图 6-25 所示的不同空间形体。

综上所述，在满足给定视图的前提下，所构造的几何形体往往有很多种，这对于培养我们看图、画图能力以及空间分析、想象能力都具有重要的意义。

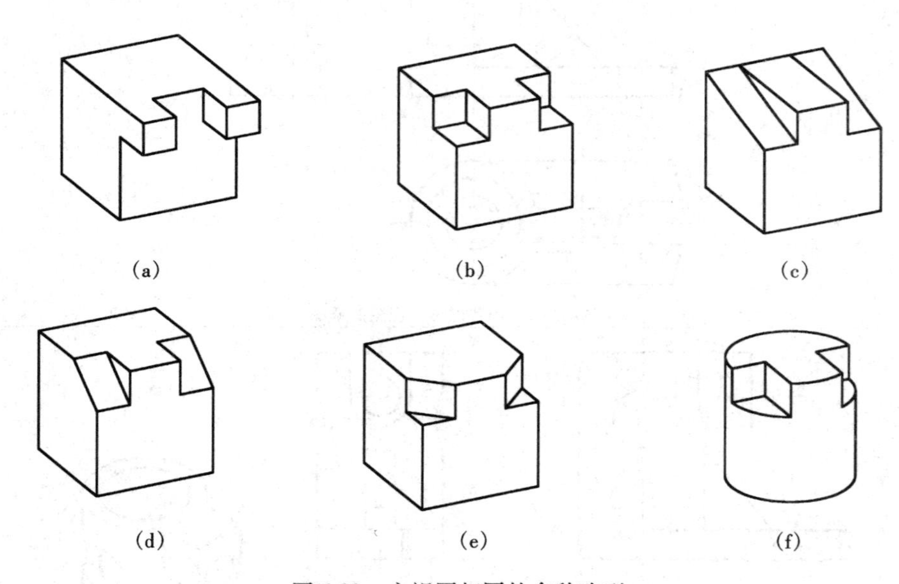

图 6-23 主视图相同的多种造型

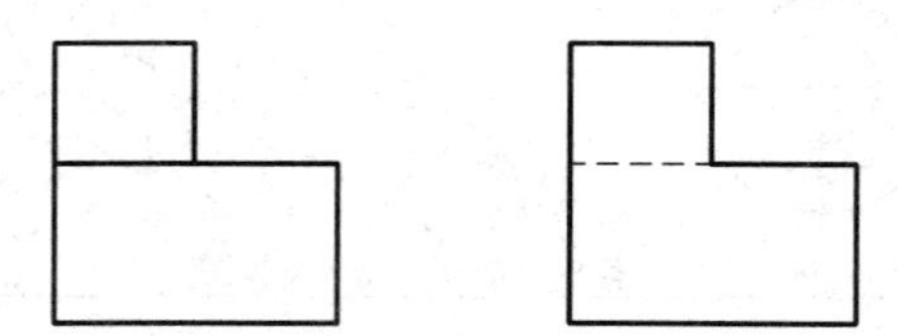

图 6-24 空间形体的主视图和左视图

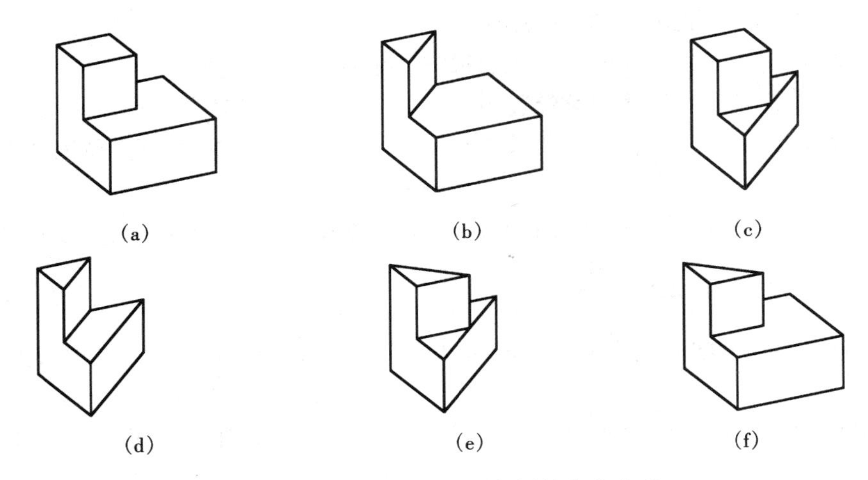

图6-25 主视图和左视图相同的多种造型

思考与习作

(1)由图6-23各形体的立体图分别绘出图6-22的俯、左视图,由图6-25分别绘出图6-24的俯视图。

(2)图6-26为一立体的主视图和左视图,请根据所给定的视图构造出三个以上的几何形体,并画出各自的俯视图。

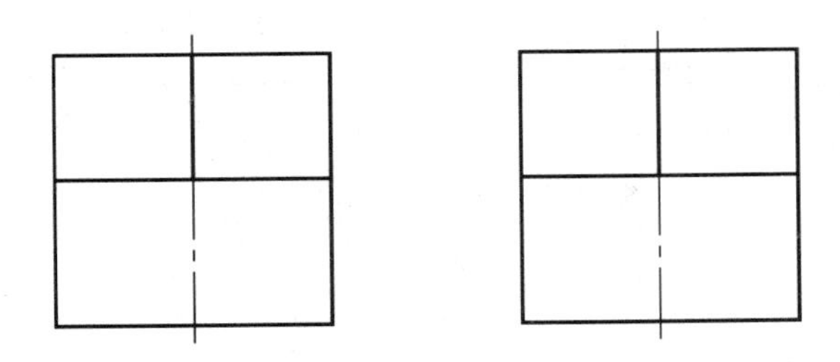

图6-26 空间物体的主视图和左视图

6.5 组合体的尺寸标注方法

组合体的视图只能表示组合体的形状,而各形体的真实大小及其相互位置要通过标注尺寸才能确定。标注尺寸的基本要求是正确、完整、清晰、合理。

正确:所注的尺寸应符合国家标准有关尺寸注法的规定,注写的尺寸数字要准确。

完整:所注尺寸必须把组合体中各个基本形体的大小及相对位置确定下来,无遗漏、无重复尺寸。

清晰:所注尺寸布置要适当,并尽量注在明显的地方,以便看图。

合理:所注尺寸要符合设计和制造要求,为加工、测量和检验提供方便。

正确标注尺寸问题已在第一章中介绍,合理标注尺寸的问题将在第九章中介绍。本节只介绍尺寸标注的正确、完整和清晰问题。

6.5.1 组合体尺寸标注的基本方法——形体分析法

从形体分析出发,组合体的尺寸分为定形尺寸、定位尺寸和总体尺寸。组合体的尺寸标注,其实质就是在形体分析的基础上标注这三类尺寸。

定形尺寸:确定各基本形体的大小和形状的尺寸。

定位尺寸:确定各基本形体相对位置的尺寸。

总体尺寸:确定组合体总长、总宽、总高的尺寸。它们是组合体长、宽、高三个方向的最大尺寸。

总体尺寸、定位尺寸、定形尺寸可能重合,有时需作相应调整,以免出现多余尺寸。

6.5.2 一些常见基本体的定形尺寸

为保证基本体的形状和大小唯一确定,应注出确定其在长、宽、高三个方向上的大小的尺寸。

常见基本体的定形尺寸如表 6-1 所示。有时标注形式可能有所改变,但尺寸数量不能增减。

表 6-1 常见基本形体的定形尺寸

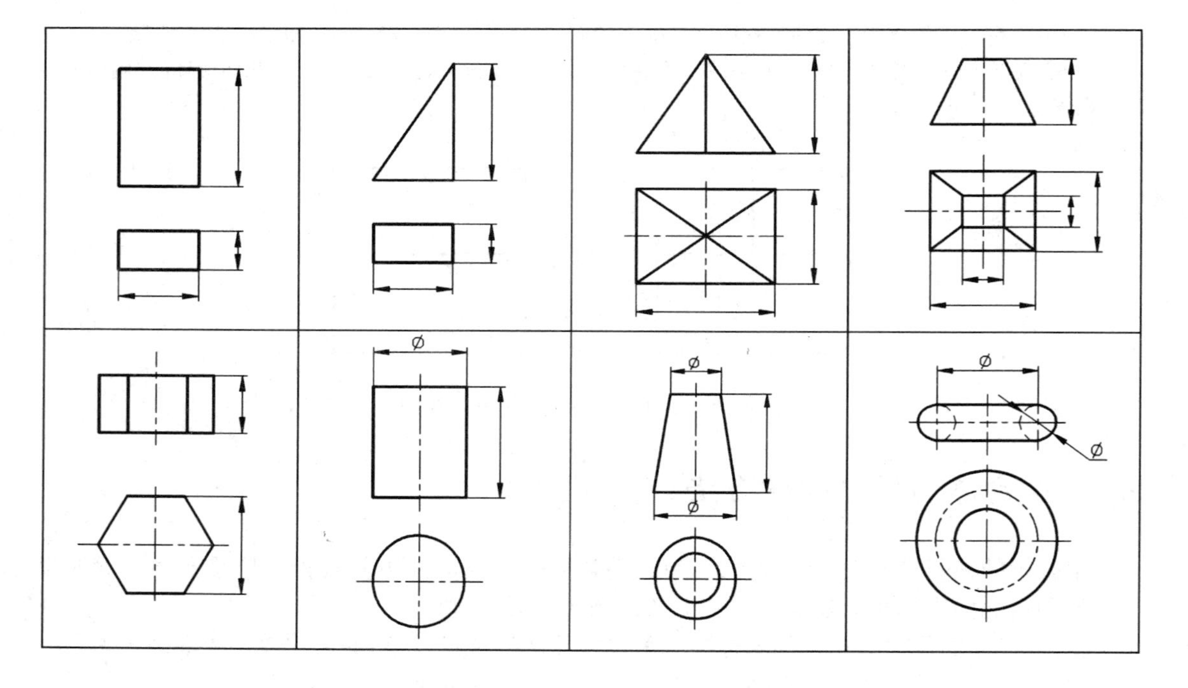

6.5.3 一些常见立体的定位尺寸

为了使标注尺寸正确、完全、清晰,除了要正确标出各基本体的定形尺寸外,还要正确标出各基本体相对基准之间的定位尺寸,因而,要标注定位尺寸,必须先选定尺寸基准,即确定各基本体位置的几何元素。零件有长、宽、高三个方向的尺寸,每个方向至少要有一个基准,以便确定各基本体之间的相对位置。通常以组合体的底面、端面、对称面、主要轴线和圆心等作为基准。下面是一些常见结构的定位形式。

①图 6-27 中的底板,有四个对称分布的孔,为了确定四个孔的位置,可以对称面为基准,

标注出孔的中心距离。

②图 6-28 中,底板上的圆筒,不处于对称位置,则应确定长度和宽度的基准,标注出回转轴线到基准面间的距离。

③图 6-29 中,底板上的四棱柱,不处于对称位置,则应确定长度和宽度的基准,标注出棱柱上两个棱面到基准面间的距离。

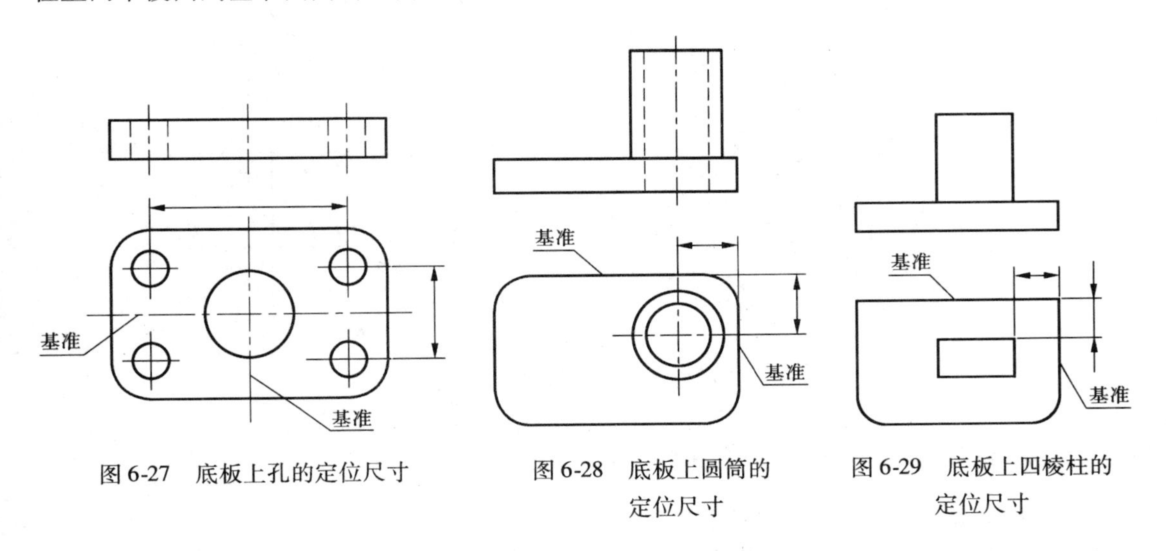

图 6-27　底板上孔的定位尺寸　　图 6-28　底板上圆筒的定位尺寸　　图 6-29　底板上四棱柱的定位尺寸

6.5.4　截切立体和相贯立体尺寸注法

①截切立体的尺寸标注,应注出被截立体的定形尺寸及确定截平面位置的定位尺寸。图 6-30 为截切立体的尺寸注法图例,其中图(a)的注法正确,图(b)的注法错误。

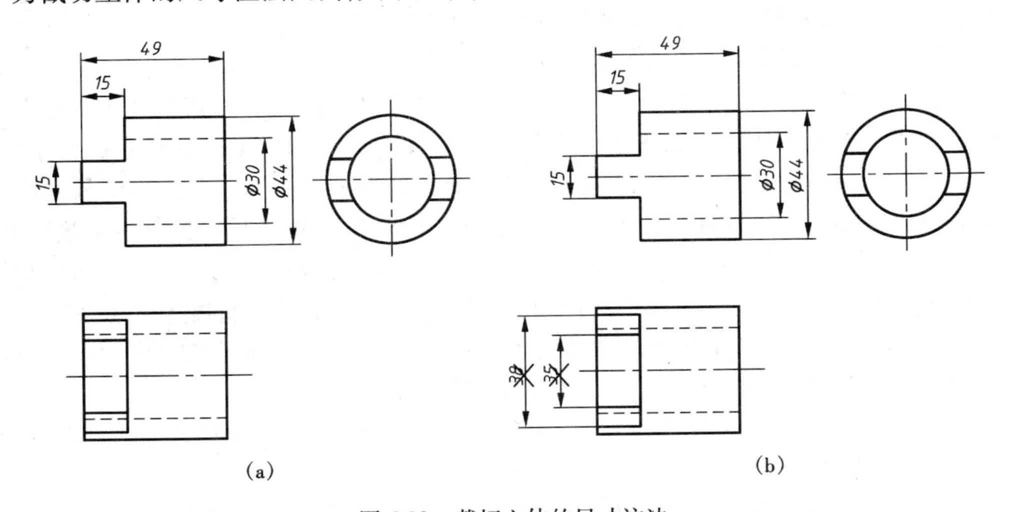

图 6-30　截切立体的尺寸注法

②相贯立体的尺寸标注,应注出两相贯立体的定形尺寸和相贯立体的相对位置尺寸。图 6-31 为具有相贯线的尺寸注法图例,其中图(a)的注法正确,图(b)的注法错误。

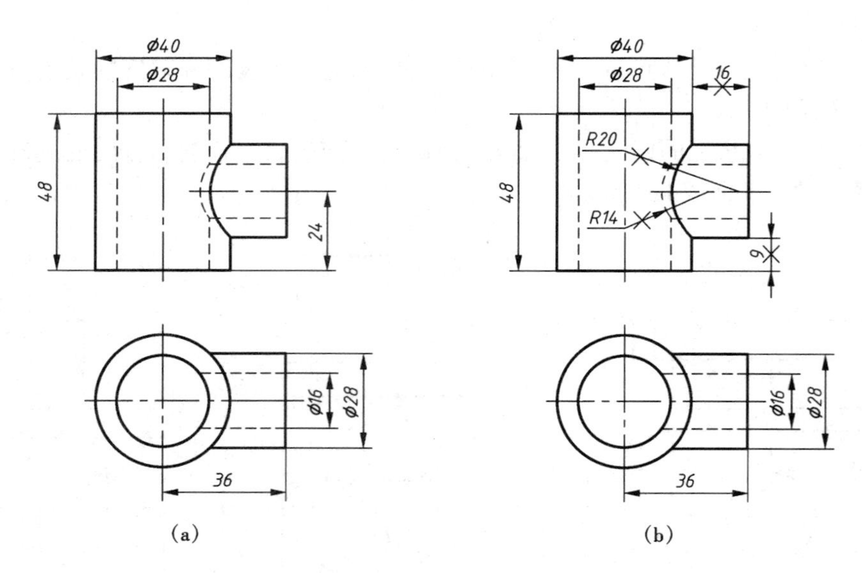

图 6-31 相贯立体的尺寸注法

6.5.5 组合体尺寸标注的注意事项

组合体标注尺寸时应注意以下几点。

①合理选择尺寸基准。尺寸基准与其加工工艺密切相关。对于一般形体，其基准一般选择在对称线、轴线、大的平面上。如图 6-32 所示，长基准位于左、右对称中心线上，宽基准位于底板的后表面，而上部圆筒的后表面为宽方向的辅助基准，高基准位于底板下表面。

②标注组合体尺寸时，应先注主要基本体，后注次要基本体。各基本体的定形尺寸和定位尺寸应尽量标注在表示其特征最明显的视图上。如图 6-32 所示，肋板的尺寸尽可能注在反映其实形的左视图上，底板的尺寸尽量注在反映其实形的俯视图上。

③圆柱、圆锥的定形尺寸和定位尺寸应尽量标注在非圆视图上。尤其是视图中存在多个同心圆时，圆的直径尺寸应尽可能注在非圆视图上，如图 6-32 中圆筒和凸台的直径尺寸。

④尺寸应尽量注在视图的外部，并布置在与它有关的两视图之间。若所引的尺寸界线过长或多次与投影线相交，可注在视图内适当的空白处，如图 6-32 主视图中肋板的定形尺寸 12。

⑤标注互相平行的尺寸时，小尺寸应注在内，大尺寸应注在外，以避免尺寸线和尺寸界线间不必要的相交。如图 6-32 左视图中凸台的定位尺寸 26 位于圆筒的宽度尺寸 50 的内侧。

⑥在标注具有回转中心形体的定位尺寸时，要标注其轴心到定位基准的距离，如图 6-32 主视图中圆筒的定位尺寸 60 和左视图中凸台的定位尺寸 26。

⑦形体中的同类结构相对于基准对称分布时，应直接标注两者之间的距离，如图 6-32 俯视图中底板上的两个圆孔的定位尺寸 58。

⑧截交线、相贯线和两表面相切处切点的位置都不应标注尺寸，如图 6-32 中圆筒与凸台正交形成的相贯线以及支撑板与圆筒相切处都不标尺寸。

⑨半径尺寸必须标注在反映圆弧实形的视图上。如图 6-32 中底板的圆角半径 *R*16 注在俯视图中。

⑩避免标注封闭的尺寸链。如图 6-33(a)中，轴的长度方向尺寸 *a*、*b*、*c*、*d* 四个尺寸首尾相

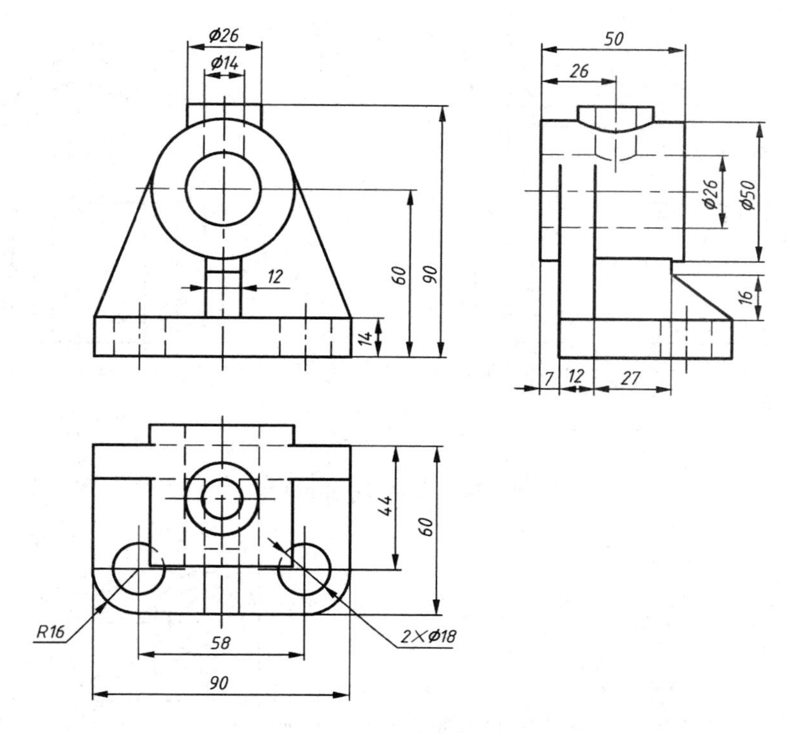

图 6-32　轴承座的尺寸注法

连，形成封闭的尺寸链，这种标注形式是错误的。正确的方法是图 6-33(b)中的标注形式，把其中尺寸长度不重要的一段作为开口环。

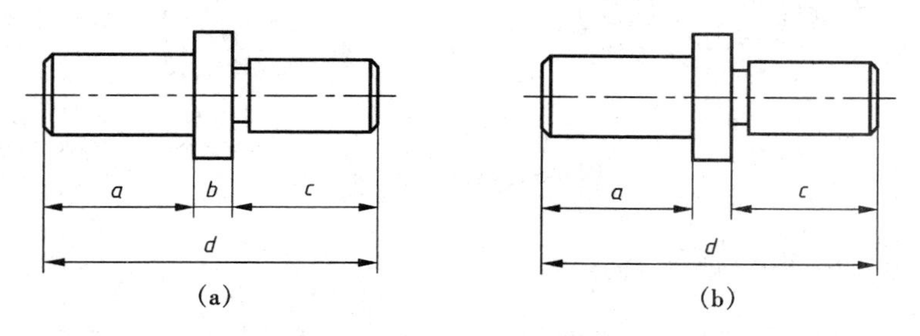

图 6-33　不要标注成封闭的尺寸链

⑪尺寸布置要清晰。如图 6-34 中所示的结构，图(a)的标注形式要比图(b)的标注形式好。

⑫在对形体的总体尺寸进行标注时，结构的边界如果存在圆或圆弧，为了突出这一结构，要标注圆弧的半径或圆的直径以及相应圆心的定位尺寸，但不标注其相应的总体尺寸。如图 6-35(a)中，不标注总长尺寸；图(b)中，不标注总高尺寸。

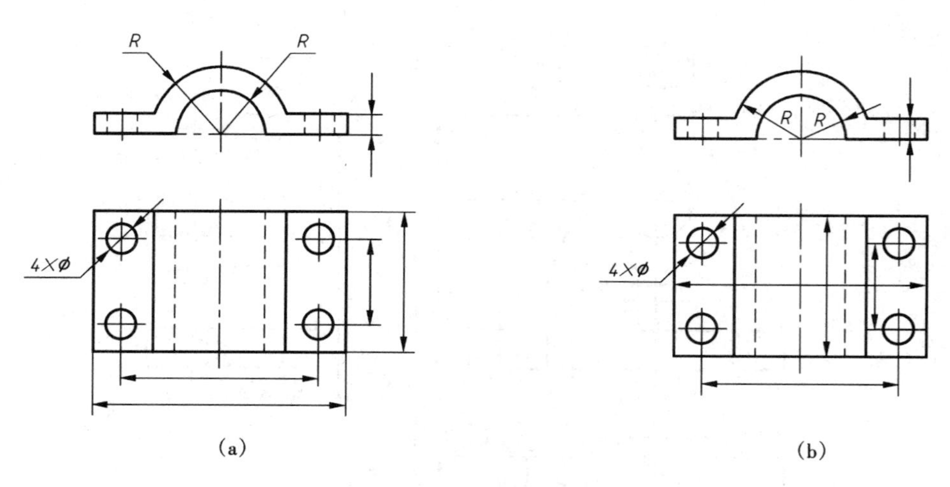

图 6-34 尺寸布置要清晰

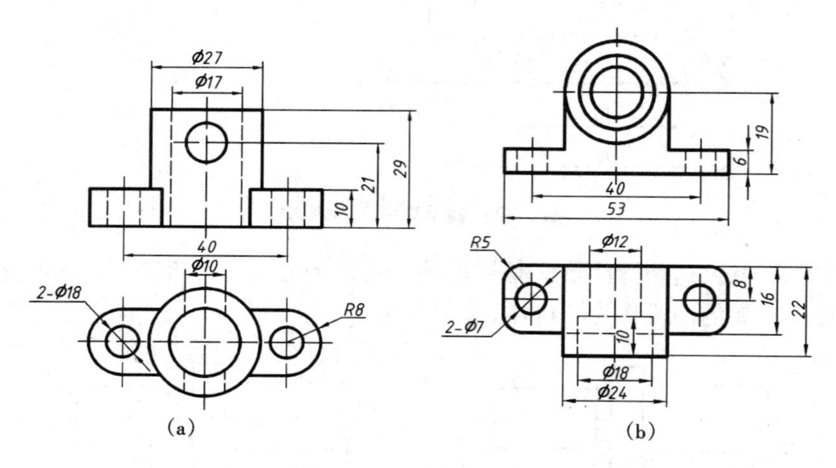

图 6-35 总体尺寸标注

6.5.6 组合体尺寸标注的综合举例

[例 4] 标注图 6-36 所示的三视图的尺寸。标注的方法和步骤如下。

(1)分别选择长度、宽度和高度方向的尺寸基准,并标注底板的定形定位尺寸,如图 6-37(a)所示。

(2)标注圆筒的定形、定位尺寸,如图 6-37(b)所示。

(3)标注肋板的定形、定位尺寸,如图 6-37(c)所示。

(4)标注拱形结构的定形、定位尺寸,并调整总体尺寸,将圆筒的高度去掉,标注总高尺寸,并进行全面检查,如图 6-37(d)所示。

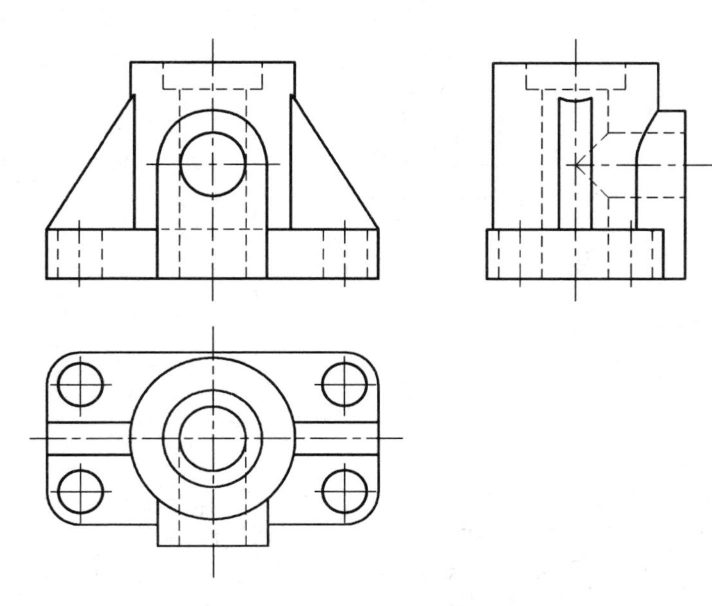

图 6-36　组合体尺寸标注综合举例

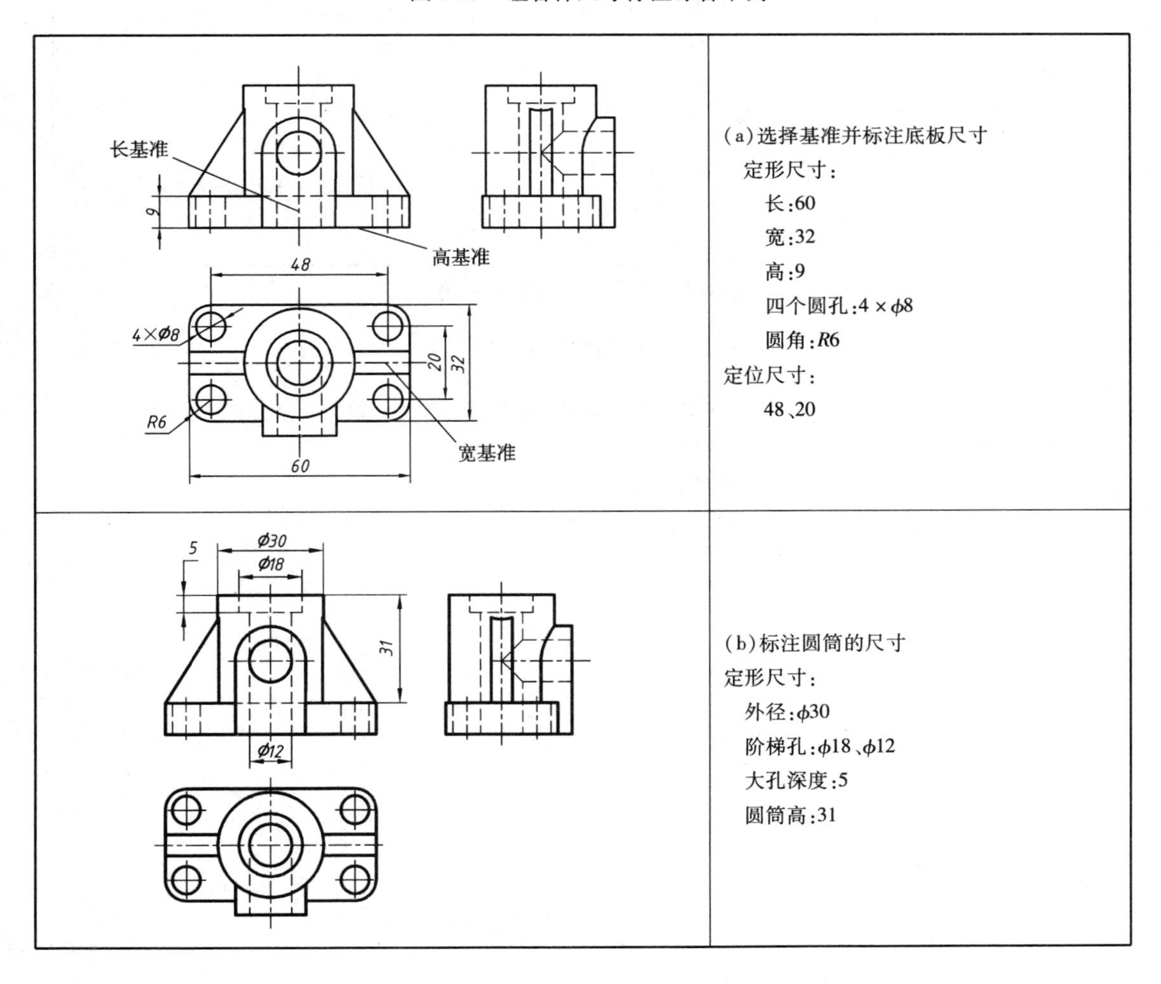

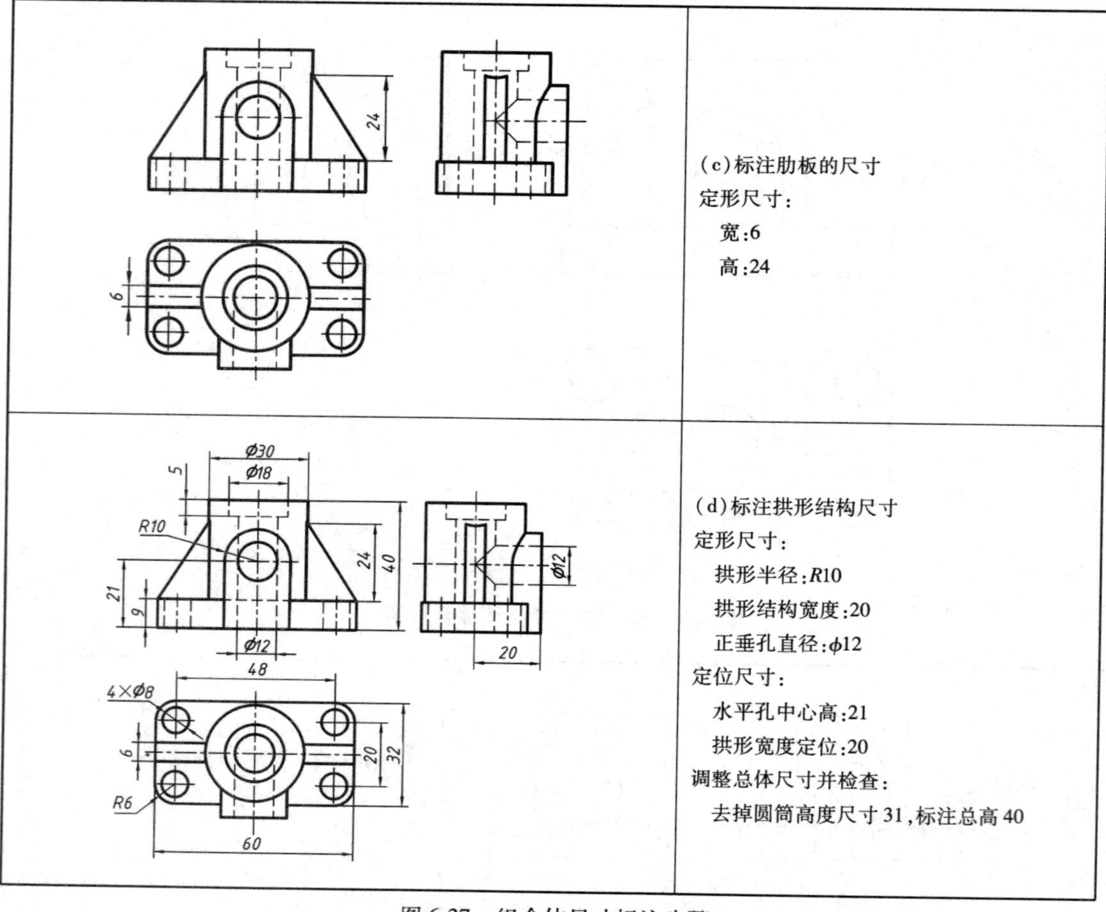

图6-37　组合体尺寸标注步骤

思考与习作

(1)组合体的组成形式有哪几种？各基本体表面间的过渡关系有哪些？它们的画法有何特点？

(2)画组合体视图时,如何选择主视图投射方向？

(3)试述运用形体分析法画图、看图的基本步骤。

(4)组合体尺寸标注的基本要求是什么？有哪些注意事项？

第 7 章　轴测图

7.1　轴测图的基本知识

图 7-1(a)是物体的正投影图,它能确切地表示零件的形状大小,且作图简单。但这种图立体感差,必须有一定读图基础的人才能看懂。图 7-1(b)是同一物体的轴测图,它的优点是富有立体感,即使不具备投影知识的人也能看懂;缺点是度量性差,且作图麻烦,故在工程上只作为辅助图样使用。

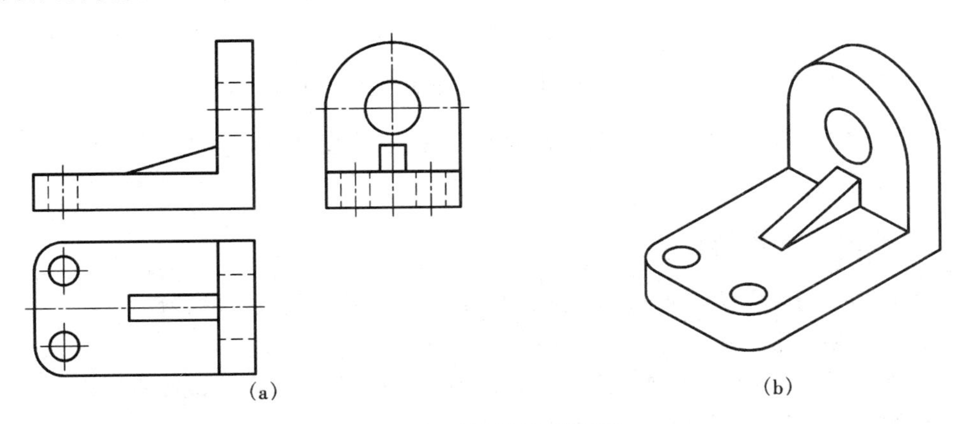

图 7-1　正投影图和轴测图

7.1.1　轴测图的形成

图 7-2 表示,将立体连同确定其空间位置的直角坐标系沿不平行于任一坐标面的方向,用平行投影法向单一投影面(称为轴测投影面)进行投射所得到的图形,称为轴测图。它能同时反映出立体在长、宽、高三个方向的尺度。

7.1.2　轴测图的轴间角和轴向伸缩系数

1. 轴间角

图 7-2 表示,空间直角坐标轴 O_1X_1、O_1Y_1、O_1Z_1 的轴测投影 OX、OY、OZ 称为轴测轴,轴测轴之间的夹角 $\angle XOY$、$\angle YOZ$、$\angle ZOX$ 称为轴间角。

2. 轴向伸缩系数

轴测轴上的线段与空间坐标轴上对应线段的长度比,称为轴向伸缩系数。例如:在图 7-2 中,OX 轴的轴向伸缩系数 $= OA/O_1A_1$。

如果知道了轴间角和轴向伸缩系数,就可根据立体或立体的正投影图来绘制轴测图。在

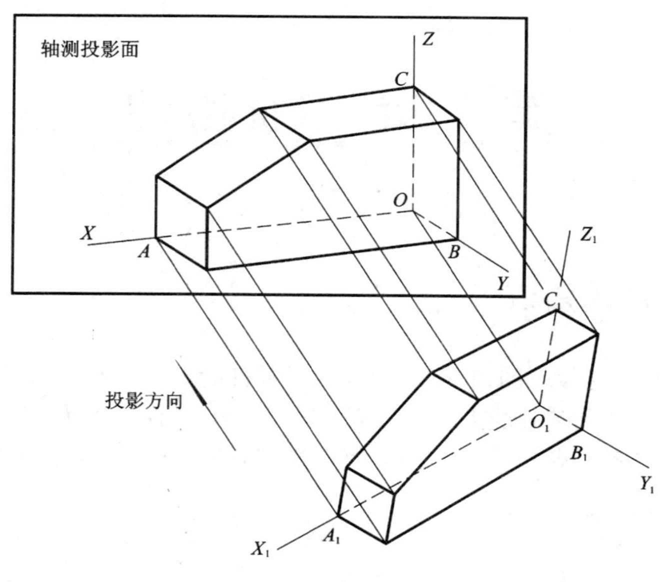

图 7-2 轴测图的形成

画轴测图时，只能沿轴测轴方向，并按相应的轴向伸缩系数直接量取有关线段的尺寸，“轴测”二字即由此而来。

7.1.3 轴测图的投影特性

轴测图是用平行投影法得到的一种投影图，它具有以下平行投影的特性：

①直线的轴测投影一般仍为直线，特殊情况下积聚为点；

②若点在直线上，则点的轴测投影仍在直线的轴测投影上，且点分该线段的比值不变；

③空间平行的线段，其轴测投影仍平行，且长度比不变。

由以上平行投影的投影特性可知，当点在坐标轴上时，该点的轴测投影一定在该坐标轴的轴测投影上；当线段平行于坐标轴时，该线段的轴测投影一定平行于该坐标轴的轴测投影，且该线段的轴测投影与其实长的比值等于相应的轴向伸缩系数。

7.1.4 轴测图的分类

轴测图可分为正轴测图和斜轴测图。用正投影法得到的轴测投影称为正轴测图，用斜投影法得到的轴测投影称为斜轴测图。

本章介绍正等轴测图和斜二轴测图的画法。

7.2 正等轴测图

7.2.1 轴间角和轴向伸缩系数

1. 轴间角

正等轴测图的轴间角均为 120°，即 $\angle XOY = \angle YOZ = \angle ZOX = 120°$。正等轴测图中坐标

轴的位置如图 7-3 所示，一般使 OZ 轴处于铅直位置，OX、OY 分别与水平线成 30°。

2. 轴向伸缩系数

正等轴测图中 OX、OY、OZ 三条轴的轴向伸缩系数相等，根据计算，约为 0.82。为了作图简便，通常采用轴向伸缩系数为 1 来作图。这样画出的正等轴测图，三个轴向（实际上任一方向）的尺寸都大约放大了 $1/0.82 \approx 1.22$ 倍，见图 7-4 所示。

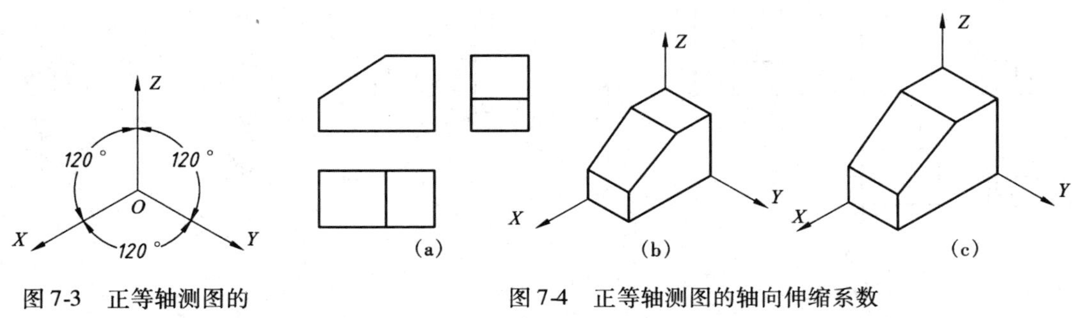

图 7-3　正等轴测图的轴间角

图 7-4　正等轴测图的轴向伸缩系数

7.2.2　平面立体的正等轴测图

绘制平面立体轴测图的基本方法，就是按照“轴测”原理，根据物体形状的特点，选定合适的坐标原点和坐标轴，再根据物体表面上各顶点的坐标值，找出它们的轴测投影，连接各顶点，即完成平面立体的轴测图。对于物体表面上平行于坐标轴的轮廓线，则可在该线上直接量取尺寸。下面举例说明其画法。

［例 1］　画出图 7-5(a)所示的四棱台的正等轴测图。

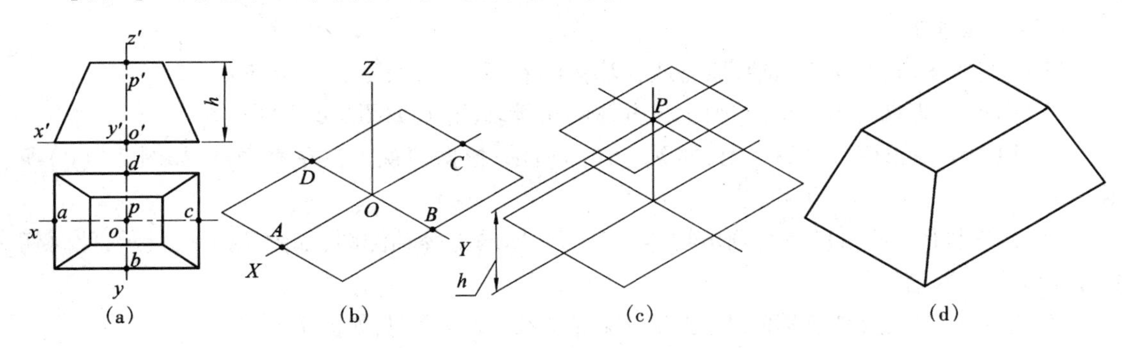

图 7-5　四棱台的正等轴测图画法

［解］　作图步骤如下。

(1) 选定坐标原点和坐标轴。坐标原点和坐标轴的选择，应以作图简便为原则。该题选定下底面中心为坐标原点，以底面对称线和棱台的轴线为三条坐标轴，如图 7-5(a)所示。

(2) 画出轴测轴，作出下底面的轴测投影，如图 7-5(b)所示。具体做法是：先根据各底边中点 A、B、C、D 的坐标找出它们的轴测投影，再通过这四点分别作相应轴测轴的平行线，就得到下底面的轴测投影。

(3) 根据尺寸 h 确定上底面的中心 P，作出上底面的轴测投影，如图 7-5(c)所示。

(4) 连接上下底面的对应顶点，即完成四棱台的正等轴测图，如图 7-5(d)所示。轴测图上的虚线一般省略不画。

[例2]　画出图7-6(a)所示的带缺口的平面立体的正等轴测图。

[解]　图7-6(a)所示的物体可以看作是由一个完整的长方体经过逐步切割形成的,作其正等轴测图时可以采用切割法。

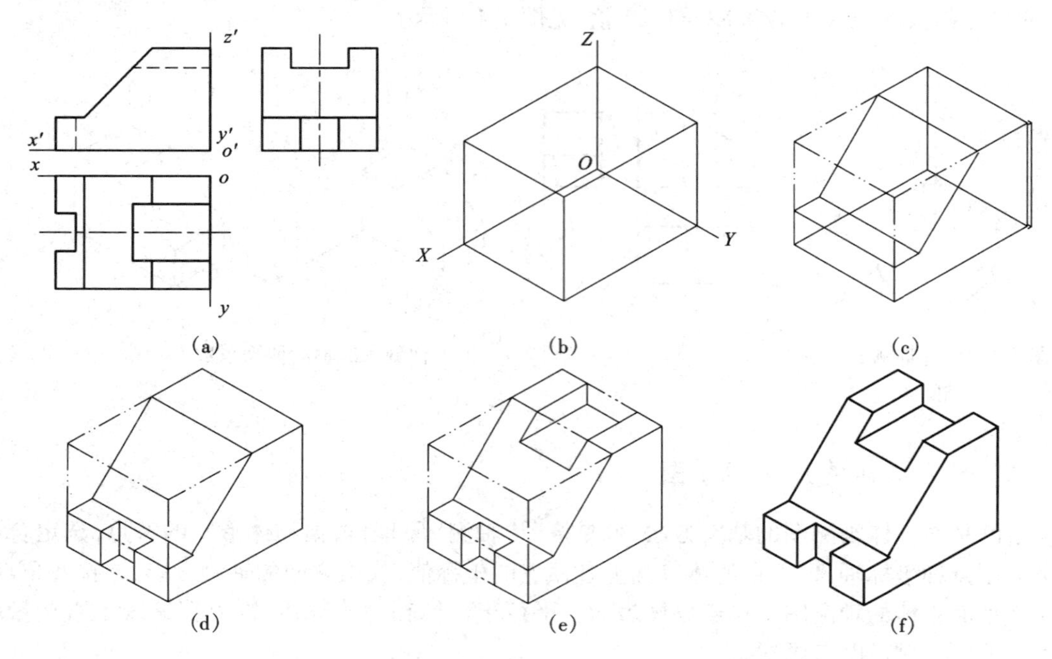

图7-6　带切口的平面立体的正等轴测图画法

作图步骤如下。

(1)选定坐标原点和坐标轴,原点取在物体的右后下角,如图7-6(a)所示。

(2)作轴测轴 OX、OY、OZ,并画出长方体的正等轴测图,如图7-6(b)所示。

(3)根据主视图切去左面一角,如图7-6(c)所示;根据俯视图在左面开槽,如图7-6(d)所示。

(4)再根据图7-6(a)所示,画出物体右上部开槽的正等轴测图,如图7-6(e)所示,此时切勿在斜线上量取槽深尺寸。

(5)擦去作图线及被遮挡的线,加深可见轮廓线,完成全图,如图7-6(f)所示。

7.2.3　平行于坐标面的圆的正等轴测图

平行于坐标面的圆,其轴测图是椭圆。画图方法有坐标定点法和四心近似椭圆法。由于坐标定点法作图较繁,所以常用四心近似椭圆法。

四心近似椭圆法是用光滑连接的四段圆弧来代替椭圆。作图时需要求出这四段圆弧的圆心、切点及半径。下面以图7-7(a)所示的水平圆为例说明四心近似椭圆画法的作图步骤。

[例3]　画出图7-7(a)所示的水平圆的正等轴测图。

[解]　作图步骤如下。

(1)以圆心 O 为坐标原点,OX、OY 为坐标轴,作圆的外切正方形,A、B、C、D 为四个切点,

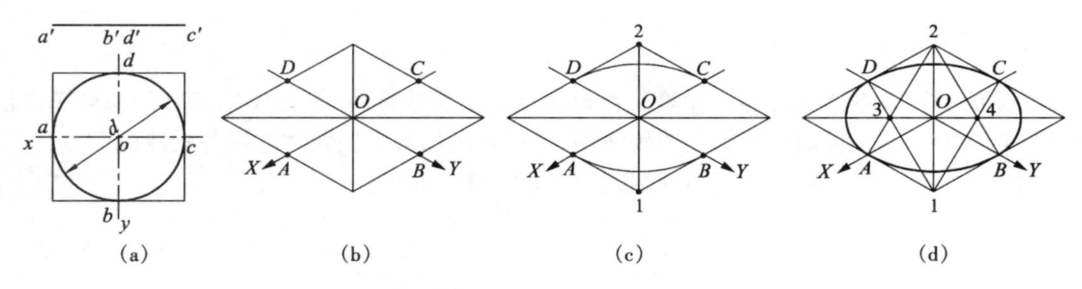

图 7-7　水平圆正等轴测图的四心近似椭圆画法

如图 7-7(a)所示。

(2)在正等轴测图的 OX、OY 轴上,按 $OA = OB = OC = OD = d/2$ 得到 A、B、C、D 四点,并作圆外切正方形的正等轴测图——菱形,其长对角线为椭圆长轴方向,短对角线为椭圆短轴方向,如图 7-7(b)所示。

(3)分别以 1、2 为圆心,$1D$、$2B$ 为半径作大圆弧 DC、AB,如图 7-7(c)所示。

(4)连接 $1D$、$2A$、$2B$、$1C$ 分别交于点 3、4,分别以 3、4 为圆心,$3A$、$4B$ 为半径作小圆弧 AD、BC,即得近似椭圆,如图 7-7(d)所示。

图 7-8(a)是轴向伸缩系数 =1 时平行于各坐标面的圆的正等轴测图,图 7-8(b)是轴向伸缩系数 =0.82 时平行于各坐标面的圆的正等轴测图,为了作图方便,一般都采用前一种轴向伸缩系数。由图 7-8 可知:

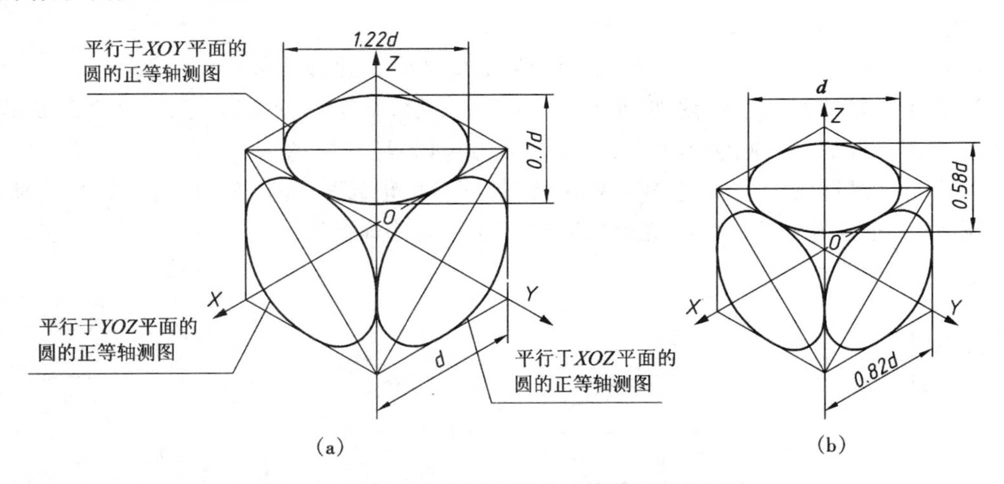

图 7-8　平行于坐标面的圆的正等轴测图的画法

①在轴向伸缩系数相同的情况下,各椭圆的形状大小相同、画法一样,只是长短轴方向不同;

②平行于 XOY 坐标面的圆的正等轴测图,其长轴垂直于 OZ 轴,短轴平行于 OZ 轴;

③平行于 XOZ 坐标面的圆的正等轴测图,其长轴垂直于 OY 轴,短轴平行于 OY 轴;

④平行于 YOZ 坐标面的圆的正等轴测图,其长轴垂直于 OX 轴,短轴平行于 OX 轴;

⑤在轴向伸缩系数 =1 的情况下,各椭圆的长轴 $\approx 1.22d$,短轴 $\approx 0.7d$(d 为圆的直径)。

7.2.4 回转体的正等轴测图

常见的回转体有圆柱、圆锥、球等。在画它们的正等轴测图时，首先用四心近似椭圆画法画出回转体中平行坐标面的圆的正等轴测图，然后再画出整个回转体的正等轴测图。

［**例 4**］ 画出图 7-9(a)所示的圆柱的正等轴测图。

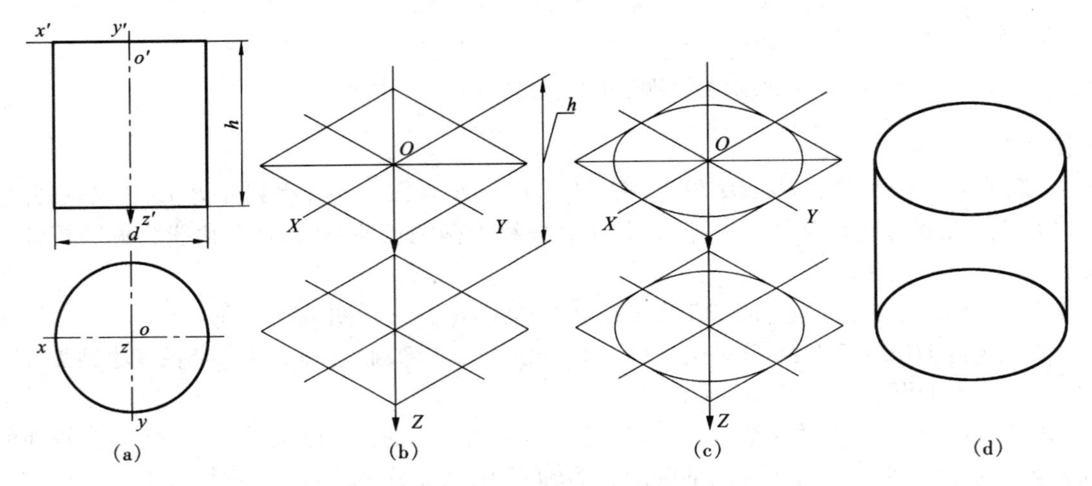

图 7-9 圆柱正等轴测图的画法

［**解**］ 作图步骤如下。

(1)在正投影图中选定坐标原点和坐标轴，如图 7-9(a)所示。

(2)画正等轴测图的坐标轴，按 h 确定上、下底中心，并作上、下底菱形，如图 7-9(b)所示。

(3)用四心近似椭圆画法画出上、下底椭圆，如图 7-9(c)所示。

(4)作上下底椭圆的公切线，擦去作图线，加深可见轮廓线，完成全图，如图 7-9(d)所示。

［**例 5**］ 画出图 7-10(a)所示的带切口圆柱体的正等轴测图。

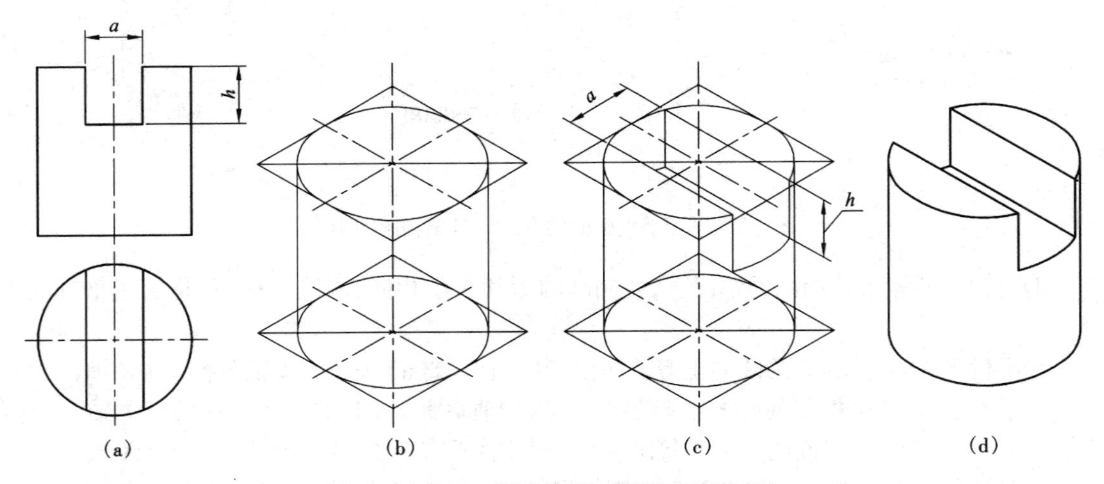

图 7-10 带切口圆柱体的正等轴测图的画法

［**解**］ 作图步骤如下。

(1)画出完整圆柱体的正等轴测图,如图7-10(b)所示。

(2)按尺寸 a、h 画出截交线(矩形和圆弧)的正等轴测图(平行四边形和椭圆弧),如图7-10(c)所示。

(3)擦去作图线,加深可见轮廓线,完成全图,如图7-10(d)所示。

7.2.5　组合体的正等轴测图

1. 圆角正等轴测图的近似画法

[例6]　画出图7-11(a)所示的带圆角的长方体的正等轴测图(图7-11(a)与(b)不一致)。

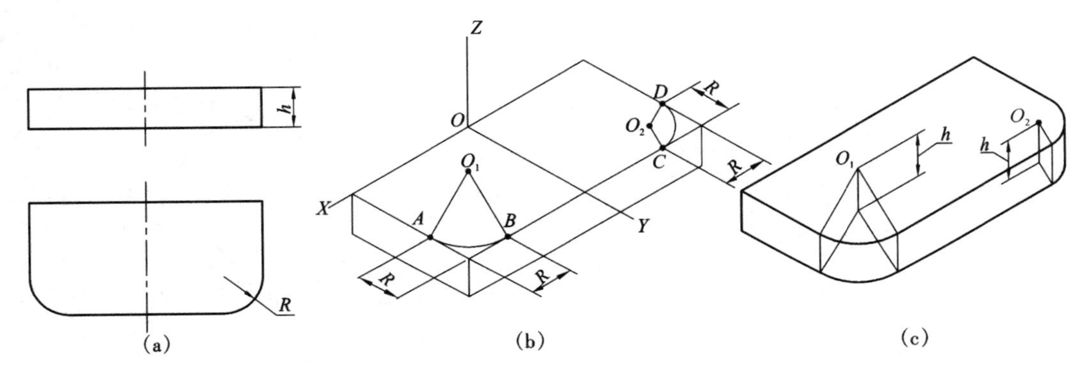

图7-11　带圆角的长方体的正等轴测图的画法

[解]　作图步骤如下。

(1)画轴测图的坐标轴和长方体的正等轴测图,顶面的圆弧可按如下方法绘制:由尺寸 R 确定切点 A、B、C、D,再过 A、B、C、D 四点作相应边的垂线,其交点为 O_1、O_2。最后以 O_1、O_2 为圆心,O_1A、O_2C 为半径,作圆弧 AB、CD,如图7-11(b)所示。

(2)把圆心 O_1、O_2,切点 A、B、C、D 按尺寸 h 向下平移,画出底面圆弧的正等轴测图,如图7-11(c)所示。

2. 组合体的正等轴测图

组合体一般由若干个基本立体组成,画组合体的正等轴测图,只要分别画出每个基本立体的正等轴测图,并注意它们之间的相对位置即可。

[例7]　画出图7-12(a)所示的组合体的正等轴测图。

[解]　作图步骤如下。

(1)画轴测图的坐标轴,分别画出底板、立板和三角形肋板的正等轴测图,如图7-12(b)所示。

(2)画出立板半圆柱和圆柱孔、底板圆角和小圆柱孔的正等轴测图,如图7-12(c)所示。

(3)擦去作图线,加深可见的轮廓线,完成全图,结果如图7-12(d)所示。

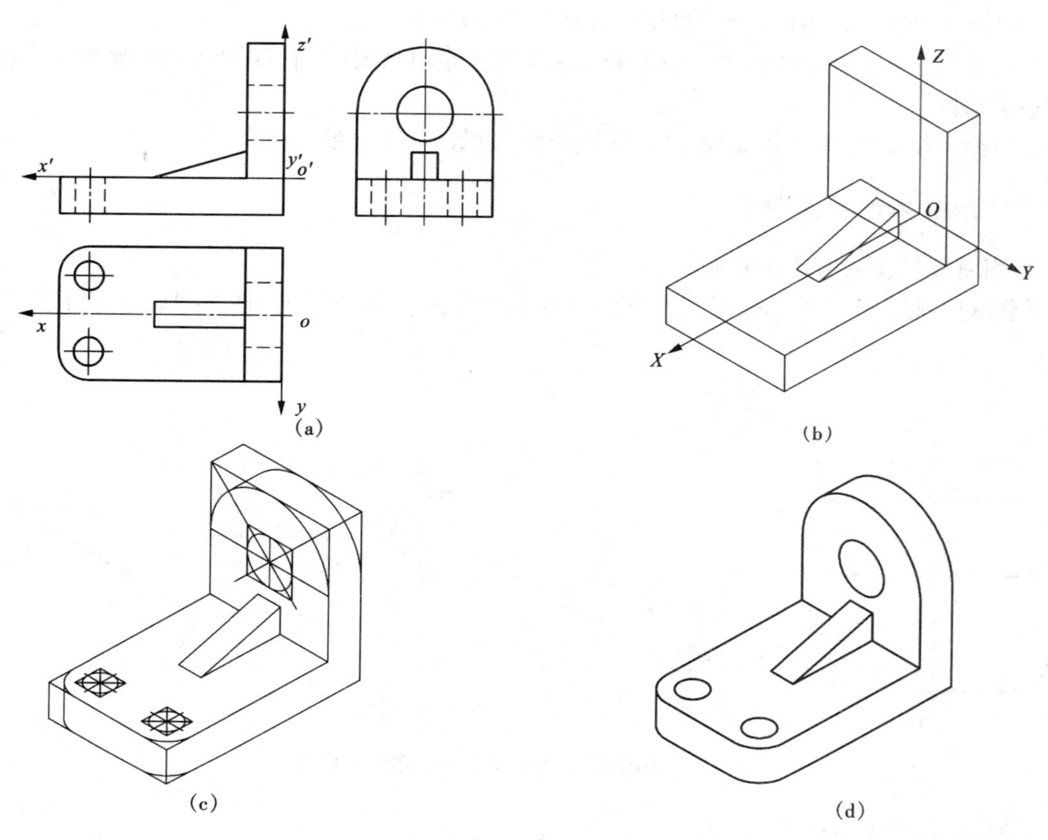

图 7-12 组合体的正等轴测图的画法

7.3 斜二轴测图

7.3.1 轴间角和轴向伸缩系数

斜二轴测图是将物体的一个主要侧面放成平行于轴测投影面，投射线与轴测投影面倾斜进行投影得到的图形。一般使物体直角坐标系中的 XOZ 坐标面平行于轴测投影面。见图 7-13所示，为了作图方便，国家标准规定斜二轴测图的轴间角为 $\angle XOZ=90°$，$\angle XOY=\angle YOZ=135°$，使 Y 轴与水平方向成45°。X、Z 轴的轴向伸缩系数等于 1，Y 轴的轴向伸缩系数等于 0.5。画斜二轴测图时，凡平行于 X 轴和 Z 轴的线段按 1∶1量取，平行于 Y 轴的线段按 1∶2量取。

7.3.2 平行于各坐标面的圆的斜二轴测图

见图 7-14 所示，由于斜二轴测图中 XOZ 面平行于轴测投影面，故在 XOZ 坐标面或平行于 XOZ 坐标面的圆的斜二轴测图仍为大小相等的圆；平行于 XOY 和 YOZ 坐标面的圆的斜二轴测图都是椭圆，它们形状相同，作图方法一样，只是椭圆长、短轴方向不同。

［**例** 8］ 画出图 7-15(a)所示的平行于 XOY 坐标面的圆的斜二轴测图。

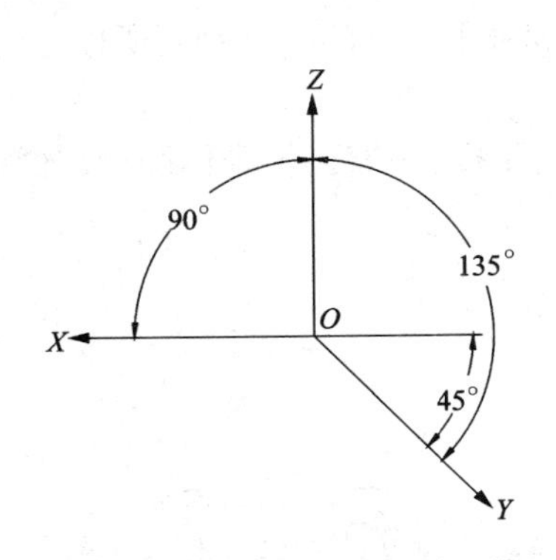

图 7-13　斜二轴测图中坐标轴的位置

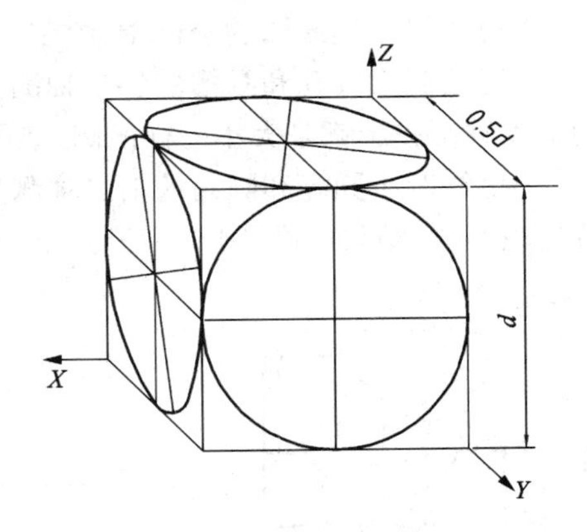

图 7-14　平行于各坐标面的圆的斜二轴测图

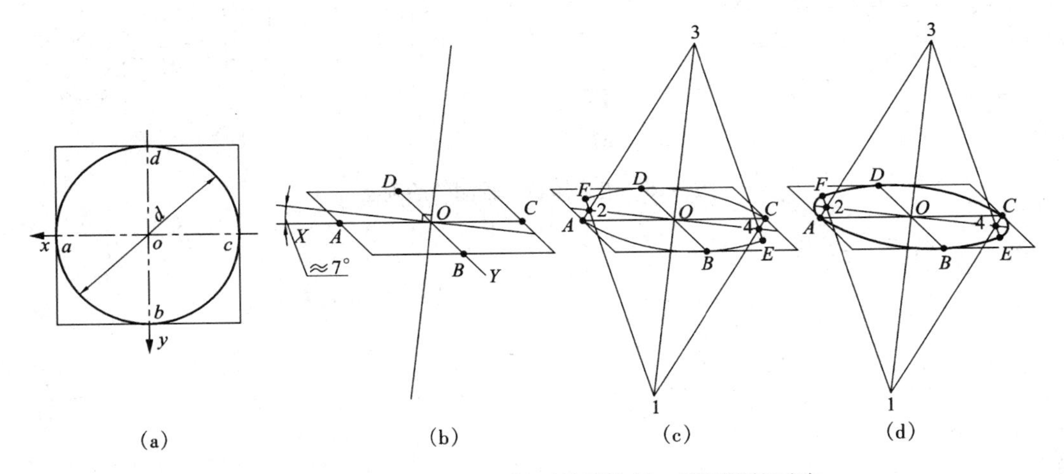

图 7-15　平行于 XOY 坐标面的圆的斜二轴测图的画法

[解]　作图步骤如下。

(1)在正投影图中选定坐标原点和坐标轴,如图 7-15(a)所示。

(2)画斜二轴测图的坐标轴,在 OX、OY 轴上分别作出 A、B、C、D 四点,使 $OA = OC = d/2$,$OB = OD = d/4$,并作平行四边形。过点 O 作与 OX 轴成 7°的直线,该直线即为长轴位置;过 O 作长轴的垂线即为短轴位置,如图 7-15(b)所示。

(3)在短轴上取 $O1 = O3 = d$,连接 $3A$、$1C$ 交长轴于 2、4 两点。分别以 1、3 为圆心,$1C$、$3A$ 为半径作圆弧 CF、AE,连接 1 和 2、3 和 4,分别交两圆弧于点 F、E,如图 7-15(c)所示。

(4)分别以 2、4 为圆心,$2A$、$4C$ 为半径作小圆弧 AF、CE,即完成椭圆的作图,如图 7-15(d)所示。

7.3.3　斜二轴测图的画法

[例 9]　画出图 7-16(a)所示的组合体的斜二轴测图。

[解]　作图步骤如下。

(1)在正投影图中选定坐标原点和坐标轴,如图 7-16 (a)所示。

(2)画斜二轴测图的坐标轴,绘制组合体的基本形状,如图 7-16(b)所示。

(3)绘制大圆孔和圆槽的斜二轴测图,由于它们的端面圆都平行于 XOZ 坐标面,所以它们的斜二轴测投影都是大小一样的圆,如图 7-16(c)所示。

(4)绘制小圆孔和圆角的斜二轴测投影以及方槽的斜二轴测投影,擦去多余作图线,加深可见轮廓线,结果如图 7-16(d)所示。

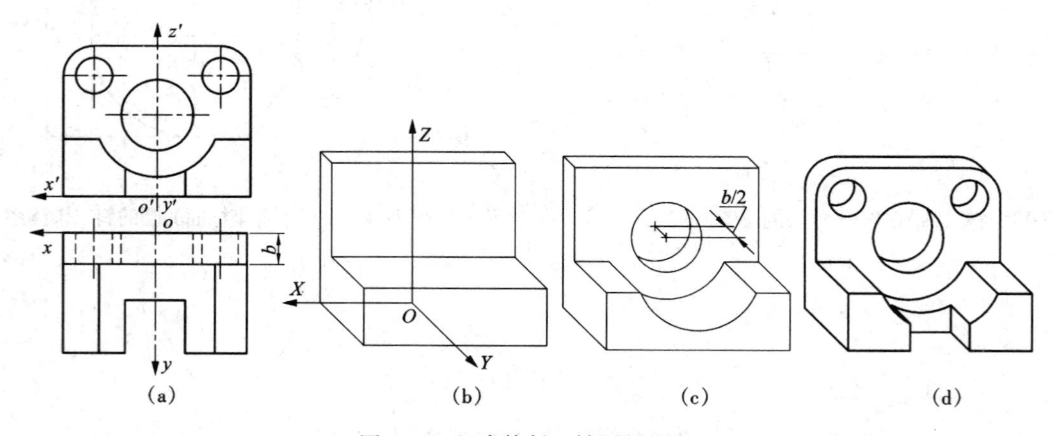

图 7-16　组合体斜二轴测图的画法

第 8 章　图样画法

在生产实践中,机件的结构形状是根据使用要求设计的。当机件的结构形状比较复杂时,如果仅用前边所学的三视图,就难以将机件的内外结构形状准确、完整、清晰地表达出来,因而国家标准 GB/T 17451—17453、GB/T 4458. 1 和 GB/T 4458. 6 等规定了视图、剖视图、断面图、局部放大图、简化画法等表达方法。本章着重介绍一些常用的表达方法。

8. 1　视图

用正投影法绘制出的机件的图形称为视图。视图主要用来表示机件的外部结构和形状,一般只画出机件的可见部分。

视图通常有基本视图、向视图、局部视图、斜视图等。

8. 1. 1　基本视图

当机件的外部结构和形状比较复杂时,为了将其上、下、左、右、前、后各方向的结构和形状表示清楚,国家标准规定在原来三个投影面的基础上,对应增加三个投影面,组成六面体,六面体的六个面称为六个基本投影面,将机件放在六面体当中,如图 8-1(a)所示,分别向六个基本投影面投射,得到六个视图,称为基本视图,其名称除了前面学过的主、俯、左三视图外还有右视图(由右向左投射得到的视图)、仰视图(由下向上投射得到的视图)、后视图(由后向前投射得到的视图)。

将六个投影面展开,使六个基本视图展平到一个平面上:正面不动,其余各投影面按图 8-1(b)所示箭头所指的方向旋转,使其与正面共面,如图 8-1(c)所示。

投影面展开之后,各投影图遵循以下规律:

主视图、俯视图、仰视图、后视图等长;

主视图、左视图、右视图、后视图等高;

俯视图、仰视图、左视图、右视图等宽。

各视图之间的方位对应关系除后视图之外,俯、左、右、仰视图,靠近主视图的一边为物体的后面,远离主视图的一边为物体的前面。

各视图在同一张图纸内按图 8-1(c)所示配置,不需标注视图的名称。

8. 1. 2　向视图

向视图是可以自由配置的视图。

在实际绘图时,根据专业需要,有时为了合理利用图纸,不能按图 8-2(a)配置时,可按向视图自由配置视图,如图 8-2(b)是按向视图配置的,按向视图配置需要标注。

向视图的标注方法:

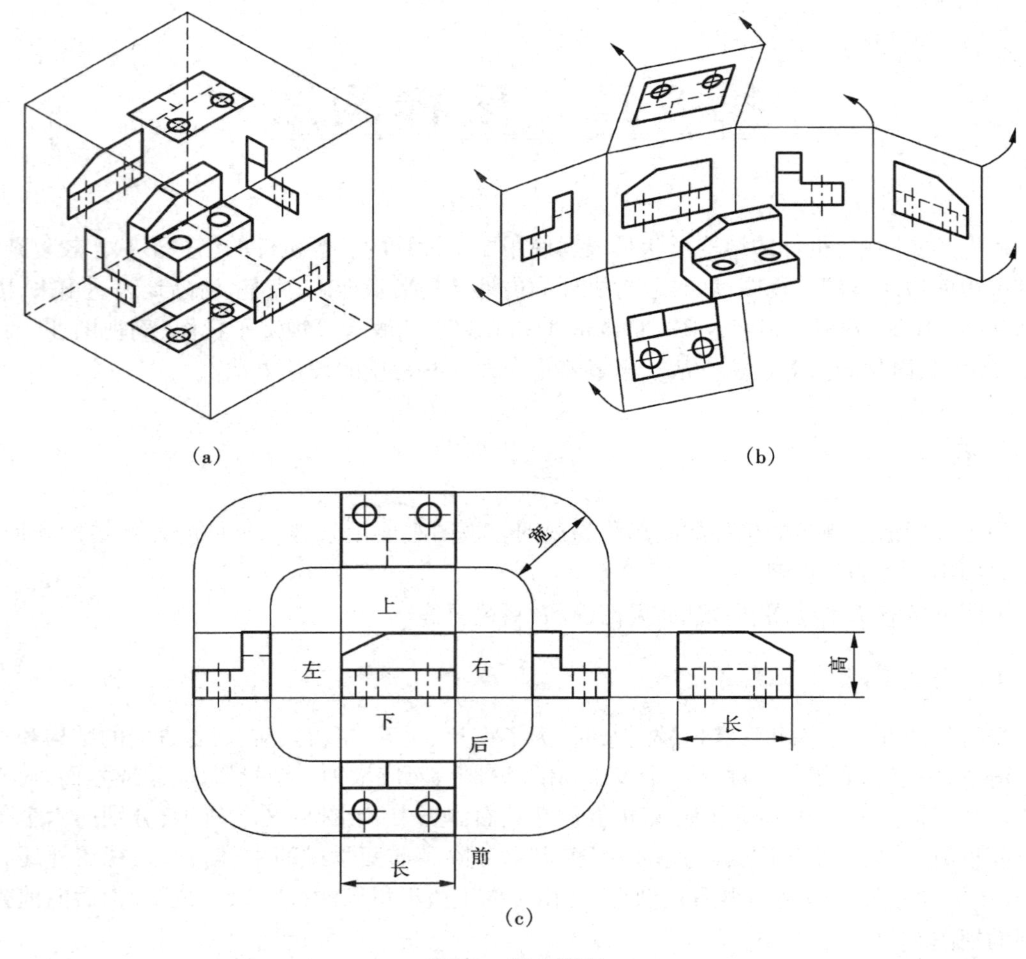

(a) (b)

(c)

图 8-1 基本视图

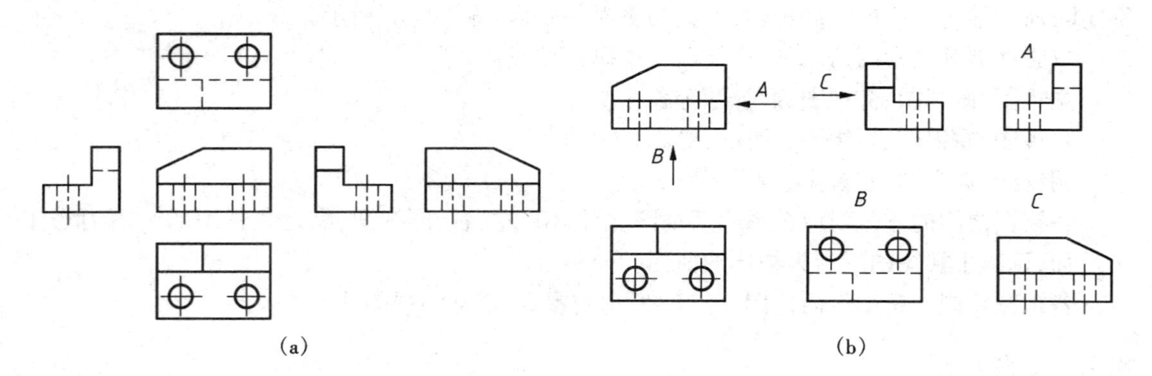

(a) (b)

图 8-2 基本视图与向视图的配置

①按向视图配置时，要在向视图上方标注“×”（“×”为大写拉丁字母），且在相应的视图附近用箭头指明投射方向，并注上相同的字母。字母书写的方向应与正常的读图方向一致（即与标题栏文字方向一致）。

②向视图是基本视图的另一种配置形式。按有关国标规定，表示投射方向的箭头尽可能配置在主视图上。在绘制以向视图方式配置的后视图时，应将表示投射方向的箭头配置在左视图或右视图上，使所绘制的视图与基本视图一致。

8.1.3　局部视图

将机件的某一部分向基本投影面投射，所得到的视图，称为局部视图。

1. 局部视图的适用范围

当采用了一定数量的基本视图之后，机件上仍有部分结构形状尚未表示清楚，而又没有必要画出完整的基本视图时，可采用局部视图。如图8-3(a)所示的物体，主、俯视图已将底板和底板正上方的空心圆柱的形状表示清楚，而左、右两凸台的形状尚不清楚，又不必画出完整的左视图和右视图，即可以采用局部视图表示，如图8-3(b)所示。

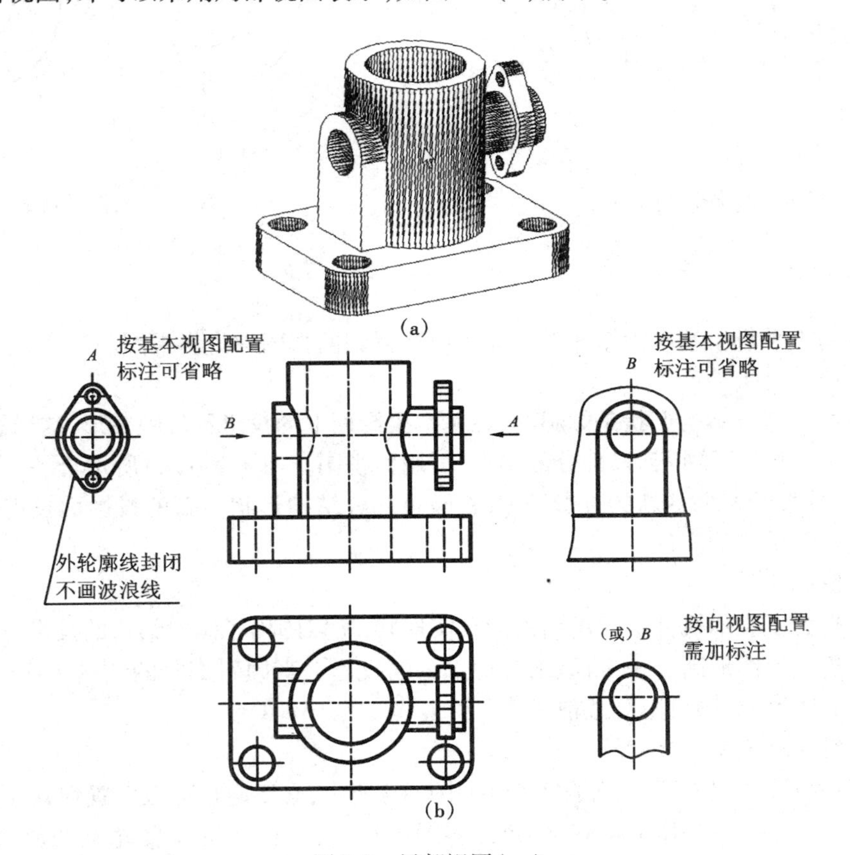

图8-3　局部视图(一)

2. 局部视图的画法

局部视图的断裂边界用波浪线或双折线表示。当局部视图所表示的局部结构是完整的，且外轮廓成封闭时，则不必画出其断裂边界线，如图8-3(b)中A局部视图所示。

为了节省绘图的时间和图纸幅面，对称机件或零件的视图允许只画一半或四分之一，此时应在对称中心线的两端画出与其垂直的两条互相平行的细实线，如图8-4所示。实际上这是一种特殊局部视图，它是以中心线代替了波浪线。

3. 局部视图的配置和标注方法

局部视图可以按基本视图配置,需要时也可按向视图或第三角画法配置。

局部视图按基本视图配置时,如中间无图形分隔可不加标注;局部视图按向视图配置时,应按向视图的标注方法进行标注,如图 8-3(b)所示。

4. 画局部视图的注意事项

局部视图中波浪线表示断裂边界,因此波浪线不应超出机件的轮廓线,不应画在机件的空洞之处,如图 8-5 所示的空心圆板,图(a)正确,图(b)错误。

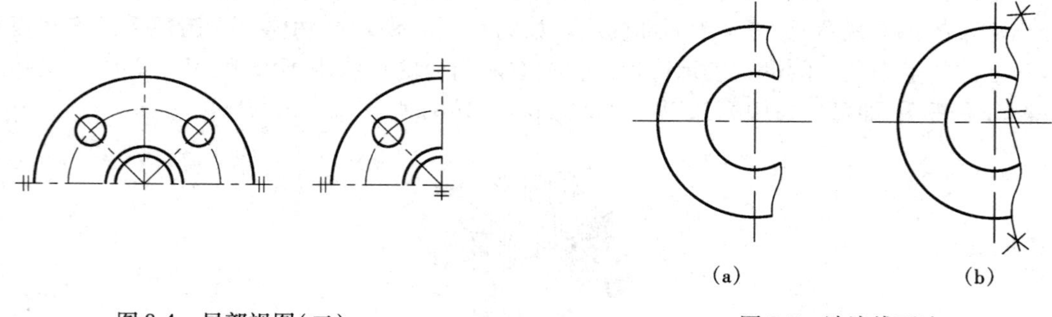

图 8-4 局部视图(二)

图 8-5 波浪线画法

8.1.4 斜视图

将机件向不平行于基本投影面的平面投射所得到的视图称为斜视图。

1. 斜视图的适用范围

机件的某一部分结构形状是倾斜的,在基本投影面上的投影不反映实形,这样绘图、读图、标注尺寸都不方便,为了得到该部分的实形,可用斜视图。如图 8-6(a)所示,设一个与该倾斜部分平行,且垂直于 V 面的新的投影面 Q,将倾斜部分结构形状向新的投影面投射,得到的斜视图反映该倾斜结构的实形。

2. 斜视图的画法

斜视图是为了表示机件上倾斜结构的真实形状,所以画出了倾斜结构的投影之后,就应用波浪线或双折线将图形断开,不再画出其他部分的投影。当倾斜部分的结构表面轮廓是一个封闭的完整的图形时,则可不画波浪线。

3. 斜视图的配置及标注

斜视图一般按向视图配置,如图 8-6(b)中(Ⅰ)所示;必要时也可以配置在其他位置,如图 8-6(b)中的(Ⅱ);在不致引起误解时,允许将图形转正(将图形的主要轮廓线放成水平或垂直),通常转角应小于 90°(向与水平或垂直夹角小的方向转),如图 8-6(b)中(Ⅲ)所示。

斜视图必须在视图上方用大写拉丁字母表示视图的名称,在相应的视图附近用箭头指明投射方向,并注上相同字母。

斜视图旋转后要加注旋转符号。旋转符号表示图形的旋转方向,因此其旋转符号的箭头方向要与图形旋转方向一致,且字母要写在箭头的一侧,并与看图的方向相一致,如图 8-6(b)中(Ⅲ)所示。

旋转符号的画法如图 8-7 所示。

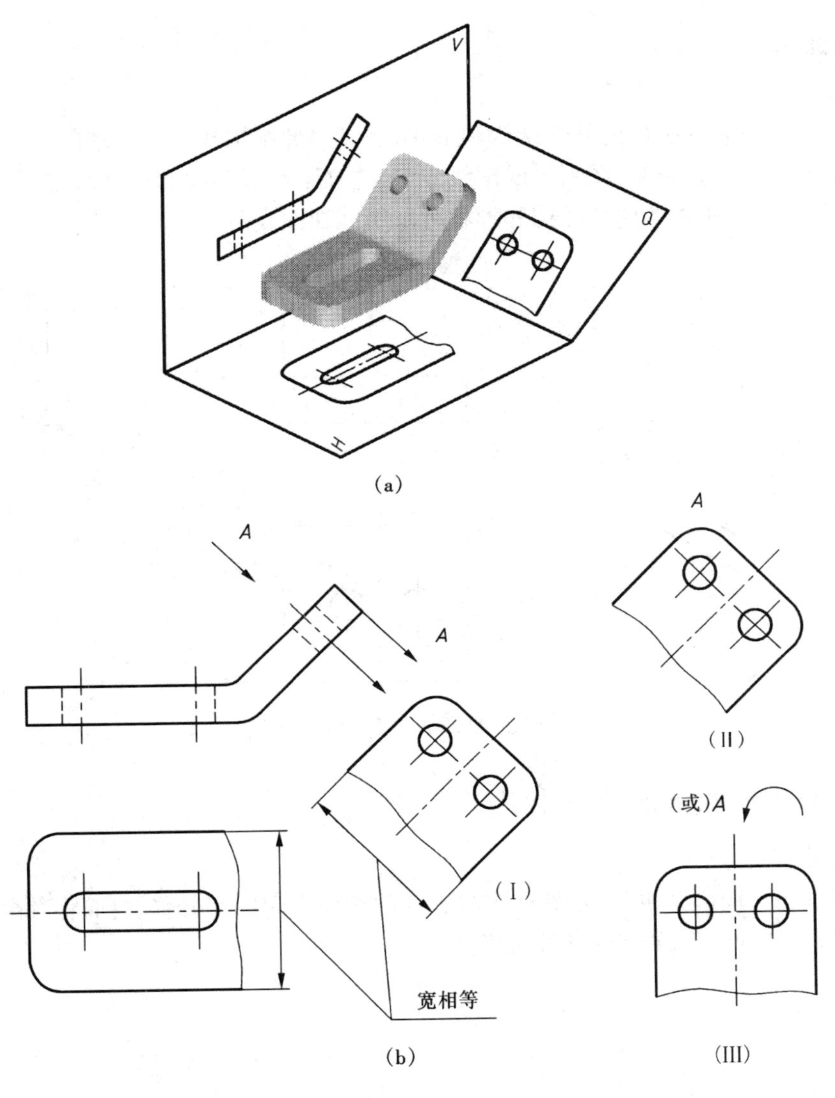

图 8-6　斜视图

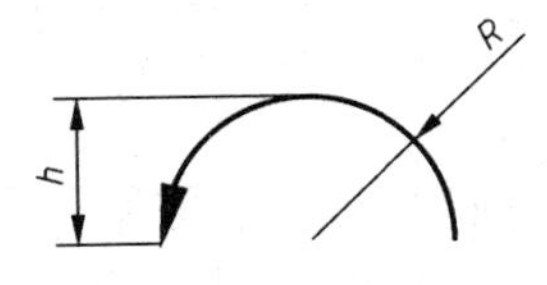

图 8-7　旋转符号

8.2 剖视图

视图主要用来表示机件的外部结构和形状，而其内部结构和形状要用虚线画出，当机件的内部结构和形状比较复杂时，图形上的虚线较多，这样不利于读图和标注尺寸，如图 8-8 所示。因此有关标准规定，机件的内部结构和形状可采用剖视图表示。

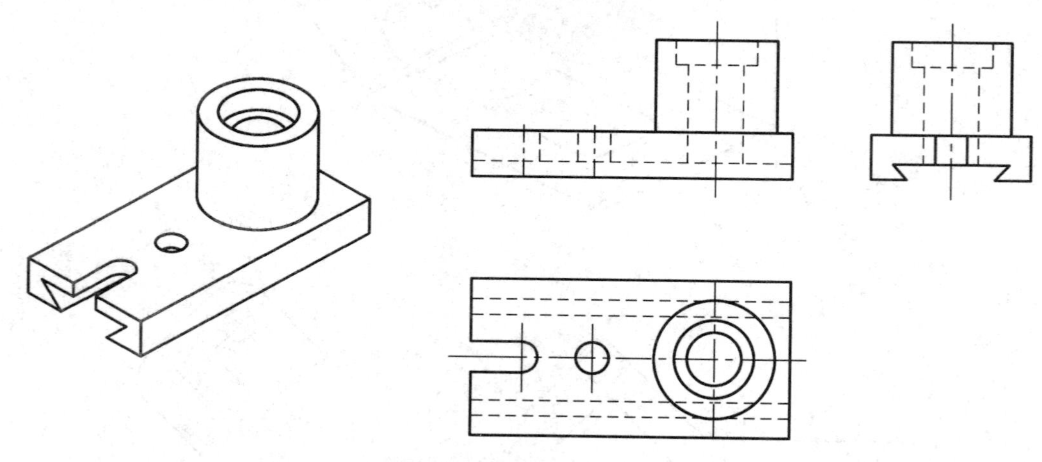

图 8-8　机件的立体图和三视图

8.2.1 剖视图的概念、画法及标注

1. 剖视图的概念

假想用剖切平面剖开机件，将处在观察者和剖切面之间的部分移去，而将其余的部分向投影面投射，所得到的图形称为剖视图，如图 8-9 所示。

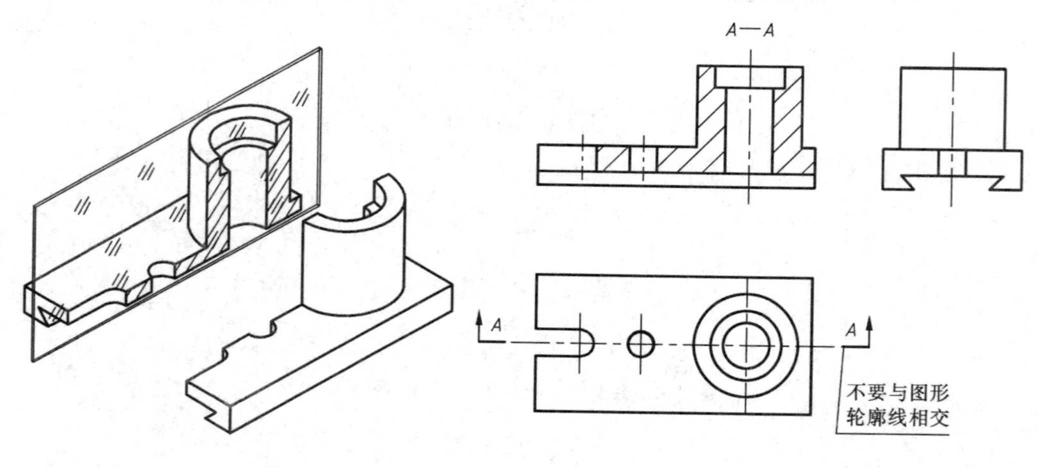

图 8-9　剖视图

剖视图简称为剖视，用来剖切机件的假想平面称为剖切面。

剖视图由两部分组成，一是和剖切面相接触部分的投影，该部分由剖切面和立体内外表面的交线围成,称为剖面区域。另一部分是剖切面后边的可见部分的投影(对主视图取剖视而言)。为了读图时能区分机件实的和空的部分,同时也为了区分材料的类别,国标规定在剖面区域内画上剖面符号。不同材料的剖面符号如图8-10所示。其中金属的剖面符号用与水平线成45°间隔均匀的细实线画出。当图形中主要轮廓线与水平成45°时,则图形的剖面线可改为与水平线成30°或60°画出,其倾斜方向仍与其他图形保持一致。不需在剖面区域表示材料的类别时,可采用通用剖面线表示。通用剖面线以适当角度的细实线绘制,最好与主要轮廓线或剖面区域的对称线成45°。

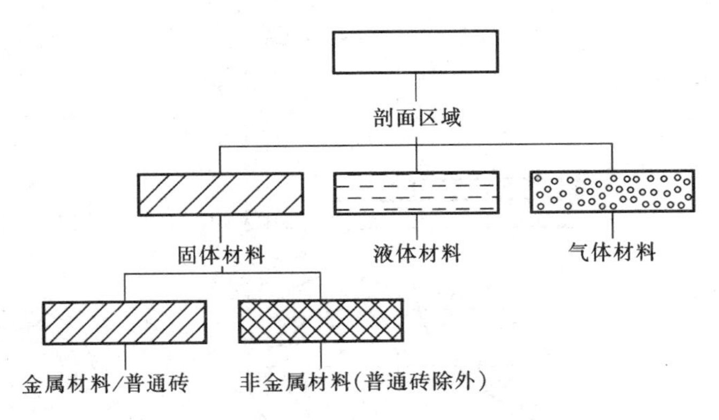

图8-10　剖面符号分类示例

2. 画剖视图的方法和步骤

现以图8-11(1)所示的支架为例介绍画剖视图的方法和步骤。

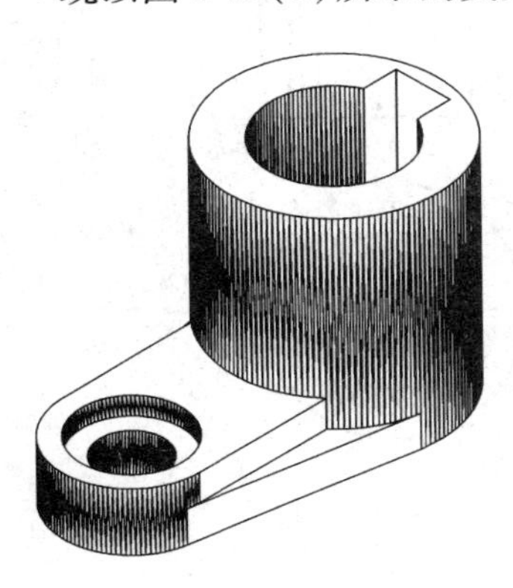
图8-11(1)　支架

①画出机件的主、俯视图,如图8-11(2)中的(a)所示。

②首先确定哪个视图取剖视,然后确定剖切面的位置。剖切面应通过机件的对称面或轴线,且平行于剖视图所在的投影面。这里用通过两孔的轴线且平行于V面的剖切面剖切机件,画出剖面区域,并在剖面区域内画上剖面符号,如图8-11(2)中的(b)所示。

③画出剖切面后边的可见部分的投影,如图8-11(2)中的(c)所示。

④根据国标规定的标注方法对剖视图进行标注,如图8-11(2)中(d)所示。

以上画图步骤是初学时常用的,熟练之后,可直接从第②步画起。

3. 剖视图的标注方法

剖视图一般应用大写拉丁字母"×—×"在剖视图上方标注出剖视图的名称,在相应的视图上用剖切符号表示剖切位置及投射方向,并标注相同的字母,如图8-9所示。注意剖切符号不要和图形的轮廓线相交,箭头的方向应与看图的方向相一致。

下列情况可以省略标注。

①当单一剖切面通过机件的对称面剖切,且剖视图按照投影关系配置,中间无图形分隔时,可省略标注。例如图8-9、8-11(2)均可省略标注。

②若剖切平面未通过机件的对称面剖切,剖视图按照投影关系配置,中间无图形分隔时,可省略箭头,如图8-13俯视图所示。

4. 画剖视图注意事项

①剖视图中剖开机件是假想的,因此当一个视图取剖视之后,其他视图仍按完整的物体画

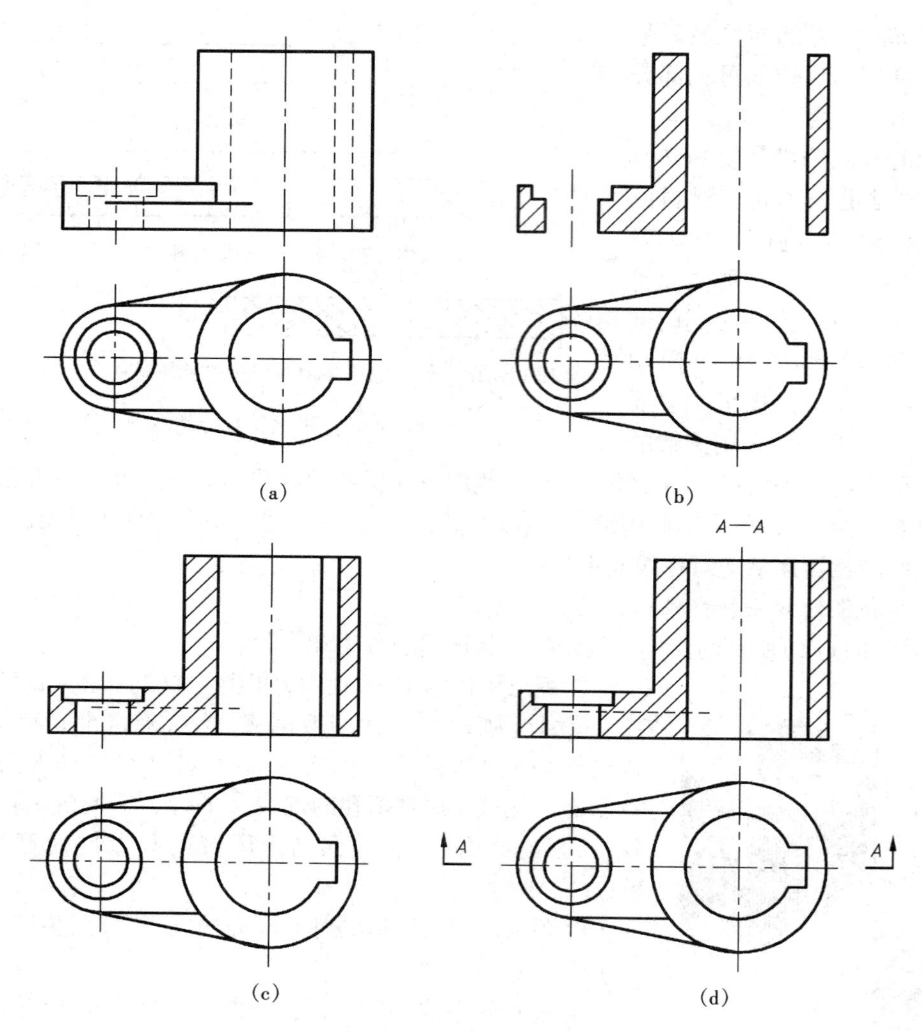

图 8-11(2) 剖视图画图步骤

出,也可取剖视。如图 8-9 所示,主视图取剖视后,俯视图仍按完整机件画出。

②剖视图上已表达清楚的结构,其他视图上此部分结构投影为虚线时,一律省略不画,如图 8-9 俯、左视图的虚线均不画。对未表达清楚的部分,虚线必须画出。如图 8-11(2)所示,主视图中的虚线表示底板的高度,如果省略了该虚线,底板的高度就不能表达清楚,这类虚线应画出。

③同一机件各个剖面区域和断面图上的剖面线倾斜方向应相同,间距应相等。

④不要漏线和多线,如图 8-12 所示。

8.2.2 剖视图种类

根据剖开机件范围的大小,剖视图分为全剖视图、半剖视图、局部剖视图三种。下面介绍三种剖视图的适用范围、画法及标注方法。

1. 全剖视图

假想用剖切面将机件全部剖切开,得到的剖视图称为全剖视图。如图 8-9、8-11 所示均为

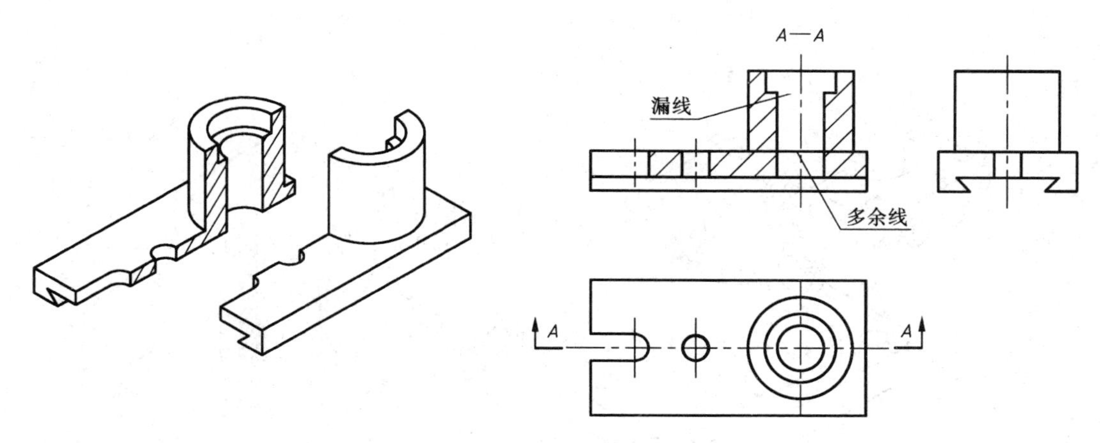

图 8-12　剖视图中常见的错误

全剖视图。

(1)全剖视图应用范围

全剖视图主要用于表达不对称机件的内形,但外形简单、内形相对复杂的对称机件也常用全剖视图来表达。

(2)全剖视图的标注方法

全剖视图的标注遵循剖视图的标注规定。

2. 半剖视图

当机件具有对称(或基本对称)平面时,在垂直于对称平面的投影面上所得到的图形,以对称中心线为界,一半画成剖视图,另一半画成视图,这种组合的图形称为半剖视图,如图 8-13 所示。

(1)半剖视图的适用范围

半剖视图主要用于内、外形状都需表达的对称机件。如图 8-13(a)所示的机件内部有不同直径的孔,外部有凸台,内、外结构都比较复杂,而且前、后,左、右结构对称。为了清楚地表达前面凸台形状和内部孔的情况,主视图采用半剖;为了表达顶板的形状和顶板上小孔的位置及前后正垂小圆柱孔和中间铅垂圆柱的孔穿通的情况,俯视图用了半剖视图。

如果机件形状接近于对称,而不对称部分已有图形表达清楚时,也可以画成半剖视图。如图 8-14 所示,图形结构基本对称,只是圆柱右侧的方槽与左边不对称,但俯视图已表达清楚,所以主视图采用半剖视图。

注意,图 8-14 中的两侧肋板按国标规定,机件上的肋板,纵向剖切不画剖面符号,而用粗实线将其与相邻部分分开,如图 8-14 主视图、8-15 左视图所示;非纵向剖切,则要画剖面线,如图 8-15 俯视图所示。

(2)半剖视图的标注方法

半剖视图的标注方法与全剖视图的标注方法相同。如图 8-13 所示,主视图通过机件的对称面剖切,剖视图按基本视图关系配置,中间又无其他图形隔开,可以省略标注。俯视图中,因剖切面未通过机件的对称面,故需标注,图形按投影关系配置,中间无其他图形分隔,箭头可以省略。

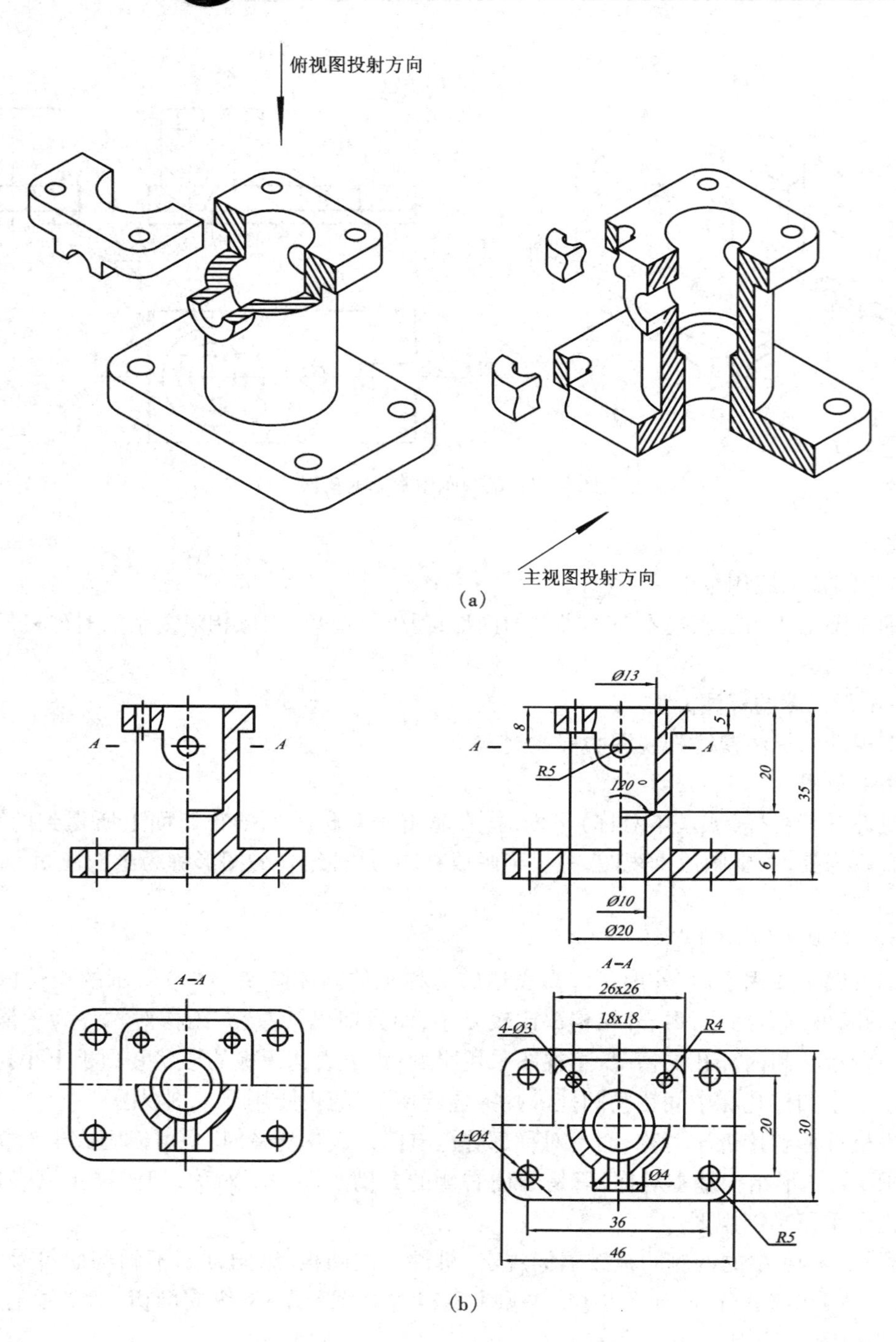

图 8-13　半剖视图(一)

(3)画半剖视图应注意的问题

①在半剖视图中视图和剖视图的分界线是细点画线,不能画成粗实线或其他类型图线。

②因机件对称,在对称点画线一侧剖视图中表达清楚的内部结构,在表达外形的那一半视图中该部分的虚线一律不画。

③表达内形的那一半剖视图的习惯位置是：图形左、右对称时剖右半；前、后对称时剖前半。

④半剖视图的标注尺寸的方法、步骤与组合体基本相同，不同的是，有些结构由于半剖，其轮廓线只画一半，另一侧虚线省略不画。标注这部分尺寸时，要在有轮廓线的一端画尺寸界线，尺寸线略超过对称中心线，只在有尺寸界线的一端画箭头，尺寸数值标注该结构的完整尺寸，如图 8-13(b)中所示的 ϕ18 和 ϕ10 等。

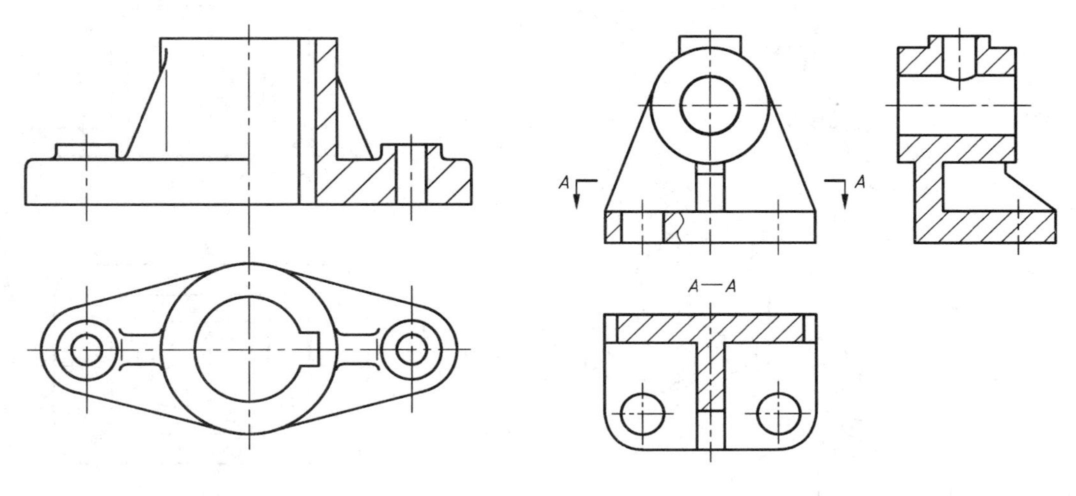

图 8-14　半剖视图(二)　　　图 8-15　剖视图中肋板的画法

3. 局部剖视图

用剖切平面局部剖开机件，所得到的剖视图称为局部剖视图，如图 8-16(b)所示。

(1)局部剖视图适用范围

①局部剖视图主要用于机件内、外结构形状都比较复杂，且不对称的情况。如图 8-16(a)所示机件，其内部有大、小不同的四棱柱空腔，前面左下方有拱形凸台，凸台内有正垂小圆孔与中间四棱柱内腔穿通。该机件内、外形状均需要表达，并且机件前、后、左、右均不对称。若将主视图画成全剖视图，机件的内部空腔的形状和高度都能表示清楚，但左下前方凸台被剖掉，其形状和位置都不能表达。机件左、右不对称，又不适合取半剖，因此只能取局部剖视图，这样既表达了外形又表达了内形，其外形部分表达了顶部四棱柱凸台的形状、位置和底板的形状，其剖视部分表达了左下前方正垂小孔与中间四棱柱空腔穿通的情况。

②机件上有局部结构需要表示时，也可用局部剖视图，如图 8-13 所示顶板、底板上小孔。

③实心杆、轴上有小孔或凹槽时常采用局部剖视图，如图 8-17(a)所示，用局部剖视图表示轴上键槽的形状和深度。

④当对称图形的中心线与图形轮廓线重合不宜采用半剖视图时，应采用局部剖视图，如图 8-17(b)所示。

(2)局部剖视图的画法及注意事项

局部剖视图中，视图与剖视图的分界线为波浪线或双折线。波浪线表示假想断裂面的投影，因此要注意：

①波浪线不能超出剖切部分的图形轮廓线(因轮廓线之外无断面)，如图 8-18(a)所示。

②剖切平面和观察者之间的通孔、通槽内不能画波浪线(即波浪线不能穿空而过),如图8-18(a)所示。

③波浪线不能与图形上的其他任何图线重合或画在轮廓线的延长线上,如图8-19所示。

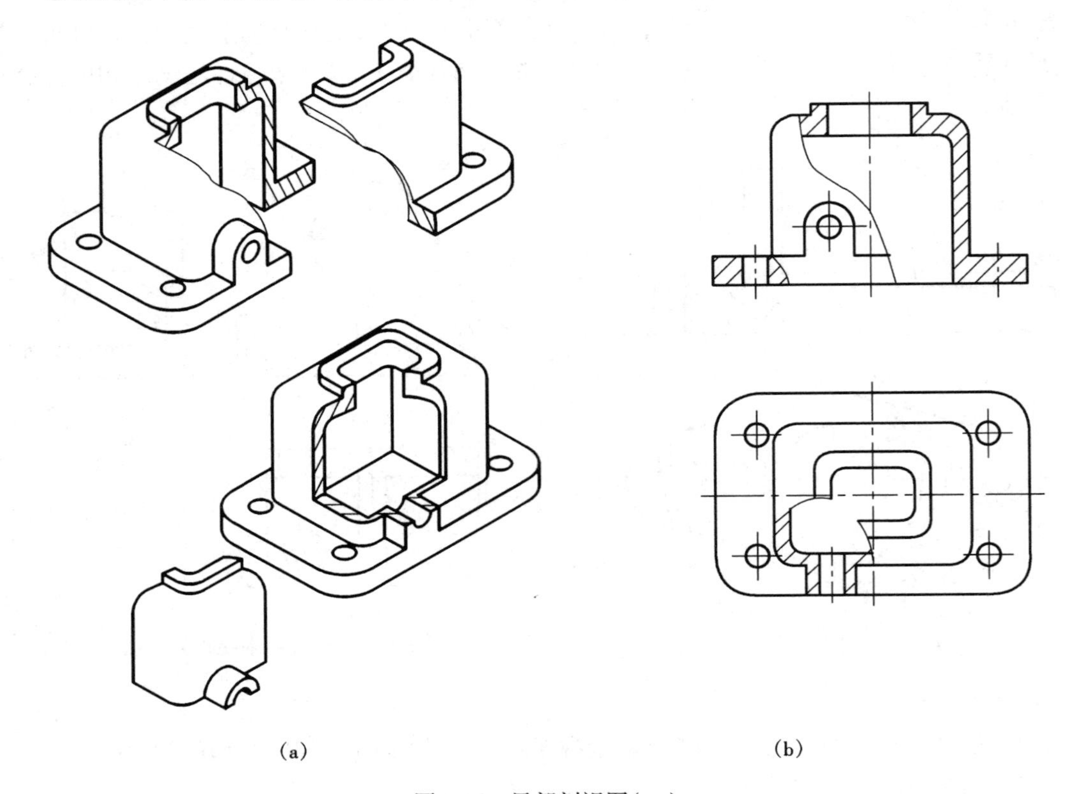

(a) (b)

图8-16 局部剖视图(一)

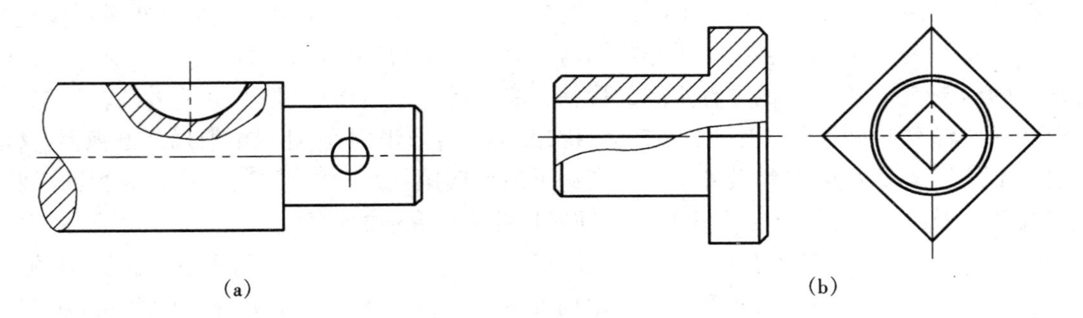

(a) (b)

图8-17 局部剖视图(二)

画局部剖视图时,剖开机件范围的大小要根据机件的结构特点和表达的需要而定。如图8-16(b),主视图为了表示中间四棱柱孔的高度,剖的范围必须大些,而图8-13底板上小孔则剖的范围不必太大,只要将小孔深度表示清楚就可以了。

局部剖视图能同时表达机件的内、外部结构形状,不受机件是否对称的约束,剖开范围的大小、剖切位置均可根据表达需要确定,因此局部剖视图是一种比较灵活的表达方法。但是同一个视图中采用局部剖视不宜过多,以免使图形过于零乱,给读图带来困难。

(3)局部剖视图标注方法

局部剖视图标注方法与全剖视图相同。单一剖切面剖切,位置明显时可省略标注,如图8-16(b)和图8-17所示。

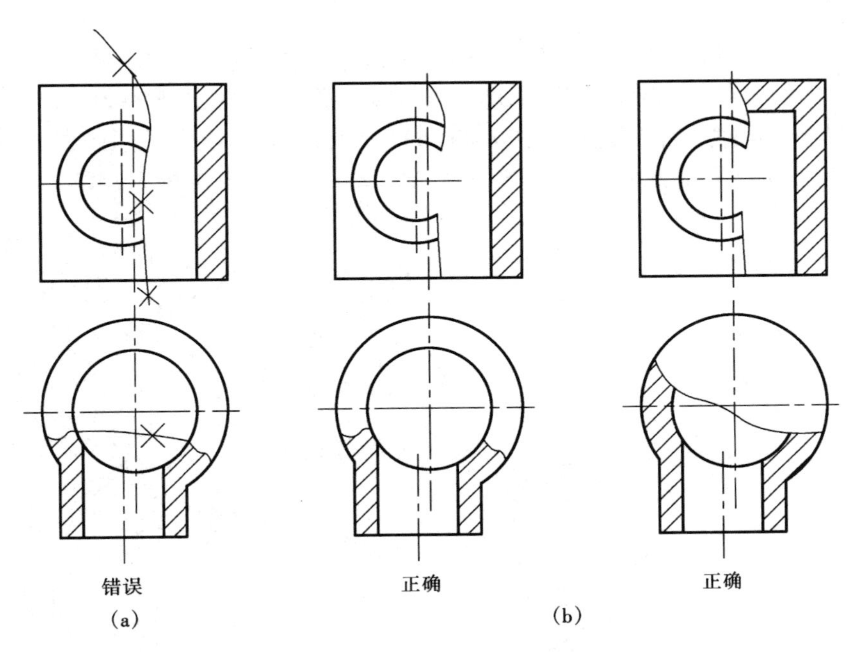

图8-18　局部剖视图中波浪线的画法(一)

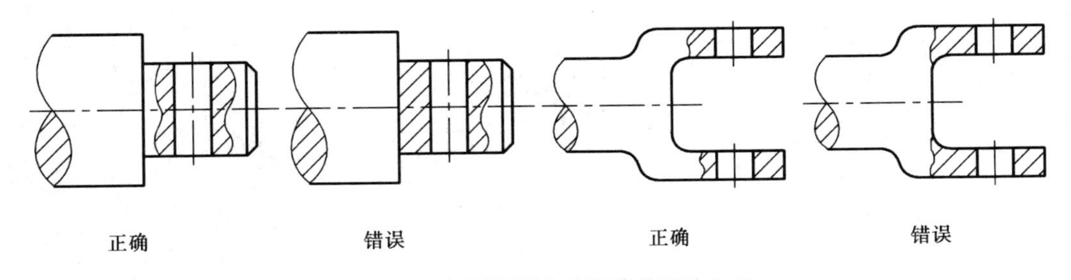

图8-19　局部剖视图中波浪线的画法(二)

8.2.3　剖切面的种类及应用

剖切面分为单一剖切面、几个平行的剖切面、几个相交的剖切面。根据机件结构特点,采用不同的剖切面剖开机件,得到全剖、半剖、局部剖视图。

1. 单一剖切面

(1)平行于某一基本投影面的单一剖切平面

图8-13、8-14、8-15、8-16等都是用平行于某一基本投影面的单一平面剖切机件得到的剖视图。

(2)不平行于任何基本投影面的单一剖切面(投影面垂直面)

用不平行于任何基本投影面的单一剖切面(投影面垂直面)剖开机件称为斜剖。如图8-20中的 *B—B* 所示为斜剖的全剖视图。

斜剖通常用在机件某一部分结构形状倾斜于基本投影面,并且其内部结构需要表示的情况下。

采用不平行于任何基本投影面的单一剖切面画剖视图时,除了剖面区域要画剖面线之外,其画法和图形的配置与斜视图基本相同,即一般按投影关系配置,如图 8-20(b)中(Ⅰ)所示。必要时可以配置在其他适当的位置,如图 8-20(b)中(Ⅱ)所示。在不致引起误解时允许将图形转正画出,但在剖视图上方标注"↷×—×"或"×—×↶",如图 8-20(b)中(Ⅲ)所示。

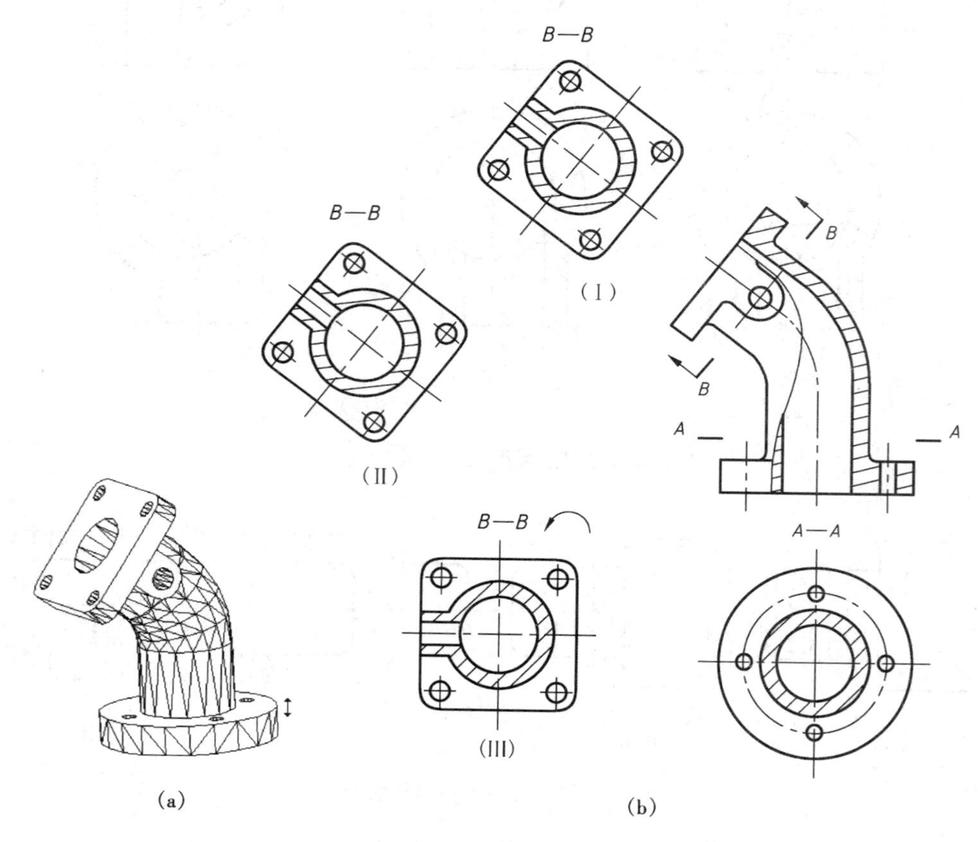

图 8-20 不平行于基本投影面的单一剖切面

用斜剖画出的剖视图上方必须用大写的拉丁字母"×—×"表示剖视图的名称,用剖切符号表示剖切面的位置和投射方向,并写上相同字母。注意字母一律水平书写,如图 8-20(b)所示。

2. 几个平行的剖切平面

几个平行平面剖切适用于机件上的孔、槽结构不在同一平面内,只能用几个平行的剖切平面才能同时剖到的情况,如图 8-21 所示。

几个平行平面剖切时必须标注,各剖切位置符号的转折处必须是直角,如图 8-21(b)所示。

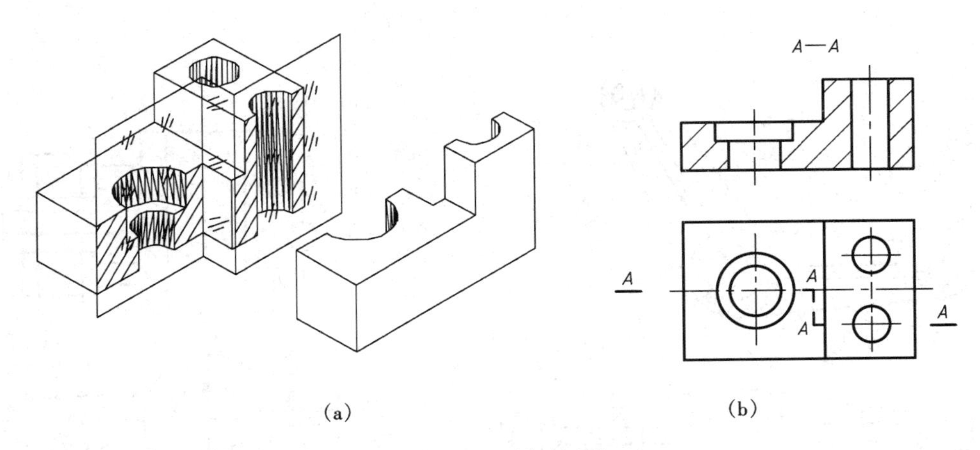

(a)　　(b)

图8-21　几个平行的剖切面

画几个平行平面剖切时应注意：

①几个平行平面剖切后得到的剖视图是一个整体，不应在剖切面转折处画出各剖切面的界线，并且转折处不应与图形轮廓线重合；

②剖视图内不应出现不完整要素，仅当两个要素具有公共对称中心线或轴线时，可以对称中心线或轴线为界各画一半，如图8-22所示；

③剖切面不得互相重叠。

3. 几个相交的剖切平面

用几个相交的剖切平面（交线垂直于某一基本投影面）剖切机件，如图8-23、图8-24、图8-25所示。

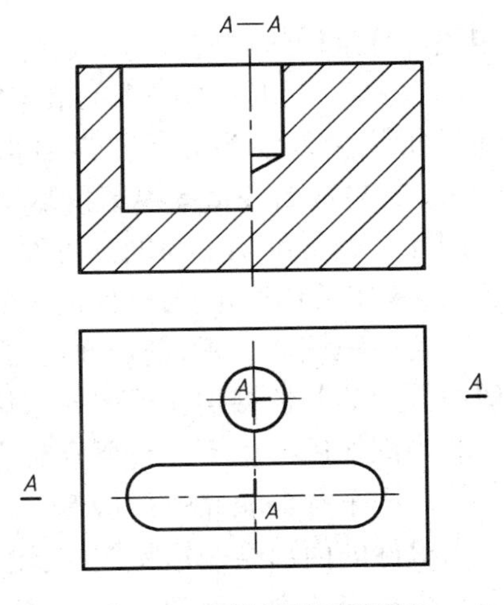

图8-22　平行剖切面剖切

这种剖切方法用于孔、槽轴线不在一个平面上，用一个剖切面剖切不能表示完全，并且在机件具有回转轴的情况下，如图8-23是用两相交平面剖开机件，两剖切面交线与孔的轴线重合，首先将倾斜平面剖到的结构及

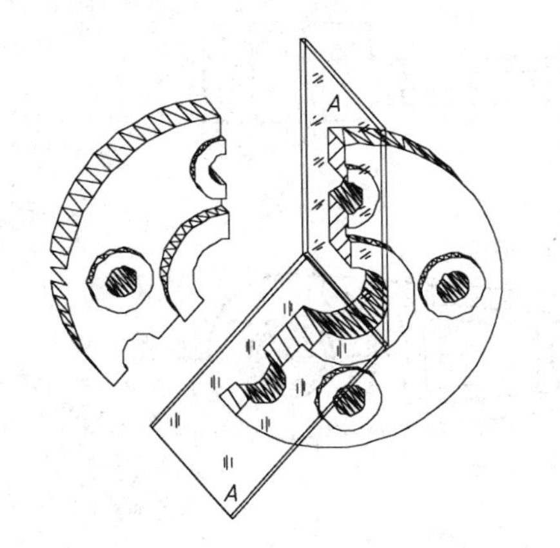

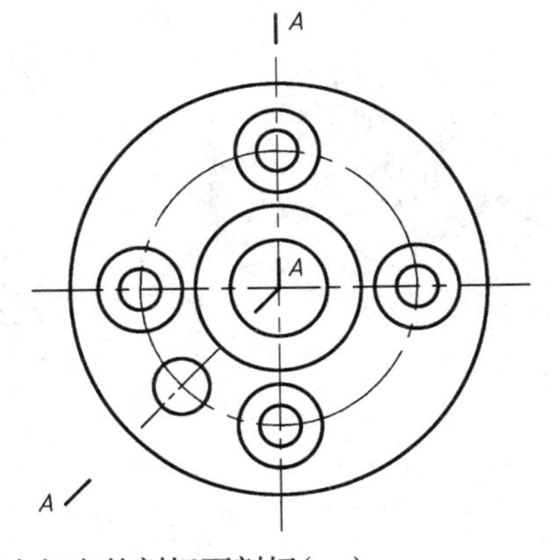

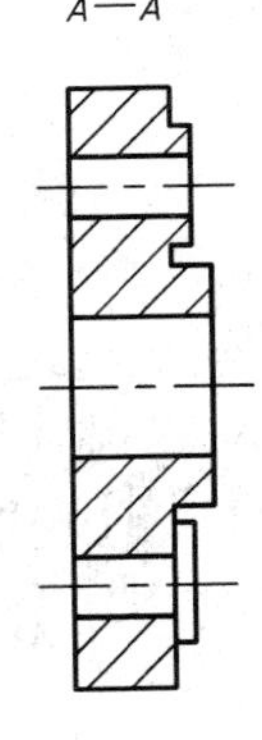

图8-23　两个相交的剖切面剖切（一）

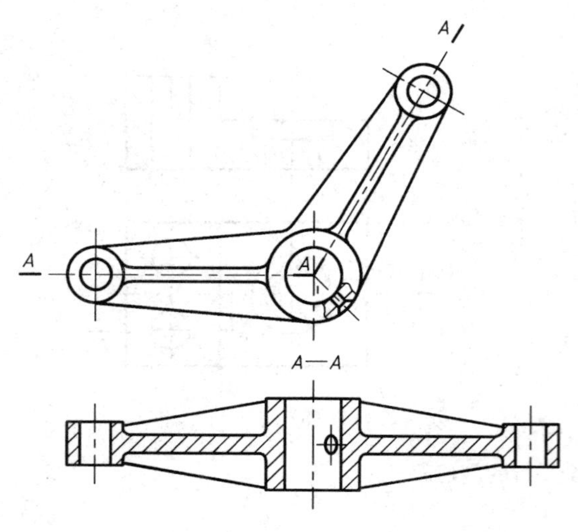

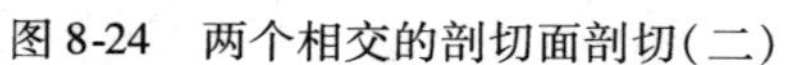
图 8-24　两个相交的剖切面剖切(二)

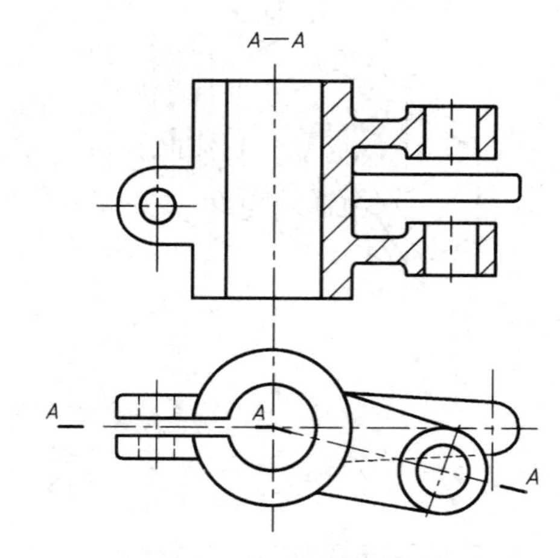

图 8-25　两个相交的剖切面剖切(三)

其相关部分绕轴线旋转到与选定的投影面平行后再投射,得到全剖视图。

标注方法:用几个相交平面剖切机件画剖视图时必须加标注,用剖切符号表示剖切面的起迄和转折位置及箭头表示投射方向,用字母表示名称,在得到的剖视图上方标注相同字母"×—×",当视图按基本视图投影关系配置,中间无图形隔开时可省略箭头,如图 8-23 所示。

用几个相交剖切平面剖开机件时要注意:

①剖切面的交线应与机件的主要轴线重合;

②若主视图取剖视,剖切面后边的其他结构一般按原来位置投影画出,若俯视图取剖视,剖切面下边的其他结构一般按原来位置投影画出如图 8-24 所示的加油孔;

③当剖切后产生不完整要素时应将该部分按不剖画出,如图 8-25 所示。

4. 几个平行和相交的剖切面

当机件的内部结构形状较多,用以上各种方法不能表示完全时,可采用几个平行的剖切平面和几个相交的剖切面剖开机件,然后画出剖视图,不能省略标注,如图 8-26 所示。

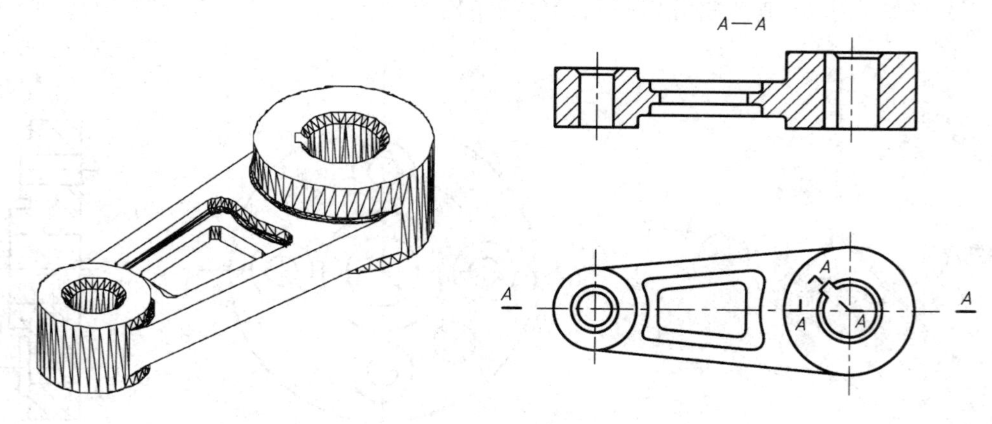

图 8-26　组合剖切

8.3　断面图

8.3.1　断面图的概念

假想用剖切面将机件某处切断,仅画出该剖切面与机件接触部分的图形称为断面图,如图 8-27 所示。断面图可简称为断面,断面图一般用来表示机件某处的断面形状或轴、杆上的孔、槽等结构,为了得到断面的实形,剖切面应垂直于机件的主要轮廓线或轴线。

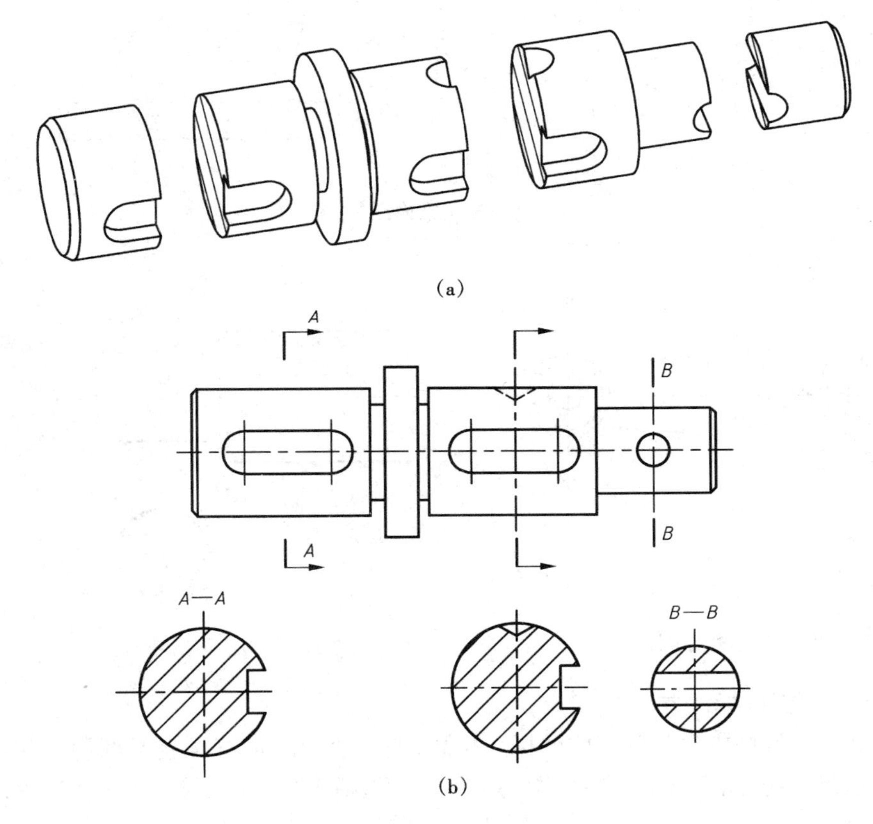

图 8-27　移出断面图的画法

8.3.2　断面图的种类

根据断面图放置的位置不同,可分为移出断面图和重合断面图两种。

1. 移出断面图

画在视图轮廓线外面的断面图称为移出断面图,如图 8-27 所示。

(1)移出断面图的画法

①移出断面图的轮廓线用粗实线绘制,图形尽量配置在剖切符号或剖切线的延长线上,也可配置在其他适当的位置,如图 8-27 所示。

②当剖切面通过回转面形成的孔或凹坑时,这些结构应按剖视画,如图 8-27 所示。当剖

切面通过非圆孔导致完全分开的两个断面时，这些结构也按剖视画，如图 8-28(a)所示。

由两个相交平面剖切得出的移出断面图，中间用波浪线或双折线断开，如图 8-28(b)所示。

③对称的移出断面图可画在视图的中断处，如图 8-29 所示。

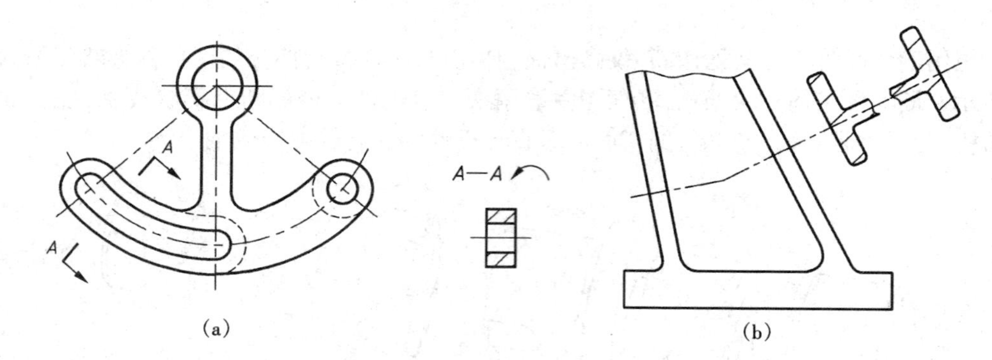

图 8-28 移出断面图(一)

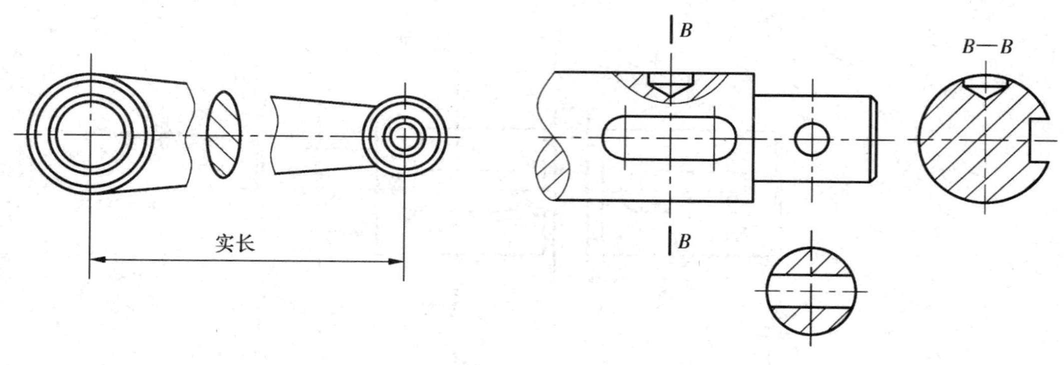

图 8-29 移出断面图(二)

图 8-30 移出断面图(三)

(2)移出断面图的标注方法

移出断面图的标注方法与剖视图的标注相同，即一般用剖切符号表示剖切平面的位置和用箭头表示投射方向，用字母表示断面图的名称，并在断面图的上方注上相同字母“×—×”，如图 8-27 所示。

下列情况可以省略标注：

①配置在剖切符号延长线上的对称断面图可不标注，不对称断面图可省略字母，如图 8-30、8-27 所示；

②不配置在剖切符号延长线上的对称移出断面图以及按投影关系配置的不对称移出断面图，均可省略箭头，如图 8-27、8-30 中的 *B—B* 所示；

③配置在图形中断处的对称图形不标注，如图 8-29。

2. 重合断面图

画在图形轮廓线内的断面称为重合断面图。

(1)重合断面图的画法

重合断面图的轮廓线用细实线绘制，当图形中的轮廓线与断面图形重叠时，视图轮廓线仍应连续画出,不可间断,如图8-31所示。

(2)重合断面图的标注

重合断面图不需标注,如图8-31所示。

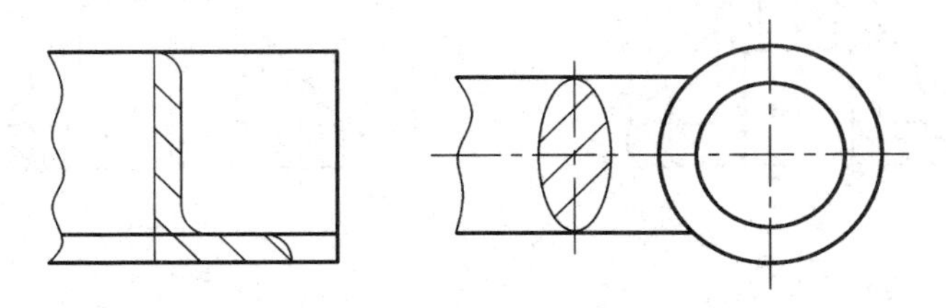

图8-31　重合断面图

8.4　局部放大图和简化画法

8.4.1　局部放大图

将图样中所表示的机件的部分结构,用大于原图形的比例所绘出的图形,称为局部放大图,如图8-32所示。

局部放大图可画成视图、剖视图、断面图,它与被放大部分的表达方式无关。

绘制局部放大图时,除螺纹牙型、齿轮和链轮的齿形外,应用细实线圆圈出被放大的部位,并应尽量将放大图配置在被放大部位的附近。当同一机件上有几处被放大部位时,必须用罗马数字依次标明,并在局部放大图上方标注出相应的大写罗马数字和所采用的比例,如图8-32所示。

当被放大的部位仅一处时,在局部放大图上方只需注明所采用的比例。

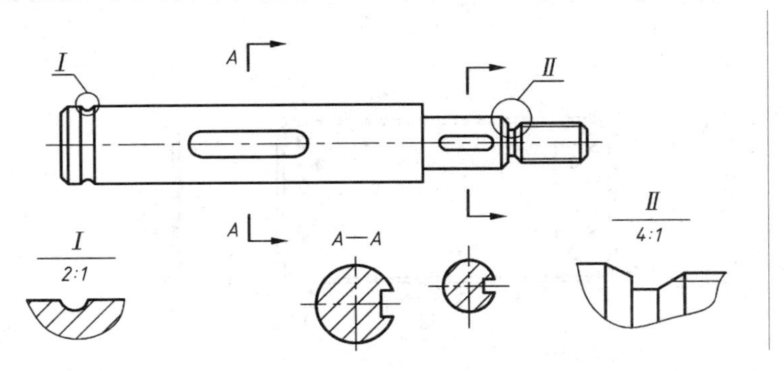

图8-32　局部放大图

8.4.2　简化画法

为了使画图简便,有关标准规定了一些图形的简化画法,现将几种常用的简化画法介绍如下。

①对于机件的肋、轮辐、薄壁等,如按纵向剖切,这些结构不画剖面符号,而用粗实线将它

与其相邻部分分开;如按横向剖切则应画剖面符号。当机件回转体上均匀分布的肋、轮辐、孔等结构不位于剖切平面上时,可将这些结构旋转到剖切面上画出,如图 8-33 所示。

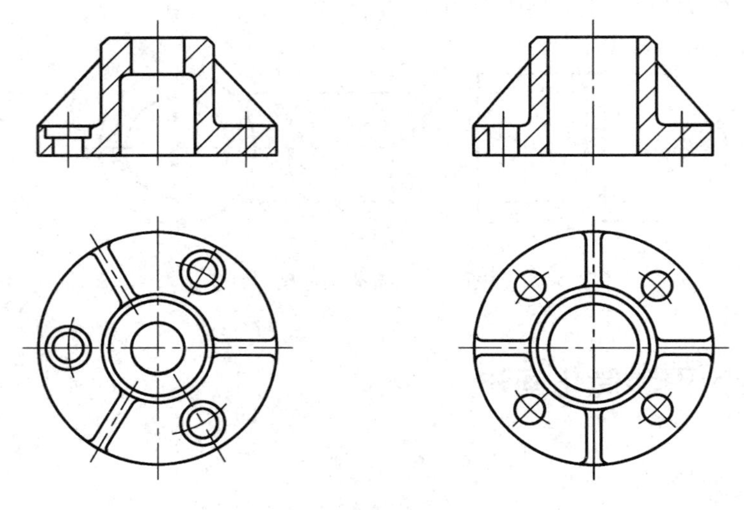

图 8-33 简化画法(一)

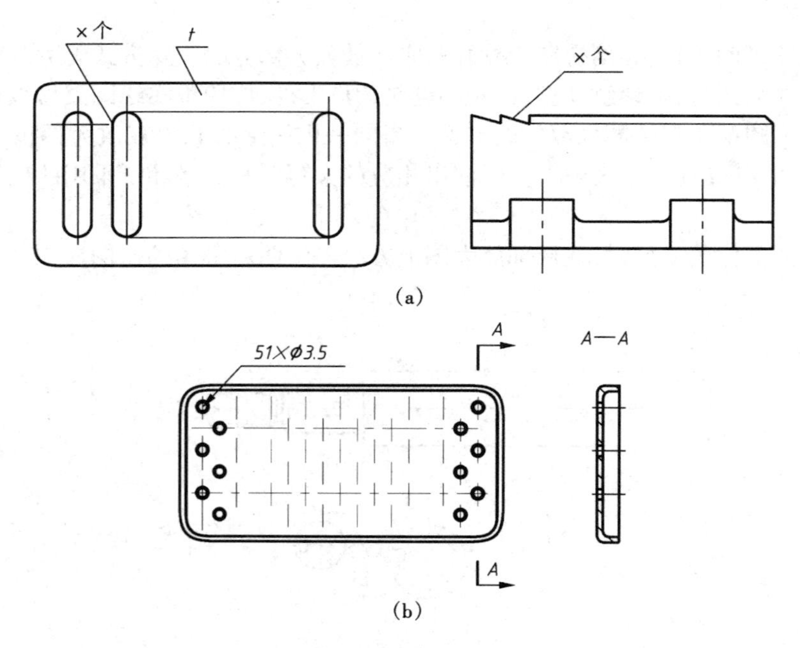

图 8-34 简化画法(二)

②机件具有若干相同结构(如齿、槽等),并按一定规律分布时,只需画出几个完整的结构,其余用细实线连接,但在图中必须注出该结构的总数,如图 8-34(a)所示。

③机件具有若干直径相同且成规律分布的孔(圆孔、沉孔和螺孔等),可以仅画出一个或几个,其余只需表示其中心位置,但在图中应注明孔的总数,如图 8-34(b)所示。

④回转体机件上的网状物或滚花部分,可以在轮廓线附近用细实线画出或省略,如图 8-35

所示。

⑤平面结构在图形中不能充分表达时，可用平面符号（相交的两细实线）表示，如图 8-36 所示。

⑥采用移出断面表示机件时，在不会引起误解的情况下允许省略剖面符号，如图 8-37 所示。

⑦当机件上有圆柱形法兰和类似零件上的均布孔，可按图 8-38 所示的形式（由机件外向该法兰端面方向投射）画出。

⑧对机件上斜度不大的结构，如在一个图形中已表达清楚，其他图中可以只按小端画出，如图 8-39（a）所示。

⑨对机件上一些小结构，如在一个图形中已表达清楚，其他图中可以简化或省略，如图 8-39（b）所示。

⑩机件上对称结构的局部视图，如键槽、方孔，可按图 8-40 所示方法表示。在不致引起误解时，图形中的过渡线、相贯线允许简化。

⑪轴、杆类较长的机件，沿长度方向的形状相同或按一定规律变化时，可以断开缩短表示，但标注尺寸时要注实际尺寸，如图 8-41 所示。

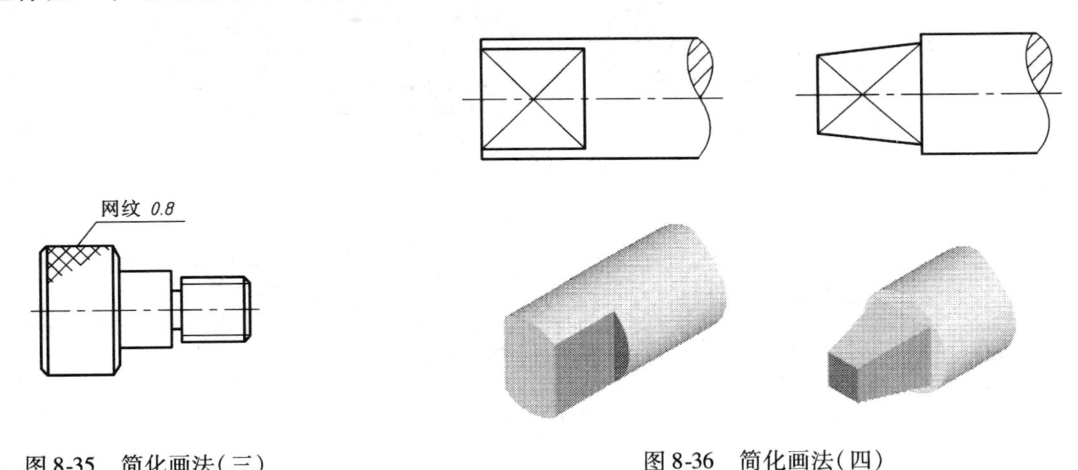

图 8-35　简化画法（三）

图 8-36　简化画法（四）

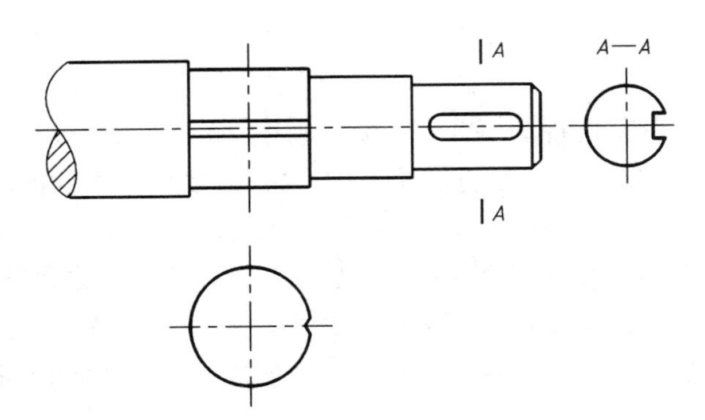

图 8-37　简化画法（五）

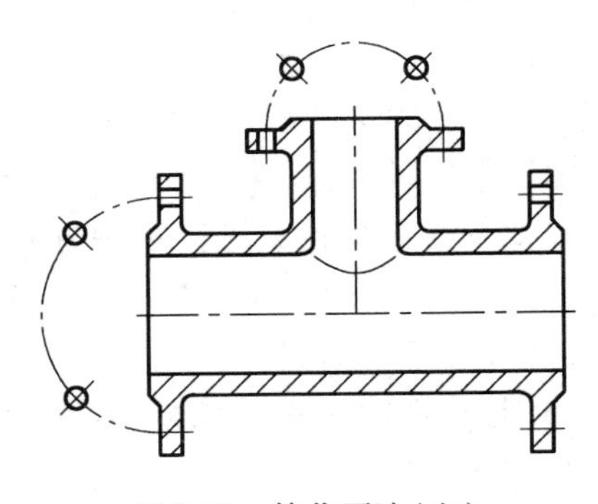

图 8-38　简化画法（六）

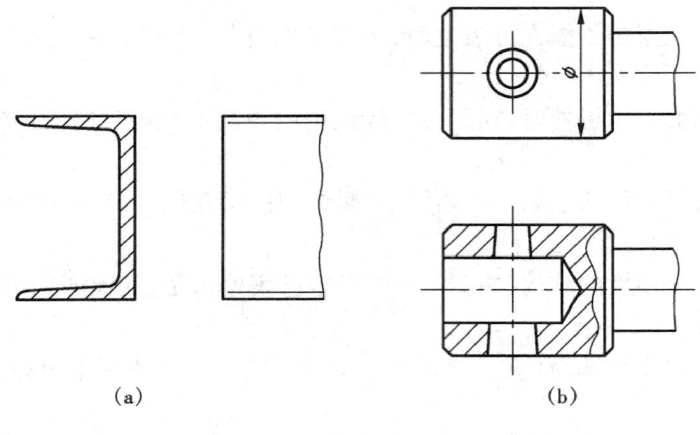

图 8-39　简化画法(七)

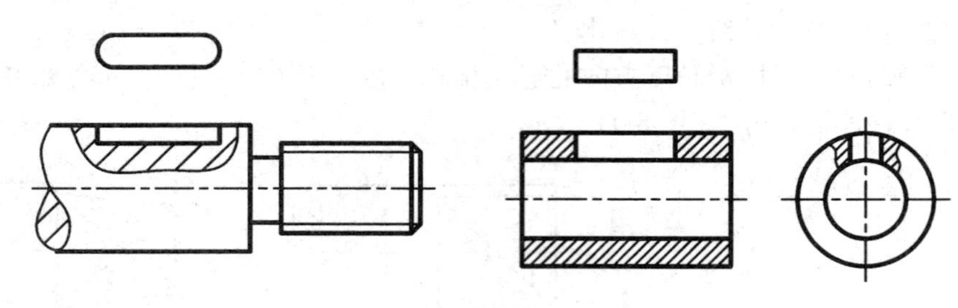

图 8-40　简化画法(八)

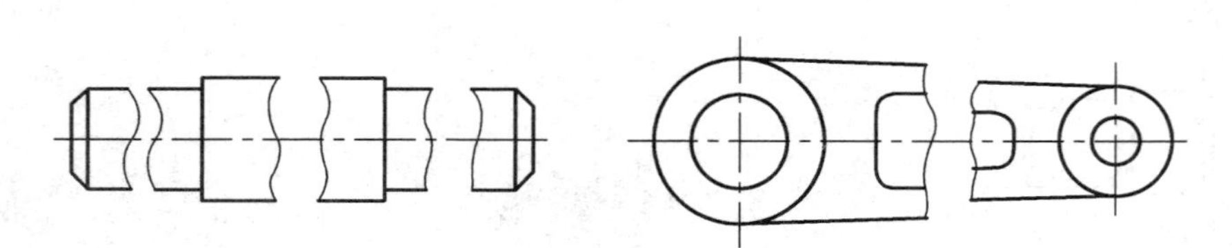

图 8-41　简化画法(九)

8.5　表达方法综合举例

前面介绍了零件的各种表达方法——视图、剖视图、断面图、简化画法、局部放大图等。在实际生产中,机器零件是多种多样的,究竟怎样选用上面的各种表达方法,需要根据机件的复杂程度及其结构特点进行具体分析。一个表达方案的确定,既要使所选取的每个视图、剖视图、断面图有表达内容和重点,又要注意它们之间的相互联系和分工;既要简化绘图工作,又要表达清楚,便于读图。总之,在完整清晰地表达出机件各部分的结构形状及相对位置的前提下,力求看图方便,绘图简便,视图数量越少越好。为了更好地掌握各种表达方法,需要勤于思考,反复练习。

确定一个好的表达方案,一般可通过以下步骤进行。下面以图 8-42 所示的支架为例,讨论表达方法的运用。

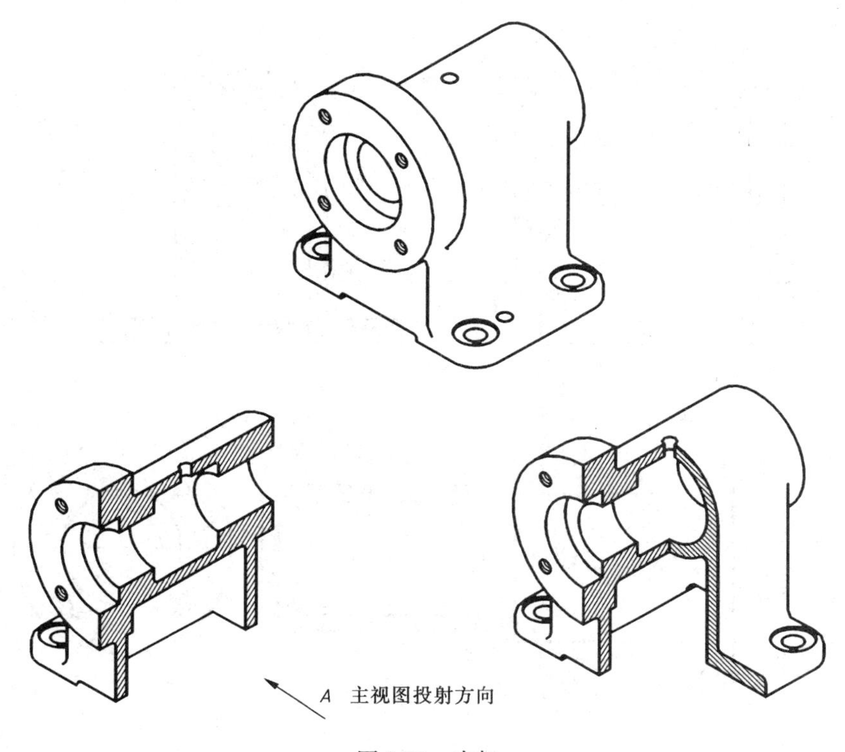

图 8-42　支架

1. 分析形体

此机件的外形简单，内部结构较复杂，大体由四部分组成：凸缘、圆柱体、底板和连接部分。

2. 选择主视图

(1)摆放位置

自然平放即按工作位置放置。

(2)投射方向

选取较多反映各组成部分的形状和相对位置关系的方向作为主视图的投影方向。如图 8-42 所示，*A* 向作为主视图的投射方向。

3. 选择其他视图

将主视图未表达清楚的结构形状，选用其他视图补充表达。根据机件的结构特点，首先考虑用俯、左视图，再考虑其他视图。

一个机件可以有几种不同的表达方案，通过比较，选取最佳的表达方案。

下面给出了支架的两组表达方案供选择。

方案一：如图 8-43 所示。支架的外形简单，内部较复杂，左右不对称，所以主视图全剖，剖切面通过支架的前后基本对称面，主要表达圆柱体及连接部分的内部形状，凸缘上的螺纹孔未剖到，用简化画法画出。俯视图是外形图，表达底板的形状和安装孔、销孔的位置。左视图取全剖，主要反映支架连接部分的内部形状，但是未表达出左端和凸缘形状及螺纹孔的分布位置，所以用 *A* 向视图补充表达。*C*—*C* 断面图表示连接部分水平方向的内部形状。

方案二：如图 8-44 所示，主视图与方案一相同。因支架前后基本对称，俯视图采用半剖视

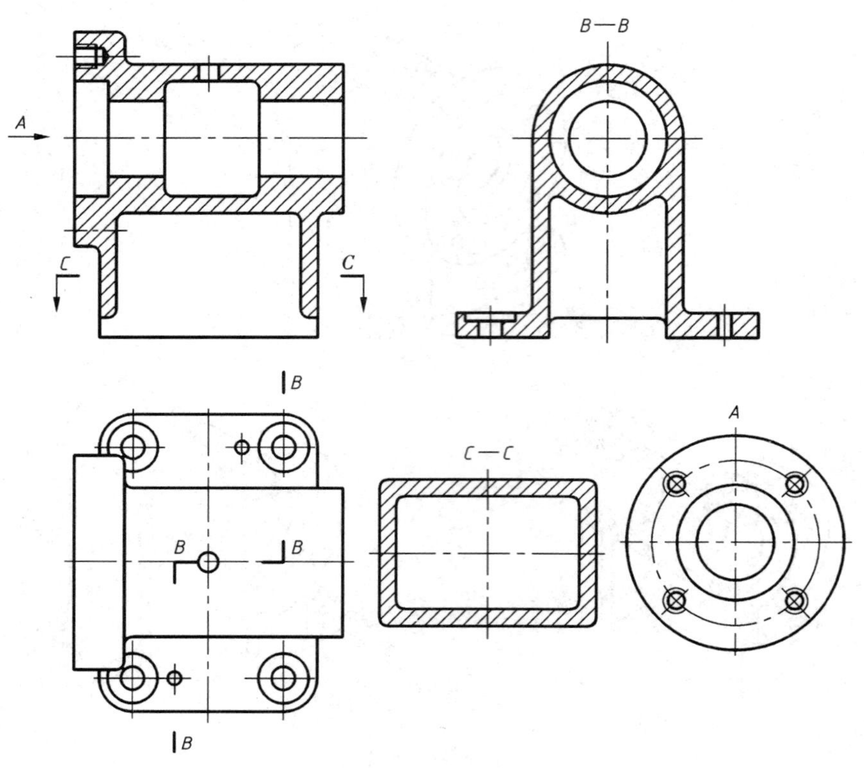

图 8-43 表达方案一

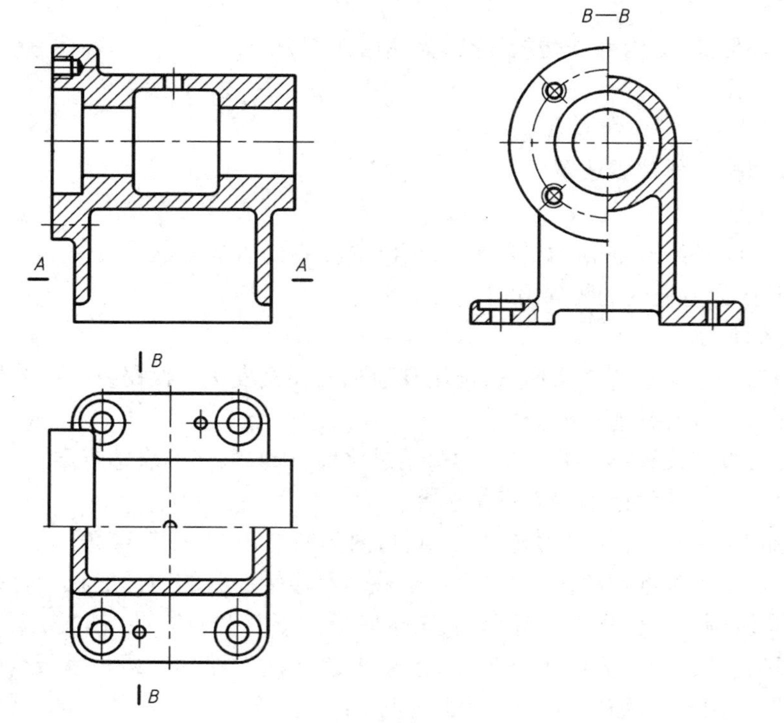

图 8-44 表达方案二

图，表达底板的形状及底板上安装孔、销孔的位置，又表示连接部分的内部形状。因支架前后基本对称，左视图采用半剖视图，既反映圆柱和底板之间的连接情况和形状，又表达底板上销孔的深度，以及凸缘端面上螺纹孔的数量和分布情况。还用局部剖视表示安装孔的深度。

两组表达方案均正确、完整、清晰地表达了机件的结构形状，每个视图都有各自表达的重点，但方案二视图数量少、简洁，看图方便，所以是较好的表达方案。

机件表达方法的种类很多，简单归纳如下：

图样画法

类别	名称	用途	标注
视图（用于表达机件外部和形状）	基本视图	用于表达机件的外部结构形状	基本视图不需标注
	向视图		向视图要加标注
	局部视图	用于表达机件的局部外形	标注方法：用字母表示名称，箭头表示投影方向。图形可按基本视图、向视图或第三角画法配置，斜视图可转正，转正后要加注旋转符号
	斜视图	用于表达机件的倾斜部分的外形	
剖视图（用于表达机件内部结构和形状）	全剖视图	主要用于表达不对称机件的内形	可用不同的剖切面剖开机件得到全剖、半剖、局部剖视图
	半剖视图	用于机件的内、外形状均需表达，并具有对称面的情况	除单一剖切平面通过机件的对称面剖切或剖切位置明显且中间无其他图形隔开时，可省略标注外，其余情况均需加标注
	局部剖视图	用于机件的内、外形状均需表达，结构形状不对称的情况	局部剖视图波浪线不能穿空，不能超出图形的轮廓线，不能与图形轮廓线重合或在其延长线上
断面图（用于表达机件断面的形状）	移出断面图	画在视图轮廓线之外，用粗实线绘制	标注方法：图形画在剖切面的延长线上时，断面图形对称，只画剖切线；断面图形不对称，注剖切符号，省略字母。图形放在其他位置时，断面图形对称，省略箭头；断面图形不对称，全部标注
	重合断面图	画在视图轮廓线内，用细实线绘制	不需标注

思考与习作

(1)机件的表达方法包括哪些？

(2)基本视图共有几个？它们如何配置？

(3)如果用基本视图尚不能清楚表达机件，按国标规定还有哪几种视图可以用来表达？

(4)斜视图和局部视图在图中如何配置和标注？它们的断裂边界用波浪线表示，画波浪线时应注意什么？什么情况下可省略波浪线？

(5)为什么要作剖视？剖切面的位置如何选择？

(6)根据剖开机件范围的大小，剖视图有几种？各适用于哪些情况？

(7)在剖视图中,什么地方应画上剖面符号?剖面符号的画法有什么规定?

(8)剖切平面纵向剖切机件的肋板、轮辐等结构时,这些结构应如何画出?

(9)半剖视图中外形视图和剖视图之间的分界线为何种图线?能否画成粗实线?

(10)断面图与剖视图有何区别?断面图有哪几种?它们应如何配置和标注?

(11)什么是局部放大图?画图时应注意什么?

第 9 章　标准件与常用件

在各类机器和设备中,广泛地应用着螺栓、螺钉、螺母、垫圈、键、销和滚动轴承等,这些零件的结构、尺寸、画法和标记已经全部标准化了,因此称其为标准件;另有一类零件如齿轮、弹簧等,它们的部分参数也已标准化和系列化了,在机械工程中获得广泛应用,统称为常用件。

本章主要介绍常见的标准件与常用件的基本知识、规定画法、代号和标记方法,以及有关国家标准或机械设计手册的查阅方法。

9.1　螺纹

9.1.1　螺纹的形成及工艺结构

1. 螺纹的形成

螺纹可以认为是一个与圆柱轴线共面的平面图形(三角形、梯形等),绕圆柱面做螺旋运动,得到一圆柱螺旋体,工业上将其称为螺纹。在圆柱外表面上形成的螺纹叫外螺纹,在圆柱内表面上形成的螺纹叫内螺纹。

加工螺纹的方法很多,图 9-1 是在车床上切削内、外螺纹的示意图;如图 9-2 是用丝锥加工直径较小的螺纹,俗称攻丝。

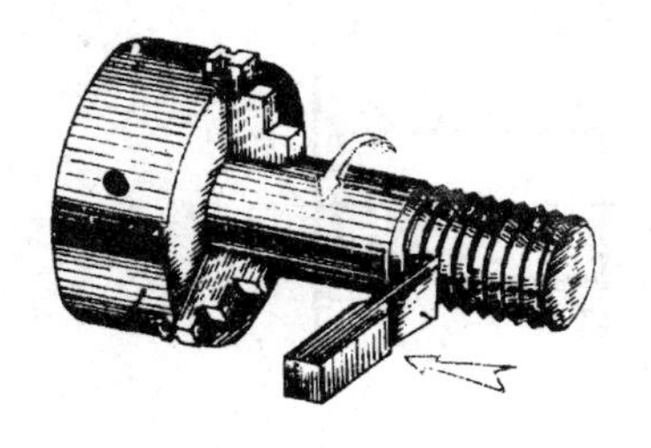

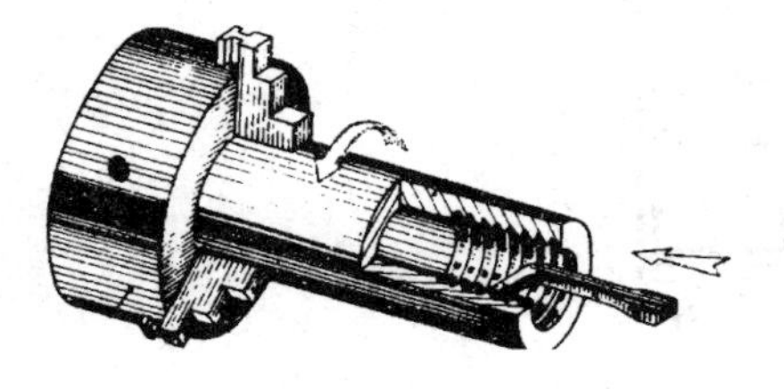

图 9-1　车削内、外螺纹

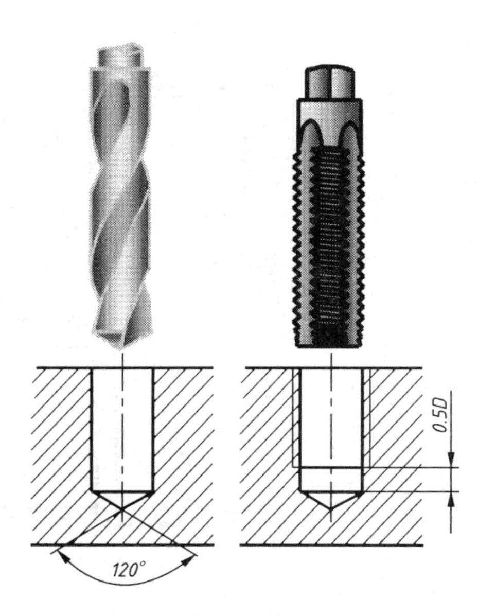

图 9-2　攻丝

2. 螺纹的工艺结构

(1)螺纹牙顶和牙底

螺纹表面可分为凸起和沟槽两部分,凸起部分的顶端称为牙顶,沟槽部分的底部称为牙底,如图 9-3 所示。

(2)螺纹倒角和倒圆

为了便于装配和防止螺纹端部损坏,常在螺纹的起始处加工成圆台形的倒角或球面形的倒圆等,如图 9-4(a)所示。

当车削螺纹的刀具快要到达螺纹终止处时,要逐渐离开工件,因而螺纹终止处的牙型将逐渐变浅,形成不完整的螺纹牙型,这一段螺纹称为螺尾。只有加工到要求深度的螺纹才具有完整的牙型,是有效螺纹。

为了避免产生螺尾可先在螺纹终止处加工出退刀槽,再车削螺纹,如图 9-4(b)所示。

图 9-5 是螺尾、退刀槽的加工示意图。

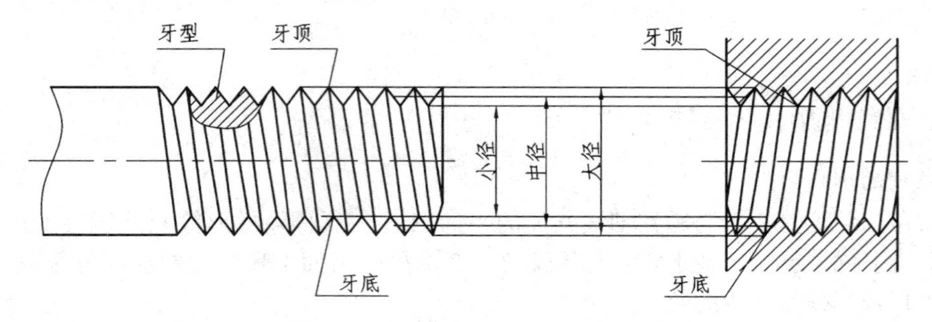

图 9-3 螺纹的牙顶、牙底和直径

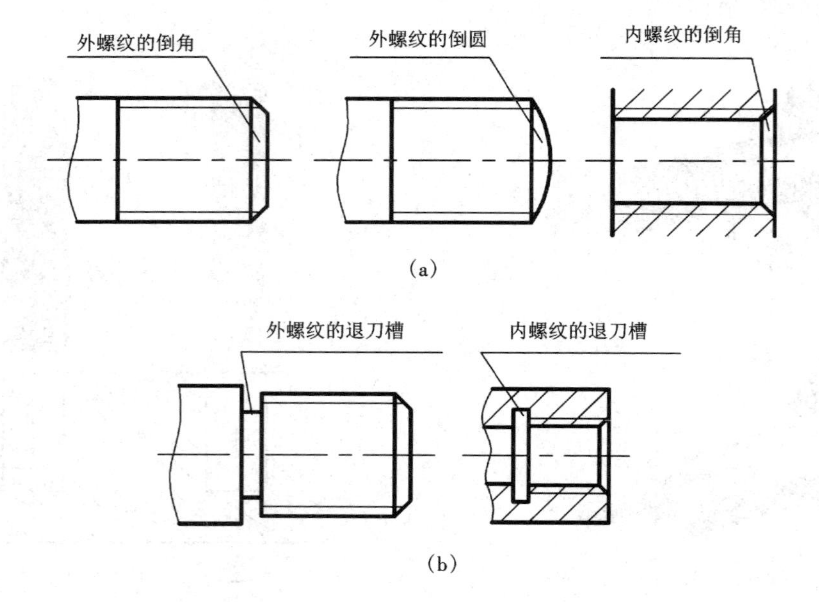

图 9-4 螺纹的倒角、倒圆和退刀槽

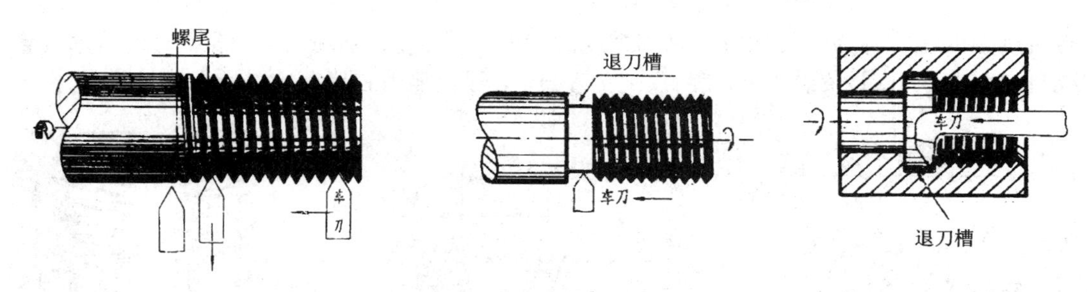

图9-5　螺尾、退刀槽的加工示意图

9.1.2　螺纹要素

螺纹的基本要素主要有牙型、直径、螺距、线数和旋向。

1. 牙型

在通过螺纹轴线的断面上，螺纹的轮廓形状称为螺纹的牙型。常见的螺纹牙型有：三角形、梯形、锯齿形和矩形等，如图9-6所示。

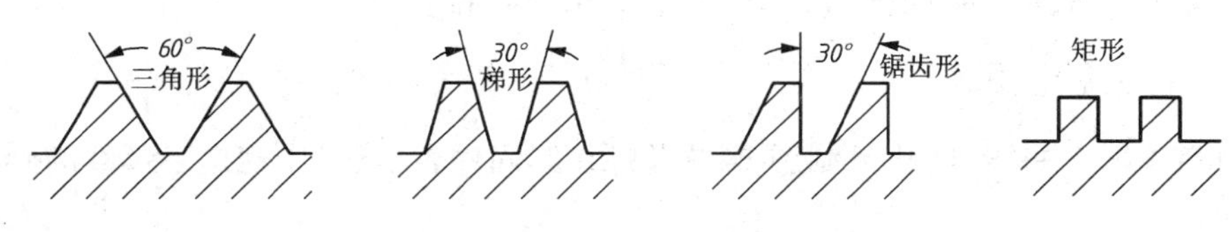

图9-6　螺纹的牙型

2. 直径

螺纹的直径分为大径、小径和中径，见图9-3。

(1) 大径 d、D（公称直径）

与外螺纹牙顶或内螺纹牙底相重合的假想圆柱面的直径称为大径。大径又称为公称直径，代表螺纹尺寸的直径。外螺纹的大径用 d、内螺纹的大径用 D 表示。

(2) 小径 d_1、D_1

与外螺纹牙底或内螺纹牙顶相重合的假想圆柱面的直径称为小径。外螺纹、内螺纹的小径分别用 d_1、D_1 表示。

(3) 中径 d_2、D_2

一个假想圆柱，该圆柱的母线通过螺纹牙型上沟槽和凸起宽度相等的地方，这一假想圆柱面的直径称为中径。外螺纹、内螺纹的中径分别用 d_2、D_2 表示。

3. 线数 n

螺纹的线数有单线和多线之分，只沿一条螺旋线形成的螺纹称为单线螺纹；沿两条或两条以上的等距螺旋线形成的螺纹称为双线或多线螺纹。螺纹的线数用 n 表示，如图9-7所示。

4. 螺距 P 和导程 P_h

螺纹相邻两牙在中径线上对应两点之间的轴向距离，称为螺距，用 P 表示。同一螺旋线上的相邻两牙在中径线上对应两点之间的轴向距离，称为导程，用 P_h 表示。单线螺纹，导程等于螺距，如图9-7(a)所示；多线螺纹，导程是螺距的倍数。图9-7(b)所示为双线螺纹，导程等于螺距的2倍，即 $P_h=2P$。

5. 旋向

螺纹分左旋、右旋两种。如图9-8所示，顺时针旋转时旋合的螺纹称为右旋螺纹；逆时针旋转时旋合的螺纹称为左旋螺纹。判别螺纹的旋向,可以直观判断,将外螺纹轴线铅垂放置,螺纹自左向右上升(即右高)为右旋,反之为左旋,工程上常用右旋螺纹。

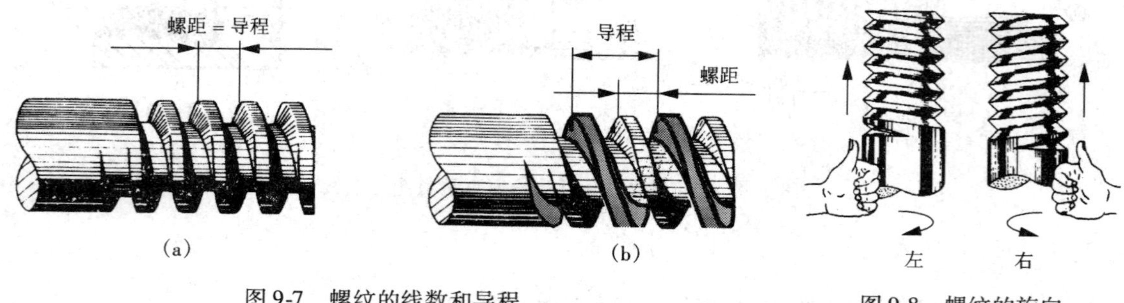

图 9-7　螺纹的线数和导程

图 9-8　螺纹的旋向

牙型、直径和螺距都符合标准的称为标准螺纹;牙型不符合标准,直径和螺距符合标准的称为非标准螺纹;牙型符合标准,直径和螺距都不符合标准的称为特殊螺纹。

只有上述各要素完全相同的内、外螺纹才能相互旋合。

9.1.3　螺纹的规定画法

国家标准 GB/T 4459.1《机械制图 螺纹及螺纹紧固件表示法》中规定了螺纹的画法,其主要内容如下。

1. 外螺纹的规定画法

①在平行于螺纹轴线的视图或剖视图中,其牙顶(大径线)用粗实线表示;牙底(小径线)用细实线表示,并将细实线画入螺杆的倒角或倒圆内,一般小径约等于大径的 0.85,但在画图时,大、小径两线的间距不应小于 0.7 mm;有效螺纹的终止界线(简称螺纹终止线),用粗实线表示,如图 9-9(a)所示;螺尾部分一般不画,如需要表示时,螺尾部分的牙底用与轴线成 30°的细实线绘制,如图 9-11 所示;螺纹长度是指不包括螺尾在内的有效螺纹的长度,即螺纹长度计算到螺纹终止线。

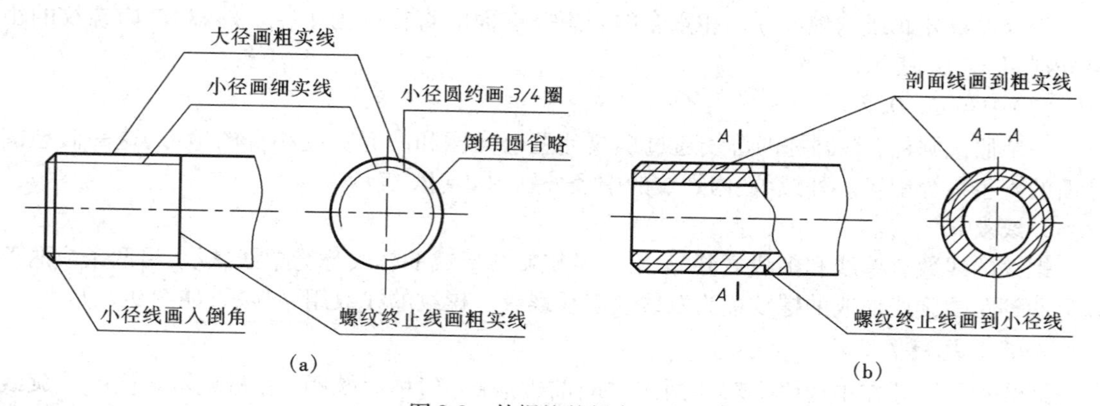

图 9-9　外螺纹的规定画法

②在垂直于螺纹轴线(即投影为圆)的视图中,大径圆画成粗实线圆,表示小径的细实线圆画约 3/4 圈(位置不作规定),倒角圆省略不画,如图 9-9(a)所示。

2. 内螺纹的规定画法

①在平行于螺纹轴线的剖视图中,其牙底(大径线)用细实线表示;牙顶(小径线)用粗实

线表示，剖面线应画到粗实线为止，螺纹终止线也用粗实线表示；对不穿通螺孔，一般应将钻孔深度和螺孔深度分别画出，且钻孔深度比螺孔深度约大 0.5D(D 为螺纹的大径)，其钻头顶角画成 120°锥角，如图 9-10(a) 所示；螺纹孔相交时，只画钻孔的相贯线，用粗实线表示，如图 9-10(c) 所示；对于不剖视图，上述线均画成虚线，如图 9-10(b) 所示。

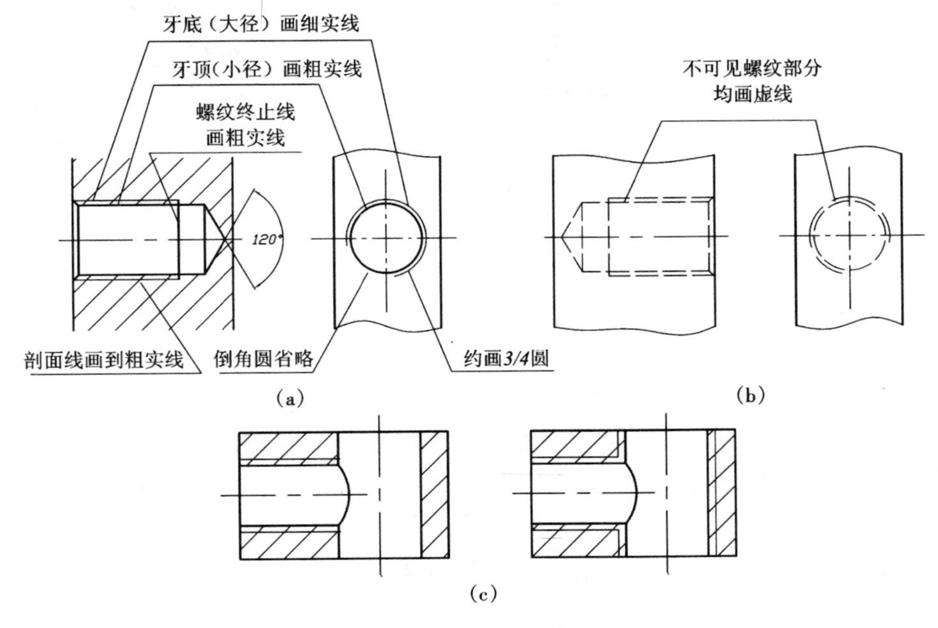

图 9-10　内螺纹的规定画法

②在垂直于螺纹轴线(即投影为圆)的视图中，大径圆画成约 3/4 圈细实线圆(位置不作规定)，小径画成粗实线圆，倒角圆省略不画，如图 9-10(a) 所示。

牙型符合国家标准的螺纹一般不需要表示牙型，当需要表示牙型时，可采用图 9-12 的形式。

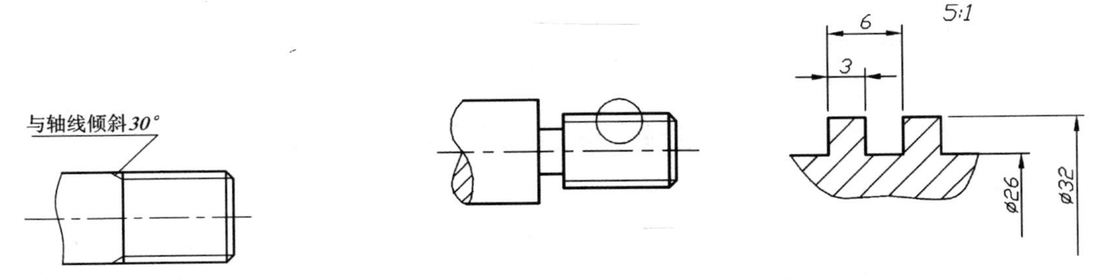

图 9-11　外螺纹的螺尾画法

图 9-12　非标准螺纹牙型表示法

3. 内外螺纹连接的规定画法

一般用剖视图表示内、外螺纹的连接，其旋合部分按外螺纹画出，其余部分按各自的规定画法绘制。

画图时，表示外螺纹牙顶的粗实线(大径线)必须与表示内螺纹牙底的细实线(大径线)在一条直线上，即对齐；表示外螺纹牙底的细实线(小径线)必须与表示内螺纹牙顶的粗实线(小径线)在一条直线上，即对齐；剖面线画到粗实线，如图 9-13 所示。

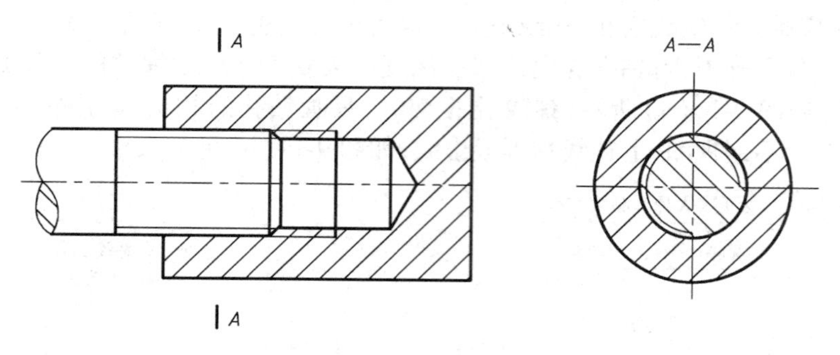

图 9-13 螺纹连接的画法

9.1.4 螺纹的种类、标记及其标注

1. 螺纹的种类

螺纹按用途分为四类，即：

①紧固连接用螺纹，简称紧固螺纹，如普通螺纹、小螺纹、过渡配合螺纹和过盈配合螺纹等；

②传动用螺纹，简称传动螺纹，如梯形螺纹、锯齿形螺纹和矩形螺纹等；

③管用螺纹，简称管螺纹，如 55°密封管螺纹、55°非密封的管螺纹、60°密封管螺纹和米制锥螺纹等；

④专门用途螺纹，简称专用螺纹，如自攻螺钉用螺纹、木螺钉用螺纹和气瓶专用螺纹等。

2. 螺纹的完整标记格式

(1)普通螺纹标记格式

单线螺纹标记格式为：

[螺纹特征代号][公称直径] × [螺距] - [公差带代号] - [旋合长度代号] - [旋向]

多线螺纹标记格式为：

[螺纹特征代号][公称直径] × [P_h 导程值 P 螺距值] - [公差带代号] - [旋合长度代号] - [旋向]

(2)梯形螺纹和锯齿形螺纹标记格式

单线螺纹标记格式为：

[螺纹特征代号][公称直径] × [螺距][旋向] - [公差带代号] - [旋合长度代号]

多线螺纹标记格式为：

[螺纹特征代号][公称直径] × [导程(P 螺距)][旋向] - [公差带代号] - [旋合长度代号]

(3)非密封管螺纹的完整标记格式

[螺纹特征代号][尺寸代号][公差等级代号][旋向]

说明：

①螺纹特征代号：如普通螺纹、非密封的管螺纹、梯形螺纹和锯齿形螺纹分别用 M、G、Tr 和 S 作为特征代号。

②公称直径：除管螺纹的公称直径是指管子孔径的英寸制代号外，其余螺纹的公称直径均为螺纹大径。

③多线普通螺纹的“P_h 导程值 P 螺距值”的标注如：“M16 P_h3 P1.5”，说明该螺纹是公称直径为 16 mm、导程为 3 mm、螺距为 1.5 mm 的双线普通细牙螺纹。

④梯形、锯齿形螺纹的导程(P 螺距)：单线螺纹只标螺距(导程 = 螺距)；多线螺纹导程和螺距均须标出，如“14(P7)”。

粗牙普通螺纹不标螺距，如普通螺纹 M10，查附录 B 附表 4，对应的粗牙螺距只有 1.5 mm，而 M10 对应的细牙螺距有三种，分别为 1.25 mm、1 mm 和 0.75 mm。因此粗牙普通螺纹螺距不标注，而细牙螺纹必须注出螺距。

⑤旋向：右旋螺纹不标旋向，左旋螺纹标注“LH”。

⑥公差带代号：螺纹公差带代号包括中径公差带代号和顶径公差带代号(顶径指外螺纹的大径或内螺纹的小径)。它表示螺纹的加工精度，由表示基本偏差的字母和表示公差等级的数字组成，大写字母表示内螺纹的基本偏差，小写字母表示外螺纹的基本偏差。

若中径公差带代号和顶径公差带代号不相同，则应分别标注，中径公差带代号在前，顶径公差带代号在后；若中径和顶径公差带代号相同，只标注一个，如表 9-1 所示。管螺纹的公差标注见表 9-3 所示。

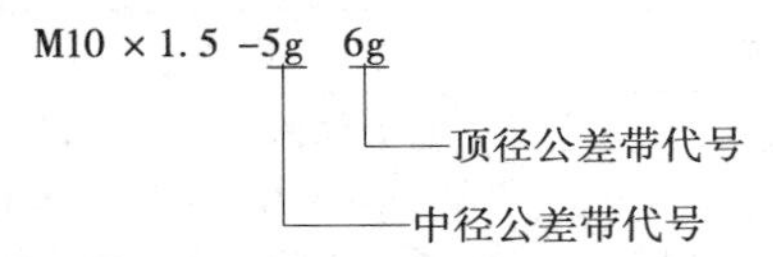

若中径公差带代号和顶径公差带代号相同，只标注一个公差带代号，如：

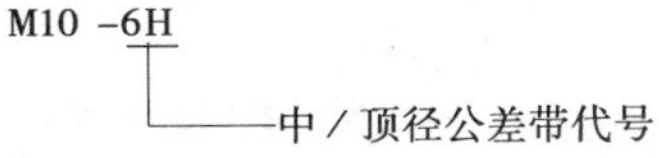

⑦旋合长度代号：旋合长度是指两个相互旋合的螺纹，沿螺纹轴线方向旋合部分的长度。螺纹的旋合长度分短型、中等、长型三组，分别用代号 S、N、L 表示。若为中等旋合长度时，N 省略不标注，梯形、锯齿形螺纹没有短型；管螺纹不注旋合长度代号；特殊需要时，也可注出旋合长度的具体数值。

表 9-1 ~9-3 给出了普通螺纹、梯形螺纹和非密封管螺纹的标注示例及注释。

表 9-1　普通螺纹的标注示例

螺纹种类	标注的内容和格式	标注示例	标注说明
粗牙 普通螺纹	M20-5g 6g 顶径公差带代号 中径公差带代号 螺纹的公称直径	M20-5g6g	螺纹的标记应注在大径尺寸线上； 粗牙螺纹不标注螺距； 右旋省略标注旋向； 中等旋合长度 *N* 省略
细牙 普通螺纹	M20 ×2 - 6H - S - LH 旋向(左旋) 旋合长度(短型) 中径和顶径公差带代号 螺距	M20X2-6H-S-LH	细牙螺纹标注螺距 2； 中径和顶径公差带代号相同，只标注一个 6*H*； 左旋要标注 *LH*

表 9-2 梯形螺纹的标注示例

螺纹种类	标注的内容和格式	标注示例	标注说明
单线梯形螺纹	Tr30×6 LH-7e-L 旋合长度(长型) 中径公差带代号 旋向(左旋) 导程 = 螺距 螺纹的公称直径	Tr30X6LH-7e-L	单线梯形螺纹只注螺距，多线梯形螺纹要注导程和螺距，梯形螺纹只标注中径公差带代号，梯形螺纹旋合长度分正常组(*N*)和加长组(*L*)，正常组省略不标注。 右旋省略标注旋向； 左旋要标旋向 *LH*
多线梯形螺纹	Tr30 ×12(P6) - 7H 螺距 导程	Tr30X12(P6)-7H	

表 9-3 管螺纹的标注示例

螺纹种类	标注的内容和方式	标注示例	说明
非螺纹密封的管螺纹	G3/4A 外螺纹公差等级分为 A 级(精密级)和 B 级(粗糙级)两种，需要标注 G11/2 - LH 内螺纹公差等级只有一种，不标注	G 3/4A G11/2-LH	管螺纹标记应注在螺纹大径引出的指引线上，特征代号右边的数字为尺寸代号，即管子内通径，单位为英寸； 管螺纹的螺纹大径需要查标准(附录 B 附表 6)确定，尺寸数字采用小一号的数字书写

3. 特殊螺纹和非标准螺纹的标注格式

①牙型符合标准，直径或螺距不符合标准的螺纹，应在特征代号前加注“特”字，并注出大径和螺距，如图 9-14 所示。

②绘制非标准螺纹，应画出螺纹的牙型，并注出所需要的尺寸及有关要求，如图 9-15 所示。

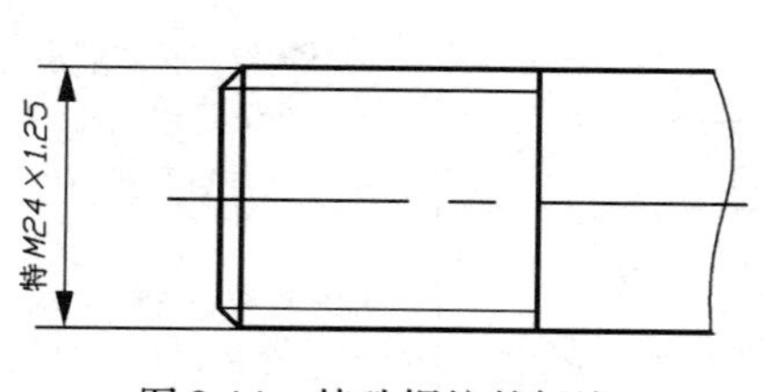

图 9-14 特殊螺纹的标注

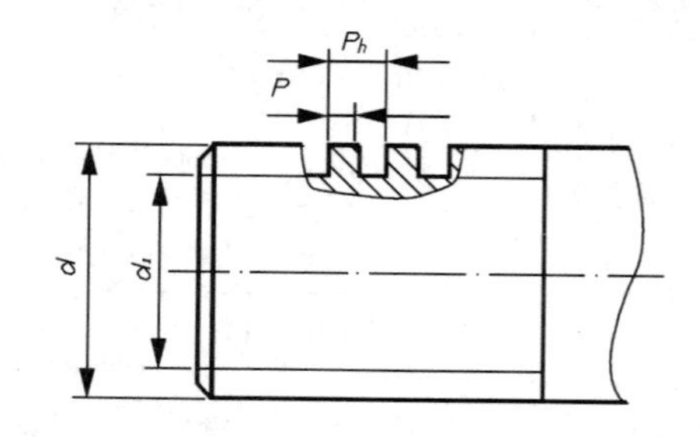

图 9-15 非标准螺纹的标注

4. 螺纹副的标注格式

内、外螺纹旋合到一起后称螺纹副，需要时，在装配图中可标出螺纹副的标记。螺纹副标记是将相互连接的内、外螺纹的标记组合成一个标记，举例如下：

内螺纹的标记为：M14×1.5－6 H

外螺纹的标记为：M14×1.5－6 g

螺纹副的标记为：M14×1.5－6H/5 g

螺纹副的标记在装配图上标注时，可直接注在指向大径的尺寸线上或其引出线上，如图 9-16 所示。

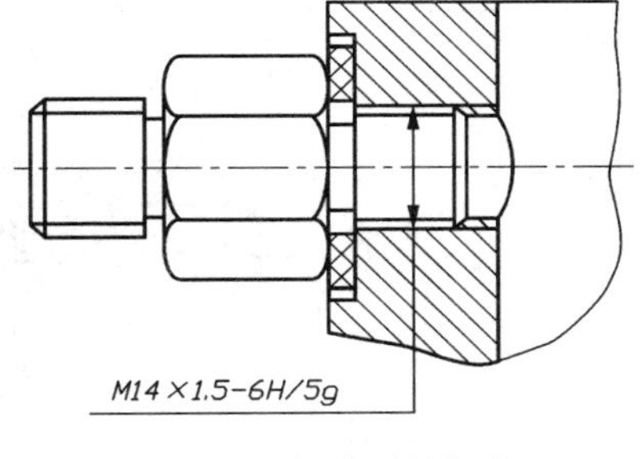

图 9-16　螺纹副的标注

9.2　螺纹紧固件

9.2.1　螺纹紧固件的种类和标记

螺纹紧固件的种类很多，常用的有螺栓、螺柱、螺钉、螺母和垫圈等，参见附录 B2 中附表 9～14。它们都属于标准件，在机械设计时，不需要单独画出它们的零件图，而是根据设计要求按相应的国家标准进行选取，这就需要熟悉它们的结构形式并掌握其标记方法。

螺纹紧固件的完整标记格式为：

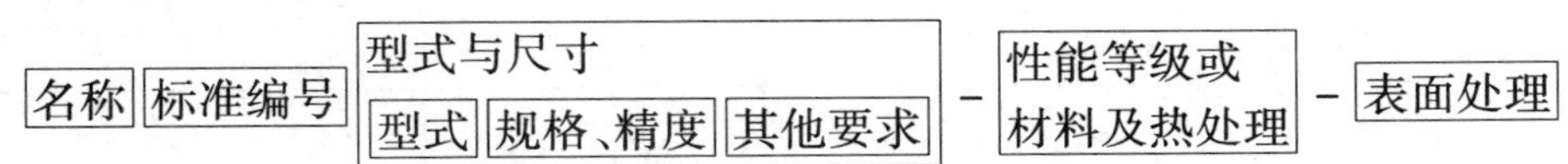

紧固件的标记可以按以下原则进行简化：

①采用现行标准规定的各紧固件时，国标中的年号可以省略；

②当性能等级是标准规定的某一等级时，可以省略不注，在其他情况下，则应注明，如表 9-4 中平垫圈标记属后者。

简化后的紧固件的标记格式为：名称 标准编号 规格

常用螺纹紧固件的简图及标记见表 9-4。

表 9-4　螺纹紧固件及其标注示例

种类	结构形式和规格尺寸	标记示例	说明
六角头螺栓	d, l	螺栓 GB/T 5782—2000 M12×50	螺纹规格为 M12，l＝50 mm（当螺纹杆上是全螺纹时，应选取标准编号为 GB/T 5783）
双头螺柱	d, (b_m), l	螺柱 GB/T 899—1988 M12×50	双头螺柱双头规格均为 M12，l＝50 mm
开槽圆柱头螺钉	d, l	螺钉 GB/T 65—2000 M10×50	螺纹规格为 M10，l＝50 mm（l 值在 40 mm 以内为全螺纹）

续表

种类	结构形式和规格尺寸	标记示例	说明
开槽盘头螺钉	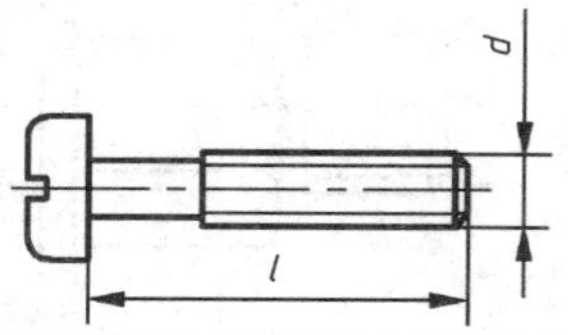	螺钉 GB/T 67—2000 M10×50	螺纹规格为 M10，l = 50 mm（l 值在 40 mm 以内为全螺纹）
开槽沉头螺钉	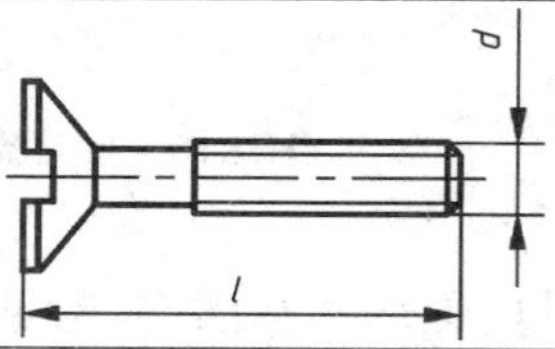	螺钉 GB/T 68—2000 M10×45	螺纹规格为 M10，l = 45 mm（l 值在 45 mm 以内为全螺纹）
开槽锥端紧定螺钉	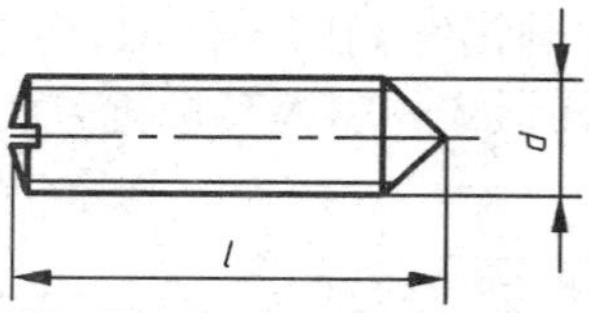	螺钉 GB/T 71—1985 M12×40	螺纹规格为 M12，l = 40 mm
1 型六角螺母	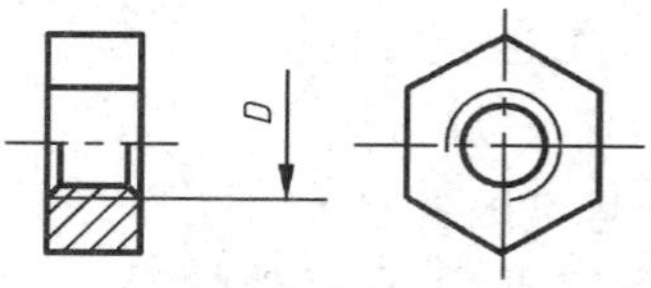	螺母 GB/T 6170—2000 M8	螺纹规格为 M8 的 1 型六角头螺母
平垫圈	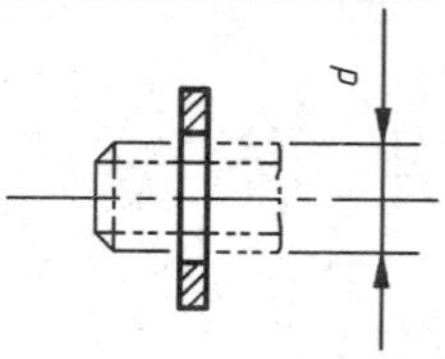	垫圈 GB/T 97.1—2002 8—140HV	与螺纹规格 M8 配用的平垫圈，性能等级 140HV
标准型弹簧垫圈	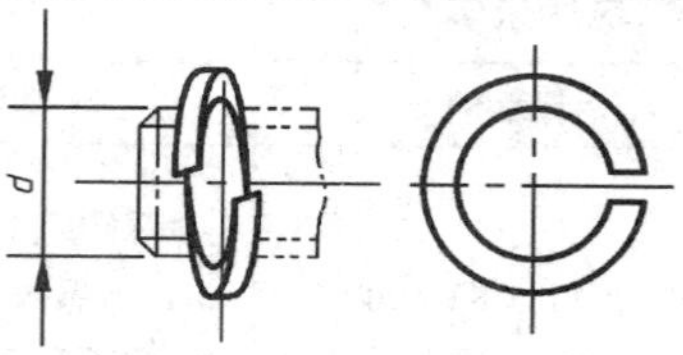	垫圈 GB/T 93—1987 12	与螺纹规格 M12 配用的弹簧垫圈

9.2.2 螺纹紧固件的装配画法

螺纹紧固件有三种连接形式：螺栓连接、螺柱连接、螺钉连接。画螺纹紧固件的连接装配图时应遵守以下规定。

①两零件的接触表面只画一条线；凡不接触的相邻表面，不论其间隙大小均需画成两条线（小间隙可夸大画出，一般不小于 0.7 mm）。

②在剖视图中，相邻两零件的剖面线方向要相反，或方向一致而间隔不等。同一零件各视图中剖面线的方向和间隔必须一致。

③当剖切平面通过螺纹紧固件的轴线时，对于螺栓、螺柱、螺钉、螺母及垫圈等按不剖处理，即仍画其外形。

④画连接图时可采用简化画法：螺纹紧固件上的工艺结构如倒角、退刀槽、缩颈等均可省略不画；对不穿通螺孔可不画出钻孔深度；螺栓、螺钉的头部可简化。

1. 螺栓连接

螺栓连接由螺栓、螺母和垫圈组成，连接时用螺栓穿过两个零件的光孔，加上垫圈，用螺母紧固，如图9-17所示的螺栓连接，用在两个被连接零件比较薄，并能钻成通孔的场合。

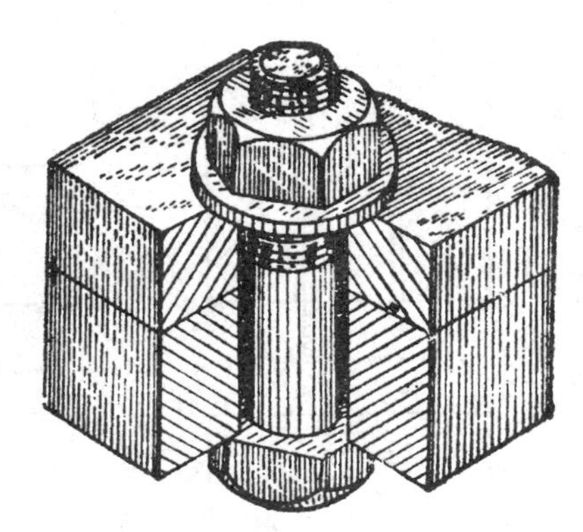
图9-17　螺栓连接

画图时，通孔的直径比螺栓的公称直径略大，约为1.1d（d为螺纹大径），设计时可根据螺纹的公称直径查表确定。

如图9-17中，假设上板厚度为12 mm，下板厚度为18 mm，选用螺母GB/T 6170 M10，垫圈GB/T 97.1 10—140HV，螺栓GB/T 5782 M10×L。

可以用以下不同方法画出装配图。

（1）查表方法

根据各螺纹紧固件的标记型式、螺纹的公称直径d，查有关的标准件表，确定各部分尺寸，按所查得尺寸画装配图。

由附录B表12查得：螺母厚度$m_{max}=8.4$，$s=16$

由附录B表13查得：垫圈外圈直径$d_2=20$，厚度$h=2$

由附录B表9查得：螺栓头部$s=16$，$k=6.4$

螺栓长度先初步按下式计算：

$L_{计}$ = 上板厚 + 下板厚 + 垫圈厚(h) + 螺母厚(m) + a(螺栓伸出螺母的长度，约为0.3d)

$$L_{计}=12+18+2+8.4+3=43.4$$

根据计算数值查附录B表9，确定标准长度值。一般使$L \geqslant L_{计}$。选定螺栓的标准长度为45 mm，螺栓的标记为螺栓GB/T 5782 M10×45。

（2）比例画法

在绘图时，为了节省查表时间，提高绘图速度，图中各螺纹紧固件的尺寸，一般不按标准规定的实际尺寸作图，常采用比例画法，即除螺栓的长度要通过初算后查表取标准长度外，其余各部分尺寸都按螺纹公称直径d进行比例折算，此方法是一种近似的画法。图9-18(b)为螺母和六角头螺栓头部截交线的近似比例画法；图9-19(b)中各紧固件均用与d的比例关系确定尺寸，然后绘制图9-19(a)的连接图。

（3）简化画法

采用简化画法时，螺纹紧固件的工艺结构如倒角、退刀槽等均可不画；螺栓和螺母六角头部的倒角、截交线均不画。图9-19是螺栓连接的简化及比例画法。

2. 双头螺柱连接

双头螺柱连接由双头螺柱、螺母和垫圈组成，连接时，一端直接拧入被连接零件的螺孔中，另一端用螺母拧紧，如图9-20所示。双头螺柱连接常用于一个被连接件较薄钻成通孔，另一个较厚不宜钻成通孔，或由于结构上的限制不适合用螺栓连接的场合。

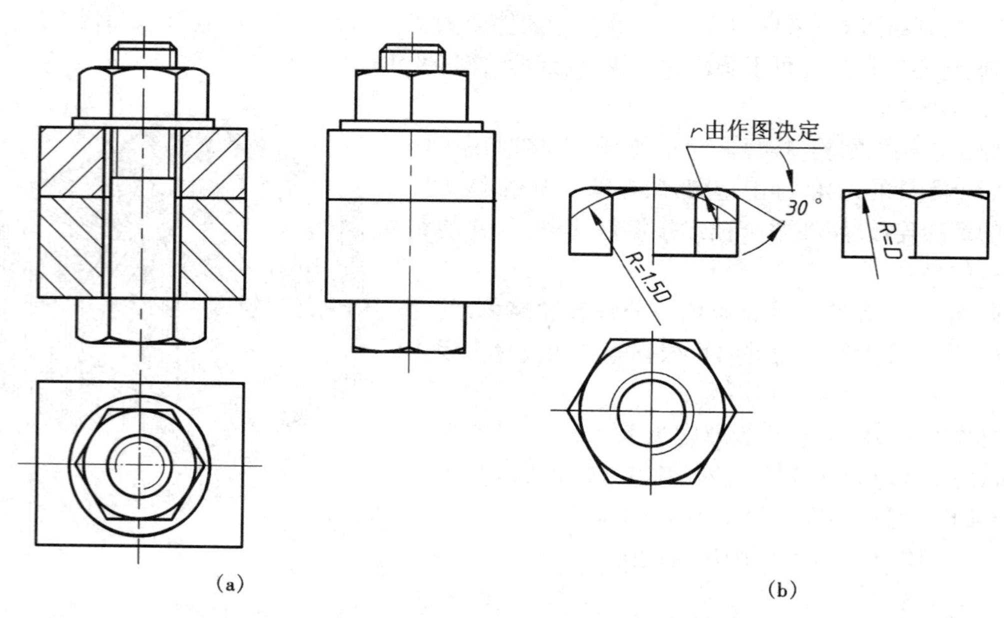

图 9-18　螺母和六角头螺栓头部截交线的近似比例画法

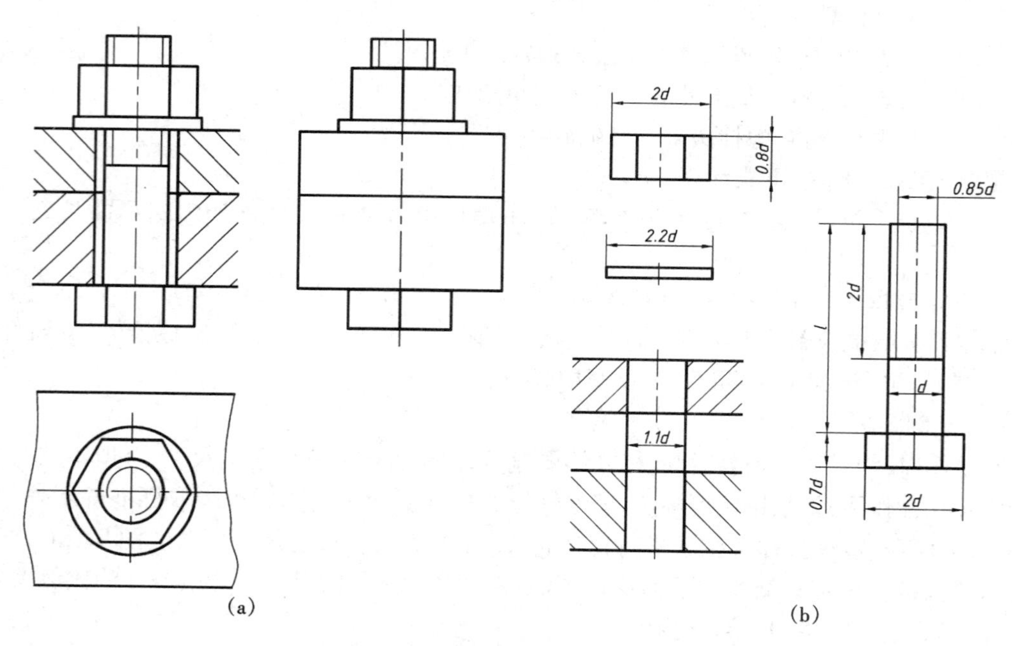

图 9-19　螺栓连接的简化及比例画法

图 9-21 是螺柱连接装配图的简化画法，画螺柱连接装配图应注意以下几点。

①双头螺柱的标准长度也要通过计算后查表确定，螺柱标准长度是除去旋入端之外的长度。计算长度 $L_{计}$ = 上板厚 + 垫圈厚 + 螺母厚 + a（螺柱伸出螺母的长度，约为 $0.3d$）。计算出长度后，查螺柱的标准长度系列表确定标准长 L，一般 $L \geq L_{计}$。

②双头螺柱旋入被连接件的深度 b_m 的值与被连接件的材料有关，见图 9-21 中的表格。

③螺柱旋入端的螺纹终止线一定要和两连接件接触面平齐。

④为确保旋入端全部旋入，被连接件上的螺纹孔的螺纹深度应大于旋入端螺纹深度 b_m，在画图时，螺孔的螺纹深度可按 $b_m + 0.5d$，钻孔深度可按 $b_m + d$，如图 9-21(a)，在画装配图时，允许简化，即将钻孔深度按螺孔深度绘出，如图 9-21(b)。

⑤螺母和垫圈的各部分尺寸与大径的比例关系和螺栓连接图 9-19(b)相同。弹簧垫圈开口倾斜 60°，斜口的方向应与螺栓旋向相反（若螺栓旋向为右旋，垫圈上斜口的方向相当于左旋）。

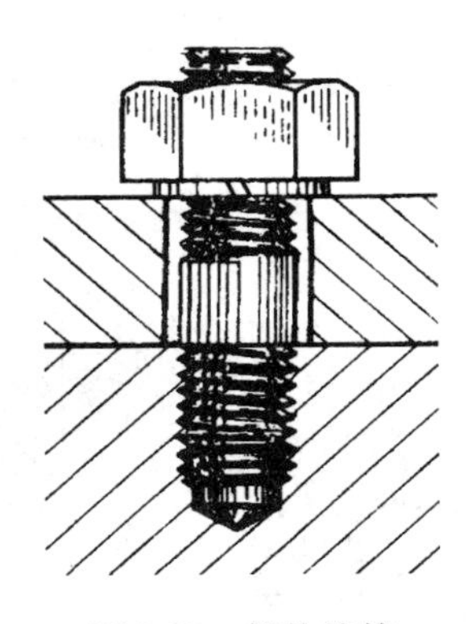

图 9-20　螺柱连接

3. 螺钉连接

螺钉连接不需要螺母，只将螺钉直接拧入被连接件中，依靠螺钉头部压紧被连接件，图 9-22 是螺钉连接的示意图。螺钉连接用

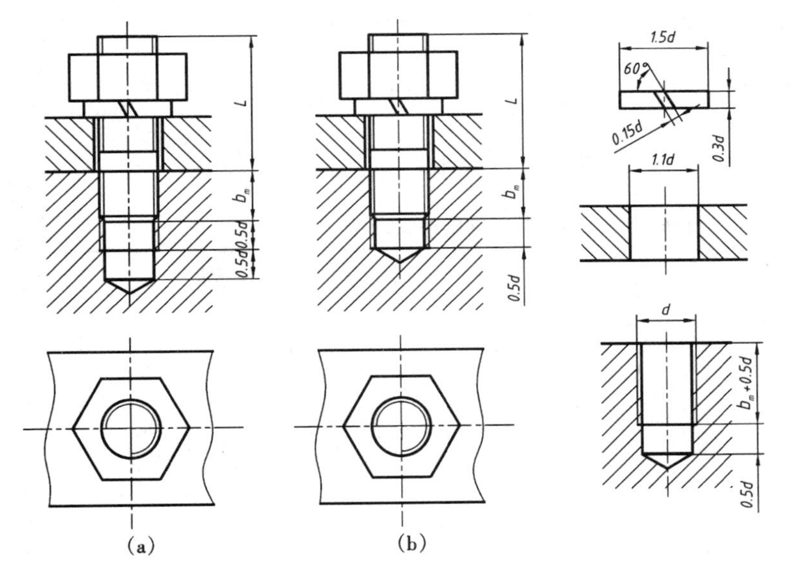

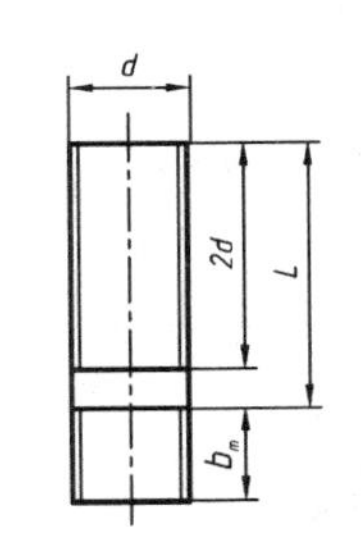

标准编号	b_m	机件材料
GB/T897—1988	d	钢
GB/T898—1988	1.25d	铸铁
GB/T899—1988	1.5d	铸铁
GB/T900—1988	2d	铝

图 9-21　螺柱连接的简化画法

于受力较小，不经常拆卸的场合。如图 9-23 是开槽圆柱头螺钉及开槽沉头螺钉连接装配图及其头部的简化画法。画螺钉连接装配图应注意以下几点。

①螺钉的长度也要通过初步计算后，查螺钉的标准长度系列表确定。$L_{计}$ = 上板厚 + 旋入深度 b_m，旋入长度的确定同螺柱，标准长度 $L \geq L_{计}$。

②螺钉的螺纹终止线要高于两连接件的接触面。

③螺钉头部开槽在主、俯视图中并不符合投影关系，在投影为圆的视图上，这些槽习惯绘制成向右倾斜 45°，若槽宽小于或等于 2 mm 时，可用 2 倍粗实线宽的粗线表示。

常用的螺栓、螺钉的头部及螺母在装配图中也可采用表 9-5 简化画法。

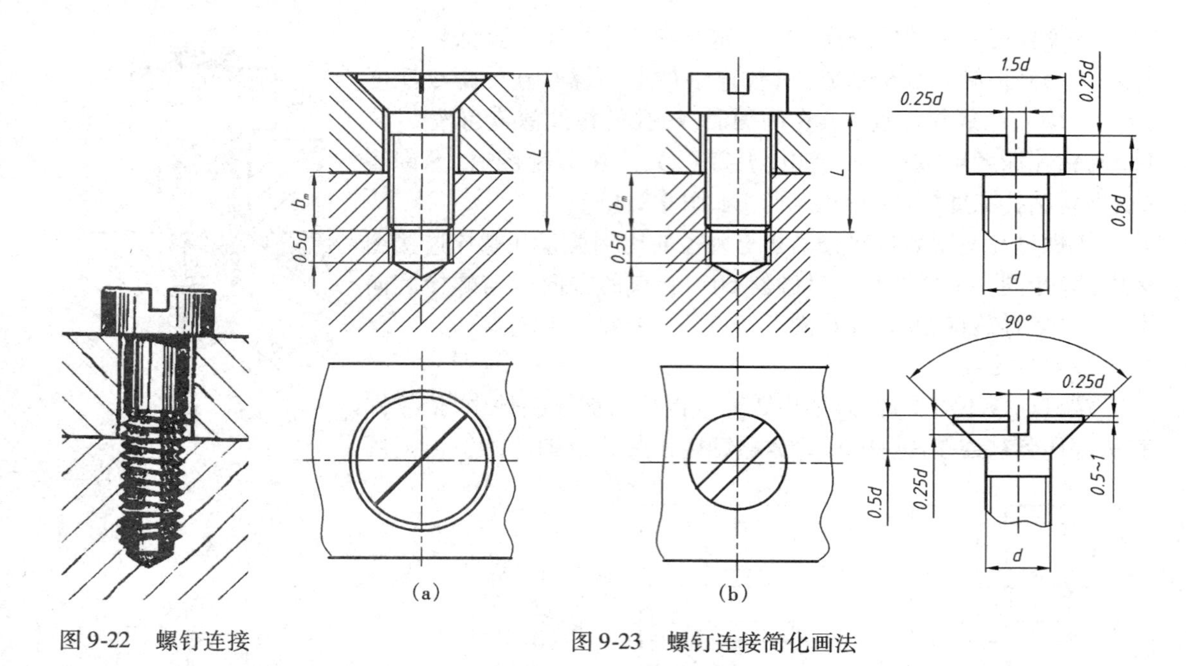

图 9-22　螺钉连接

图 9-23　螺钉连接简化画法

表 9-5　在装配图中螺纹紧固件的简化画法

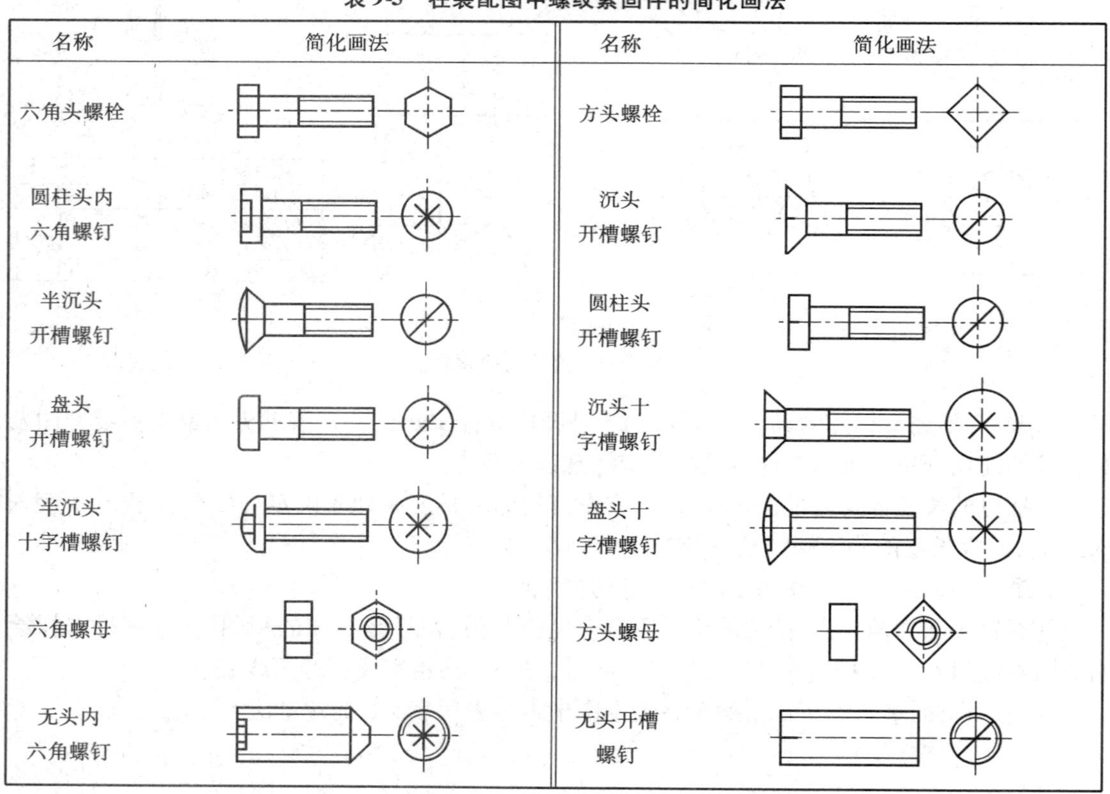

名称	简化画法	名称	简化画法
六角头螺栓		方头螺栓	
圆柱头内六角螺钉		沉头开槽螺钉	
半沉头开槽螺钉		圆柱头开槽螺钉	
盘头开槽螺钉		沉头十字槽螺钉	
半沉头十字槽螺钉		盘头十字槽螺钉	
六角螺母		方头螺母	
无头内六角螺钉		无头开槽螺钉	

螺钉连接简化画法举例如图 9-24 所示。

螺柱、螺钉连接装配画法中常见错误见图 9-25 所示。

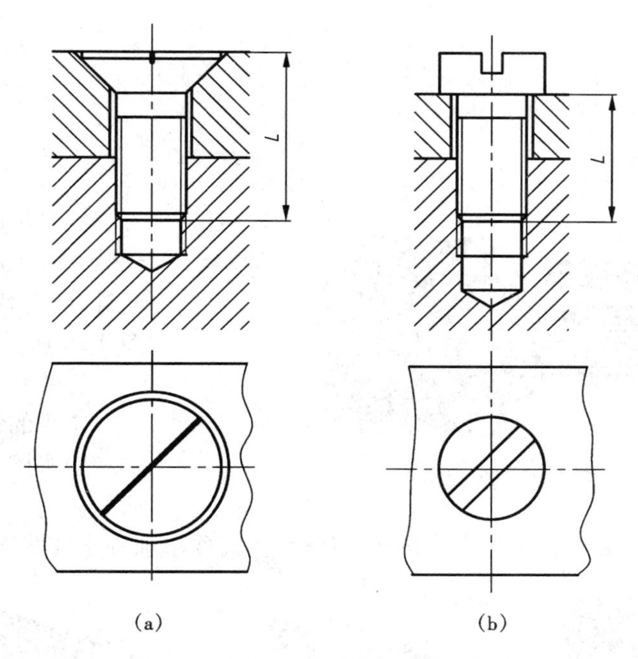

图 9-24　装配图紧固件简化画法举例

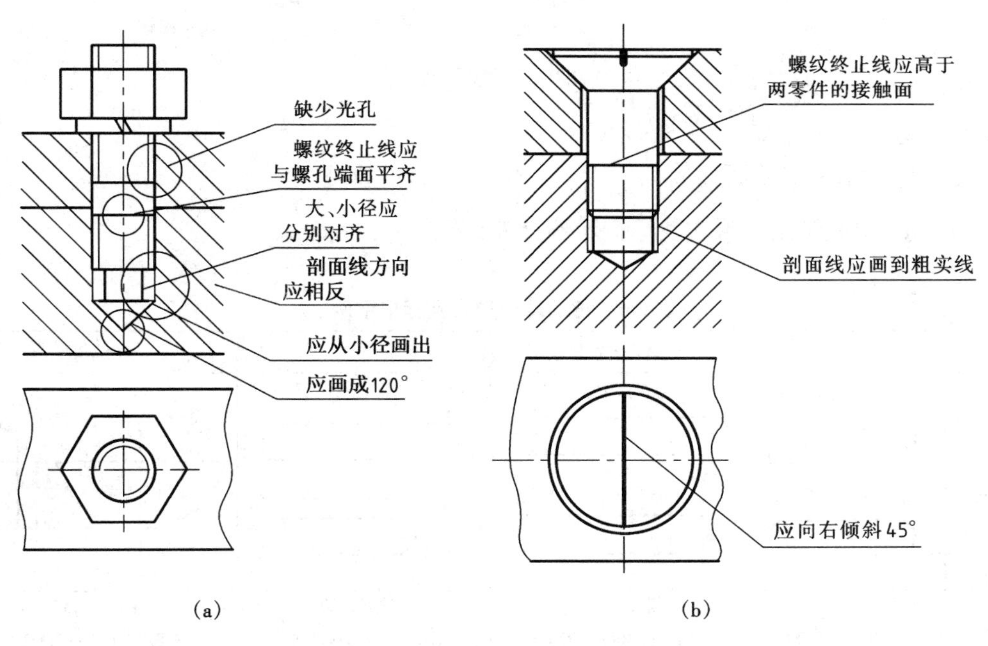

图 9-25　螺柱、螺钉连接装配画法中的常见错误

9.3 键与销

9.3.1 键连接

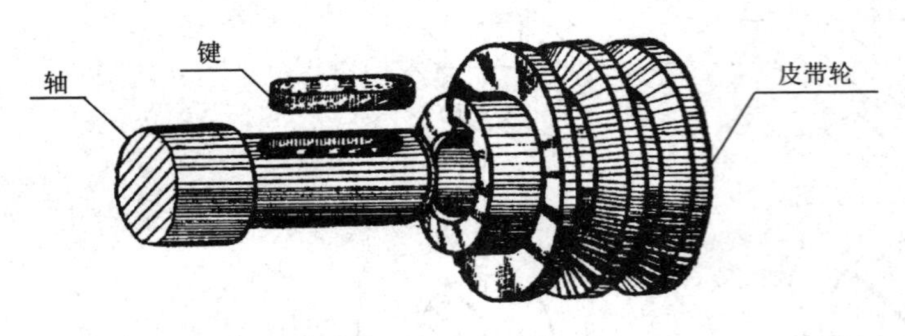

图 9-26 键连接

键是标准件，用来连接轴与安装在轴上的皮带轮、齿轮和链轮等，起着传递扭矩的作用，如图 9-26 所示。

1. 键的结构形式及标记

常用的键有普通平键、半圆键和钩头楔键，其结构如图 9-27 所示。

在机械设计中，键要根据轴径大小按标准选取，不需要单独画出其图样，但要正确标记。

平键

半圆键

钩头楔键

图 9-27 常用键

键的完整标记格式为：

名称 类型与规格 标准编号

普通平键、半圆键结构形式及标记示例见表 9-6。

表 9-6 键的结构形式及标记示例

名称	普通平键			半圆键
结构形式及规格尺寸	A型	B型	C型	
标记示例	键 5×20 GB/T 1096—2003	键 B5×20 GB/T 1096—2003	键 C5×20 GB/T 1096—2003	键 6×25 GB/T 1099—2003
说明	圆头普通平键 $b=5$ mm $l=20$ mm 标记中省略“A”	平头普通平键 $b=5$ mm $l=20$ mm	单圆头普通平键 $b=5$ mm $l=20$ mm	半圆键 $b=5$ mm $d_1=25$ mm

注：表内图中省略了倒角。

2. 键的画法和标注

(1)普通平键

普通平键的两个侧面是工作面,在装配图中键与键槽侧面、键与键槽底面之间应不留间隙,只画一条线;键与轮毂的键槽顶面之间应留有间隙,要画两条线。在反映键长的剖视图中,键按不剖处理,将轴作局部剖,其装配图画法如图 9-28 所示,轴、轮毂上键槽的画法及有关尺寸如图 9-29 所示。

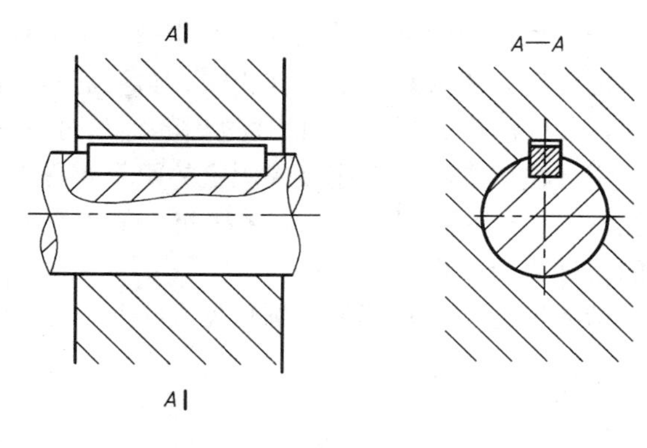

图 9-28　普通平键的装配图画法

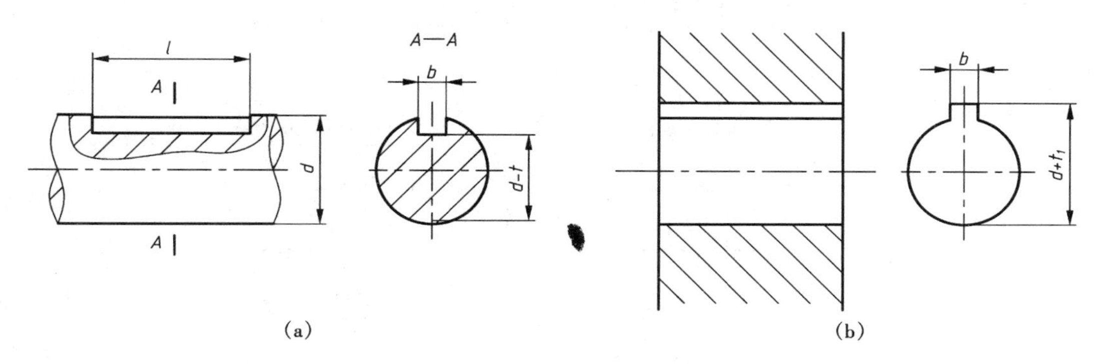

图 9-29　普通平键键槽的尺寸标注

(2)半圆键

半圆键与普通平键连接的作用原理相似,半圆键常用在载荷不大的传动轴上,轴、轮毂上半圆键槽的画法及有关尺寸如图 9-30(a)所示,装配图画法如图 9-30(b)所示。

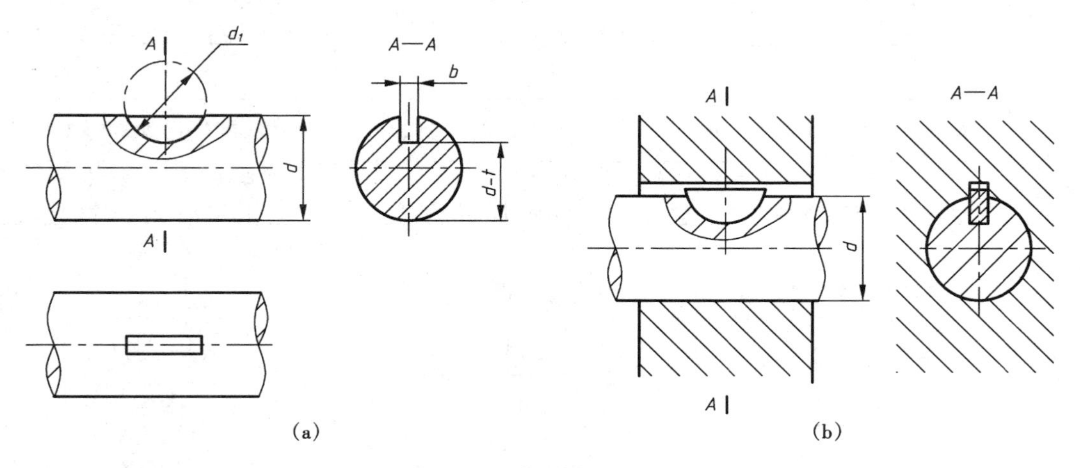

图 9-30　半圆键的画法

9.3.2　销连接

销是标准件,主要用于连接或固定零件,或在装配时起定位作用。常用的有圆柱销、圆锥销和开口销。销的结构形式及其尺寸系列见附录 B 的附表 17。

销标记方法与螺纹紧固件相同，内容包括名称、标准编号、形式与尺寸等。

在装配图中，当剖切平面通过销的轴线时，销按不剖处理。

用圆柱销和圆锥销连接或固定的两个零件上的销孔是在装配时一起加工的，在零件图上应注写“装配时配作”或“与 × ×件配”，如图 9-31 所示。圆锥销的尺寸应引出标注，其中圆锥销的公称直径是指小端直径。

销的标记示例及其装配画法见表 9-7。

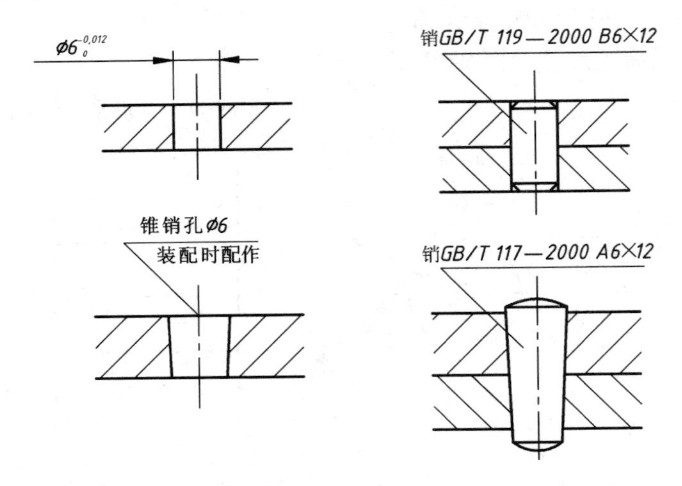

图 9-31　销孔的尺寸注法及圆柱销和圆锥销连接画法

表 9-7　销的标记示例及其装配画法

名称	圆柱销	圆锥销	开口销
结构形式及规格尺寸			
标记示例	销 GB/T 119.1—2000 B5 × 20	销 GB/T 117—2000 6 × 24	销 GB/T 91—2000 5 × 30
说明	公称直径 d = 5 mm，长度 l = 20 mm 的 B 型圆柱销	公称直径 d = 6 mm，长度 l = 24 mm 的 A 型圆锥销	公称直径 D = 5 mm，长度 l = 20 mm 的开口销
装配画法			

9.4 弹簧

弹簧是一种常用件，主要用于减震、储能和测力等。弹簧的种类很多，因用途及材料断面形状的不同，有螺旋压缩弹簧、拉伸弹簧、扭转弹簧和涡卷弹簧等，如图9-32所示。本节仅介绍圆柱螺旋压缩弹簧的各部分名称和画法。

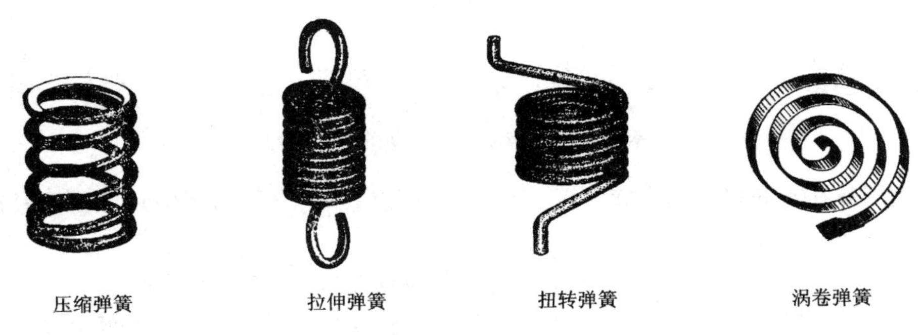

图9-32 常见弹簧

9.4.1 圆柱螺旋压缩弹簧的参数及尺寸关系

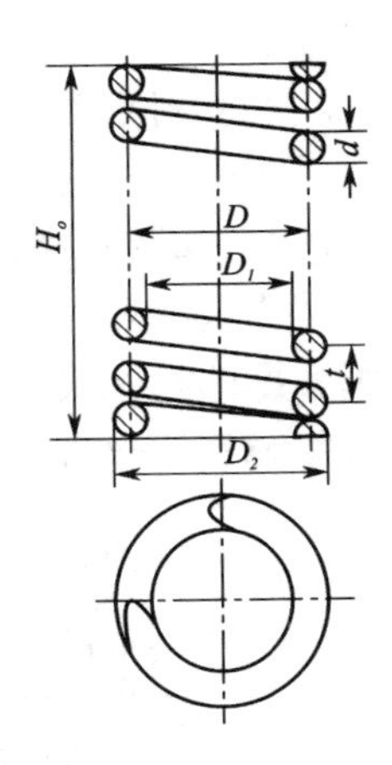

图9-33 弹簧的参数

如图9-33所示，圆柱螺旋压缩弹簧的参数及尺寸关系如下。

①线径 d——制造弹簧的钢丝直径，按标准选取。

②弹簧中径 D——弹簧外径和内径的平均值，按标准选取。

③弹簧外径 D_2——弹簧的最大直径，$D_2 = D + d$。

④弹簧内径 D_1——弹簧的最小直径，$D_1 = D - d$。

⑤支撑圈数 n_2——为了使压缩弹簧的端面与轴线垂直，工作时受力均匀，在制造弹簧时将两端几圈并紧、磨平，工作时并紧和磨平部分基本上不产生弹力，而起支撑或固定作用，两端支撑部分加在一起的圈数称为支撑圈数。

⑥有效圈数 n——除支撑圈外，中间保持节距相等，产生弹力的圈称为有效圈，这部分圈数称为有效圈数，有效圈数是计算弹簧刚度时的圈数。

⑦总圈数 n_1——有效圈数与支撑圈数之和，$n_1 = n + n_2$。

⑧节距 t——相邻两有效圈截面中心线的轴向距离，按标准选取。

⑨自由高度 H_0——弹簧在不受外力时的高度，$H_0 = nt + (n_2 - 0.5)d$。

⑩展开长度 L——制造弹簧时坯料的长度，其计算方法为：$L = n_1\sqrt{(\pi D)^2 + t^2}$。

⑪旋向——弹簧的旋向与螺纹的旋向一样，也有左旋与右旋之分。

9.4.2 圆柱螺旋压缩弹簧的规定画法

1. 单个弹簧的画法

单个弹簧可用视图表示，也可以用剖视图表示，如图9-34所示。圆柱螺旋压缩弹簧的规定画法如下。

①螺旋弹簧在平行于轴线投影面的视图中，弹簧各圈的轮廓应画成直线。

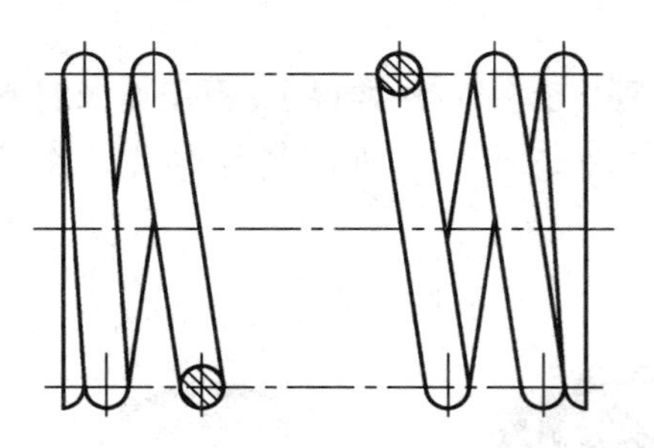

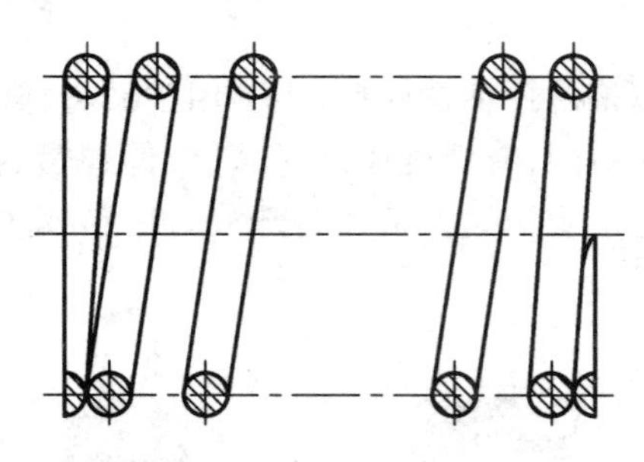

图 9-34 圆柱螺旋压缩弹簧的规定画法

②有效圈数在 4 圈以上的螺旋弹簧，中间部分可以省略，允许适当缩短图形的长度，但标注尺寸时应按实际长度。

③螺旋压缩弹簧均可画成右旋，但必须保证的旋向要求应在"技术要求"中注明。

④由于弹簧的画法实际上只起一个符号作用，因而螺旋压缩弹簧要求两端并紧和磨平时，不论支承圈数多少，均可按图 9-36 所示的画法，即 $n_2=2.5$ 的形式来画，支承圈数在技术条件中另加说明。

2. 装配图中弹簧的画法

①被弹簧挡住的结构一般不画出，可见部分应从弹簧的外轮廓线或从弹簧钢丝断面的中心线画起，如图 9-35(a)所示。

②当被剖切时，弹簧钢丝断面直径在图形上等于或小于 2 mm 时，其断面可以涂黑，而且不画各圈的轮廓线，如图 9-35(b)所示。

③弹簧钢丝直径在图形上等于或小于 2 mm 时，允许采用示意画法，如图 9-35(c)所示。

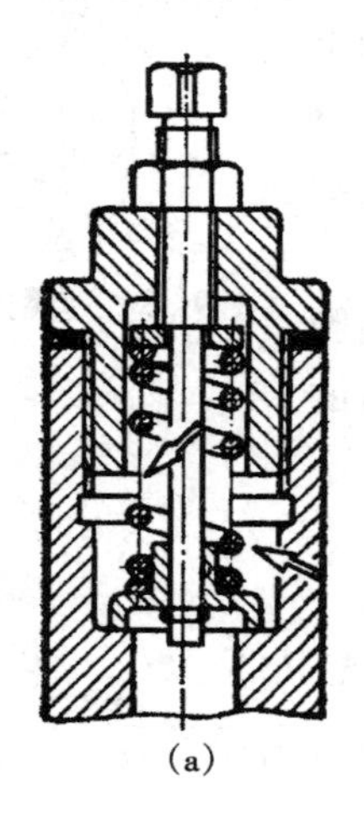

(a)

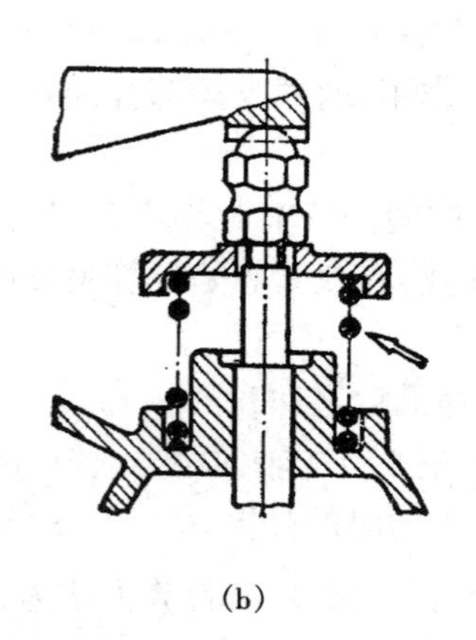

(b)

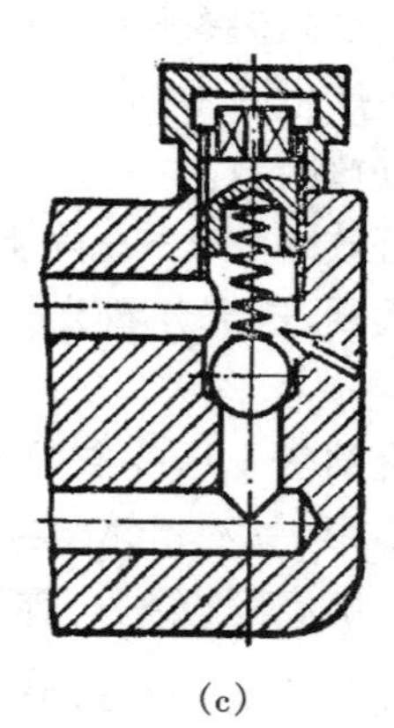

(c)

图 9-35 装配图中弹簧的画法

3. 圆柱螺旋压缩弹簧的作图步骤

已知弹簧的中径 D、簧丝直径 d、节距 t、有效圈数 n 和支撑圈数 n_2，先计算出自由高度 H_0，具体作图步骤如图 9-36 所示。

①根据自由高度 H_0 和弹簧中径 D，画矩形 $ABCD$，如图9-36(a)所示。

②画出支撑圈部分，标注线径 d，如图9-36(b)所示。

③画出有效圈部分。根据节距 t 依次在1、2、3、4、5各点画出截面圆，如图9-36(c)所示。

④按右旋做出相应圆的切线，画出剖面线，加深，完成全图，如图9-36(d)所示。

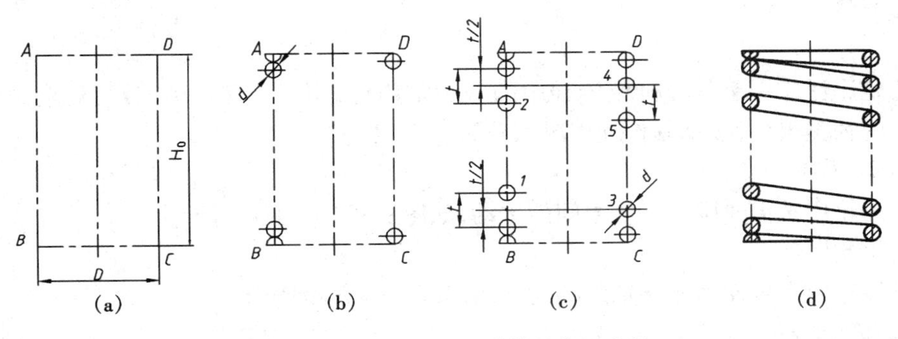

图9-36　圆柱螺旋压缩弹簧的作图步骤

4. 圆柱螺旋压缩弹簧的零件图

弹簧图样格式如图9-37所示，具体规定说明如下。

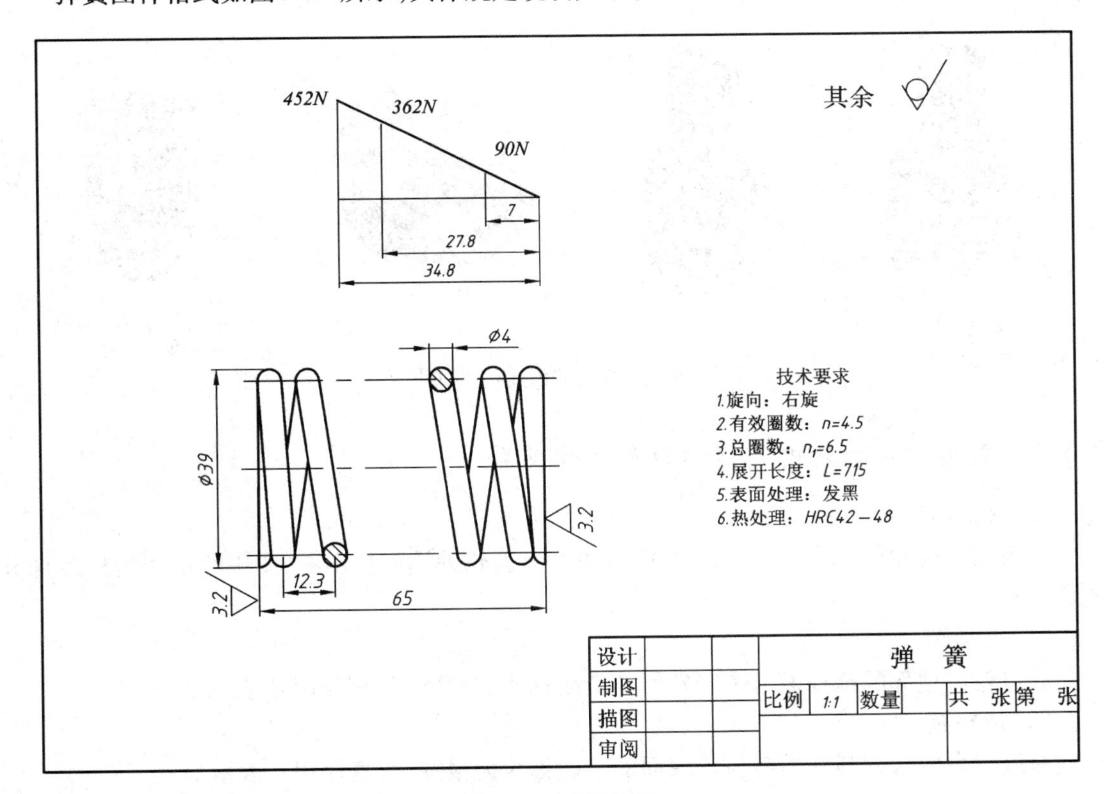

图9-37　弹簧图样

①弹簧的参数应直接标注在图形上，若直接标注有困难，可以在技术要求中说明。

②一般采用图解方式表示弹簧的力学性能要求，对于圆柱螺旋弹簧的力学性能曲线简化

成直线，画在主视图上方。

③某些只需要给出刚度要求的弹簧，允许不画力学性能图，而在“技术要求”中说明其刚度要求。

9.5 齿轮

齿轮是广泛应用于各种机械传动中的一种常用件，用以传递动力、改变转动速度和方向等。齿轮的种类很多，根据其传动情况可分为以下三类。

(1)圆柱齿轮

圆柱齿轮用来传递两平行轴之间的运动，如图9-38(a)、(b)所示。

(2)圆锥齿轮

圆锥齿轮用来传递两相交轴之间的运动，如图9-38(c)所示。

(3)蜗轮、蜗杆

蜗轮、蜗杆用来传递两交叉轴之间的运动，如图9-38(d)所示。

常见的圆柱齿轮有直齿、斜齿和人字齿等。本节仅介绍标准直齿圆柱齿轮的基本知识及其规定画法。

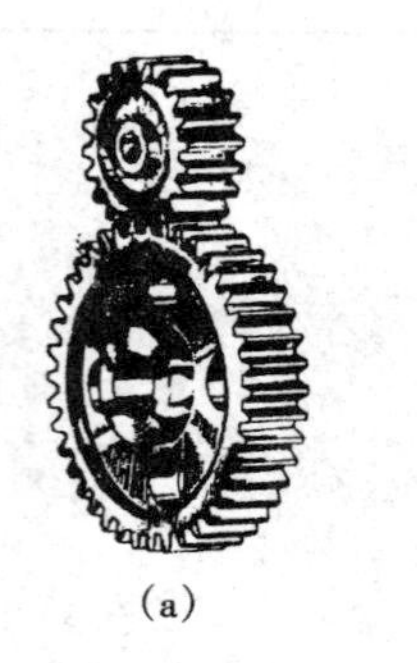
(a)

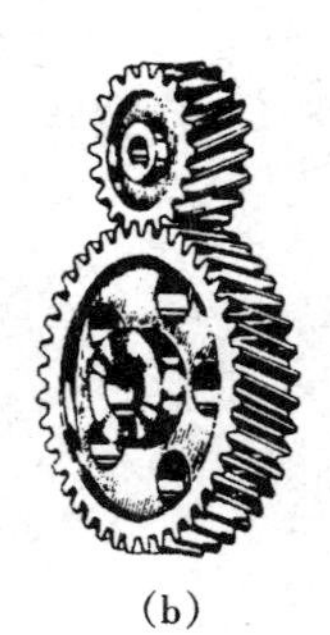
(b)

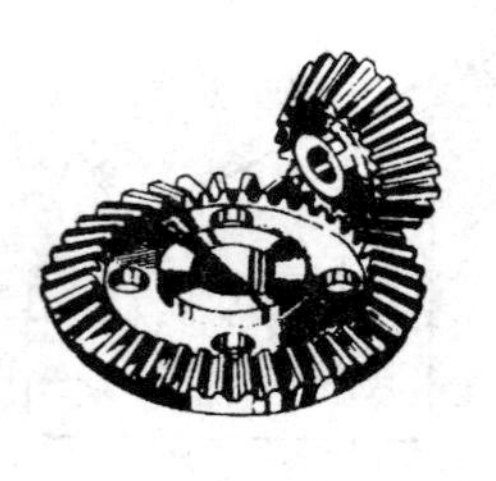
(c)

(d)

图9-38 常见的齿轮传动的形式

9.5.1 直齿圆柱齿轮的几何参数和尺寸关系

1. 几何参数

直齿圆柱齿轮简称直齿轮。图9-39为单个直齿轮的端面投影图，图中给出了齿轮各部分的名称和代号。

(1)齿顶圆

通过轮齿顶部的圆柱面与齿轮端面的交线称为齿顶圆，其直径用d_a表示。

(2)齿根圆

通过轮齿根部的圆柱面与齿轮端面的交线称为齿根圆，其直径用d_f表示。

(3)分度圆

当标准齿轮的齿厚与齿间相等时所在位置的圆称为齿轮的分度圆，其直径用d表示。

(4)齿高

分度圆将轮齿分为两个不相等的部分，从分度圆到齿顶圆的径向距离称为齿顶高，用h_a

表示；从分度圆到齿根圆的径向距离称为齿根高，用 h_f 表示。齿顶高与齿根高之和称为齿高，用 h 表示，即 $h = h_a + h_f$。

(5)齿厚

每个齿廓在分度圆上的弧长称为分度圆齿厚，用 s 表示。

(6)齿间

在端平面上，一个齿槽的两侧齿廓之间的分度圆上的弧长称为齿间，又称端面齿间，用 e 表示。

(7)齿距

分度圆上相邻两齿的对应点之间的弧长称为齿距，用 p 表示，即 $p = s + e$。

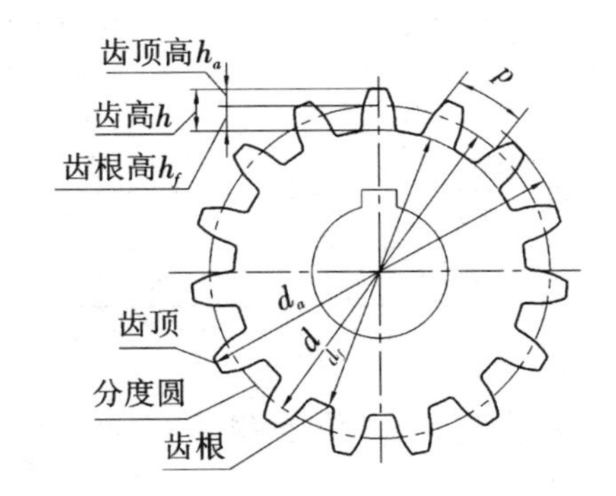

图 9-39 直齿圆柱齿轮各部分的名称和代号

(8)齿形角

在一般情况下，两个相啮合的轮齿齿廓在接触点处的公法线与两分度圆的公切线所夹的锐角称为齿形角，以 α 表示。我国标准齿轮的齿形角 α 一般为20°。通常所称的齿形角为分度圆齿形角。

(9)模数

如果齿轮的齿数为 z，则分度圆的周长 $\pi d = zp$，即 $d = z\dfrac{p}{\pi}$，令 $m = \dfrac{p}{\pi}$，则 $d = zm$，式中 m 称为齿轮的模数，单位为毫米。模数是设计、制造齿轮的一个重要参数。由于模数是齿距 p 和 π 的比值，因此 m 的值愈大，齿距就愈大，齿轮的承载能力就愈大；模数愈小，齿距就愈小，齿轮的承载能力就愈小。国家标准中规定了齿轮模数的标准值，见表 9-8。

一对正确啮合的齿轮，其齿形角和模数必须相等。

表 9-8 圆柱齿轮的模数(BG/T 1357) (mm)

第一系列	0.1 0.12 0.15 0.2 0.25 0.3 0.4 0.5 0.6 0.8 1 1.25 1.5 2 2.5 3 4 5 6 8 10 12 16 20 25 32 40 50
第二系列	0.35 0.7 0.9 1.75 2.25 2.75 (3.25) 3.5 (3.75) 4.5 5.5 (6.5) 7 9 (11) 14 18 22 28 36 45

注：在选用模数时，应优先采用第一系列，其次是第二系列，括号内的模数尽可能不用。

2. 尺寸关系

在设计齿轮时要先确定模数和齿数，其他各部分尺寸都由模数和齿数计算出来。标准圆柱齿轮各基本尺寸的计算公式如表 9-9。

表 9-9 标准直齿圆柱齿轮的计算公式及举例

名称	代号	计算公式	举例(已知 $m=2, z=29$)
齿顶高	h_a	$h_a = m$	$h_a = 2$

续表

名称	代号	计算公式	举例(已知 $m=2,z=29$)
齿根高	h_f	$h_f=1.25m$	$h_f=2.5$
齿高	h	$h=h_a+h_f=2.25m$	$h=4.5$
分度圆直径	d	$d=zm$	$d=58$
齿顶圆直径	d_a	$d_a=(z+2)m$	$d_a=62$
齿根圆直径	d_f	$d_f=(z-2.5)m$	$d_f=53$

9.5.2 直齿圆柱齿轮的规定画法

1. 单个齿轮的画法

齿轮的轮齿是在齿轮机床上用齿轮刀具加工出来的,一般不需画出它的真实投影。表示齿轮一般用两个视图,或者用一个视图和一个局部视图,国标对齿轮轮齿部分的规定画法主要有下面三点。

①齿顶圆和齿顶线用粗实线表示;分度圆和分度线用细点画线表示;齿根圆和齿根线用细实线表示,也可以省略不画,如图 9-40(a)所示。

②在剖视图中,当剖切平面通过齿轮的轴线时,轮齿一律按不剖处理,即轮齿上不画剖面线。在剖视图中齿根线用粗实线表示,如图 9-40(b)所示。

③齿轮的其他结构按投影画出。

图 9-41 所示的是圆柱齿轮的图样格式,除具有一般零件图的内容外,齿顶圆直径、分度圆直径等必须直接注出,齿根圆直径不注。参数表一般放在图样的右上角,参数表中的参数项目包括齿轮的模数、齿数和齿形角等,可根据需要进行增减。齿面表面结构要求的代号注在分度圆上。

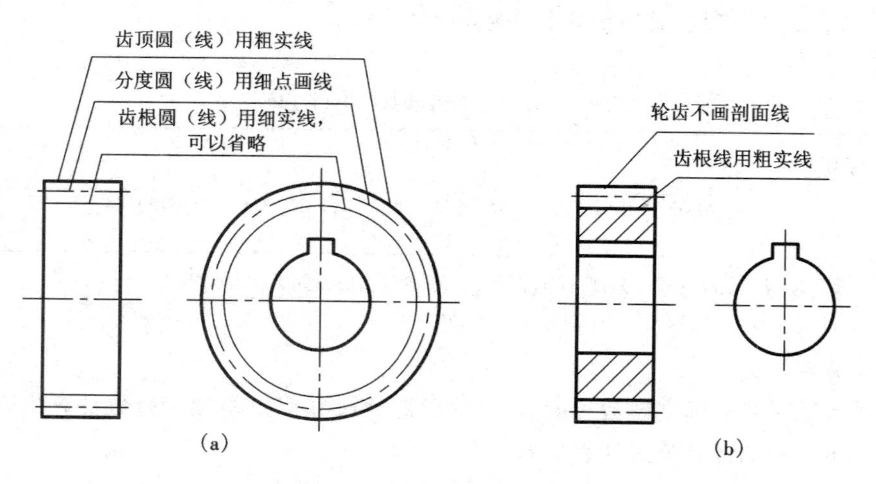

图 9-40 单个圆柱齿轮的画法

2. 圆柱齿轮的啮合画法

两标准齿轮相互啮合时,它们的分度圆处于相切位置,此时分度圆又称节圆,齿轮啮合部分的规定画法如下。

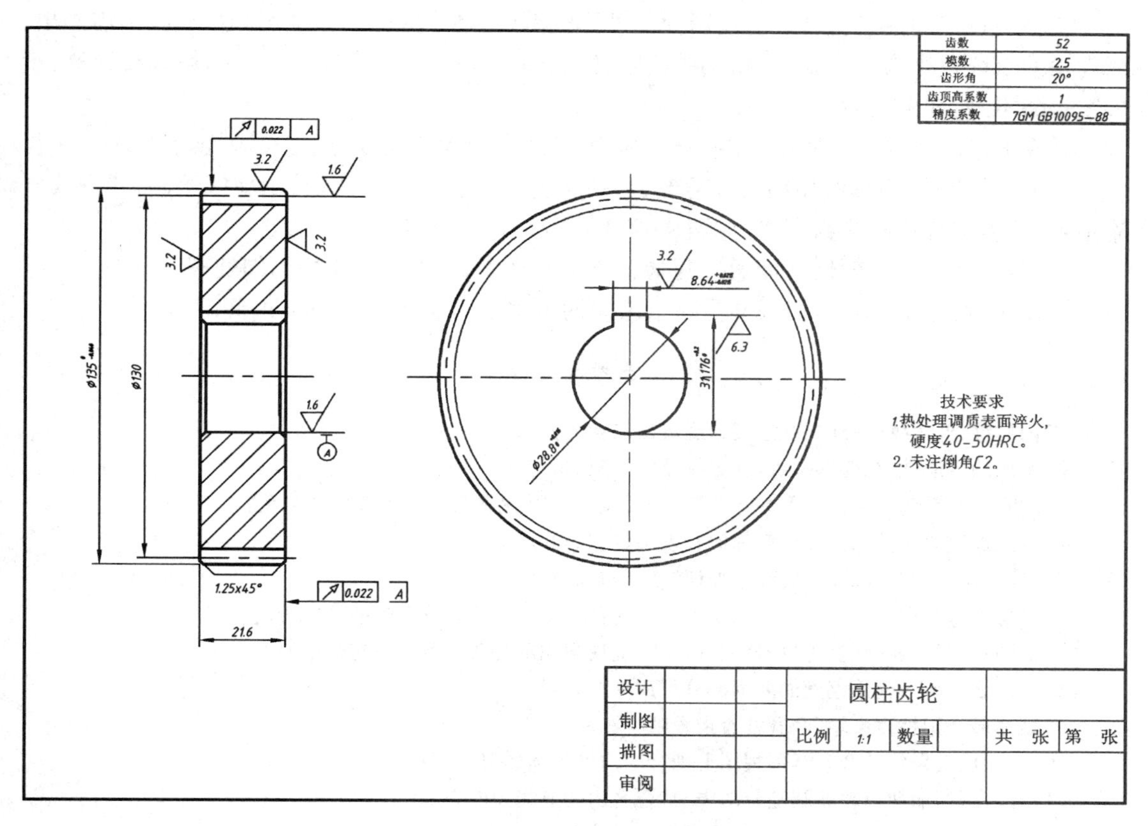

图 9-41　直齿圆柱齿轮的图样

①在垂直于圆柱齿轮轴线的投影面的视图中，两齿轮节圆相切，用细点画线绘制；啮合区内的齿顶圆用粗实线绘制或省略不画；齿根圆用细实线绘制或省略不画，如图 9-42 所示。

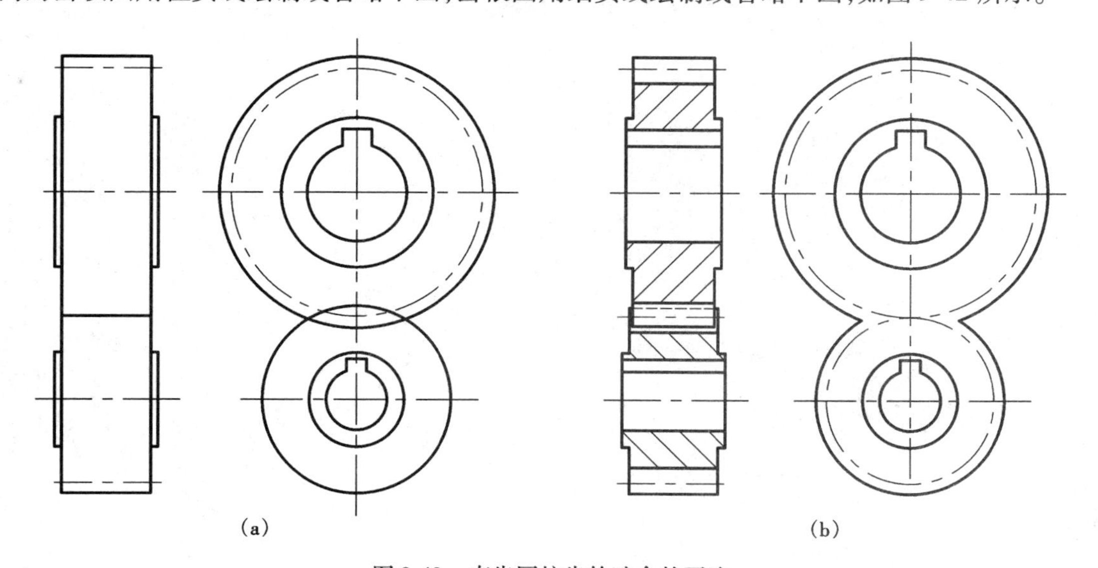

图 9-42　直齿圆柱齿轮啮合的画法

②在平行于圆柱齿轮轴线的投影面的外形视图中，啮合区内的齿顶圆和齿根圆不需画出，两齿轮的节线重合为一条线，用粗实线绘制，但其他非啮合区内的节线仍用细点画线绘制，齿根线省略不画，如图 9-42(a)所示。

③在通过轴线的剖视图中，在啮合区内，两节线重合为一条线，用细点画线绘制；将一个齿轮(常为主动轮)的齿顶线用粗实线绘制，另一个齿轮的齿顶线被遮挡，用虚线绘制，或虚线省略不画；两齿根线均画成粗实线，如图 9-42(b)所示。

④在剖视图中，当剖切平面通过两啮合齿轮的轴线时，轮齿一律按不剖处理。

必须注意，一个齿轮的齿顶与另一个齿轮的齿根之间应有 0.25 mm 的间隙。

思考与习作

(1)内螺纹、外螺纹、内外螺纹连接的规定画法如何？

(2)常用的普通螺纹、梯形螺纹、管螺纹及螺纹副如何标记？

(3)M20—6g、Tr40×14(P7)LH 分别表示什么螺纹？并说出其标记中各项的含义。

(4)常用螺纹紧固件如何标记？如何查表确定它们的尺寸？

(5)螺栓、螺柱、螺钉的连接装配图如何绘制？它们有何异同？

(6)普通平键规定标记是什么？如何查表得出其尺寸？试述其装配时的规定画法。

(7)以圆柱螺旋压缩弹簧为例，说明其视图、剖视图和示意图三种画法有何不同？

(8)在什么情况下弹簧钢丝的断面部分可用涂黑表示？

(9)试述单个圆柱直齿轮、两圆柱直齿轮啮合画法。

(10)两圆柱直齿轮啮合时圆形视图上啮合区内齿顶圆如何处理？

(11)在未剖切的两齿轮非圆啮合图中，啮合区内的节线如何表示？

第 10 章　零件图

10.1　概　述

零件是组成机器或部件的最基本单元。任何机器或部件都是由若干相关的零件用不同的配合类别和不同的连接方式，按设计要求装配而成的。

要制造机器或部件，必须先设计装配图和一套零件图，然后按零件图制造零件，再按零件图进行检验，最后将合格的零件按照装配图装配成机器或部件。

零件图是生产中指导制造和检验该零件的主要图样，它不仅应将零件的内、外结构形状和尺寸大小表达清楚，而且还要对零件的材料、加工、检验、测量提供必要的技术要求。因此，零件图是表示零件结构、大小及技术要求的图样。如图 10-1 为泵盖的零件图。

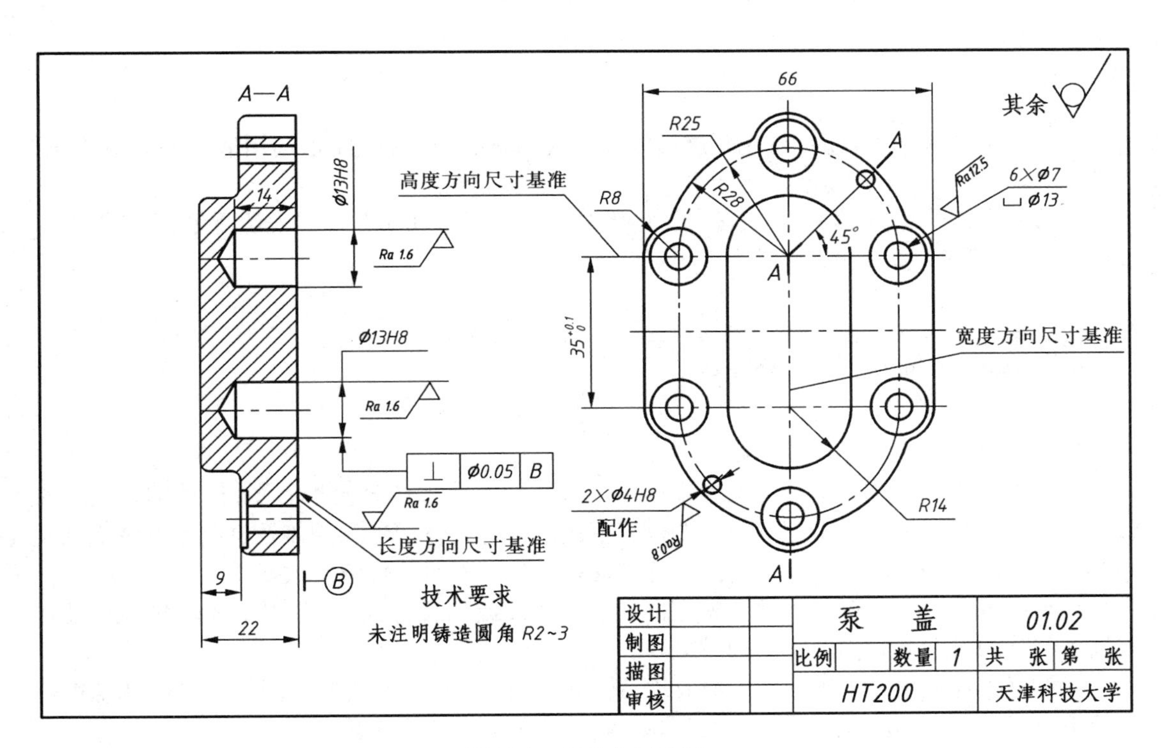

图 10-1　泵盖的零件图

10.2 零件图的内容

下面以图10-1所示的泵盖零件图为例,说明零件图应包括的内容。

1. 一组视图

用一组视图完整、清晰地表达出零件内、外形状和结构。泵盖零件图采用了主、左两个视图,其中主视图采用了全剖视图,左视图则用外形视图表达了盘状端面上的结构形状。

2. 完整的尺寸

零件图中应正确、完整、清晰、合理地注出制造零件所需的全部尺寸。

3. 技术要求

零件图中必须用规定的代号、数字和文字简明地表示零件在制造、检验及装配时应达到的技术要求,如表面糙糙度、尺寸的极限与配合、形状和位置公差、材料及热处理等。

4. 标题栏

在零件图右下角,用标题栏写出该零件名称、数量、材料、比例、图号以及设计、制图、审核人员签名等。

10.3 零件图的视图选择和尺寸标注

10.3.1 零件图的视图选择

用一组视图表达零件时,首先要进行零件的视图选择,也就是要求选用适当的表达方法,完整、清晰地表示出零件的结构形状。

选择视图的原则是:第一要将零件的各部分的结构形状和相互位置表达清楚;第二要便于看图,力求制图简便。

选择视图的一般步骤如下。

①了解该零件在机器上的作用、安放位置和加工方法。

②对零件进行形体分析和结构分析。

③选择主视图。

选择主视图时主要考虑以下两点。

a. 安放位置——零件的加工位置或工作位置。为了使生产时便于看图,传动轴、手轮、盘状等零件的主视图按其在车床上加工的位置摆放。各种箱体、泵体、阀体及机座等零件需在不同的机床上加工,其加工位置亦不相同,主视图按零件工作时的位置安放。

b. 投影方向——尽可能多地反映零件的形状特征或位置特征,即主视图要较多地反映出零件各部分的形状和它们之间的相对位置。

④选择其他视图。主视图图中没有表达清楚的部分,要选择其他视图表示。所选视图应有其重点表达内容,并力求尽量减少视图数量,以方便画图与看图。

总之,在选择视图时,要目的明确、重点突出,使所选视图完整、清晰、数目恰当,达到既看图方便,又画图简单。

10.3.2 零件图的尺寸标注

在零件图上标注尺寸,除了符合前面所述的正确、完整、清晰的要求外,在可能范围内,还要注得合理，使所标注的尺寸既能满足设计要求，又能满足加工工艺的要求。也就是使零件既能在部件（或机器）中很好地工作，又能使零件便于制造、测量和检验。

10.3.3　尺寸基准

要使所标注的尺寸合理，需要正确选择尺寸基准，即选择标注尺寸的起点，以便确定各形体之间的相对位置。常用的基准有：基准面——底板的安装面、重要的端面、零件的对称面、装配结合面等；基准线——回转体的轴线、对称中心线等。尺寸基准又分为主要基准和辅助基准。决定零件主要尺寸的基准称为主要基准。主要尺寸影响零件在机器中的工作性能、装配精度等，因此这些尺寸都要从主要基准直接注出。由于每个零件都有长、宽、高三个方向（或轴向、径向）尺寸，所以在零件长、宽、高三个方向上各自均有一个主要基准。为了便于加工和测量，通常还附加一些辅助基准，这些辅助基准都有尺寸与主要基准相联系。

泵盖零件图的 长、宽、高 三个方向的尺寸主要基准如图 10-1 所示。长度方向的尺寸主要基准为重要的端面；宽度方向的主要基准为对称平面；高度方向的主要基准为主动轴孔的轴线。

1. 注尺寸要符合设计要求

如图 10-2 所示，图（a）表示 1、2 两个零件装配在一起，设计时要求零件 1 沿零件 2 的导轨滑动时，左右不能松动，而且右侧面应对齐。图（b）中的尺寸 C 保证了两零件的配合，尺寸 B 则保证从同一基准（右侧面）出发，满足了设计要求。图（c）和图（d）则不能满足设计要求。

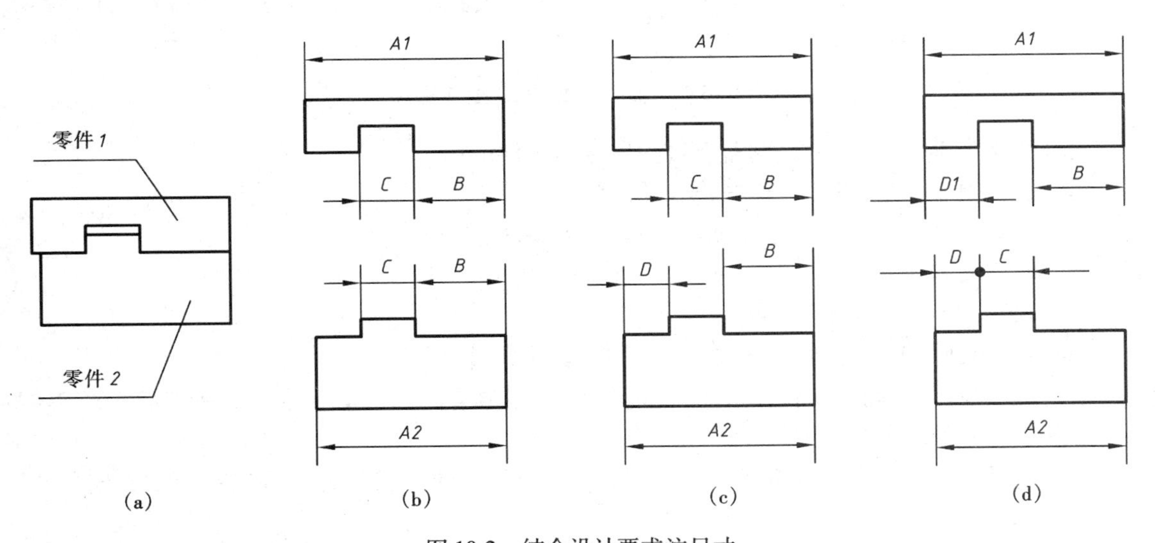

图 10-2　结合设计要求注尺寸

2. 标注尺寸要符合工艺要求

图 10-3 所示为一小轴的主要尺寸及其在车床上的加工顺序，尺寸标注应符合加工顺序及便于测量。

10.3.4　四类典型零件图的视图选择和尺寸标注示例

根据零件的结构形状，大致可分为四类零件：

①轴套类零件——轴、衬套等零件；

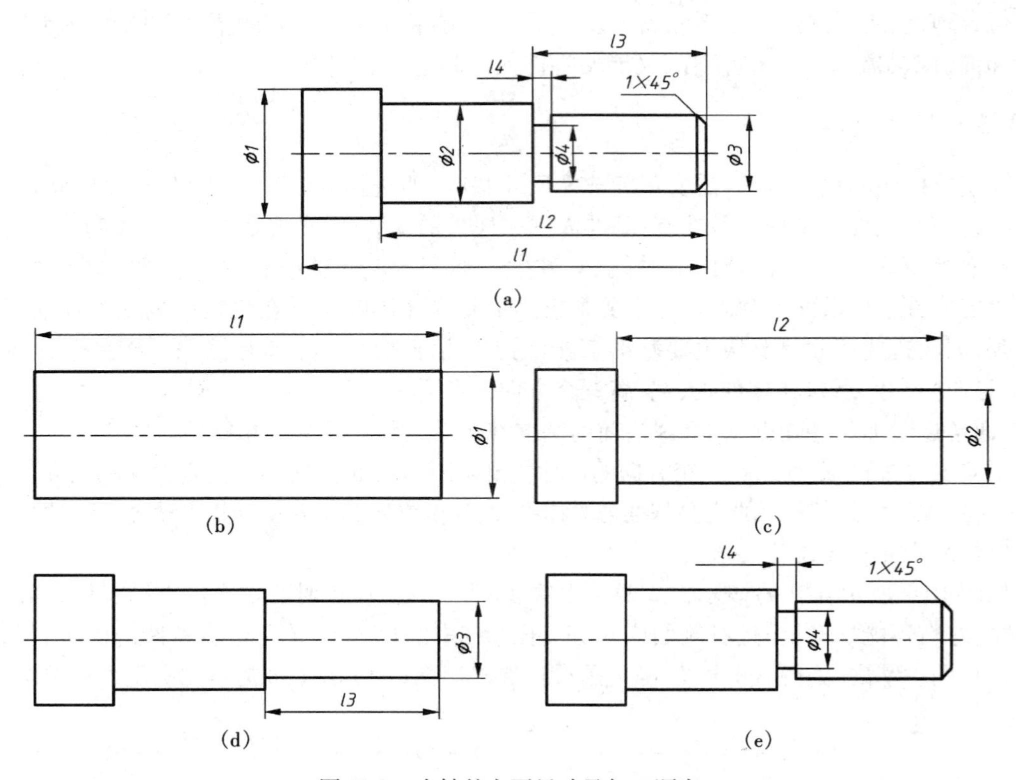

图 10-3 小轴的主要尺寸及加工顺序

②轮、盘类零件——端盖、阀盖、齿轮、轮盘等零件；

③叉、杆类零件——拨叉、连杆、支座等零件；

④箱体类零件——阀体、泵体、减速器箱体等零件。

1. 轴、套类零件

(1)轴、套类零件的结构特点

如图 10-4 所示的主动轴属于轴、套类零件，这类零件有如下结构特征：

①一般由若干段同轴回转体组成，且轴向尺寸较径向尺寸大，从总体上看是细而长的回转体，主要在车床和外圆磨床上加工；

②在轴类零件上，通常有键槽、销孔、轴肩、越程槽、螺纹及其退刀槽、砂轮越程槽、倒角及中心孔等结构。

(2)视图表达

为了便于加工时看图，其主视图按加工位置(轴线水平)放置，如图 10-5 所示。采用垂直于轴线的方向作为主视图投影方向，并一般将小直径的一端朝右，平键键槽朝前，半圆键键槽朝上。对于轴上的键槽、销孔等结构常采用移出断面图，既表达了结构形状又便于标注尺寸。主动轴零件图如图 10-4 所示。

(3)尺寸标注

此类零件的定形尺寸有两种，表示直径大小的径向尺寸和表示各段长度的轴向尺寸。此外还有确定轴上各形体结构(键槽、销孔、退刀槽等)位置的轴向定位尺寸。径向尺寸以轴线为基准，轴向尺寸根据零件的作用及装配要求以某一轴肩为基准。标注各段轴向尺寸时重要

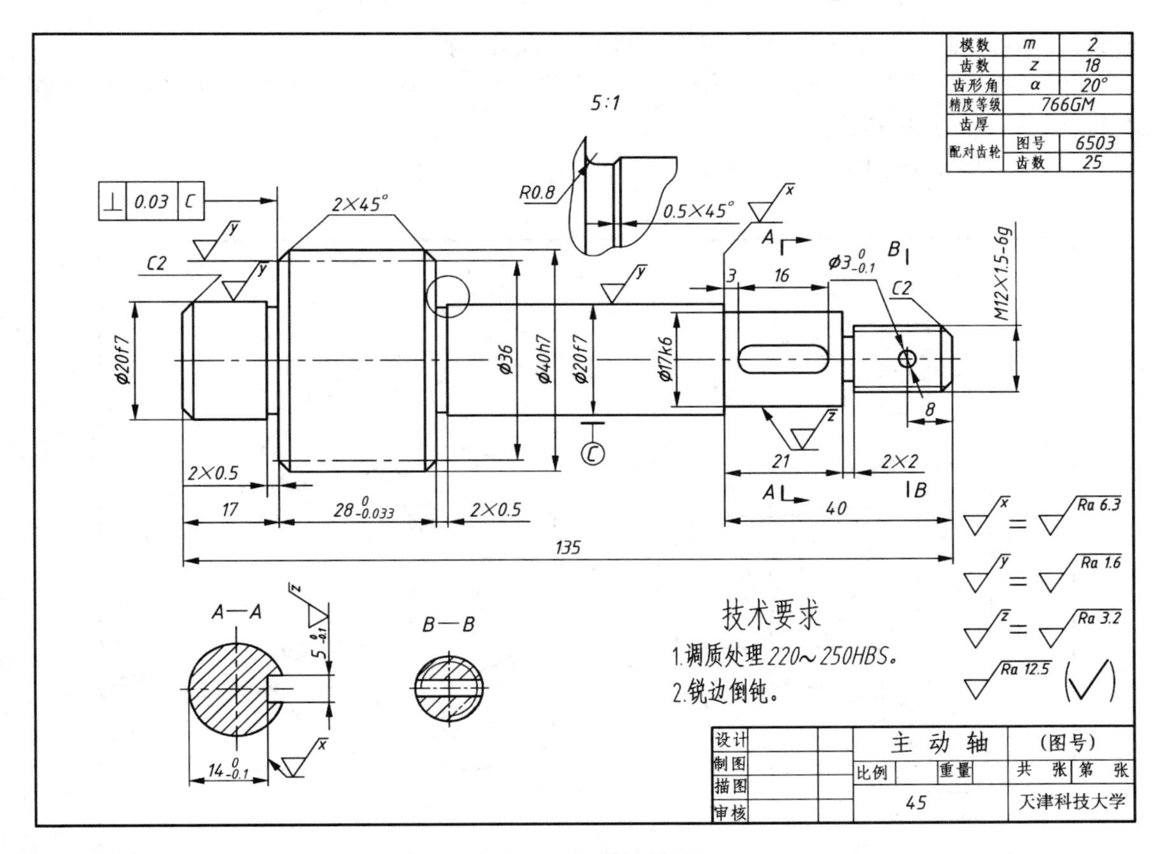

图 10-4　主动轴零件图

尺寸应直接注出，如图 10-4 中的 21、28 等。次要轴段轴向长度尺寸间接形成，这样就避免了形成封闭尺寸链。封闭尺寸链将使各段长度尺寸精度互相影响，很难保证主要尺寸精度和总长尺寸，必须禁忌。

标注尺寸时，应尽量将不同工序所需的尺寸分开标注，如图 10-4 中的键槽与其他部分加工工序不同，其尺寸 3、16 在另一侧（视图的上方）标注出来，以便加工、检验时看图清晰明了。

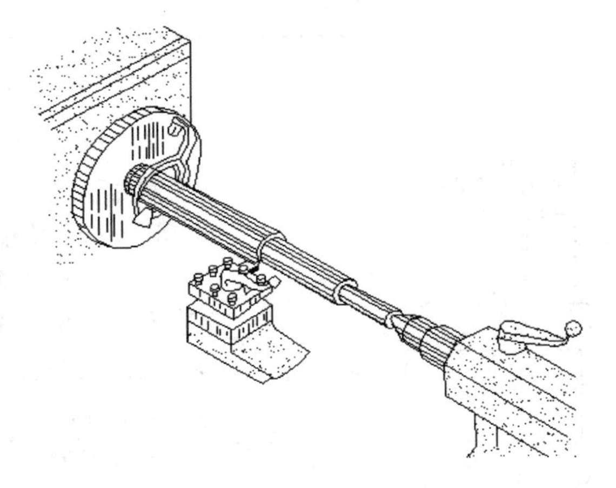

图 10-5　轴加工时的位置

2. 轮、盘类零件

（1）轮、盘类零件的结构特点

①轮、盘类零件的基本形状一般是扁平盘状或主要部分为共轴回转体组成，轴向长度较短，径向尺寸较大。这类零件常见的有齿轮、皮带轮、联轴器和端盖等。其外形轮廓大部分为圆柱形，也常有端盖类零件根据与其连接的零件的相关部分相仿的形状，如方形、椭圆形等。

②零件上常有带键槽的孔、肋板、轮辐、凸台、沉孔等。

（2）视图表达

此类零件的主要加工表面也是在车床上加工，故其主视图也按车床加工位置，将轴线水平横放,且多将非圆视图画成剖视图,以表达其轴向内部结构。

此外,这类零件常有沿圆周分布的孔、槽等结构。因此,除了主视图之外,还需采用左(或右)视图,以表示这些结构的分布情况或形状。

图 10-6 为端盖的零件图,采用了两个视图将其表达清楚。

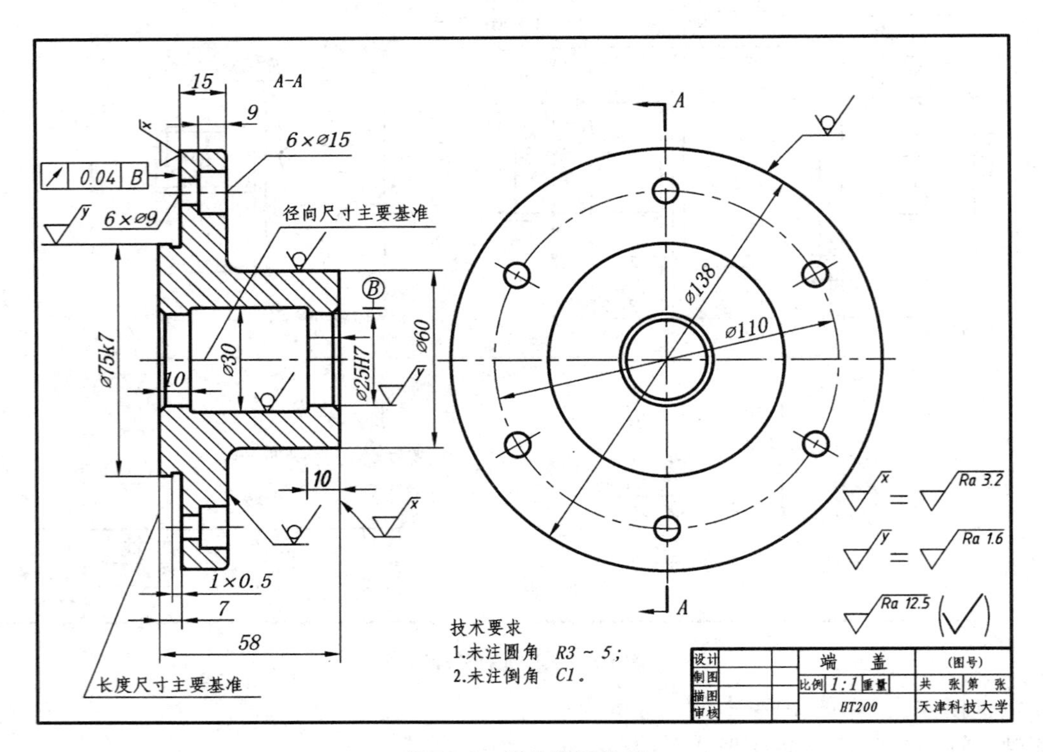

图 10-6 端盖的零件图

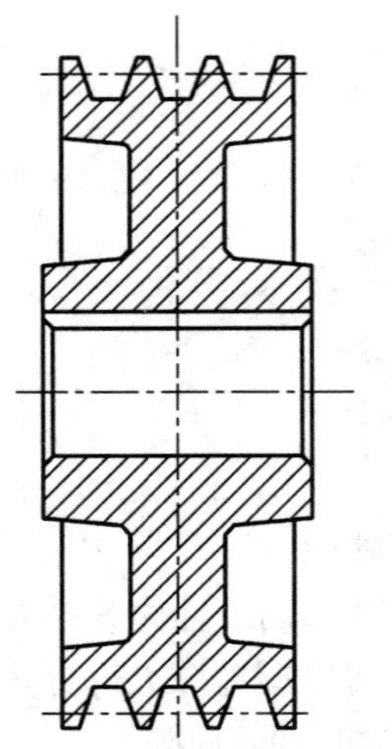

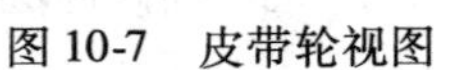

图 10-7 皮带轮视图

图 10-7 为皮带轮零件图的表达方法,由于左视图只需表达键槽的深度和宽度,所以左视图可采用局部视图。

(3)尺寸标注

在标注轮、盘类零件的尺寸时,如图 10-6 所示,长度方向的尺寸主要基准常选用重要的端面,径向尺寸主要基准选用轴孔的轴线,其余的尺寸基准则为辅助基准,如 ϕ138 法兰的左端面为长度方向的辅助基准,尺寸 7 将长度方向的主要基准和辅助基准相联系。

对于外形轮廓为非圆形状的零件,如图 10-1 泵盖零件,宽度方向的主要基准为对称平面;高度方向的主要基准为主要轴孔的轴线。

对于沿圆周分布的孔、槽等结构,其定形尺寸和定位尺寸应尽量注在反应其分布情况的视图中,这样便于看图。如图 10-6 中的 6×ϕ9 螺钉孔的定位尺寸注在反映其分布情况的左视图中。

3. 叉、杆类零件

(1)叉、杆类零件的结构特点

图 10-8(a)所示的脚踏座属于叉架类零件。这类零件毛坯形状比较复杂,一般为铸造件。

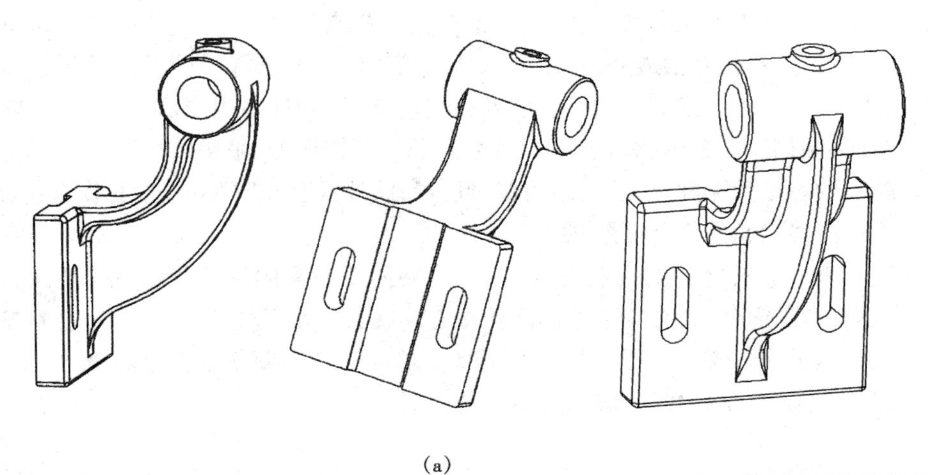

(a)

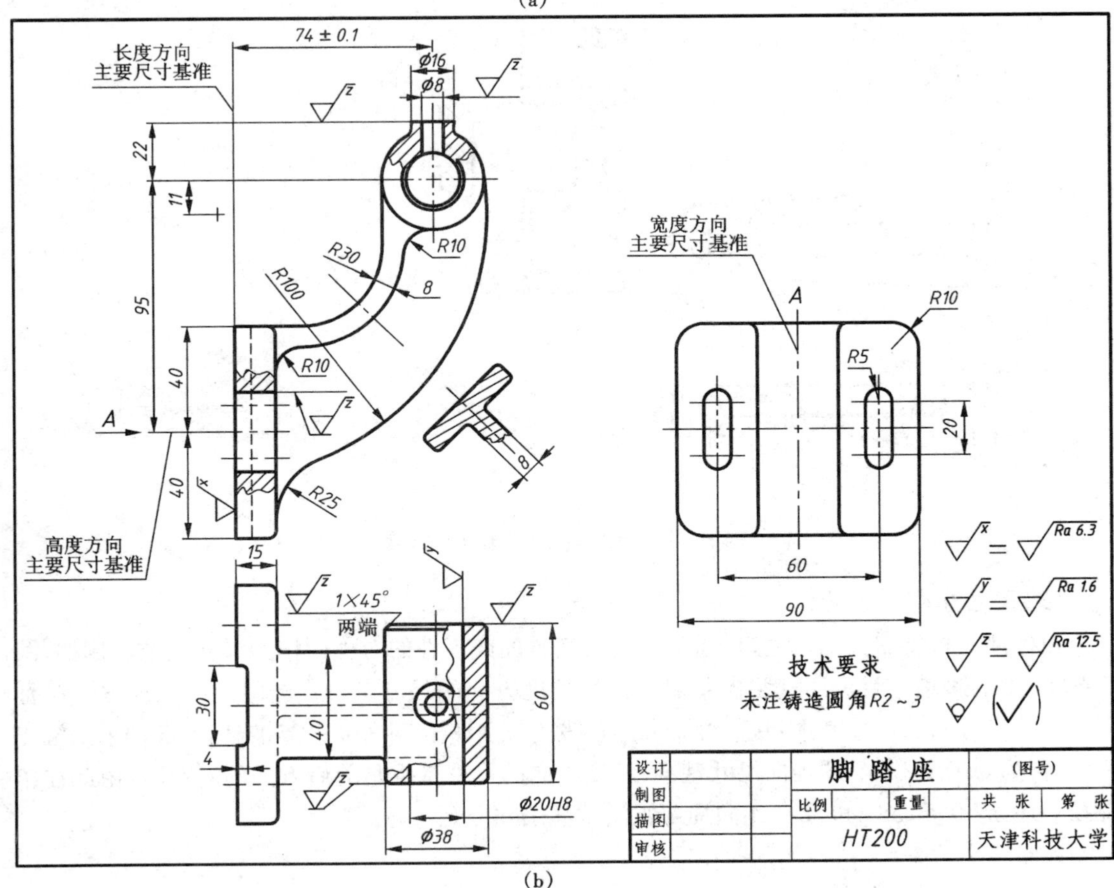

(b)

图 10-8　脚踏座的立体图及零件图

制造时先制作木模样，用木模样制作砂型，再浇铸钢铁熔液，凝固成铸件毛坯，然后对铸件毛坯进行切削加工。这类零件一般由安装板、工作主体和支撑连接板三大部分组成，并常带有凸台、沉孔、肋板、螺纹、斜面、铸造圆角等结构。

（2）视图表达

叉、杆类零件的结构形状有的比较复杂，还常有倾斜或弯曲的结构，有时工作位置也不固定，因此，除考虑按工作位置摆放外，还须考虑画图简便。一般选择最能反映其形状特征的视图作为主视图，表达三个组成部分的相互位置和结构特征，并且要用局部视图、移出断面图等表达零件的细部结构。如图 10-8(b)中的脚踏座，除了主视图外，采用俯视图(局部剖视图)表达安装板、肋和轴承孔的宽度，以及它们的相对位置；此外，用局部视图表达安装板左端面的形状，用移出断面图表达肋的切断面形状。

图 10-9(a)为一杠杆零件的视图表达方案，主视图反映它的形状和相对位置。为使其他视图便于表达及作图简便，将杠杆下方的两孔中心连线放成水平位置，将倾斜部分在俯视图中的投影剖去，表达了水平臂内外形体的真实形状。单一剖切面斜剖的全剖视图 *A—A*，表明斜臂上部孔的深度、位置。移出断面表达丁字形肋的形状。

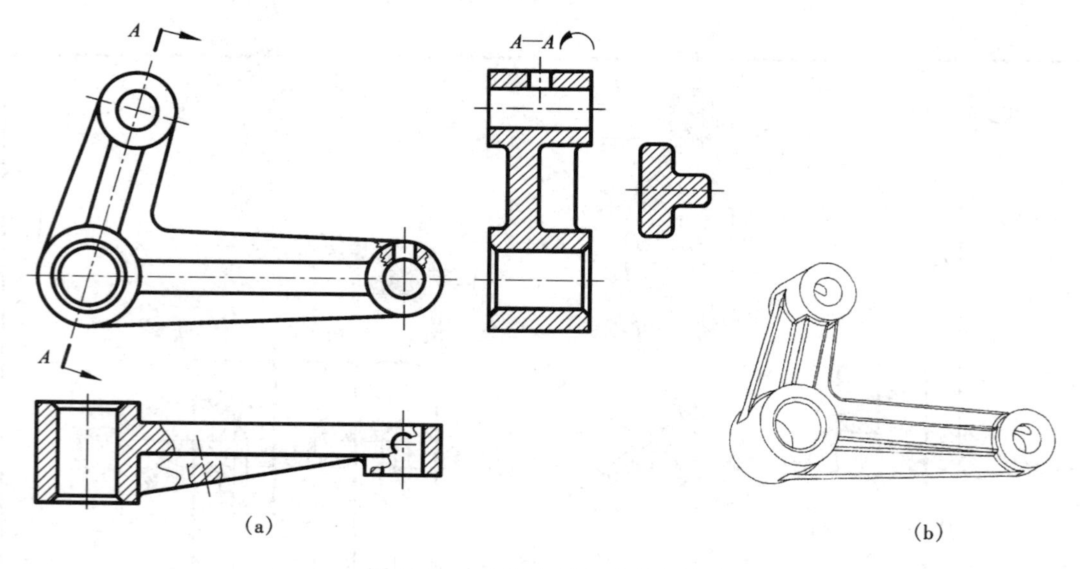

图 10-9　杠杆零件的视图及立体图

（3）尺寸标注

在标注叉杆类零件的尺寸时，通常选用安装基面或零件的对称面作为尺寸基准。例如，图 10-8(b)中的脚踏座就选用安装板左端面作为长度方向的尺寸基准；选用安装板的水平对称面作为高度方向的尺寸基准；从这两个基准出发，分别注出 74 ±0.1、95，定出上部轴承的轴线位置，作为 ϕ20H8、ϕ38 的径向尺寸基准；宽度方向的尺寸基准是前后方向的对称面，由此在俯视图上注出 30、40、60，以及在 *A* 向局部视图中注出 60、90。

4. 箱体类零件

（1）箱体类零件的结构特点

①箱体类零件通常用于支撑和包容运动的零件或其他零件，结构较复杂。一般为铸造件，

并进行多种切削加工。结构上常有较大的内腔、轴承孔、肋板等,有的箱体还带有散热片。

②这类零件上常有较大的密封面、接触面、螺孔、销孔等用来与箱盖或其他零部件紧密连接和精确定位;为了将箱体安装在机座上,常有安装底板、安装孔、凸台或凹坑、螺孔等。

(2)视图表达

①因箱体类零件的形状、结构比较复杂,加工工序也较多,一般应按其工作位置安放。图 10-10(a)为回转泵泵体两个不同方位的立体图。在选择主视图时应以反映其形状特征、主要结构和各组成部分相互关系最明显的方向作为主视方向。

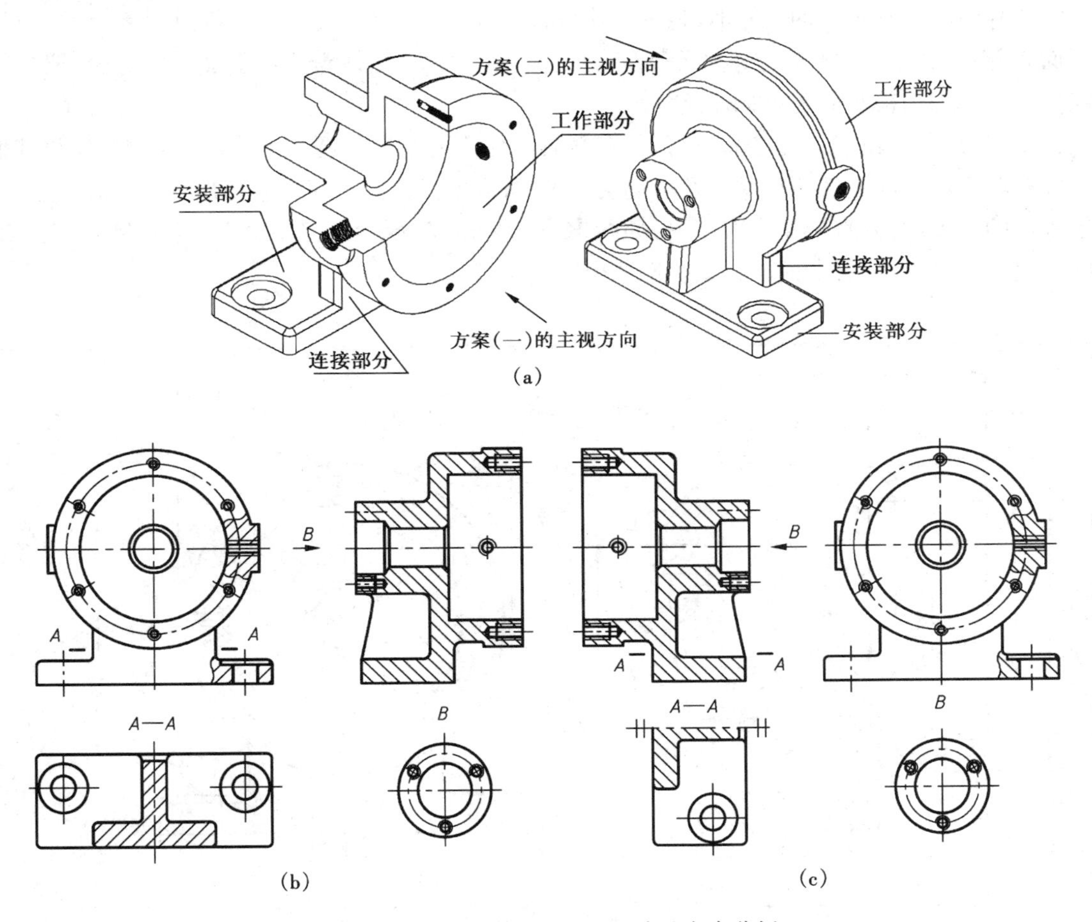

图 10-10　泵体立体分析及视图表达方案分析

②箱体类零件一般需要三个或三个以上基本视图及其他辅助图形,采用多种表达方法才能表达清楚其形状和结构。选用其他基本视图时,应考虑选用视图数量最少为原则,根据实际情况适当采取剖视、剖面、局部视图和向视图等多种形式,以清晰地表达零件的内外形状。

从图 10-10(a)所示的泵体立体图中看出,泵体可分为三部分。

①工作部分。泵体的上部包容并支承着轴、鼓轮及衬套等零件。左右进出油孔有管螺纹与油管相接,前端面有六个连接泵盖用的螺孔,后端面有三个连接填料压盖用的螺孔。

②安装部分。泵体下部为带有两个螺栓孔的安装板,可用螺栓将其安装在基座上。

③连接部分。泵体中部的丁字形连接板将以上两部分连接起来。

图 10-10(b)及(c)为泵体的两种视图表达方案,其主视图分别按图 10-10(a)中的箭头(方案一主视方向和方案二主视方向)画出;图(b)中的主视图反映了泵体的形状特征及进出油孔、安装板上螺栓孔的内部结构及前端面上六个螺纹孔的方位;图(c)中的主视图反映了泵体三部分(工作部分、连结部分和安装部分)的相对位置及两个端面上螺孔的内部结构。泵体其余各部分通过其他视图表达清楚。在两个方案中,都应用了 *B* 向局部视图,表达后端面上三个螺孔的方位。

(3)尺寸标注

在标注箱体类零件的尺寸时,通常选用设计上要求的轴线、重要的安装面和接触面(或加工面)、箱体某些主要结构的对称面等作为尺寸基准。对于箱体需要切削加工的部分,要尽可能按便于加工和检验的要求标注尺寸。

图 10-11 所示的泵体,其长、宽、高三方向尺寸主要基准如图示。此类零件中,凡与其他零件有配合或装配关系的尺寸以及影响机器工作性能的尺寸,均属于主要尺寸,必须注意与其他零件的一致性,并直接从基准注出,如图 10-11 中的 56、ϕ60H7、74、30 和 14 等尺寸,而 ϕ22 的深度尺寸 12 就从右端面的辅助基准注出。

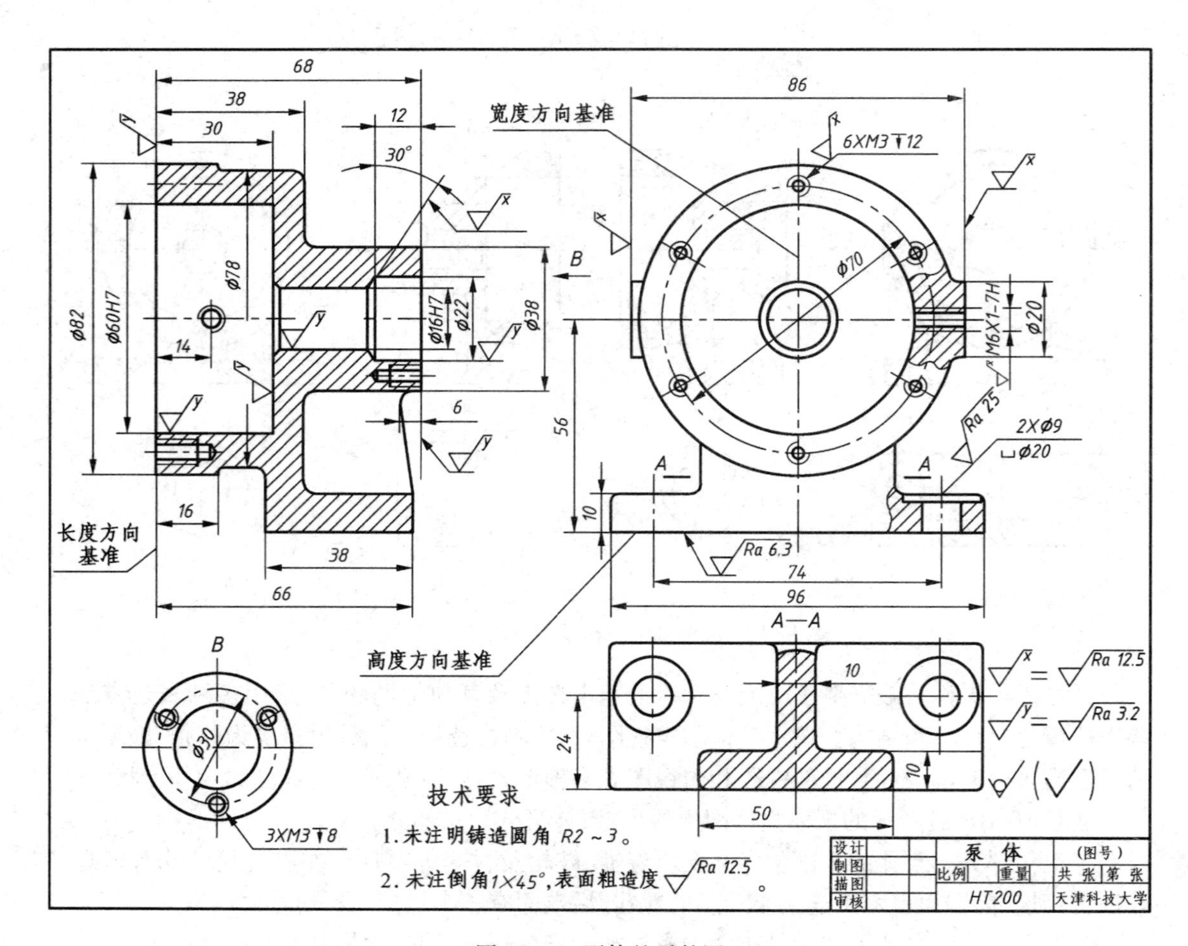

图 10-11 泵体的零件图

5. 小结

(1)视图表达

四类典型零件的视图如下：

①轴、套类零件的主视图按加工位置，使轴线水平放置，一般只需一个基本视图，另加移出断面图、局部剖视图及局部放大图等；

②轮、盘类零件的主视图也按加工位置，使轴线水平放置，一般需要两个基本视图；

③叉、杆类零件倾斜、弯曲的较多，一般以最能反映其形状特征的视图作为主视图，常需两个或两个以上的基本视图；

④箱体类零件比较复杂，主视图的摆放要符合其在机器上的工作位置，一般需要三个或更多的基本视图。

对于同一零件，通常可有几种表达方案，且往往各有优缺点，需要全面分析、比较，如图10-10中的(b)、(c)。

总之，选择视图时，各视图要有明确的表达重点，所选的表达方案既清楚、完整，又便于看图。但实际上机器零件各式各样，对某些结构特殊的零件，应作具体分析，灵活使用恰当的表达方法。

(2)尺寸标注

在标注和分析零件图的尺寸时，应掌握常用尺寸基准的选择，分清主要尺寸和其他尺寸，以便完成零件图的绘制和阅读。

10.4　零件图的技术要求

在零件图中除了视图和尺寸外，还要标注出技术要求，它是制造和检验零件的重要技术数据之一。

零件图的技术要求一般包括：表面结构、尺寸公差、形状和位置公差、金属材料的热处理和表面镀涂层处理及零件制造检验、试验的要求等。技术要求应按照有关国家标准规定的代(符)号或用文字正确注写。本节主要介绍表面结构中的表面粗糙度、尺寸公差并简介形状和位置公差的内容。

10.4.1　表面粗糙度(GB/T 131—2006)

零件表面无论加工得多么光滑，在显微镜下观察(简称“微观”)，都可看到加工后遗留下的痕迹，如图10-12所示。表面粗糙度是指零件的加工表面上所具有的较小间距和峰谷组成的微观几何形状特性，即零件经加工后，在较小区间内表面微观高低不平的程度。它是评定零件表面质量的重要指标之一，对零件的使用寿命、零件的配合及外观质量等均有直接影响。零件各表面的作用不同，所需要的光滑程度也不一样，对于不同的零件以及零件上不同表面，恰当地选择表面粗糙度的参数及其数值十分重要。

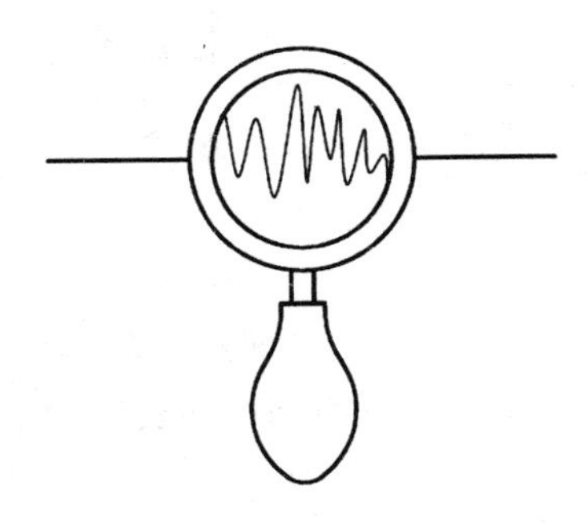

图10-12　微观零件表面

1. 表面粗糙度参数的概念及其数值简介

评定表面粗糙度的参数中，常用的两个高度参数为轮廓算术平均偏差 Ra（它是在取样长度 l 内，相对于基准线的轮廓偏距绝对值的算术平均值）及轮廓最大高度 Rz（指在同一取样长度内，最大轮廓峰顶和最大轮廓谷底之间的距离），如图 10-13 所示。

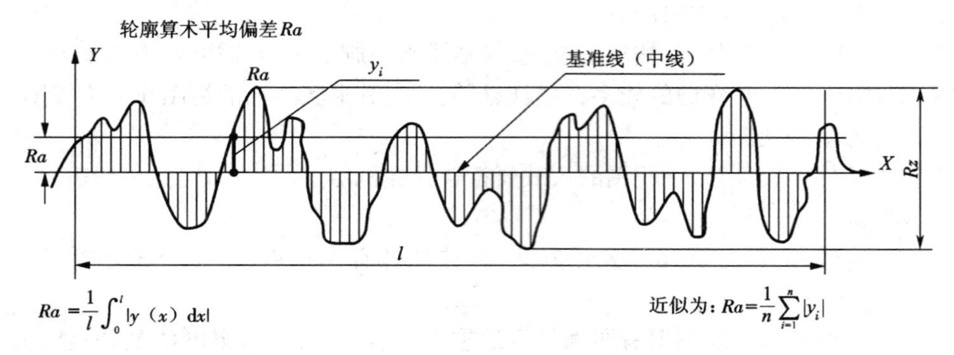

图 10-13 轮廓算术平均偏差 Ra 和轮廓最大高度 Rz

常用表面粗糙度参数 Ra 的数值（单位：μm）及其应用：

Ra = 25、12.5——用于不接触表面、不重要的接触面，如螺钉孔、倒角等；

Ra = 6.3、3.2、1.6——用于没有相对运动的零件接触面，如箱、盖、套等要求紧贴的表面，或用于相对运动速度不高的接触面，如支架孔、衬套等工作表面；

Ra = 0.80、0.40——用于要求很好密合的接触面，如轴承配合面、锥销孔等，或用于相对运动速度较高的接触面，如齿轮轮齿的工作表面。

2. 表面结构的符号和代号注写

表面结构符号及画法如图 10-14 及表 10-1、表 10-2 所示，其中 $d=h/10$，$H=1.4h$（h 为字体高度）。

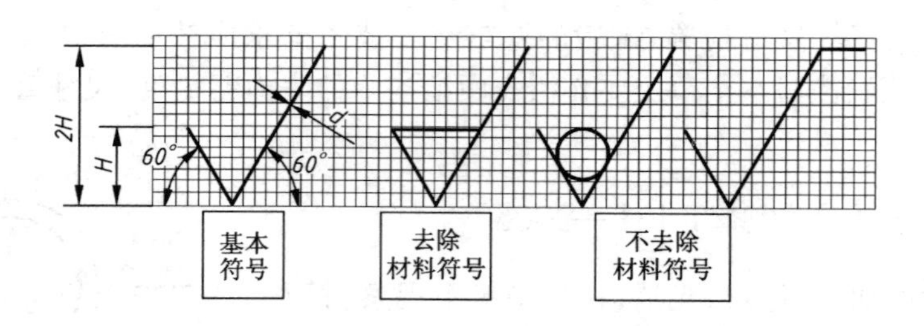

图 10-14 表面结构符号的画法

为了明确表面结构要求，除了标注表面结构参数和数值外，必要时应标注补充要求。

表 10-1　表面结构要求符号

符　号	意　义　及　说　明
	基本图形符号,仅用于简化代号标注,没有补充说明时不能单独使用
	扩展图形符号,表示用去除材料的方法获得的表面。例如车、铣、钻、磨、剪切、抛光、腐蚀、电火花加工等
	扩展图形符号,表示用不去除材料的方法获得的表面。例如:铸、锻、冲压、热轧、冷轧、粉末冶金等方法。或用于保持原供应状况的表面
	完整图形符号,分别表示允许任何工艺、去除材料、不去除材料。横线的长度根据标注内容多少可长可短

表 10-2　高度参数值的标注

代　号	意　义　与　说　明
Ra 0.8	表示不允许去除材料,单向上限值,*R* 轮廓,算数平均偏差为 0.8 mm
Rz 0.4	表示不允许去除材料,单向上限值,*R* 轮廓,粗糙度最大高度值为 0.4 mm
Ra 3.2	表示去除材料,单向上限值,*R* 轮廓,算数平均偏差为 3.2 mm
Rz 3.2	表示去除材料,单向上限值,*R* 轮廓,粗糙度最大高度值为 3.2 mm

3. 表面结构代号在图样上的标注

①表面结构代号的注写和读取方向与尺寸的注写和读取方向相同,如图 10-15 所示。

②表面结构代号应注在可见轮廓线、尺寸界线、引出线或它们的延长线上。符号的尖端必须从材料外指向表面。必要时,也可用带箭头或黑点的指引线引出标注。在同一图样上,每一表面一般只标注一次代(符)号,并尽可能靠近有关的尺寸线,如图 10-16 所示。

③圆柱和棱柱表面的表面结构要求只标注一次,要求标注在圆柱特征的延长线上,如图 10－17 所示。

④在不致引起误解时,表面结构要求可以标注在特征尺寸的尺寸线上。

⑤表面结构要求可标注在形位公差框格的上方,如图 10-18 所示。

⑥对工件表面上不同的表面结构要求应直接标注在图形中。如果在工件的多数(包括全

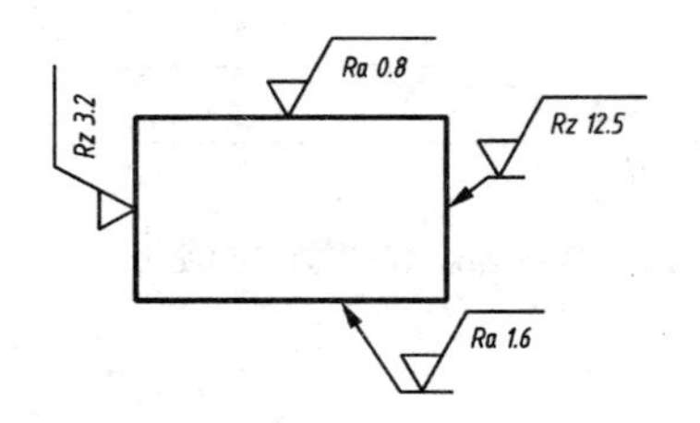

图 10-15　表面结构要求的注写方向

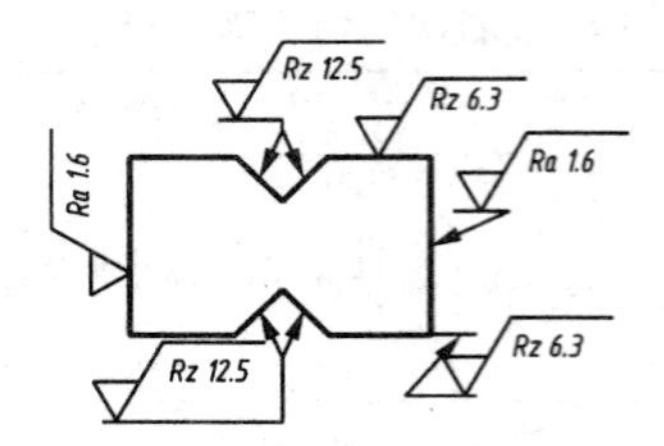

图 10-16　表面结构要求在轮廓线上的标注

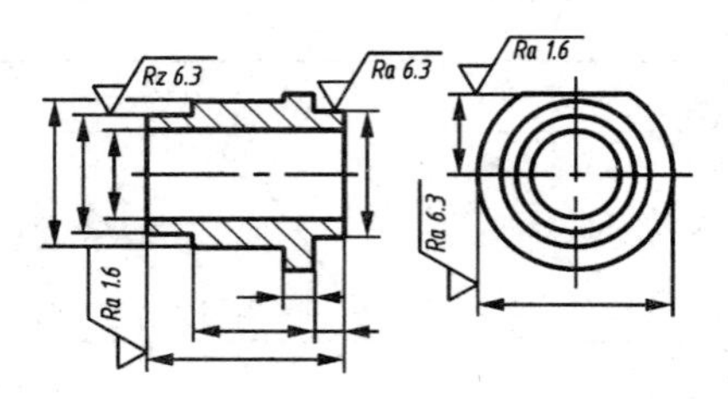

图 10-17　表面结构要求标注在圆柱特征的延长线上

部）表面有相同结构要求，则其表面结构要求可统一标注在图样的标题栏附近。此时（除全部表面有相同要求的情况外），表面结构要求的符号后面应有（如图 10-19、图 10-20 及图 10-21 所示）：

a. 在圆括号内给出无任何其他标注的基本符号；

b. 在圆括号内给出不同的表面结构要求。

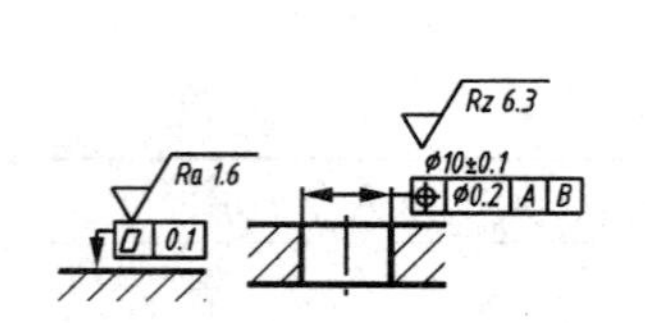

图 10-18　表面结构要求标注在形位公差框图上方

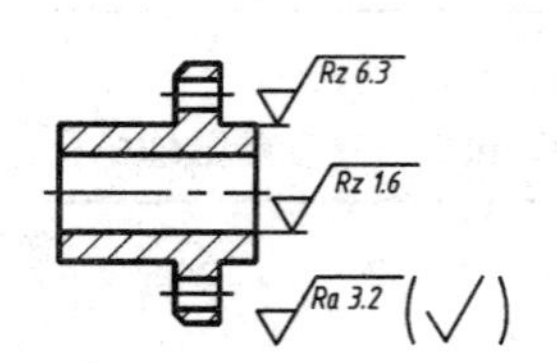

图 10-19　大多数表面具有相同表面结构要求的简化标注（一）

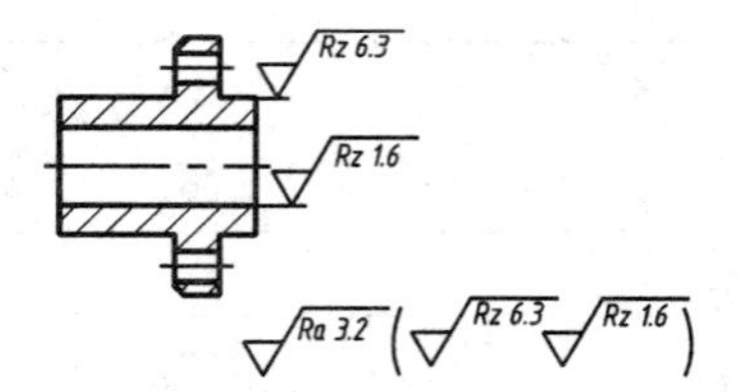

图 10-20　大多数表面具有相同表面结构要求的简化标注（二）

⑦当多个表面具有相同的表面结构要求或图纸空间有限时，可以采用简化注法，如图 10-22、图 10-23 所示。

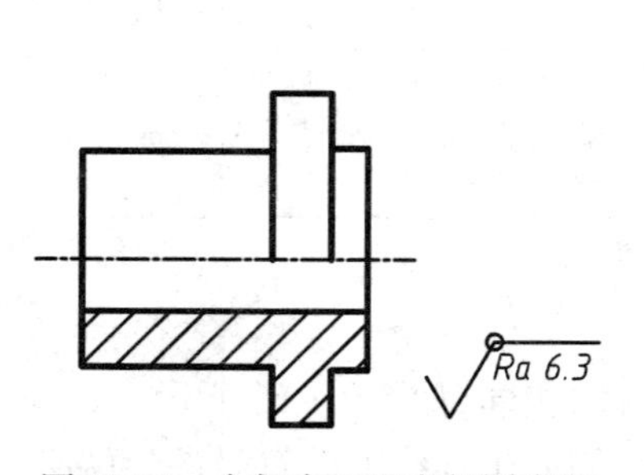

图 10-21　全部表面具有相同表面结构要求的简化注法

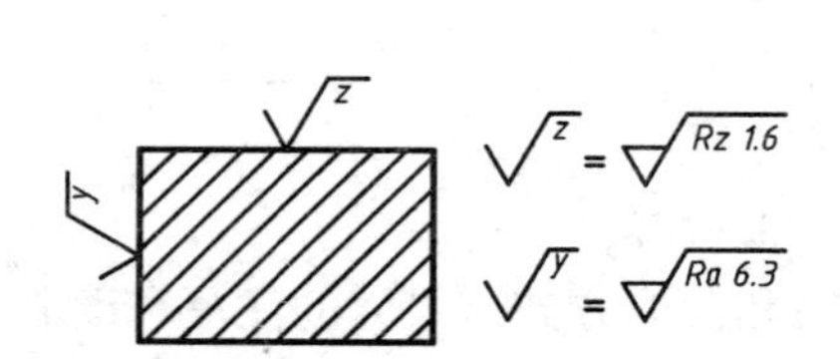

图 10-22　图纸空间有限的简化注法

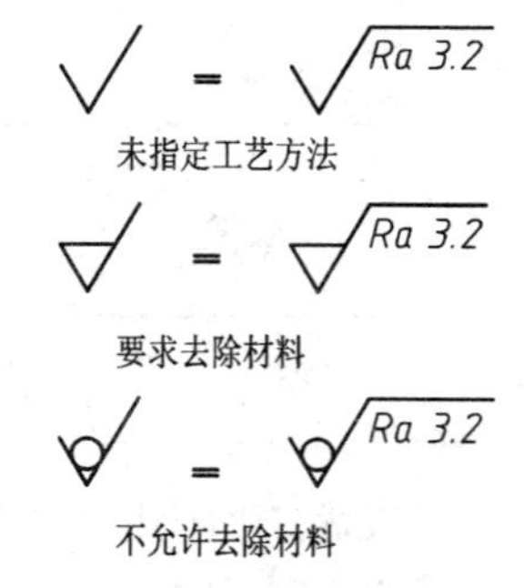

图 10-23　只用表面结构符号的简化注法

a. 可用带字母的完整符号，以等式的形式，在图形或标题栏附近，对有相同表面结构要求的表面进行简化标注；

b. 可用表面结构符号，以等式的形式给出对多个表面共同的表面结构要求；

⑧工件上的连续表面和用细实线连接的不连续的统一表面，其表面结构符号只标注一次，如图 10-24、图 10-25 所示。

⑨键槽工作面、倒角、圆角的表面结构要求，可简化标注，如图 10-26 所示。

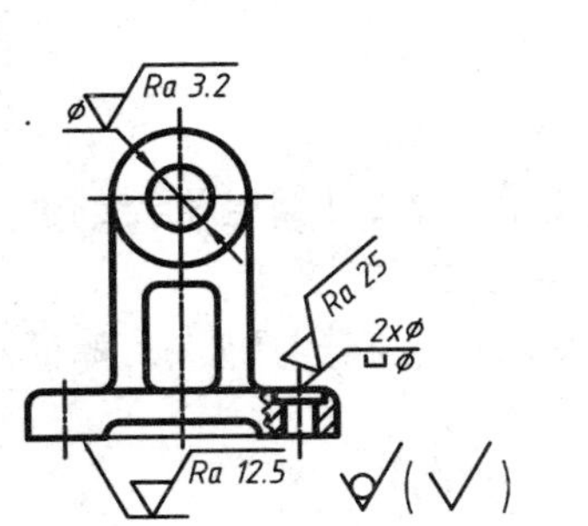

图 10-24　不连续表面结构要求的标注

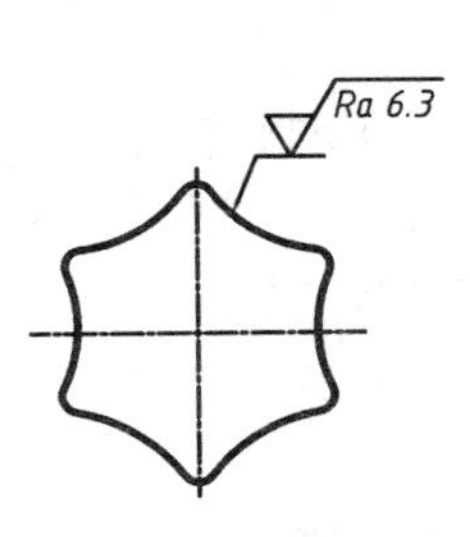

图 10-25　连续表面结构要求的标注

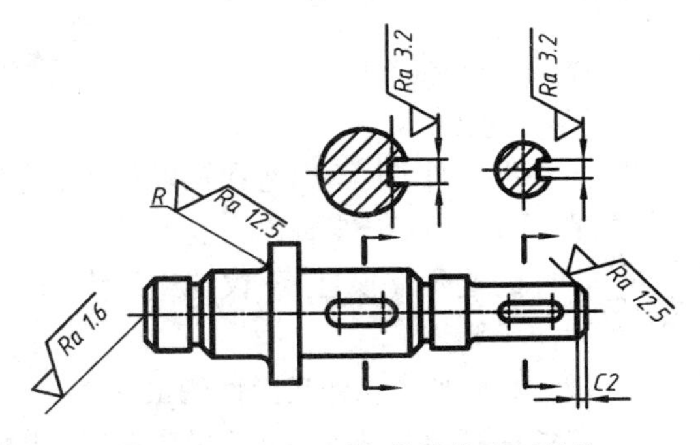

图 10-26　键槽、倒角等结构表面结构要求的标注

⑩齿轮、螺纹等工作表面没有画出齿（牙）形时，其工作表面的表面结构要求可按图10-27 所示标注（齿轮注在分度线上，螺纹注在尺寸线上）。

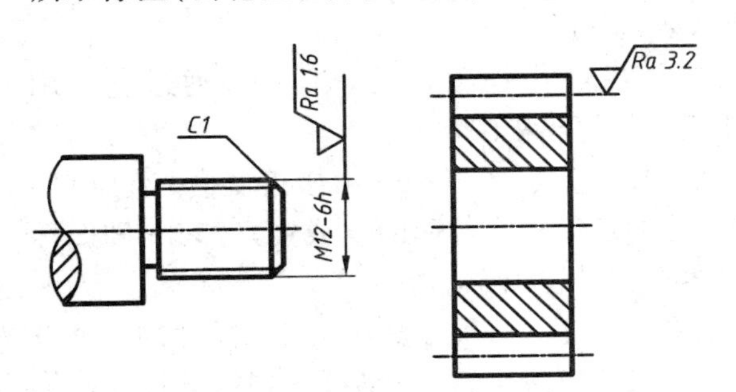

图 10-27　齿轮、螺纹工作表面表面结构要求的简化标注

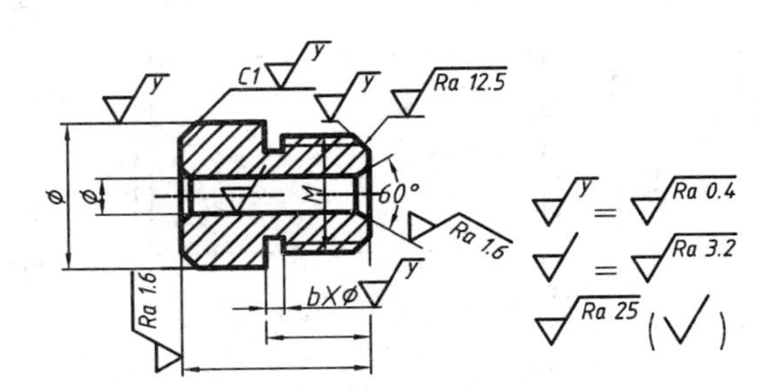

图 10-28　表面结构代号标注图例

思考与习作

（1）说明图 10-29 中所标注表面结构要求打“×”的错误在何处？

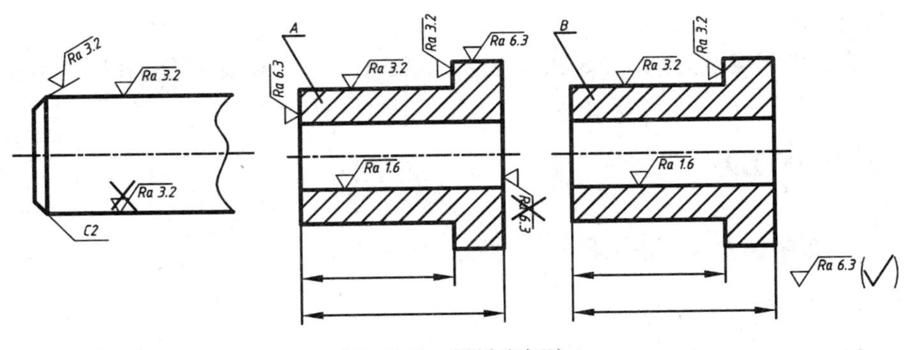

图 10-29　粗糙度标注

（2）说明图 10-29 中的右图为何是标注表面结构要求使用最多的形式？

10.4.2 极限与配合

1. 互换性的概念

(1)互换性

同一批零件,不经挑选和辅助加工,任取一个就可顺利地装到机器上去,并满足机器的性能要求,零件的这种性质称为互换性。

零件的这种互换性,不仅能组织大规模的现代化工业生产,而且可以提高产品质量,降低成本和便于维修。

(2)保证零件具有互换性的措施

零件在制造过程中,由于机床精度、测量误差等诸多因素的影响,零件尺寸是不可能加工成绝对精确的,保证零件具有互换性的措施是由设计者确定合理的配合要求和尺寸公差大小。

2. 极限与配合的概念

(1)尺寸要素、公称尺寸、实际(组成)要素、极限尺寸

①尺寸要素——由一定大小的线性尺寸或角度尺寸确定的几何形状。

②公称尺寸——由图样规范确定的理想形状要素的尺寸。

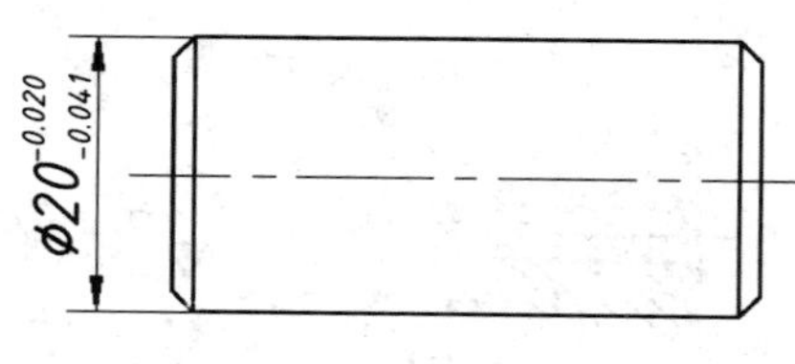

图 10-30 小轴的尺寸公差

如图 10-30 中销轴直径 $\phi20$ mm,通过它应用上、下偏差可算出极限尺寸。

③实际(组成)要素——由接近实际(组成)要素所限定的工件实际截面的组成要素部分(即旧标准中"实际尺寸"的概念)。

④极限尺寸——尺寸要素允许的尺寸的两个极端。实际尺寸应位于其中,也可达到极限尺寸。上极限尺寸为孔或轴允许的最大尺寸,如图 10-30 中的 $\phi19.980$。下极限尺寸为孔或轴允许的最小尺寸,如图 10-30 中的 $\phi19.959$。$\phi19.980 \geq$ 零件的实际尺寸 $\geq \phi19.959$。

零件合格的条件:上极限尺寸≥实际尺寸≥下极限尺寸。

(2)偏差

极限偏差为某一尺寸减去公称尺寸的代数差。上极限尺寸减去公称尺寸所得的代数差称为上极限偏差。下极限尺寸减去公称尺寸所得的代数差称为下极限偏差。上极限偏差和下极限偏差统称极限偏差,如图 10-31 所示。偏差数值可以是正值、负值和零。

孔和轴的上极限偏差分别以 ES 和 es 表示;孔和轴的下极限偏差分别以 EI 和 ei 表示,如图 10-32 所示。

极限偏差:
- 上极限偏差 = 上极限尺寸 − 公称尺寸　代号 {孔—ES; 轴—es}
- 下极限偏差 = 下极限尺寸 − 公称尺寸　代号 {孔—EI; 轴—ei}

(3)尺寸公差(简称公差)

尺寸公差为上极限尺寸与下极限尺寸之差;或者上极限偏差与下极限偏差之差。它是允许实际尺寸的变动量,是一个没有符号的绝对值。如图 10-30 所示的小轴,其公差值为

$$\text{公差} = \phi19.980 - \phi19.959 = 0.021 \quad \text{或者} \quad \text{公差} = -0.020 - (-0.041) = 0.021$$

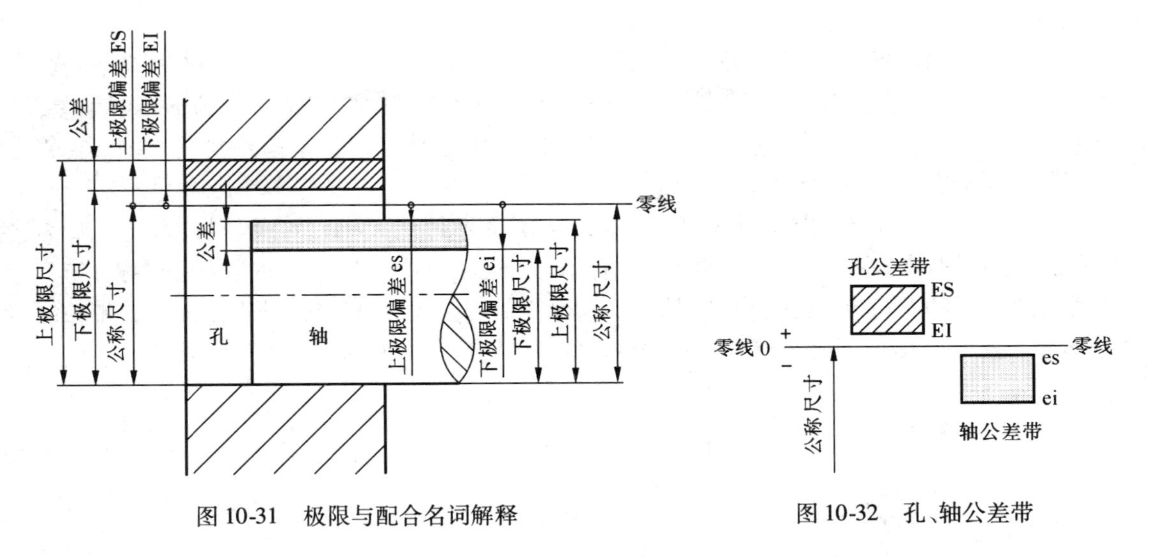

图 10-31　极限与配合名词解释

图 10-32　孔、轴公差带

(4)零线

零线是在公差带图中确定偏差的一条基准线,即零偏差线。通常以零线表示基本尺寸,如图 10-31 及图 10-32 所示。

(5)尺寸公差带(简称公差带)

在公差带图解中,由代表上、下极限偏差的两条直线所限定的区域称为尺寸公差带。图 10-32 就是图 10-31 的公差带图。

3. 标准公差与基本偏差

公差带由“公差带大小”和“公差带位置”这两个要素组成。“公差带大小”由标准公差确定,“公差带位置”由基本偏差确定,如图 10-33 所示。

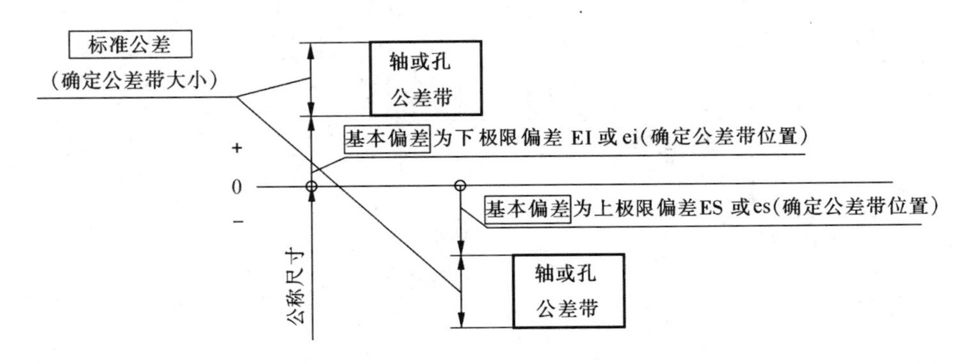

图 10-33　标准公差与基本偏差

(1)标准公差

标准公差是国家标准《极限与配合》中规定的,用以确定公差带大小的任一公差,用字母 IT 表示。标准公差分为 20 个等级,即:IT01、IT0、IT1 至 IT18。IT 表示公差,阿拉伯数字表示公差等级,它是反映尺寸精度的等级。IT01 公差数值最小,精度等级最高;IT18 公差数值最大,精度等级最低。各级标准公差的数值,可查阅有关设计手册。公差带大小是由公称尺寸和公差等级所决定的。

(2)基本偏差

基本偏差是国家标准《极限与配合》中确定公差带相对零线位置的那个上极限偏差或者下极限偏差,一般指靠近零线的那个偏差。当公差带在零线上方时,基本偏差为下极限偏差;当公差带在零线下方时,基本偏差为上极限偏差,如图 10-33 所示。基本偏差共有 28 个,它的代号用拉丁字母表示,大写为孔,小写为轴。

图 10-34 为基本偏差系列图。从中可以看到:孔的的基本偏差 A ~ H 为下极限偏差,J ~ ZC 为上极限偏差;轴的基本偏差 a ~ h 为上极限偏差,j ~ zc 为下极限偏差。JS 和 js 的公差带对称分布于零线两边,孔和轴的上、下极限偏差分别都是 + IT/2 和 - IT/2。基本偏差系列图只表示公差带的位置,不表示公差带的大小,因此,公差带一端是开口的,开口的另一端由标准公差等级限定。

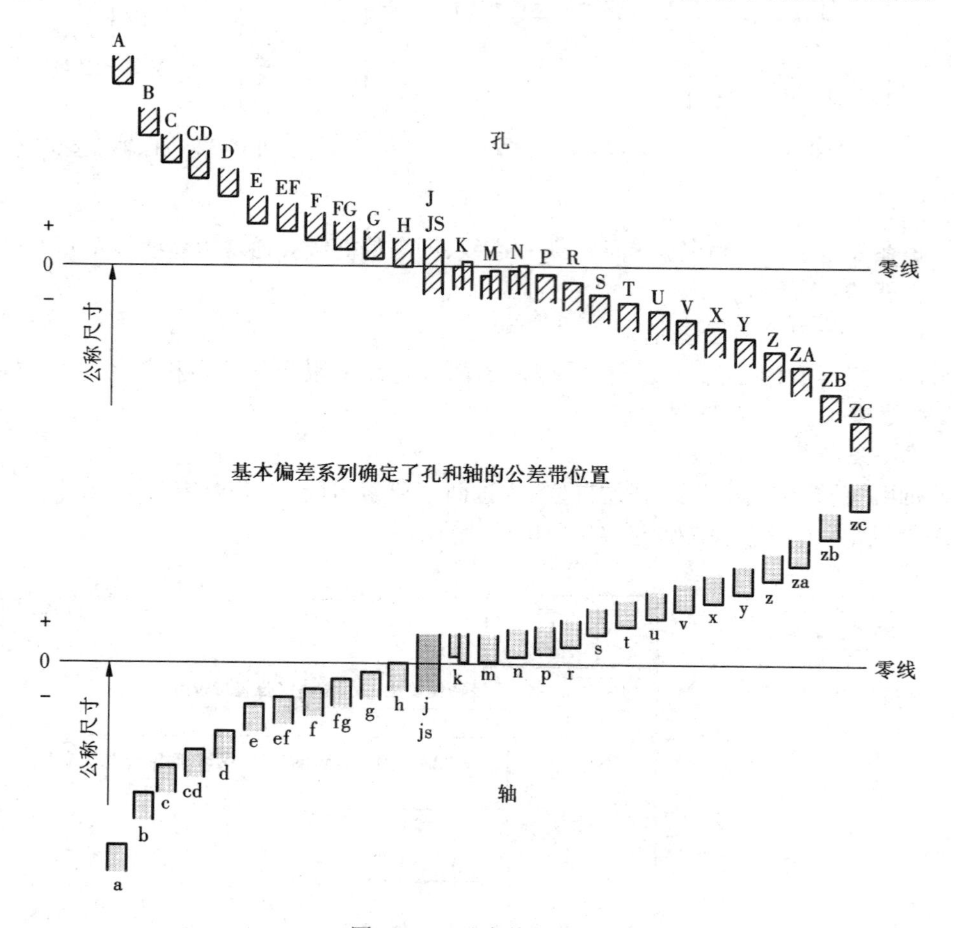

图 10-34 基本偏差系列

除 JS(js)外,孔和轴的另一个偏差可从极限偏差数值表(参见附录 C)中查出,也可按下式计算:

孔 $ES = EI + IT$ 或者 $EI = ES - IT$

轴 $es = ei + IT$ 或者 $ei = es - IT$

(3)公差带代号

孔和轴的公差带代号由基本偏差代号与公差等级代号组成。例如:

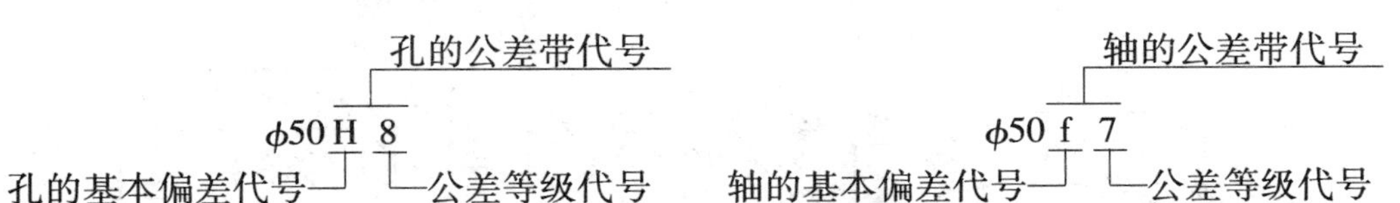

轴和孔的极限偏差数值可分别查阅有关的设计手册。本书附录 C 中的附表 21 及附表 22 分别摘录了 GB/T 1800. 4—2009 规定的轴和孔的常用极限偏差数值。

4. 配合

公称尺寸相同,相互结合的孔和轴公差带之间的关系称为配合。其配合代号由孔和轴的公差带代号组合而成,写成分数的形式为$\frac{\text{孔的公差带代号}}{\text{轴的公差带代号}}$,或者孔的公差带代号/轴的公差带代号。

如:$\frac{H8}{f7}$或者 H8/f7。

由于相互配合的孔和轴的实际尺寸不同,装配后可能出现不同大小的间隙或过盈,如图 10-35。孔的实际尺寸减去与之相配合的轴的实际尺寸,其代数值为正时是间隙,代数值为负时是过盈。

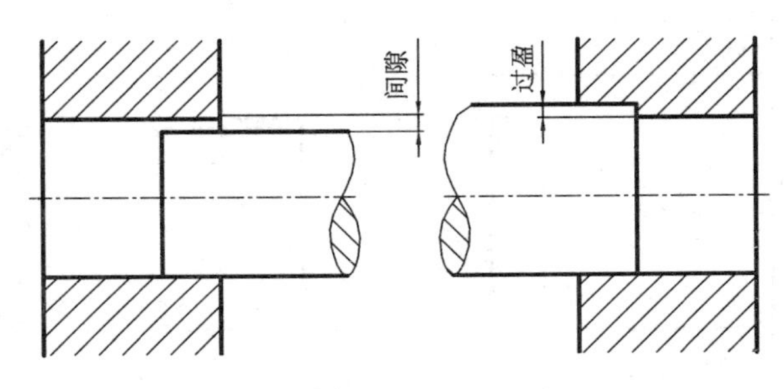

图 10-35　间隙和过盈示意图

根据相互配合的孔和轴公差带的相对位置,配合分为以下三类。

①间隙配合——孔与轴装配时保证具有间隙(包括最小间隙是零)的配合。此时孔的公差带在轴的公差带之上,如图 10-36 所示。间隙配合主要用于两配合表面间有相对运动的地方。

②过盈配合——孔与轴装配时保证具有过盈(包括最小过盈是零)的配合。此时孔的公差带在轴的公差带之下,如图 10-37 所示。主要用于两配合表面间要求紧固连接的场合。

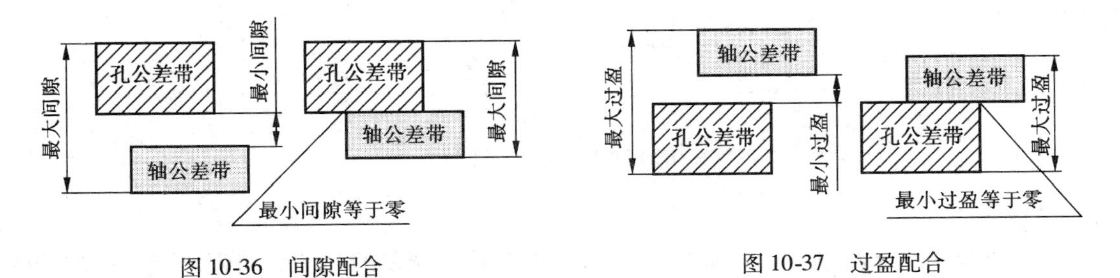

图 10-36　间隙配合　　图 10-37　过盈配合

③过渡配合——孔与轴装配时可能具有间隙或过盈的配合。此时孔和轴的公差带有重叠部分,如图 10-38 所示。主要用于要求对中性较好的场合。

5. 基准制

为了零件设计和加工制造的方便,国家标准规定了两种基准制,即基孔制和基轴制。

(1)基孔制

基孔制是基本偏差为一定的孔的公差带,与不同基本偏差的轴的公差带形成各种配合的一种制度,如图 10-39 所示。基孔制的基准孔代号为 H,其下极限偏差为零,上极限偏差一定是正值。

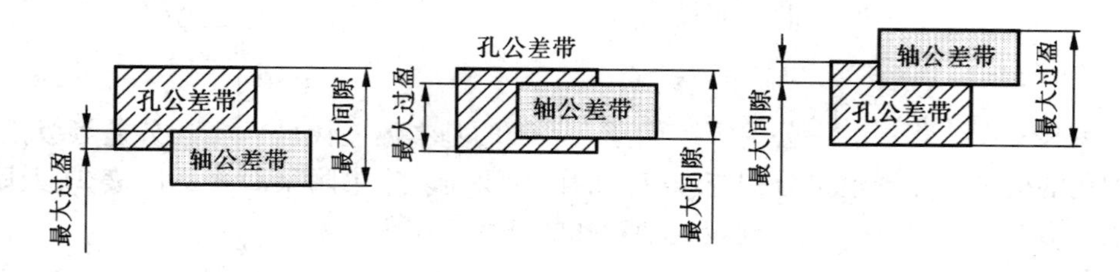

图 10-38 过渡配合

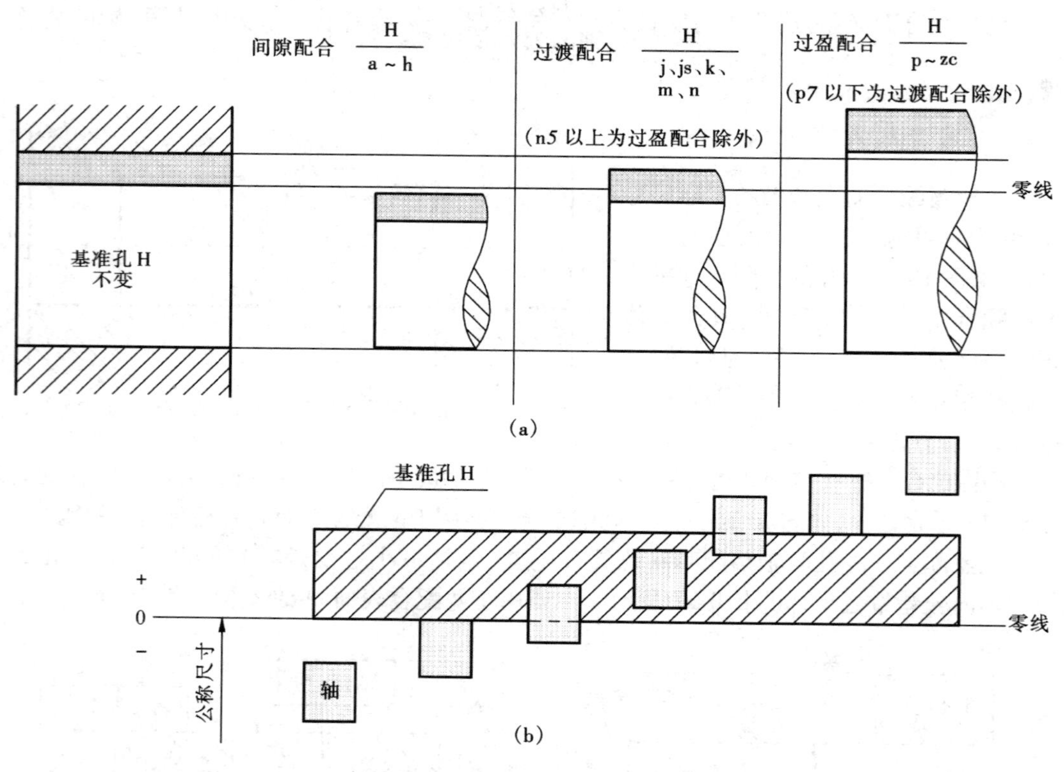

图 10-39 基孔制配合

(2)基轴制

基轴制是基本偏差为一定的轴的公差带,与不同基本偏差的孔的公差带形成各种配合的一种制度,如图 10-40 所示。基轴制的基准轴代号为 h,其上极限偏差为零,下极限偏差一定是负的。

与基准轴相配的孔,其基本偏差 A ~ H 用于间隙配合,J ~ N 一般用于过渡配合,P ~ ZC 一般用于过盈配合,如图 10-40 所示,(a)为基轴制配合示意图,(b)为基轴制配合的孔、轴公差带相对位置示意图。本书附录 C 中的附表 24 摘录了基轴制优先、常用配合 47 种。

一般情况,应优先选用基孔制配合。

6. 极限与配合的标注

(1)装配图

在装配图上标注公差与配合,采用组合式注法,即在基本尺寸的右边用分数的形式注出

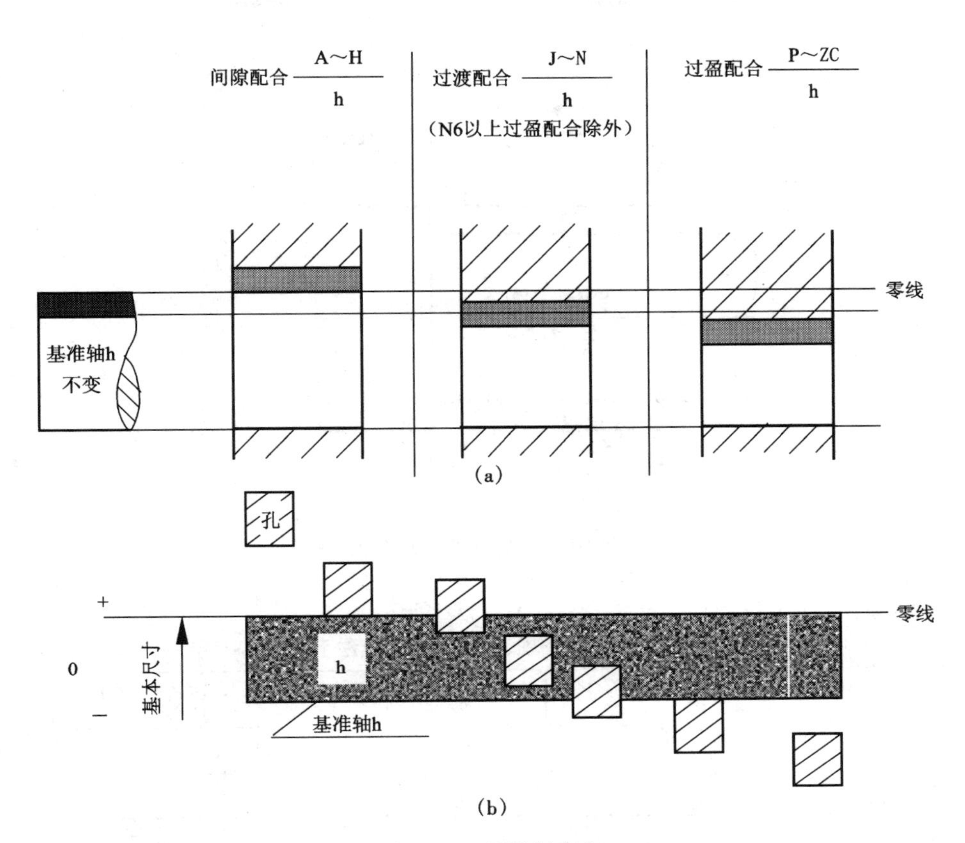

图 10-40　基轴制配合

孔、轴公差带代号。

基孔制配合标注形式为：

$$基本尺寸\frac{基准孔(H)、公差等级代号}{轴的基本偏差代号、公差等级代号}$$

如：$\phi30\ \frac{H8}{f7}$

基轴制配合标注形式为：

$$基本尺寸\frac{孔的基本偏差代号、公差等级代号}{基准轴(h)、公差等级代号}$$

如：$\phi40\ \frac{M8}{h7}$

在装配图上标注公差如图 10-41 所示。

(2)零件图

在零件图上标注公差有三种形式：即在基本尺寸右边注出公差带代号，或注出极限偏差数值，或两者同时注出并在数值前后加括号。

例如：$\begin{cases} 孔\quad \phi30H8 或 \phi30_{0}^{+0.033} 或 \phi30H8\left(\begin{smallmatrix}+0.033\\0\end{smallmatrix}\right) \\ 轴\quad \phi30f7 或 \phi30_{-0.041}^{-0.020} 或 \phi30f7\left(\begin{smallmatrix}-0.020\\-0.041\end{smallmatrix}\right) \end{cases}$

极限与配合在装配图和零件图上的标注示例见表 10-3。

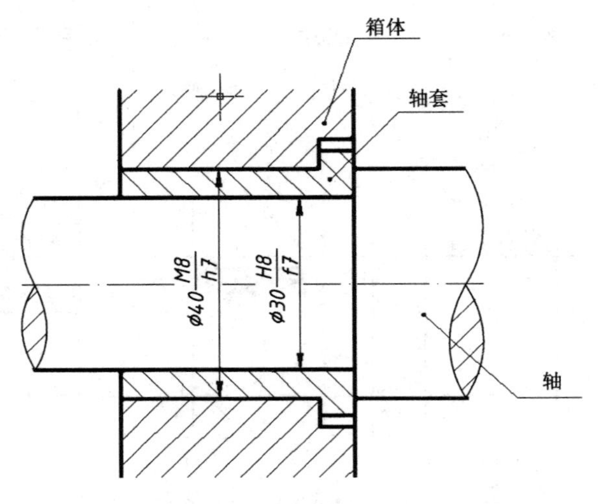

图 10-41　装配图标注公差

表 10-3　装配图、零件图公差标注示例

装配图		$\phi30H8/f7$		$\phi40F8/h7$	
零件图		基准孔	与基准孔相配的轴	与基准轴相配的孔	基准轴
	代号注法	$\phi30H8$	$\phi30f7$	$\phi40F8$	$\phi40h7$
	数值注法	$\phi30^{+0.033}_{0}$	$\phi30^{-0.020}_{-0.041}$	$\phi40^{+0.064}_{+0.025}$	$\phi40^{0}_{-0.025}$
	代号数值注法	$\phi30H8(^{+0.033}_{0})$	$\phi30f7(^{-0.020}_{-0.041})$	$\phi40F8(^{+0.064}_{+0.025})$	$\phi40h7(^{0}_{-0.025})$

思考与习作

试说明图 10-41 中 ϕ30H8/f7 所表示的意义，查附录 C 确定孔和轴的上、下偏差和基本偏差，画出公差带图。

10.4.3　形状和位置公差简介

零件经加工后，不仅会产生前面所介绍的表面微观不平整和尺寸误差，还会产生形状误差和位置误差（简称形位误差）。

形状和位置公差是指零件的实际形状和实际位置相对于理想形状和位置的允许变动量。在机器中，零件不仅需要保证其尺寸精度，而且还要保证其形位误差。对于某些精确度要求较高的零件，或零件上的重要表面或线，需直接注出形状和位置公差。

按图 10-42(a)所示的尺寸加工一个小轴，发现其形状弯曲了，虽然其直径尺寸 ϕ30.028 符合尺寸公差要求，但在形状上没有做成准确的圆柱形，如图 10-42(b)所示，这种形状上的不准确，属于形状误差。

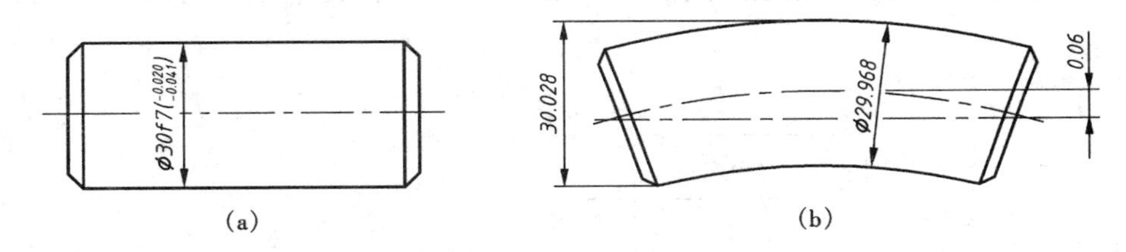

图 10-42　形状误差（直线度）

按图 10-43(a)所示的 ϕ20H8 和 ϕ16H8 两孔轴线在设计上要求在同一轴线上，加工后，两孔轴线出现了偏移 e，如图 10-43(b)所示，这种两孔轴线在相互位置上的偏移属于位置误差。

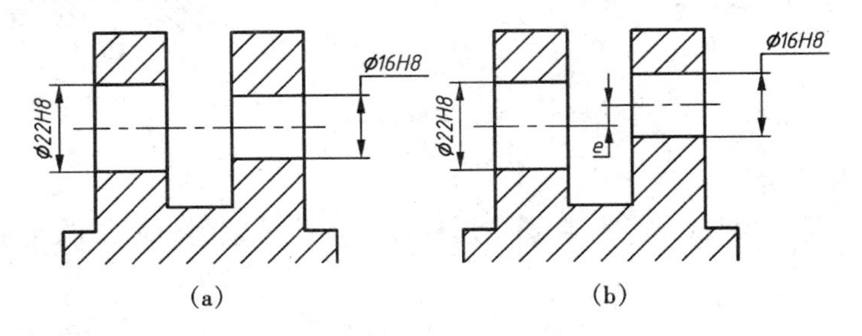

图 10-43　位置误差（同轴度）

1. 形位公差的符号

形状和位置公差共有 14 项，国家标准规定用代号来标注形状和位置公差，如表 10-4 所示。形位公差框格及指引线、形位公差数值和其他有关符号，以及基准代号等参阅图 10-44 及图中的说明。图 10-44(b)中，涂黑的和空白的基准三角形含义相同。框格内字体的高度 h 与图样中的尺寸数字等高。在实际生产中，当无法用代号标注形位公差时，允许在技术要求中用文字说明。

表 10-4 形位公差项目及符号

分类	项目	符号	分类		项目	符号
形状公差	直线度	—	位置公差	定向	平行度	//
	平面度	▱			垂直度	⊥
	圆度	○			倾斜度	∠
	圆柱度	⌭		定位	同轴度	◎
	线轮廓度	⌒			对称度	⌯
	面轮廓度	⌓			位置度	⌖
				跳动	圆跳动	↗
					全跳动	⌰

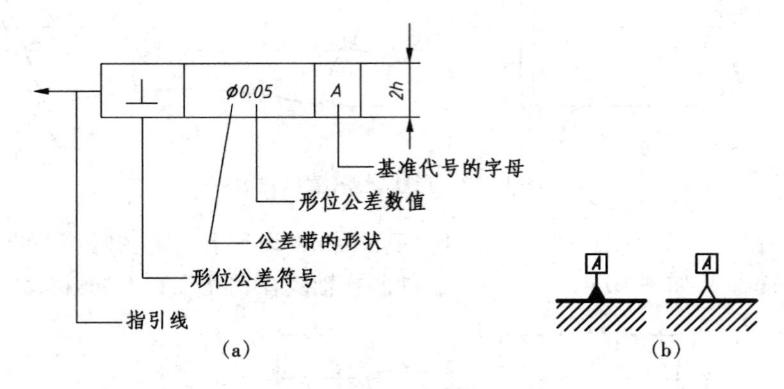

图 10-44 形位公差代号及基准代号

2. 形位公差标注示例

图 10-45 所示是一根气门阀杆(在图中所标注的形位公差附近添加的文字,只是为了给读

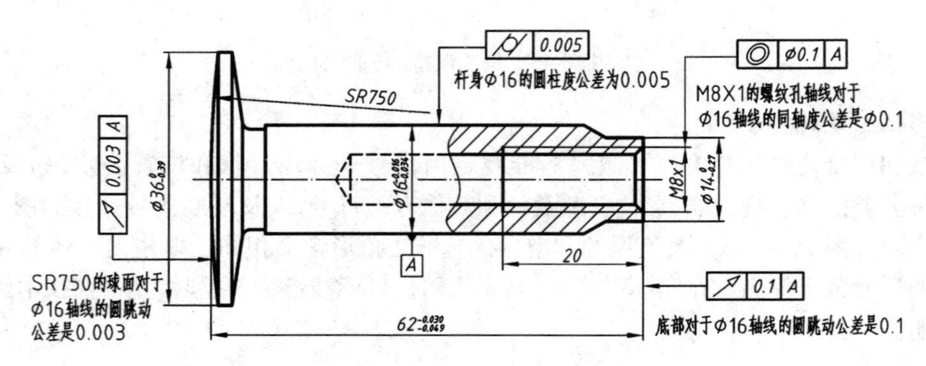

图 10-45 形位公差标注示例

者作解释说明而写上的，在实际的图样中不应注写)，从图中可以看出，当被测要素为线或表面时，框格指引线的箭头应指向该要素的轮廓线或其延长线上。当被测要素是轴线时，应将框格箭头与该要素的尺寸线对齐，如 M8 ×1 轴线的同轴度注法。当基准要素是轴线时，应将基准符号与该要素的尺寸线对齐，如基准 A。

10.5 零件结构的工艺性简介

零件的结构形状，主要是根据它在部件或机器中的作用决定的。但是，制造工艺对零件的结构，也有某些要求。因此，在设计零件时，除考虑其功用外，还必须考虑到方便加工、装配与测量，降低加工制造成本，并力求零件具有好的工艺性。下面介绍一些常见的工艺结构，供画图时参考。

10.5.1 铸造零件的工艺结构

1. 铸造斜度

铸件在造型时，为便于取出木模，沿脱模方向的表面做出约 1∶20 的拔模斜度(≈3°)，浇铸后这一斜度留在铸件表面，如图 10-46(a)、(b)所示。铸造斜度在画图时，一般不必画出，必要时可在技术要求中注明。

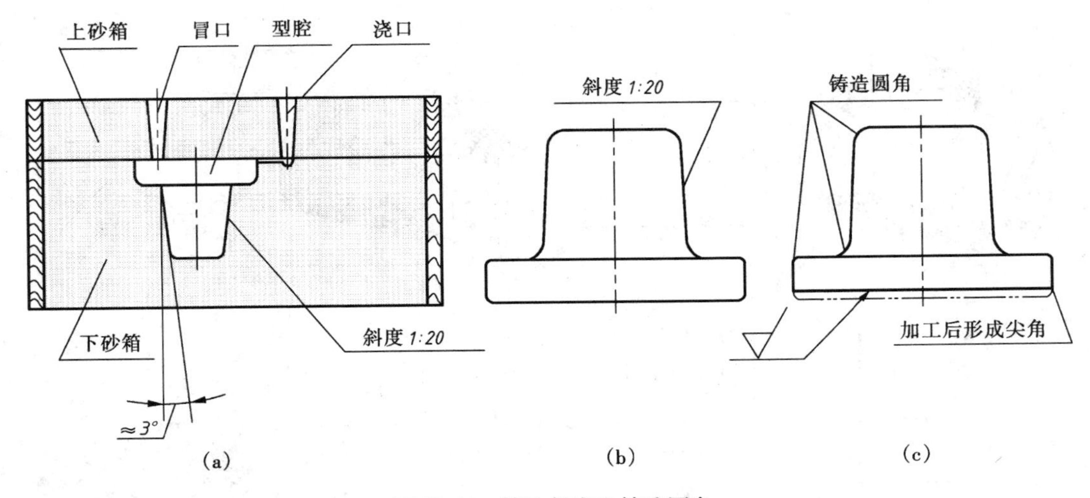

图 10-46 铸造斜度和铸造圆角

2. 铸造圆角

在铸件毛坯各表面的相交处，都需有铸造圆角(图 10-46)，这样既方便起模，又防止浇铸铁水时将砂型转角处冲坏，还可以避免铸件在冷却时产生裂纹或缩孔等铸造缺陷。铸造圆角在画图时应画出，圆角半径为 2 ~5 mm。铸造圆角在图上一般不标注，常常集中注写在技术要求中，如“未注明铸造圆角 $R3$ ~5”。

两相交的铸造表面，只要有一个表面经去除材料加工，这时铸造圆角被削平，在与加工面垂直的视图上应画成尖角，如图 10-46(c)所示。

3. 铸件壁厚

在浇铸零件时，为了避免各部分冷却速度的不同而产生缩孔或裂纹(图 10-47 中的(a)、(b)、(d))，铸件壁厚应保持大致相等或逐渐变化，如图 10-47 中的(c)、(e)、(f)所示。

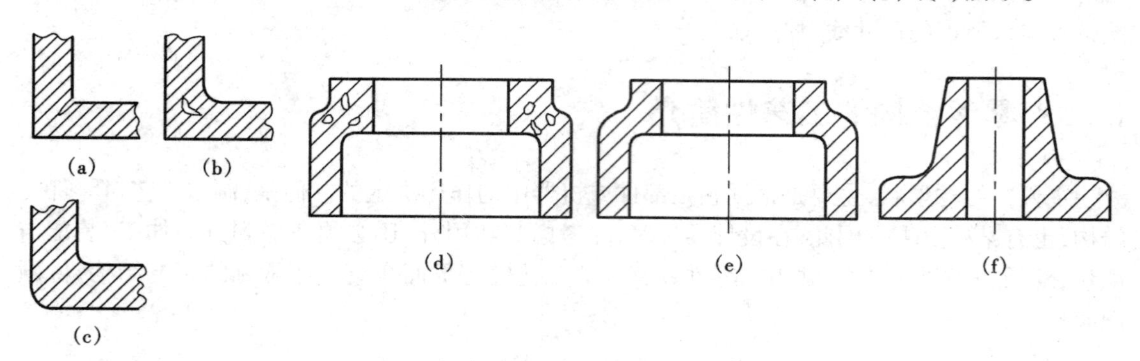

图 10-47 铸件壁厚

4. 过渡线

铸件的两个相交表面处，由于有铸造圆角，其表面在理论上不存在交线。但在画图时，这些交线(即相贯线)用细实线按两相交表面无圆角时画出，只是在交线的起迄处与圆角的轮廓线断开(画至理论尖角处)，称为过渡线，如图 10-48 所示。

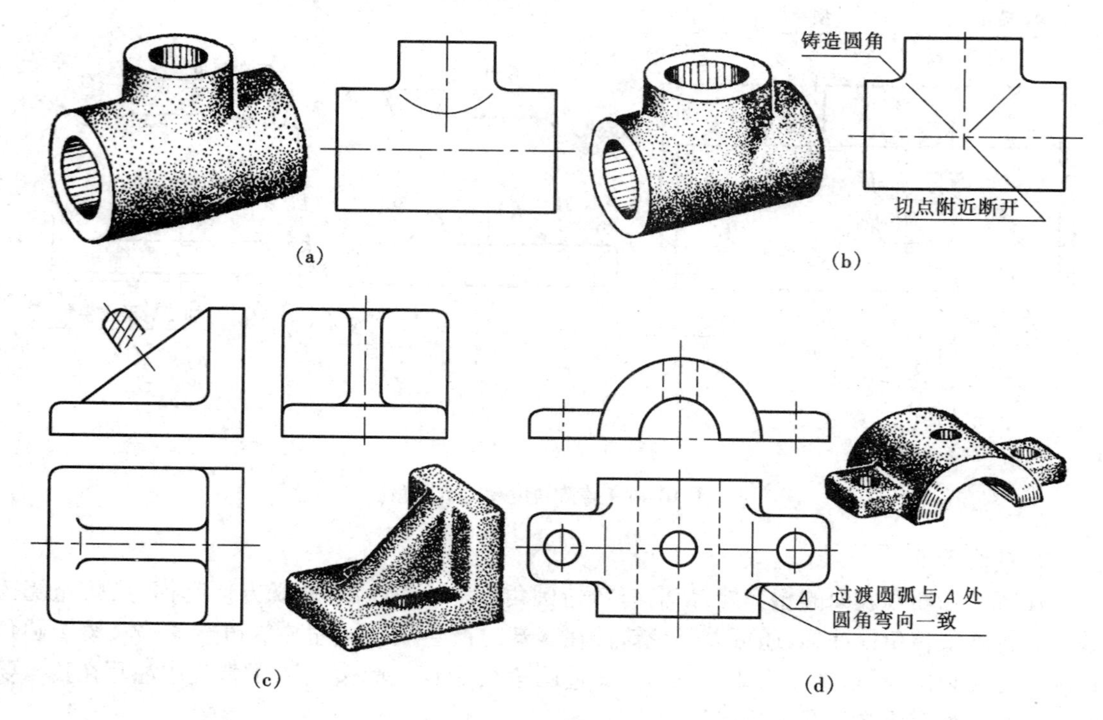

图 10-48 过渡线的画法

10.5.2 零件加工面的常见工艺结构

1. 倒角和倒圆

如图 10-49 所示，为了去除零件的毛刺、锐边和便于装配，在轴或孔的端部，一般都加工成倒角；为了避免因应力集中而产生裂纹，在轴肩处往往加工成圆角的过渡形式，称为倒圆。倒角的形式和尺寸注法如图 10-49 所示，倒角 45°才允许采用图 10-49(a)所示的简化注法。

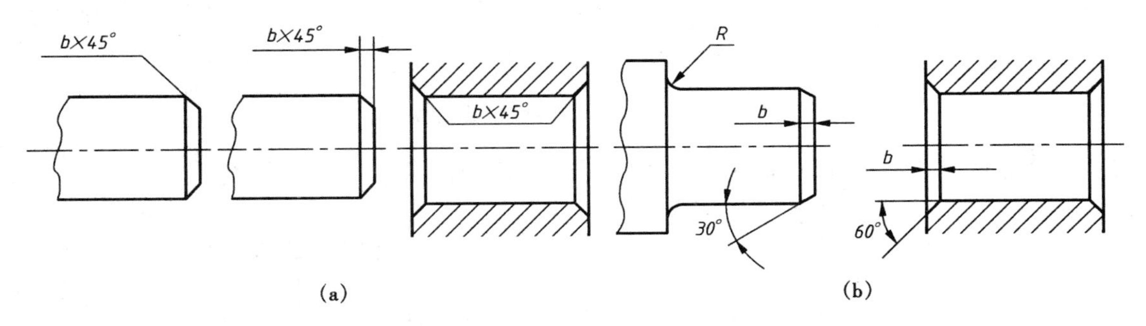

图 10-49 倒角、圆角及其尺寸注法

2. 凸台与凹坑

零件上与其他零件的接触面，一般都要加工。为了减少加工面积，并保证零件表面之间有良好的接触，常常在铸件上设计出凸台、凹坑，如图 10-50 所示。

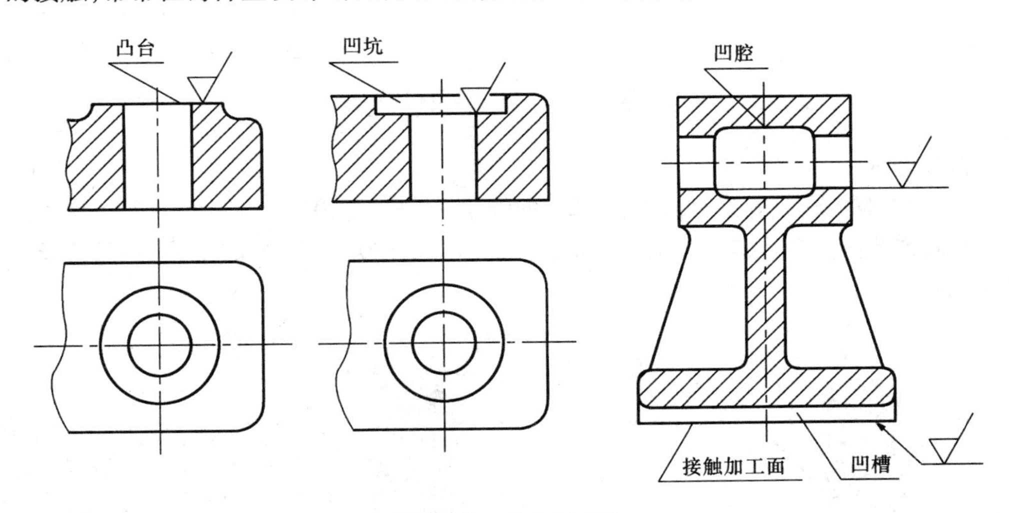

图 10-50 凸台与凹坑

3. 退刀槽和砂轮越程槽

在车削螺纹时，为了便于退出刀具和使配合零件轴向旋合到位，常在螺纹的待加工面末端预先车出退刀槽；磨削加工圆柱面时，为了不使砂轮的圆角影响装配零件的轴向定位，也在零件的待加工面末端预先车出砂轮越程槽，如图 10-51 所示。

退刀槽的结构和尺寸如图 10-51 所示(尺寸注成“槽宽度 $b\times$槽直径 ϕ”或“槽宽度 $b\times$槽深度 a”或分开单独标注)。含退刀槽的内外螺纹，其长度尺寸应包括退刀槽的宽度 b，如图 10-51 中所注的长度尺寸 L。

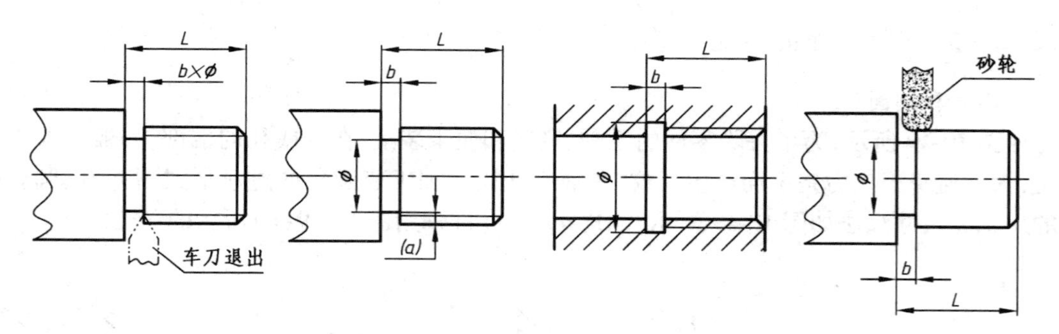

图 10-51 退刀槽和砂轮越程槽

砂轮越程槽的结构、视图表达和尺寸参见图 10-52 及附录 B 附表 3。

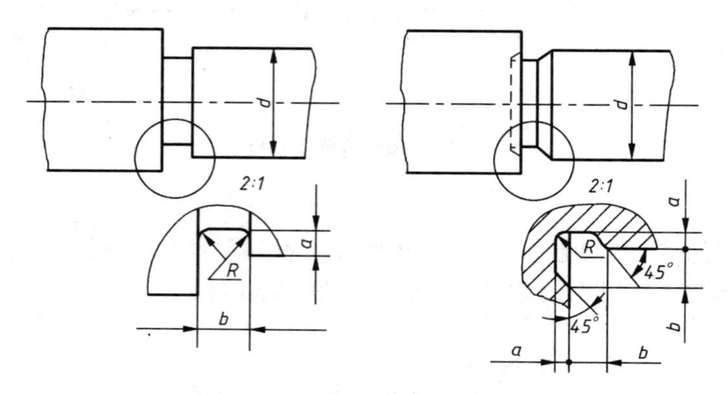

图 10-52 砂轮越程槽的结构及尺寸

4. 钻孔结构

用钻头钻出的盲孔，在底部应画出 120°的锥角，但锥角 120°尺寸不注。

如果阶梯孔的大孔也是钻孔，在两孔之间也应画出 120°的圆台部分。孔的画法及尺寸标注如图 10-53 所示。

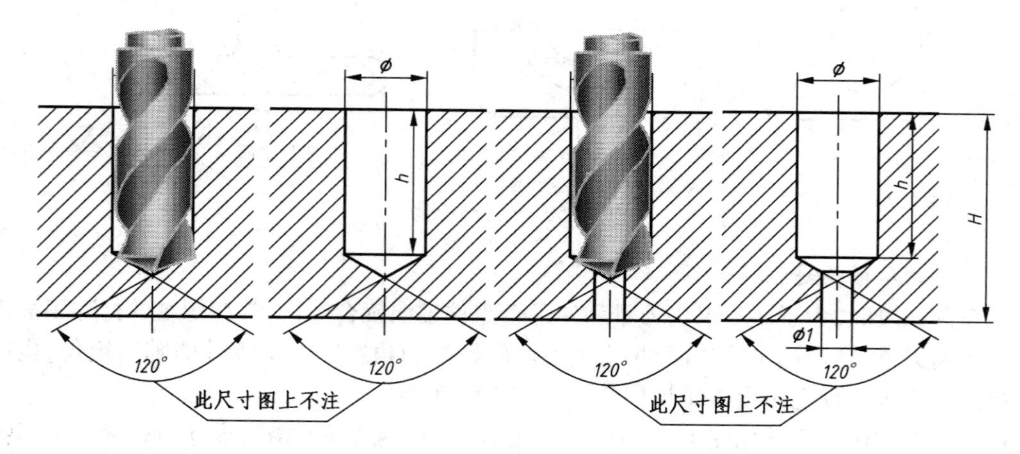

图 10-53 钻孔的画法及尺寸标注

用钻头钻孔时，为保证钻孔正确和避免钻头折断，应使钻头轴线垂直于被钻孔表面。因此在与钻头轴线倾斜的表面处，常设计出平台或凹坑结构，但当钻头轴线与倾斜表面的夹角大于60°时，也可以直接钻孔，如图 10-54 所示。

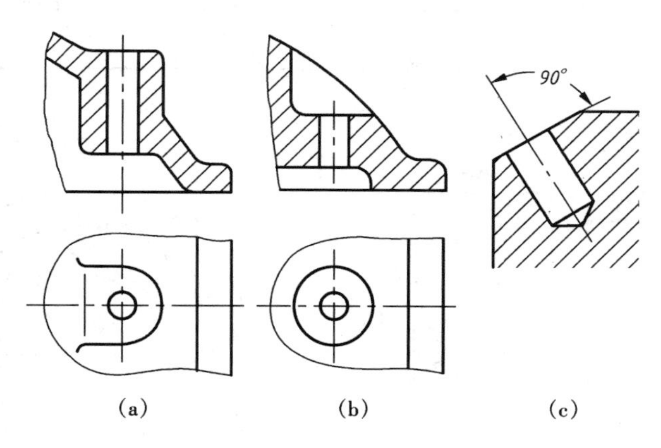

图 10-54　钻孔的表面结构

10.6　读零件图

设计零件时，经常需要参考同类机器零件的图样，这就需要会看零件图。制造零件时，也需要看懂零件图，想象出零件的结构、形状，了解各部分尺寸及技术要求等所有内容，以便按设计要求加工出合格的零件。

下面介绍读零件图的方法和步骤。

10.6.1　读零件图的方法和步骤

(1)概括了解

从零件的标题栏，了解零件的名称、材料、绘图比例等，对零件有一个初步认识。

(2)分析视图，想象形状

读零件图的内、外形状和结构是读零件图的重点。分析零件图采用的表达方法，如选用的视图、剖视图的剖切面位置及投射方向等，从基本视图看出零件的大体内外形状；结合局部视图、向视图、斜视图以及断面等表达方法，读懂零件的局部或斜面的形状；同时也从加工方面的要求了解零件的一些结构的作用。

(3)分析尺寸和技术要求

确定各方向的尺寸基准，了解零件各部分的定形、定位尺寸和零件的总体尺寸；了解各配合表面的尺寸公差，有关的形位公差、各表面的表面结构要求，理解文字说明中对制造、检验等方面的技术要求。

(4)综合考虑

将看懂的零件的结构、形状、尺寸标注以及技术要求等内容综合起来，想象出零件的全貌。

10.6.2 读零件图举例

1. 概括了解

如图 10-55 所示，从标题栏中可知，此图是箱体类零件，材料为灰铸铁 HT200，比例为 1∶2，这个零件是铸件。

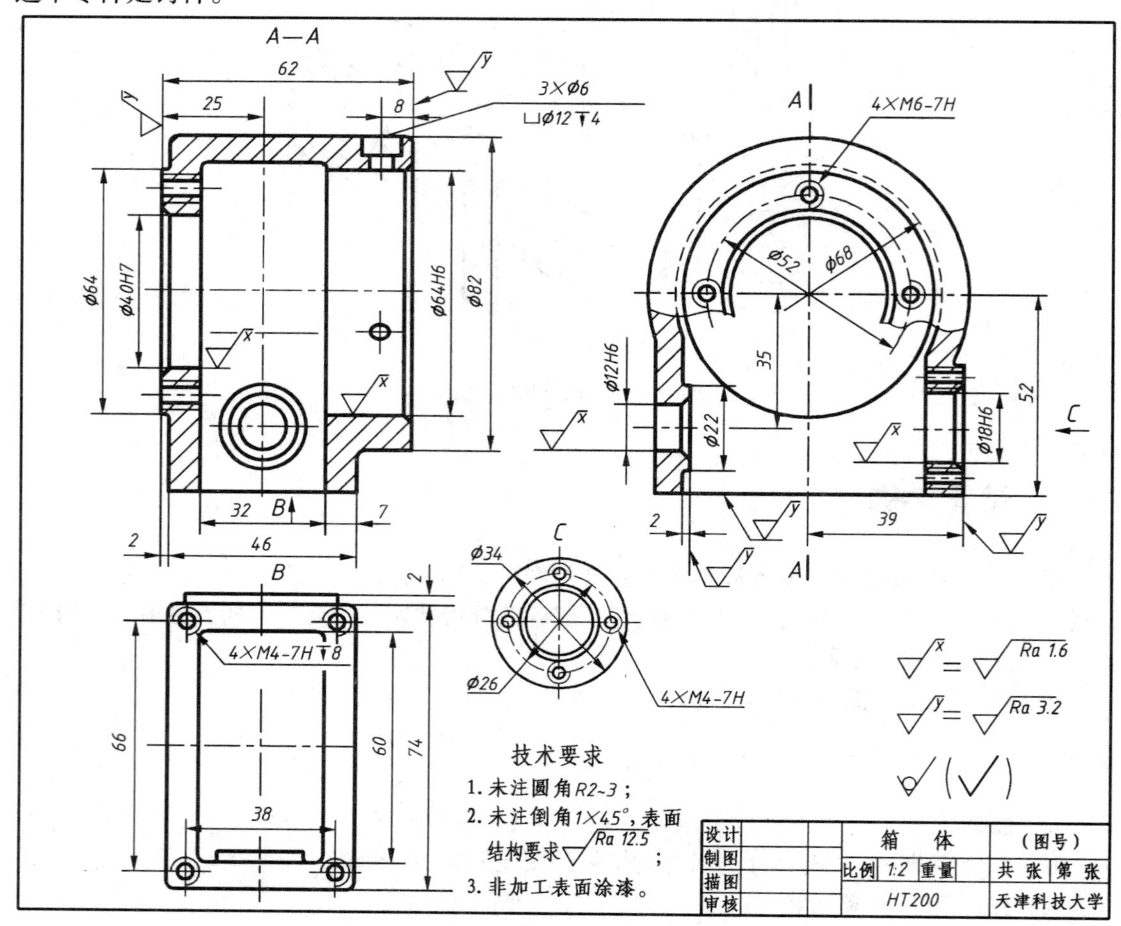

图 10-55 箱体零件图

2. 分析视图，想象形状

该箱体采用主视、左视图和一个局部视图来表示。主视图采用单一剖切平面的全剖视图，表达内部结构；左视图采用单一剖切平面的局部剖视图，表达左端面的外形、四个 M6 的螺纹孔和下部前后方向的内部结构；两个局部视图分别反映底面及前端面的形状及其四个螺纹孔的位置、大小。从这些视图可以想象出，该零件是由壳体、圆筒和底板三部分组成的蜗轮蜗杆减速箱箱体。

①壳体——它是上部为半圆柱形、下部为长方形的拱门状形体，其左端是有四个螺纹孔的圆柱形凸缘；下部蜗杆轴孔前端是有四个螺纹孔的圆柱形凸缘，后端内部有一个圆形凸缘；内腔用以包容蜗轮。

②圆筒——左右圆筒用以安装蜗轮轴，蜗轮从右端装入，右端圆柱壁上有三个 φ6 的沉孔。

③底板——它是一个带圆角中空长方形板,其下部有四个螺纹孔。

通过这样的分析,就可以大致想象出箱体的整体形状。

3. 分析尺寸和技术要求

通过形体分析和分析图上所注的尺寸,可以看出长、高、宽三个方向的主要尺寸基准分别为蜗杆轴孔 ϕ18H6 的轴线和前后基本对称的对称平面(下部蜗杆轴孔处前后不对称)。各主要尺寸分别从这三个基准直接注出,如长度尺寸 25 定左端面;高度尺寸 35 定蜗轮轴轴线;宽度尺寸 39 定蜗杆轴孔的前端面。壳体的左端面、圆筒的右端面、蜗轮轴孔的轴线分别是各个方向的辅助基准。

本图中还注出了各个表面的表面结构要求,在蜗轮轴孔、蜗杆轴孔(基准孔)处的表面结构要求较高,*Ra* 均为 1.6μm,加工的凸台、端面、底面均为 *Ra*3.2μm;尺寸公差如 ϕ18H6、ϕ12H6、ϕ40H7、ϕ64H6 及螺纹公差如 4 × M4—7H、4 × M6—7H 等,其极限偏差数值分别由相应的基本尺寸及其公差带代号 H6、H7、7H 查表获得。

4. 综合考虑

把上述各项内容综合起来,就能得出该箱体零件的总体情况,即对箱体的结构形状、尺寸大小及有关尺寸公差、表面结构要求等内容有了全面的认识和了解。

10.7　零件测绘

对现有的零件实物进行测量、绘图和确定技术要求的过程,称为零件测绘。在仿造和修配机器或部件以及进行技术改造时,常常要进行零件测绘。

测绘零件的工作常在机器的现场进行,由于受条件的限制,一般先绘制零件草图(即按比例目测、徒手绘制的零件图),然后由零件草图整理成零件工作图(简称零件图)。

零件草图是绘制零件图的重要依据,必要时还可直接用来制造零件。因此,零件草图必须具备零件应有的全部内容。要求做到:图形正确、尺寸完整、线型分明、图面整洁、字体工整,并注写出技术要求等有关内容。

10.7.1　零件测绘的方法和步骤

1. 了解和分析测绘对象

首先应了解零件的名称、用途、材料以及它在机器(或部件)中的位置和作用;然后对该零件进行结构分析和制造方法的大致分析。

2. 确定视图的表达方案

先根据显示零件形状特征的原则,按零件的加工位置或工作位置,确定主视图;再按零件的内外结构特点选用必要的其他视图和剖视图、断面图等表达方法。视图表达方案要求完整、清晰、简明。

3. 绘制零件草图

为了方便作图和对准投影关系,草图可以画在方格纸或坐标纸上。现以绘制图 10-56 所示阀盖的零件草图为例,说明绘制零件草图的步骤,见图 10-57。

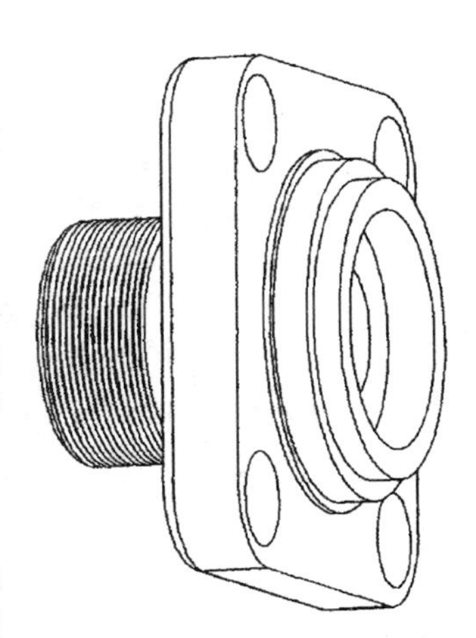

图 10-56　阀盖零件的轴测图

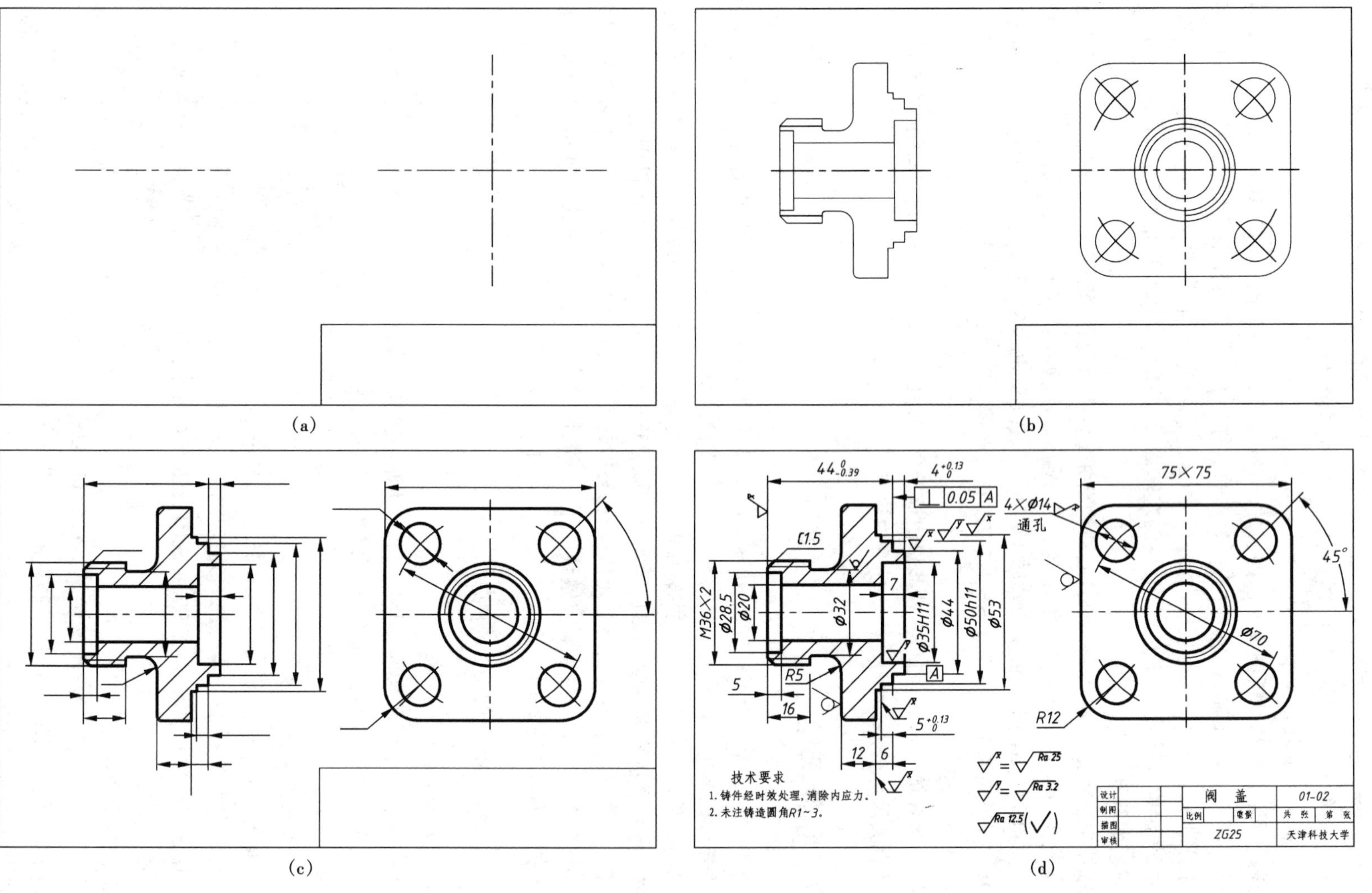

图10-57 画零件草图的步骤

①画出图框、标题栏框（或盖图章等），进行布局，画出作图的基准线，以确定视图的位置，如图 10-57（a）所示。

②采用恰当的表达方法：阀盖属盘、盖类零件，一般用两个基本视图。主视图按加工位置，将轴线水平放置，画成全剖视图，以表达其轴向内部结构；左视图表达方形板的形状及四个孔的分布情况。按照投影的对应关系，画出阀盖零件的主、左视图，如 10-57（b）所示。

③画出尺寸界线、尺寸线和箭头，并加深粗实线，如图 10-57（c）所示。

④测量尺寸，填写尺寸数字，注写表面结构要求、尺寸公差、技术要求和标题栏，如图 10-57（d）所示。

4. 绘制零件工作图

对画好的零件草图进行复核后，再按草图画零件工作图。

10.7.2　零件测绘时的注意事项

①零件的制造缺陷，如砂眼、气孔、刀痕等，以及长期使用所造成的磨损，都不应画出。

②零件上因制造、装配的需要而形成的工艺结构，如铸造圆角、倒角、退刀槽、凸台、凹坑等，都必须画出，不能忽略。

③有配合关系的尺寸（如配合的孔和轴的直径），一般只要测出它的基本尺寸，其配合性质和相应的公差值，应在分析考虑后，再查阅有关手册确定。也可测出配合孔和轴的实际尺寸，根据存在的间隙或过盈，推断原设计采用的配合种类，作为确定配合的参考。

④没有配合关系的尺寸或不重要的尺寸，允许将测量所得的尺寸适当圆整（调整到整数值）。

⑤对螺纹、键槽、齿轮的轮齿等标准结构的尺寸，应该把测量的结果与标准值核对，采用标准结构尺寸，以利于制造。

第 11 章 装配图

11.1 概述

11.1.1 装配图的作用与内容

1. 装配图的作用

表达机器或部件的图样称为装配图。在机械产品的设计过程中，一般先根据设计要求画出装配图以表达机器或部件的工作原理、传动路线和零件间的装配关系，并通过装配图表达各组成零件在机器或部件上的作用和结构以及零件之间的相对位置和连接关系，以便正确地绘制零件图。在生产过程中，根据装配图将零件装配成机器或部件。在使用过程中，装配图可帮助使用者了解机器或部件的结构，为安装、检验和维修提供技术资料。因此装配图是反映设计、装配、使用机器和进行技术交流的重要技术资料。

2. 装配图的内容

装配图一般包括以下四项内容。

①一组图形。用一组图形完整、清晰地表达机器或部件的工作原理、各零件间的装配关系（包括配合关系、连接关系、相对位置及传动关系）和主要零件的主要结构。

②必要的尺寸。标注出表示机器或部件的性能（规格）以及装配、检验、安装时所必需的一些尺寸。

③技术要求。用文字或符号说明机器或部件的性能、装配和调整要求、验收条件、试验和使用规则等。

④零件的序号、明细栏和标题栏。为了便于进行生产准备工作，编制其他技术文件和管理图样，在装配图上必须对每个零件标注序号并编制明细栏。明细栏说明机器或部件上各个零件的名称、数量、材料以及备注等。序号的作用是将明细栏与图样联系起来，看图时便于找到零件的位置。标题栏说明机器或部件的名称、重量、图号、图样比例等。

11.1.2 装配图与零件图

设计、测绘机器或部件时都要画出装配图。设计时先画出装配图，再依据装配图拆画零件图。测绘时通常先画出零件草图，再依据装配关系画出装配图。

11.2 装配图的表达方法

由于装配图所表达的是由若干零、部件组成的机器（或部件），所以其内容应侧重表达机器（或部件）的工作原理与装配关系。图 11-1 表示出了齿轮油泵全部零件的分解图，其装配图如图 11-2 所示。装配图除采用第 8 章介绍的视图、剖视图和断面图等有关机件的表达方法外,还常采用一些规定画法、特殊画法及简化画法。

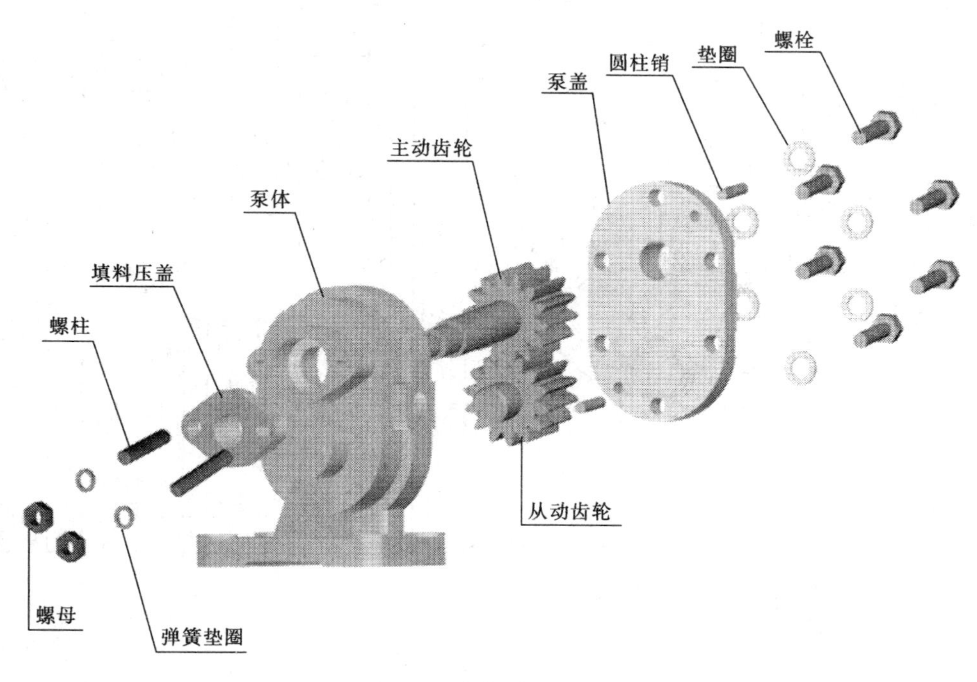

图 11-1　齿轮油泵分解图

11.2.1　规定画法

1. 接触零件剖面线画法

为了区分相接触的零件,在剖视图中,两个相邻金属零件的剖面线应画成倾斜方向相反或倾斜方向相同但间隔不同;同一零件的剖面线,其方向、间隔应保持一致。宽度小于或等于 2 毫米的断面,允许将断面涂黑。

2. 紧固件及实心件的表达方法

在装配图中,对于紧固件及轴、连杆、球、键、销等实心零件,若按纵向剖切且剖切平面通过其对称平面或轴线时,这些零件按不剖绘制。如需要特别表明零件的结构(如凹槽、键槽、销孔等),可用局部剖表示。

3. 零件间接触面和配合面的画法

在装配图中,两零件的接触表面和配合表面只用一条轮廓线表示。对于非接触表面或非配合表面,即使间距很小,也应将两个零件的轮廓分别画两条线。如图 11-2 中填料压盖 2 与主动齿轮轴 1 无配合关系,轴与孔之间有间隙,应画成两条线。

11.2.2　特殊画法

1. 沿结合面剖切或拆卸画法

某些需要表达的结构形状在视图中若被其他零件遮盖时,可以假想沿某些零件的结合面选取剖切平面或将某些零件拆卸后再画出该视图。需要说明时,可加注“拆去××等”。如图

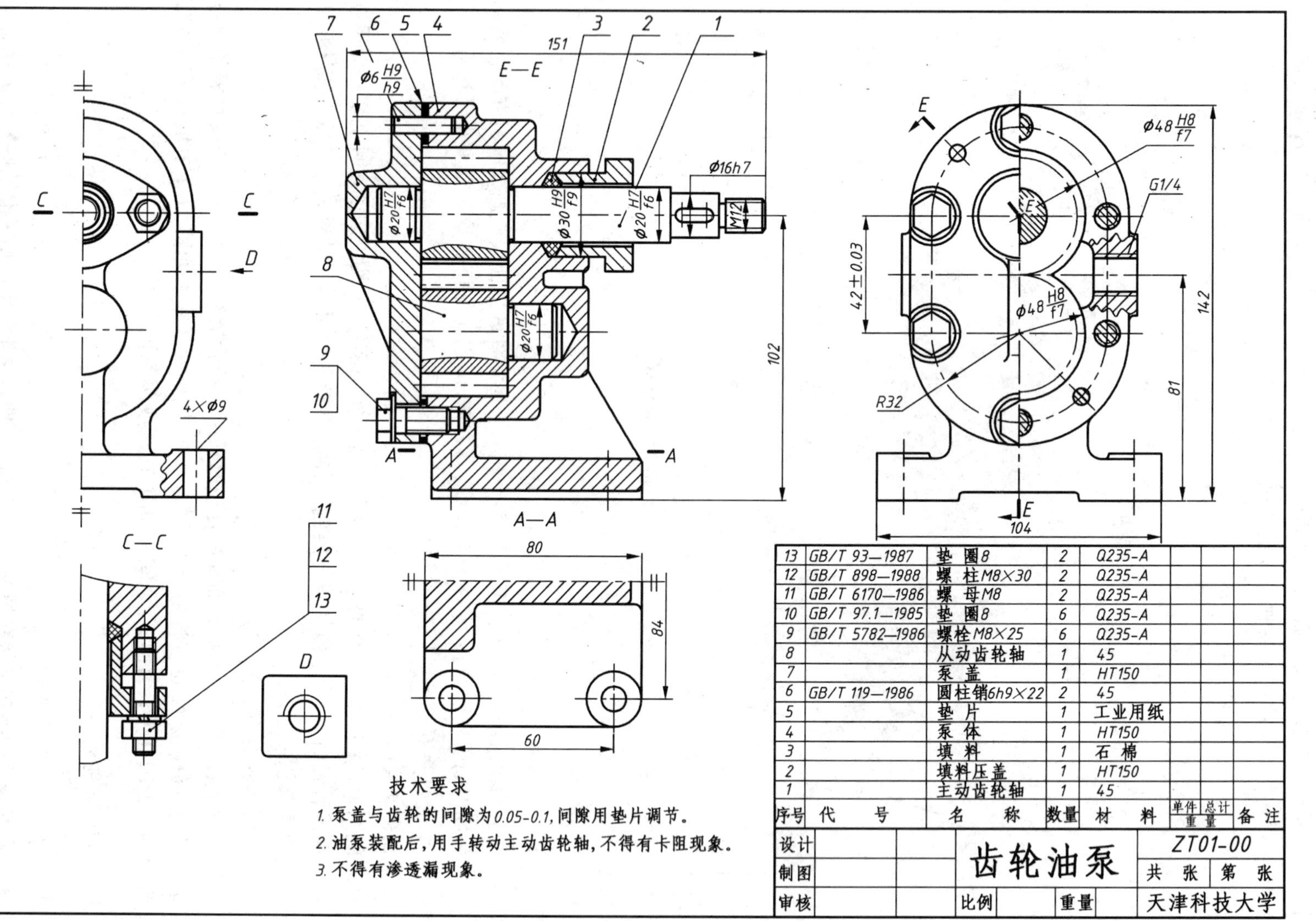

技术要求

1. 泵盖与齿轮的间隙为0.05-0.1，间隙用垫片调节。
2. 油泵装配后，用手转动主动齿轮轴，不得有卡阻现象。
3. 不得有渗透漏现象。

序号	代号	名称	数量	材料	单件重量	总计重量	备注
13	GB/T 93—1987	垫圈8	2	Q235-A			
12	GB/T 898—1988	螺柱M8×30	2	Q235-A			
11	GB/T 6170—1986	螺母M8	2	Q235-A			
10	GB/T 97.1—1985	垫圈8	6	Q235-A			
9	GB/T 5782—1986	螺栓M8×25	6	Q235-A			
8		从动齿轮轴	1	45			
7		泵盖	1	HT150			
6	GB/T 119—1986	圆柱销6h9×22	2	45			
5		垫片	1	工业用纸			
4		泵体	1	HT150			
3		填料	1	石棉			
2		填料压盖	1	HT150			
1		主动齿轮轴	1	45			

设计			齿轮油泵		ZT01-00	
制图					共 张	第 张
审核			比例	重量	天津科技大学	

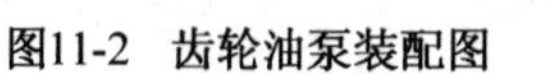
图11-2 齿轮油泵装配图

11-3 所示的俯视图中的右半就是拆去轴承盖等零件后画出的。

2. 单独表示某个零件

在装配图中，当某个零件的某些结构未表达清楚而且对理解装配关系又有影响时，可以单独画出该零件的视图(或剖视图、断面图)，用箭头指明投射方向或画剖切符号，标注字母，并在所画视图上方用相同的字母注出该零件的视图名称，如图 11-2 中“*D*”。

3. 夸大画法

装配图中如遇薄垫片、细丝弹簧、小间隙、小锥度等细小结构，按实际尺寸画出难于表达清楚时，允许将该部分适当夸大画出。如图 11-2 中的垫片 5，就采用了夸大画法。

4. 假想画法

在装配图中，需要表示运动零件的极限位置时，可将运动件画在一个极限位置而用双点画线画出它的另一个极限位置，如图 11-20 俯视图中手把 8 的极限位置画法。

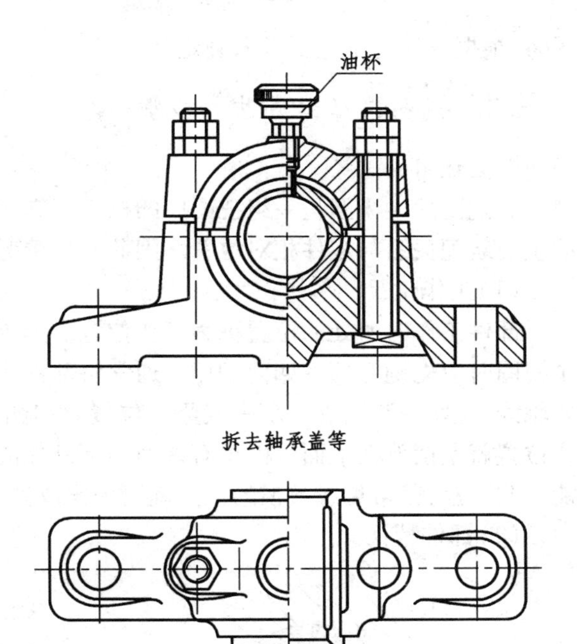

图 11-3　装配图中的拆卸画法

11. 2. 3　简化画法

①对于装配图中螺栓连接等若干相同零件组，允许仅详细地画出一处或几处，其余则以点画线表示中心位置即可。

②在装配图中，零件的工艺结构(如圆角、倒角等)可以不画。如图 11-2 中螺栓、轴、螺柱等的倒角均可省略不画。

③当剖切平面通过的某些组合件为标准产品(如油杯、油标、管接龙头等)时，或该组合件已由其他装配图表示清楚时，则可以只画出其外形。如图 11-3 所示的主视图中的油杯为标准组合件，可只画其外形。

11. 3　装配图的视图选择

11. 3. 1　视图选择的要求

按照装配图的作用，其视图选择应满足以下要求：

①表达装配体的作用原理，如传动顺序、油路等，一般应表示其工作位置，即装配体在实际使用时或工作时的位置；

②反映各零件间的装配关系和连接关系，如配合性质、连接方式和安装方法等；

③反映装配体的特征和概貌及各主要零件的基本结构形状。

不必表达清楚每一零件上的所有细节，这是与零件图不同之处。这些细节，可在设计零件图时，根据设计与工艺要求来确定。

11.3.2 视图选择的方法和步骤

1. 主视图的选择

装配图的主视图是一组视图中的核心。它主要反映出工作原理、传动关系和各零件之间的主要装配关系与零件相对位置。因此一般情况应按工作位置和部件特征来确定视图。

(1)工作位置

部件工作时所处的位置称为工作位置。为了使装配工作比较方便，读图符合习惯，在选择主视图时应先确定部件如何摆放。通常将部件按工作位置放置或将其放正，即使装配体的主要轴线、主要安装面等呈水平或竖直位置。如图 11-2 所示齿轮油泵的主视图，安装底板的工作位置就是摆放在下面。由于有些通用部件如滑动轴承、阀类等的应用场合不同，工作位置可能不同，应将其常见或习惯的位置确定为摆放位置。

(2)部件特征

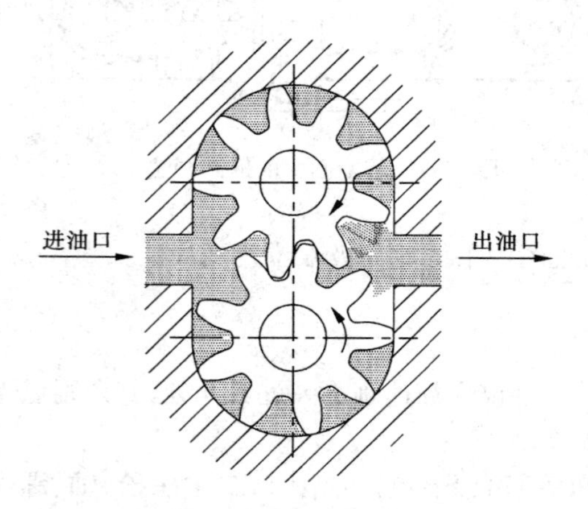

图 11-4 齿轮油泵工作原理图

反映部件工作原理的结构、各零件间装配关系和主要零件基本结构等称为部件特征。在确定主视图时，应选择最能反映部件特征(如部件的工作原理、传动路线、零件间装配关系及主要零件的主要结构)的视图为主视图。当不能在同一视图上反映以上内容时，则应经过比较，取一个能较多反映上述内容的视图作为主视图。通常，部件中各零件是沿一条或几条轴线装配起来的，这些轴线成为装配干线，它反映了零件间的装配关系。

图 11-4 为齿轮油泵的工作原理简图，当两个齿轮按箭头所示方向旋转时，在齿轮啮合区的左侧产生真空吸力，将油从进油口吸入泵内，随着齿轮的转动，不断地从出油口将一定压力的油输送出去。由此可以看出，仅用一个主视图一般不能把部件所有特征都表达清楚。

2. 其他视图的选择

主视图确定以后，对其他视图的选择可以考虑以下几点：

①考虑还有哪些装配关系、工作原理以及主要零件的主要结构还没有表达清楚，再确定选择哪些视图以及相应的表达方法；

②尽可能地考虑用基本视图以及基本视图上的剖视图，包括沿零件结合面剖切或拆卸画法来表达有关内容；

③要考虑合理地布置视图位置，使图样清晰并有利于图幅的充分利用。

11.4 装配图的尺寸标注和技术要求

11.4.1 装配图的尺寸标注

装配图与零件图的作用不同,因此对尺寸标注的要求也不同。零件图是加工制造零件的主要依据,要求零件图上的尺寸必须完整;而装配图主要是设计和装配机器或部件时用的图样,因此只标注与部件的规格、性能、装配、检验、安装、运输及使用等有关的尺寸。

1. 特性尺寸(规格尺寸)

表示机器或部件性能或规格的尺寸,它是设计机器或部件的主要依据,也是用户选购产品的依据,如图 11-2 所示的进出油孔的螺纹尺寸 G1/4。

2. 装配尺寸

表示机器或部件上零件间装配关系的尺寸。装配尺寸是装配工作的主要依据,是保证机器或部件性能所必需的尺寸。一般有以下几种。

(1)配合尺寸

零件间有公差配合要求的一些重要尺寸。配合尺寸一般由基本尺寸和表示配合性质的配合代号组成。如图 11-2 所示齿轮油泵装配图 ϕ30H9/f9 和 ϕ20H7/f6 等尺寸。

(2)相对位置尺寸

表示装配时需要保证的零件间较重要的距离、间隙等。相对位置尺寸一般表示下面几种较重要的相对位置。

①主要平行轴间的距离,如图 11-2 中的尺寸 42 ±0.03。

②主要轴线与安装面间的距离,如图 11-2 中的尺寸 102。

③装配后两零件间必须保证的间隙。这类尺寸一般注写在技术要求中或视图上,如图 11-2 中技术要求中的第 1 条。

(3)连接尺寸

它包括重要螺纹、花键、销、齿轮等连接处的有关尺寸。它一般包括连接部分的尺寸及有关位置尺寸。

3. 安装尺寸

表示将部件安装在机器上或机器安装在基座上需要确定的尺寸。图 11-2 中底板上小孔的间距尺寸 60、84 及 4 × ϕ9 等均为安装尺寸。

4. 外形尺寸

表示机器或部件所占有的空间大小的尺寸,包括部件的总长、总宽和总高,是包装、运输、安装、厂房设计时所需的重要数据。如图 11-2 中的尺寸 104、142 和 151。

5. 其他重要尺寸

其他重要尺寸包括经过强度计算或参数计算确定的尺寸及运动零件的极限位置尺寸等必须注出。由于产品的生产规模、工艺条件、专业习惯等因素的影响,并不是每张装配图必须全部标注上述各类尺寸,并且有时装配图上同一尺寸往往有几种含义。因此装配图上究竟要标注哪些尺寸,要根据具体情况进行具体分析。

11.4.2 零件序号和明细栏

为了便于读图、管理图样、准备材料和标准件,在装配图中对所有零件(或部件)都必须编写序号,并在标题栏上方画出明细栏。

1. 序号

(1)编写序号的规定

①装配图中所有的零件都必须编写序号,并且零件序号应与明细栏中该零件的序号一致。

②装配图中一个零件只编写一个序号,同一装配图中形状、尺寸、材料和制造要求相同的零件,一般只标注一次。多处出现的相同的零件必要时也可重复标注。

(2)序号的编写方法

①零件序号的编写形式如图 11-5 所示。序号填写在用细实线画出的指引线的水平线上方或圆内,字高比图中的尺寸数字高度大一号或两号。同一装配图中,编号的形式应一致。

②指引线(细实线)应自所指零件的可见轮廓内引出,并在末端画一圆点;若所指部分(很薄的零件或涂黑的剖面)内不宜画圆点时,可在指引线的末端画出箭头,并指向该部分的轮廓,如图 11-5 所示。指引线不能互相交叉,当通过剖面区域时,也不应与剖面线平行,必要时,指引线可画成折线,但只可曲折一次。一组紧固件或装配关系清楚的零件组可采用公共指引线,如图 11-6 所示。

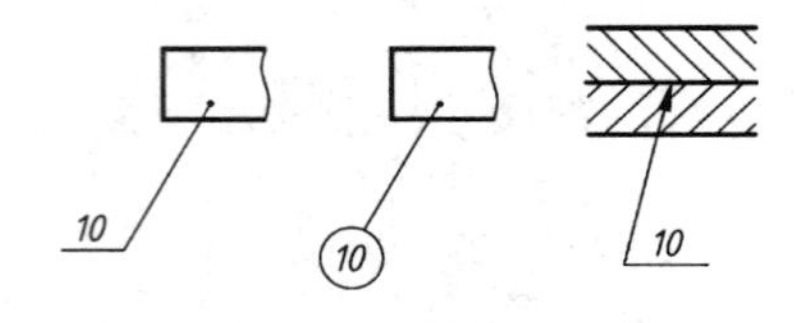

图 11-5 编注序号的形式

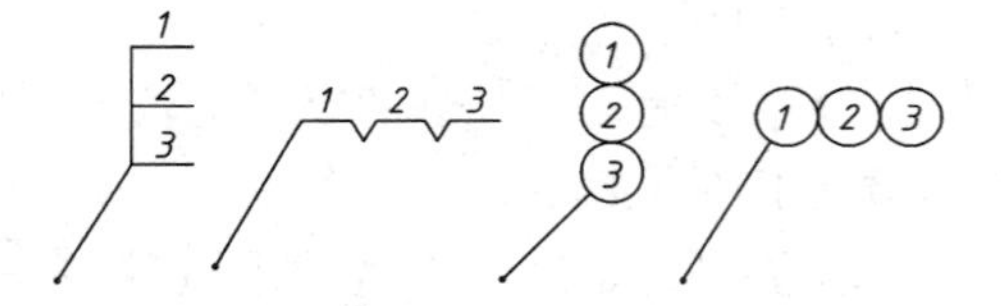

图 11-6 公共指引线

③编写序号时要排列整齐、顺序明确,规定按水平或垂直方向排列在直线上,并依顺时针或逆时针方向顺序排列。在整个图上无法连续时,可只在每个水平或垂直方向顺次排列。

2. 明细栏

明细栏是装配图中各组成部分(零件或部件)的详细目录。它是由序号、代号、名称、数量、重量、备注等内容组成的,如图 11-7 所示。明细栏应紧接着标题栏的上方画出,在标题栏上方由于位置不够而填写不完全部零件时,可在标题栏左侧续写。明细栏中序号自下而上排列,这样便于填写增添的零件。

11.4.3 技术要求的注写

当技术要求在视图上不能充分表达清楚时,应在标题栏上方或左方空白处用文字说明。技术要求的内容应简明扼要、通顺易懂。

技术要求的条文应编顺序号,仅一条时不写顺序号。如另编有单独的《技术条件》时,装配图上可不注写技术要求。

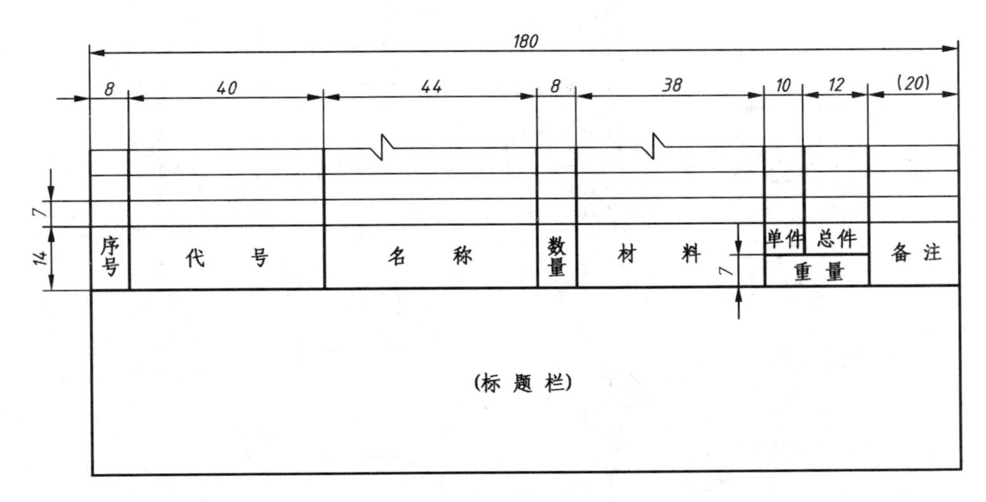

图 11-7　明细栏

11.5　装配结构的合理性

装配结构的合理性会影响产品质量和成本,甚至决定产品能否制造,因此在设计和绘制装配图时,应该考虑装配结构的合理性,保证部件的性能要求。装配结构合理的基本要求是:

①零件结合处应精确可靠,保证装配质量;

②便于装配和拆卸;

③零件的结构简单,加工工艺性好。

下面仅就常见的装配结构问题作一些介绍,以供画装配图时参考。

11.5.1　接触处的结构

1. 两个零件接触面的数量

两个零件接触时,在同一方向接触面一般应只有一个,避免两组面同时接触,否则就要提高接触面处的尺寸精度,增加加工成本,如图 11-8 所示。

2. 两个零件接触处拐角的结构

当要求两个零件在两个方向同时接触时,则两个接触面的交角处应制成倒角或切槽,以保证接触的可靠性,如图 11-9 所示。

3. 锥面接触

因为锥面配合同时确定了轴向和径向两个方向的位置,因此要根据对接触面数量的要求考虑其结构,如图 11-10 所示。

11.5.2　可拆连接结构接触处的结构

对于可拆连接结构而言,应主要考虑其接触处的连接可靠和装拆方便。

1. 连接可靠

①如果要求将外螺纹全部拧入内螺纹中,可在外螺纹的螺尾处加工出退刀槽,或在内螺纹

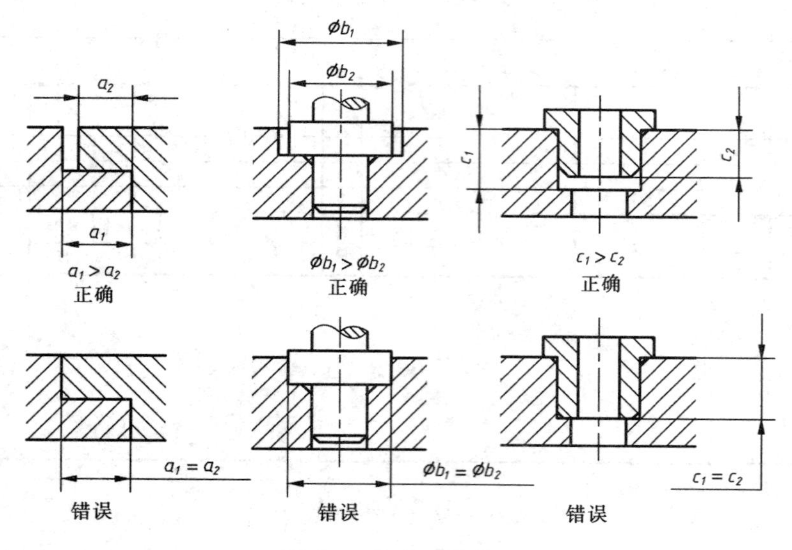

图 11-8 接触面的数量

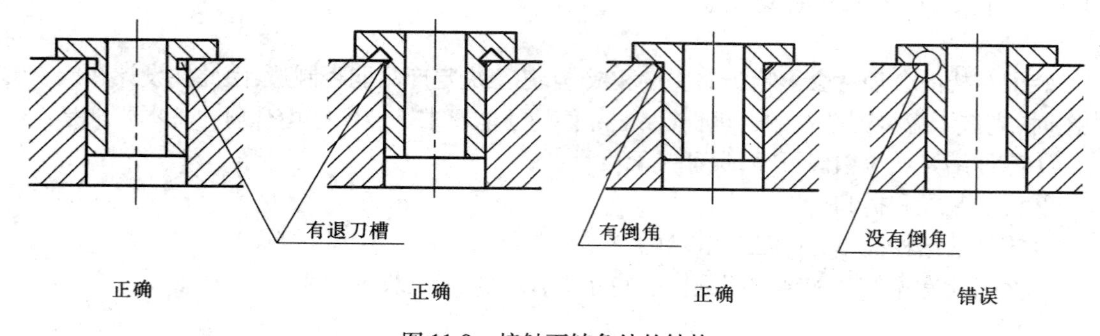

图 11-9 接触面转角处的结构

起端加工出倒角,如图 11-11 所示。

②轴端为螺纹连接时,应留出一段螺纹不拧入螺母中,如图 11-12 所示。

2. 装拆方便

①在装有螺纹紧固件的部位,应留有足够的空间,以便于装拆方便,如图 11-13 所示。

②在安排螺钉位置时,应考虑扳手的空间活动范围,图 11-14 中左图所留空间太小,扳手无法使用,右图是正确的结构形式。

③对装有衬套的结构,应考虑衬套的拆卸问题。图 11-15 中的孔是为了拆卸衬套而设置的。

11.5.3 密封装置结构

在一些部件或机器中,为防止液体外流或灰尘进入,常需要设置密封装置结构。

1. 毡圈式密封

在装有轴的孔内,加工出一个梯形截面的环槽,在槽内放入毛毡圈,毛毡圈有弹性且紧贴在轴上,可起密封作用。环槽属标准结构,其各部分的尺寸可查阅有关手册,如图 11-16 所示。

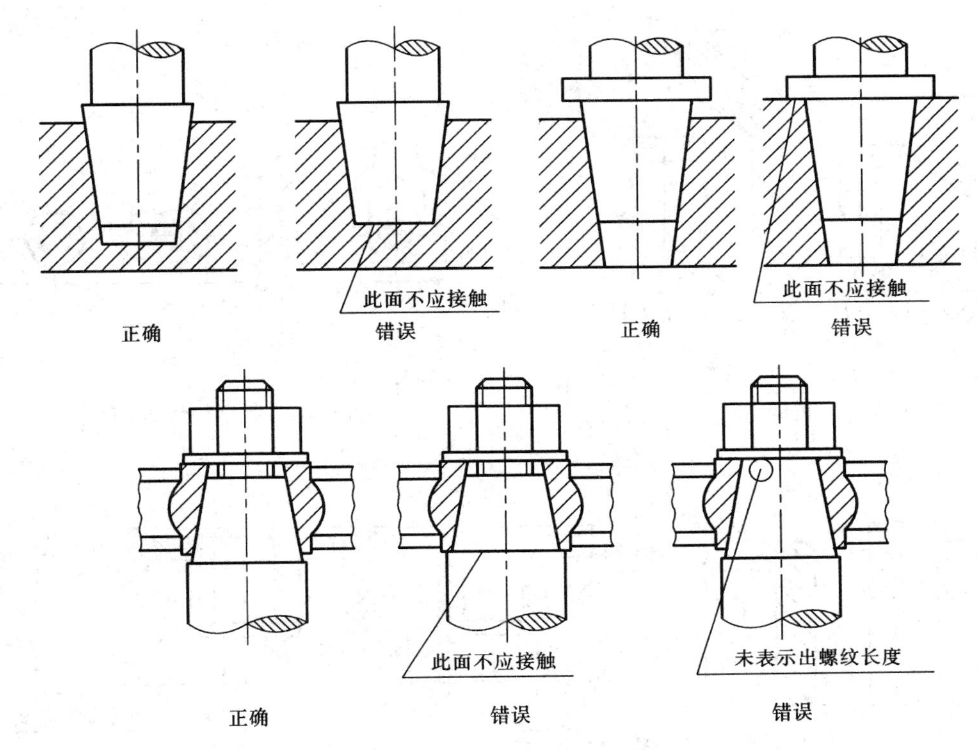

图 11-10　锥面接触的结构

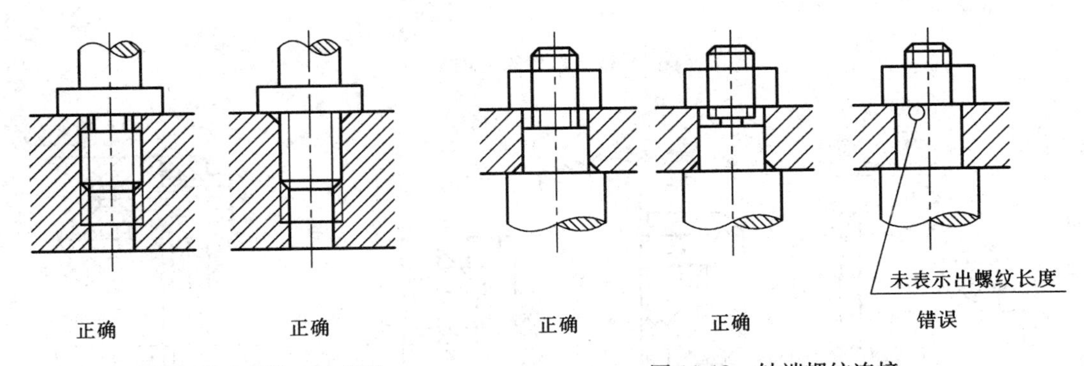

图 11-11　外螺纹全部拧入内螺纹

图 11-12　轴端螺纹连接

2. 填料函密封

在输送液体的泵类和控制液体的阀类部件中，常采用填料函密封装置，通常用浸油的石棉、绳或橡胶作填料，拧紧压盖螺母。通过填料压盖即可将填料压紧，起到密封作用。绘图时应使填料压盖处于可调整位置，一般使其压入 3 ~5 mm，如图 11-17 所示。

3. 垫片密封

为了防止液体或气体从两零件的结合面处渗漏，常采用垫片密封。当垫片厚度在图中小于或等于 2 mm 且未被剖切时，需画两条线表示其厚度，常采用夸大画法，在剖视图中可用涂黑代替剖面符号，如图 11-18 所示。

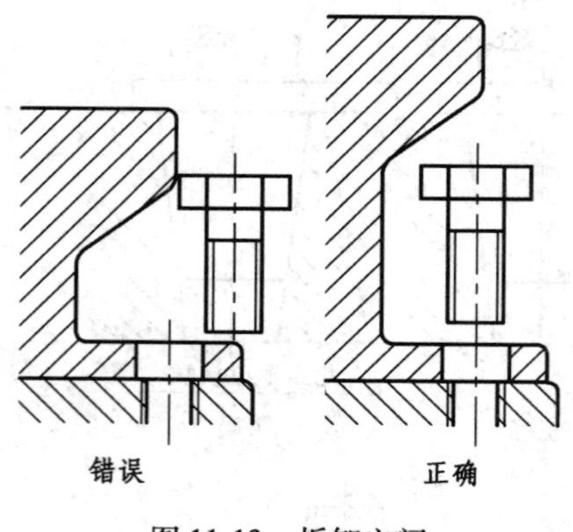

图 11-13　拆卸空间

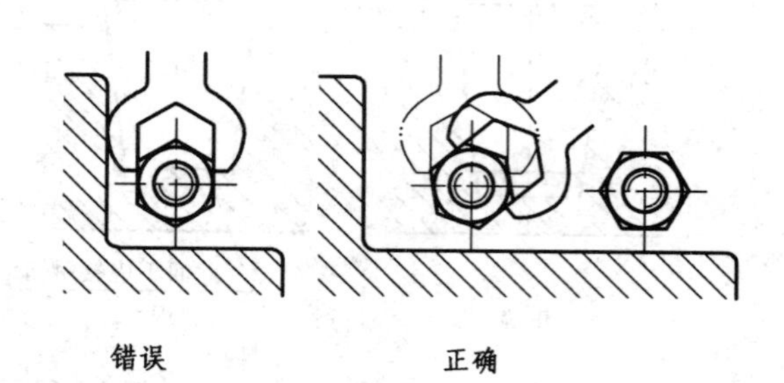

图 11-14　扳手的活动空间

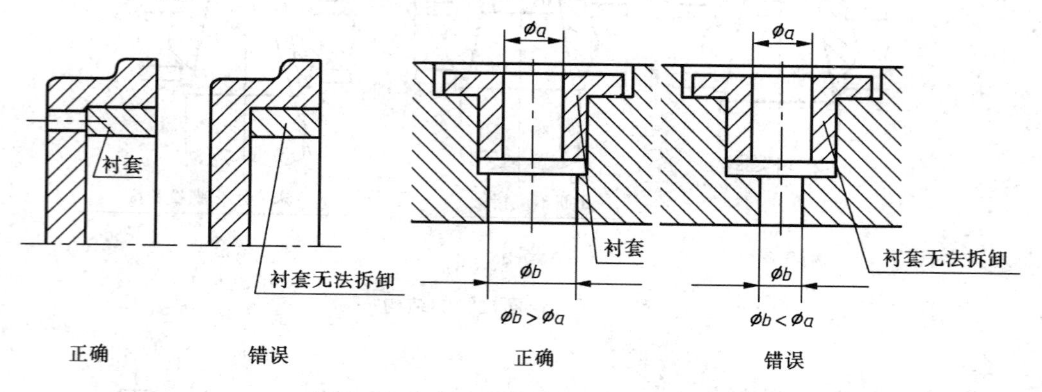

图 11-15　衬套的合理结构

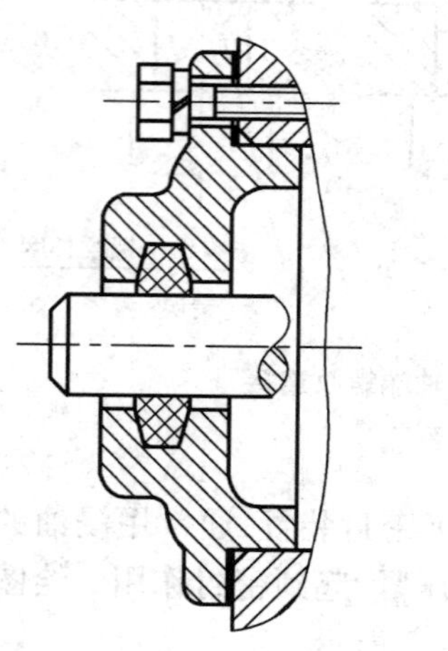

图 11-16　毡圈密封

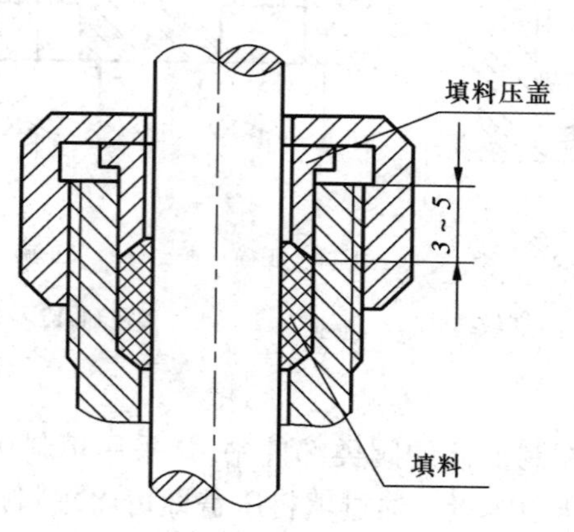

图 11-17　填料函密封

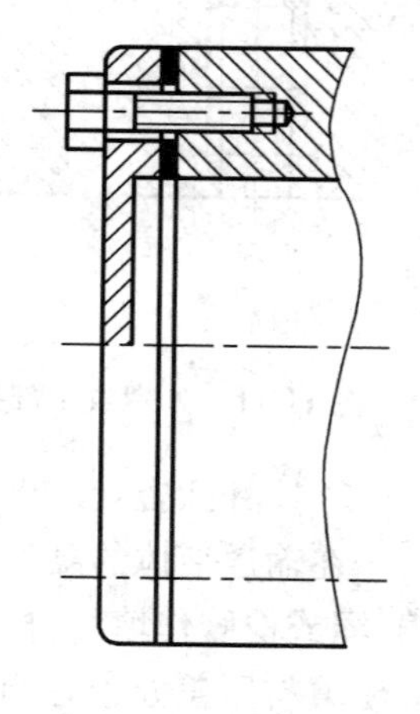

图 11-18　垫片密封

11.6 画装配图的方法和步骤

11.6.1 画图方法

1. 对所表达的部件进行分析

画装配图之前,必须对所表达部件的用途、工作原理、结构特点、零件之间的装配关系及技术条件等进行分析、了解,以便着手考虑视图表达方案。

2. 确定表达方案

对所画的部件有了清楚的了解之后,就要运用前面所讲的视图选择原则,合理运用各种表达方法,确定视图表达方案。

11.6.2 画图步骤

1. 图面布局

根据视图表达方案所确定的视图数目、部件的尺寸大小和复杂程度,选择适当的画图比例和图纸幅面。布局时既要考虑各视图所占的面积,又要为标注尺寸、编写零件序号、明细栏、标题栏以及填写技术要求留出足够的空间。首先画出边框、图框、标题栏和明细栏等的底稿线,然后画出各基本视图的作图基准线,例如,对称中心线、主要轴线和主体件的基准面等。齿轮油泵装配图的布局如图11-19所示。

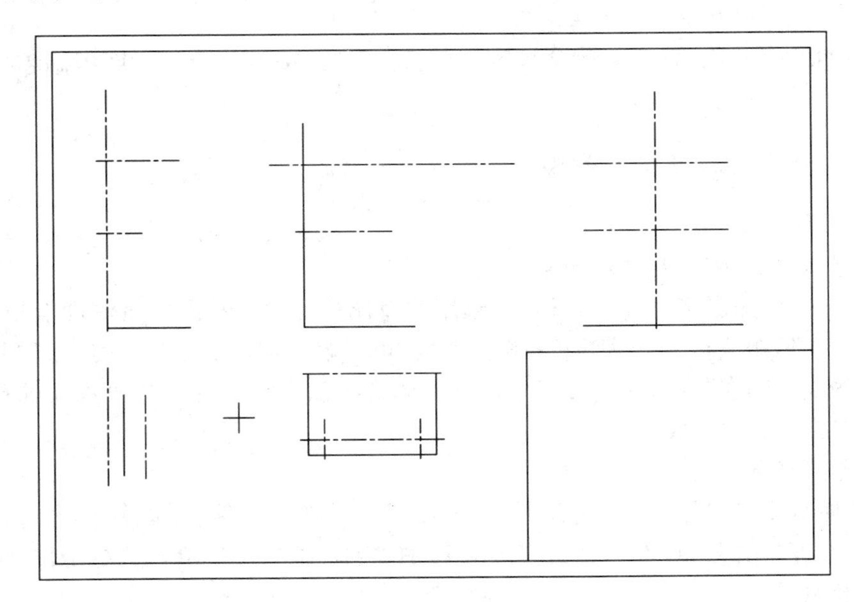

图11-19 齿轮油泵装配图的布局

2. 画各个视图的轮廓底稿

画图时一般先从主视图的主要零件画起,然后沿各装配干线根据装配示意图及零件间的装配关系,从相邻零件的主要接触面开始,依次画出其他零件。先画基本视图,后画辅助视图。要注意零件的装配关系,分清接触面和非接触面。各零件的基本视图要一一对应同时画出,以保证投影关系对应无误。

3. 完成全图

完成各视图的主要轮廓底稿后，应接着画出剖面线、标注尺寸、编写零件序号，并对底稿逐项进行检查，擦去多余的作图线，按图线规定加深，最后填写技术要求、标题栏和零件的明细栏等。

4. 全面校核

完成全图后，还应对所画装配图的投影、视图表达、尺寸、序号、明细栏、标题栏、技术要求等各项内容进行一次全面校核，无误后在标题栏签名，完成装配图，如图 11-2 所示。

11.7 装配图的读图方法和拆画零件图

在机器或部件的设计、制造、使用、维修和技术交流中，都会遇到读装配图的问题。例如，在安装机器时，要根据装配图来装配零件和部件；在设计过程中，要按照装配图来设计和绘制零件图；在技术交流时，则要参阅装配图来了解零件、部件的具体结构等，因此需要学会读装配图和由装配图拆画零件图的方法和步骤。

读装配图的目的和基本要求：

①了解部件的用途、性能、工作原理和组成该部件的全部零件的名称、数量、相对位置以及零件间的装配关系等；

②弄清各个零件的作用和它们的基本结构、相对位置、装配关系、连接和固定方式等；

③确定装配和拆卸该部件的方法和步骤。

下面以图 11-20 所示的旋塞阀装配图为例，说明读装配图和由装配图拆画零件图的方法和步骤。

11.7.1 读装配图的方法和步骤

1. 概括了解

(1) 了解部件的用途、性能和规格

从标题栏中可知道该部件的名称、大致用途及图样比例。从图中所注性能规格、特性尺寸，结合生产实际知识和产品说明书等相关资料，可了解该部件的用途、适用条件和规格。图 11-20 所示的旋塞阀安装在管路上，用来控制液体流量和启闭。主视图中 $\phi60$ 的孔为其特性尺寸，它决定旋塞阀的最大流量。

(2) 了解部件的组成

由明细栏对照装配图中的零件编号，了解组成该部件的零件(标准件和非标准件)名称、数量及所在位置。由图 11-20 可知旋塞阀由 10 种零件(其中 7、9、10 均为标准件)组成。

(3) 分析视图

了解各视图、剖视图、断面图等的相互关系及表达意图。通过对装配图中各视图表达内容、方法及其标注的分析，了解各视图的表达重点及各视图的关系。图 11-20 中有主、左、俯三个基本视图以及一个 *B* 向视图。其中主视图用半剖视图表达了主要装配干线的装配关系，同时也表达了部件的外形；俯视图采用 *A—A* 半剖视图，既表达了部件的内部结构，又表达了阀体 1 与旋塞盖 4 连接部分的形状。主、俯视图均采用了拆卸画法；左视图用局部剖视图，表达

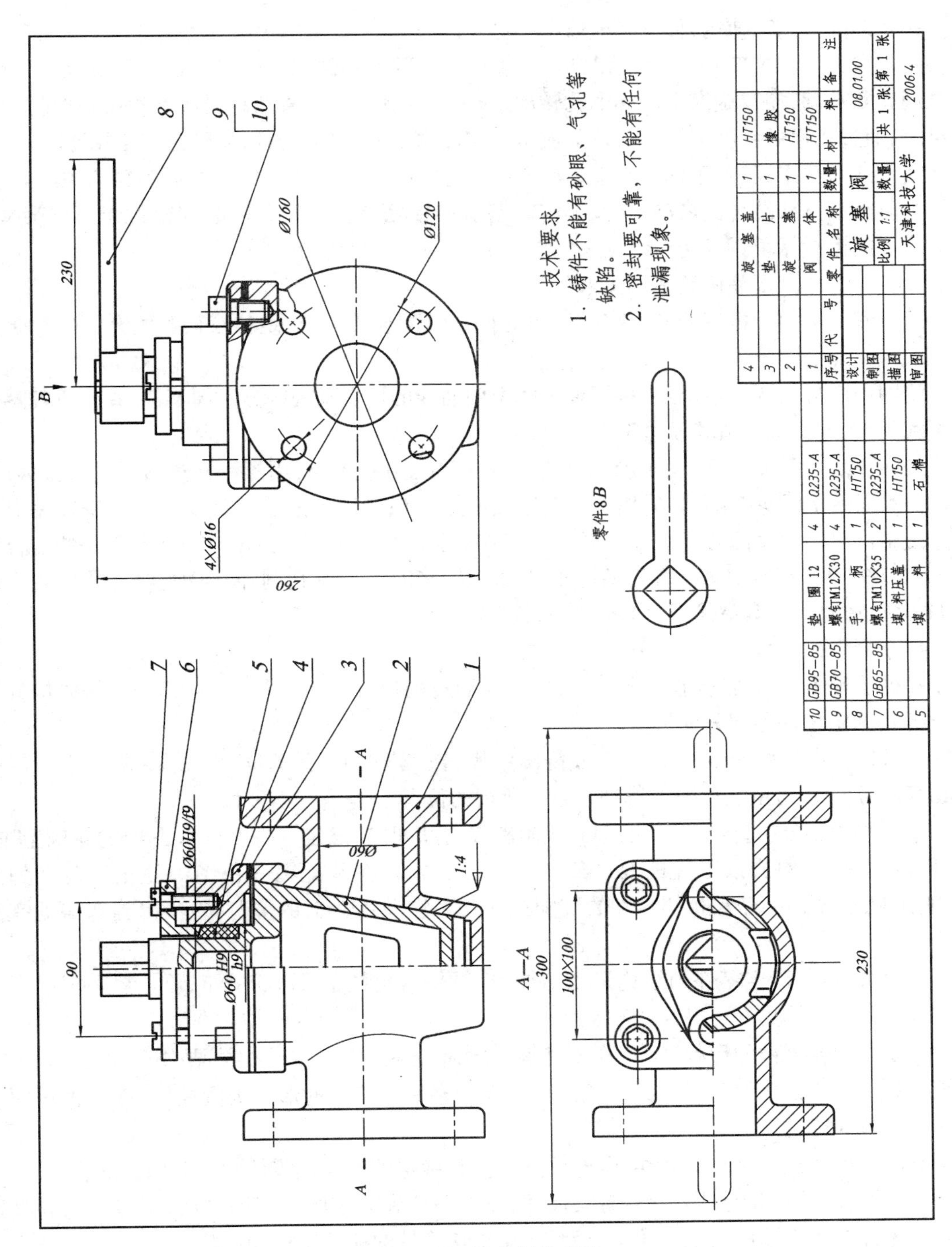

图 11-20　旋塞阀装配图

阀体 1 与旋塞盖 4 的连接关系和部件外形；零件 8*B* 表达了单个零件手柄的形状。

2. 了解部件的工作原理和结构特点

概括了解之后，还应了解部件的工作原理和结构特点，如该机器或部件是如何进行工作的，哪些零(部)件是运动的、运动的方式、运动的极限位置及在装配中如何保证这些运动关系等。这对装配、检验、使用、操作和检修都是必要的。

图 11-20 所示旋塞阀的工作状况是：旋塞阀中的运动零件为手柄 8 与旋塞 2，随着手柄转动带动旋塞转动，使得旋塞上的梯形孔转动，通过梯形孔与阀体管路相通或不相通来控制液体的启闭，通过相通的程度来控制液体的流量。当旋塞上的梯形孔与阀体管路完全相通时，阀门处于最大开通状态，随着手柄的转动，阀门将逐渐关闭，当手柄转过 90°时，阀门完全关闭。

为防止液体从结合面渗漏，在阀体与旋塞盖连接处装有垫片 3 以起到密封作用。旋塞 2 和阀体 1 的密封靠填料函密封结构来实现。

3. 了解部件中零件间的装配关系

通过阅读必须分析清楚各个零(部)件之间的装配连接方式、定位表面和配合面的配合要求。

将图中序号与明细栏对照，根据装配图中剖面线的规定画法区分不同零件，并分析各零件的装配关系、连接固定方式及装拆顺序。

旋塞 2 装入阀体 1，用锥面定位，放上垫片 3，盖上旋塞盖 4，用螺钉 9 连接零件 1、3、4；装入密封填料 5，加上填料压盖 6，用螺钉 7 连接零件 4、6；最后套上手柄 8，旋塞阀即安装完毕。

图中注出了两处配合面的配合要求。如旋塞盖(件 4)与填料压盖(件 6)配合面的配合要求“ϕ60 H9/f9”，即表明该孔和轴的基本尺寸均为 ϕ60，采用基孔制、间隙配合，孔的公差等级为 IT9 级，轴的基本偏差代号为 f，公差等级为 IT9 级。

4. 分析零件的作用及结构形状

根据装配图，分析零件在部件中的作用，并通过构形分析(即对零件各部分形状的构成进行分析)，确定零件各部分的形状。

①根据明细栏中的零件序号，从装配图中找到该零件的所在部位。如旋塞盖，由明细栏中找到其序号为 4，再由装配图中找到序号 4 所指的位置。

②利用投影分析，根据零件的剖面线倾斜方向和间隔，确定零件在各视图中的轮廓范围，并可大致了解到构成该零件的几个简单形体。旋塞盖在装配图三视图中的轮廓范围如图 11-21所示，联系旋塞盖和相邻零件的装配连接关系以及被遮盖的情况，想象出旋塞盖的完整形状。

③综合分析，确定零件的结构形状，这是读图中应解决的一个重要问题。常采用如下方法。

a. 根据配合零件的形状、尺寸符号，并利用构形分析，确定零件相关结构的形状。如由旋塞盖 4 和旋塞 2 的配合尺寸 ϕ60H9/h9 可确定旋塞 2 在该处的形状为圆柱体，旋塞盖 4 内部的孔腔也应为圆柱形。

b. 利用配对连接结构形状相同或类似的特点，确定配对连接零件的相关部分形状。

c. 根据各视图间的投影联系、有关尺寸、技术条件和装配图的习惯画法，逐步分离和判别出相应零件在各视图中的投影轮廓，最终想象出该零件的完整结构和形状。

d. 根据对装配结构合理性的分析和有关标准规定，增补在装配图中由于采用简化画法而被省略掉的零件结构。例如，装配图中旋塞盖与填料压盖的配合孔两端应有倒角，以便于装配，零件图中应予画出。

e. 根据装配关系、零件的作用和加工工艺要求，确定零件在装配图中没有表达的结构形状。

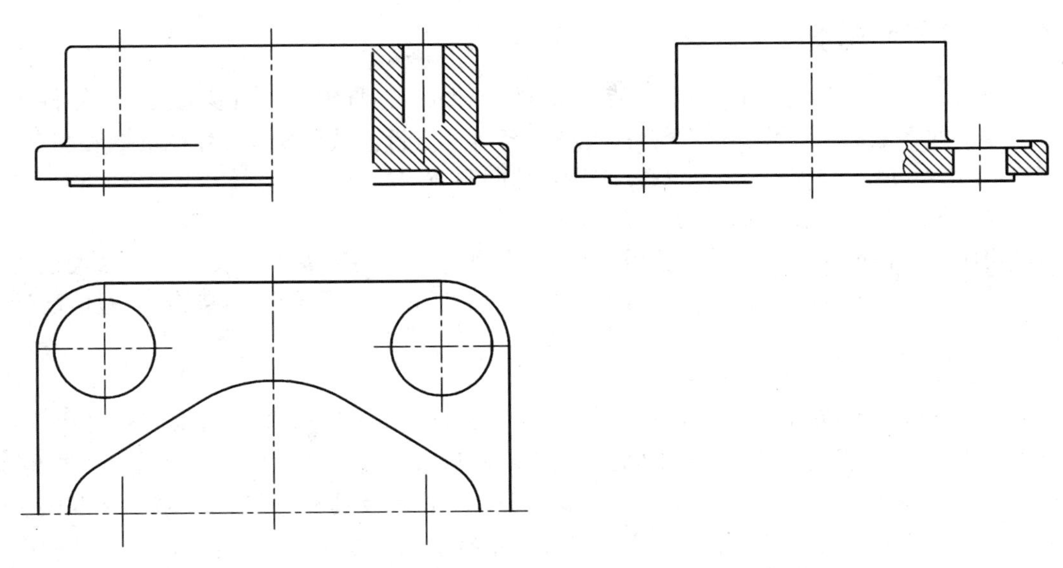

图 10-21 从装配图中分离出的旋塞盖的部分轮廓图

根据上述方法与步骤确定的旋塞盖三视图如图 11-22 所示。

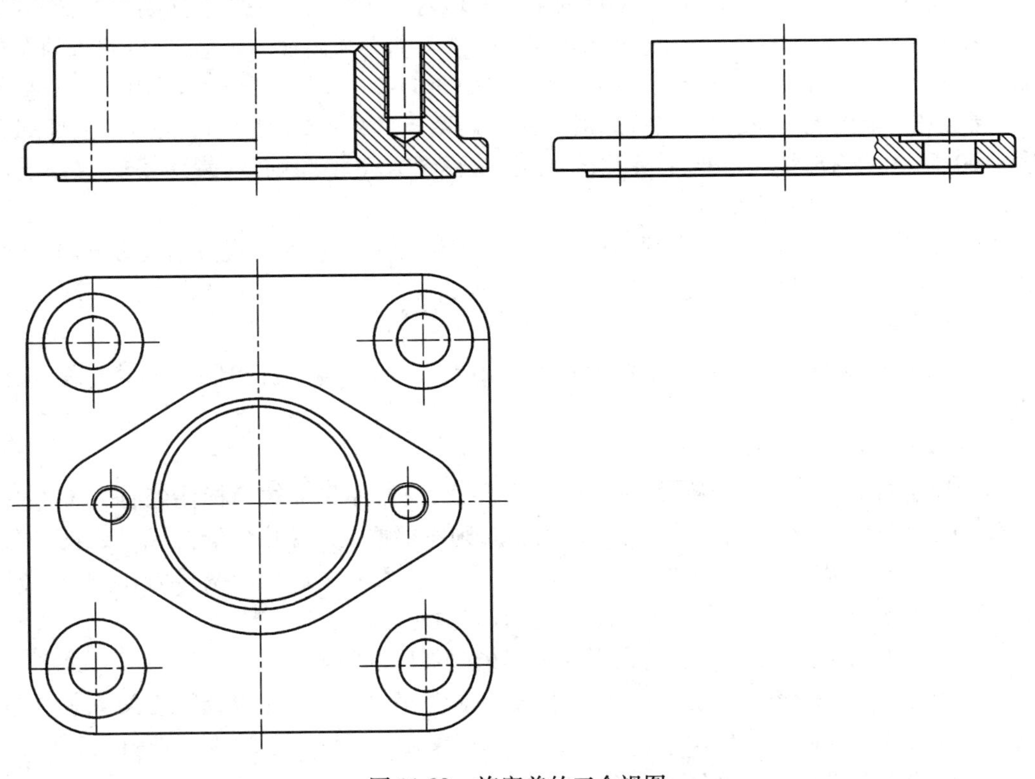

图 11-22 旋塞盖的三个视图

11.7.2 根据装配图拆画零件图

在部件设计和制造过程中，需要由装配图拆画零件图，简称拆图。由装配图拆画零件图是设计工作中的一个重要环节，应在读懂装配图的基础上进行。关于零件工作图的内容和要求，已在第10章中介绍，现仅将拆图步骤及应注意的问题介绍如下。

1. 读懂装配图，确定所画零件的结构形状

确定所画零件的结构形状的方法可概括为：由投影关系确定零件在装配图中已表达清楚部分的结构形状；分析确定被其他零件遮住部分的结构；增补被简化掉的结构；合理地设计未表达的结构。

2. 确定零件视图及其表达方案

零件在装配图主视图中的位置反映其工作位置，可以作为确定该零件主视图的依据之一。但由于装配图与零件图的表达目的不同，所以不能盲目照搬装配图中零件的视图表达方案，而应根据零件结构特点和对零件图的要求，重新全面考虑视图及其表达方案。例如，装配图中因需要表达装配关系、工作原理等，可能出现对零件结构形状重复表达的视图，而在零件图中应予去掉。对装配图中未表达清楚的零件结构形状，则应增补视图。

图11-23所示的旋塞盖，在装配图的主视图中既反映其工作位置又反映其零件各组成部分的位置特征，所以这一位置仍作为零件的主视图。而旋塞盖的方盘及上部端面形状、方盘上四个沉孔的位置和深度未表达清楚，因此还需用局部剖视图和俯视图表达，但旋塞盖的左视图已无必要。经上述分析后所确定的视图表达方案如图11-23所示。旋塞盖采用了两个基本视图，主视图采用半剖视图及局部剖视图，既表达了旋塞盖的外部结构，同时表达了上部螺孔的深度、ϕ60H9孔的内部结构和四个沉孔的深度；俯视图采用视图画法，表达了旋塞盖上部端面、方盘的形状和方盘上四个沉孔的位置。

由此可以看出，在确定零件的视图表达方案时，不论视图数量、主视图的投影方向，还是表达方案，都不一定与装配图相同。

3. 确定零件的尺寸

根据零件在部件中的作用、装配和加工工艺要求，运用结构分析和形体分析方法，选择合理的尺寸基准。

确定零件的尺寸可遵循以下原则。

①凡装配图中已经注出的尺寸，一般为重要尺寸，应按原尺寸数值标注到有关零件图中。如旋塞盖的配合尺寸ϕ60。至于零件的尺寸公差，则应根据装配图中的配合代号或偏差数值，以公差带代号或极限偏差数值的形式注在零件图的相关尺寸中。如旋塞盖内孔，除直径尺寸ϕ60以外，还应注出其公差带代号H9，即标注成ϕ60H9。

②装配图中未注出的尺寸，应根据下述不同情况加以确定。

a. 零件上的标准结构（如倒角、圆角、退刀槽、键槽、螺纹等）尺寸应查阅有关手册，按其标准数值和规定注法标注在零件图的相应位置。如旋塞盖与填料压盖的连接螺钉孔，其有关尺寸均应根据明细栏中螺钉的规格查得。

b. 其他未注尺寸可根据装配图的比例直接从图中量取，圆整成整数注入零件图中。

4. 确定零件表面粗糙度及其他技术要求

根据零件表面的作用、要求和加工方法，参考有关资料，确定表面粗糙度符号或代号及其

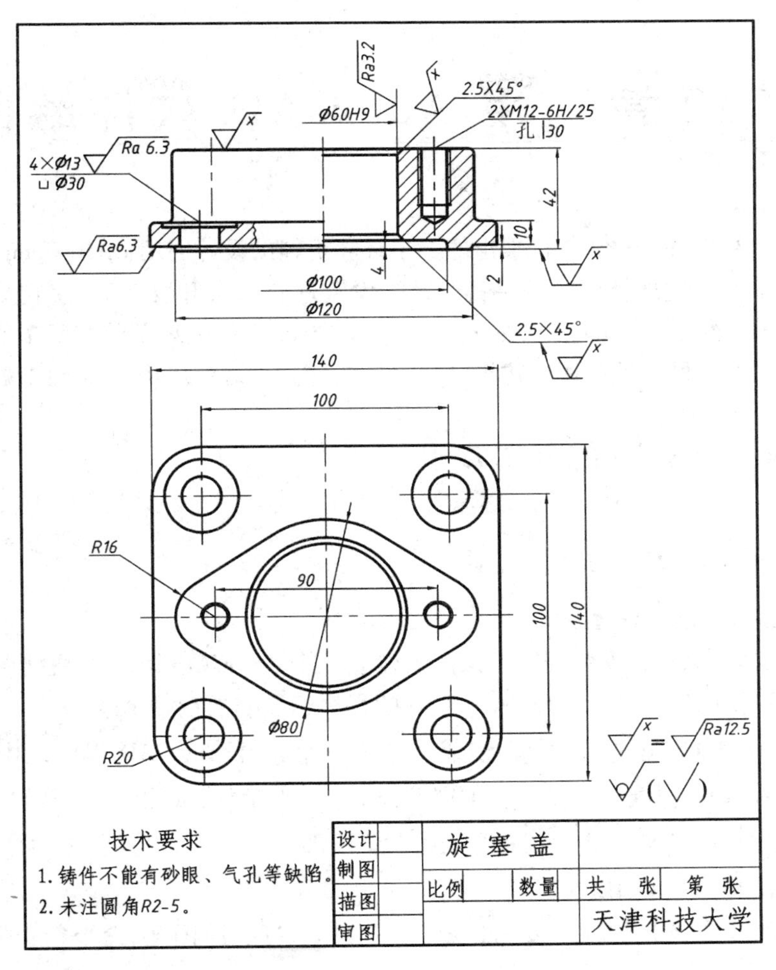

图 11-23　旋塞盖的零件图

参数值。要特别注意去除材料和不去除材料表面的区别。

零件的其他技术要求可根据零件的作用、要求、加工工艺，参考有关资料拟订。

5. 校核零件图，加深图线，填写标题栏

在完成零件图底稿后，还需要对零件图的视图、尺寸、技术要求等各项内容进行全面校核，按零件图要求完成全图。

第 12 章 用 AutoCAD 软件绘图

AutoCAD 是在 20 世纪 80 年代推出的一个计算机辅助设计通用 CAD(Computer Aided Design)制图软件。由于它的智能化、网络化、数据库管理和二次开发功能,使它受到普遍欢迎,也是我国在目前应用最广泛的软件之一。AutoCAD 2010 不仅继承了前些版本的优点,其功能也愈加强大和完善。已广泛应用于建筑、航天、机械、电子、纺织及轻工等不同领域。

12.1 AutoCAD 2010 的基本知识

12.1.1 AutoCAD 2010 的用户界面

1. 启动与退出 AutoCAD 2010

AutoCAD 安装完成后,安装程序在桌面上建立一个 AutoCAD 2010 的快捷图标,同时在开始菜单中的程序栏中生成一个 AutoCAD 2010 的程序组。当要启动 AutoCAD 2010 时,只需双击桌面上的 AutoCAD 2010 快捷图标 或从开始菜单打开 AutoCAD 程序组中的执行程序。AutoCAD 启动后,缺省情况下会显示一个启动(Startup)对话框,如图 12-1 所示。单击启动 AutoCAD 2010 按钮 启动 AutoCAD 2010(S) ,开始绘制新图形。

2. AutoCAD 2010 的图形界面

AutoCAD 2010 的图形界面主要由标题行、下拉菜单区、绘图区、命令窗口及状态行等组成。如图 12-2 所示。

(1)下拉菜单区

下拉菜单区包含有文件、编辑、视图、插入、格式和工具等常用菜单,每个菜单均由一些相关的命令项组成。下拉菜单中的选项有三种情况:

①右面有小三角符号的菜单项,表示还有子菜单,如图 12-3 所示;

②右面有省略号的菜单项,将弹出一个对话框;

③右面没有任何符号的菜单项,表示执行相应的 AutoCAD 命令。

(2)工具条

AutoCAD 2010 提供了众多的工具条,利用工具条可以方便地实现各种命令操作。用户可以根据需要有选择地显示或者隐藏任何一种工具条。单击下拉菜单工具→工具栏,屏幕上弹出如图 12-4 所示的自定义下拉菜单,利用该菜单中工具栏标签内的选项可以打开或者关闭某一工具条。工具条名称前如果带有标记“√”,表示显示工具条。

(3)绘图区

绘图区占据屏幕大部分空白区域,用户所做的一切工作,如绘制的图形、输入的文本及标注的尺寸等都要出现在绘图区中。

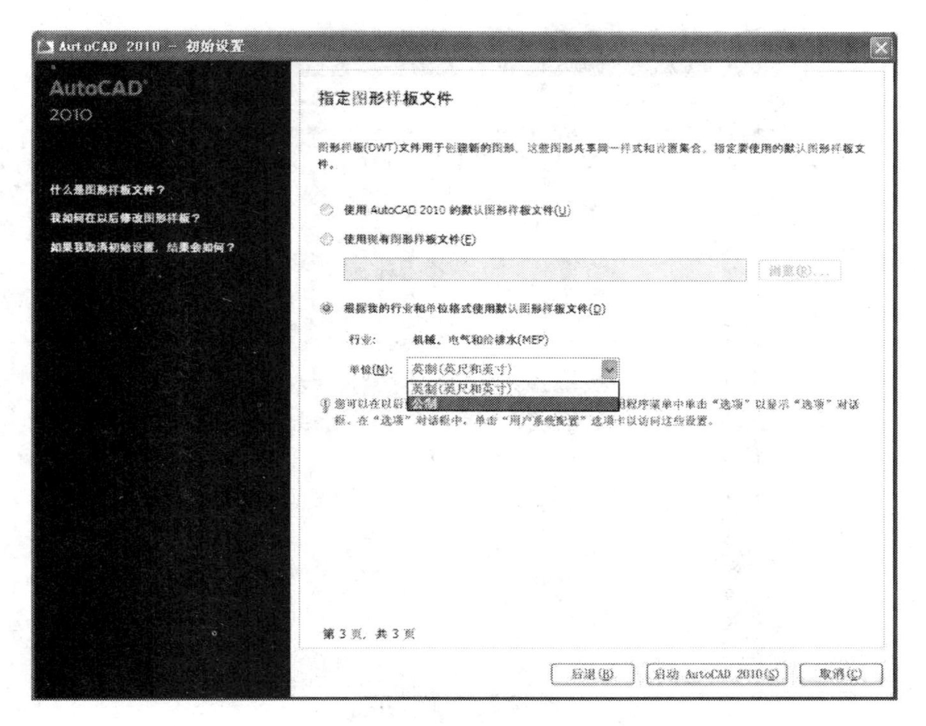

图 12-1　启动对话框

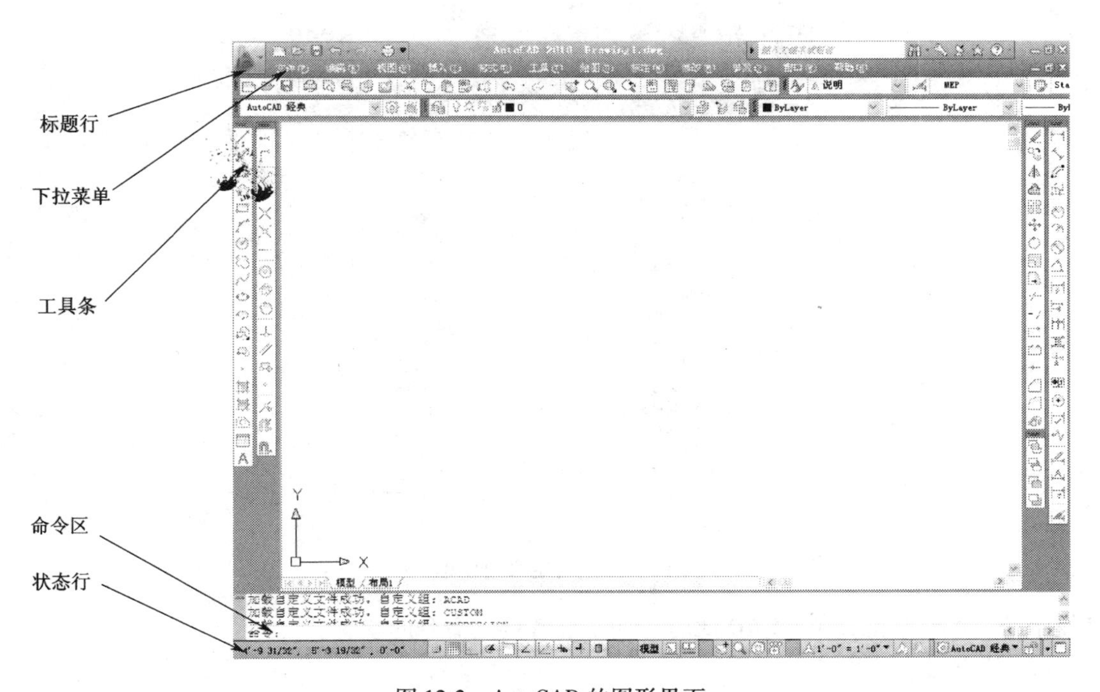

图 12-2　AutoCAD 的图形界面

(4)命令区

命令区是显示 AutoCAD 命令和系统显示反馈提示信息的位置。命令区最下面一行显示

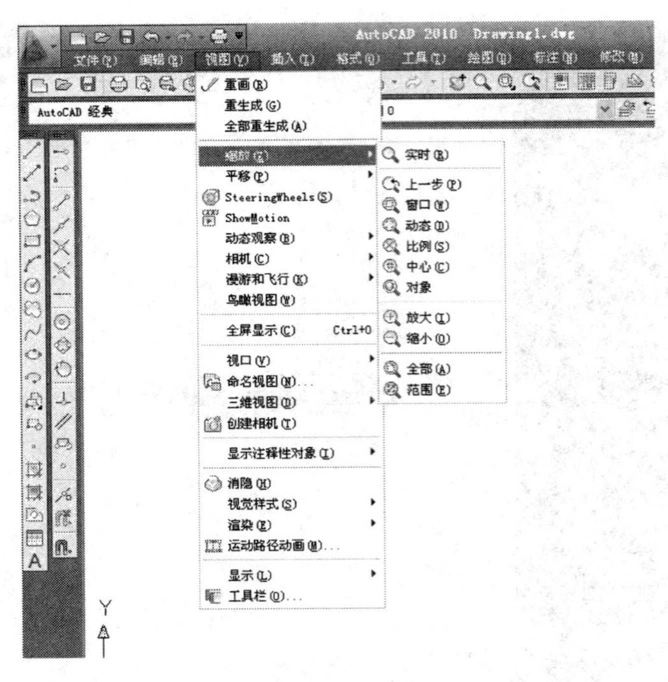

图 12-3 下拉菜单

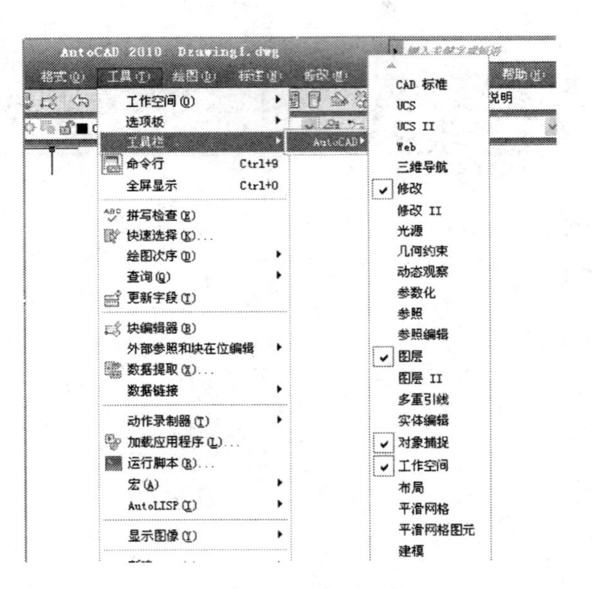

图 12-4 自定义对话框

有提示符“命令:”表示 AutoCAD 此时已处于准备接收命令的状态。

(5)状态行

状态行左边显示当前光标的位置坐标,接着依次有 15 个基本功能按钮,从左到右分别为捕捉模式、栅格显示、正交模式、极轴追踪、对象捕捉、对象捕捉追踪、允许/禁止动态 UCS、动态输入、显示/隐藏线宽、模型或图纸空间、快速查看布局、快速查看图形、平移、缩放、注释比例。

正确地应用这些按钮会提高绘图的效率。

12.1.2　AutoCAD 2010 的基本操作

1. 命令的输入方法

使用 AutoCAD 进行绘图工作时，必须输入并执行一系列命令，以完成相应的操作。命令的输入必须在“命令:”提示符下进行。我们可以使用键盘、下拉菜单或者从工具条中选择相应的命令。

(1)键盘输入命令

键盘是 AutoCAD 输入命令的常用方法。从键盘输入命令，只需在命令行提示符后键入命令名，接着按下回车键或空格键即可。操作过程如下：

命令:命令名↙(↙代表回车符号)

命令提示:参数或子命令(系统提供反馈提示信息)

例如输入画直线的命令：

命令：Line↙

指定第一点：50,50↙(要求指定直线的第一点坐标值)

指定下一点或 \[放弃(U)\]：200,200↙(要求指定直线的第二点坐标值)

指定下一点或 \[放弃(U)\]：↙(结束画线)

在绘图区内会显示一条从坐标(50,50)到(200,200)的一条直线段。

(2)用鼠标从下拉菜单和工具条中输入命令

利用下拉菜单和工具条是输入执行 AutoCAD 命令的一种最为简单的方法。要使用下拉菜单或者工具条输入命令，须首先把鼠标指针移到命令的相应位置，单击鼠标左键，即执行相应的命令。例如执行画直线命令：

下拉菜单:从“绘图”下拉菜单中选择“直线”命令

工具条按钮方式：单击直线按钮

(3)重复执行命令

在 AutoCAD 执行完某个命令后，如果要立即重复执行该命令，则只需在命令:提示符出现后，按下回车键或空格键即可。

(4)透明命令

AutoCAD 可以在某个命令正在执行期间，插入执行另一个命令。这个中间插入执行的命令须在其命令名前加“'”作为前导，我们称这种可从中间插入执行的命令为透明命令。例如，使用 Circle 命令画圆的同时，可使用 ZOOM 命令来进行缩放。

2. 坐标值的输入

绘图时经常要输入一些点的坐标值，如线段端点、圆心等。输入坐标值用下面三种方法。

(1)用键盘输入坐标值

坐标值的输入可以分为绝对坐标和相对坐标两种输入形式。绝对坐标是相对原点(0,0)而言的，相对坐标是相对于前一点而言的。

①绝对直角坐标和绝对极坐标。绝对直角坐标值就是某点相对于原点(0,0)的坐标值。具体的输入方法是输入 X 坐标、逗号、Y 坐标，然后回车，如6,4↙，表示输入的 X 坐标和 Y 坐标分别为 6 和 4；绝对极坐标值的极半径是相对于原点(0,0)的，角度是相对于 X 轴正方向的。

具体输入方法是输入极半径、<、角度，最后回车，如7 <30↙，表示输入相对于 X 正向逆时针 30 度方向长度为 7 的线段。

②相对直角坐标和相对极坐标。相对坐标所关联的是先后输入的两个点之间的坐标关系。欲输入一个相对坐标，需在坐标值前加@；相对直角坐标的输入方法是输入@，距离前一点的 X 方向的位移、逗号、距离前一点的 Y 方向的位移，如@14，-13；相对极坐标的输入方法是输入@、极坐标、<、角度值，如@3 <60。

绝对坐标和相对坐标的选用应本着如何使作图更为方便快捷的原则进行。如果所绘制的图形各点相对于某定点的坐标为已知，则应当选该定点为坐标原点，运用绝对坐标表达图形上各点的坐标。如果一个图形的相邻目标间的相对坐标比较容易确定，则应当运用相对坐标来操作。

例如，用 LINE 命令画出图 12-5，点的输入方法如下：

命令：Line↙（或者单击工具条 ╱ ）

Line 指定第一点：2，2↙（绝对坐标方式输入起点）

指定下一点或 \[放弃(U)\]：8，2↙（AB 用绝对坐标方式）

指定下一点或 \[放弃(U)\]：@0，6↙（BC 用相对坐标方式）

指定下一点或 \[闭合(C)/放弃(U)\]：@6 <180↙（CD 用极坐标方式）

指定下一点或 \[闭合(C)/放弃(U)\]：C↙（选择 Close 表示封闭 DA）

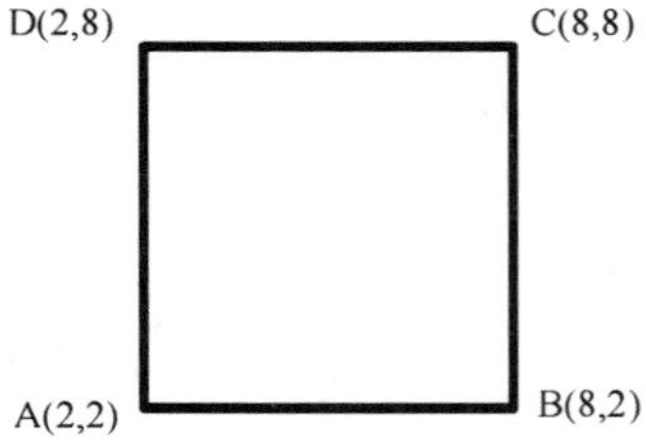

D(2,8) C(8,8) A(2,2) B(8,2)

图 12-5 LINE 操作实例

(2)用鼠标在屏幕上拾取点

移动鼠标，将光标移到所需位置，然后单击鼠标左键。

(3)用目标捕捉模式输入一些特殊点

用 AutoCAD 绘图时，有些点难以准确确定，例如：圆心、切点、中点和垂足点等，此时可利用 AutoCAD 提供的目标捕捉功能，迅速准确地捕捉到对象上的这些特殊点。当处于目标捕捉模式中时，只要将光标移到一个捕捉点，AutoCAD 就会显示出一个几何图形（称为捕捉标记）和捕捉提示。通过在捕捉点上显示出来的捕捉标记和捕捉提示，用户可以得知所选的点以及捕捉模式是否正确。

1)常用的目标捕捉模式

①端点　捕捉直线、圆弧、多义线、椭圆线、射线、样条曲线或多重线等对象的一个离拾取点最近的端点。

②中点　捕捉线段（包括直线和弧线）的中点。

③交点　捕捉两个对象（如直线、圆弧、多义线和圆等）的交点。

④圆心　捕捉圆、圆弧、椭圆、椭圆弧的中心点。

⑤象限点　捕捉圆、圆弧、椭圆、椭圆弧的象限点。

⑥垂足　捕捉从预定点到与所选择对象所作垂线的垂足。

⑦切点　捕捉与圆、圆弧、椭圆、椭圆弧及样条曲线相切的切点。

2)目标捕捉的执行方式

目标捕捉模式可以用两种方式来执行:运行方式和单点覆盖方式。

①运行方式的目标捕捉。运行方式的目标捕捉模式一旦设置,则在用户关闭系统、改变设置或者临时使用覆盖方式之前就一直是有效的。设置运行方式的目标捕捉模式,要打开草图设置对话框,打开的方法是在状态行按钮上选中对象捕捉按钮,单击鼠标右键,选择设置,弹出如图 12-6 所示的草图设置对话框。在对话框中的对象捕捉选项卡中,可选择一种或同时选择多种目标捕捉模式,这只要简单地用鼠标点取模式名前的复选框就可以了。每个复选框前面都有一个小几何图形,如□△,这就是捕捉标记。如果要全部选取所有的目标捕捉模式,则可单击对话框中的全部选择按钮;如果要清除所有的目标捕捉模式,则单击对话框中的全部清除按钮。

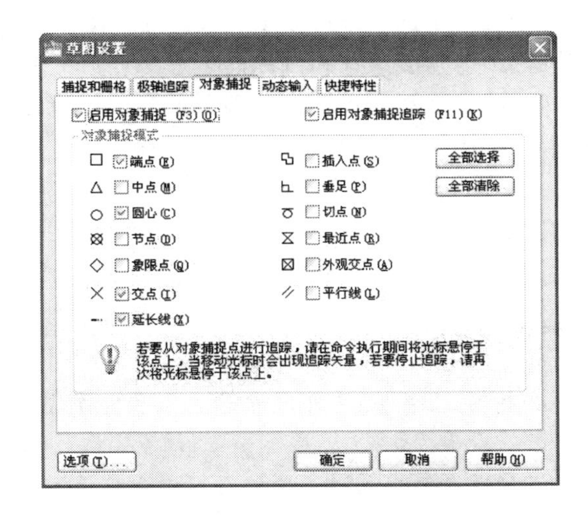

图 12-6　草图设置对话框

用鼠标单击状态栏中的对象捕捉按钮,或者单击 F3 键或按 Ctrl + F 键,都可以打开或者关闭当前的目标捕捉设置。

②单点优先方式的目标捕捉。单点是指所设定的目标捕捉模式只对一次点的输入有效,优先是优先于用运行方式的目标捕捉设置的目标捕捉模式。在命令运行中,当提示输入点时,可用键盘输入所需目标捕捉模式的前三个字符或单击"对象捕捉"工具条中的相应按钮。图 12-7 为单点优先方式捕捉工具栏。

图 12-7　单点优先方式捕捉工具栏

操作实例:分别应用运行方式的目标捕捉和单点优先方式的目标捕捉绘制图 12-8 中的两条直线。

首先按照图 12-6 设置对话框,选中常用的端点、中点、圆心和象限点等,单击 确定 ,回到绘图区。绘制好图中的两个圆后,输入如下命令:

命令:Line↙

指定第一点:单击单点优先方式工具栏中的按钮,再把鼠标移到第一个圆附近,在圆上出现标志的时候,表示捕捉到切点,此时单击鼠标左键。

指定下一点或 \[放弃(U)\]:单击单点优先方式工具栏中的按钮,再把鼠标移到第二个圆附近,在圆上出现标志的时候,表示捕捉到切点,此时单击鼠标左键。

指定下一点或 \[放弃(U)\]:↙(结束画切线)

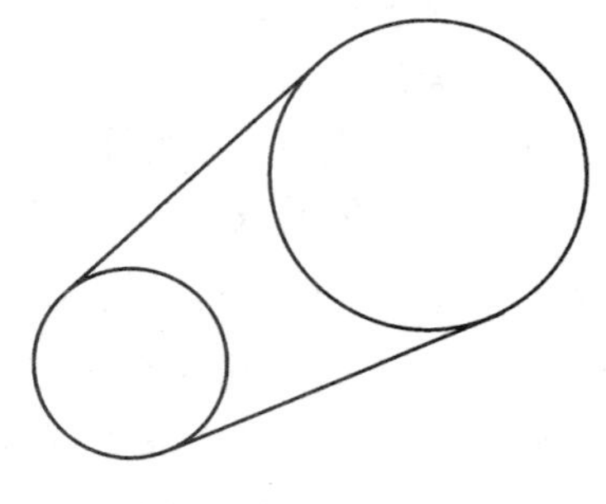

图 12-8 用捕捉方式画线

3. 自动追踪

自动追踪可以帮助用户按指定的角度或与其他对象的特定关系来确定点的位置。打开自动追踪后,AutoCAD 会显示出临时辅助线来帮助用户在精确的位置和角度上创建对象。

自动追踪包括两种追踪方式:角度追踪和目标捕捉追踪。角度追踪是按事先给定的角度增量来追踪点。当 AutoCAD 要求指定一个点时,系统将按预先设置的角度增量来显示一条辅助线,用户可沿辅助线追踪得到光标点。用户可以通过单击状态栏上的极轴按钮或按 F10 键来切换角度追踪的打开或关闭。目标捕捉追踪将沿着基于目标捕捉点的辅助线方向追踪。在打开目标捕捉追踪功能之前,必须先打开目标捕捉(单点覆盖方式或运行方式),然后通过单击状态栏上的对象追踪按钮或 F11 键来切换目标捕捉追踪的打开或关闭。

12.1.3 图形文件的管理

AutoCAD 图形是以扩展名为“dwg”的文件存储的。下面讨论怎样保存所绘的图形、打开已有的图形和建立新的图形。

1. 图形文件的存储可以分情况使用几种不同的存储命令

(1)保存命令

保存命令以图形文件的当前名字(如果已经命名)或者新名字(图形尚未命名)来保存当前屏幕上的图形。从键盘命令:提示符下输入 Save↙、单击按钮或者从文件下拉菜单中选择保存都可以实现保存命令的操作。

执行保存命令后,如果当前图形已经命名,那么系统继续以原来的文件名存储该图形,在界面上没有任何反应;而如果当前图形尚未命名,那么界面上将弹出一个如图 12-9 所示的图形另存为对话框。保存图形时,请在对话框的“保存于”列表框中选择相应的文件夹,在“文件名”文本框中键入对该图形文件的命名,在“保存类型”下拉列表中指定文件类型。输入文件名、设置文件夹以及文件类型后,单击“保存”按钮,即可将当前图形存储到指定的文件中。

(2)另存为命令

另存为命令要求用户给图形文件命名,以新的文件名存储当前的图形。所以,另存为命令执行时将显示另存为对话框。从键盘命令:提示符下输入 SaveAs↙或者从文件下拉菜单中选择另存为都可以实现保存命令的操作。

2. 打开一个已有的图形文件

要打开一个已有的图形文件,必须使用打开命令。从键盘命令:提示符下输入 Open↙、单击按钮或者从文件下拉菜单中选择“打开”都可以实现打开命令的操作。

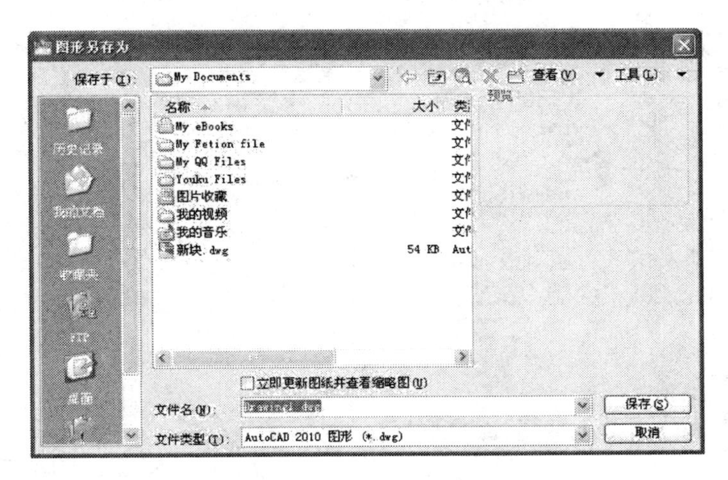

图 12-9　图形另存为对话框

执行打开命令后，屏幕上将显示一个选择文件对话框，如图 12-10 所示。

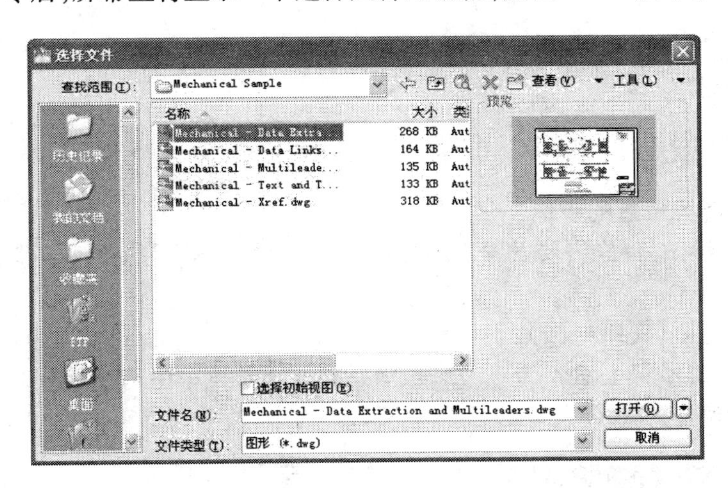

图 12-10　选择文件对话框

用户可在对话框中的“搜索”列表框中选择文件夹（也称“目录”），然后在文件列表框中寻找需要打开的图形文件。在找到并选择了要打开的图形文件名后，对话框右边的预览框中将会显示该图形。如果确定要打开该图形文件，则可按“打开（O）”按钮，所选图形即显示在 AutoCAD 的绘图窗口内。如果用鼠标在选定的图形文件名上连击两次按钮，则同样可以直接打开该图形文件。

3. 创建一个新的图形文件

创建一个新的图形文件要用到新建命令。从键盘命令：提示符下输入 New ↙、单击□按钮或者从文件下拉菜单中选择“新建”都可以实现新建图形命令的操作。

执行新建命令后，屏幕上将显示一个“创建新图形”对话框，如图 12-11 所示。可以有两种方式创建一个新的图形，使用样板打开和无样板打开。

图 12-11 新建图形对话框

12.2 简单二维平面图形的绘制

12.2.1 绘图环境的设置

12.2.1.1 绘图环境设置的步骤

用 AutoCAD 绘图,首先需要设置绘图环境,为绘图准备必要的条件。步骤包括以下几个方面的内容。

①设置绘图界限(图纸幅面)。

从键盘命令:提示符下输入Limits ↙,或者从格式下拉菜单中选择“图形界限”都可以实现设置绘图界限的操作。

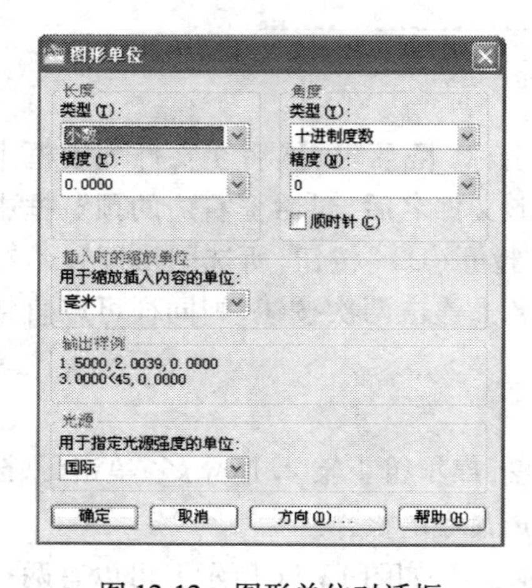

图 12-12 图形单位对话框

命令:Limits ↙

指定左下角点或 \[开(ON)/关(OFF)\] <缺省值>:(输入绘图边界的左下角点坐标值)

指定右上角点 <缺省值>:(输入绘图边界的右上角点坐标值)

②设置测量单位和精度。

从键盘命令:提示符下输入Units↙,或者从格式下拉菜单中选择“单位”都可以实现设置测量单位和精度的操作。命令操作:

命令:Units ↙

系统打开图形单位对话框,如图 12-12 所示,在此对话框中选择相应的设置。

③设置图层及图层的属性。

如颜色、线宽和线型等在 12.2.1.2 中介绍。

④根据所绘图形的结构和特点,确定绘图的基本过程和所需的命令。

12. 2. 1. 2　设置图层及图层的属性,如颜色、线宽、线型等

1. 图层的含义

图层相当于没有厚度的透明纸,不同的线型分别画在不同的图层上,将各个图层完全对齐即成为一张完整的图形。

2. 图层的特性

(1)用户可在一幅图中设定任意数量的图层。

(2)每一个图层都有一个名字,由用户定义,其中 0 层是 AutoCAD 自动定义的,不能删除或重命名图层“0”。

(3)每个图层只设定一种颜色,一种线型。但不同图层上可以设置相同的颜色或线型。

(4)只能在当前图层上绘制图形。

(5)同一图形上的所有图层具有相同的坐标系、绘图界限和缩放情况。

(6)用户可以对各图层进行打开/关闭、冻结/解冻、锁定/解锁等操作,以决定各图层的可见性,见图 12-13。

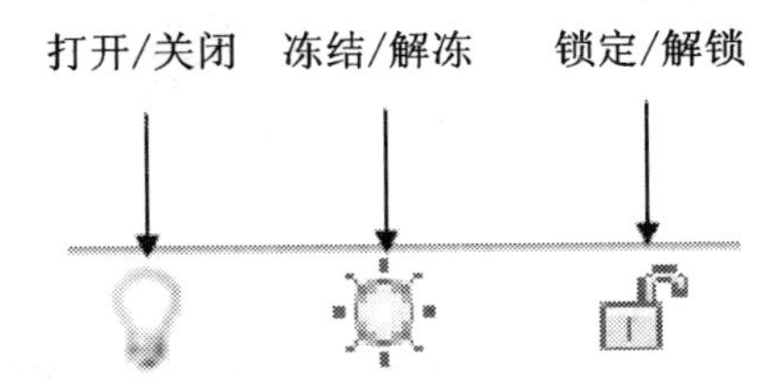

图 12-13　使用图层控制

3. 图层的建立和设置

用图层命令建立和设置图层。从键盘命令:提示符下输入Layer↙、单击按钮或者从格式下拉菜单中选择图层都可以实现图层命令的操作。

执行图层命令后将弹出如图 12-14 所示的图层特性管理器对话框。

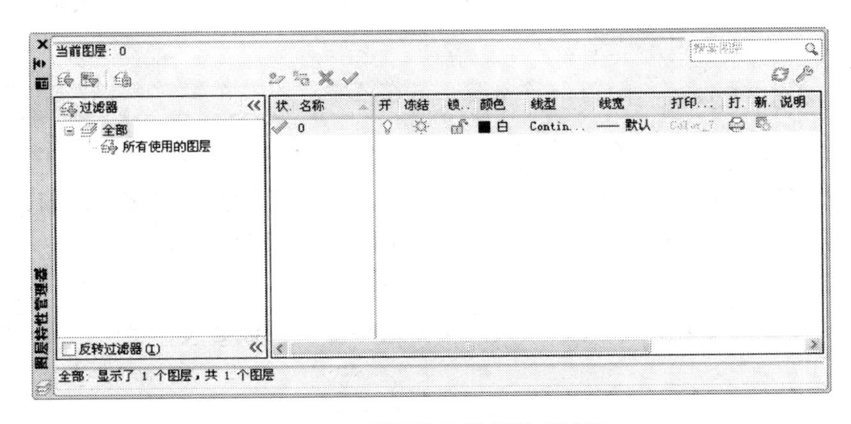

图 12-14　图层特性管理器对话框

(1)层列表框

它显示当前图形中所定义的全部图层以及每一图层的特性与状态。开始绘制一张新图的时候,AutoCAD 自动建立一个 0 层(层名为 0)。

(2) 按钮

用于建立新图层。建立新图层的基本过程如下。

①建立新图层。单击按钮,在对话框的名称文本框中键入层的名字。

②设置图层的颜色。在层名列表框中,单击与层名相对应的颜色列,在屏幕上将弹出选择颜色对话框,如图 12-15 所示。

③设置图层的线型。在层名列表框中,单击与层名相对应的线型列,在屏幕上将弹出选择线型对话框,如图 12-16 所示。如果要用的线型未装入,那么按选择线型对话框中的“加载…”按钮,然后从弹出的加载或重载线型对话框中指定要装入的线型。

图 12-15 选择颜色对话框

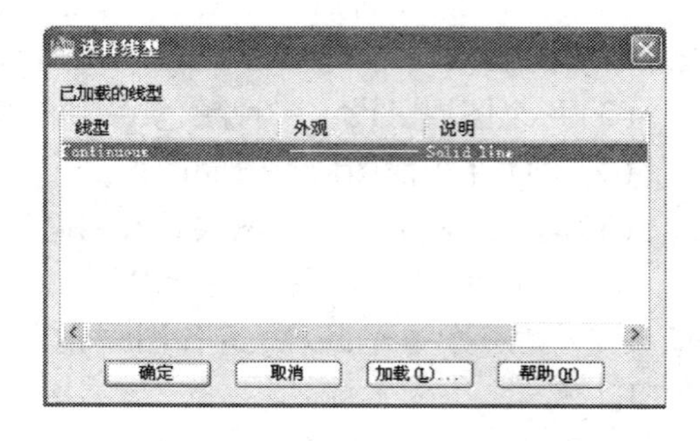

图 12-16 选择线型对话框

④设置图层的线宽。在层名列表框中,单击与层名相对应的线宽列,在屏幕上将弹出线宽对话框。用户只需直接从该对话框的线宽列表中选择一种符合要求的线宽即可。

⑤设置当前层。用户在屏幕上绘制的任何图形对象,都被指定画在当前层上,并且拥有当前层的颜色和线型。因此,对于包含多个图层的图形,用户在绘图或者编辑图形之前,必须先将在其上工作的图层设置为当前层。欲设置当前层,只需在对话框名称文本框中选择欲设置为当前层的层名。然后单击对话框中的按钮。

⑥使用“图层”工具条。图层工具条显示有当前图层的名字、颜色与状态。单击层名右侧的下拉箭头,将打开图层控制下拉列表,显示出已定义的各图层的信息。通过下拉列表可以方便地设置当前图层及状态。例如,单击图层名,即可将该图层设置为当前层;单击小灯泡图标,即可打开或关闭该层。

4. 设置线型比例

如果线型的显示效果不理想(如虚线的间隔太小等),可以通过命令 Ltscale 来调整,操作如下:

命令:Ltscale↙

输入新线型比例因子 <1.0000>:(输入显示比例,值越大,间隔越大)

12.2.2 常用的绘图命令

基本的绘图命令如图 12-17 所示。

1. 画线命令

从键盘命令:提示符后输入Line↙(关键字为 L)、单击按钮或者从绘图下拉菜单中选择直线都可以实现画线命令的操作。

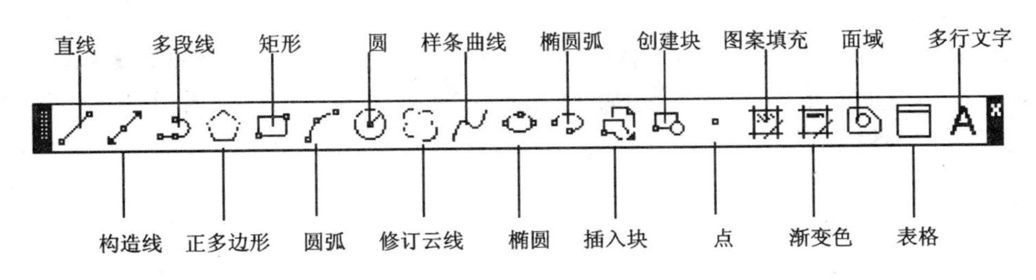

图 12-17　基本的绘图工具栏

2. 画圆命令

从键盘命令：提示符后输入Circle↙（关键字为 C）、单击按钮或者从绘图下拉菜单中选择圆都可以实现画圆命令的操作。画圆是一个典型的 AutoCAD 绘图命令，画圆命令含有多种不同的选项，这些选项对应不同的画圆方法：

①圆心，半径（R）　指定圆心和半径。

②圆心，直径（D）　指定圆心和直径。

③2 点（2）　指定圆周上的三个点。

④3 点（3）　指定直径的两个端点。

⑤相切，相切，半径（T）　选择与圆相切的两条直线、圆或者圆弧，然后指定圆的半径画圆。

⑥相切，相切，相切（A）　指定与圆相切的三直线、圆或者圆弧画圆。

3. 画圆弧命令

圆弧是图形中重要的实体，AutoCAD 提供了多种不同的画圆弧方式。这些方式是根据起点、方向、中心点、包角、终点、弦长等选项来确定的。如图 12-18 所示。从键盘命令：提示符后输入Arc↙、单击按钮或者从绘图下拉菜单中选择圆弧都可以实现画圆弧命令的操作。

图 12-18　多种画弧方式

12.2.3　图形编辑

图形编辑是指对所绘图形进行修改、移动、复制、删除等操作，它可以简化绘图过程，提高绘图效率和质量。

12.2.3.1　对象选择

用绘图命令绘出的图形如直线、圆、圆弧、多义线等称为对象。对图形中的一个或者多个对象进行编辑加工时，首先必须确定被编辑的对象，因此，都要涉及到对象的选择。AutoCAD 的编辑命令在运行时一般均提示“选择对象”，这时十字光标变成一个小方框，称为选择框，要求用户选择一个或多个对象，以便对其进行编辑操作。对象选择的方式很多，这里只介绍常用的几种。

1. 单点选择

这是最常用的默认选择方法。当光标形状变成拾取框 □ 后，用户可以通过移动鼠标，在屏幕上直接拾取欲选择的对象，即将拾取框移动到图形对象上后按鼠标左键。用这种方法，用户可以同时选择一个或者多个对象。

2. Window 方式

Window(窗口)选择方法通过对角线的两个端点来定义一个矩形区域(窗口),凡是完全落在该矩形窗口内的图形对象均被选中。在提示后键入 W 并按回车键后,将出现要求指定矩形窗口的提示。过程如下:

选择对象:w↙

指定第一个角点:(指定窗口矩形对角线的第一点)

指定对角点:(指定窗口矩形对角线的第二点)

图 12-19 中的 a 和 b 采用的是 Window 方式(实线变成虚线表示被选中)。

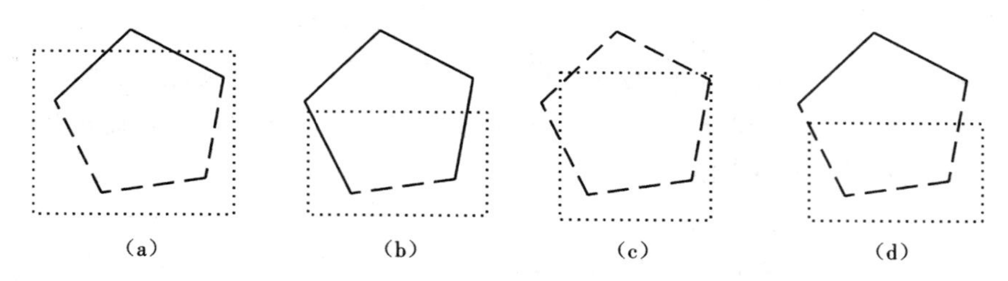

图 12-19 实体使用 Window 和 Crossing 方式的不同

3. Crossing 方式

Crossing(交叉)选择方法通过对角线的两个端点来定义一个矩形窗口,凡是完全落在该窗口内以及与该窗口相交的图形对象均被选中。其操作方法与窗口选择方法相同。过程如下:

选择对象:c↙

指定第一个角点:(指定窗口矩形对角线的第一点)

指定对角点:(指定窗口矩形对角线的第二点)

图 12-19 中的 c 和 d 采用的是 Crossing 方式。

4. ALL

选择除处于冻结层上以外的所有图形对象。即选择所有处在解冻层上的对象,而不管对象所在的层是打开的还是关闭的,是锁定的还是解锁的。

12.2.3.2 常用的编辑命令

基本的编辑命令如图 12-20 所示

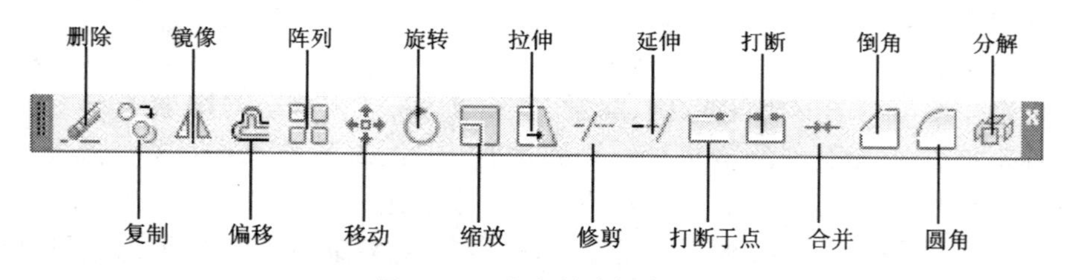

图 12-20 基本的编辑命令

1. 删除命令

从键盘命令:提示符后输入命令Erase↙、单击工具栏中 按钮或者从修改下拉菜单中选择 Erase 都可以实现删除命令的操作。Erase 用于将绘制错误或不再使用的图线擦去,在激活 命令后选取要擦去的目标即可。

2. 复制命令

从键盘命令:提示符后输入命令Copy↙、单击工具栏中按钮或者从修改下拉菜单中选择复制都可以实现复制命令的操作。复制是一个典型的 AutoCAD 编辑命令,通过它可将已有目标复制到指定位置,而原对象不受任何影响。

3. 镜像命令

从键盘命令:提示符后输入命令Mirror↙、单击工具栏中 按钮或者从修改下拉菜单中选择镜像都可以实现镜像命令的操作。镜像命令用于对所选定的图形对象进行对称(镜像)变换,以在对称的方向上生成一个反向的对象。

4. 偏移命令

从键盘命令:提示符后输入命令Offset↙、单击工具栏中按钮或者从修改下拉菜单中选择偏移都可以实现偏移命令的操作。

偏移命令用于从指定的对象或者通过指定的点来建立等距偏移(有时可能是放大或缩小)的新对象。例如,可以建立同心圆、平行线以及平行曲线等。偏移命令执行时的提示项意义如下:

命令:offset↙

指定偏移距离或 \[通过(T)/删除(E)/图层(L)\] <通过>:

此时有两种基本方法以供选择。

(1)偏移距离

指定一个从已有对象到新对象之间的偏移距离。可以直接在提示行后键入一个数值作为距离;也可以指定两个点,以两点之间的距离作为输入值;或者直接按回车键接受默认值。然后系统显示以下提示:

选择要偏移的对象,或 \[退出(E)/放弃(U)\] <退出>:(让用户选择要偏移的对象)

指定要偏移的那一侧上的点,或 \[退出(E)/多个(M)/放弃(U)\] <退出>:(让用户在对象的一侧指定一点以确定新对象的位置,然后在指定侧绘制出新对象)

AutoCAD 将重复以上两个提示,以便可以建立多个等距偏移的对象,直到按回车键结束命令。

(2)通过选项

采用指定新对象必须通过指定点的方法来建立偏移对象。相应的提示为:

指定偏移距离或 \[通过(T)/删除(E)/图层(L)\] <通过>:　T↙

指定偏移距离或 \[通过(T)/删除(E)/图层(L)\] <通过>:(让用户选择要偏移的对象)

指定通过点或 \[退出(E)/多个(M)/放弃(U)\] <退出>:(让用户指定一个点,过这一点来绘制出偏移后的新对象)

AutoCAD 同样重复以上两个提示,以便可以建立多个等距偏移的对象,直到按回车键结束该命令。

5. 阵列命令

从键盘命令:提示符后输入命令Array↙、单击工具栏中按钮或者从修改下拉菜单中选择阵列都可以实现阵列命令的操作,并出现阵列对话框,如图 12-21 所示。阵列命令用于对所选定的图形对象进行有规律的多重复制,从而可以建立一个矩形的或环形的阵列。

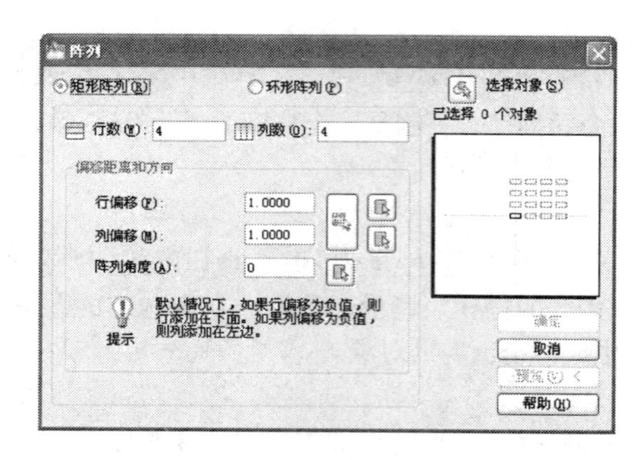

图 12-21 阵列对话框

6. 移动命令

从键盘命令:提示符后输入命令Move↙、单击工具栏中 按钮或者从修改下拉菜单中选择移动都可以实现移动命令的操作。移动命令用于将选定的图形对象从当前位置平移到一个新的指定位置,而不改变对象的大小和方向。

7. 旋转命令

从键盘命令:提示符后输入命令Rotate↙、单击工具栏中 按钮或者从修改下拉菜单中选择旋转都可以实现旋转命令的操作。

旋转命令用于将选中的对象绕基点(指定点)旋转指定的角度。默认设置时输入的角度为正值,选中的对象按逆时针方向旋转;输入的角度为负值,则该对象按顺时针方向旋转。

8. 修剪命令

从键盘命令:提示符后输入命令Trim↙、单击工具栏中 按钮或者从修改下拉菜单中选择修剪都可以实现修剪命令的操作。TRIM 的功能是剪去一个目标的多余部分,它是用指定的剪切边去裁剪所选定的对象。

9. 延伸命令

从键盘命令:提示符后输入命令Extend↙、单击工具栏中 按钮或者从修改下拉菜单中选择延伸都可以实现延伸命令的操作。延伸命令用于将选中的对象延伸到指定的边界。

10. 打断于点命令

单击工具栏中 按钮可以实现打断命令的操作。打断命令用于分割对象为两部分。

11. 打断命令

从键盘命令:提示符后输入命令Break↙、单击工具栏中 按钮或者从修改下拉菜单中选择打断都可以实现打断命令的操作。打断命令用于删除所选定对象的一部分,或者分割对象为两部分。格式如下:

命令: break↙

选择对象: 拾取要被打断的实体

指定第二个打断点 或 \[第一点(F)\]:

用户对第二行的提示可以有两种反应:如果直接指定第二个断点,则 BREAK 命令将实体的拾取点作为第一断点,并删除两个断点之间的线段。如果在该提示行上键入 F 并按回车键,则表示第一步的拾取点不是断点,仅是选择对象,于是系统显示如下提示:

指定第一个打断点:(指定第一断点)

指定第二个打断点:(指定第二断点)

12. 倒直角命令

从键盘命令:提示符后输入命令Chamfer↙、单击工具栏中按钮或者从修改下拉菜单中选择倒角都可以实现倒直角命令的操作。

对两条相交直线做倒角。若为修剪模式,则在倒角处,两条直线自动延长或修剪,倒角距离由用户给出,最后连接两个修剪端点。若为不修剪模式,则仅仅画出倒角,两条直线无任何变化。

13. 圆角命令

从键盘命令:提示符后输入命令Fillet↙、单击工具栏中按钮或者从修改下拉菜单中选择 fillet 都可以实现圆角命令的操作。

圆角命令是利用给定的圆角半径作弧来光滑连接两条直线、弧或圆,若为修剪模式,则调整原来直线和弧的长度,不足的部分自动延长,多余的部分自动删除;若为不修剪模式,则仅仅作出圆角。

12.2.4 简单二维平面图形的绘制

[例 1] 结合前面所介绍的知识,来完成图 12-22 所示的托架零件图。

1. 设置绘图环境

(1)设置绘图范围。经分析绘图界限采用 A4 图纸。命令如下:

命令:Limits ↙

指定左下角点或 \[开(ON)/关(OFF)\] <0.00,0.00 >:↙(直接回车表示接受缺省设置)

指定右上角点 <12.00,9.00 >: 297,210↙(设置为 A4 图纸)

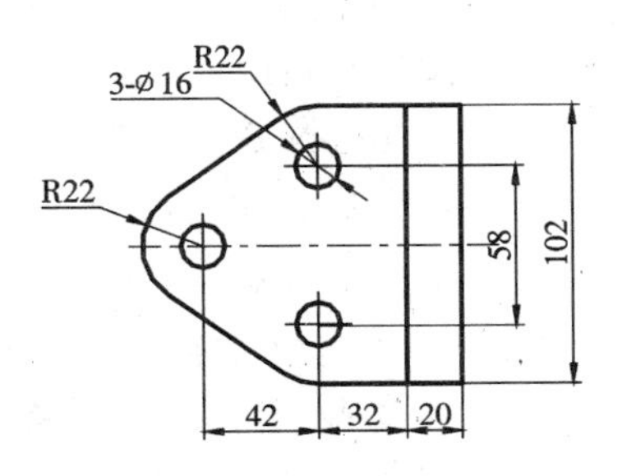

图 12-22 托架零件的俯视图

命令:Units ↙

系统打开图形单位对话框,如图 12-12 所示,在此对话框中把小数的精度设置为 0。

(2)用缩放命令控制图形缩放

命令:Zoom↙

指定窗口的角点,输入比例因子 (nX 或 nXP),或者

\[全部(A)/中心(C)/动态(D)/范围(E)/上一个(P)/比例(S)/窗口(W)/对象(O)\] <实时 >: A↙(满屏显示整个图形范围)

2. 设置图层

图层的设置请参照图 12-23 所示的层名、颜色、线型和线宽。

3. 设置线型比例

在通过上面的属性设置后,如果线型的显示效果不理想(如虚线的间隔太小等),可以通过命令Ltscale 来调整,操作如下:

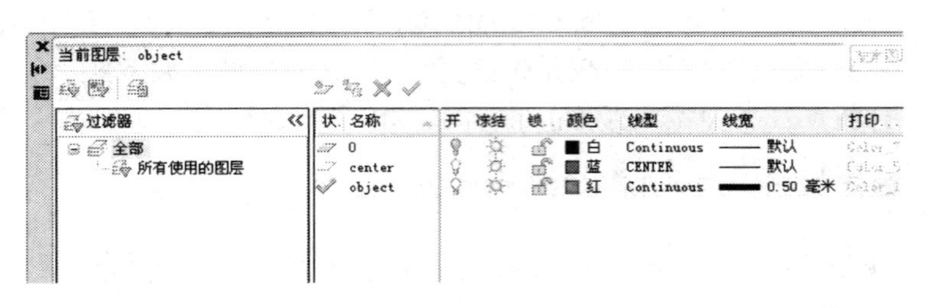

图 12-23　设置图层

命令:Ltscale↙

输入新线型比例因子 <1.0000>: 0.5↙(可自己设定,值越大,间隔越大)

4. 设置绘图环境后绘制图形

把 Object 层设置为当前层后,进行如下操作。

①绘制同心圆,如图 12-24(a)所示。操作过程如下:

命令: 单击 图标(输入绘制圆命令)

circle 指定圆的圆心或 \[三点(3P)/两点(2P)/切点、切点、半径(T)\]: 拾取图形范围内适当的一点

指定圆的半径或 \[直径(D)\]: 8↙(输入圆的半径)

命令:↙ (直接回车表示重复刚执行完的命令)

指定圆的圆心或 \[三点(3P)/两点(2P)/切点、切点、半径(T)\]: 运用目标捕捉方式捕捉已绘圆的圆心

指定圆的半径或 \[直径(D)\]: <8.0000>: 22↙

②复制同心圆并作切线,如图 12 -24(b)所示。操作过程如下:

命令: 单击 图标

选择对象: 用鼠标在屏幕上直接选择要被复制的两个同心圆

选择对象: ↙(结束选择对象)

指定基点或 \[位移(D)/模式(O)\] <位移>:42, -29↙(输入基点的坐标值)

指定第二个点或 <使用第一个点作为位移>:↙(直接回车表示使用基点的坐标值作为选定对象的位移向量)

命令:单击 图标

_ line 指定第一点: 单击捕捉工具条中的切点捕捉标志

Tan 到　用鼠标捕捉到切点 1

指定下一点或 \[放弃(U)\]: 单击捕捉工具条中的切点捕捉标志

Tan 到　(用鼠标捕捉到切点 2)

指定下一点或 \[放弃(U)\]:↙(回车表示结束画线)

③绘制下侧和右侧的直线,如图 12-24(b)所示。操作过程如下:

命令: 单击 图标

_ line 指定第一点: 单击捕捉工具条中的象限点捕捉标志

Qua 于 用鼠标拾取最下象限点

指定下一点或 \[放弃(U)\]: @52,0↙(用相对坐标方式画线)

指定下一点或 \[放弃(U)\]：@0,102↙(画垂直线)

指定下一点或 \[放弃(U)\]：↙(结束画线)

④修剪下侧同心圆的多余圆弧，如图 12－24(c)所示。操作过程如下：

命令：单击 图标(修剪命令)

当前设置：投影＝UCS，边＝无

选择剪切边...

选择对象或 <全部选择>：用鼠标选择左侧斜直线(要求拾取第一条剪切边)

选择对象：用鼠标选择刚画完的水平线(拾取第二条剪切边)

选择对象：↙(回车确认剪切边选取结束)

选择要修剪的对象，或按住 Shift 键选择要延伸的对象，或

\[栏选(F)/窗交(C)/投影(P)/边(E)/删除(R)/放弃(U)\]：拾取要被剪切部分，即下侧同心圆的多余圆弧

选择要修剪的对象，或按住 Shift 键选择要延伸的对象，或

\[栏选(F)/窗交(C)/投影(P)/边(E)/删除(R)/放弃(U)\]：↙(回车确认被剪切部分选取结束)

⑤将下面部分镜像到上部，如图 12－24(d)所示。操作过程如下：

命令：单击 图标(镜像命令)

选择对象：(定义选择对象窗口，方法如图 12-24(d)所示)

选择对象：↙(对象选取结束)

指定镜像线的第一点：单击捕捉工具条中的圆心捕捉标志 (定义左侧圆心为镜像线上的一点)

Cen 于　拾取圆心

指定镜像线的第二点：通过追踪方式确定对称水平镜像线

要删除源对象吗？\[是(Y)/否(N)\] <N>：↙(回车确认不删除原有目标)

⑥剪切左侧同心圆的多余圆弧，如图 12-24(e)所示。操作过程略。

⑦用偏移命令绘制右侧的平行线，如图 12-24(f)所示。操作过程如下：

命令：单击 图标

指定偏移距离或 \[通过(T)/删除(E)/图层(L)\] <20.00>：20↙(指定偏移距离为 20)

选择要偏移的对象，或 \[退出(E)/放弃(U)\] <退出>：选择图中的垂直线(选择要偏移的对象)

指定要偏移的那一侧上的点，或 \[退出(E)/多个(M)/放弃(U)\] <退出>：用鼠标在直线左侧单击(确定直线偏移的方向)

选择要偏移的对象，或 \[退出(E)/放弃(U)\] <退出>：↙(直接回车表示不再有偏移的对象)

⑧绘制点划线，如图 12-24(g)所示。

a. 调出 Center 层为当前层。

b. 使用划线命令和增长命令结合绘制出中心线。步骤如下：

命令：L↙
指定第一点：捕捉左边圆弧的左象限点
指定下一点或 \[放弃(U)\]：捕捉矩形最右边直线的中点
指定下一点或 \[放弃(U)\]：↙
命令：Lengthen↙
选择对象或 \[增量(DE)/百分数(P)/全部(T)/动态(DY)\]：DE↙(DElta 的缩写)
输入长度增量或 \[角度(A)\] <0.00>：3↙(拉长 3 毫米)
选择要修改的对象或 \[放弃(U)\]：点取点画线端点 3
选择要修改的对象或 \[放弃(U)\]：点取点画线端点 4
用同样的方法可完成 3 个小圆点划线的绘制。结果如图 12-24(h)所示。
注：读者也可以用其他的方法完成点画线的绘制。

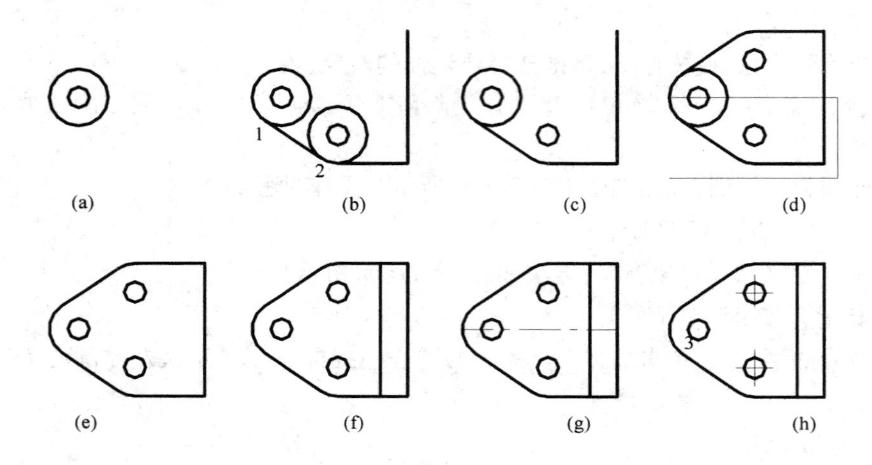

图 12-24　托架零件俯视图的绘图步骤

[例 2]　绘制图 12-25 所示的图形。

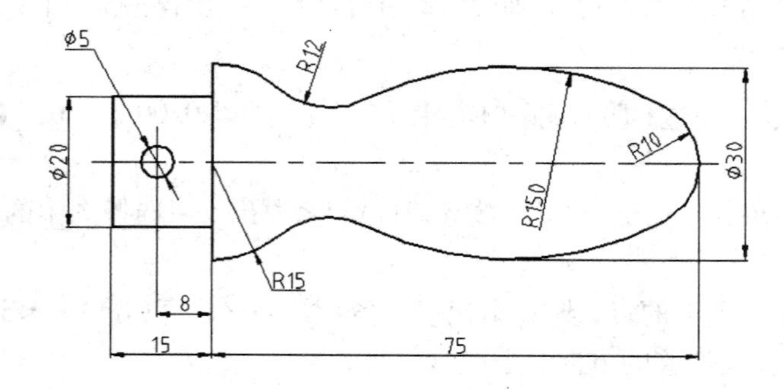

图 12-25　手柄图形

①按照上例设置图纸幅面和图层。
②把 Center 层设置为当前层。在绘图区的适当位置画一条水平中心线。操作过程如下：

命令：L↙

指定第一点：捕捉绘图区内适当的一点

指定下一点或［放弃(U)］：@90,0↙

指定下一点或［放弃(U)］：↙

③设置 Object 为当前层。然后进行如下操作：

a. 绘制直线。

命令：L↙

指定第一点：捕捉中心线左端点

指定下一点或［放弃(U)］：@0,10↙

指定下一点或［放弃(U)］：@15,0↙

指定下一点或［放弃(U)］：@0,5↙

指定下一点或［放弃(U)］：↙

命令：↙(直接回车表示重复刚执行完的画线命令)

指定第一点：用鼠标捕捉刚画完的两段直线的交点

指定下一点或［放弃(U)］：@0，-10↙

指定下一点或［放弃(U)］：↙ 结果如图 12-26 所示。

图 12-26　绘制直线

b. 绘制圆弧部分，如图 12-27 所示。

绘制半径为 $R15$ 的圆。

命令：单击 图标

circle 指定圆的圆心或［三点(3P)/两点(2P)/切点、切点、半径(T)］：捕捉点 1 为圆心点(图 12-27)

指定圆的半径或［直径(D)］：　15↙(输入圆的半径)

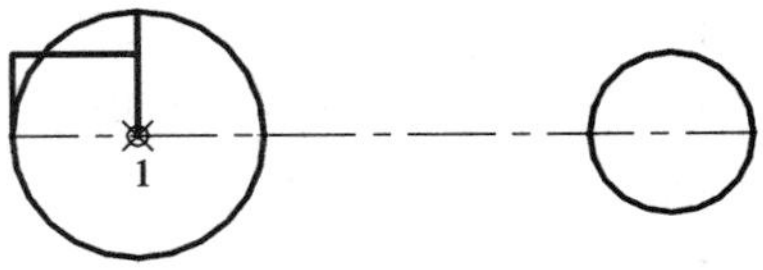

图 12-27　绘制 $R15$ 和 $R10$ 圆弧

绘制半径为 $R10$ 的圆。

接着应用 AutoCAD 自动追踪方式来完成半径为 $R10$ 的圆弧的绘制。应用自动追踪功能前，必须进行设置，设置过程如下：鼠标右键单击状态行中的对象捕捉标签，选择设置设置选项，系统弹出草图设置对话框，在对象捕捉标签中，选中需要的特殊点，如端点、中点、圆心点、象限点等捕捉方式复选框，单击 OK 按钮，系统切换到绘图屏幕，单击状态栏中极轴追踪、对象捕捉追踪按钮使其处于打开状态，完成设置。然后输入命令：

命令：单击 图标

circle 指定圆的圆心或［三点(3P)/两点(2P)/切点、切点、半径(T)］：

此时把光标移到图 12-27 半径为 $R15$ 圆的圆心附近，则在该点位置出现端点捕捉标志，同时显示此处是端点。向右移动光标，读者可发现，显示出一条虚线形式的辅助线，并且虚线上有一小叉随着光标的移动而移动，小叉代表当前光标点的位置。当出现端点：75 <0o 的时候，单击鼠标左键。此时系统提示：

指定圆的半径或［直径(D)］：10↙(输入圆的半径)

绘制半径为 $R50$ 的圆弧。

经过分析应该采用切点、切点和半径方式画圆，首先绘制一条和半径为 $R50$ 的圆相切的辅助线，使用偏移和画圆命令结合完成：

命令：单击 图标

指定偏移距离或［通过(T)/删除(E)/图层(L)］＜通过＞： 15↙(指定偏移距离为15)

选择要偏移的对象，或［退出(E)/放弃(U)］＜退出＞：选择图中的中心线(选择要偏移的对象)

指定要偏移的那一侧上的点，或［退出(E)/多个(M)/放弃(U)］＜退出＞：用鼠标在中心线上方单击(确定直线偏移的方向)

选择要偏移的对象，或［退出(E)/放弃(U)］＜退出＞： ↙

命令：单击 图标

circle 指定圆的圆心或［三点(3P)/两点(2P)/切点、切点、半径(T)］：T↙(表示用 Ttr 方式画圆)

指定对象与圆的第一个切点：捕捉 $R10$ 圆上的一个切点(指定和 $R50$ 的圆相切的物体上的第一个切点)

指定对象与圆的第二个切点：捕捉辅助线上的一个切点(指定和 $R50$ 的圆相切的物体上的第二个切点)

指定圆的半径：50↙ 结果如图 12-28 所示。

绘制半径为 $R12$ 的过渡圆弧，经过分析，也要采用 Ttr 方式绘制。

命令：单击 图标

指定圆的圆心或［三点(3P)/两点(2P)/切点、切点、半径(T)］：T↙

指定对象与圆的第一个切点：捕捉半径为 $R15$ 圆上的一个切点

指定对象与圆的第二个切点：捕捉半径为 $R50$ 圆上的一个切点

指定圆的半径： 12↙ 结果如图 12-29 所示。

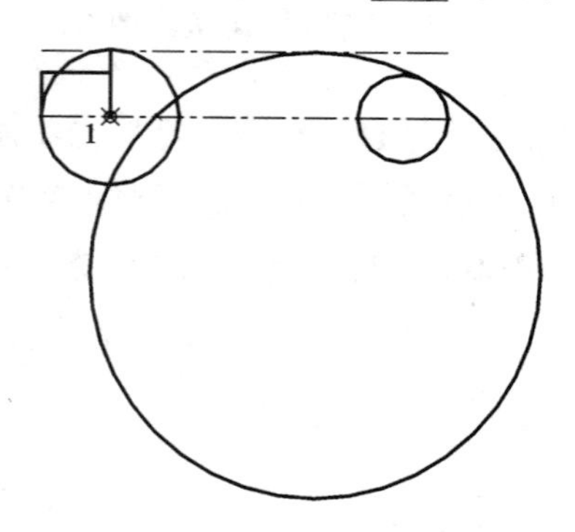

图 12-28 用 Ttr 方式绘制 $R50$ 的圆

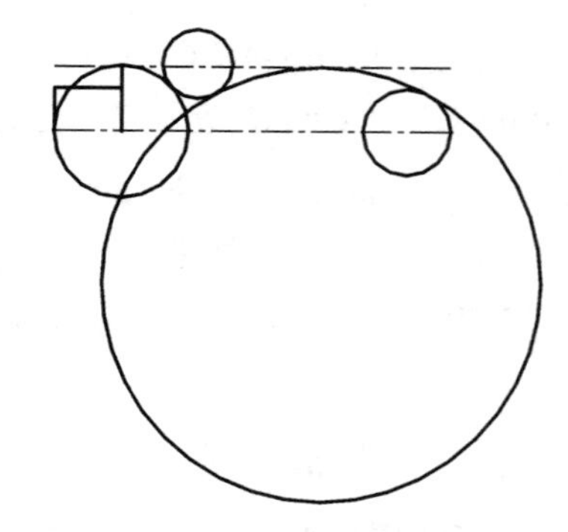

图 12-29 用 Ttr 方式绘制 $R12$ 的圆弧

⑤绘制直径为 $\phi5$ 的圆。结果如图 12-30 所示。操作过程略。

c. 剪切多余的圆弧。

以剪切掉半径为 $R50$ 的多余圆弧为例讲解：

命令：单击 图标

当前设置:投影 = UCS,边 = 无

选择剪切边...

选择对象或 <全部选择>：　用鼠标选择 *R*10 的圆(拾取第一条剪切边)

选择对象：用鼠标选择 *R*12 的圆(拾取第二条剪切边)

选择对象：↙(回车确认剪切边选取结束)

选择要修剪的对象,或按住 Shift 键选择要延伸的对象,或[栏选(F)/窗交(C)/投影(P)/边(E)/删除(R)/放弃(U)]：拾取要被剪切部分,即半径为 *R*50 的圆的多余圆弧

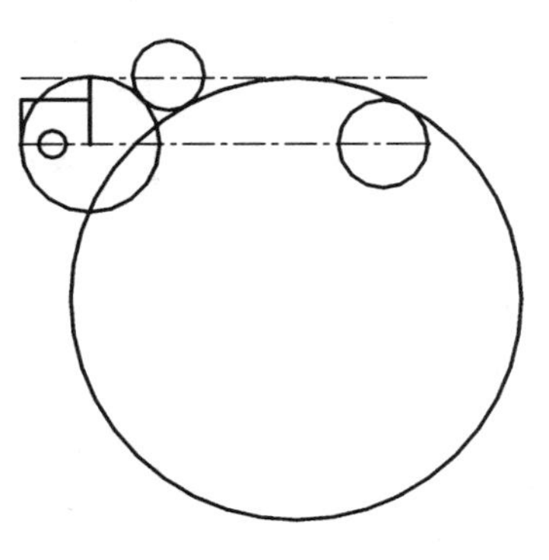

图 12-30　绘制直径为 $\phi5$ 的圆

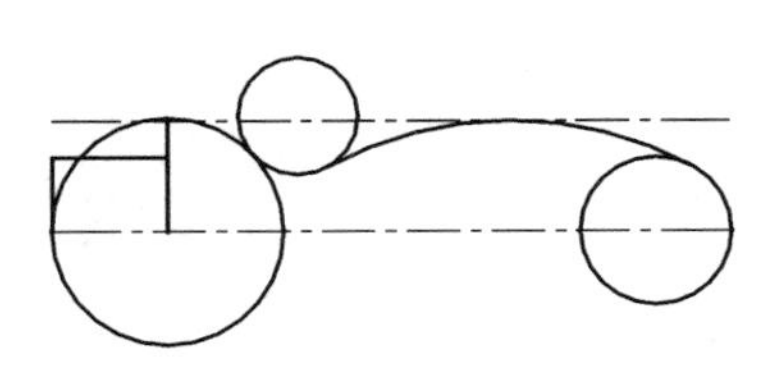

图 12-31　剪切半径为 R50 的圆多余圆弧

结果如图 12-31 所示。仿照上述操作修剪掉其余的多余圆弧,并用 ERASE(橡皮擦)命令擦除多余的辅助线。结果如图 12-32 所示。

d. 把上面图形镜像到下面。

命令：单击 图标

选择对象：用鼠标选取要被镜像的部分

选择对象：↙

指定镜像线的第一点：捕捉中心线的一个端点

指定镜像线的第二点：　捕捉中心线的另一个端点

要删除源对象吗? [是(Y)/否(N)] <N>：↙(回车确认不删除原有目标)

结果如图 12-33 所示。

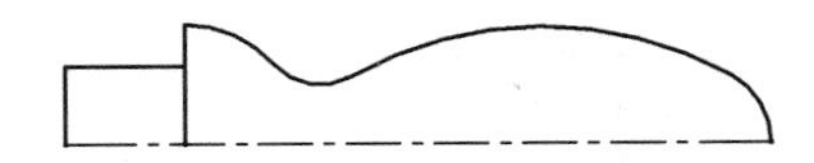

图 12-32　用修剪和删除命令编辑后的图形

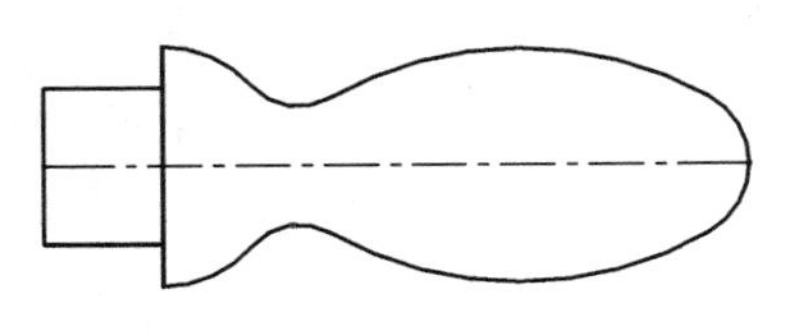

图 12-33　镜像后的图形

e. 使用拉长命令修改中心线的长度,操作过程略。

结果绘制出图 12-25 所示的图形。

12.3　尺寸标注

12.3.1　尺寸标注的式样

尺寸标注式样即尺寸线、尺寸界线、尺寸箭头和尺寸文本等形式和大小。AutoCAD 通过尺寸标注式样管理器,可创建新的尺寸标注式样及管理、修改已有的尺寸标注式样。在 AutoCAD 中,单击 按钮(或选择尺寸→样式下拉菜单)可打开尺寸标注式样管理器。系统弹出标注样式管理器对话框,如图 12-34 所示。

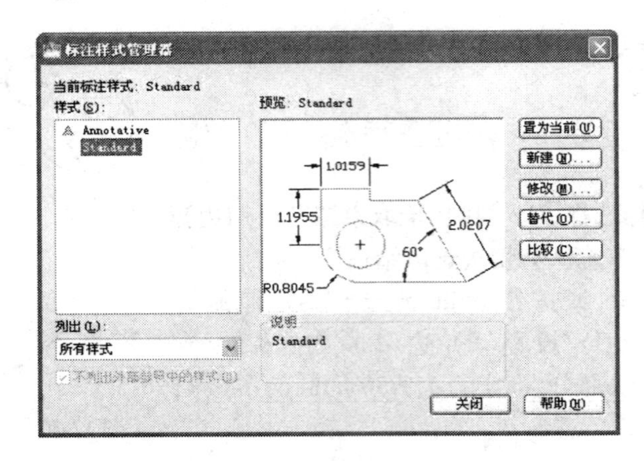

图 12-34　尺寸标注式样管理器对话框

1. 样式框

用于显示建立的尺寸标注样式。

2. 预览区域

以图形方式显示已选定的尺寸标注样式。

3. 置为当前(U) 按钮

单击此按钮,将把在样式框中选择的尺寸标注式样设置为当前的尺寸标注式样。

4. 新建(N)... 按钮

用于设置新的尺寸标注样式。单击此按钮,系统弹出创建新标注样式对话框,如图 12-35 所示。对话框中的选项包括:

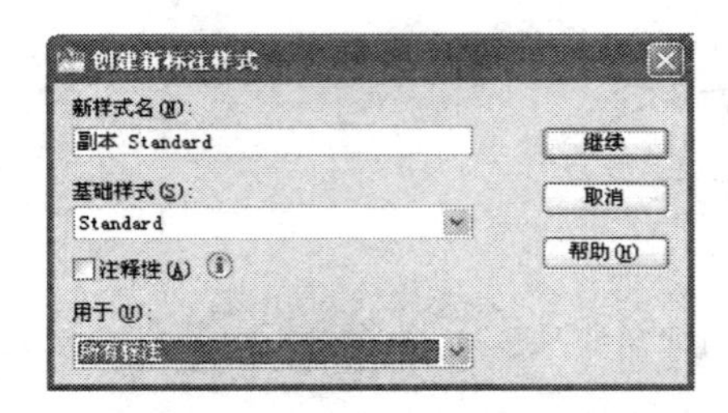

图 12-35　创建新标注样式对话框

①新样式名:用于输入新设置的尺寸标注样式名称。

②基础样式下拉列表框:用于选择新设置的尺寸标注式样模板。

③用于下拉列表框:用于指定新设置的尺寸标注式样应用于那些类型的尺寸标注。

④ 继续 按钮:单击此按钮,将弹出新建标注样式对话框,如图 12-36 所示。

5. 修改(M)... 按钮

单击此按钮,系统弹出修改标注样式对话框。在该对话框中,用户可以对当前的尺寸标注式样进行修改。

6. 替代(O)... 按钮

单击该按钮,将弹出一个替代当前样式对话框。在该对话框中,用户可以设置临时的尺寸标注式样,用来替代当前尺寸标注式样中的设置。

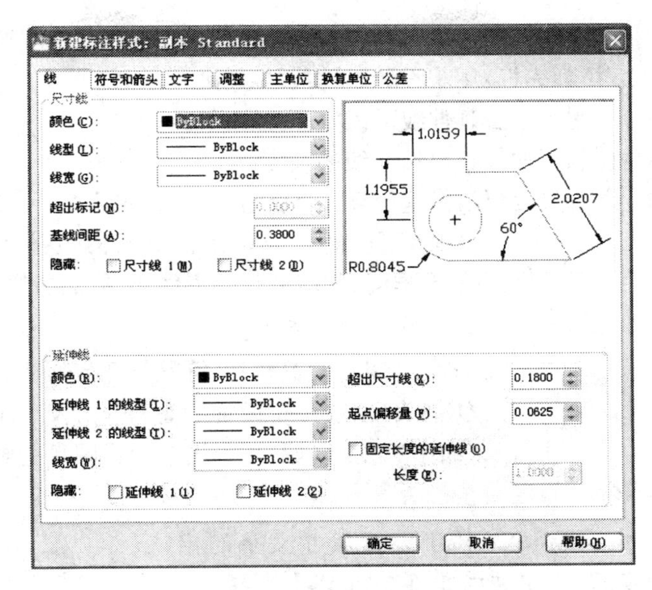

图 12-36　新建标注样式对话框

7. 比较(C)... 按钮

单击该按钮，将弹出一个比较标注样式对话框。用于比较不同尺寸标注样式之间的差别。

上面提到的创建新标注样式对话框、替代当前样式对话框和比较标注样式对话框所包含的选项完全相同，下面只以创建新标注样式图 12-36 对话框为例加以说明。

12.3.2　设置新的尺寸标注式样

1. 线 标签

该标签用于设置尺寸线、延伸线的几何特性。

(1)尺寸线区域

用于设置尺寸线的特性，见图 12-37。

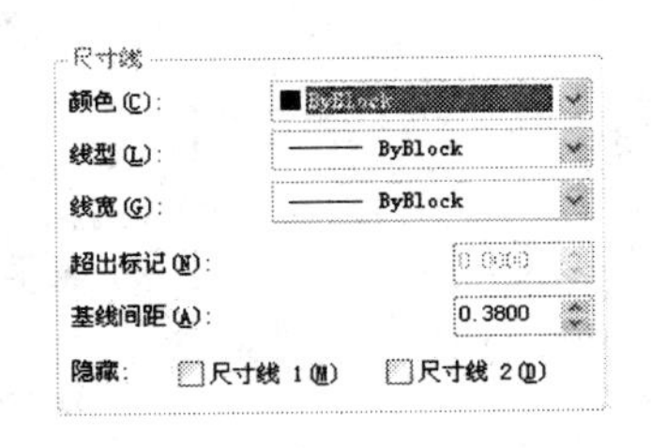

图 12-37　尺寸线区域

①颜色下拉列表框：用于设置尺寸线和箭头的颜色。

②线型下拉列表框：用于设置尺寸线的线型。

③线宽下拉列表框：用于设置尺寸线的线宽。

④隐藏复选框：用于控制是否显示第一条和第二条尺寸线。尺寸线被分为两部分。选中复选框时，表示抑制该尺寸线不画出，否则画出尺寸线。

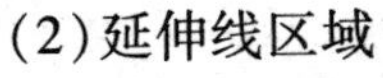

(2)延伸线区域

用于设置延伸线的特性，见图 12-38：

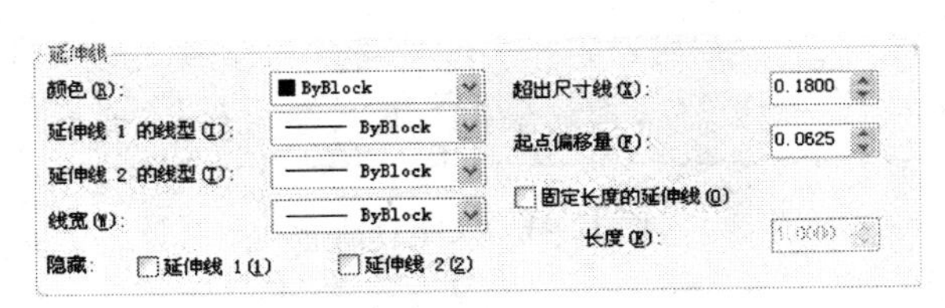

图 12-38　尺寸界线区域

①颜色 Color 下拉列表框:用于设置延伸线的颜色。

②延伸线的线型下拉列表框:用于设置延伸线的线型。

③线宽下拉列表框:用于设置延伸线的线宽。

④超出尺寸线框:控制延伸线超出尺寸线的长度。

⑤起点偏移量框:设置尺寸界线的起点到尺寸标注定义点的距离。一般设置为 0。

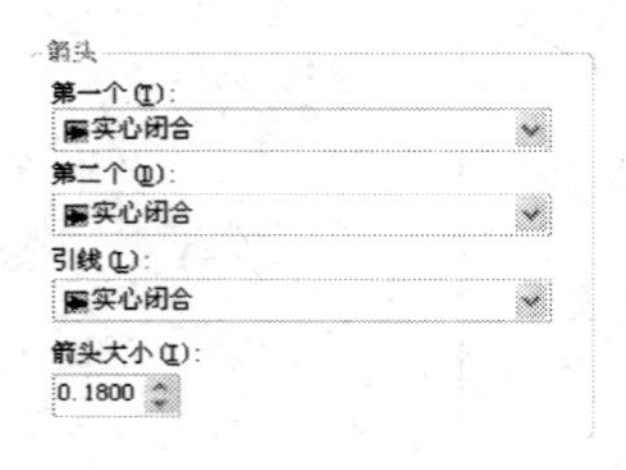

图 12-39 箭头区域

⑥隐藏复选框:控制是否显示第一条和第二条尺寸界线。选中复选框时,相应的尺寸界线不画出,否则应画出。

2. 符号和箭头 标签

该标签用于设置箭头、符号等几何特征。

①箭头区域:用于设置箭头的样式及大小。

②圆心标记区域:用于设置圆或圆弧的圆心标记。

3. 文字 标签

用于设置尺寸文字的样式、位置及对齐方式等。如图 12-40 所示。它包括以下内容。

圆心标记
无(N)
标记(M) 0.0900
直线(E)

图 12-40 圆心标记区域

(1)文字外观区域

用于设置尺寸文字的格式和大小。

①文字样式下拉列表框:设置尺寸文字的格式。

②文字颜色下拉列表框:设置尺寸文字的颜色。

③填充颜色下拉列表框:设置尺寸文字背景的颜色。

④文字高度框:设置尺寸文字的高度。

⑤绘制文字边框复选框:选择该选框,将在尺寸文字的四周画上一个框。

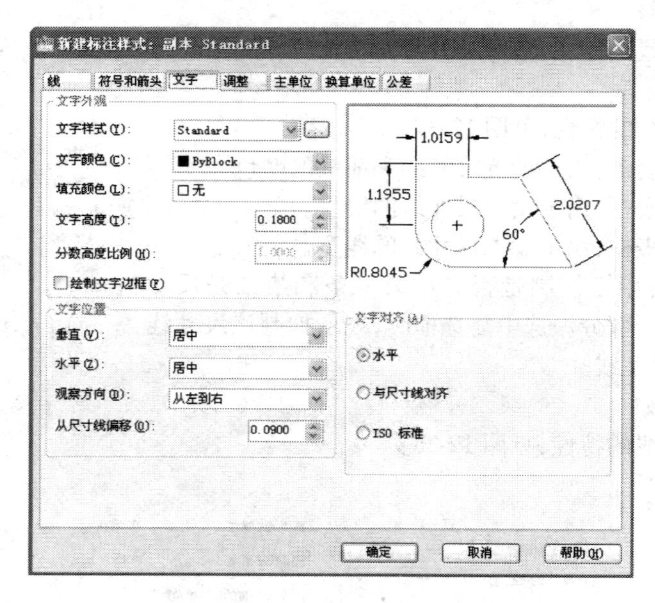

图 12-41 文字对话框

(2)文字位置区域

用于设置尺寸文字的位置。其中包括:

①垂直下拉列表框:设置尺寸文字相对于尺寸线垂直方向的位置。

②水平下拉列表框:设置尺寸文字相对于尺寸线在水平方向上的对齐方式。

③观察方向下拉列表框:设置尺寸文字的观察方向。

④从尺寸线偏移框:设置尺寸文字与尺寸线间的距离。

(3)文字对齐区域

设置尺寸文字的放置方向。

①水平:使尺寸文字水平放置。

②与尺寸线对齐:使尺寸文字沿尺寸线方向标注。

③ISO:按照 ISO 标准,当标注文本在尺寸界线之间时,沿尺寸线方向放置;当标注文本在尺寸界线之外时,沿水平方向放置。

12.3.3　尺寸标注的类型

基本的尺寸标注的类型见图 12-42。

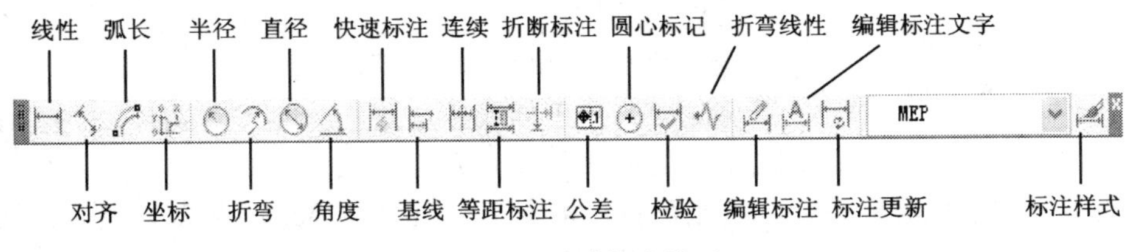

图 12-42　尺寸标注类型

1. 长度型尺寸标注

(1)水平型和垂直型尺寸标注

如图 12-43 所示。

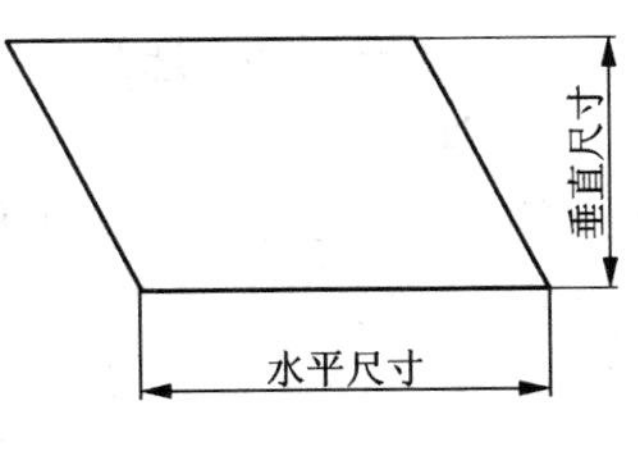

图 12-43　长度型尺寸标注

从键盘命令:提示符后输入命令 Dimlinear ↙、单击工具栏中按钮或者从标注下拉菜单中选择线性都可以实现长度型尺寸标注操作。创建线性标注命令执行后,显示如下提示:

指定第一条延伸线原点或 <选择对象>:在此提示下,用户有两种输入方法。

①输入第一条尺寸界线的起点,系统继续提示:

指定第二条延伸线原点:输入第二条尺寸界线的起点

指定尺寸线位置或[多行文字(M)/文字(T)/角度(A)/水平(H)/垂直(V)/旋转(R)]:在此提示下,可直接指定尺寸线的位置或者输入其他选项。各选项的功能如下:

a. 指定尺寸线的位置:在适当的位置点取一点,则系统自动标注出测量值。

b. 多行文字:用于输入新的文本。输入 M 并回车,系统弹出文字格式对话框。用户可在此对话框中输入新的尺寸文字。

c. 文字:用于直接输入新的尺寸文本。输入 T 并回车,系统接着提示:

输入标注文字 <测量值>:输入尺寸文本并回车。

d. 角度:指定标注尺寸文字的倾斜角度。

e. 水平:用于标注水平方向的尺寸。

f. 垂直:用于标注垂直方向的尺寸。

g. 旋转:用于旋转型尺寸标注。

②在指定第一条延伸线原点或 <选择对象>: 提示下,用回车响应表示自动确定两条尺寸界线的起点。接着出现以下提示:

选择标注对象: 点取所标注的目标。

若选择的是直线或圆弧,则把直线或圆弧的两个端点作为尺寸界线的起点;若选择一个圆,则从该圆直径的两端点画出尺寸界线。其后续操作与①相同。

(2)基线型尺寸标注

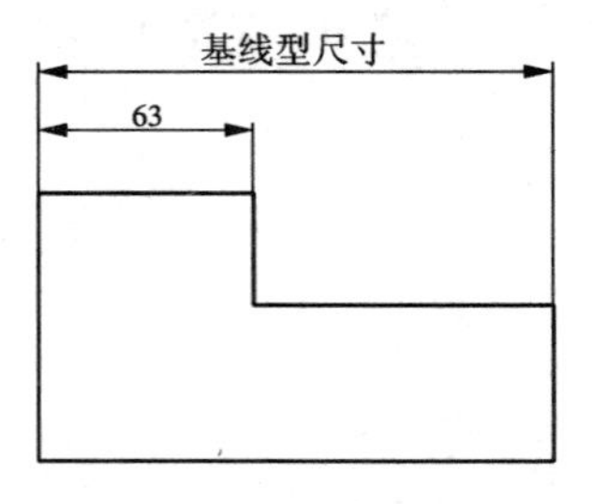

图 12-44 基线型尺寸标注

基线型尺寸是与前一个尺寸具有共同的第一条尺寸界线,并且尺寸线相互平行的尺寸。其尺寸线位置相对前面一条尺寸线沿着尺寸界线的方向自动偏移已设定的距离,如图 12-44 所示。从键盘命令:提示符后输入命令 Dimbaseline ↙、单击工具栏中按钮或者从标注下拉菜单中选择基线都可以实现基线型尺寸标注的操作。

命令执行后,出现以下提示:

指定第二条延伸线原点或[放弃(U)/选择(S)] <选择>:

在此提示下有两种输入方法。

①若前一个尺寸是最近标注的,则可直接指定第二条尺寸界线的起点。之后系统自动标出测量值,并又重新出现上述提示。在该提示下,可继续标注。若结束命令按回车键。

②若前一个尺寸不是最近标注的,则按回车键,系统继续提示:

选择基准标注: 选择基准尺寸,并把选择点靠近共同的尺寸界线,后续操作同①方法。

(3)连续型尺寸标注

连续型尺寸是用前一个尺寸的第二条尺寸界线作为它的第一条尺寸界线,并且两尺寸线在同一条直线上,如图 12-45 所示。从键盘命令:提示符后输入命令 Dimcontinue ↙、单击工具栏中按钮或者从标注下拉菜单中选择连续都可以实现连续型尺寸标注的操作。

后续提示和操作与基线型尺寸标注命令相同,只是标注结果不同。

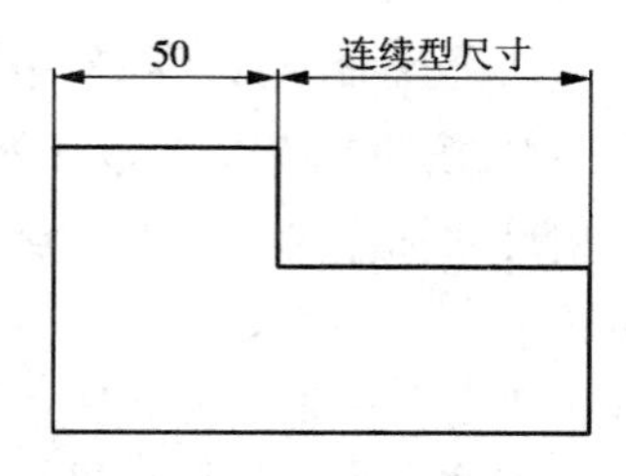

图 12-45 连续型尺寸标注

2. 标注直径和半径尺寸

(1)直径型尺寸标注

从键盘命令:提示符后输入命令 Dimdiameter ↙、单击工具栏中按钮或者从标注下拉菜单中选择直径都可以实现直径型尺寸标注的操作。命令执行后,显示如下提示:

选择圆弧或圆: 选择圆或圆弧

标注文字 = 测量值

指定尺寸线位置或[多行文字(M)/文字(T)/角度(A)]:

在此提示下,可直接指定尺寸线的位置或输入其他选项。

①指定尺寸线位置,则标注测量值并自动在尺寸数值前加 ϕ。

②多行文字和文字选项：输入新的尺寸文本。

③角度：改变尺寸文本的标注角度。

(2)半径型尺寸标注

从键盘命令：提示符后输入命令 Dimradius↙、单击工具栏中按钮或者从标注下拉菜单中选择半径都可以实现半径型尺寸标注的操作。命令执行后显示的提示与直径型尺寸标注命令执行时显示的提示基本类似。只是半径标注的尺寸文本前有一个字母 R。

12.4　文本标注

12.4.1　文本标注命令

该命令在图中按指定的位置、方向和高度书写文本。

命令：Text↙

当前文字样式：“说明”　文字高度：0.1250　注释性：

指定文字的起点或［对正(J)/样式(S)］：此时有三种选项：

①指定一个点，并将此点作为书写文本的起点，系统接着提示：

指定文字的旋转角度 <0.00>：输入文字的旋转角度↙

在弹出的图框中输入文字。按回车键结束此行文字，开始下一行。

②输入 J(对正)选项：设置文本对齐方式。系统提示：

输入选项［对齐(A)/布满(F)/居中(C)/中间(M)/右对齐(R)/左上(TL)/中上(TC)/右上(TR)/左中(ML)/正中(MC)/右中(MR)/左下(BL)/中下(BC)/右下(BR)］：图 12-46 是文本各种对齐方式的位置，圆点表示设置位置。

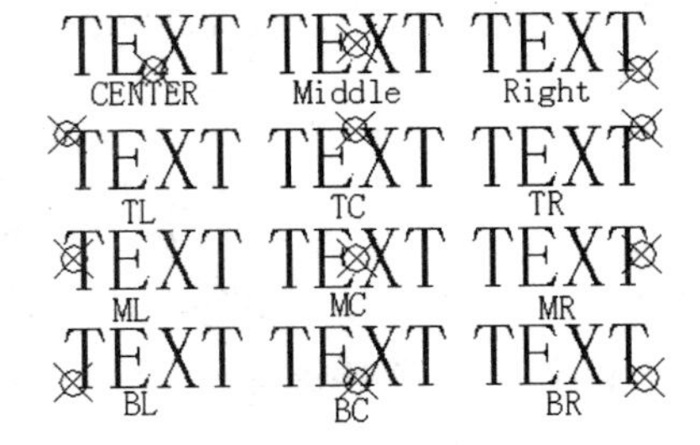

图 12-46　文本的各种对齐方式

③输入“S”改变文本样式 。系统显示：

输入样式名或［?］<说明>：输入文本样式的名字，或者输入？查看已经建立的文本样式名字。

说明：不能从键盘上直接输入的字符，采用“%%”开头的控制码输入，如：%%C 标注直径符号 φ，%%D 标注角度符号°，%%P 标注正负公差符号 ±，%%O 控制是否加上划线，%%U 控制是否加下划线。

12.4.2　多行文字命令

对于较长、较复杂的内容，可以用多行文字命令创建多行文本。而且 MTEXT 命令的操作更多。从键盘命令：提示符后输入命令Mtext↙或者单击工具栏中 **A** 按钮都可以实现多行文本命令的操作。

命令：Mtext↙

当前文字样式：“说明”　文字高度：0.1250　注释性：

指定第一角点：指定矩形框的第一个角点

指定对角点或［高度(H)/对正(J)/行距(L)/旋转(R)/样式(S)/宽度(W)/栏(C)］：指定矩形框的另一个角点或选择一个选项

指定第二个点后会弹出多行文字编辑对话框，如图 12-47 所示。在此对话框中可以对多行文字进行设置。下面对此对话框简要说明：

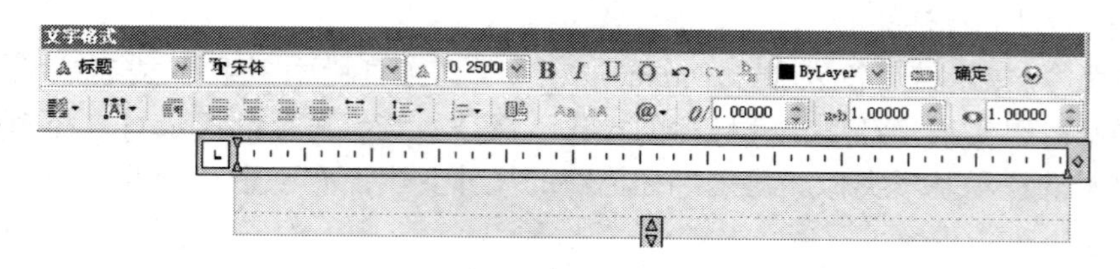

图 12-47　多行文字编辑对话框

① 标题 为样式下拉列表框，改变输入样式。

② 宋体 为字体下拉列表框，可以随时改变字体。

③ 0.2500 为文字高度列表框，改变字高。

④ **B** *I* U Ō 这四个按钮分别用于文字的加粗、倾斜、下划线和上划线。

⑤ @· 按钮用于输入特殊字符。

12.5　图案填充

在绘制图形时，经常需要将某种图案填充到指定区域。例如在绘制剖视图及断面图形时，需要绘制剖面线，以表达机件的断面与其他部分的区别以及机件的材质。

12.5.1　图案填充命令

从键盘命令：提示符后输入命令 Bhatch↙、单击工具栏中 按钮或者从绘图下拉菜单中选择图案填充都可以实现绘制剖面线命令的操作。

系统弹出边界图案填充对话框，如图 12-48 所示。应用该对话框设置填充图案、填充边界、填充方式等。

现把边界图案填充对话框中各选择项的功能介绍如下。

1. 图案填充标签

用于设置不同的填充图案。

①类型下拉列表框：用于设置填充图案的类型。

②图案下拉列表框：用于设置图案。单击小三角右边的按钮[...]，系统弹出填充图案选项板对话框。在该对话框中，单击不同的标签，可弹出相应的对话框，最

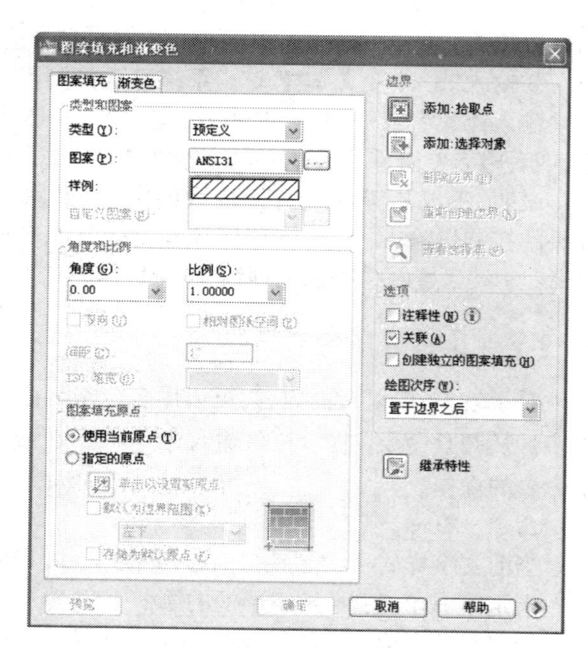

图 12-48　边界图案填充对话框

常用的为 ANSI 对话框，如图 12-49 所示，用户常选择该对话框中的 ANSI31 图案作为填充图案。

③样例预览框：用于显示所选图案的填充样式，以观察该图案的填充效果。

④角度文本框：用于设置填充图案的旋转角度。

⑤比例文本框：用于设置图案的填充比例。

⑥拾取点按钮：单点选择对象选定填充图案的区域。操作过程为：单击拾取点按钮，系统切换到绘图屏幕，逐一单击填充区域后回车，系统又切换到边界图案填充对话框。

⑦选择对象按钮：用拾取边界法选定填充图案的区域。操作过程同单点选择对象法。但用户必须准确地拾取边界及边界内部的封闭区域。

图 12-49　ANSI 对话框

⑧预览按钮 预览 ：用于预览填充图案在绘图屏幕中的填充效果。预览完毕后，回车返回边界图案填充对话框。若对填充效果不满意，用户可重新设置，若满意则单击 OK 按钮确认。

2. 渐变色标签

单击渐变色标签，系统弹出渐变色对话框。在该对话框中，可对填充区域进行高级设置。其中各选择项的功能与图 12-48 边界图案填充对话框中的各选项功能类似，这里不再重复介绍。

12.5.2　波浪线的绘制

图形中的波浪线可用样条曲线命令绘制，如图 12-50 所示。绘制步骤如下：

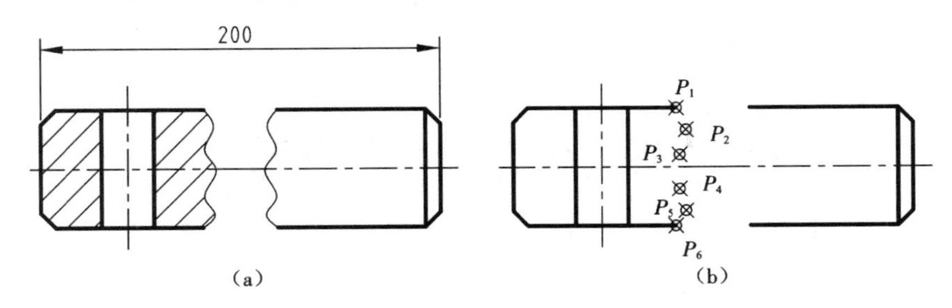

图 12-50　应用样条曲线命令绘制波浪线

命令：单击 按钮

指定第一个点或［对象(O)］：单击 按钮(设置捕捉最近点)

Nea 到：捕捉图中所示的P_1点

指定下一点：点取图中所示的P_2点

指定下一点或［闭合(C)/拟合公差(F)］ <起点切向>：点取图中所示的P_3点

指定下一点或［闭合(C)/拟合公差(F)］ <起点切向>：点取图中所示的P_4点

指定下一点或［闭合(C)/拟合公差(F)］<起点切向>：点取图中所示的P_5点

指定下一点或［闭合(C)/拟合公差(F)］<起点切向>：单击 按钮

Nea 到：捕捉图中所示的 P_6 点

指定下一点或［闭合(C)/拟合公差(F)］<起点切向>：↙

指定起点切向：↙

指定端点切向：↙

在命令最后提示起点和终点处的切线方向时回车即可。

12.6 表面结构要求的标注

表面结构要求是零件图的一项重要内容，可以利用 AutoCAD 提供的图块功能实现其标注。

12.6.1 图块的定义和功能

图块是将多个对象组合在一起构成的，这一组对象可以由不同图层上的对象组成，也可以包括其他图块。AutoCAD 把图块作为一个单独的、完整的对象来处理，如可以对整个图块进行复制、移动、旋转、比例缩放、删除和阵列等操作。

利用图块将常用的图形、符号（如表面结构要求、标题栏）等定义成图块存于磁盘中，供设计绘图使用，可提高绘图的效率。

12.6.2 图块操作的命令

1. 块命令

此命令将屏幕上的图形定义成一个图块。

从键盘命令：提示符后输入命令 BLOCK↙、单击工具栏中 按钮或者从绘图下拉菜单中选择块→创建都可以实现绘制图块命令的操作。

系统弹出如图 12-51 所示的块定义对话框。

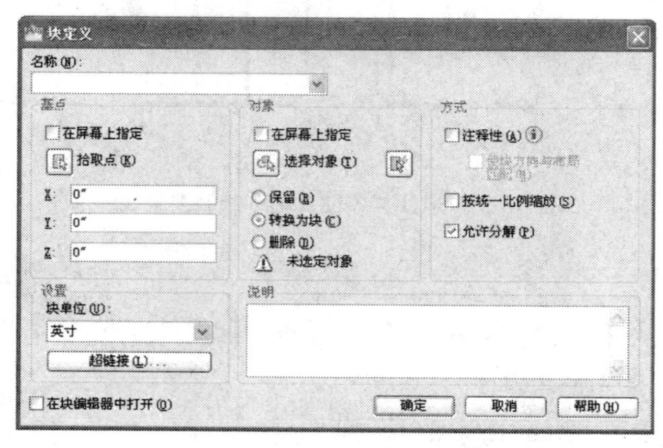

图 12-51 块定义对话框

①名称文本框：输入图块的名字。

②基点选项组：可以定义图块的插入点。

③对象选项组：指定构成图块的实体，还可以选择在创建图块后，是否要保留或删除图块定义中所选择的实体。单击选择按钮将暂时关闭对话框，用户可以在绘图区内选择要包含到图块定义中的实体。

④方式选项组：设置图块的属性。

⑤块单位列表框：指定块插入的单位。

⑥说明列表框：用户可以输入与图块定义相关的描述信息。

2. 写块命令

此命令将图块或图形对象保存到一个独立的图形对象中去。

命令：Wblock↙

系统弹出如图 12-52 所示的写块对话框。

(1)源

①块单选按钮：指定要保存到图形文件中的块。

②整个图形单选按钮：选择当前图形作为一个块。

③对象单选按钮：指定要保存到图形文件中的对象。

(2)基点选项组

确定图块的插入点。

(3)对象选项组

选择构成图块的实体。

(4)目标选项组

指定要输出的文件名称、位置和单位。

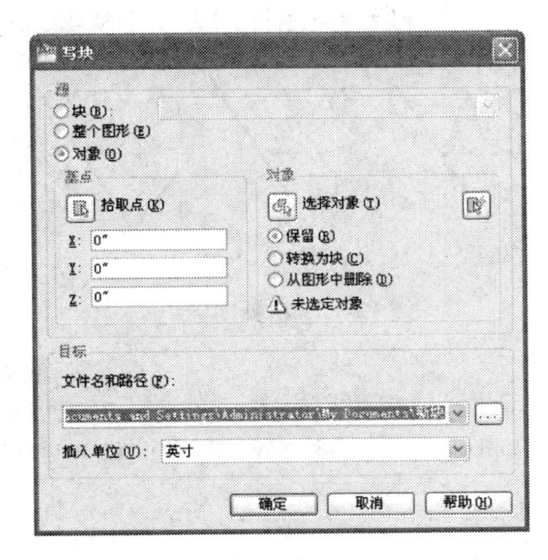

图 12-52　写块对话框

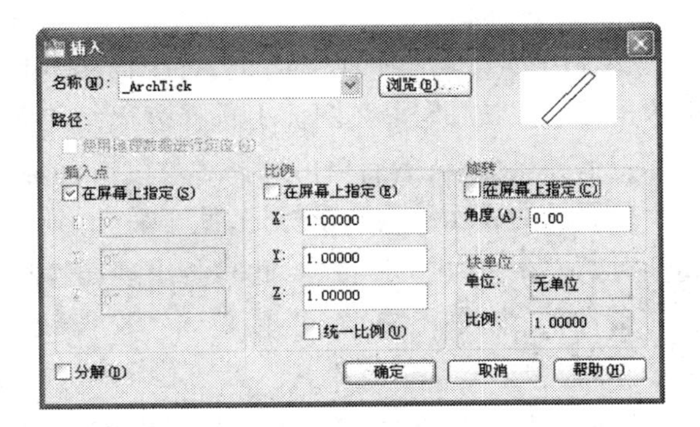

图 12-53　插入对话框

3. 插入命令

该命令将定义的图块或图形文件插入当前图形中。

命令：单击按钮

系统弹出如图 12-53 所示的插入对话框。

①名称列表框：输入图块的名称。

②插入点选项组：指定图块插入点的位置。选择复选框 ☑ 在屏幕上指定(S)，表示在绘图区内确定插入点，如不选择在屏幕上指定，用户可以在 X、Y、Z 三个文本框中输入插入点的坐标值。

③缩放比例选项组：指定图块插入比例系数。

④旋转选项组：指定图块插入时的选转角度。

12.6.3 创建属性定义(Attdef)命令

该命令用于为图块添加文本注释。用来描述图块的某些特征。例如，表面结构要求的数值就是一个属性。下面以完成含有属性的表面结构要求的标记为例来讲解。

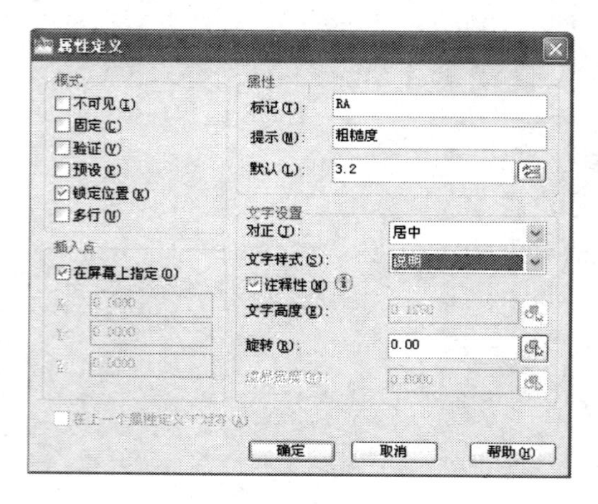

图 12-54 属性定义对话框

1. 绘制表面结构要求基本符号

命令：Line↙

指定第一点：(在绘图区拾取一点)

指定下一点或[放弃(U)]：@16 <240↙

指定下一点或[放弃(U)]：@8 <120↙

指定下一点或[闭合(C)/放弃(U)]：@8 <0↙

指定下一点或[闭合(C)/放弃(U)]：↙

2. 设置表面结构要求的属性值

命令：Attdef↙

系统弹出属性定义对话框，如图 12-54 所示。按照图示填写对话框，设置完毕单击确定 OK 按钮。执行后含有属性的表面结构要求标记如图 12-55(a)所示。

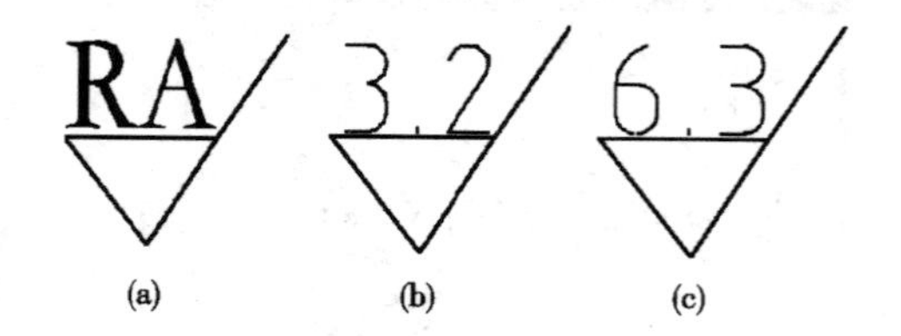

图 12-55 粗糙度标记

3. 建立图块

命令：Block↙

在弹出的块属性对话框中的名称中输入 RA，再单击拾取点按钮，在图面上选择表面结构要求标记下部最低点，然后单击选择对象按钮，选择整个带属性的表面结构要求标记，回车后，回到块属性对话框中，单击 OK 按钮，此时会出现属性编辑对话框，用户可以在 RA 文本框中更改默认的属性值，如果不更改，直接单击 OK 按钮，结束图块的建立，表面结构要求标记变成图 12-55(b)所示。

4. 使用插入命令可以向零件图中插入表面结构要求标记

命令：单击按钮

在弹出的如图 12-53 所示的对话框的名称文本框中输入 RA(图块的名字)，单击 OK 按钮，系统提示：

指定插入点或[基点(B)/比例(S)/X/Y/Z/旋转(R)]：用鼠标在零件图的适当位置插入表面结构要求标记(系统要求输入插入点或选择其他参数)

指定旋转角度:↙

RA <3. 2 > :6. 3↙(输入新的属性值)结果表面结构要求标记如图 12-55(c)所示。

12. 7　综合举例

绘制组合体的投影图是培养空间想象能力的一个重要环节,本节通过一个实例介绍 AutoCAD 绘制组合体投影图的方法和步骤。但本节所介绍的方法和步骤仅供读者参考。

下面主要讲解利用 AutoCAD 的自动追踪功能绘制如图 12-57 所示组合体剖视图的例子。绘图过程要求先画出未剖前的三视图即图 12-56,再画出图 12-57。绘图步骤如下。

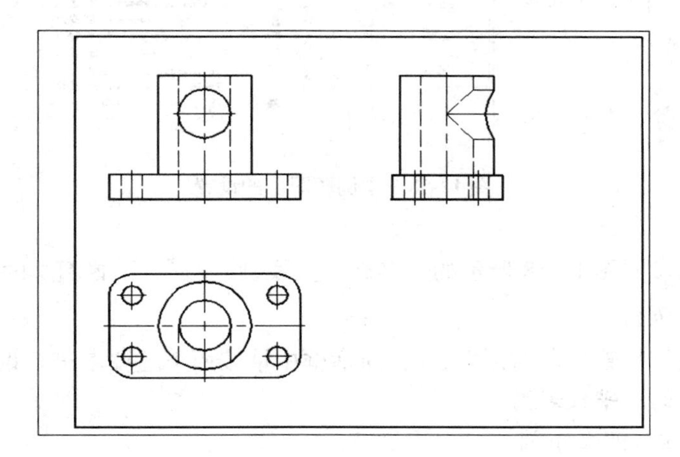

图 12-56　组合体的三视图

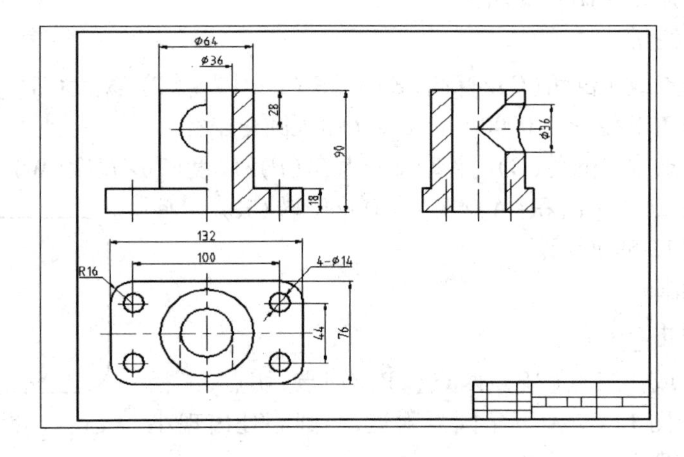

图 12-57　组合体剖视图

1. 设置绘图环境

①按照 12. 2. 1. 1 所讲的方式来设置绘图环境,把图纸范围设为 A3 图纸。

②使用缩放命令对整个绘图范围进行缩放。操作如下:

命令:Z↙

指定窗口的角点，输入比例因子（nX 或 nXP），或者

[全部(A)/中心(C)/动态(D)/范围(E)/上一个(P)/比例(S)/窗口(W)/对象(O)] <实时>：A↙

③设置线型比例。操作过程为：

命令：Ltscale↙

输入新线型比例因子 <1.0000>：0.5↙（可自已试定）

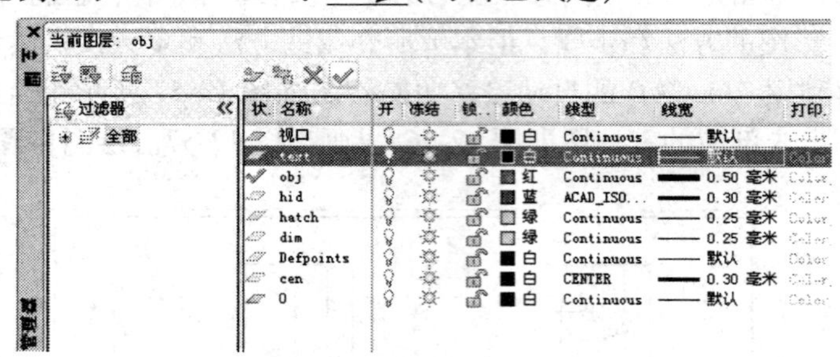

图 12-58　本例题图层的设置

2. 设置图层

图层的设置请参照图 12-58 所示的层名、颜色、线型、线宽。设置图层的操作过程为：

命令：单击按钮

系统打开图层特性管理器对话框，在该对话框中请按照下述要求进行设置。

3. 绘制组合体的水平投影图

(1)绘制外框线及四个小圆

①调出已设置的 Obj 层为当前层。

②调用绘矩形命令绘制外框线。

命令：单击按钮

指定第一个角点或 [倒角(C)/标高(E)/圆角(F)/厚度(T)/宽度(W)]：F↙

指定矩形的圆角半径 <0.0000>：16↙（输入圆角半径）

指定第一个角点或 [倒角(C)/标高(E)/圆角(F)/厚度(T)/宽度(W)]：70，30↙

指定另一个角点或 [面积(A)/尺寸(D)/旋转(R)]：@132,76↙结果如图 12-59 所示。

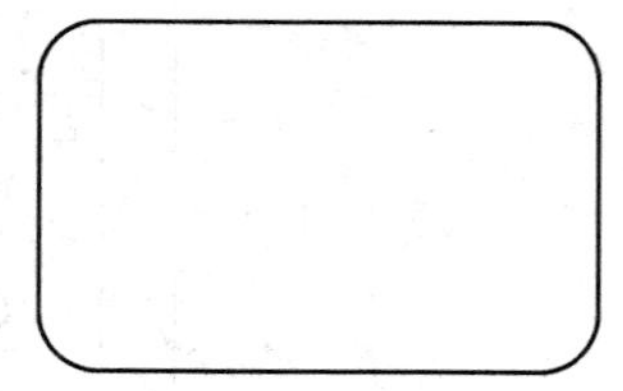

图 12-59　应用绘矩形命令绘制外框线

③绘制四个小圆。

命令：C↙或单击图标

指定圆的圆心或 [三点(3P)/两点(2P)/切点、切点、半径(T)]：移动鼠标到图 12-59 左下角圆弧附近，当圆心处出现小圆圈时单击鼠标左键

指定圆的半径或 [直径(D)]：7↙（输入小圆半径）

左下角的小圆已画出，接下来调用阵列命令画其余三个小圆。

命令：单击图标，调出图 12-60 设置阵列对话框。然后单击选择对象按钮，系统进入绘图区。

选择对象：用鼠标点取刚绘出的小圆↙

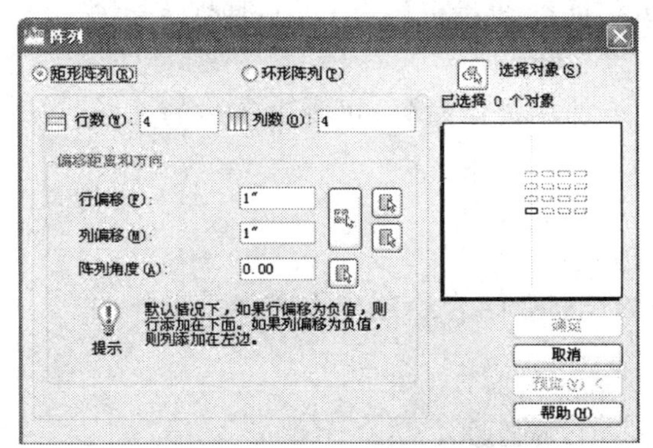

图 12-60　阵列对话框

返回到阵列对话框后，单击 确定 按钮。

结果如图 12-61 所示。

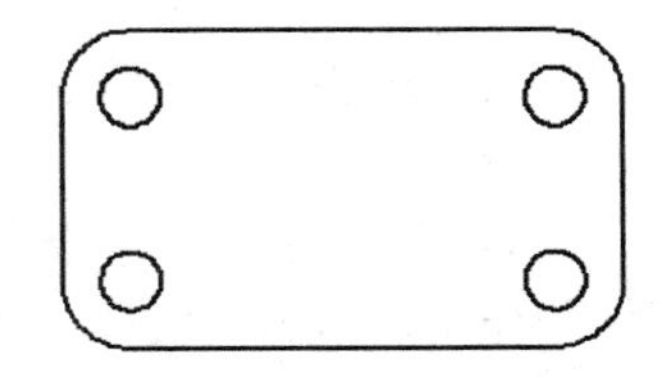
图 12-61　应用阵列命令绘制小圆

(2)绘制直径为 ϕ36、ϕ64 的两个圆

应用 AutoCAD 的自动追踪功能来完成。目标捕捉模式设置完毕后，单击状态行中极轴、对象捕捉和对象追踪按钮使其处于打开状态(按钮按下是打开)，如图 12-62 所示。应用画圆命令画出两个圆。

图 12-62　状态行中极轴、对象捕捉和对象追踪处于打开状态

命令：单击 图标

指定圆的圆心或[三点(3P)/两点(2P)/切点、切点、半径(T)]：(要求确定圆的圆心)

把光标移到如图 12-63 图形左侧直线的中点附近，则在该点位置出现三角形标志，同时显示注释条中点。再向右上移动光标，在最上直线的中点附近也出现一条辅助线，接下来向下移动光标。当小叉出现在两辅助线的正交交点处时，单击左键，则确定了圆的圆心。接下来系统提示：

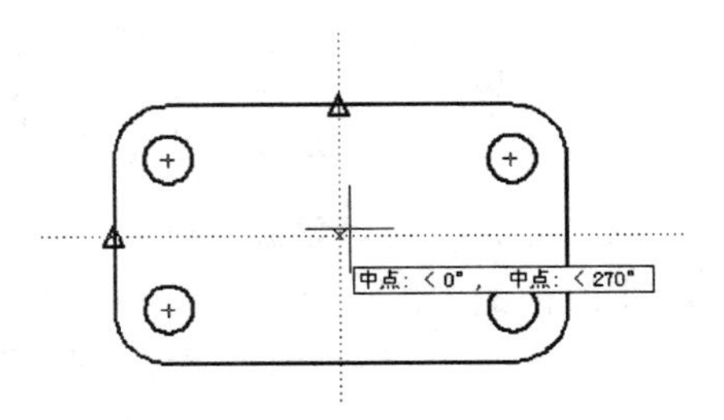

图 12-63　应用自动追踪功能确定圆心

指定圆的半径或[直径(D)]： 18↙(ϕ36 的圆即绘出)

命令：C↙

指定圆的圆心或[三点(3P)/两点(2P)/切点、切点、半径(T)]：移动鼠标到 ϕ36 圆的圆心附近，出现圆心捕捉标志时，点击鼠标左键，ϕ64 圆的圆心即确定。

指定圆的半径或[直径(D)]：32↙(ϕ64 的圆即绘出)

(3)把 Hid 层设为当前层，绘制图中所示的虚线

命令：L↙

指定第一点：捕捉 ϕ36 圆的 1 象限点

指定下一点或［放弃(U)］：单击工具条中交点捕捉按钮

of：点取图中的2点

重复当前命令操作(或使用镜像命令)可画出右边的一条虚线，如图12-64所示。

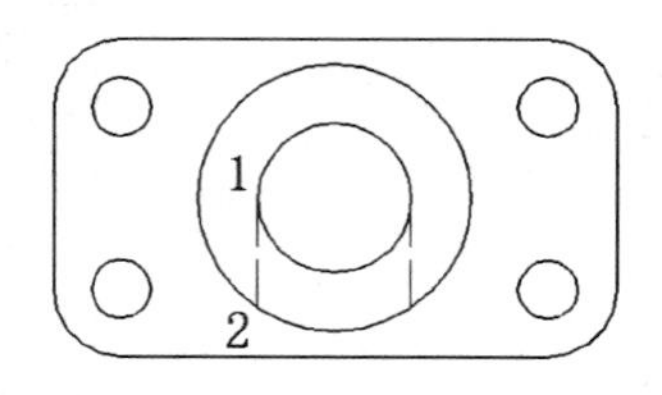

图12-64 绘制虚线

(4)绘制中心线

①调出Cen层为当前层。

②使用划线命令和增长命令结合绘制出中心线。步骤如下：

命令：L↙

指定第一点：捕捉矩形左边直线的中点

指定下一点或［放弃(U)］：捕捉矩形右边直线的中点

指定下一点或［放弃(U)］：↙

命令：↙

指定第一点：捕捉矩形上边直线的中点

指定下一点或［放弃(U)］：捕捉矩形下边直线的中点

指定下一点或［放弃(U)］：↙

结果如图12-65所示。

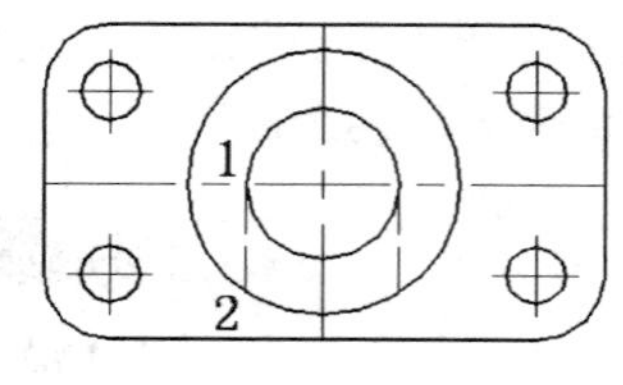

图12-65 用划线命令绘制中心线

命令：Lengthen↙

选择对象或［增量(DE)/百分数(P)/全部(T)/动态(DY)］：DE↙

输入长度增量或［角度(A)］ <0.00>：3↙

选择要修改的对象或［放弃(U)］：点取点画线端点3

选择要修改的对象或［放弃(U)］：点取点画线端点4

选择要修改的对象或［放弃(U)］：点取点画线端点5

选择要修改的对象或［放弃(U)］：点取点画线端点6

用同样的方法可完成四个小圆点划线的绘制。

至此，该组合体的水平投影图已绘制完毕，如图12-66所示。

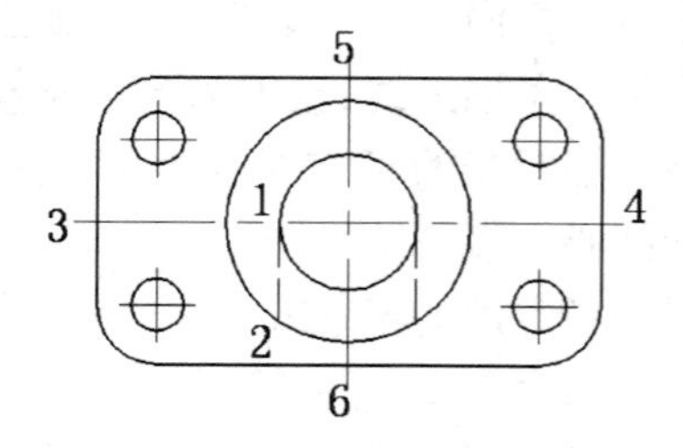

图12-66 用拉长命令修改中心线

4. *应用自动追踪功能绘制组合体的正面投影图*

①把Obj层设为当前层，并按照前面所讲的方法设置自动追踪功能。

②用绘制直线命令画图中的粗实线，步骤如下：

命令：L↙

然后把光标移到如图12-67(a)左侧直线端点附近，则在该点位置出现端点标志，同时显示注释条端点，表明此处是端点。向上移动光标，显示出的辅助线小叉移到适当的位置后，单击左键，确定画线的起点，如图12-67(a)所示。向右移动光标，到图形的右侧矩形直线附近的端点处，端点位置出现端点标志，接下来向上移动光标。当小叉出现在两线的交点处时，如图12-67(b)所示，单击左键，则画出一条与水平投影图长对正的水平线。接下来系统提示：

指定下一点或［放弃(U)］：@0,18↙

如图 12-67(c)所示，已画出两条线。用同样方法画出其他粗实线，操作过程略。

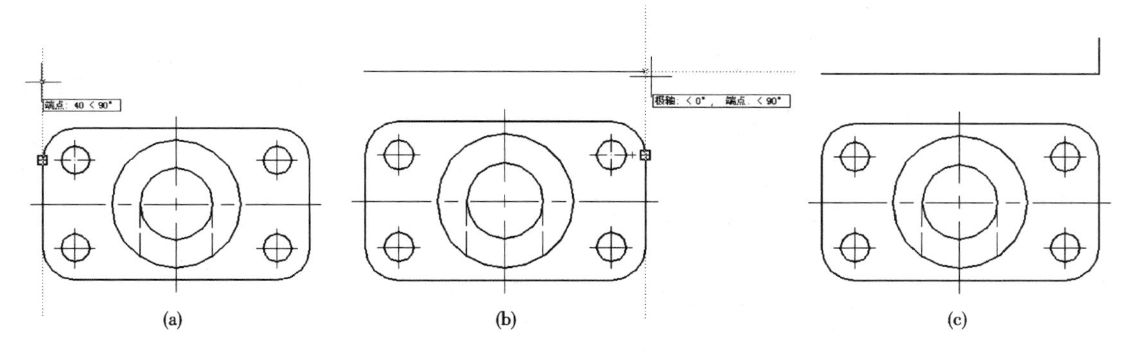

图 12-67　应用自动追踪功能画线

接下来用自动追踪功能完成绘制主视图中 $\phi36$ 的圆。输入命令：

命令：C↙

再把光标移到图 12-68 正面投影图中最上边直线中点附近，则在该点位置出现显示注释条中点，表明此处是中点，同时出现小叉。向下移动光标，当显示注释条出现中点：28 <270o，单击左键，确定圆的圆心。接下来系统提示：

指定圆的半径或［直径(D)］：18↙

则 $\phi36$ 的圆即画出。

③分别调出 Cen 和 Hid 层，应用自动追踪功能和其他命令相结合逐一画出点画线和虚线，如图 12-69 所示。

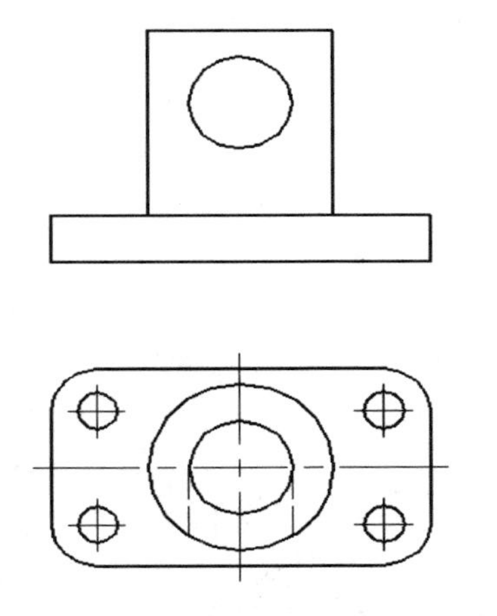

图 12-68　绘制正面投影图的 $\phi36$ 圆

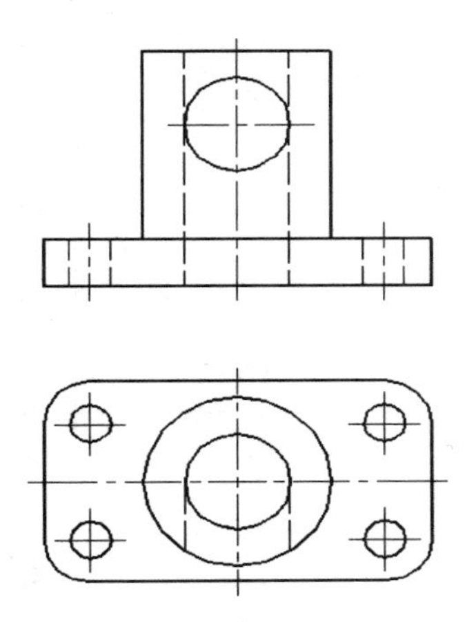

图 12-69　绘制正面投影图

5. 绘制组合体的侧面投影图

①应用复制命令，复制水平投影图。操作如下：

命令：单击按钮

选择对象：选择水平投影图

选择对象：↙

指定基点或［位移(D)/模式(O)］<位移>：捕捉水平投影图中 ϕ36 圆的圆心

指定第二个点或 <使用第一个点作为位移>：在右边适当位置单击鼠标左键，如图 12-70 所示。

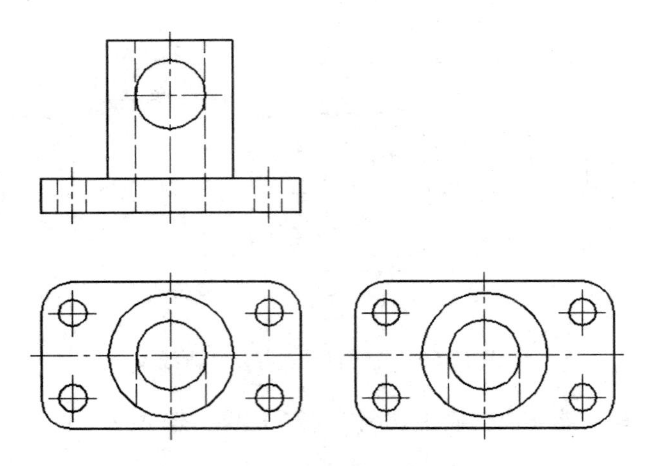

图 12-70　复制水平投影图

(2)应用旋转命令把复制的图形旋转 90°。

命令：单击按钮

UCS 当前的正角方向：　ANGDIR = 逆时针　ANGBASE = 0. 00

选择对象：选择复制后的水平图

选择对象：↙

指定基点：捕捉该图形 ϕ36 圆的圆心

指定旋转角度，或［复制(C)/参照(R)］<0. 00>：90↙

结果如图 12-71 所示。

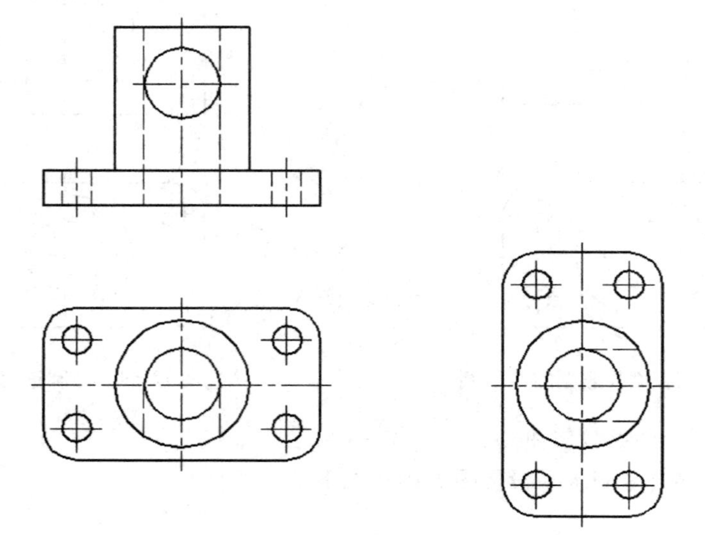

图 12-71　旋转水平投影图

③应用系统提供的自动追踪功能绘出符合高平齐、宽相等投影规律的侧面投影图。操作步骤如下：

命令：Line↙

把光标先移动到如图 12-72 所示的 *A* 点，系统则显示端点信息。然后移动光标到正面投影图右下角交点处 *B* 点，再移动光标到两条辅助线垂直相交处。该交点处的小叉为当前点。单击左键确定直线的起点，如图 12-72。然后用前述方法使用划线命令绘制出其他的粗直线、点画线和虚线。如图 12-73 所示。

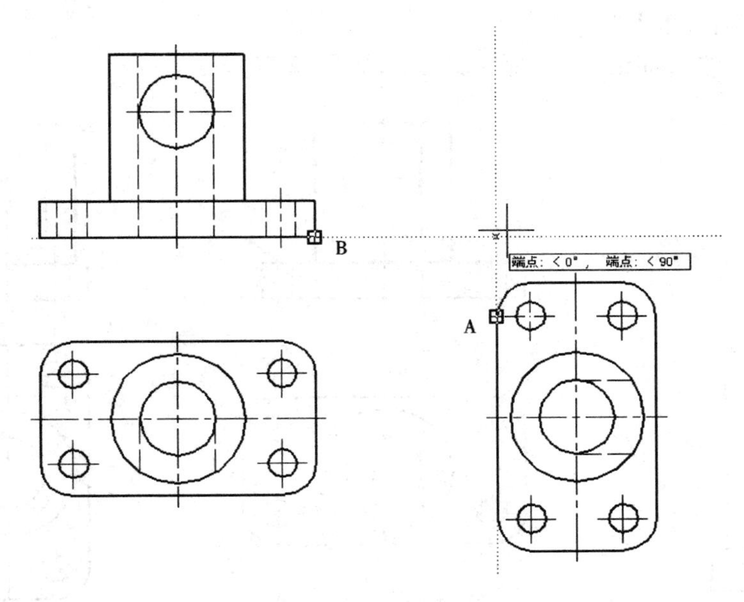

图 12-72　绘制侧面投影图

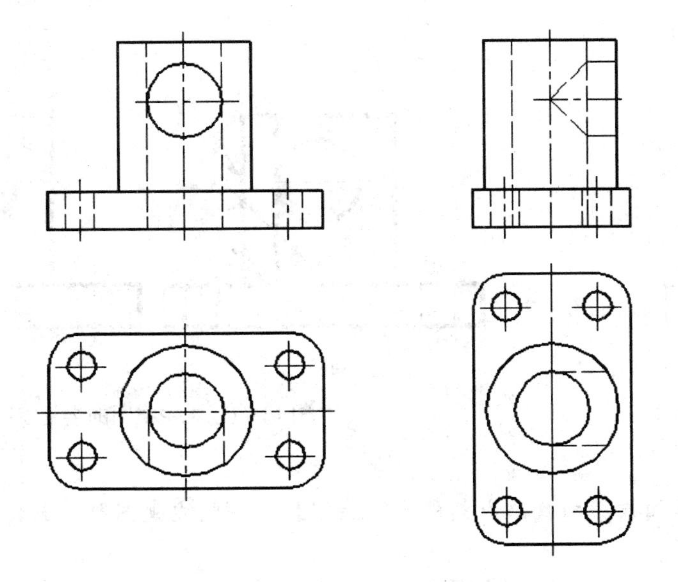

图 12-73　绘制侧面投影图

④用修剪命令修剪多余的图线。如图 12-74 所示。

⑤应用画圆弧命令绘出 $\phi36$ 圆柱孔与 $\phi64$ 圆柱相贯的相贯线。

命令:单击 按钮

指定圆弧的起点或［圆心(C)］:点取图 12－74 中的A 点(起点)

指定圆弧的第二个点或［圆心(C)/端点(E)］:用自动追踪确定第二点,图中的 B 点

指定圆弧的端点:点取图 12-75 中的 C 点(终点)

结果如图 12-76 所示。

⑥擦除复制后的水平投影图。

至此,组合体的三面投影图全部绘制完毕,如图 12-56 所示。

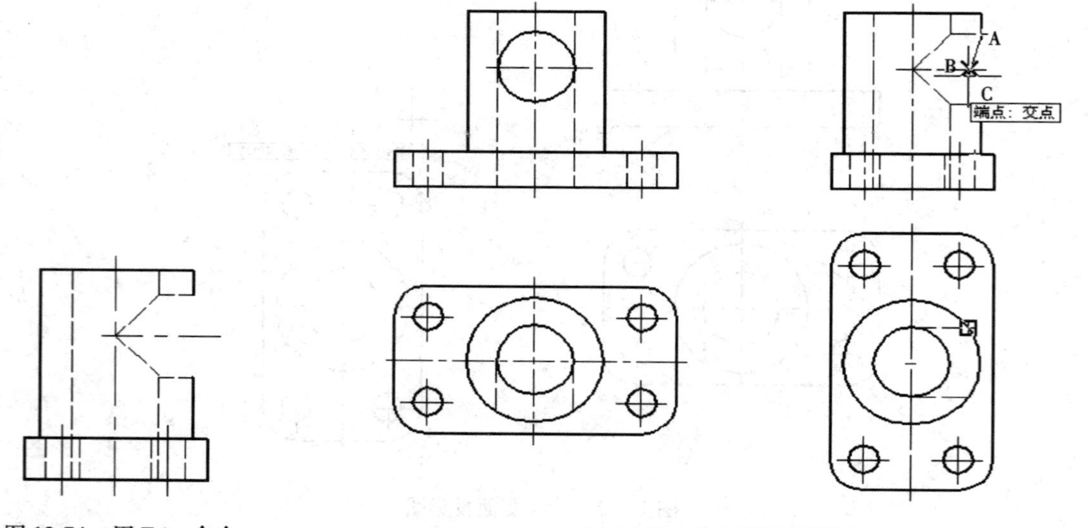

图 12-74 用 Trim 命令修改侧面投影图

图 12-75 绘制侧面投影图

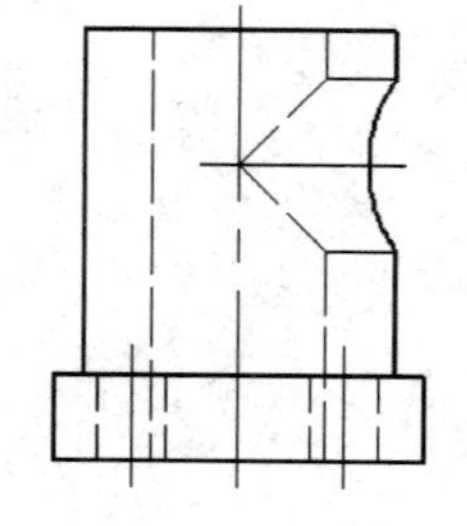

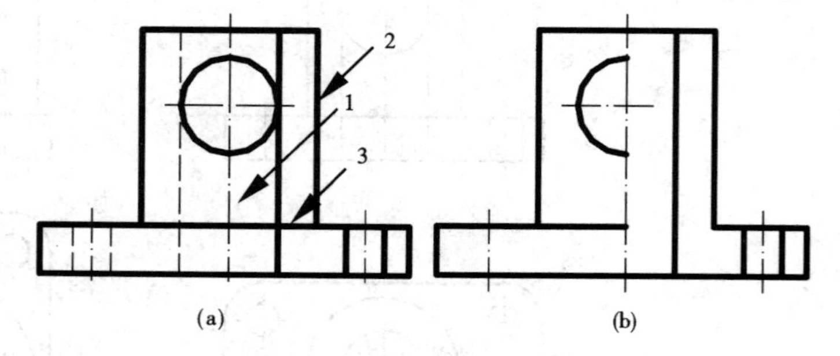

图 12-76 用圆弧命令绘出的相贯线

图 12-77 画主视图的半剖视图

6. 将组合体三面投影图改画成剖视图(主视图取半剖,左视图取全剖)

绘图步骤如下。

(1)将正面投影图改画成半剖视图

①调用特性匹配将剖开后可见的线(原虚线)刷成粗实线,操作步骤为:

单击特性匹配按钮→单击粗实线→单击需要改变成粗实线的虚线,则虚线变成粗实线。如图 12-77(a)所示。

②应用剪切命令剪切多余的外形线,操作步骤如下:

命令:单击 图标(剪切命令)

当前设置:投影 = UCS,边 = 无

选择剪切边...

选择对象:用鼠标选择图 12-77(a)中的线 1

选择对象:用鼠标选择线 2

选择对象:↙(回车确认剪切边选取结束)

选择要修剪的对象,或按住 Shift 键选择要延伸的对象,或[栏选(F)/窗交(C)/投影(P)/边(E)/删除(R)/放弃(U)]:拾取要被剪切部分,即线段 1 与线段 2 中间的线段 3

选择要修剪的对象,或按住 Shift 键选择要延伸的对象,或[栏选(F)/窗交(C)/投影(P)/边(E)/删除(R)/放弃(U)]:↙(回车确认被剪切部分选取结束)

用同样的方法剪切过长中心线及多余的圆弧,结果如图 12-77(b)所示。

③画出主视图的剖面线:为了提高绘图效率,该剖面线应与全剖后左视图的剖面线一同绘制。

(2)将侧面投影图改画成全剖视的左视图

①应用修剪命令和擦除命令修剪并擦除左视图全剖后多余的图线,结果如图 12-78(a)所示。

②调用特性匹配按钮将虚线刷成粗实线,操作步骤同前,结果如图 12-78(b)所示。

③把 Hatch 层设为当前层,然后画出剖面线。操作过程为:

命令:单击 按钮

系统弹出图案填充对话框→选中类型下拉列表框中的预定义选择项→单击图案下拉列表框小三角右侧的按钮→系统弹出填充方案选项板对话框→单击该对话框中的 ANSI 标签→系统弹出 ANSI 对话框→选中 ANSI31 图案→单击 OK 按钮→系统切换到边界图案填充对话框→在角度文本框中设置图案的角度为 0→在比例文本框中设置图案的比例因子为 2→单击拾取点按钮→系统切换到绘图屏幕→点取图 12-79 中的 *A*、*B*、*C*、*D*、*E* 五点(选择填充区域)→回车→系统切换到边界图案填充对话框→单击预览按钮→系统切换到绘图屏幕,预览后→回车→系统又返回边界图案填充对话框→预览满意,单击 OK 按钮→则完成剖视图的绘制工作。

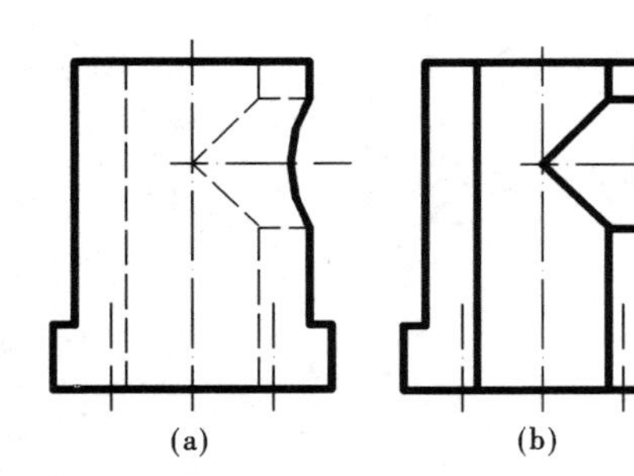
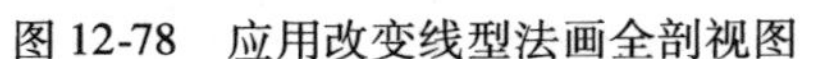

图 12-78 应用改变线型法画全剖视图

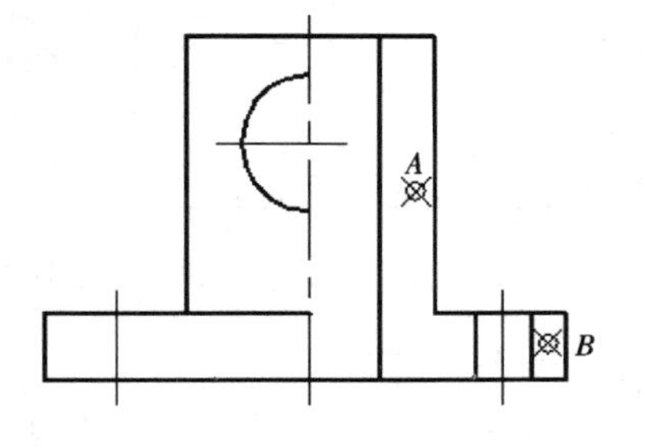

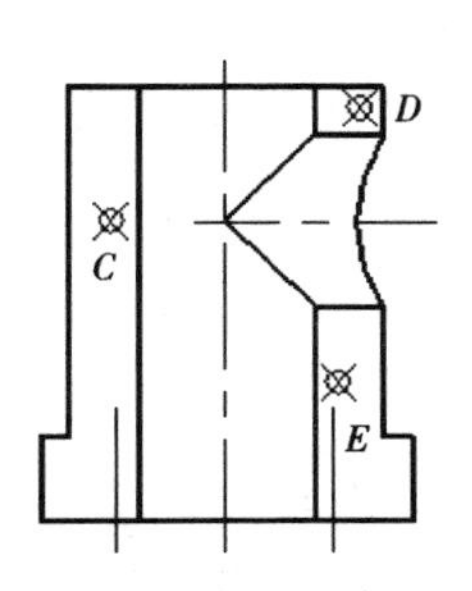

图 12-79 绘制剖面线

至此,全图已绘制完毕,如图 12-80 所示。

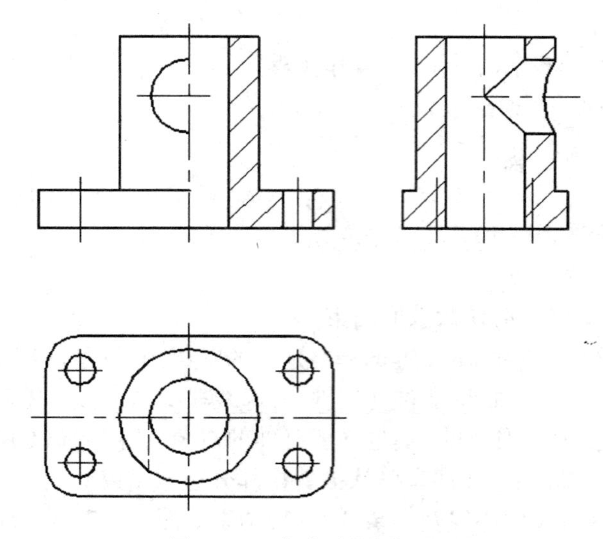

图 12-80　完成后的剖视图

7. 添加尺寸

①把 DIM(尺寸)层设为当前层,并按照如图 12-81 和图 12-82 所示设置尺寸标注样式。然后操作若下:

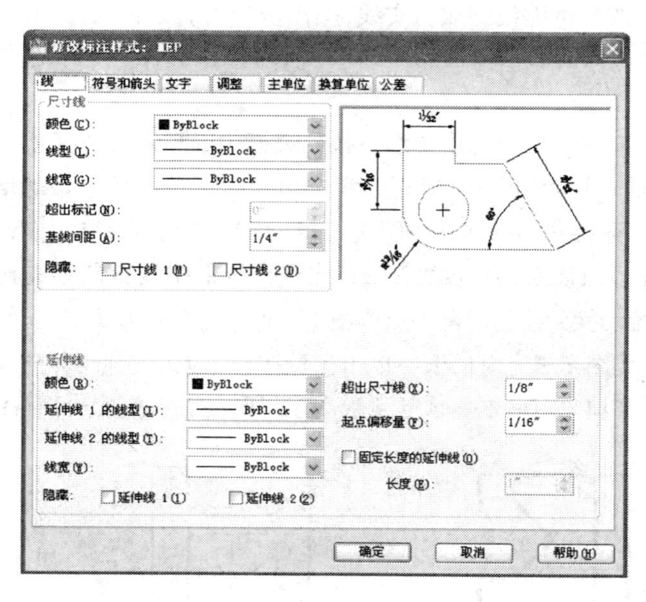

图 12-81　设置尺寸式样对话框

命令:<u>Dimlinear↙</u>(或单击工具条)

指定第一条延伸线原点或 <选择对象>:<u>点取图 12-83 中 1 点</u>

指定第二条延伸线原点或 <选择对象>:<u>点取图中 2 点</u>

指定尺寸线位置或[多行文字(M)/文字(T)/角度(A)/水平(H)/垂直(V)/旋转(R)]:

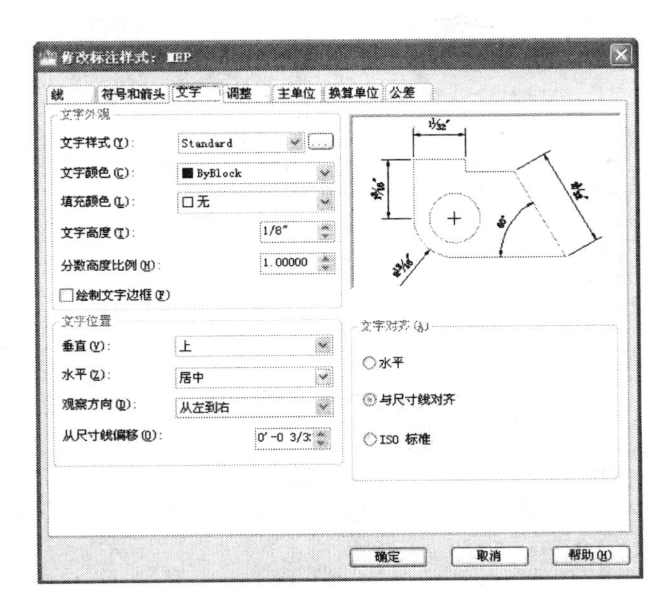

图 12-82　设置尺寸式样对话框

点取尺寸线的位置，如图中的第 3 点

众所周知水平尺寸 $\phi36$ 的注写应该如图 12-84 所示，下面是操作过程：

打开尺寸标注式样管理器，单击替代按钮，系统弹出替代当前样式对话框，按照图 12-85 设置尺寸式样。设置完毕进行如下操作：

命令：Dimlinear↙

指定第一条延伸线原点或 <选择对象>：点取图 12-84 中 1 点

指定第二条延伸线原点或 <选择对象>：点取图 12-84 中 2 点

指定尺寸线位置或[多行文字(M)/文字(T)/角度(A)/水平(H)/垂直(V)/旋转(R)]：T↙

输入标注文字 <28>：%%C36↙

指定尺寸线位置或[多行文字(M)/文字(T)/角度(A)/水平(H)/垂直(V)/旋转(R)]：点取尺寸线的位置，如图 12-84 中的第 3 点

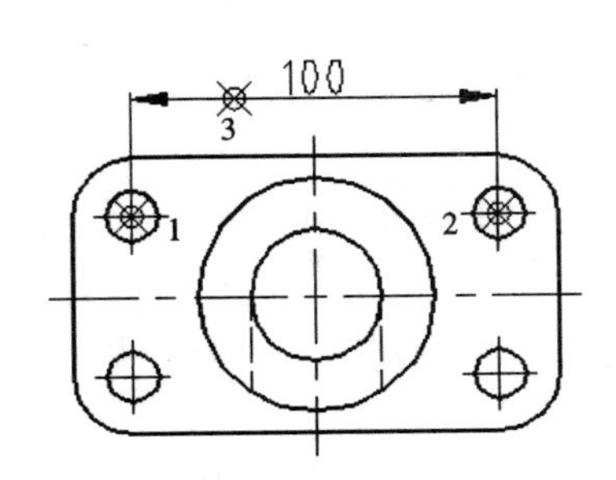

图 12-83　标注线性尺寸

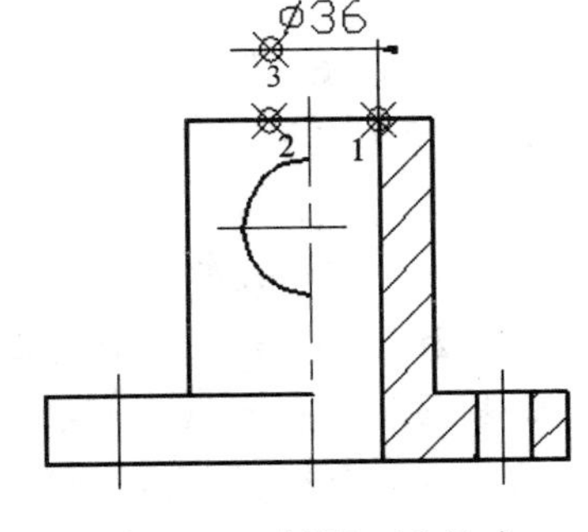

图 12-84　标注 $\phi36$ 尺寸

参考上述方法注出其他的水平尺寸 132、$\phi64$ 和垂直尺寸 28、18、90、44、76、$\phi36$。

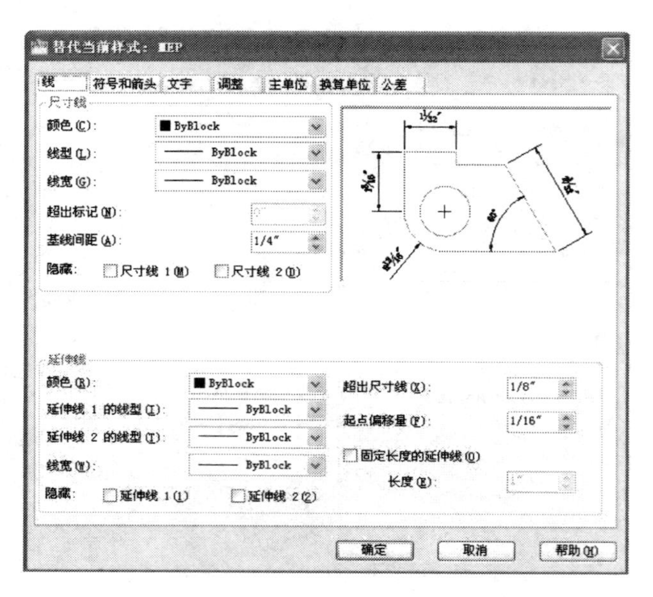

图 12-85 设置尺寸式样

②标注半径和直径尺寸，如图 12-86。

标注半径尺寸：

命令：单击工具条

选择圆弧或圆：点取图中圆弧上的一点，如点 1

标注文字 = 16

指定尺寸线位置或［多行文字(M)/文字(T)/角度(A)］：点取尺寸线的位置，系统自动标出 $R16$。

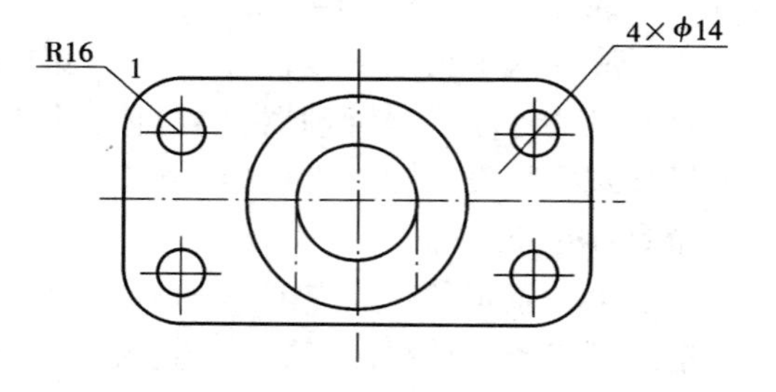

图 12-86 标注直径和半径

标注直径尺寸：

命令：单击工具条

选择圆弧或圆：点取图中的小圆

标注文字 = 14

指定尺寸线位置或［多行文字(M)/文字(T)/角度(A)］：输入 T↙

输入标注文字 <14>：4 - %%c14↙

指定尺寸线位置或［多行文字(M)/文字(T)/角度(A)］：点取尺寸线的位置

8. 绘制图框和标题栏

图框和标题栏可以直接在图中绘制，也可以预先定义成图块，再将其插入图形中去。

9. 填写标题栏和技术要求

先把 text 图层设置为当前层，用本章所讲的“注写文本”填写标题栏和技术要求。

10. 整理存图

对图中的各项内容进行认真仔细的审核，确认无误后用保存存储图形。

11. 打印输出

单击工具栏中的 按钮，出现打印对话框，见图 12-87。在打印机/绘图仪选项中选择一款打印机，在图纸尺寸中选择图纸的大小，在打印区域中设置一种打印范围：窗口/范围/图形界限/显示，此时可以按预览按钮，进行打印纸前的预览，满意之后可以按确定按钮，进行打印。

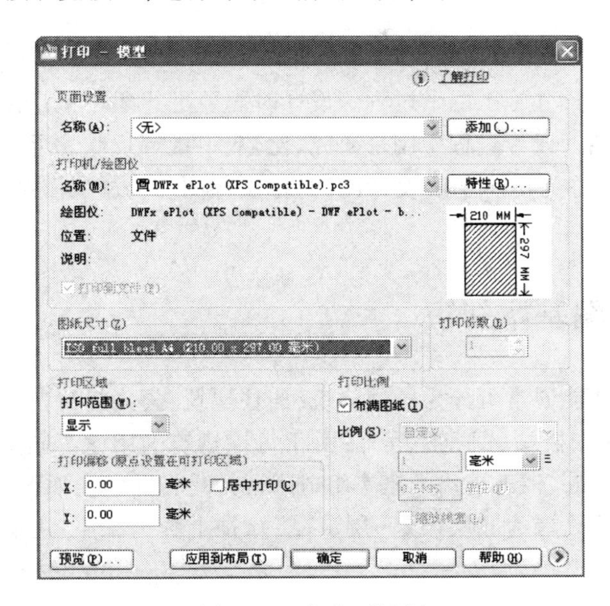

图 12-87　打印对话框

第13章　房屋建筑图

建造房屋要经过设计和施工两个过程。设计时需要把想象中的房屋用图形表示出来,这种图统称为房屋工程图。设计过程中用来研究、比较、审批等反映房屋功能组合、房屋内外概貌和设计意图的图样,称为房屋初步设计图,简称设计图。为施工服务的图样称为房屋施工图,简称施工图。

13.1　房屋建筑图基本知识

建筑物按其使用功能通常可分为民用建筑(居住建筑、公共建筑)、工业建筑(厂房、仓库、发电站等)、农业建筑(农机站、饲养厂等)。由于每栋建筑的用途不同,其建筑的外形和构造以及规模大小都有所不同,但就建筑的基本组成来说都是相同的。如图13-1所示为一幢三层楼的学生宿舍。楼房第一层为底层(或一层、首层),往上数为二层、三层、……、顶层(本例的

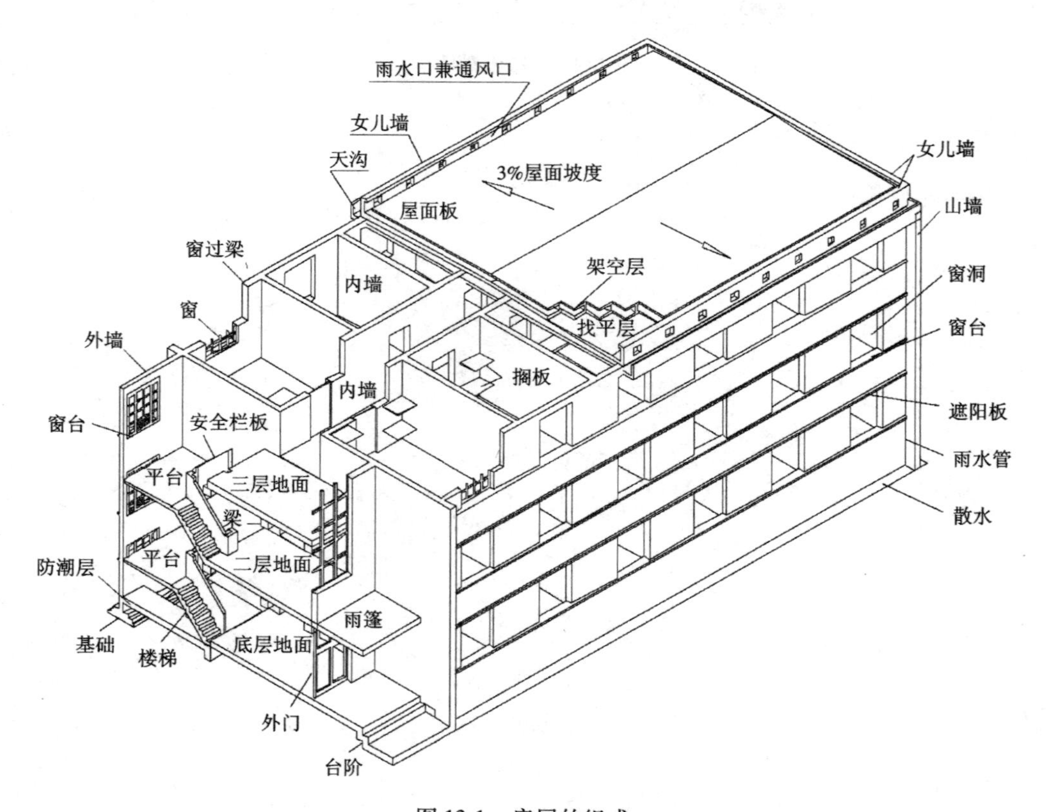

图13-1　房屋的组成

三层即为顶层)。房屋由许多构件、配件和装修构造组成。它们有些起承重作用,如屋面、楼板、梁、墙、基础;有些起防风、沙、雨、雪和阳光的侵蚀干扰作用,如屋面、雨篷和外墙;有些起沟通房屋内外和上下交通作用,如门、走廊、楼梯、台阶等;有些起通风、采光的作用,如窗;有些起排水作用,如天沟、雨水管、散水、明沟;有些起保护墙身的作用,如勒脚、防潮层。

13.1.1　房屋建筑图分类

一套完整的房屋建筑图一般分为:

①图纸目录:先列新绘的图纸,后列所选用的标准图纸或重复利用的图纸。

②设计总说明(即首页):施工图的设计依据;本项目的设计规模和建筑面积;本项目的相对标高与绝对标高的对应关系;室内室外的用料说明;门窗表。

③建筑施工图(简称建施):包括总平面图、平面图、立面图、剖面图和构造详图。

④结构施工图(简称结施):包括结构平面布置图和各构件的结构详图。

⑤设备施工图(简称设施):包括给水排水、采暖通风、电气等设备的布置平面图和详图。

13.1.2　房屋建筑图基本表达形式及规定画法

房屋建筑图与机械图一样,采用正投影法绘制,但由于建筑物的形状、大小、结构及材料与机械设备有很大区别,除采用的制图标准不同外,在表达方法上还有自身的特点。因此,绘制房屋建筑图时,除应符合第一章所述制图的基本规定外,还应按照《建筑制图标准》和《房屋建筑制图统一标准》(以下简称“国标”)规定,详细准确地表示出图样。房屋建筑图的表达形式与特点如下。

1. 图名

房屋建筑图与机械图视图名称不同,参见表 13-1。

表 13-1　房屋建筑图与机械图的视图名称对照

房屋建筑图	正立面图	左(右)侧立面图	背立面图	平面图	剖面图	建筑详图
机械图	主视图	左(右)视图	后视图	全剖俯视图	剖视图	局部放大图

房屋的立面图也可以根据房屋的朝向来命名,如南立面图、北立面图、东立面图、西立面图;还可以根据定位轴线的编号来命名,如① ~ ⑧立面图、⑧ ~ ①立面图、Ⓐ ~ Ⓓ立面图、Ⓓ ~ Ⓐ立面图等。

2. 图线

建筑图中的不同内容以层次分明的线条加以区别,依靠采用不同线型和宽度的图线来表达。线宽分为粗线、中粗线、细线三种,宽度之比为 $b:0.5b:0.25b$。粗实线用来绘制建筑平、剖面图中被剖切的主要建筑构件的轮廓线;建筑立面图的外轮廓线;建筑构件详图中构配件的外轮廓线。中粗实线用来绘制建筑平、剖面图中被剖切的次要建筑构件的轮廓线;建筑平、立、剖面图中的建筑构配件的轮廓线;建筑构件详图以及建筑构配件中详图的一般轮廓线。细实线用来绘制建筑图形中细部可见轮廓线、尺寸线、尺寸界线、图例线、索引与标高符号等。其他图线的使用参照第 1 章以及相关国家标准。

3. 比例

比例与图名注写在图的下方，比例书写在图名的右侧，如“平面图　1:100”，字号应比图名号小一号或两号，图名下画一条横粗线，其宽度应略小于本图纸所画图形中的粗实线，其长度应与所写文字所占长短为准，不要任意画长。

建筑制图中比例一般选择 1:100、1:500 等缩小的比例，常用比例的选取参照相关国家标准。

4. 尺寸注法

建筑工程图中的尺寸标注，除了应符合第 1 章所述的尺寸标注的基本规则外，尺寸的起止符号一般为 45°或 135°倾斜的中粗短线，其倾斜方向应与尺寸界限成 45°角，其长度宜为 2 ~ 3 mm。当画比例较大的图形时，其长度约为图形粗实线宽度(b)的 5 倍。在同一张图纸上的这种 45°倾斜短线的宽度和长度应保持一致。如图 13-2 所示。

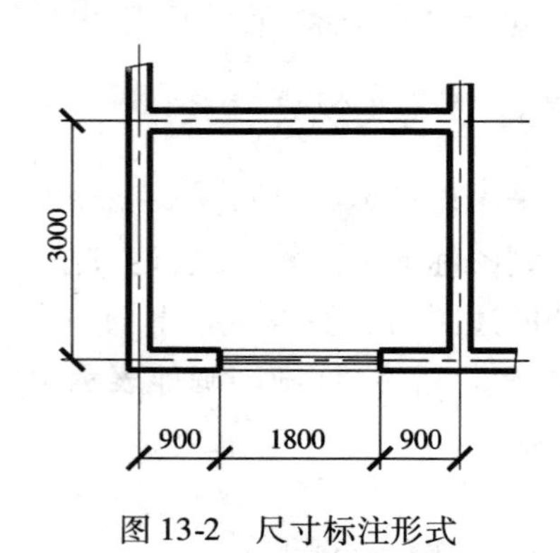

图 13-2　尺寸标注形式

建筑工程图上标注的尺寸数字，除标高及总平面图以米为单位外，其余都以毫米为单位，因此在标注尺寸时无需注写单位。

13.1.3　施工图中常用符号与图例

1. 定位轴线

定位轴线是用来确定建筑物主要结构及构件位置的尺寸基准线。凡承重构件如墙、柱、梁、屋架等位置都要画上定位轴线并进行编号，施工时以此作为定位的基准。定位轴线用细点划线表示，端部画细实线圆，直径 8 ~ 10 mm。定位轴线圆的圆心应在定位轴线的延长线上或延长线的折线上。圆内注明编号。

在建筑平面图上定位轴线编号，宜标注在图样的下方或左侧。横向编号应用阿拉伯数字，从左至右顺序编写；竖向编号应用大写拉丁字母，从下至上顺序编写，如下图所示。大写拉丁字母中的 I、O、Z 三个字母不得用为轴线编号，以免与数字 1、0、2 混淆。

2. 索引与详图符号

在房屋建筑图中某一局部或某一构件间的构造如需另画详图时，应以索引符号索引，即在需要另画详图的部位编上索引符号，并在所画的详图上编上详图符号，两者必须对应一致。

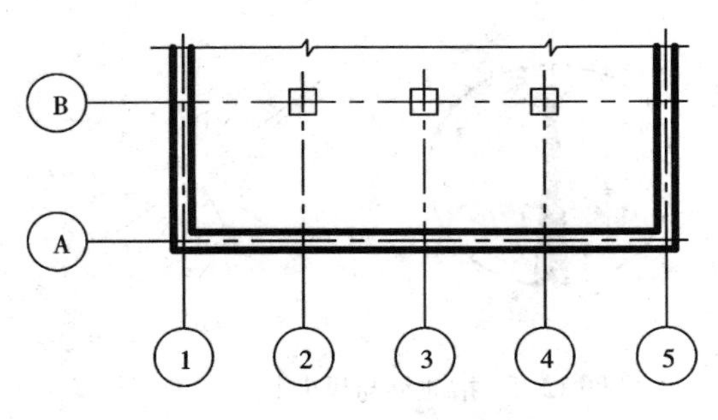

图 13-3　定位轴线

索引符号按下列规定编写。

①索引出的详图,如与被索引的详图同在一张图纸内,应在索引符号的上半圆中用阿拉伯数字注明该详图的编号,并在下半圆中间画一段水平细实线。如图 13-4(a)。

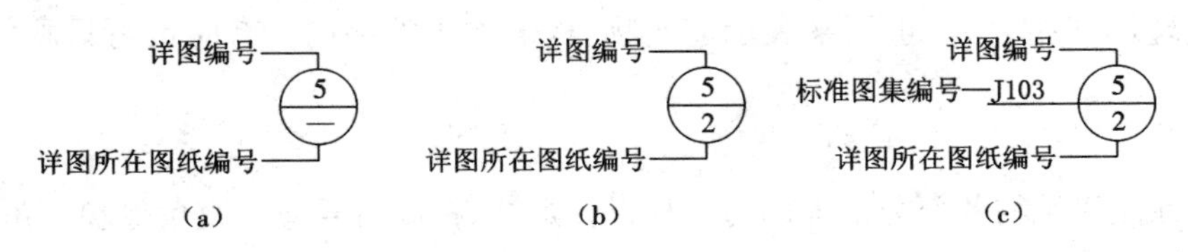

图 13-4　详图索引符号

②索引出的详图,如与被索引的详图不同在一张图纸内,应在索引符号的上半圆中用阿拉伯注明该详图的编号,在索引符号的下半圆中用用阿拉伯数字注明该详图所在图纸的编号。数字较多时,可加文字标注。如图 13-4(b)。

③索引出的详图,如采用标准图,应在索引符号水平直径的延长线上加注该标准图册的编号。如图 13-4(c)。

详图的位置和编号,应以详图符号表示。详图符号的圆应以直径为 14 mm 粗实线绘制。详图应按下列规定编号。

①图与被索引的图样同在一张图纸内时,应在详图符号内用阿拉伯数字注明详图的编号。如图 13-5(a)。

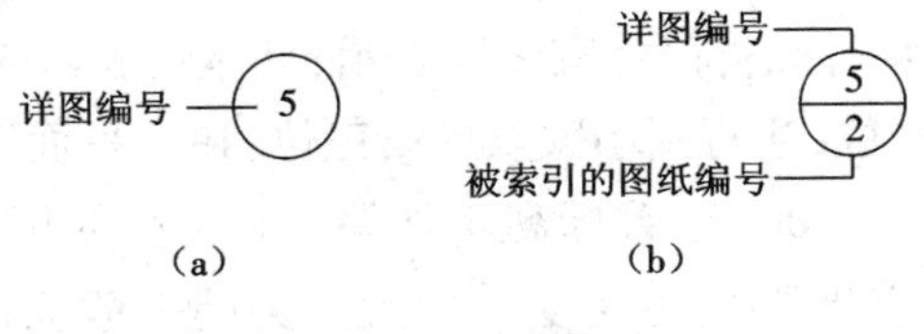

图 13-5　详图符号

②详图与被索引的图样不在同一张图纸内时,应用细实线在详图符号内画一水平直径,在上半圆中注明详图编号,在下半圆中注明被索引的图纸的编号。如图 13-5(b)。

3. 指北针与风向频率玫瑰图

指北针常用来表示建筑物的朝向。指北针外圆直径为 24 mm,采用细实线绘制,指北针尾部宽度为 3 mm,指北针头部应注明“北”或“N”字,如图 13-6(a)所示。

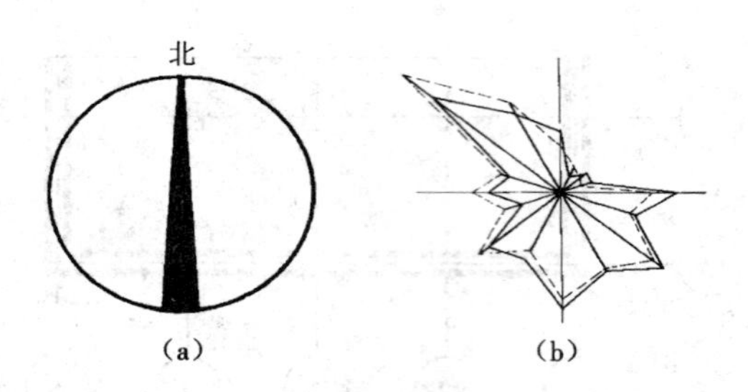

图 13-6 指北针与风向频率玫瑰图

风向频率玫瑰图简称风玫瑰,如图 13-6(b)所示。风玫瑰用于反映建筑场地范围内常年主导风向和六、七、八三个月的主导风向(虚线表示),共有 16 个方向,图中实线表示全年的风向频率,虚线表示夏季(六、七、八三个月)的风向频率。风由外面吹过建设区域中心的方向称为风向。风向频率是在一定的时间内某一方向出现风向的次数占总观察次数的百分比。画上风向频率玫瑰图或指北针,也用来表示建筑物、构筑物等的朝向。有时也可只画单独的指北针。

4. 标高

标高是标注建筑物各部分高度的另一种尺寸形式,标高符号应以直角等腰三角形表示,其具体画法和标高数字的注写方法如图 13-7 所示。

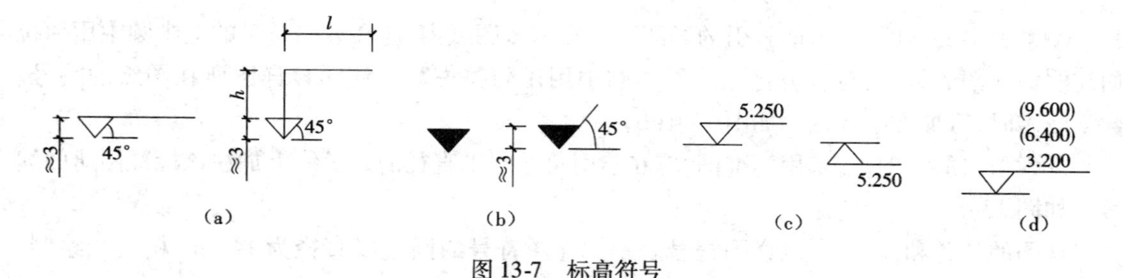

图 13-7 标高符号

(a)个体建筑标高符号;(b)总平面图室外地坪标高符号;(c)标高的指向;(d)同一位置注写多个标高

①个体建筑物图样上的标高符号,用细实线绘制,如图 13-7(a)左图所示的形式;如标注位置不够,可按图 a 右图所示的形式绘制。图中 l 取标高数字的长度,h 视需要而定。

②总平面图上的室外地坪标高符号,宜涂黑表示,具体画法如图 13-7(b)所示。

③标高数字应以 m 为单位,注写到小数点后第三位;在总平面图中,可注写到小数点后第二位。零点标高应注写成 +0.000;正数标高不注写“+”,负数标高应注“-”,例如 3.000、-0.600。标高符号的尖端应指至被注高度的位置。尖端一般应向下,也可向上,如图 13-7(c)所示。标高数字应注写在标高符号的左侧或右侧。

④在图样的同一位置需表示几个不同标高时,标高数字可按图(d)的形式注写。

标高有绝对标高和相对标高之分。在我国绝对标高是以青岛附近黄海平均海平面为零点,以此为基准的标高。相对标高一般是以新建建筑物底层室内主要地面为基准的标高。在施工总说明中,应说明相对标高和绝对标高之间的联系。

标高数字以米(m)为单位,注写到小数点后三位,并注写在长横线之上或之下。零点标高以上为“正”，标高数字前不必注写“ + ”号。零点标高以下为“负”，标高数字前必须加注“ - ”号。

5. 常用图例

由于房屋的构、配件和材料种类较多，为便于作图，国标规定了一系列图形符号来代表建筑构配件、卫生设备、建筑材料等，这种图形符号称为“图例”。表 13-2 中列出了国标中所规定的部分材料的图例。表 13-3 为建筑施工图中常用的建筑构造及配件图例。

表 13-2　常用建筑材料图例

序号	名称	图例	序号	名称	图例
1	自然土壤		10	混凝土	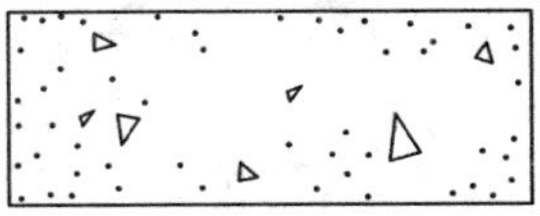
2	夯实土壤	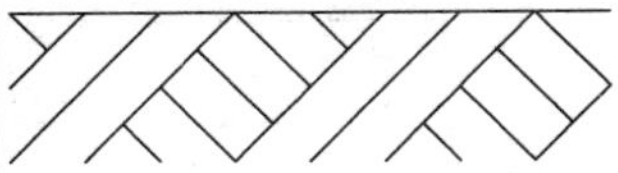	11	钢筋混凝土	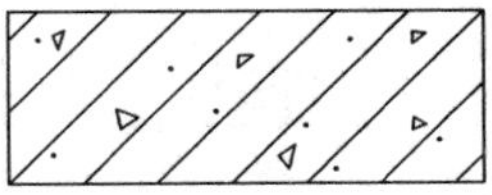
3	砂、灰土	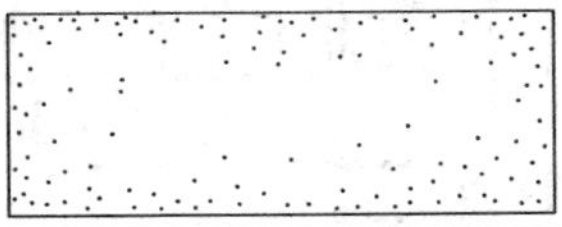	12	金属	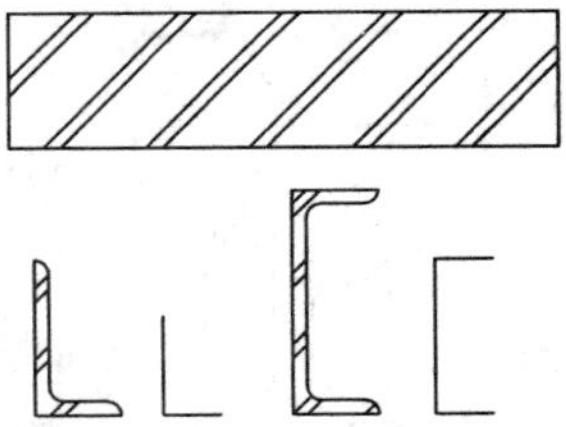
4	砂砾石、碎砖三合土	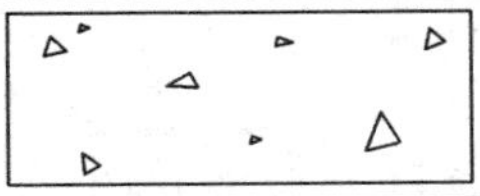			
5	普通砖	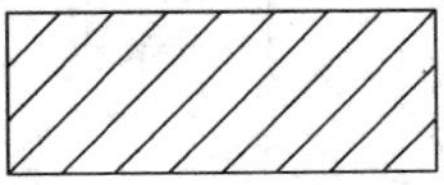	13	玻璃	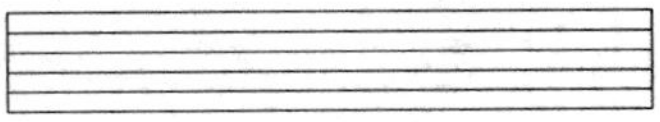
6	毛石	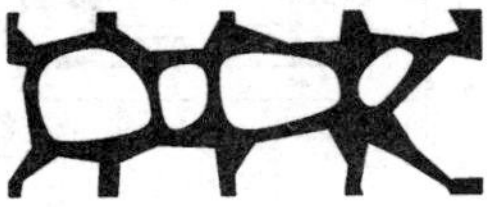	14	泡沫材料	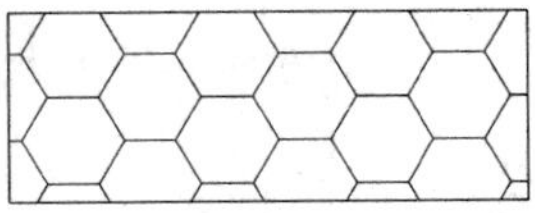
7	耐火砖	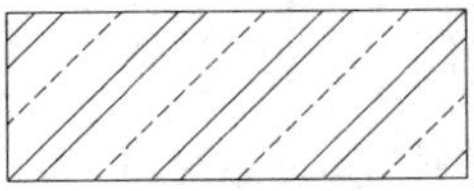	15	塑料	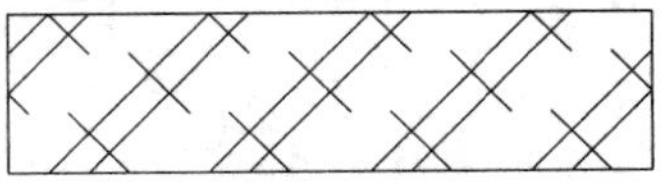
8	空心砖	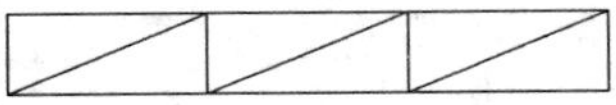	16	防水材料	
9	饰面砖	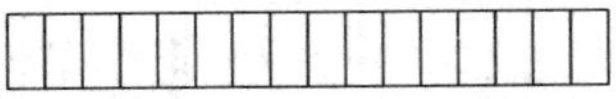	17	橡胶	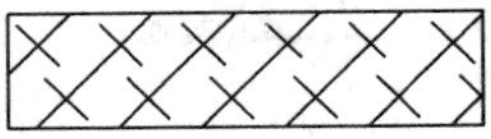

表 13-3　构造与配件图例

序号	名称	图例	说明
1	墙体	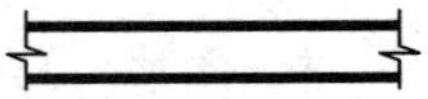	
2	空门洞	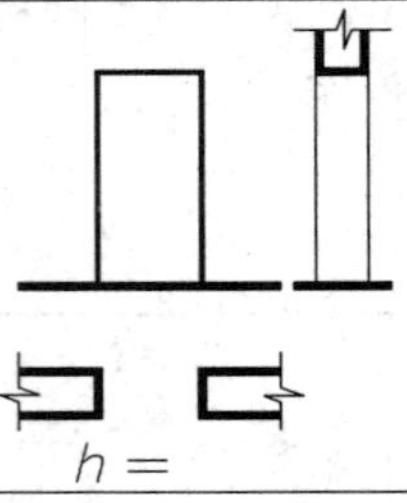 h =	h 为门洞高度
3	单扇门	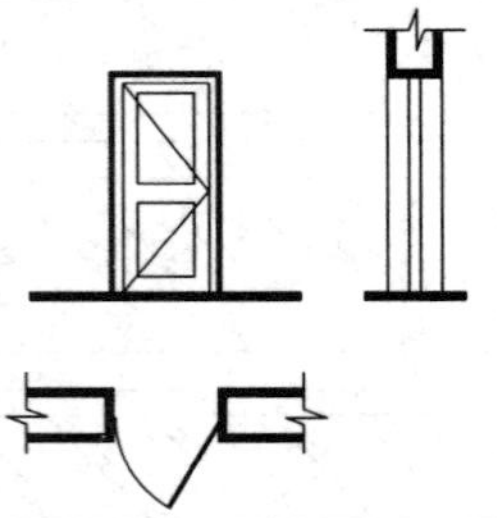	①门的名称代号用 M 表示。②图例中剖面图左为内,右为外,平面图下为外,上为内。③立面图上开启方向线交角的一侧为安装合页的一侧,实线为外开,虚线为内开。④平面图中上门线应 90°或 45°开启,开启弧线宜绘出。⑤立面图上的开启线在一般设计图中可不表示,在详图及室内设计图中应表示。⑥立面形式应按实际情况绘制
4	双扇门	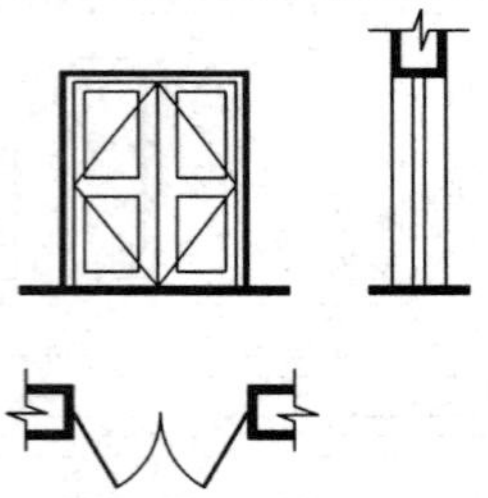	
5	单扇双面弹簧门	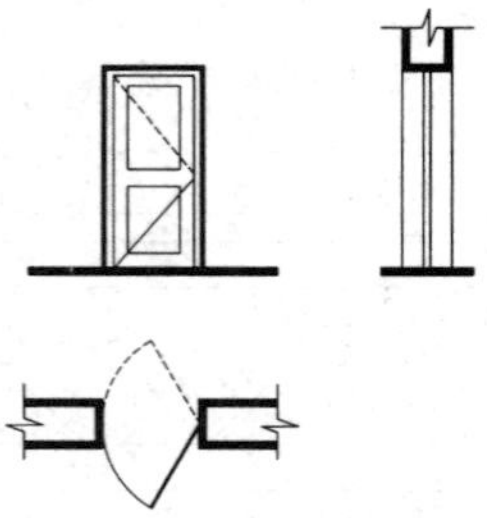	
	双扇双面弹簧门	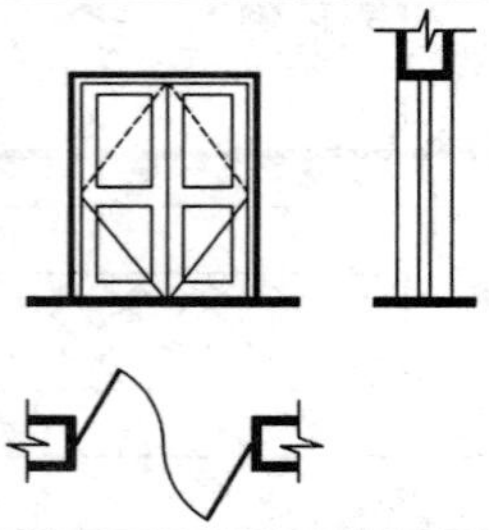	
6	孔洞		阴影部分可以涂色代替
7	楼梯	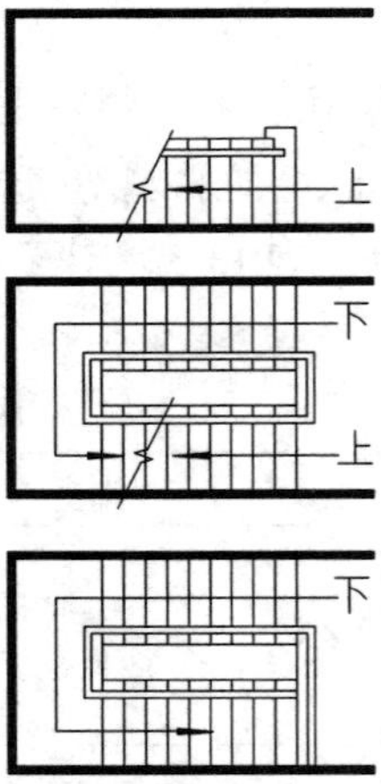 上 下 上 下	①上层为底层楼梯平面,中层为中间楼层楼梯平面,下图为顶层楼梯平面。②楼梯及栏杆扶手的形式和梯段踏步数应按实际情况绘制
8	单层固定窗	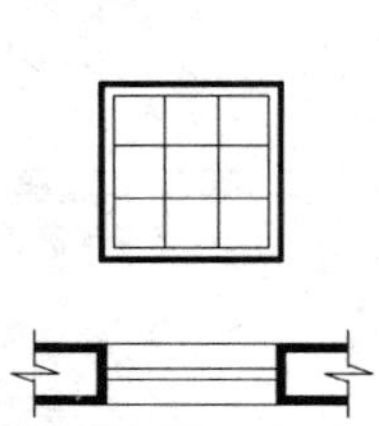	①窗的名称代号用 C 表示。②立面图中的虚线表示窗的开启方向,实线为外开,虚线为内开;开启方向线交角的一侧为安装合页的一侧,一般设计图中可不表示。③图例中剖面图左为内,右为外,平面图下为外,上为内。④平面图和剖面图上的虚线仅说明开关方式,在设计图中不需表示。⑤窗的立面形式应按实际绘制。⑥小比例绘制时平、剖面图的窗线可用单粗实线表示
9	单层中旋窗	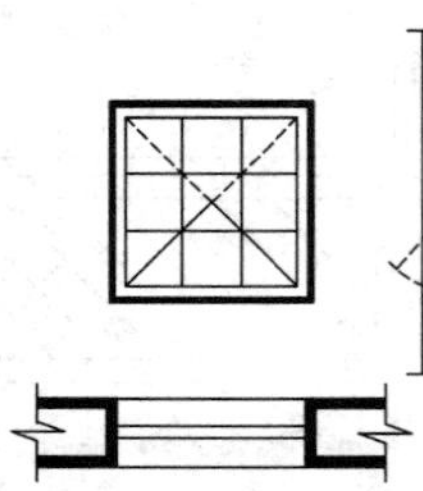	
10	单层外开平开窗	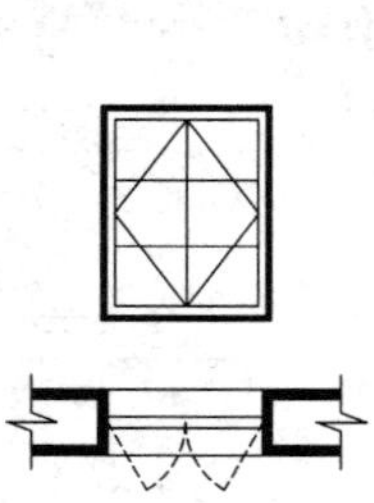	
11	推拉窗	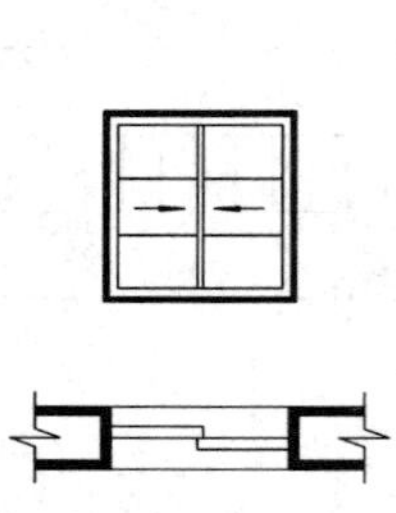	

13.2　房屋建筑施工图

13.2.1　建筑总平面图

建筑总平面图是表明新建房屋所在基地有关范围内的总体布置，它反映新建房屋、构筑物等的位置和朝向，室外场地、道路、绿化等的布置，地形、地貌、标高等以及与原有环境的关系和邻界情况等。如图 13-8 所示。

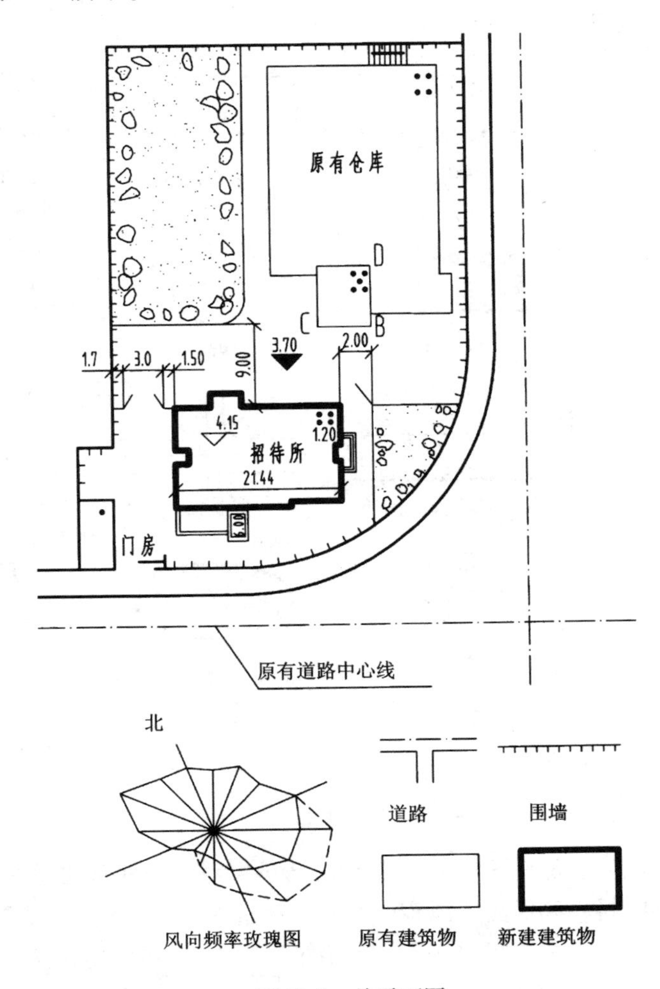

图 13-8　总平面图

图中用粗实线画出的图形，是新建招待所的底层平面轮廓，用中粗实线画出的是原仓库和门房。各个平面图形内的小黑点数，表示房屋的层数。

总平面图的一般包括如下内容。

①图名、比例。

②拟建建筑的定位。拟建建筑的定位有三种方式：第一种是利用新建筑与原有建筑或道路中心线的距离确定新建筑的位置；第二种是利用施工坐标确定新建建筑的位置；第三种是利

用大地测量坐标确定新建建筑的位置。

③拟建建筑、原有建筑物位置、形状。在总平面图上将建筑物分成五种情况，即新建建筑物、原有建筑物、计划扩建的预留地或建筑物、拆除的建筑物和新建的地下建筑物或构筑物，当我们阅读总平面图时，要区分哪些是新建建筑物、哪些是原有建筑物。在设计中，为了清楚表示建筑物的总体情况，一般还在总平面图中建筑物的右上角以点数或数字表示楼房层数。

④附近的地形情况。一般用等高线表示，由等高线可以分析出地形的高低起伏情况。

⑤道路。主要表示道路位置、走向以及与新建建筑的联系等。

⑥风向频率玫瑰图。

建筑总平面图图例符号如图 13-9 所示。

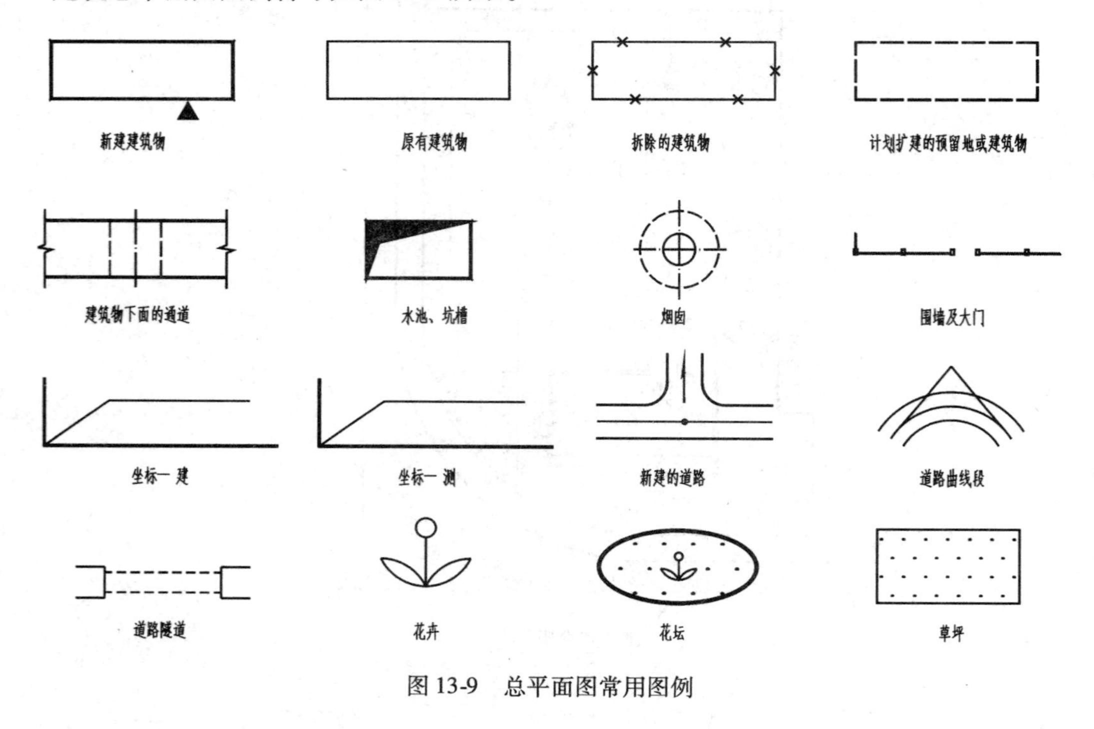

图 13-9　总平面图常用图例

13.2.2　建筑平面图

建筑平面图是用以表达房屋建筑的平面形状，房间布置，内外交通联系，以及墙、柱、门窗等构配件的位置、尺寸、材料和做法等内容的图样。建筑平面图简称“平面图”。

平面图是建筑施工图的主要图样之一。是施工过程中，房屋的定位放线、砌墙、设备安装、装修及编制概预算、备料等的重要依据。

建筑平面图实际上是房屋的水平剖面图（除屋顶平面图外），也就是假想用水平的剖切平面在窗台上方把整栋房屋剖开，移去上面部分后的正投影图，习惯上称它为平面图。

图 13-10 为某住宅的标准层平面图。建筑平面图主要表示建筑物的平面形状、水平方向各部分（如：出入口、走廊、楼梯、房间、阳台等）的布置和组合关系、门窗位置、墙和柱的布置以及其他建筑构配件的位置和大小等。一般地说，多层房屋就应画出各层平面图。但当有些楼层的平面布置相同，或仅有局部不同时，则只需画出一个共同的平面图（也称标准层平面图）。

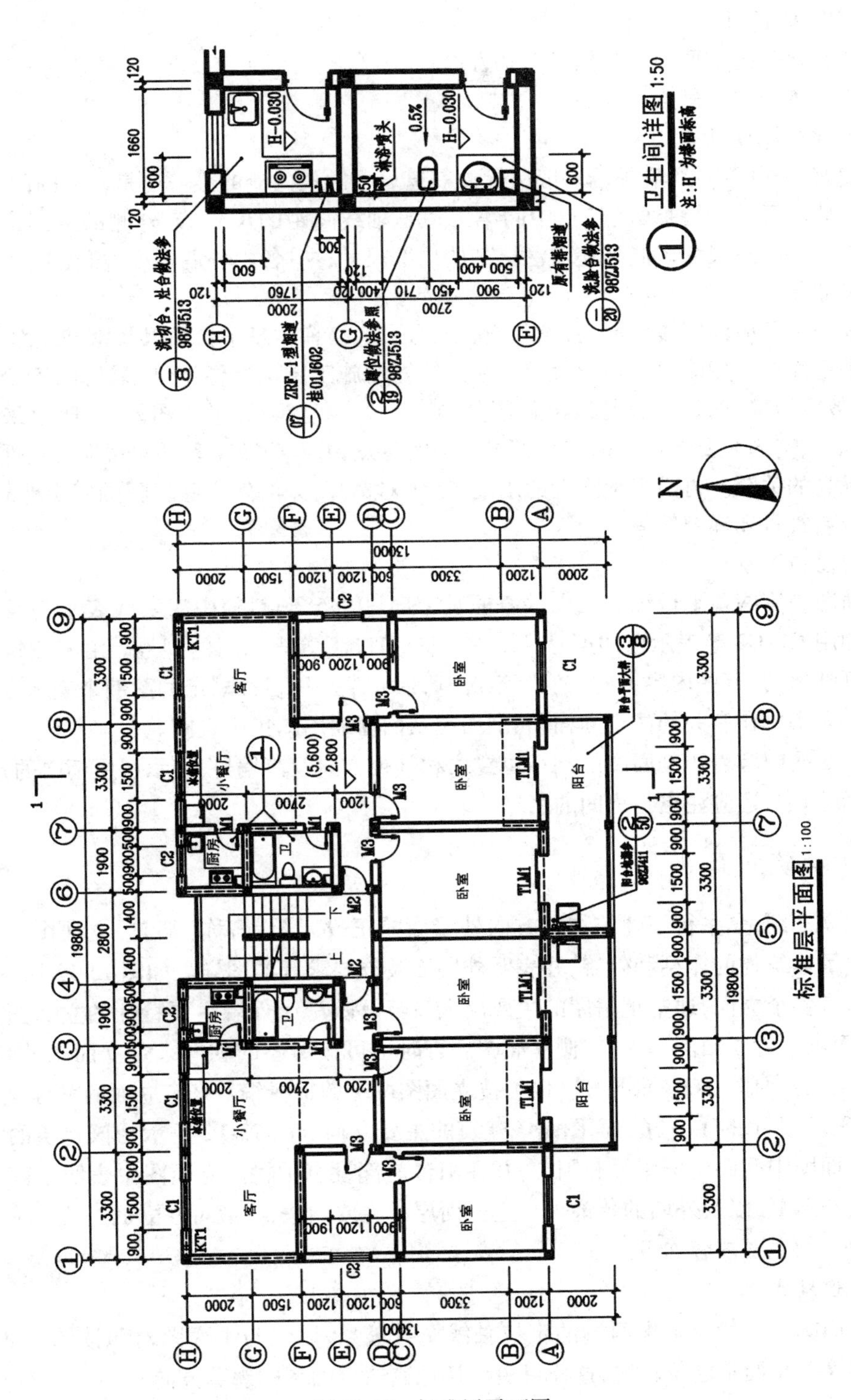

图 13-10　标准层平面图

对于局部不同之处,只需另画局部平面图。如果房屋的二、三层内部布置完全相同,可以合画为二(三)层平面图。

建筑平面图的主要内容包括以下几方面。

①定位轴线和编号。

②尺寸和标高。

在建筑平面图中,所有外墙一般应标注三道尺寸。最内侧的第一道是外墙的门、窗洞的宽度和洞间墙的尺寸(从轴线注起);中间第二道是轴线间距的尺寸;最外侧的第三道是房屋两端外墙面之间的总尺寸。此外还需注出某些局部尺寸,如:各内外墙厚度、内墙上门、窗洞洞口及定位尺寸等。

平面图中还应注明楼地面、台阶顶面、阳台顶面、楼梯休息平台面以及室外地面等的标高。室外整平地面标高用涂黑三角形表示。在建筑物的施工图上要注明许多标高,若全用绝对标高,不但数字繁琐,而且不容易得出各部分的高差。因此,除总平面图外,一般都采用相对标高,即把底层室内主要地坪标高定为相对标高的零点,并在建筑工程的总说明中说明相对标高和绝对标高的关系。再由当地附近的水准点(绝对标高)来测定拟建工程的底层地面标高。

③索引符号和详图符号。

④门窗布置及其型号。

平面图中用两条平行细实线表示窗框及窗扇,用45°倾斜的中粗实线表示门及其开启方向。例如用C1、C2等表示窗的型号,M1、M2、M3、TLM1等表示门的型号。由于建筑平面图是用小比例画出的,有些内容不能按实际情况画,因此常采用各种规定的图例来表示。门窗的具体形式和大小可在有关的建筑立面图、剖面图及门窗通用图集中查阅。

⑤平面图中应表明剖面图的剖切位置线和剖视方向及其编号,表示房屋朝向的指北针,另外,在平面图中,还应注出各房间的名称等。

13.2.3 建筑立面图

建筑立面图,是平行于建筑物各方向外墙面的正投影图,简称(某向)立面图。建筑立面图用来表示建筑物的体型和外貌,并表明外墙面装饰要求等的图样。如图13-11所示。

房屋有多个立面,通常把房屋的主要出入口或反映房屋外貌主要特征的立面图称为正立面图,从而确定背立面图和左、右侧立面图。有时也可按房屋的朝向来定立面图的名称,例如南立面图、北立面图、东立面图等。也可按立面图两端的轴线编号来定立面的名称。

图13-11所示的①~⑨立面图是该建筑的主要立面。图13-12所示为该建筑的Ⓗ~Ⓐ立面图。立面图中间四个房屋设有阳台,并在阳台前部设有护栏。立面图中表明了南立面上的窗体形式与布置,以及外墙的装饰等。立面面层的主要做法,一般可在立面中注写文字说明。

立面图的主要内容如下。

1. 定位轴线

在立面图中一般只画出两端的定位轴线及其编号,以便与平面图对照读图。如图13-11中只需标注1、9两条定位轴线,这样可更确切地判明立面图的观看方向。

2. 图线

为了使立面图外形清晰,通常把房屋立面的最外轮廓线画得稍粗(粗线 b),室外地面线更

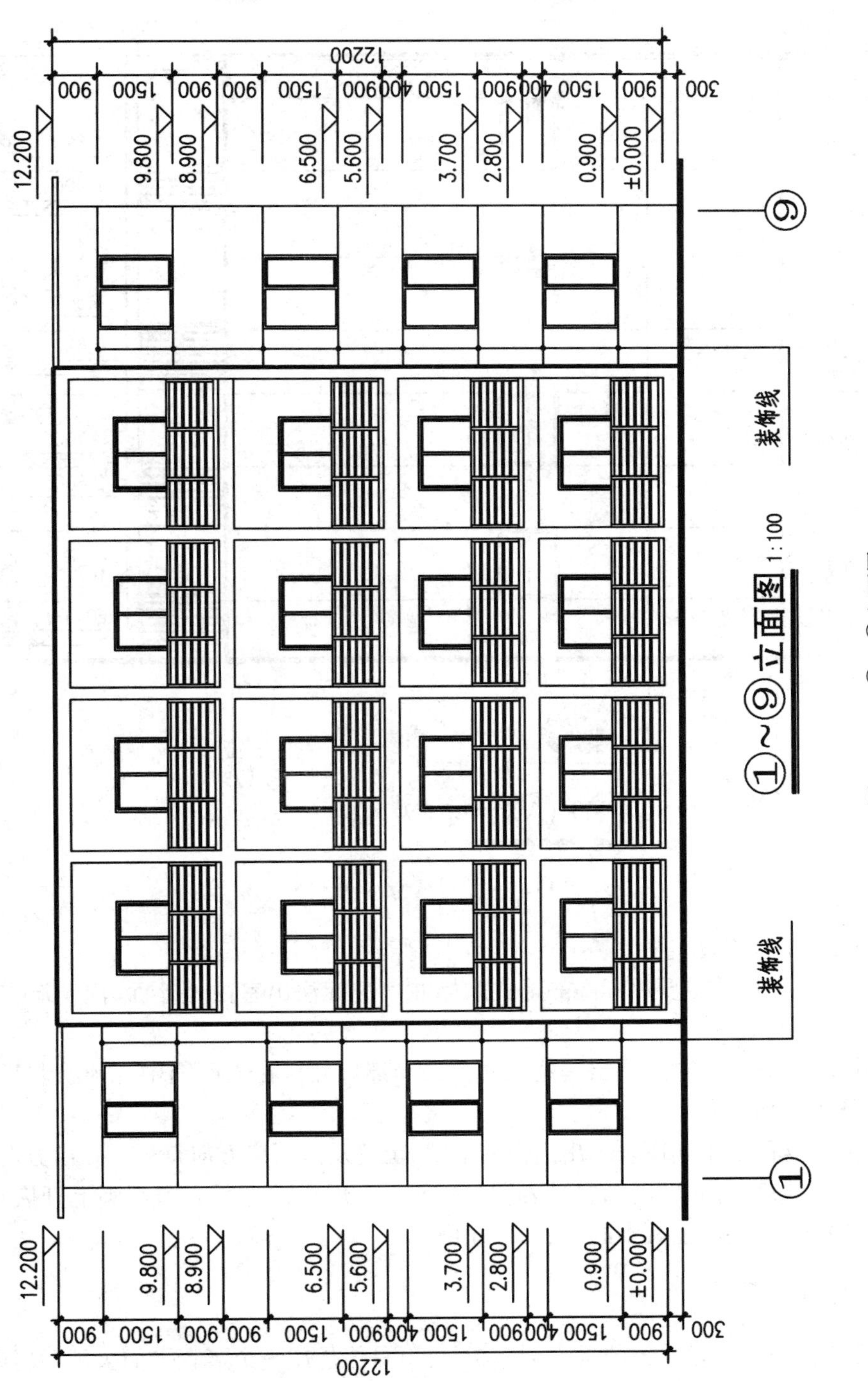
①～⑨立面图 1:100
装饰线
装饰线
12.200
9.800
8.900
6.500
5.600
3.700
2.800
0.900
±0.000
12200
900
1500
300

图 13-11　①～⑨立面图

粗(为1.4b),门窗洞、台阶、花台等轮廓线画成中粗线(0.5b)。门窗扇及其分格线、花饰、雨水管、墙面分格线、外墙勒脚线以及用料注释引出线和标高符号等用细实线(0.25b)。

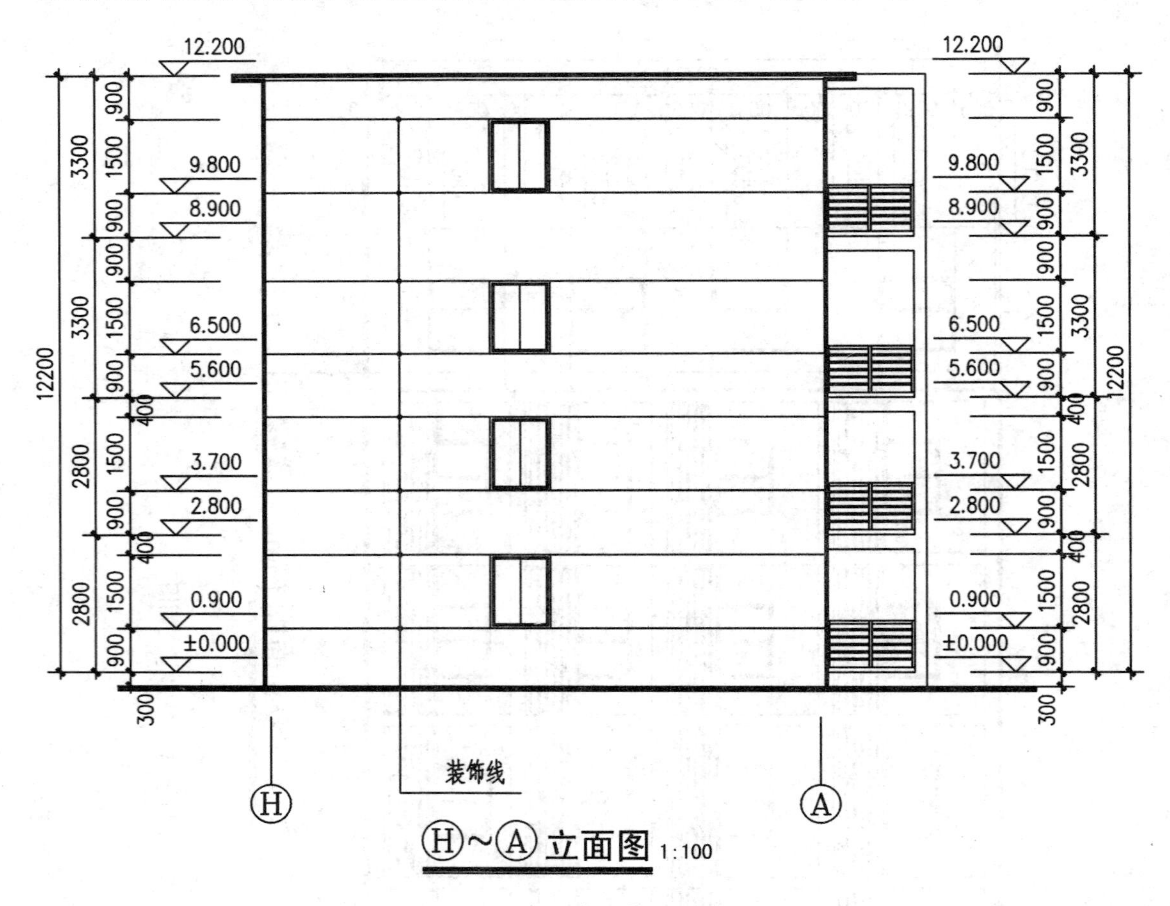

图13-12 Ⓗ~Ⓐ立面图

3. 尺寸标注

立面图上的高度尺寸主要用标高的形式来标注。应标注出室内外地面、门窗洞口的上下口等。

标高。除了标高外,有时还注出一些无祥图的局部尺寸。在立面图中凡须绘制祥图的部位,也应画上祥图索引符号。

除此之外,在立面图中还应表示出门窗的形状、位置及其开启方向符号。开启方向符号用细斜线表示,细实线表示向外开,细虚线表示向内开。一般无需把所有窗都画上开启符号,凡是窗的型号相同的,只要画上其中的一、二个即可。

13.2.4 建筑剖面图

建筑剖面图一般是指建筑物的垂直剖面图,也就是假想用一个竖直平面去剖切房屋,移去靠近观察者视线的部分后的正投影图,简称剖面图。如图13-13所示。

建筑剖面图表示建筑物的内部垂直方向的高度、楼层分层、垂直空间的利用以及简要的结

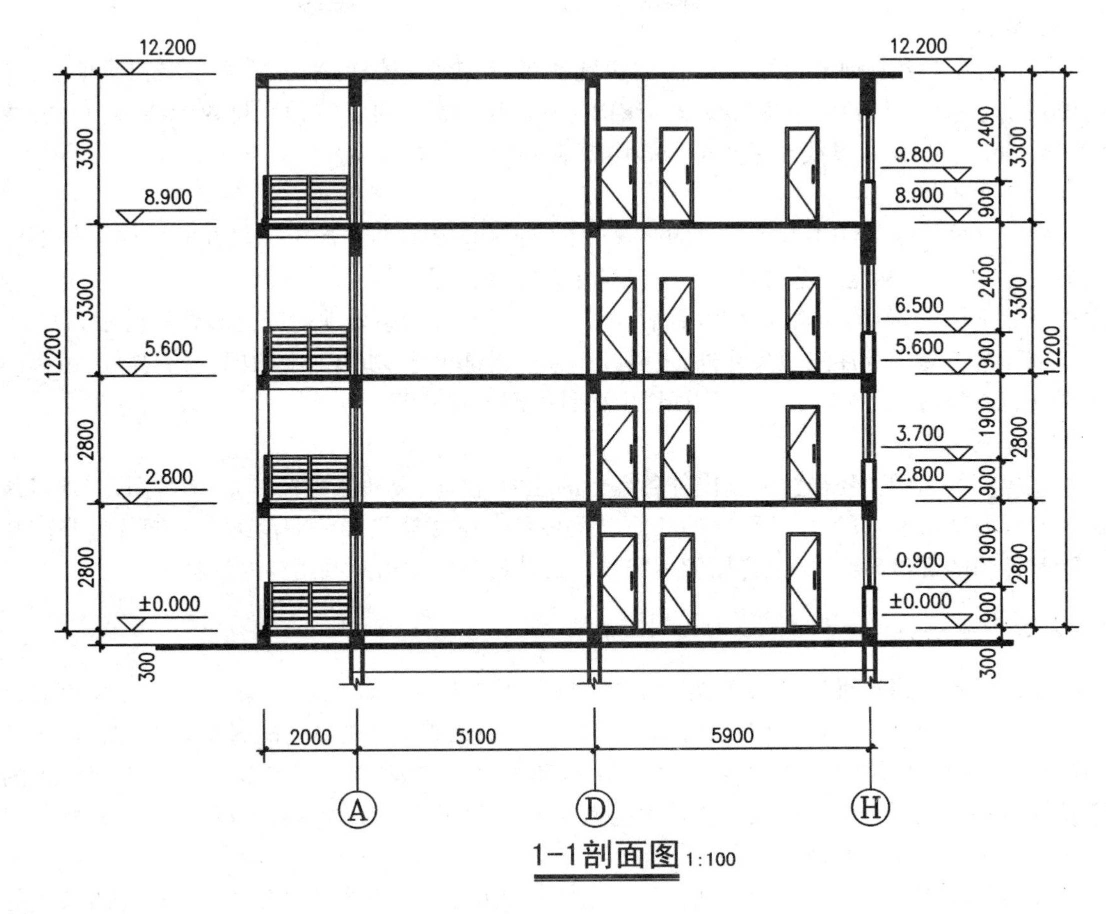

图 13-13　剖面图

构形式和构造方式等情况的图样。

剖面图的剖切位置,应选择在内部结构和构造比较复杂或有变化以及有代表性的部位。其数量视建筑物的复杂程度和实际情况而定。

1—1 剖面图的剖切位置是通过房屋的主要出入口(大门)、门厅和楼梯等部分,也是房屋内部结构比较复杂以及变化较多的部位。剖面图能反映出该招待所在竖直方向的全貌和基本结构形式。一般剖切平面的位置都应通过门、窗洞,借此来表示门窗洞的高度和在竖直方向的位置和构造,以便施工。

在剖面图中,除了具有地下室外,一般不画出室内外地面以下部分。

在 1—1 剖面图中,除了必须画出被剖切到的构件(如墙身、室内外地面、楼面层、屋顶层、各种梁、梯段及平台板、雨蓬和水箱等)外,还应画出未剖切到的可见部分(如:门厅的装饰及会客室和走廊中可见的门窗、可见的楼梯梯段和栏杆扶手、可见的内外墙轮廓线等)。

剖面图的主要内容如下。

1. 定位轴线

在剖面图中通常只需画出两端的轴线及其编号,以便与平面图对照。

2. 图线

室内外地坪线画加粗线(1.4b)。剖切到的房间、走廊、楼梯、平台等楼面层和屋顶层,在1:100的剖面图中只画两条粗实线作为结构层和面层的总厚度。其他可见轮廓线画中粗实线(0.5b),尺寸线、尺寸界线和标高符号等均画细实线。

3. 尺寸标注

建筑剖面图中应注出剖到部分的必要尺寸,即竖直方向剖到部位的尺寸和标高。外墙的竖向尺寸,一般要标注三道尺寸。第一道尺寸为门、窗洞及洞间墙的高度尺寸(楼面以上及楼面以下分别标注)。第二道尺寸为层高尺寸。第三道尺寸为室外地面以上的总高尺寸。

剖面图上除了标注三道尺寸外,还需注上某些局部尺寸,如内墙上的门、窗洞高度,窗台的高度,以及栏杆扶手的高度尺寸、剖面图上两轴线间的尺寸等。

4. 其他

在建筑剖面图上还需注明室内外各部分的地面、楼面、楼梯休息平台面、阳台面、层顶口顶面等的标高和某些梁的底面、雨蓬的底面以及必须标注的某些楼梯平台梁底面等的标高。凡需绘制详图的部位,均应画上详图索引符号。另外还应标注出某些用料的注释。

13.2.5 建筑详图

建筑详图是建筑细部的施工图(图13-14)。因为建筑平、立、剖面图一般采用较小的比例,因而某些建筑构配件(如门、窗、楼梯、阳台、各种装饰等)和某些建筑剖面节点(窗台、屋顶层等)的详细构造(包括式样、层次、做法、用料和详细尺寸等)都无法表达清楚。根据施工的需要,必须另外绘制比例较大的图样,才能表达清楚,这种图样称为建筑详图。因此,建筑详图是建筑平、立、剖面图的补充。

在门窗详图中,应有门窗的立面图,并用细斜线画出门、窗扇的开启方向符号(两斜线的交点表示装门窗扇铰链的一侧。斜线为实线时表示向外开,为虚线时表示向内开)。门、窗立面图规定画它们的外立面图。

立面图上标注的尺寸,第一道是窗框的外沿尺寸(有时还注上窗扇尺寸),最外一道是洞口尺寸,也就是平面图、剖面图上所注的尺寸。

门窗详图都画有不同部位的局部剖面详图,以表示门、窗框和四周的构造关系。

建筑祥图的主要内容如下。

①详图名称、比例;

②详图符号及其编号以及再需另画详图时的索引符号;

③建筑配购件的形状以及与其他购配件的详细构造、层次、有关的详细尺寸和材料图例等;

④详细注明各部位和层次的用料、做法、颜色以及施工要求等;

⑤需要画上的定位轴线及其编号;

⑥要标注的标高等。

详图索引符号(2/—)中的粗实线表示剖切位置,细的引出线表示剖视方向,引出线在粗线之右,表示向右观看;引出线在粗线之下,表示向下观看;水平剖切的观看方向相同于平面图,竖直剖切的相当于左侧面图。

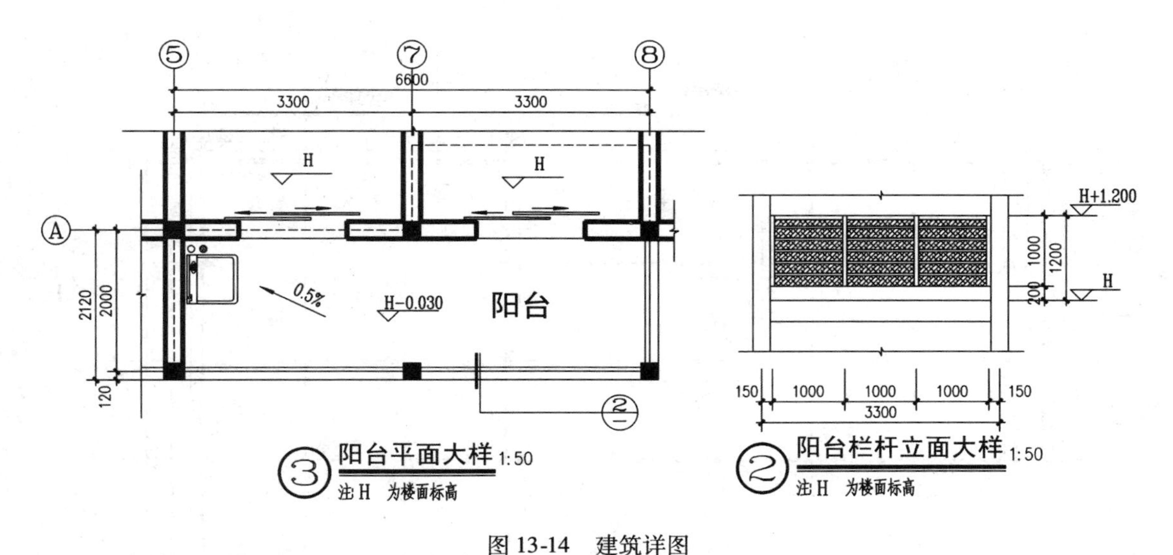

图 13-14　建筑详图

13.3　工业厂房建筑施工图

工业建筑与民用建筑的显著区别是工业建筑必须满足工艺要求，此外是设置有吊车。多层厂房建筑施工图与民用建筑基本相同，这里主要介绍单层工业厂房建筑施工图。

13.3.1　单层工业厂房建筑施工图的主要内容

1. 单层工业厂房建筑平面图图示内容

(1)纵、横向定位轴线

如图中①、②、③、④、⑤、⑥轴为横向定位轴线，⑦、⑧、⑨、⑩轴纵向定位轴线，它们构成柱网，可以用来确定柱子的位置，横向定位轴线之间的距离确定厂房的柱距，纵向定位轴线确定厂房的跨度。厂房的柱距决定屋架的间距和屋面板、吊车梁等构件的长度，车间跨度则决定屋架的跨度和吊车的轨距。如图 13-15 所示，本厂房的柱距为 6 m，跨度为 18 m；由于平面为 L 形布置，⑥轴与⑦轴之间的距离应为墙厚 + 变形缝尺寸 +600 mm。厂房的柱距和跨度还应满足模数制的要求；纵、横向定位轴线是施工放线的重要依据。

(2)墙体、门窗布置

在平面图需标明墙体、门窗的位置、型号和数量。门窗的表示方法和民用建筑相同，在表示门窗的图例旁边注写代号，门的代号是 M，窗的代号是 C，在代号后注写数字表示门窗的不同型号。单层工业厂房的墙体一般为自承重墙，主要起围护作用，一般沿四周布置。

(3)吊车设置

单层工业厂房平面图应表明吊车的起重量及吊车轮距，这是它与民用建筑的重要区别。如图 13-15 所示。

(4)辅助用房的布置

辅助用房是为了实现工业厂房的功能而布置的，布置较简单，如本图中的⑦、⑧轴 × Ⓐ、Ⓑ轴的两个办公室。

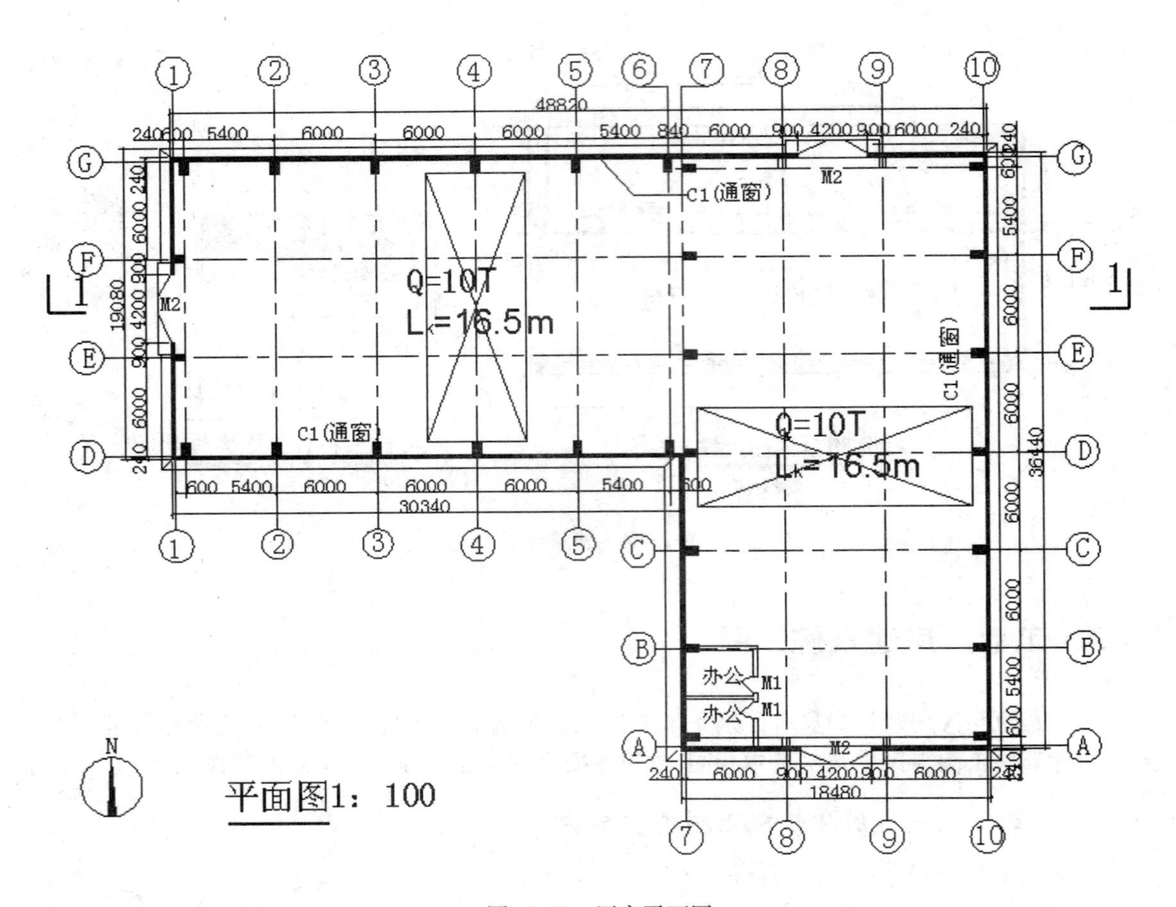

图 13-15 厂房平面图

(5)尺寸标注

通常沿厂房长、宽两个方向分别标注三道尺寸:第一道是门窗宽度及墙段尺寸,联系尺寸、变形缝尺寸等;第二道是定位轴线间尺寸;第三道是厂房的总长和总宽。

(6)画出指北针、剖切符号、索引符号

它们的画法、用途与民用建筑相同,这里不再讲解。

2. 工业厂房建筑立面图的图示内容

工业厂房建筑立面图的图示内容有如下。

①屋顶、门、窗、雨篷、台阶、雨水管等细部的形状和位置;

②室外装修及材料做法等;

③立面外貌及形状;

④室内外地面、窗台、门窗顶、雨蓬底面及屋顶等处的标高;

⑤立面图两端的轴线编号及图名、比例。

3. 工业厂房剖面图的图示内容

工业厂房剖面图的图示内容如下。

①表明厂房内部的柱、吊车梁断面及屋架、天窗架、屋面板以及墙、门窗等构配件的相互关

系。

②各部位竖向尺寸和主要部位标高尺寸。

③屋架下弦底面标高及吊车轨顶标高,它们是单层工业厂房的重要尺寸。

4. 绘制详图

为了清楚地反映厂房细部及构配件的形状、尺寸、材料做法等需要绘制详图。详图一般包括墙身剖面详图、屋面节点、柱节点详图。

13. 3. 2　单层工业厂房建筑施工图举例

1. 阅读工业厂房平面图

如图 13-15 所示,为单层工业厂房平面图。

①了解厂房平面形状、朝向。根据工艺布置要求,本厂房采用 L 形平面布置,①—⑥轴车间坐北朝南。

②了解厂房柱网布置,该厂房柱距 6 m,跨度 18 m。

③了解厂房门、窗位置,形状,开启方向。该厂房在南、北、西向分别设有一道大门,外墙上设计为通窗。

④了解墙体布置。墙体为自承重墙,沿外围布置,起围护作用。

⑤了解吊车设置。本厂房吊车起重量为 10 吨,吊车轮距为 16. 5 m。

2. 阅读建筑立面图

①如图 13-16 所示,本厂房为 L 布置,在本立面设有一大门,上方有一雨蓬,屋顶为两坡排水,设有外天沟,为有组织排水。

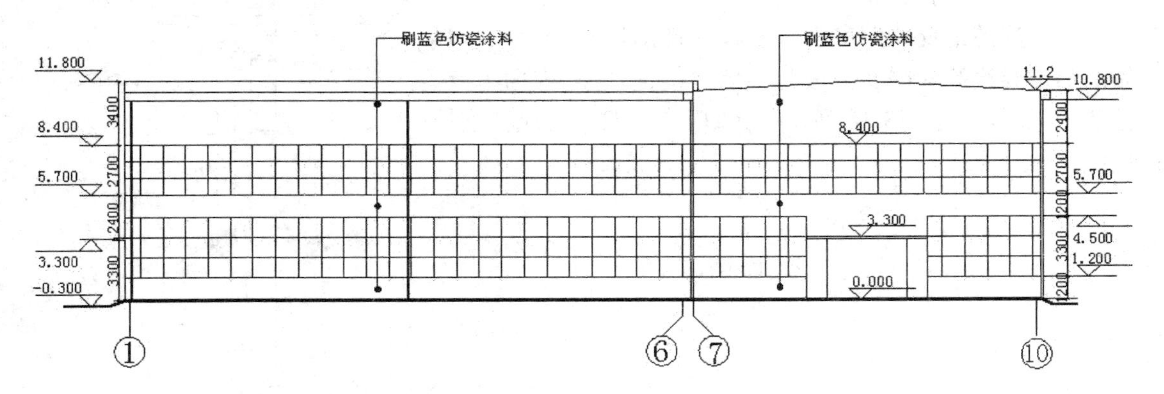

图 13-16　厂房立面图

②为了取得良好的采光通风效果,外墙设计通窗。

③本厂房室内外高差为 0. 3 m,下段窗台标高 1. 2 m,窗顶标高为 4. 5 m,上段窗窗台标高 5. 7 m,窗顶标高为 8. 4 m。

④外墙装修为刷蓝色仿瓷涂料。

3. 阅读建筑剖面图

①如图 13-17 本厂房采用钢筋混凝土排架结构,排架柱在 5. 3 m 标高处设有牛腿,牛腿上

设有 T 形吊车梁,吊车梁梁顶标高 5.7 m,排架柱柱顶标高 8.4 m。

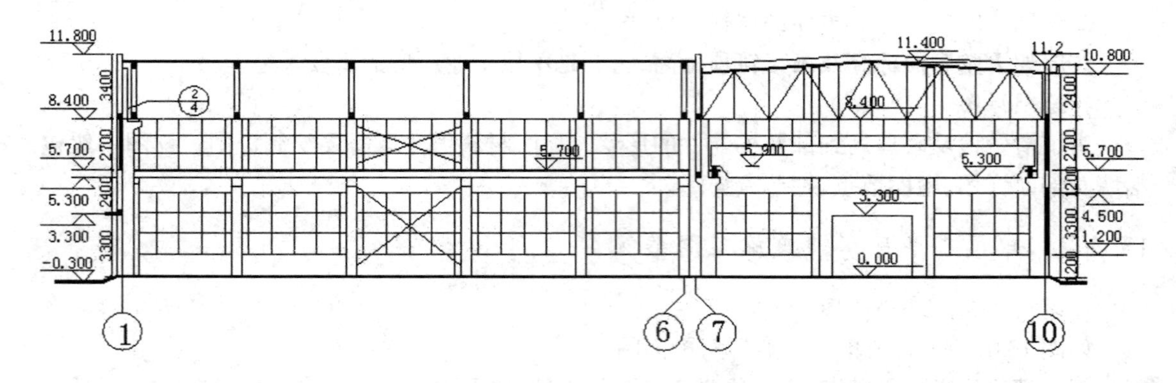

1-1剖面图1：100

图 13-17　厂房剖面图

②屋面采用屋架承重,屋面板直接支承在屋架上,为无檩体系。

③厂房端部设有抗风柱,以协助山墙抵抗风荷载。

④在厂房中部设有柱间支撑,以增加厂房的整体刚度。

⑤了解厂房屋顶做法,屋面排水设计。

⑥在外墙上设有两道连系梁,以减少墙体计算高度,提高墙体的稳定性。

4. 阅读厂房施工详图

为了清楚地反映厂房细部及构配件的形状、尺寸、材料做法等需要绘制详图。一般包括墙身剖面详图、屋面节点、柱节点详图。如图 13-18 所示,为该厂房屋架与抗风柱连接详图。

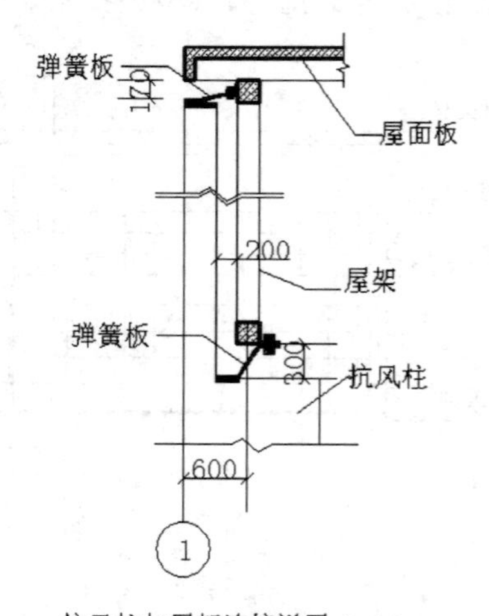

抗风柱与屋架连接详图 1:30

图 13-8　抗风柱与屋架连接详图

第 14 章 化工制图

化工图样是化工企业进行设计、制造、安装、维护与检修等的重要技术资料。化工制图是在机械制图的基础上逐步形成和发展起来的。因此,它与机械制图既有共同之处,又有不同之处。本章着重介绍化工设备图、工艺流程图的主要内容和读、画这些图样的基本方法。

14.1 化工设备图

化工设备是指那些用于化工生产过程中的合成、分离、蒸发、干燥、结晶、过滤、吸收、澄清等生产单元的装置和设备。常用的几种典型化工设备的直观图如图 14-1 所示。

14.1.1 化工设备的种类和结构特点

1. 化工设备的种类

(1)容器

主要用来储存原料、中间产品和成品等。按形状分有圆柱形、球形等,其中以圆柱形容器应用最广。

(2)换热器

主要用来使两种不同温度的物料进行热量交换,以达到加热或冷却的目的。

(3)反应器

主要用来使物料在其中间进行化学反应,生成新的物质,或使物料进行搅拌、沉降等单元操作。

(4)塔器

用于吸收、洗涤、精馏、萃取等化工单元操作。

2. 化工设备的结构特点

化工设备的结构特点如下:

①设备的主体(壳体)结构一般为钢板卷制成形的回转体、薄壁结构;

②尺寸相差悬殊,如壳体长度与直径、壁厚等尺寸相差很大;

③壳体上有较多的开孔和管口,用于安装各种零部件和连接管路;

④大量采用焊接结构;

⑤广泛采用标准化零部件;

⑥设备材料除应满足强度、刚度等要求之外,还要考虑耐腐蚀、耐温度和耐压力,应采用特殊材料和镀涂工艺等。

14.1.2 化工设备图的内容

化工设备图包括装配图、部件图、零件图、管口方位图、表格图、标准图等。其中,零件图、

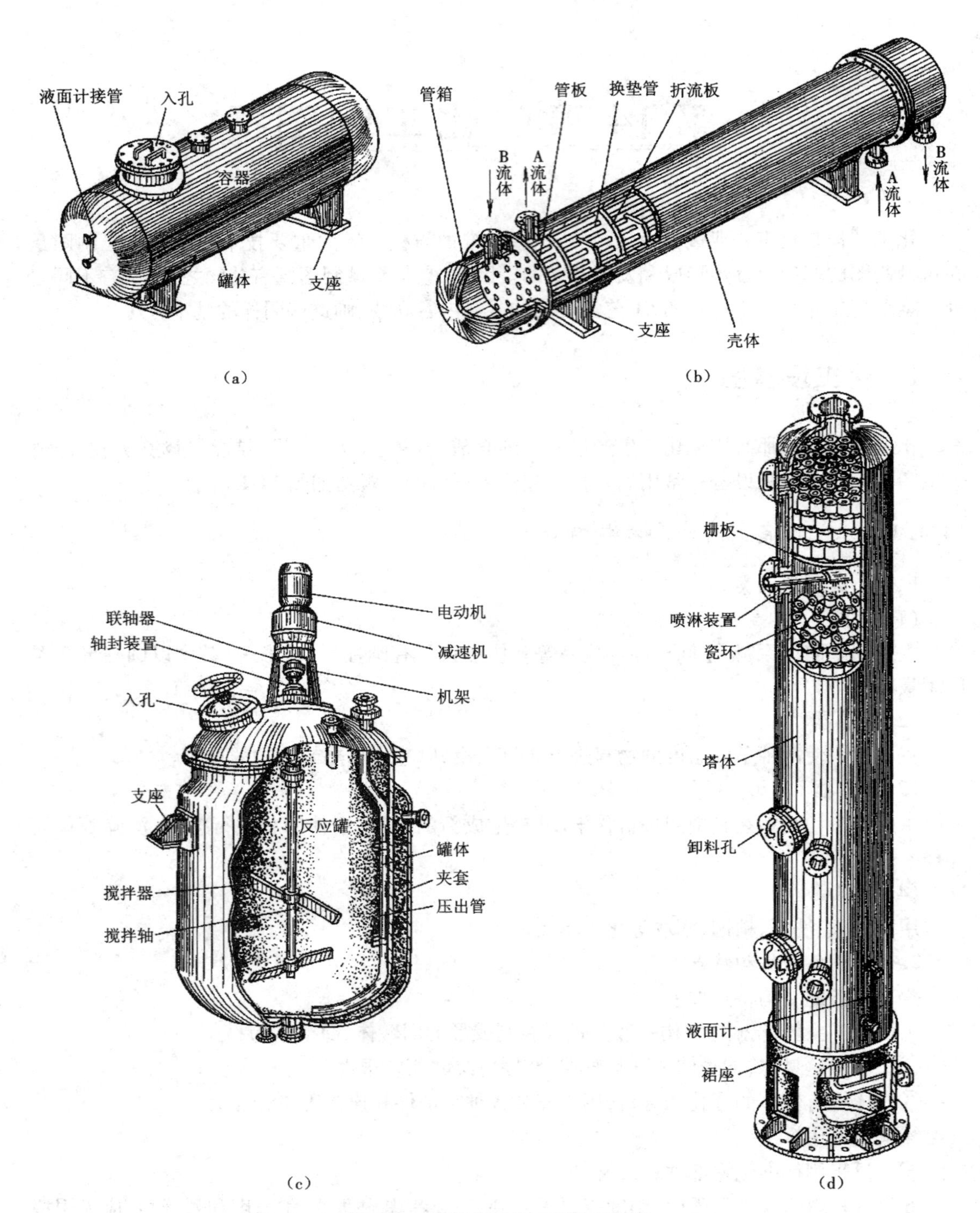

图 14-1 常用典型化工设备直观图

(a)容器;(b)换热器;(c)反应器;(d)塔器

标准图所包含的内容及表达方法与机械图基本相同,化工设备装配图除了表示化工设备整体形状、结构和尺寸、各零部件间的连接关系以外,还包括一些特定的内容。这里只介绍一张完整的化工设备装配图所包括的基本内容。

1. 一组视图

用以表达化工设备的工作原理、各零部件间的连接关系和相对位置以及主要零部件的基本形状。

2. 必要的尺寸及标注

装配图中应标注表示设备总体大小、规格、装配和安装等必要的尺寸。

3. 管口表

管口表是说明设备上所有管口的用途、规格、连接面形式等内容的一种表格,供备料、制造、检验或使用时参考。

设备上所有的管口均需按拉丁字母顺序编号,并与管口表"符号"栏内的字母保持一致。管口表一般画在明细栏上方,格式和相关尺寸如图14-2所示。

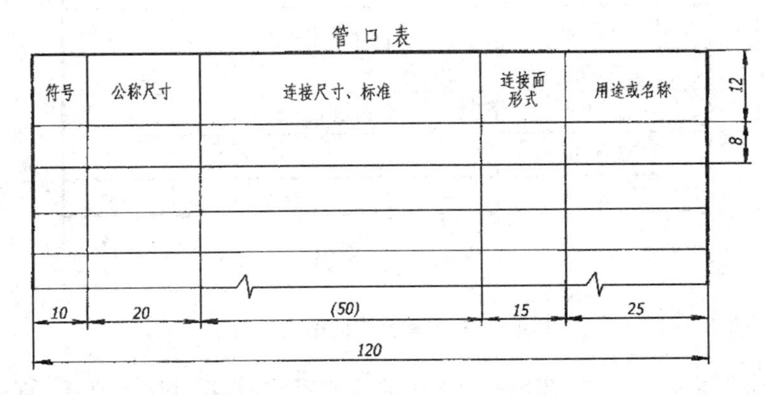

图14-2　管口表的格式与尺寸

4. 技术特性表

技术特性表是表明设备的主要技术特性的一种表格。一般安排在管口表的上方,其格式主要有两种,如图14-3所示,分别适用于不同类型的设备。

技术特性表的内容包括:工作压力、工作温度、设计压力、设计温度、物料名称等。

5. 技术要求

用文字形式说明设备在制造、检验时应满足的要求。

6. 零部件序号、明细栏和标题栏

与机械装配图的内容形式基本一致。

14.1.3　化工设备图的图样画法

1. 视图选择

化工设备的主体结构大多为回转体,通常采用两个基本视图表达,立式设备一般为主、俯视图,卧式设备一般为主、左(或右)视图。当设备的高(或长)较大时,由于图幅有限,俯、左(或右)视图难以与主视图按投影关系配置时,可以将其布置在图纸的空白处,注明视图的名称,也允许画在另一张图纸上,分别在两张图纸上注明视图关系。

技 术 特 性 表

内 容	管 程	壳 程
工作压力/MPa		
设计压力/MPa		
物料名称		
换热面积/m^2		
40	(40)	40
120		

(a)

技 术 特 性 表

工作压力/MPa		工作温度/℃	
设计压力/MPa		设计温度/℃	
物料名称			
焊缝系数ϕ		腐蚀裕度/mm	
容器类别			
40	20	(40)	20
120			

(b)

图 14-3 技术特性表的格式与尺寸

某些结构形状简单、在装配图上易于表达清楚的零件，其零件图可直接画在装配图中空白位置，注明“件号 X X 零件图”。如果幅面允许，装配图中还可以画一些其他图，如支座的底板尺寸图、管口方位图、气柜的配置图和标尺图、某零件的展开图等。总之，化工设备图的视图配置及表达比较灵活。

2. *多次旋转的表达方法*

化工设备壳体上分布有众多的管口、开口及其他附件，为了在主视图上表达它们的结构形状及位置高度，可采用多次旋转的表达方法。多次旋转即假想将设备周向分布的接管及其他附件，分别绕整体轴线、按不同方向旋转到与正投影面平行的位置，画出反映它们实形的视图（如图 14-4 中的接管 a_1、a_2和人孔 b）。为了避免混乱，在不同的视图中同一接管或附件应用相同的小写英文字母编号。图中规格、用途相同的接管或附件可共用同一字母，用阿拉伯数字作脚标，以示个数。

采用多次旋转的表达方法时，一般不作标注。但这些结构的周向方位要以管口方位图（或俯、左视图）为准。

3. *管口方位的表达方法*

化工设备壳体上众多的管口和附件方位的确定，在安装、制造等方面都是至关重要的，当化工设备仅用一个基本视图和一些辅助视图就已将其基本结构形状表达清楚时，往往用管口方位图来表达设备的管口及其他附件分布的情况（如图 14-5 所示）。

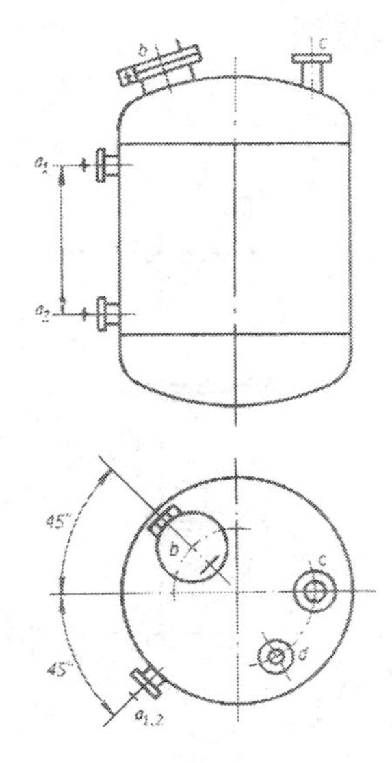

图 14-4　多次旋转的表达方法

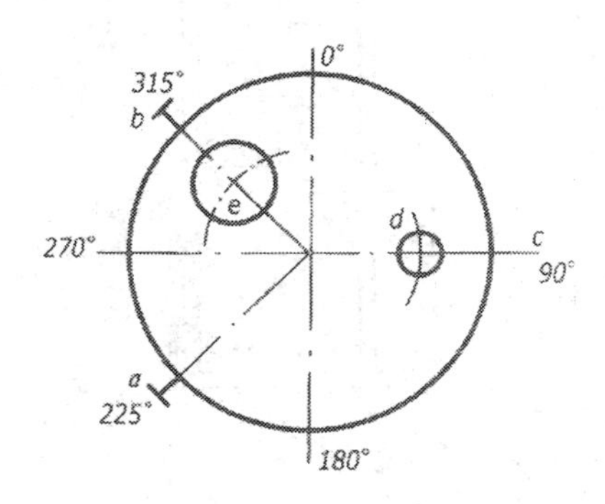

图 14-5　管口方位图

4. 局部结构的表示方法

由于化工设备的各部分结构尺寸相差悬殊，按缩小比例画出的基本视图中，很难把全部细微结构都表达清楚，因此，没有表达清楚的结构可采用局部放大图表示。常用罐体支座的表达方法如图 14-6 所示，局部放大图可画成局部视图、局部剖视或移出断面图。

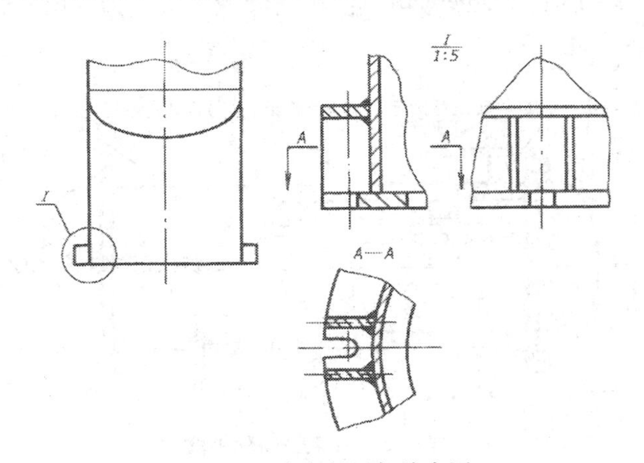

图 14-6　支座的局部放大图

5. 夸大的表示方法

对于设备中尺寸过小的结构（如薄壁、垫片、折流板等）无法按比例画出时，可采用夸大画法，即不按比例，适当地夸大画出它们的厚度或结构。

6. 断开和分段（层）的表达方法

对于过高或过长的化工设备，如塔、换热器及罐等，为了清楚地表达设备结构并合理地使用图幅，将设备中结构相同部分采用断开和分层的画法，简化作图。如图 14-7 所示。

7. 化工设备图的简化画法

在绘制化工设备图时，为了减少一些不必要的绘图工作量，提高绘图效率，在既不影响视

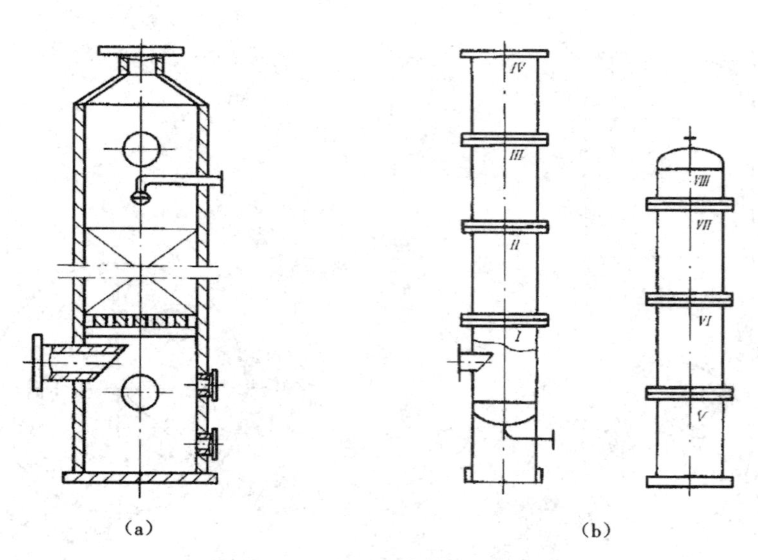

(a) (b)

图 14-7 断开及分段表示方法

(a)断开画法;(b)设备分段表示法

图正确、清晰地表达结构形状,又不致使读图者产生误解的前提下,大量地采用了各种简化画法。

(1)单线示意画法

对于已有零部件图、局部放大图及规定记号的零部件,或者一些简单结构,可采用单线条示意画法。如图 14-8 所示。

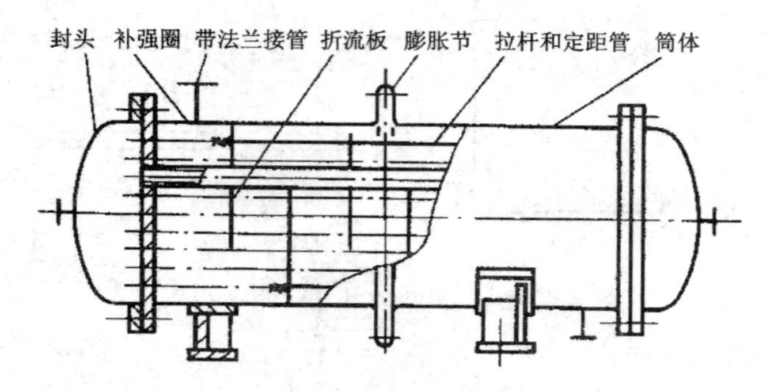

图 14-8 管束的简化画法

(2)重复结构的简化画法

①螺纹孔和螺栓连接的简化画法。螺纹连接件组可不画出这组零件的投影,只用点画线表示其位置,螺栓连接的地方在点画线两端用粗实线画“×”或“+”符号。如图 14-9 所示。

②填充物的表示法。化工设备中规格、材质和堆放方法相同的填料,可在堆放范围内,用交叉细实线示意表达。如图 14-10 所示。

③管束的表示法。按一定规律排列的列管,可只画一根,其余用点画线表示其安装位置即可。密集管子的简化画法如图 14-11 所示。

④标准零部件和外购零部件的简化画法。一些标准化零部件已有标准图,在化工设备图

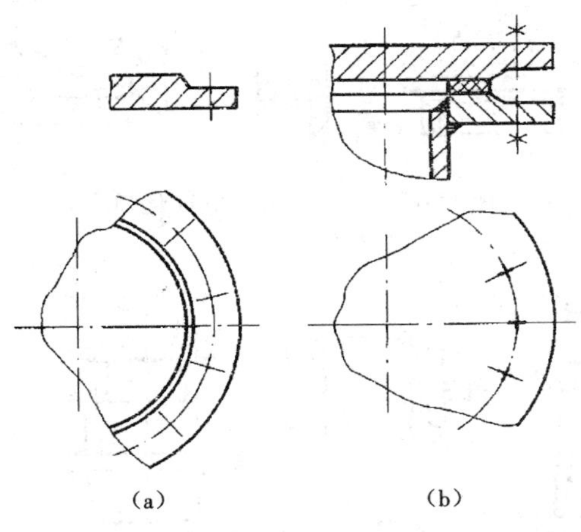
(a)　(b)

图 14-9　标准件的简化画法

(a)螺栓孔;(b)螺栓连接

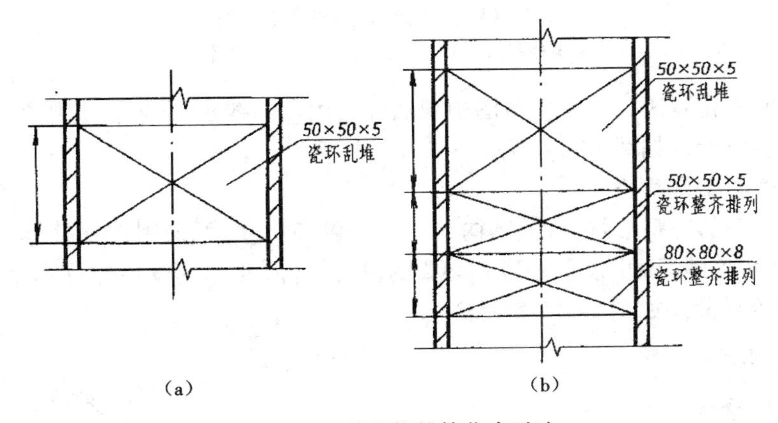

(a)　(b)

图 14-10　填充物的简化表示法

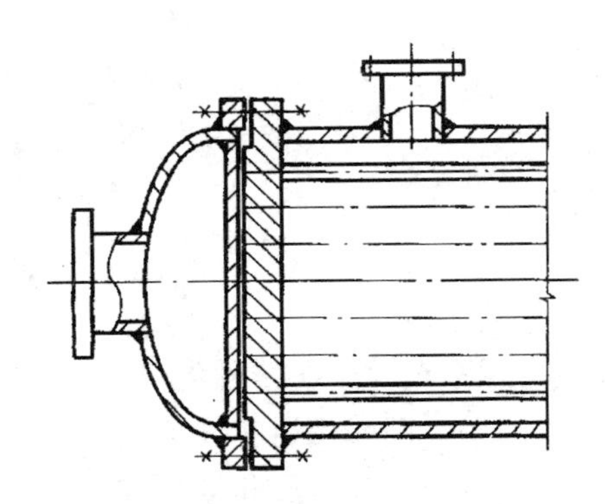

图 14-11　密集管子的简化画法

中可以按比例画出反映它们特征外形的简图,如图 14-12 中的手孔、视镜等。外购部件在化工设备图中可以只画其外形轮廓简图,但要求在明细栏中注明“外购”字样,如图 14-13 中的减速机、电动机、联轴器等。

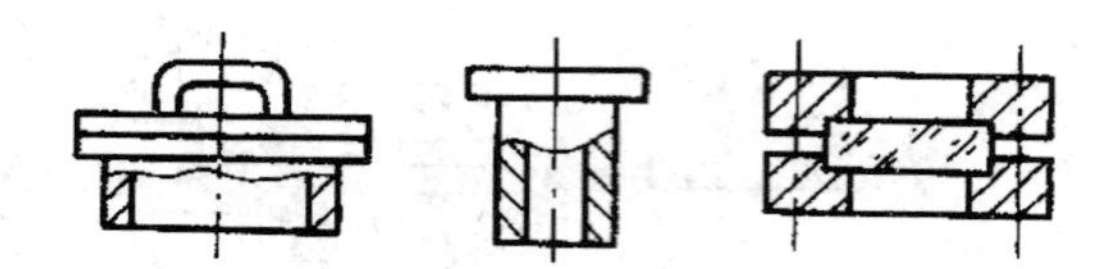

图 14-12　标准零部件的简化画法

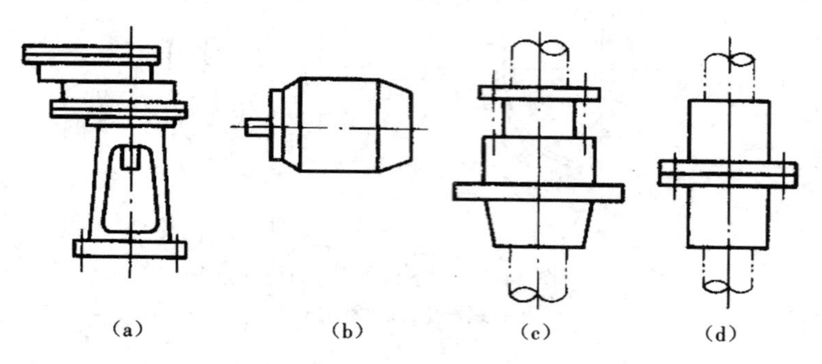

图 14-13　外购零部件的简化画法

(a)减速机;(b)电动机;(c)填料箱;(d)联轴器

⑤液面计的简化画法。化工设备图中液面计可用点画线示意表达,并用粗实线画出“+”符号表示其安装位置。如图 14-14 所示。

8. 设备整体的示意画法

为了表达设备的完整形状、有关结构的相对位置和尺寸,可采用设备整体的示意画法,即按比例用单线(粗实线)画出设备外形和必要的设备内件,并标注设备的总体尺寸、接管口、人(手)孔的位置等尺寸。如图 14-15 所示。

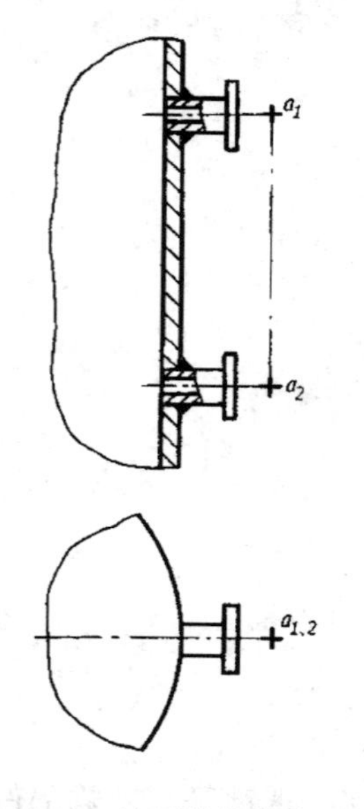

图 14-14　液面计的简化画法

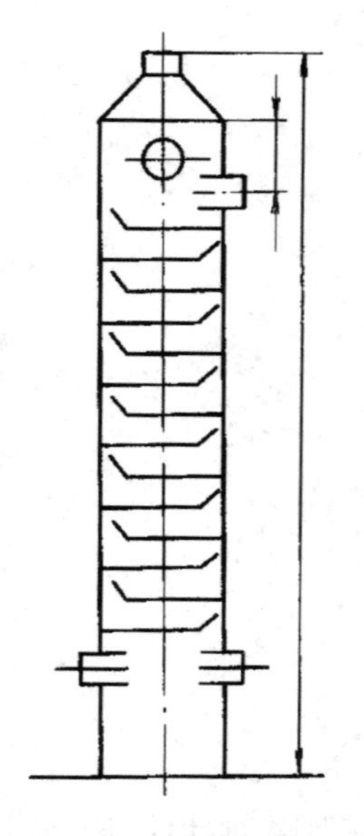

图 14-15　设备整体的示意画法

14.1.4　化工设备图的尺寸标注

化工设备图标注尺寸时，除遵守国家标准《技术制图》与《机械制图》中的有关规定外，应结合化工设备的特点，做到完整、清晰、合理，以满足化工设备制造、检验和安装的要求。

1. 尺寸种类

①特性尺寸。反映化工设备的主要性能、规格的尺寸。

②装配尺寸。表示零部件之间装配关系和相对位置的尺寸。

③安装尺寸。表明设备安装在基础上或其他构架上所需的尺寸。

④外形（总体）尺寸。表示设备总长、总高、总宽（或外径）的尺寸，以确定该设备所占的空间。

⑤其他尺寸。一般包括标准零部件的规格尺寸，经设计计算确定的重要尺寸，焊缝结构形式尺寸，以及不另行绘图的零件的有关尺寸。

2. 尺寸标注

（1）尺寸基准选择

化工设备图中尺寸标注非常重要，既要保证设计要求，又要便于测量和检验。如图 14-16 所示。常用的尺寸基准有以下几种：

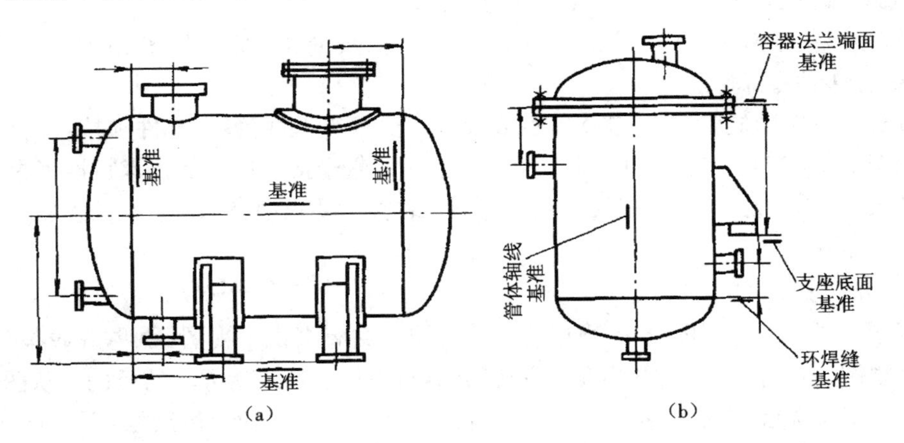

图 14-16　尺寸标准选择示意图

（a）卧式容器；（b）立式设备

①设备筒体和封头焊接时的中心线；

②设备筒体和封头焊接时的环焊缝；

③设备容器法兰的端面；

④设备支座的底面；

⑤管口的轴线与壳体表面的交线等。

（2）几种典型结构的尺寸注法

①筒体：一般标注内径、壁厚和高度（或长度）。

②若用无缝钢管做筒体，则标注外径、壁厚和高度（或长度）。

③封头：标注壁厚和封头高（包括直边高度）。

④接管：标注管口内径和壁厚，接管为无缝管时，则标注“外径 × 壁厚”。

在化工设备图中，由于零件的制造精度不高，故允许在图上将同方向（轴向）的尺寸注成封闭形式。对于某些总长（或总高）或次要尺寸，通常将这些尺寸数字加注圆括号“( )”或在数字前加“≈”，以示参考之意。

14.1.5 阅读化工设备图

1. 阅读化工设备装配图的基本要求

阅读化工设备装配图的基本要求如下：

①了解设备的用途、工作原理、结构特点和技术特性；

②了解设备上各零部件之间的装配关系和有关尺寸；

③了解设备零部件的结构、形状、规格、材料及作用；

④了解设备上的管口数量及方位；

⑤了解设备在制造、检验和安装等方面的标准和技术要求。

2. 阅读化工设备图的方法和步骤

(1) 概括了解

①读标题栏，了解设备名称、规格、绘图比例等内容。从图 14-17 的标题栏中了解该图样为“蒸发器装配图”，是一种用于交换热量的装置。

②读明细栏，了解设备各零部件和接管口的名称、数量等内容。从图 14-17 的明细表等了解该设备有 34 种零部件。

③通过设备图中的管口表、技术特性表及技术要求等，了解各零部件和接管的名称、数量等基本情况。从图 14-17 的管口表中了解到该设备有六个接管口。从技术特性表中可以了解到设备的设计压力、设计温度、腐蚀裕度等指标。在技术要求中，对焊接方法、检验要求等都注明了相应的要求。

(2) 详细分析

①视图分析。通过视图分析，可以看出设备图上共有多少个视图，哪些是基本视图，还有其他什么视图；各视图采用了哪些表达方法；并分析采用各种表达方法的目的。从图 14-17 中可以看出该蒸发器装配图由主、俯两个基本视图表达了蒸发器的主体结构。主视图用全剖表达了蒸发器总体轮廓及结构特点，俯视图表明了各个管口安装的方位和列管的排列方式。除了两个基本视图以外，还有六个局部放大图分别表达了不同部位的细微结构。如局部放大图Ⅲ表达了管板、法兰、封头、垫片、螺栓、螺母之间的连接情况。

②装配连接关系分析。以主视图为主，结合其他视图分析各部件之间的相对位置及装配连接关系。

③零部件结构分析。以主视图为主，结合其他视图，对照明细栏中的序号，将零部件逐一从视图中分离出来，分析其结构、形状、尺寸及其与主体或其他零件的装配关系。对标准化零部件，应查阅有关标准，弄清楚其结构。图 14-17 所示蒸发器主体由封头（零件号 3）、筒体（零件号 10）、换热管（零件号 11）、管箱、管板等组成。有图样的零部件，则应查阅相关的零部件图，弄清楚其结构。

④了解技术要求。通过技术要求的阅读，了解设备在制造、检验、安装等方面所依据的技术规定和要求，以及焊接方法、装配要求、质量检验等的具体要求。

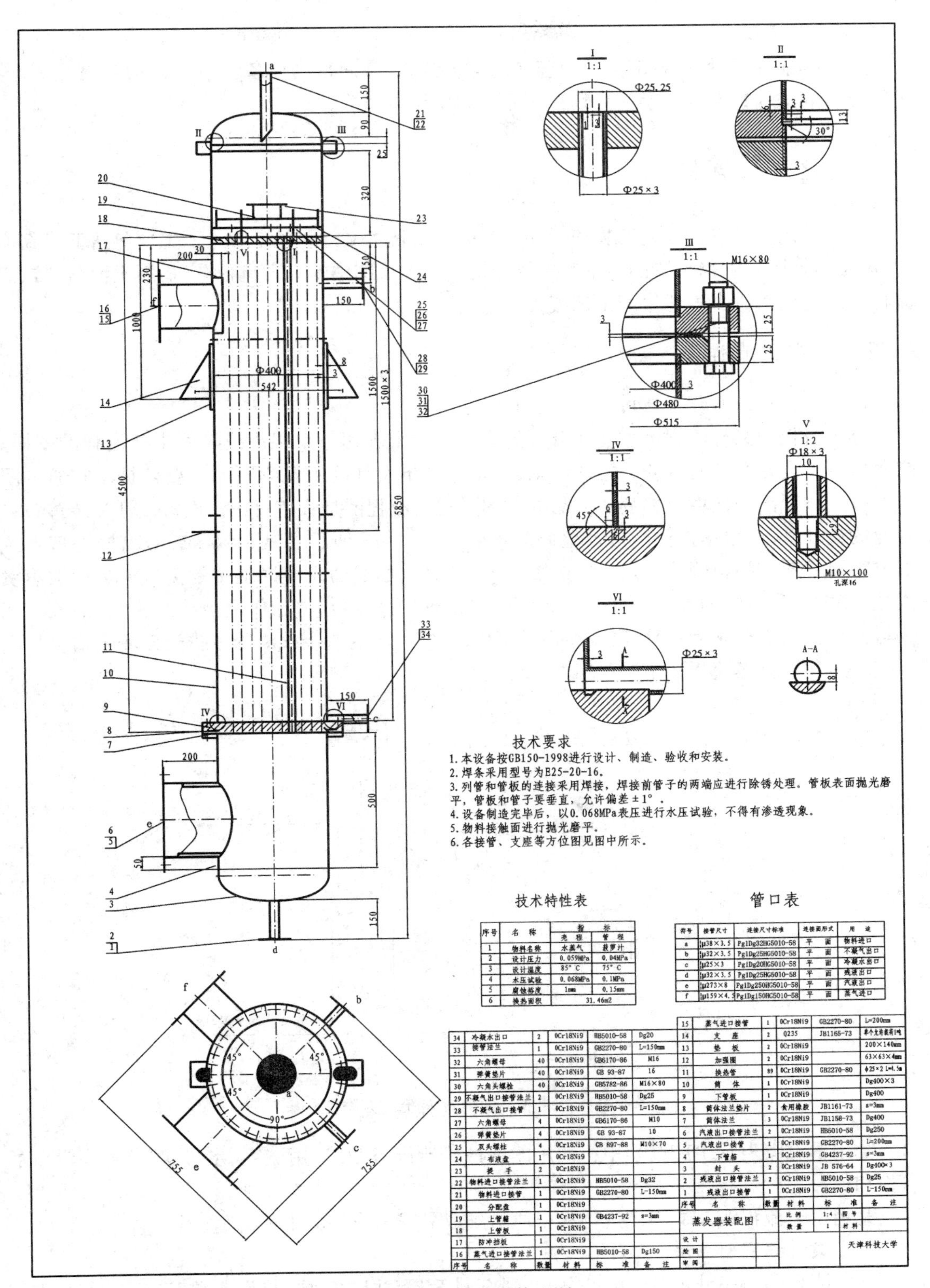

技术特性表

序号	名称	指标 壳程	指标 管程
1	物料名称	水蒸气	菠萝汁
2	设计压力	0.059MPa	0.04MPa
3	设计温度	85° C	75° C
4	水压试验	0.068MPa	0.1MPa
5	腐蚀裕度	1mm	0.15mm
6	换热面积	31.46m2	

管口表

符号	接管尺寸	连接尺寸标准	连接面形式	用途
a	μ38×3.5	Pg1Dg32HG5010-58	平面	物料进口
b	μ32×3.5	Pg1Dg25HG5010-58	平面	不凝气出口
c	μ25×3	Pg1Dg20HG5010-58	平面	冷凝水出口
d	μ32×3.5	Pg1Dg25HG5010-58	平面	残液出口
e	μ273×8	Pg1Dg250HG5010-58	平面	汽液出口
f	μ159×4.5	Pg1Dg150HG5010-58	平面	蒸气进口

序号	名称	数量	材料	标准	备注
34	冷凝水出口接管法兰	2	0Cr18Ni9	HB5010-58	Dg20
33	接管法兰	1	0Cr18Ni9	GB2270-80	L=150mm
32	六角螺母	40	0Cr18Ni9	GB6170-86	M16
31	弹簧垫片	40	0Cr18Ni9	GB 93-87	16
30	六角头螺栓	40	0Cr18Ni9	GB5782-86	M16×80
29	不凝气出口接管法兰	2	0Cr18Ni9	HB5010-58	Dg25
28	不凝气出口接管	1	0Cr18Ni9	GB2270-80	L=150mm
27	六角螺母	4	0Cr18Ni9	GB6170-86	M10
26	弹簧垫片	4	0Cr18Ni9	GB 93-87	10
25	双头螺柱	4	0Cr18Ni9	GB 897-88	M10×70
24	布液盘	1	0Cr18Ni9		
23	提手	2	0Cr18Ni9		
22	物料进口接管法兰	1	0Cr18Ni9	HB5010-58	Dg32
21	物料进口接管	1	0Cr18Ni9	GB2270-80	L-150mm
20	分配盘	1	0Cr18Ni9		
19	上管箱	1	0Cr18Ni9	GB4237-92	s=3mm
18	上管板	1	0Cr18Ni9		
17	防冲挡板	1	0Cr18Ni9		
16	蒸气进口接管法兰	1	0Cr18Ni9	HB5010-58	Dg150
15	蒸气进口接管	1	0Cr18Ni9	GB2270-80	L=200mm
14	支座	2	Q235	JB1165-73	单个允许载荷1吨
13	垫板	2	0Cr18Ni9		200×140mm
12	加强圈	2	0Cr18Ni9		63×63×4mm
11	换热管	89	0Cr18Ni9	GB2270-80	φ25×2 L=4.5m
10	筒体	1	0Cr18Ni9		Dg400×3
9	下管板	1	0Cr18Ni9		Dg400
8	筒体法兰垫片	2	食用橡胶	JB1161-73	s=3mm
7	筒体法兰	3	0Cr18Ni9	JB1158-73	Dg400
6	汽液出口接管法兰	2	0Cr18Ni9	HB5010-58	Dg250
5	汽液出口接管	1	0Cr18Ni9	GB2270-80	L=200mm
4	下管箱	1	0Cr18Ni9	GB4237-92	s=3mm
3	封头	2	0Cr18Ni9	JB 576-64	Dg400×3
2	残液出口接管法兰	2	0Cr18Ni9	HB5010-58	Dg25
1	残液出口接管	1	0Cr18Ni9	GB2270-80	L-150mm

蒸发器装配图	比例	1:4	图号	
	数量	1	材料	
设计			天津科技大学	
绘图				
审阅				

图 14-17　蒸发器装配图

(3)归纳总结

通过详细分析后，将各部分的内容加以综合归纳，从而得出设备完整的结构形象，进一步了解设备的结构特点、工作特性、物料的流向和操作原理等。

14.2 化工工艺图

化工工艺图是进行工艺安装和指导生产的重要技术文件。化工工艺图主要包括工艺流程图、设备布置图和管路布置图。本节主要介绍工艺流程图中的方案流程图、物料流程图和施工流程图。它们都用来表达生产工艺流程。

14.2.1 方案流程图

1. 方案流程图的作用与内容

方案流程图又称流程示意图或流程简图。是用来表达整个工厂或车间生产流程的图样。它既可用于设计开始时工艺方案的讨论，又是进一步设计施工流程图的主要依据。它通过图解的方式体现出如何由原料变成成品的全部过程。流程图是管道、仪表、设备设计和装置布置专业的设计基础，也是操作运行及检修的指南。图 14-18 所示是某种物料残液蒸馏处理系统的方案流程图。物料残液进入反应蒸馏釜 R0601 中，通过通入蒸馏釜中的蒸汽加热后被蒸发汽化，其中汽化后的物料进入冷凝器 E0601 中，通过循环冷却水的作用被冷凝为液态，该液态物料流经真空受槽 V0605AB 输送到物料储槽；蒸馏釜中的剩余残渣部分排到残渣受槽。从图 14-18 中可知，方案流程图主要包括两方面内容：

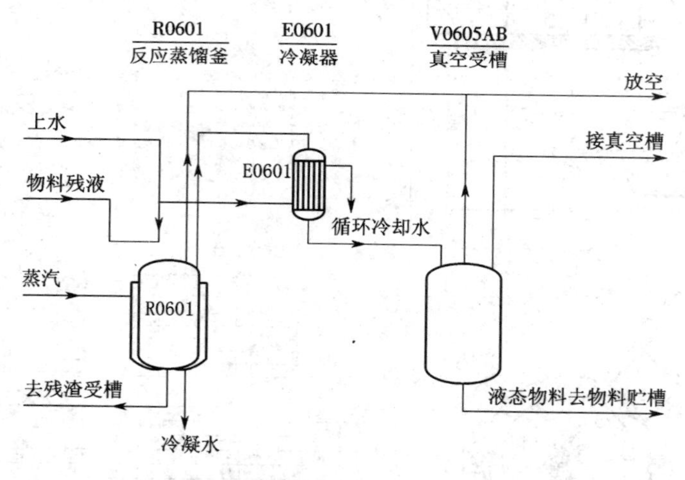

图 14-18 残液蒸馏处理系统的方案流程图

①用示意图表示生产过程中所使用的各种机器设备，并且用文字、字母、数字注写设备的名称和位号。

②用工艺流程线及文字表达物料由原料到成品或半成品的工艺流程。

2. 方案流程图的画法

方案流程图是一种示意性的展开图，即按照工艺流程的顺序，将设备和工艺流程线自左至右地展开画在同一平面上，并加以必要的标注与说明。

(1)设备的画法

①在图中用细实线画出设备的大致轮廓线或示意图,一般不按比例,但应保持它们的相对大小。各种设备的表示法可参考化工部标准《管道及仪表流程图上的设备、机器图例》中的内容。

②各设备之间的高低位置及设备上重要接管的位置,应大致符合实际情况。各台设备之间应保留适当距离,以布置流程线。

③在方案流程图中,同样的设备可只画一套。对于备用设备,可以省略不画。

(2)工艺流程线的画法

①用粗实线画出主要物料的工艺流程线,在流程线上用箭头标明物料流向,并在流程线的起始和终了位置注明物料的名称、来源或去向。

②如遇流程线之间或流程线与设备之间发生交错或重叠而实际并不相连时,应将其中一线断开或曲折绕过,以使各设备间流程线的表达清晰明了、排列整齐。

③在方案流程图中,一般只画出主要工艺流程线,其他辅助流程线则不必一一画出。

(3)位号与名称注写

位号和名称注写在流程图的上方或下方和靠近设备图形的显著位置列出设备的位号及名称,如图 14-18 所示。也可以将设备依次编号,并在图纸空白处按编号顺序集中列出设备名称。但对于流程简单、设备较少的方案流程图,图中的设备也可以不编号,而将名称直接注写在设备的图形上。

对于方案流程图的图幅一般不作规定。图框和标题栏亦可省略。

14.2.2　物料流程图

物料流程图是在方案流程图的基础上,用图形与表格相结合的形式,反映设计中物料和热量衡算结果的图样。物料流程图是初步设计阶段的主要设计内容,为设计主管部门和投资者提供审查资料,又是进一步设计的依据,同时还可以为实际生产提供参考。物料流程图一般包括以下内容:

①各种示意图形:使用设备或装置的轮廓图形、物料流程线等;

②重要文字标注:装置名称或位号、物料代号,其他主要说明等;

③物料平衡表:包括物料的名称、代号、组分、流量、压力、来源与去向等;

④标题栏:写清图名、图号、试用阶段等内容。

图 14-19 所示为某物料残液蒸馏处理系统的物料流程简图。从图中可以看出,物料流程图与方案流程图的画法基本一致,只是增加了设备特性参数标注及物料组分标注。如在设备位号下方加注换热设备的换热面积、贮罐的容积、机器的型号等;在流程的起止处以及使物料发生变化的设备后,用表格形式注明物料变化前后的组分名称、流量、摩尔分数等参数。格式参见图 14-19 中的两个表格。

物料流程图需画出图框和标题栏,图幅大小要符合相关标准。

14.2.3　施工流程图

1. 施工流程图的作用与内容

施工流程图是指带控制点管道安装流程图。它是在方案流程图的基础上设计绘制的、内

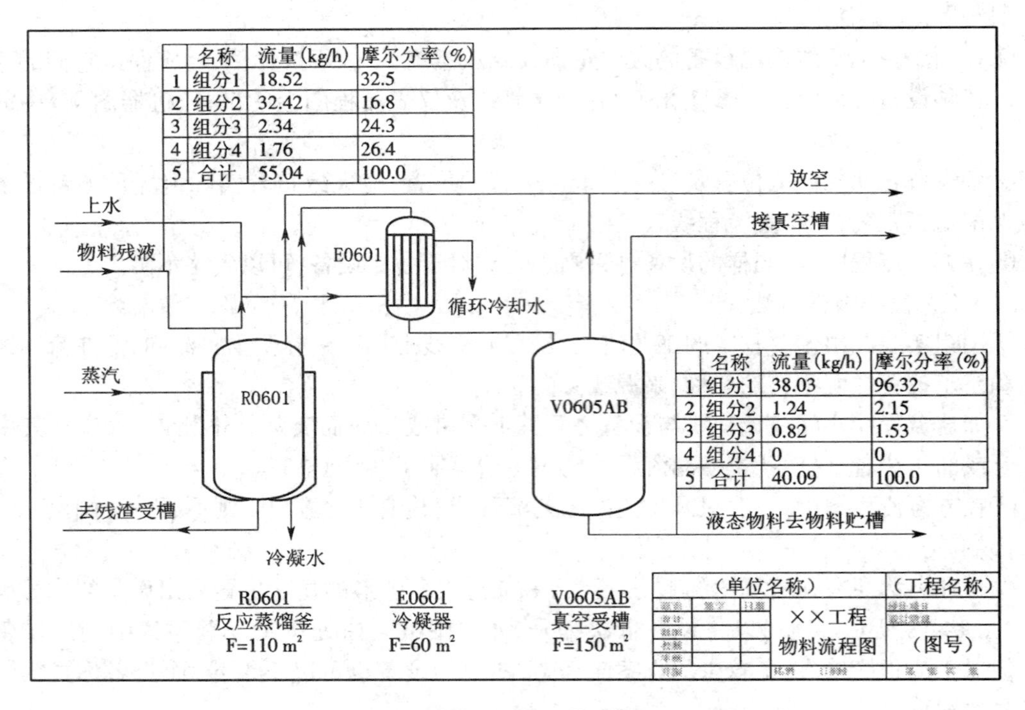

图 14-19　残液蒸馏处理系统的物料流程图

容较为详尽的一种工艺流程图。这种流程图应画出所有的生产设备和全部管道(包括辅助管道、各种仪表控制点以及阀门等管件)。因此,它也是设备布置图和管道布置图的设计依据,并可供施工安装、生产操作时参考。施工流程图一般应包括下面几项内容:

①带设备位号、名称和接管口的各种设备示意图;

②带管道号、规格和阀门等管件以及仪表控制点(测温、测压、测流量及分析点等)的各种管道流程线;

③对阀门等管件和仪表控制点图例符号的说明。

2. 施工流程图的画法

施工流程图仍是一种示意性的展开图。但它的内容比方案流程图较为详尽和复杂。画图时要注意以下几点。

①施工流程图中每个设备都应全部画出,并注意编写设备位号、注写设备名称。

②当一个系统中包括两个或两个以上完全相同的局部系统(如聚合釜、气流干燥、后处理等)时,可以只画出一个系统的流程,其他系统用双点画线的方框表示,在框内注明系统名称及其编号。

③图中设备位置一般考虑便于连接管线,对于有物料从上自流而下并与其他设备的位置有密切关系时,则设备间相对高度应与设备布置的实际情况相似。对于有位差要求者,还应标注限位尺寸。

④施工流程图中的工艺管道流程线均用粗实线画出。对于辅助管道、公用系统管道只绘出与设备(或工艺管道)相连接的一小段,并在此管段上标注物料代号及该辅助管道或公用系统管道所在流程图的图号。对各流程图间相衔接的管道应在始(或末)端注明其连续图的图

号(写在 30 ×6 mm 的矩形框内)及所来自(或去)的设备位号或管段号。管道流程线上除应画出流向箭头及用文字标明其来源或去向外,还应对每条管道进行标注。施工流程图上的管道应标注三个部分,即管道号、管径和管道等级。

⑤管道上的阀门及其他管件应用细实线按标准所规定的符号在相应处画出,并标注其规格代号。

⑥在带控制点工艺流程图中,仪表控制点以细实线在相应的管道上用符号画出。符号包括图形符号和字母代号,它们组合起来表达工业仪表所处理的被测变量和功能,或表示仪表、设备、元件、管线的名称。

⑦施工流程图一般均采用 A1 横幅绘制,根据流程难易程度,特别简单的采用二号图幅,复杂的也可采用 A1 加长,另外要有标题栏。

附　　录

附录 A　尺寸简化标注图例

附表 1

简　化　后	简　化　前	说　　明
		标注尺寸时，可使用单边箭头
		标注尺寸时，可采用带箭头的指引线
		标注尺寸时，也可采用不带箭头的指引线
		一组同心圆弧或圆心位于一条直线上的多个同心圆弧的尺寸，可用共用的尺寸线箭头依次表示
		一组同心圆或尺寸较多的阶梯孔的尺寸，也可用共用的尺寸线和箭头依次表示
		在同一图形中，对于尺寸相同的孔、槽等成组要素，可仅在一个要素上注出其尺寸和数量

附录 B　标准结构

一、常用零件结构要素

附表 2　　**零件倒圆与倒角**(GB/T 6403.4—2008)

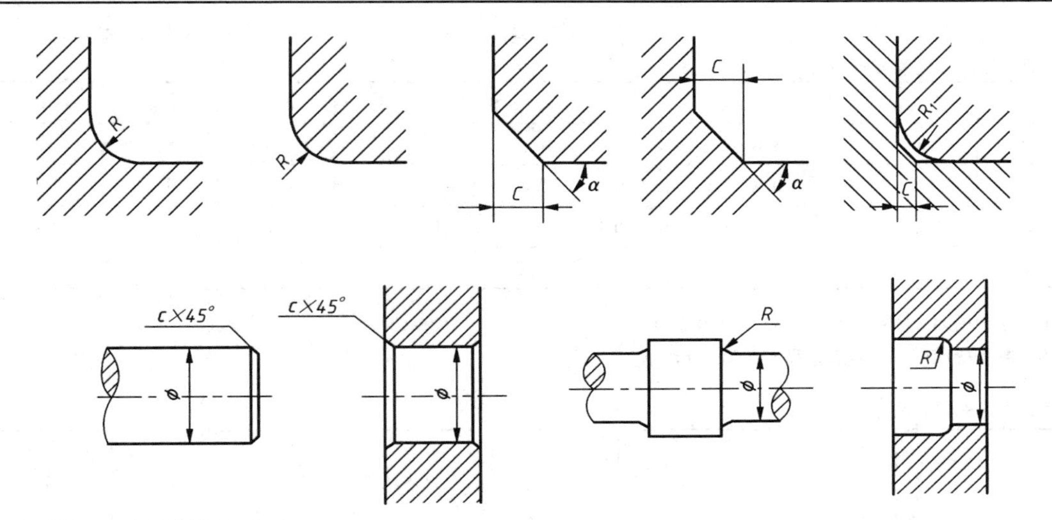

α 一般采用45°,也可采用30°或60°。

与直径ø相应的倒角 c 或倒圆 R 的推荐值　　mm

ø	~3	>3~6	>6~10	>10~18	>18~30	>30~50	>50~80	>80~120	>120~180
c 或 R	0.2	0.4	0.6	0.8	1.0	1.6	2.0	2.5	3.0

内角倒角、外角倒圆时c的最大值c_{max}与R_1的关系　　mm

R_1	0.3	0.4	0.5	0.6	0.8	1.0	1.2	1.6	2.0	2.5	3.0	4.0
c_{max}	0.1	0.2	0.2	0.3	0.4	0.5	0.6	0.8	1.0	1.2	1.6	2.0

附表 3　　**砂轮越程槽**(GB/T 6403.5—2008)

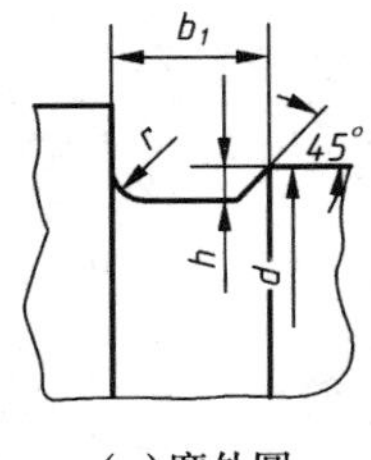

(a)磨外圆

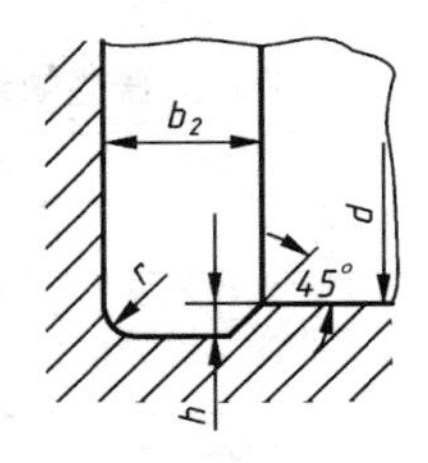

(b)磨内圆

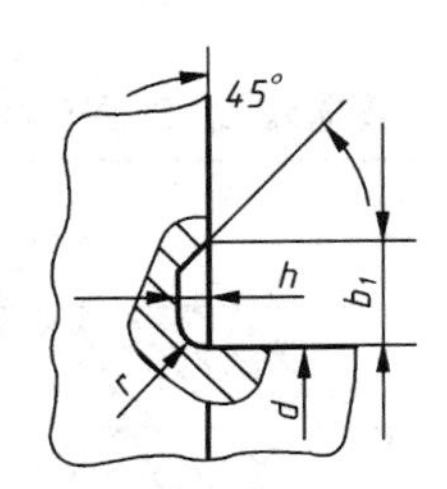

(c)磨外端面

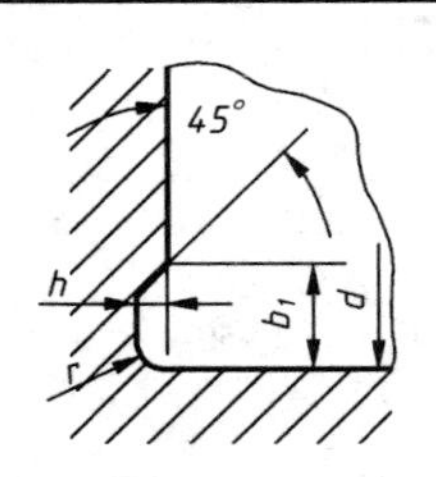

(d)磨内端面

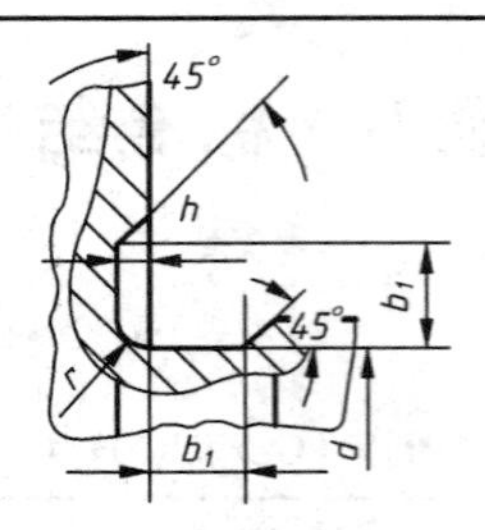

(e)磨外圆及端面

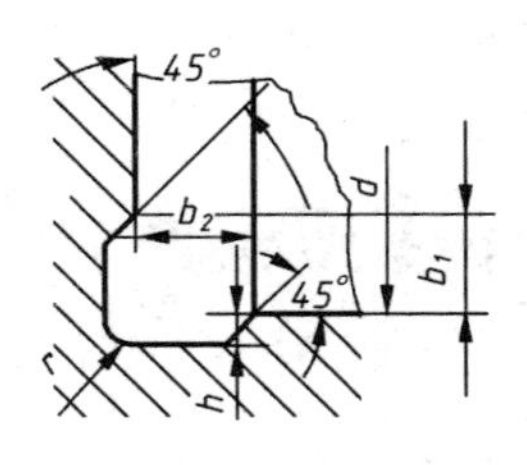

(f)磨内圆及端面

回转面及端面砂轮越程槽的尺寸 mm

b_1	0.6	1.0	1.6	2.0	3.0	4.0	5.0	8.0	10
b_2	2.0	3.0		4.0		5.0		8.0	10
h	0.1	0.2		0.3	0.4		0.6	0.8	1.2
r	0.2	0.5		0.8	1.0		1.6	2.0	3.0
d	~10			>10~50		>50~100		>100	

注:(1)越程槽内二直线相交处,不允许产生尖角。

(2)越程槽深度 h 与圆弧半径 r,要满足 $r \leqslant 3h$。

平面砂轮越程槽的尺寸 mm

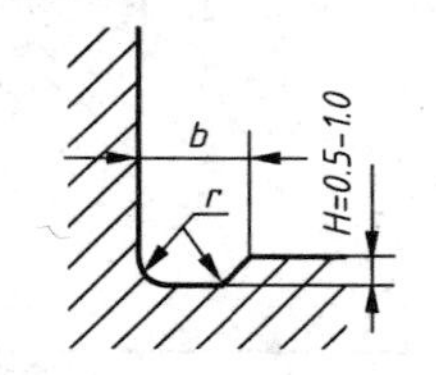

b	2	3	4	5
r	0.5	1.0	1.2	1.6

燕尾导轨砂轮越程槽的尺寸 mm

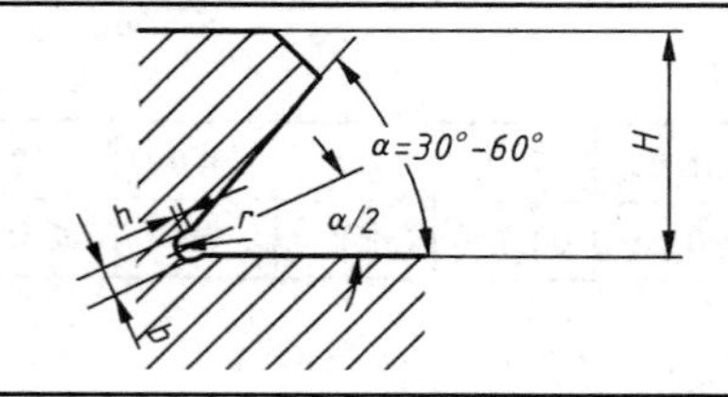

H	≤5	6	8	10	12	16	20	25	32	40	50
b / h	1	2		3			4			5	
r	0.5	0.5		1.0			1.6			1.6	

二、螺纹

附表 4 普通螺纹 直径与螺距系列(GB/T 193—2003)、普通螺纹 基本尺寸(GB/T 196—2003) mm

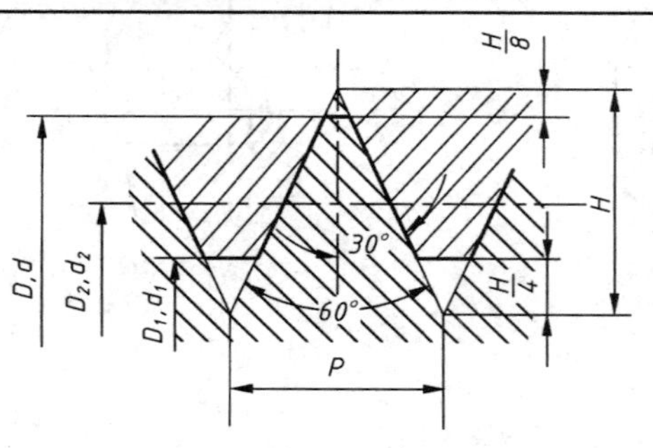

$$d_2 = d - 2 \times \frac{3}{8}H, D_2 = D - 2 \times \frac{3}{8}H$$

$$d_1 = d - 2 \times \frac{5}{8}H, D_1 = D - 2 \times \frac{5}{8}H$$

$$H = \frac{\sqrt{3}}{2}P$$

式中 d—外螺纹大径 D—内螺纹大径

d_2—外螺纹中径 D_2—内螺纹中径

d_1—外螺纹小径 D_1—内螺纹小径

P—螺距 H—原始三角形高

公称直径 D、d	螺距 P		中径 D_2、d_2		小径 D_1、d_1	
	粗牙	细牙	粗牙	细牙	粗牙	细牙
3	0.5	0.35	2.675	2.773	2.459	2.621
(3.5)	(0.6)	0.35	3.110	3.273	2.850	3.121
4	0.7	0.5	3.545	3.675	3.242	3.459
(4.5)	(0.75)	0.5	4.013	4.175	3.688	3.959
5	0.8	0.5	4.48	4.675	4.134	4.459
[5.5]		0.5		5.175		4.959
6	1	0.75	5.350	5.513	4.917	5.188
		(0.5)		5.675		5.459
[7]	1	0.75	6.350	6.513	5.917	6.188
		(0.5)		6.675		6.459
8	1.25	1	7.188	7.350	6.647	6.917
		0.75		7.513		7.188
		(0.5)		7.675		7.459
[9]	(1.25)	1	8.188	8.350	7.647	7.917
		0.75		8.513		8·188
		(0.5)		8.675		8.495
10	1.5	1.25	9.026	9.188	8.376	8.647
		1		9.350		8.917
		0.75		9.513		9.188
		(0.5)		9.675		9.459
[11]	(1.5)	1	10.026	10.350	9.376	9.917
		0.75		10.513		10.188
		(0.5)		10.675		10.459
12	1.75	1.5	10.863	11.026	10.106	10.376
		1.25		11.188		10.647
		1		11.350		10.917
		(0.75)		11.513		11.188
		0.5		11.675		11.459
(14)	2	1.5	12.701	13.026	11.835	12.37
		1.25		13.188		12.64
		1		13.350		12.91
		(0.7)		13.513		13.18
		(0.5)		13.675		13.45
[15]		1.5		14.026		13.376
16	2	1.5	14.701	15.026	13.835	14.376
		1		15.350		14.9
		(0.75)		15.513		15.188
		(0.5)		15.675		15.459
[17]		1.5		16.026		15.376
		(1)		16.350		15.917
(18)	2.5	2	16.376	16.701	15.294	15.8
		1.5		17.026		16.3
		1		17.350		16.917
		(0.75)		17.513		17.188
		(0.5)		17.675		19.459
20	2.5	2	18.376	18.701	17.294	17.835
		1.5		19.026		18.376
		1		19.350		18.917
		(0.75)		19.513		19.188
		(0.5)		19.675		19.459
(22)	2.5	2	20.376	20.701	19.294	19.835
		1.5		21.026		20.376
		1		21.350		20.917
		(0.75)		21.513		21.188
		(0.5)		21.675		21.459
24	3	2	22.051	22.701	20.752	21.835
		1.5		21.026		22.376
		1		21.350		22.917
		(0.75)		21.675		23.188
[25]		2		23.701		22.835
		1.5		24.026		23.376
		(1)		24.350		23.917
[26]		1.5		25.026		24.3
(27)	3	2	25.051	25.701	23.752	24.8
		1.5		26.026		25.3
		1		26.350		25.9
		(0.75)		26.513		26.1
[28]		2		26.701		25.8
		1.5		27.026		26.3
		1		27.350		26.9

注:(1)公称直径栏中不带括号的为第一系列,带圆括号的为第二系列,带方括号的为第三系列。应优先选用第一系列,第三系列尽可能不用。

(2)括号内的螺距尽可能不用。

(3)M14 ×1.25 仅用于火花塞。

附表 5 细牙普通螺纹螺距与小径的关系

mm

螺距 P	小径 D_1、d_1	螺距 P	小径 D_1、d_1	螺距 P	小径 D_1、d_1
0.35	$d-1+0.621$	1	$d-2+0.917$	2	$d-3+0.835$
0.5	$d-1+0.459$	1.25	$d-2+0.647$	3	$d-4+0.752$
0.75	$d-1+0.188$	1.5	$d-2+0.376$	4	$d-5+0.670$

注:表中的小径按 $D_1=d_1=d-2\times\frac{5}{8}H, H=\frac{\sqrt{3}}{2}P$ 计算得出。

附表 6 55°非密封管螺纹(GB/T 7307—2001)

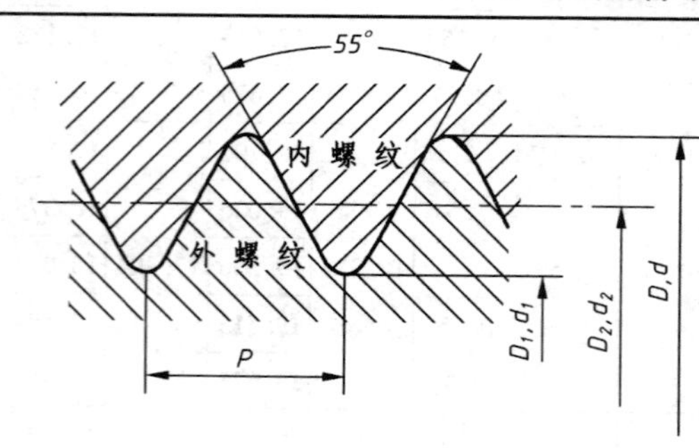

标 记 示 例:

1½左旋内螺纹:G1½ - LH(右旋不标)

1½A 级外螺纹:G1½A

1½B 级外螺纹:G1½B

内外螺纹装配:$G1\frac{1}{2}/G1\frac{1}{2}A$

mm

尺寸代号	每 25.4 mm 内的牙数 n	螺距 P	牙高 h	圆弧半径 $r\approx$	基本直径		
					大径 $d=D$	中径 $d_2=D_2$	小径 $d_1=D_1$
1/16	28	0.907	0.581	0.125	7.723	7.142	6.561
1/8	28	0.907	0.581	0.125	9.728	9.147	8.566
1/4	19	1.337	0.856	0.184	13.157	12.301	11.445
3/8	19	1.337	0.856	0.184	16.662	15.806	14.950
1/2	14	1.814	1.162	0.249	20.955	19.793	18.631
5/8	14	1.814	1.162	0.249	22.911	21.749	20.587
3/4	14	1.814	1.162	0.249	26.441	25.279	24.117
7/8	14	1.814	1.162	0.249	30.201	29.039	27.877
1	11	2.309	1.479	0.317	33.249	31.770	30.291
11/3	11	2.309	1.479	0.317	37.897	36.418	34.939
11/2	11	2.309	1.479	0.317	41.910	40.431	38.952
12/3	11	2.309	1.479	0.317	47.803	46.324	44.485
13/4	11	2.309	1.479	0.317	53.746	52.267	50.788
2	11	2.309	1.479	0.317	59.614	58.135	56.656
21/4	11	2.309	1.479	0.317	65.710	64.231	62.752
21/2	11	2.309	1.479	0.317	75.184	73.705	72.226

续表

尺寸代号	每25.4 mm内的牙数 n	螺距 P	牙高 h	圆弧半径 $r\approx$	基本直径		
					大径 $d=D$	中径 $d_2=D_2$	小径 $d_1=D_1$
23/4	11	2.309	1.479	0.317	81.534	80.055	78.576
3	11	2.309	1.479	0.317	87.884	86.405	84.926
31/2	11	2.309	1.479	0.317	100.330	98.851	97.372
4	11	2.309	1.479	0.317	113.030	111.551	110.072
41/2	11	2.309	1.479	0.317	125.730	124.251	122.772
5	11	2.309	1.479	0.317	138.430	136.951	135.472
51/2	11	2.309	1.479	0.317	151.130	149.651	148.172
6	11	2.309	1.479	0.317	163.830	162.351	160.872

注：本标准适应用于管接头、旋塞、阀门及其附件。

附表 7　梯形螺纹直径与螺距系列基本尺寸(GB/T 5796.2—2005、5796.3—2005)

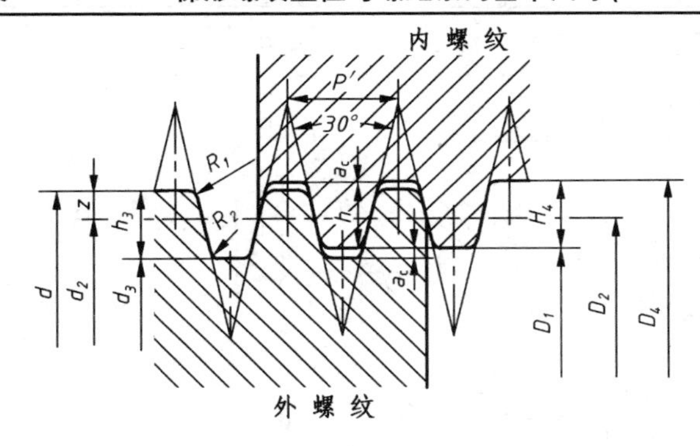

代　号　示　例：

公称直径40 mm，导程14 mm，螺距为7 mm的双线左旋梯形螺纹：

Tr40×14(P7)LH

mm

公称直径 d		螺距 P	中径	大径	小径	
第一系列	第二系列		$d_2=D_2$	D_4	d_3	D_1
8		1.5	7.25	8.30	6.20	6.50
	9	1.5	8.25	9.30	7.20	7.50
		2	8.00	9.50	6.50	7.00
10		1.5	9.25	10.30	8.20	8.50
		2	9.00	10.50	7.50	8.00
	11	2	10.00	11.50	8.50	9.00
		3	9.50	11.50	7.50	8.00
12		2	11.00	12.50	9.50	10.00
		3	10.50	12.50	8.50	9.00
	14	2	13.00	14.50	11.50	12.00
		3	12.50	14.50	10.50	11.00
16		2	15.00	16.50	13.50	14.00
		4	14.00	16.50	11.50	12.00
	18	2	17.00	18.50	15.50	16.00
		4	16.00	18.50	13.50	14.00

公称直径 d		螺距 P	中径	大径	小径	
第一系列	第二系列		$d_2=D_2$	D_4	d_3	D_1
	26	3	24.50	26.50	22.50	23.00
		5	23.50	26.50	20.50	21.00
		8	22.00	27.00	17.00	18.00
28		3	26.50	28.50	24.50	25.00
		5	25.50	28.50	22.50	23.00
		8	24.00	29.00	19.00	20.00
	30	3	28.50	30.50	26.50	29.00
		6	27.00	31.00	23.00	24.00
		10	25.00	31.00	19.00	20.50
32		3	30.50	32.50	28.50	29.00
		6	29.00	33.00	25.00	26.00
		10	27.00	33.00	21.00	22.00
	34	3	32.50	34.50	30.50	31.00
		6	31.00	35.00	27.00	28.00
		10	29.00	35.00	23.00	24.00

续表

公称直径 d 第一系列	公称直径 d 第二系列	螺距 P	中径 $d_2=D_2$	大径 D_4	小径 d_3	小径 D_1	公称直径 d 第一系列	公称直径 d 第二系列	螺距 P	中径 $d_2=D_2$	大径 D_4	小径 d_3	小径 D_1
20		2	19.00	20.50	17.50	18.00	36		3	34.50	36.50	32.50	33.00
		4	18.00	20.50	15.50	16.00			6	33.00	37.00	29.00	30.00
	22	3	20.50	22.50	18.50	19.00			10	31.00	37.00	25.00	26.00
		5	19.50	22.50	16.50	17.00		38	3	36.50	38.50	34.50	35.00
		8	18.00	23.00	13.00	14.00			7	34.50	39.00	30.00	31.00
24		3	22.50	24.50	20.50	21.00			10	33.00	39.00	27.00	28.00
		5	21.50	24.50	18.50	19.00	40		3	38.50	40.50	36.50	37.00
		8	20.00	25.00	15.00	16.00			7	36.50	41.00	32.00	33.00
									10	35.00	41.00	29.00	30.00

附表 8　普通螺纹的螺纹收尾、肩距、退刀槽和倒角(摘自 GB/T 3—2001)

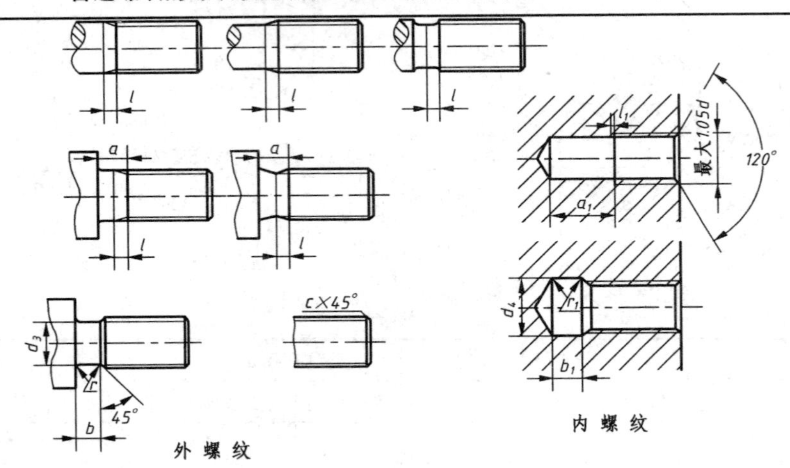

mm

螺距 P	粗牙螺纹直径 d	细牙螺纹直径 d	螺纹收尾≤ 一般 l	螺纹收尾≤ 短的 l_1	螺纹收尾≤ 长的 l	螺纹收尾≤ 长的 l_1	肩距≤ 一般 a	肩距≤ 一般 a_1	肩距≤ 长的 a	肩距≤ 长的 a_1	肩距≤ 短的 a	退刀槽 一般 b	退刀槽 一般 b_1	退刀槽 窄的 b	退刀槽 窄的 b_1	退刀槽 d_3	退刀槽 d_4	退刀槽 r 或 $r_1\approx$	倒角 c
0.5	3	根据螺距查表	1.25	1	0.7	1.5	1.5	3	2	4	1	1.5	2	1	1.5	$d-0.8$	$d+0.3$		0.5
0.6	3.5		1.5	1.2	0.75	1.8	1.8	3.2	2.4	4.8	1.2					$d-1$			
0.7	4		1.75	1.4	0.9	2.1	2.1	3.5	2.8	5.6	1.4	2	3			$d-1.1$			0.6
0.75	4.5		1.9	1.5	1	2.3	2.25	3.8	3	6	1.5				2	$d-1.2$			
0.8	5		2	1.6	1	2.4	2.4	4	3.2	6.4	1.6					$d-1.3$			0.8
1	6;7		2.5	2	1.25	3	3	5	4	8	2	2.5	4	1.5	2.5	$d-1.6$			1
1.25	8		3.2	2.5	1.6	3.8	4	6	5	10	2.5	3	5		3	$d-2$			1.2

续表

螺距 P	粗牙螺纹直径 d	细牙螺纹直径	螺纹收尾≤ 一般 l	短的 l_1	长的 l	长的 l_1	肩距≤ 一般 a	一般 a_1	长的 a	长的 a_1	短的 a	退刀槽 一般 b	一般 b_1	窄的 b	窄的 b_1	d_3	d_4	r 或 $r_1\approx$	倒角 c
1.5	10		3.8	3	1.9	4.5	4.5	7	6	12	3	4	6	2.5	4	$d-2.3$			1.5
1.75	12		4.3	3.5	2.2	5.2	5.3	9	7	14	3.5	5	7			$d-2.6$			2
2	14;16		5	4	2.5	6	6	10	8	16	4		8		5	$d-3$		0.5p	
2.5	18;20;22	根	6.3	5	3.2	7.5	7.5	12	10	18	5	6	10		6	$d-3.6$			2.5
3	24;27	据	7.5	6	3.8	9	9	14	12	22	6	7	12	4.5	7	$d-4.4$	$d+0.5$		
3.5	30;33	螺	9	7	4.5	10.5	10.5	16	14	24	7	8	14		8	$d-5$			3
4	36;39	距	10	8	5	12	12	18	16	26	8	9	16	5	9	$d-5.7$			
4.5	42;45	查	11	9	5.5	13.5	13.5	21	18	29	9	10	18	6	10	$d-6.4$			4
5	48;52	表	12.5	10	6.3	15	15	23	20	32	10	11	20	6.5	11	$d-7$			
5.5	56;60		14	11	7	16.5	16.5	25	22	35	11	12	22	7.5	12	$d-7.7$			5
6	64;68		15	12	7.5	18	18	28	24	38	12	14	24	8	14	$d-8.3$			

注：本表未摘录 $P<0.5$ 的各有关尺寸。

三、螺纹紧固件

附表 9　　六角头螺栓（GB 5782—2000）、六角头螺栓—全螺纹（GB 5783—2000）

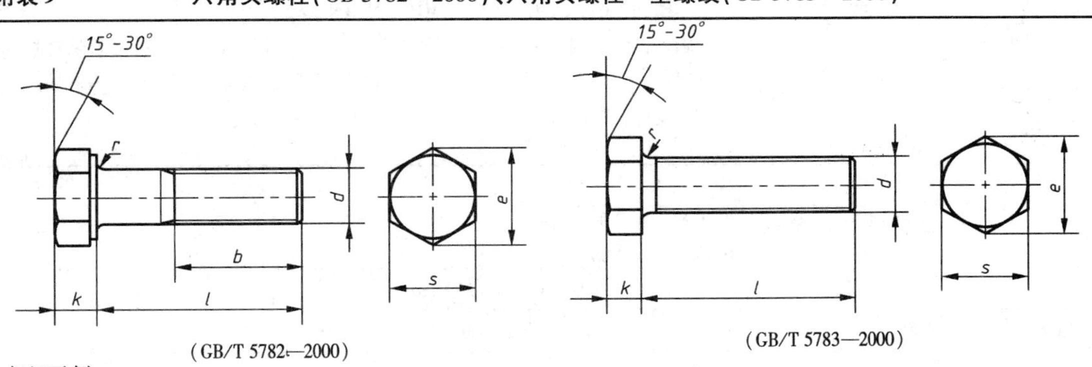

（GB/T 5782—2000）　　（GB/T 5783—2000）

标记示例：

螺纹规格 d = M12、公称长度 L = 80 mm、性能等级为 8.8、表面氧化、A 级的六角螺栓：

螺栓 GB/T 5782—2000　M12 × 80

mm

螺纹规格 d	M3	M4	M5	M6	M8	M10	M12	(M14)	M16	(M18)	M20	(M22)	M24	(M27)	M30	M36	M42	M48
s	5.5	7	8	10	13	16	18	21	24	27	30	34	36	41	46	55	65	75
k	2	2.8	3.5	4	5.3	6.4	7.5	8.8	10	11.5	12.5	14	15	17	18.7	22.5	26	30

续表

螺纹规格 d		M3	M4	M5	M6	M8	M10	M12	(M14)	M16	(M18)	M20	(M22)	M24	(M27)	M30	M36	M42	M48
r		0.1	0.2	0.2	0.25	0.4	0.4	0.6	0.6	0.6	0.6	0.8	1	0.8	1	1	1	1.2	1.6
e		6.1	7.7	8.8	11.1	14.4	17.8	20	23.4	26.8	30	33.5	37.7	40	45.2	50.9	60.8	72	82.6
b 参数	$l\leqslant125$	12	14	16	18	22	26	30	34	38	42	46	50	54	60	66	78	—	—
	$125\leqslant l\leqslant200$	—	—	—	—	28	32	36	40	44	48	52	56	60	66	72	84	96	108
	$l>200$	—	—	—	—	—	—	—	53	57	61	65	69	73	79	85	97	109	121
GB/T 57821		20~30	25~40	25~50	30~60	35~80	40~100	45~120	60~140	55~160	80~180	65~200	90~220	80~240	100~260	90~300	110~360	130~400	140~400
GB/T 5783（全螺纹）l		6~30	8~40	10~50	12~60	16~80	20~100	25~100	30~140	35~100	35~180	40~100	45~200	40~100	55~200	40~100	40~100	80~500	100~500
l 系列		6,8,10,12,16,20,25,30,35,40,45,50,(55),60,(65),70,80,90,100,110,120,130,140,150,160,180,200,240,260,280,300,320,340,360,380,400,420,480,500																	

注：(1) A 级用于 $d\leqslant24$ 和 $l\leqslant10d$ 或 $\leqslant150$ mm 的螺栓，B 级用于 $d>24$ 和 $l>10d$ 或 >150 mm 的螺栓（按较小值）。

(2) 本表两标准均代替 GB/T 30—76 和 GB/T 21—76。

(3) 不带括号的为优先系列。

附表 10　双头螺柱 $b_m=d$（GB/T 897—1988）、$b_m=1.25d$（GB/T 898—1988）、$b_m=1.5d$（GB/T 899—1988）、$b_m=2d$（GB/T 900—1988）

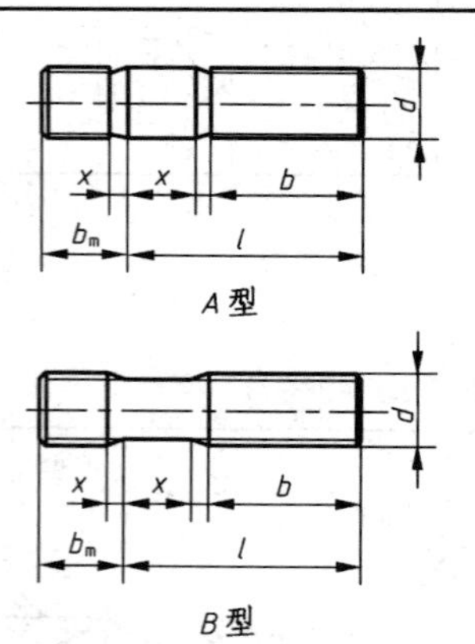

标记示例：

1. 两端均为粗牙普通螺纹，$d=10$ mm、$l=50$ mm、性能等级为 4.8 级、不经表面处理、B 型、$b_m=d$ 的双头螺柱：

　　螺柱　GB/T 897—1988 M10×50

2. 旋入机体一端为粗牙普通螺纹，旋螺母一端为螺距 $P=1$ mm 的细牙普通螺纹，$d=10$ mm、$l=50$ mm、性能等级为 4.8 级，不经表面处理、A 型、$b_m=d$ 的双头螺柱：

　　螺柱　GB/T 897—1988 AM10—M10×1×50

3. 旋入机体一端为过渡配合螺纹的第一种配合，旋螺母一端为粗牙普通螺纹，$d=10$ mm、$l=50$ mm、性能等级为 8.8 级、镀锌钝化、B 型、$b_m=d$ 的双头螺柱：

　　螺柱　GB/T 897—1988 GM10—M10×50—8.8—Zn · D

mm

螺纹规格 d	b_m				l/b
	GB/T 897—1988	GB/T 898—1988	GB/T 899—1988	GB/T 900—1988	
M2			3	4	(12~16)/6、(18~25)/10
M2.5			3.5	5	(14~18)/8、(20~30)/11
M3			4.5	6	(16~20)/6、(22~40)/12
M4			6	8	(16~22)/8、(25~40)/14
M5	5	6	8	10	(16~22)/10、(25~50)/16
M6	6	8	10	12	(18~22)/10、(25~30)/14、(32~75)/18
M8	8	10	12	16	(18~22)/12、(25~30)/16、(32~90)/22
M10	10	12	15	20	(25~28)/14、(30~38)/16、(40~120)/30、130/32

续表

螺纹规格 d	b_m				l/b
	GB/T 897—1988	GB/T 898—1988	GB/T 899—1988	GB/T 900—1988	
M12	12	15	18	24	(25～30)/16、(32～40)/20、(45～120)/30、(130～180)/36
(M14)	14	18	21	28	(30～35)/18、(38～45)/25、(50～120)/34、(130～180)/40
M16	16	20	24	32	(30～38)/20、(40～55)/30、(60～120)/38、(130～200)/44
(M18)	18	22	27	36	(35～40)/22、(45～60)/35、(65～120)/42、(130～200)/48
M20	20	25	30	40	(35～40)/25、(45～65)/38、(70～120)/46、(130～200)/52
(M22)	22	28	33	44	(40～45)/30、(50～70)/40、(75～120)/50、(130～200)/56
M24	24	30	36	48	(45～50)/30、(55～75)/45、(80～120)/54、(130～200)/60
(M27)	27	35	40	54	(50～60)/35、(65～85)/50、(90～120)/60、(130～200)/66
M30	30	38	45	60	(60～65)/40、(70～90)/50、(95～120)/66、(130～200)/72、(210～250)/85
M36	36	45	54	72	(65～75)/45、(80～110)/60、120/78、(130～200)/84、(210～300)/97
M42	42	52	63	84	(70～80)/50、(85～110)/70、120/90、(130～200)/96、(210～300)/109
M48	48	60	72	96	(80～90)/60、(95～110)/80、120/102、(130～200)/108、(210～300)/121
l 系列	12、(14)、16、(18)、20、(22)、25、(28)、30、(32)、35、(38)、40、45、50、55、60、65、70、75、80、85、90、95、100、110、120、130、140、150、160、170、180、190、200、210、220、230、240、250、260、280、300				

注：(1) $b_m = d$ 一般用于旋入机体为钢的场合；$b_m = (1.25 \sim 1.5)d$ 一般用于旋入机体为铸铁的场合；$b_m = 2d$ 一般用于旋入机体为铝的场合。

(2)不带括号的为优先系列，仅 GB/T 898—1988 有优先系列。

(3) b 不包括螺尾。

(4) $d_s \approx$ 螺纹中径。

(5) $x_{max} = 1.5P$（螺距）。

附表 11　开槽沉头螺钉（GB/T 68—2000）、开槽圆柱头螺钉（GB/T 65—2000）、开槽盘头螺钉（GB/T 67—2000）

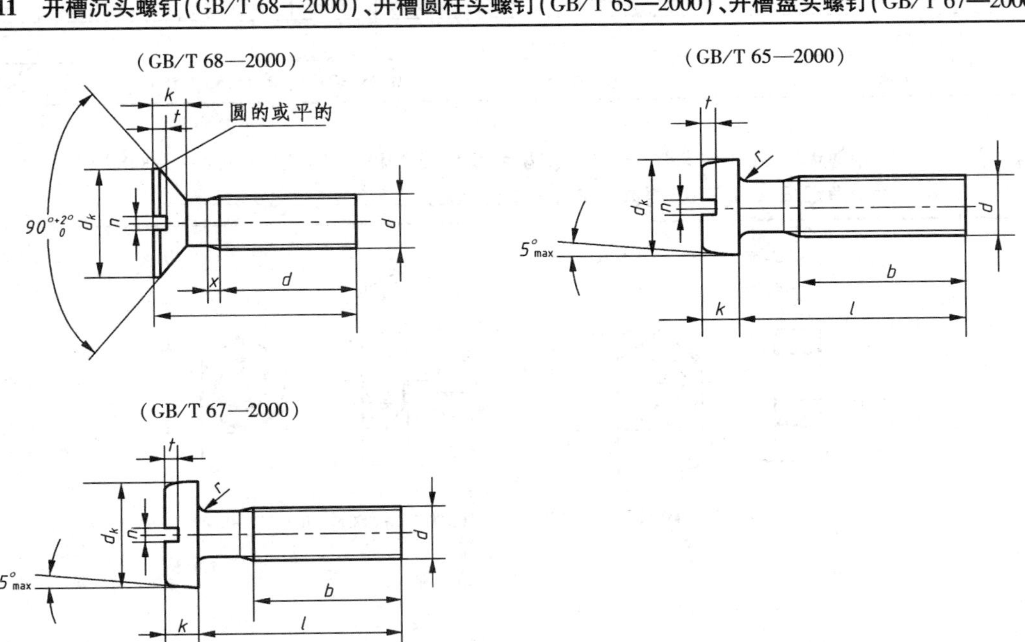

标记示例：

螺纹规格 d = M5，公称长度 l = 20 mm、性能等级为 4.8 级、不经表面处理的开槽圆柱头螺钉：

螺钉 GB/T 65—2000 M5 × 20

mm

螺纹规格 d		M1.6	M2	M2.5	M3	M4	M5	M6	M8	M10
GB/T 65—85	d_k					7	8.5	10	13	16
	k					2.6	3.3	3.9	5	6
	t					1.1	1.3	1.6	2	2.4
	r					0.2	0.2	0.25	0.4	0.4
	l					5 ~ 40	6 ~ 50	8 ~ 60	10 ~ 80	12 ~ 80
	全螺纹时最大长度					40	40	40	40	40
GB/T 67—85	d_k	3.2	4	5	5.6	8	9.5	12	16	20
	k	1	1.3	1.5	1.8	2.4	3	3.6	4.8	6
	t	0.35	0.5	0.6	0.7	1	1.2	1.4	1.9	2.4
	r	0.1	0.1	0.1	0.1	0.2	0.2	0.25	0.4	0.4
	l	2 ~ 16	2.5 ~ 20	3 ~ 25	4 ~ 30	5 ~ 40	6 ~ 50	8 ~ 60	10 ~ 80	12 ~ 80
	全螺纹时最大长度	30	30	30	30	40	40	40	40	40
GB/T 68—85	d_k	3	3.8	4.7	5.5	8.4	9.3	11.3	15.8	18.3
	k	1	1.2	1.5	1.65	2.7	2.7	3.3	4.65	5
	t	0.32	0.4	0.5	0.6	1	1.1	1.2	1.8	2
	r	0.4	0.5	0.6	0.8	1	1.3	1.5	2	2.5
	l	2.5 ~ 16	3 ~ 20	4 ~ 25	5 ~ 30	6 ~ 40	8 ~ 50	8 ~ 60	10 ~ 80	12 ~ 80
	全螺纹时最大长度	30	30	30	30	45	45	45	45	45
n		0.4	0.5	0.6	0.8	1.2	1.2	1.6	2	2.5
b		25				38				
l 系列		2,2.5,3,4,5,6,8,10,12,(14),16,20,25,30,35,40,45,50,(55),60,(65),70,(75),80								

附表 12　六角螺母 C 级（GB/T 41—2000）、1 型六角螺母 A 和 B 级（GB/T 6170—2000）、六角薄螺母 A 和 B 级 倒角（GB/T 6172—2000）

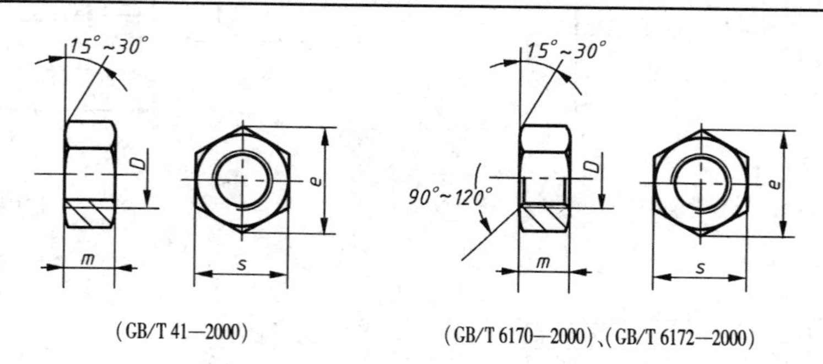

（GB/T 41—2000）　　（GB/T 6170—2000）、（GB/T 6172—2000）

标记示例:

螺纹规格 D = M12、性能等级为 5 级、不经表面处理、C 级的 1 型六角螺母:

螺母 GB/T 41—2000　M12

标记示例:

螺纹规格 D = M12、性能等级为 10 级、不经表面处理、A 级的 1 型六角螺母:

螺母 GB/T 6170—2000　M12

螺纹规格 D = M12、性能等级为 04 级、不经表面处理、A 级的六角薄螺母:

螺母 GB/T 6172—2000　M12

mm

螺纹规格 D		M3	M4	M5	M6	M8	M10	M12	(M14)	M16	(M18)	M20	(M22)	M24	(M27)	M30	M36	M42	M48	M56	M64
e		6	7.7	8.8	11	14.4	17.8	20	23.4	26.8	29.6	35	37.3	39.6	45.2	50.9	60.8	72	82.6	93.6	104.9
s		5.5	7	8	10	13	16	18	21	24	27	30	34	36	41	46	55	65	75	85	95
m	GB/T 6170	2.4	3.2	4.7	5.2	6.8	8.4	10.8	12.8	14.8	15.8	18	19.4	21.5	23.8	25.6	31	34	38	45	51
	GB/T 6172	1.8	2.2	2.7	3.2	4	5	6	7	8	9	10	11	12	13.5	15	18	21	24	28	32
	GB/T 41			5.6	6.1	7.9	9.5	12.2	13.9	15.9	16.9	18.7	20.2	22.3	24.7	26.4	31.5	34.9	38.9	45.9	52.4

注:(1)表中 e 为圆整近似值。

(2)不带括号的为优先系列。

(3)标准 GB/T 41—2000 代替 GB/T 41—76;GB/T 6170—2000 代替 GB/T 51 ~ 52—76;GB/T 6172—2000 代替 GB/T 53 ~ 54—76。

(4)A 级用于 $D \leqslant 16$ 的螺母;B 级用于 $D > 16$ 的螺母。

附表 13　平垫圈 C 级(GB/T 95—2002)、大垫圈 A 和 C 级(GB/T 96—2002)、平垫圈 A 级(GB/T 97.1—2002)、平垫圈倒角型 A 级(GB/T 97.2—2002)、小垫圈 A 级(GB/T 848—2002)

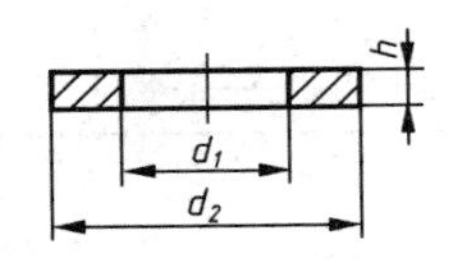

(GB/T 95—2002)、(GB/T 96—2002)
(GB/T 97.1—2002)、(GB/T 848—2002)

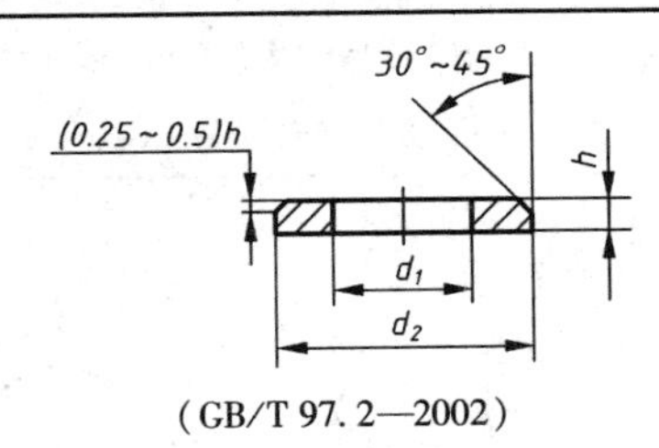

(GB/T 97.2—2002)

* 垫圈两端面无表面结构要求符号

标记示例:

标准系列、公称尺寸 d = 8 mm、性能等级为 100HV 级、不经表面处理的平垫圈:

垫圈 GB/T 95—2002　8—100HV

标记示例:

标准系列、公称尺寸 d = 8 mm、性能等级为 140HV 级、倒角型、不经表面处理的平垫圈:

垫圈 GB/T 97.2—2002　8—140HV

mm

公称尺寸(螺纹规格)	标准系列				大系列			小系列		
	GB/T 95—2002、GB/T 97.1—2002、GB/T 97.2—2002				GB/T 96—2002			GB/T 848—2002		
d	d_2	h	d_1(GB95)	d_1	d_1	d_2	h	d_1	d_2	h
1.6	4	0.3		1.7				1.7	3.5	0.3
2	5			2.2				2.2	4.5	
2.5	6	0.5		2.7				2.7	5	0.5
3	7			3.2	3.2	9	0.8	3.2	6	
4	9	0.8		4.3	4.3	12	1	4.3	8	

续表

公称尺寸（螺纹规格）	标准系列				大系列			小系列		
	GB/T 95—2002、GB/T 97.1—2002、GB/T 97.2—2002				GB/T 96—2002			GB/T 848-2002		
d	d_2	h	d_1（GB95）	d_1	d_1	d_2	h	d_1	d_2	h
5	10	1	5.5	5.3	5.3	15	1.2	5.3	9	1
6	12	1.6	6.6	6.4	6.4	18	1.6	6.4	11	1.6
8	16		9	8.4	8.4	24	2	8.4	15	
10	20	2	11	10.5	10.5	30	2.5	10.5	18	
12	24	2.5	13.5	13	13	37	3	13	20	2
14	28		15.5	15	15	44		15	24	2.5
16	30	3	17.5	17	17	50		17	28	
20	37		22	21	22	60	4	21	34	3
24	44	4	26	25	26	72	5	25	39	4
30	56		33	31	33	92	6	31	50	
36	66	5	39	37	39	110	8	37	60	5

注：(1) GB/T 95，GB/T 97.2，d 的范围为 5～36 mm；GB/T 96，d 的范围为 3～36 mm，GB/T 848，GB/T 97.1，d 的范围为 1.6～36。

(2) 表列 d_1，d_2，h 均为公称值。

(3) C 级垫圈粗糙度要求为 V。

(4) GB/T 848 主要用于带圆柱头的螺钉，其他用于标准的六角螺栓、螺钉和螺母。

(5) GB/T 95—2002 代替 GB/T 05—76；GB/T 96—2002 代替 GB/T 96—76；GB/T 848—2002 代替 GB/T 848—76；GB/T 97.1—2002 代替 GB/T 97—76A 型；GB/T 97.2—2002 代替 GB/T 97—76B 型。

(6) 精装配系列适用于 A 级垫圈，中等装配系列适用于 C 级垫圈。

附表 14　标准型弹簧垫圈（GB/T 93—1987）、轻型弹簧垫圈（GB/T 859—1987）

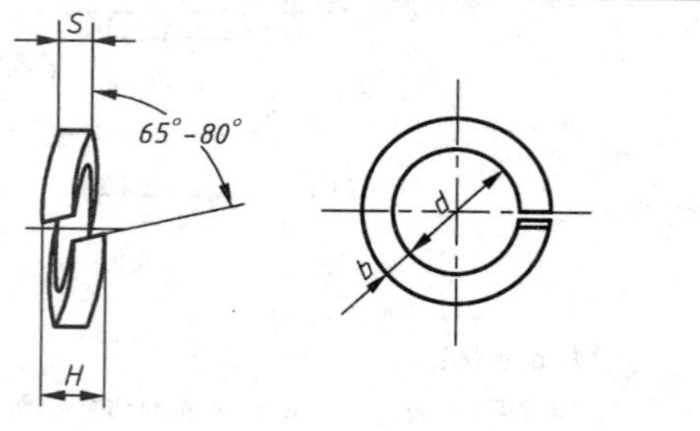

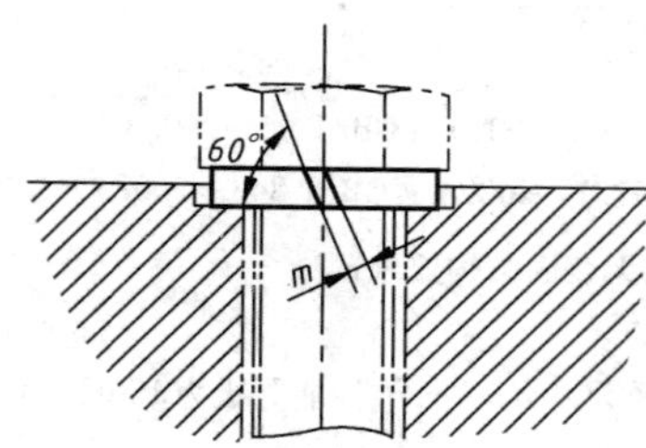

标记示例：

规格 16 mm、材料为 65 Mn、表面氧化的标准型弹簧垫圈：

垫圈　GB/T 93—1987　16

mm

规格（螺纹大径）	d	GB/T 93—1987		GB/T 859—1987		
		$S=b$	$0<m\leqslant$	S	b	$0<m\leqslant$
2	2.1	0.5	0.25	0.5	0.8	
2.5	2.6	0.65	0.33	0.6	0.8	
3	3.1	0.8	0.4	0.8	1	0.3
4	4.1	1.1	0.55	0.8	1.2	0.4
5	5.1	1.3	0.65	1	1.2	0.55

续表

规格 （螺纹大径）	d	GB/T 93—1987		GB/T 859—1987		
		$S=b$	$0<m\leqslant$	S	b	$0<m\leqslant$
6	6.2	1.6	0.8	1.2	1.6	0.65
8	8.2	2.1	1.05	1.6	2	0.8
10	10.2	2.6	1.3	2	2.5	1
12	12.3	3.1	1.55	2.5	3.5	1.25
(14)	14.3	3.6	1.8	3	4	1.5
16	16.3	4.1	2.05	3.2	4.5	1.6
(18)	18.3	4.5	2.25	3.5	5	1.8
20	20.5	5	2.5	4	5.5	2
(22)	22.5	5.5	2.75	4.5	6	2.25
24	24.5	6	3	4.8	6.5	2.5
(27)	27.5	6.8	3.4	5.5	07	2.75
30	30.5	7.5	3.75	6	8	3
36	36.6	9	4.5			
42	42.6	10.5	5.25			
48	49	12	6			

四、键

附表 15　平键和键槽的剖面尺寸（GB/T 1095—2003）、普通平键的型式尺寸（GB/T 1096—2003）

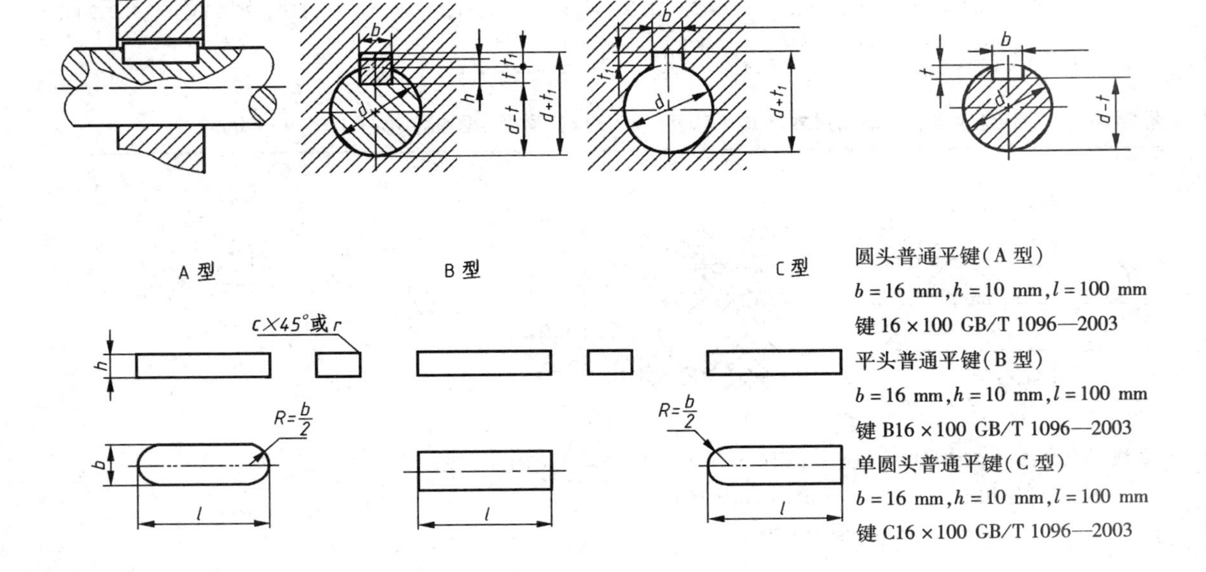

圆头普通平键（A 型）

$b=16$ mm, $h=10$ mm, $l=100$ mm

键 16×100 GB/T 1096—2003

平头普通平键（B 型）

$b=16$ mm, $h=10$ mm, $l=100$ mm

键 B16×100 GB/T 1096—2003

单圆头普通平键（C 型）

$b=16$ mm, $h=10$ mm, $l=100$ mm

键 C16×100 GB/T 1096—2003

mm

轴	键		键槽											
公称直径 d	公称尺寸 $b\times h$	长度 l	宽度 b						深度				半径 r	
			公称尺寸 b	极限偏差					轴 t		毂 t_1			
				较松键联结		一般键联结		较紧键联结						
				轴 H9	毂 D10	轴 N9	毂 JS9	轴和毂 P9	公称尺寸	极限偏差	公称尺寸	极限偏差	最小	最大
自6~8	2×2	6~20	2	+0.025 0	+0.060 0.020	−0.004 −0.029	± 0.0125	−0.006 −0.031	1.2	+0.10	1	+0.10	0.08	0.16
>8~10	3×3	6~36	3						1.8		1.4			
>10~12	4×4	8~45	4	+0.030 0	+0.078 +0.030	0 −0.030	±0.015	−0.012 −0.042	2.5		1.8			
>12~17	5×5	10~56	5						3.0		2.3			
>17~22	6×6	14~70	6	+0.036 0	+0.098 +0.040	0 −0.036	±0.018	−0.015 −0.051	3.5		2.8			
>22~30	8×7	18~90	8						4.0		3.3		0.16	0.25
>30~38	10×8	22~110	10						5.0		3.3			
>38~44	12×8	28~140	12	+0.043 0	+0.120 +0.050	0 −0.043	±0.0215	−0.018 −0.061	5.0	+0.20	3.3	+0.20		
>44~50	14×9	36~160	14						5.5		3.8		0.25	0.40
>50~58	16×10	45~180	16						6.0		4.3			
>58~65	18×11	50~200	18						7.0		4.4			
>65~75	20×12	56~220	20	+0.052 0	+0.149 +0.065	0 −0.052	±0.026		7.5 9.0		4.9 5.4			
>75~85	22×14	63~250	22						9.0		5.4		0.40	0.60

注:(1)$(d-t)$和$(d+t_1)$两组组合尺寸的极限偏差按相应的 t 和 t_1 的极限偏差选取,但$(d-t)$极限偏差应取负号(−)。

(2)l 系列:6,8,10,12,14,16,18,20,22,25,28,32,36,40,45,50,56,63,70,80,90,100,110,125,140,160,180,200,220,250,280,320,330,400,450。

附表 16　　半圆键键槽的剖面尺寸(GB/T 1098—2003)、普通型半圆键(GB/T 1099.1—2003)

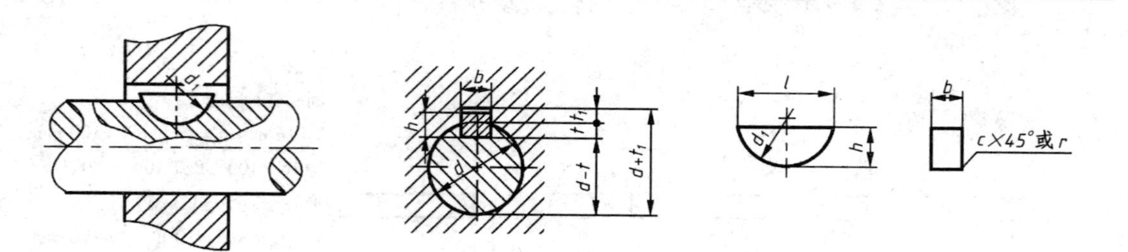

注:在工作图中,轴槽深用 t 或$(d-t)$标注,轮毂槽深用$(d+t_1)$标注。

标记示例:半圆键 $b=6$ mm,$h=10$ mm,$d_1=25$ mm

键 6×25 GB/T 1099.1—2003

mm

轴径 d		键		键槽						
				宽度 b			深度			
键传递扭矩	键定位用	公称尺寸 $b \times h \times d_1$	长度 $l \approx$	公称尺寸 b	极限偏差 一般键联结		轴 t		毂 t_1	
					轴 N9	毂 Js9	公称尺寸	极限偏差	公称尺寸	极限偏差
自 3 ~ 4	自 3 ~ 4	1.0×1.4×4	3.9	1.0	−0.004 −0.029	±0.012	1.0	+0.1 0	0.6	+0.1 0
>4 ~ 5	>4 ~ 6	1.5×2.6×7	6.8	1.5			2.0		0.8	
>5 ~ 6	>6 ~ 8	2.0×2.6×7	6.8	2.0			1.8		1.0	
>6 ~ 7	>8 ~ 10	2.0×3.7×10	9.7	2.0			2.9		1.0	
>7 ~ 8	>10 ~ 12	2.5×3.7×10	9.7	2.5			2.7		1.2	
>8 ~ 10	>12 ~ 15	3.0×5.0×13	12.7	3.0			3.8	+0.20 0	1.4	
>10 ~ 12	>15 ~ 18	3.0×6.5×16	15.7	3.0			5.3		1.4	
>12 ~ 14	>18 ~ 20	4.0×6.5×16	15.7	4.0	0 −0.030	±0.015	5.0		1.8	
>14 ~ 16	>20 ~ 22	4.0×7.5×19	18.6	4.0			6.0		1.8	
>16 ~ 18	>22 ~ 25	5.0×6.5×16	15.7	5.0			4.5		2.3	
>18 ~ 20	>25 ~ 28	5.0×7.5×19	18.6	5.0			5.5		2.3	
>20 ~ 22	>28 ~ 32	5.0×9.0×22	21.6	5.0			7.0		2.3	
>22 ~ 25	>32 ~ 36	6.0×9.0×22	21.6	6.0			6.5	+0.30 0	2.8	
>25 ~ 28	>36 ~ 40	6.0×10.0×25	24.5	6.0			7.5		2.8	+0.2 0
>28 ~ 32	40	8.0×11.0×28	27.4	8.0	0 −0.036	±0.018	8.0		3.3	
>32 ~ 38	-	10.0×13.0×32	31.4	10.0			10.0		3.3	

注：$(d-t)$和$(d+t_1)$两个组合尺寸的极限偏差按相应的 t 和 t_1 的极限偏差选取，但$(d-t)$极限偏差值应取负号（−）。

五、销

附表 17　　**圆柱销**（GB/T 119—2000）

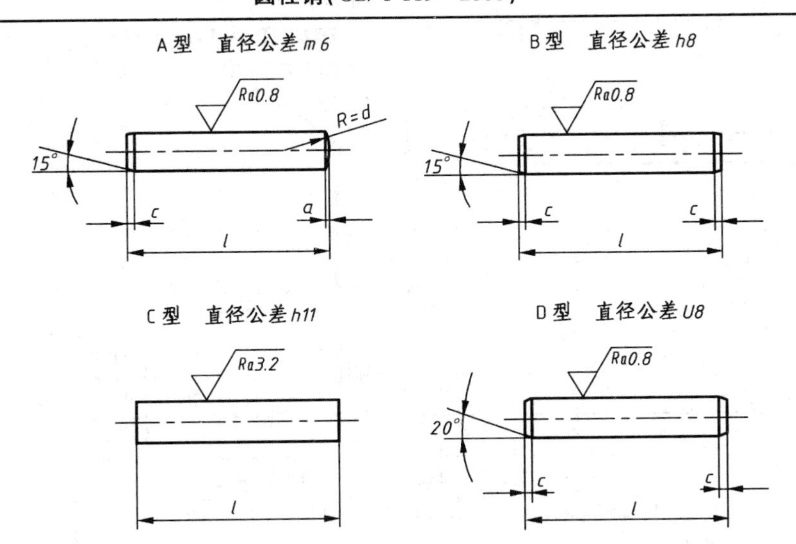

标记示例：

公称直径 $d=8$ mm、长度 $l=30$ mm、材料为 35 钢、热处理硬度 HRC28～38、表面氧化处理的 A 型圆柱销：

销 GB/T 119—2000 A8×30

mm

d 公称	2.5	3	4	5	6	8	10	12	16	20	25	30
a≈	0.3	0.4	0.5	0.63	0.80	1.0	1.2	1.6	2.0	2.5	3.0	4.0
c≈	0.4	0.5	0.63	0.80	1.2	1.6	2.0	2.5	3.0	3.5	4.0	5.0
l	6～24	8～30	8～40	10～50	12～60	14～80	18～95	22～140	26～180	35～200	50～200	60～200
l 系列	6,8,10,12,14,16,18,20,22,24,26,28,30,32,35,40,45,50,55,60,65,70,75,80,85,90,95,100,120,140,160,180,200											

附表 18 圆锥销(GB/T 117—2000)

A 型

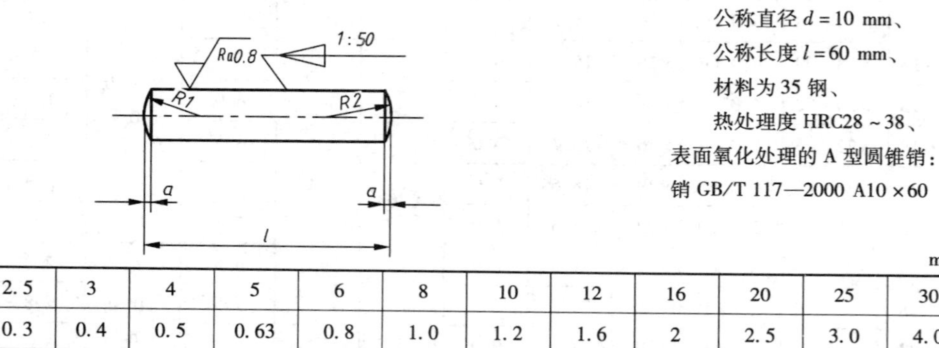

标记示例：

公称直径 $d=10$ mm、

公称长度 $l=60$ mm、

材料为 35 钢、

热处理度 HRC28～38、

表面氧化处理的 A 型圆锥销：

销 GB/T 117—2000 A10×60

mm

d 公称	2.5	3	4	5	6	8	10	12	16	20	25	30
a≈	0.3	0.4	0.5	0.63	0.8	1.0	1.2	1.6	2	2.5	3.0	4.0
l	10～35	12～45	14～55	18～60	22～90	22～120	26～160	32～180	40～200	45～200	50～200	55～200
l 系列	10,12,14,16,18,20,22,24,26,28,30,32,35,40,45,50,55,60,65,70,75,80,85,90,95,100,120,140,160,180,200											

附表 19 开口销(GB/T 91—2000)

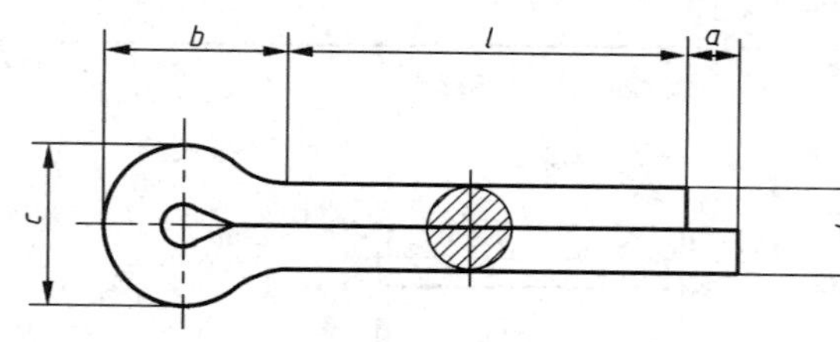

标记示例：

公称直径 $D=5$ mm、长度 $l=50$ mm、材料为低碳钢、不经表面处理的开口销：

销 GB/T 91—2000 5×50

mm

公称直径 *D*（销孔直径）	0.6	0.8	1	1.2	1.6	2	2.5	3.2	4	5	6.3	8	10	12
d	0.5	0.7	0.9	1	1.4	1.8	2.3	2.9	3.7	4.6	5.9	7.5	9.5	11.4
c	1	1.4	1.8	2	2.8	3.6	4.6	5.8	7.4	9.2	11.8	15	19	24.8
b≈	2	2.4	3	3	3.2	4	5	6.4	8	10	12.6	16	20	26
a	1.6	1.6	2.5	2.5	2.5	2.5	2.5	3.2	4	4	4	4	6.3	6.3
l	4～12	5～16	6～20	8～26	8～32	10～40	12～50	14～65	18～80	22～100	30～120	40～160	45～200	70～200
l 系列	4,5,6,8,10,12,14,16,18,20,22,24,26,28,30,32,36,40,45,50,55,60,65,70,75,80,85,90,95,100,120,140,160,180,200													

六、紧固件通孔及沉孔尺寸

附表 20　　**紧固件通孔及沉孔尺寸**(GB/T 5277—1985、GB/T 152.2～152.4—1988)　　mm

螺栓或螺钉直径 d		3	3.5	4	5	6	8	10	12	14	16	20	24	30
通孔直径 d_h (GB/T 5277—1985)	精装配	3.2	3.7	4.3	5.3	6.4	8.4	10.5	13	15	17	21	25	31
	中等装配	3.4	3.9	4.5	5.5	6.6	9	11	13.5	15.5	17.5	22	26	33
	粗装配	3.6	4.2	4.8	5.8	7	10	12	14.5	16.5	18.5	24	28	35
六角头螺栓和六角螺母用沉孔 (GB/T 152.4—1988)	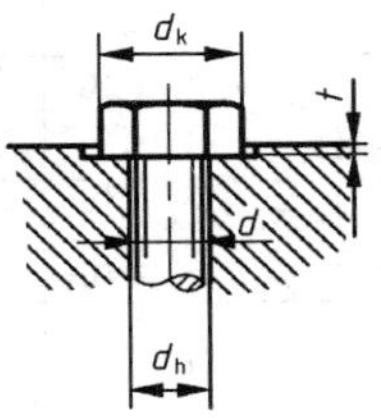 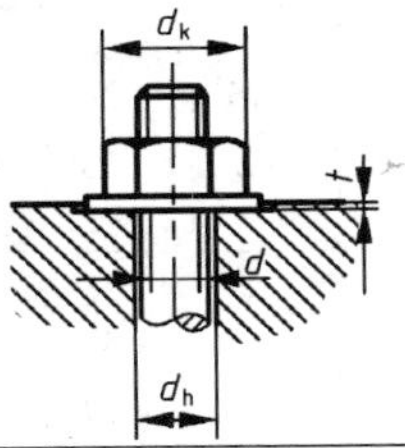 d_2	9	–	10	11	13	18	22	26	30	33	40	48	61
	t	只要能制出与通孔轴线垂直的圆平面即可												
沉头用沉孔 (GB/T 152.2—1988)	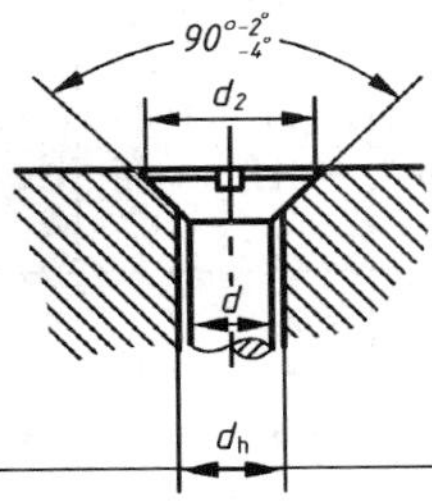 d_2	6.4	8.4	9.6	10.6	12.8	17.6	20.3	24.4	28.4	32.4	40.4	–	–
开槽圆柱头用的圆柱头沉孔 (GB/T 152.3—1988)	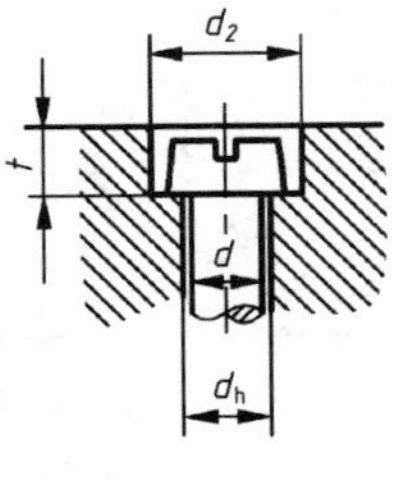 d_2	–	–	8	10	11	15	18	20	24	26	33	–	–
	t	–	–	3.2	4	4.7	6	7	8	9	10.5	12.5	–	–
内六角圆柱头用的圆柱头沉孔 (GB/T 152.3—1988)	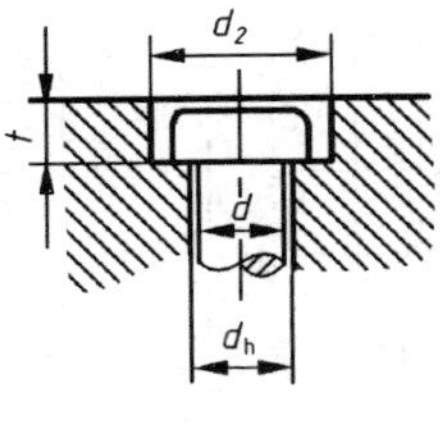 d_2	6	–	8	10	11	15	18	20	24	26	33	40	48
	t	3.4	–	4.6	5.7	6.8	9	11	13	15	17.5	21.5	25.5	32

附录C　轴和孔的极限偏差数值

附表21　　优先配合中轴的极限偏差(摘自GB/T 1800.4—2009)　　μm

基本尺寸(mm)		公差带												
		c	*d*	*f*	*g*	*h*				*k*	*n*	*p*	*s*	*u*
大于	至	11	9	7	6	6	7	9	11	6	6	6	6	6
–	3	-60 -120	-20 -45	-6 -16	-2 -8	0 -6	0 -10	0 -25	0 -60	+6 0	+10 +4	+12 +6	+20 +14	+24 +18
3	6	-70 -145	-30 -60	-10 -22	-4 -12	0 -8	0 -12	0 -30	0 -75	+9 +1	+16 +8	+20 +12	+27 +19	+31 +23
6	10	-80 -170	-40 -76	-13 -28	-5 -14	0 -9	0 -15	0 -36	0 -90	+10 +1	+19 +10	+24 +15	+32 +23	+37 +28
10	14	-95 -205	-50 -93	-16 -34	-6 -17	0 -11	0 -18	0 -43	0 -110	+12 +1	+23 +12	+29 +18	+39 +28	+44 +33
14	18													
18	24	-100 -240	-65 -117	-20 -41	-7 -20	0 -13	0 -21	0 -52	0 -130	+15 +2	+28 +15	+35 +22	+48 +35	+54 +41
24	30													+61 +48
30	40	-120 -280	-80 -142	-25 -50	-9 -25	0 -16	0 -25	0 -62	0 -160	+18 +2	+33 +17	+42 +26	+59 +43	+76 +60
40	50	-130 -290												+86 +70
50	65	-140 -330	-100 -174	-30 -60	-10 -29	0 -19	0 -30	0 -74	0 -190	+21 +2	+39 +20	+51 +32	+72 +53	+106 +87
65	80	-150 -340											+78 +59	+121 +102
80	100	-170 -390	-120 -207	-36 -71	-12 -34	0 -22	0 -35	0 -87	0 -220	+25 +3	+45 +23	+59 +37	+93 +71	+146 +124
100	120	-180 -400											+101 +79	+166 +144
120	140	-200 -450	-145 -245	-43 -83	-14 -39	0 -25	0 -40	0 -100	0 -250	+28 +3	+52 +27	+68 +43	+117 +92	+195 +170
140	160	-210 -460											+125 +100	+215 +190
160	180	-230 -480											+133 +108	+235 +210
180	200	-240 -530	-170 -285	-50 -96	-15 -44	0 -29	0 -46	0 -115	0 -290	+33 +4	+60 +31	+79 +50	+151 +122	+265 +236
200	225	-260 -550											+159 +130	+287 +258
225	250	-280 -570											+169 +140	+313 +284
250	280	-300 -620	-190 -320	-56 -108	-17 -49	0 -32	0 -52	0 -130	0 -320	+36 +4	+66 +34	+88 +56	+190 +158	+347 +315
280	315	-330 -650											+202 +170	+382 +350

续表

基本尺寸(mm)		公差带												
		c	*d*	*f*	*g*	*h*				*k*	*n*	*p*	*s*	*u*
315	355	-360 -720	-210 -350	-62 -119	-18 -54	0 -36	0 -57	0 -140	0 -360	+40 +4	+73 +37	+98 +62	+226 +190	+426 +390
355	400	-400 -760											+244 +208	+471 +435
400	450	-440 -840	-230 -385	-68 -131	-20 -60	0 -40	0 -63	0 -155	0 -400	+45 +5	+80 +40	+108 +68	+272 +232	+530 +490
450	500	-480 -880											+292 +252	+580 +540

附表 22　优先配合中孔的极限偏差(摘自 GB/T 1800.4—2009)　μm

基本尺寸(mm)		公差带												
		C	*D*	*F*	*G*	*H*				*K*	*N*	*P*	*S*	*U*
大于	至	11	9	8	7	7	8	9	11	7	7	7	7	7
–	3	+120 +60	+45 +20	+20 +6	+12 +2	+10 0	+14 0	+25 0	+60 0	0 -10	-4 -14	-6 -16	-14 -24	-18 -28
3	6	+145 +70	+60 +30	+28 +10	+16 +4	+12 0	+18 0	+30 0	+75 0	+3 -9	-4 -16	-8 -20	-15 -27	-19 -31
6	10	+170 +80	+76 +40	+35 +13	+20 +5	+15 0	+22 0	+36 0	+90 0	+5 -10	-4 -19	-9 -24	-17 -32	-22 -37
10	14	+205 +95	+93 +50	+43 +16	+24 +6	+18 0	+27 0	+43 0	+110 0	+6 -12	-5 -23	-11 -29	-21 -39	-26 -44
14	18													
18	24	+240 +110	+117 +65	+53 +20	+28 +7	+21 0	+33 0	+52 0	+130 0	+6 -15	-7 -28	-14 -35	-27 -48	-33 -54
24	30													-40 -61
30	40	+280 +120	+142 +80	+64 +25	+34 +9	+25 0	+39 0	+62 0	+160 0	+7 -18	-8 -33	-17 -42	-34 -59	-51 -76
40	50	+290 +130												-61 -86
50	65	+330 +140	+174 +100	+76 +30	+40 +10	+30 0	+46 0	+74 0	+190 0	+9 -21	-9 -39	-21 -51	-42 -72	-76 -106
65	80	+340 +150											-48 -78	-91 -121
80	100	+390 +170	+207 +120	+90 +36	+47 +12	+35 0	+54 0	+87 0	+220 0	+10 -25	-10 -45	-24 -59	-58 -93	-111 -146
100	120	+400 +180											-66 -101	-131 -166
120	140	+450 +200	+245 +145	+106 +43	+54 +14	+40 0	+63 0	+100 0	+250 0	+12 -28	-12 -52	-28 -68	-77 -117	-155 -195
140	160	+460 +210											-85 -125	-175 -215
160	180	+480 +230											-93 -133	-195 -235

续表

基本尺寸(mm)		公差带												
		C	D	F	G	H				K	N	P	S	U
180	200	+530 +240											-105 -151	-219 -265
200	225	+550 +260	+285 +170	+122 +50	+61 +15	+46 0	+72 0	+115 0	+290 0	+13 -33	-14 -60	-33 -79	-113 -159	-241 -287
225	250	+570 +280											-123 -169	-267 -313
250	280	+620 +300	+320 +190	+137 +56	+69 +17	+52 0	+81 0	+130 0	+320 0	+16 -36	-14 -66	-36 -88	-138 -190	-295 -347
280	315	+650 +330											-150 -202	-330 -382
315	355	+720 +360	+350 +210	+151 +62	+75 +18	+57 0	+89 0	+140 0	+360 0	+17 -40	-16 -73	-41 -98	-169 -226	-369 -426
355	400	+760 +400											-187 -244	-414 -471
400	450	+840 +440	+385 +230	+165 +68	+83 +20	+63 0	+97 0	+155 0	+400 0	+18 -45	-17 -80	-45 108	-209 -272	-467 -530
450	500	+880 +480											-229 -292	-517 -580

附录 D 基孔制优先、常用配合

附表 23 基孔制优先、常用配合

基准孔	轴																				
	a	b	c	d	e	f	g	h	js	k	m	n	p	r	s	t	u	v	x	y	z
	间隙配合								过渡配合			过盈配合									
H6						H6/f5	H6/g5	H6/h5	H6/js5	H6/k5	H6/m5	H6/n5	H6/p5	H6/r5	H6/s5	H6/t5					
H7						H7/f6	*H7/g6	*H7/h6	H7/js6	*H7/k6	H7/m6	*H7/n6	*H7/p6	H7/r6	*H7/s6	H7/t6	*H7/u6	H7/v6	H7/x6	H7/y6	H7/z6
H8					H8/e7	*H8/f7	H8/g8	*H8/h7	H8/js7	H8/k7	H8/m7	H8/n7	H8/p7	H8/r7	H8/s7	H8/t7	H8/u7				
				H8/d8	H8/e8	H8/f8		H8/h8													
H9			H9/c9	*H9/d9	H9/e9	H9/f9		*H9/h9													
H10			H10/c10	H10/d10				H10/h10													
H11	H11/a11	H11/b11	*H11/c11	H11/d11				*H11/h11													
H12		H12/h12						H12/12h													

注:1. $\frac{H6}{n5}$、$\frac{H7}{p6}$在基本尺寸小于或等于 3 mm 和$\frac{H8}{r7}$在小于或等于 100 mm 时为过渡配合。

2. 标注 * 的为优先配合。

附录 E 基轴制优先、常用配合

附表 24 基轴制优先、常用配合

基准轴	孔																				
	A	B	C	D	E	F	G	H	JS	K	M	N	P	R	S	T	U	V	X	Y	Z
	间隙配合								过渡配合			过盈配合									
h5						$\frac{F6}{h5}$	$\frac{G6}{h5}$	$\frac{H6}{h5}$	$\frac{JS6}{h5}$	$\frac{K6}{h5}$	$\frac{M6}{h5}$	$\frac{N6}{h5}$	$\frac{P6}{h5}$	$\frac{R6}{h5}$	$\frac{S6}{h5}$	$\frac{T6}{h5}$					
h6						$\frac{F7}{h6}$	* $\frac{G7}{h6}$	* $\frac{H7}{h6}$	$\frac{JS7}{h6}$	* $\frac{K7}{h6}$	$\frac{M7}{h6}$	* $\frac{N7}{h6}$	* $\frac{P7}{h6}$	$\frac{R7}{h6}$	* $\frac{S7}{h6}$	$\frac{T7}{h6}$	* $\frac{U7}{h6}$				
h7					$\frac{E8}{h7}$	* $\frac{F8}{h7}$		* $\frac{H8}{h7}$	$\frac{JS8}{h7}$	$\frac{K8}{h7}$	$\frac{M8}{h7}$	$\frac{N8}{h7}$									
h8				$\frac{D8}{h8}$	$\frac{E8}{h8}$	$\frac{F8}{h8}$		$\frac{H8}{h8}$													
h9				* $\frac{D9}{h9}$	$\frac{E9}{h9}$	$\frac{F9}{h9}$		* $\frac{H9}{h9}$													
h10				$\frac{D10}{h10}$				$\frac{H10}{h10}$													
h11	$\frac{A11}{h11}$	$\frac{B11}{h11}$	* $\frac{C11}{h11}$	$\frac{D11}{h11}$				* $\frac{H11}{h11}$													
h12		$\frac{B12}{h12}$						$\frac{H12}{h12}$													

注:标注 * 的为优先配合。

附录 F 常用金属材料及金属热处理

附表 25 常用金属材料

名 称	牌 号	牌号表示方法说明	特性及用途举例
灰铸铁	HT150	“HT”是灰铸铁的代号(“HT”是“灰、铁”两字汉语拼音的第一个字母),它后面的数字表示抗拉强度	属中等强度铸铁。用于一般铸件,如机床座、端盖、皮带轮、工作台等
	HT200 HT250		属高强度铸铁。用于较重要铸件,如汽缸、齿轮、凸轮、机座、床身、飞轮、皮带轮、齿轮箱、阀壳、联轴器、衬筒、轴承座等
碳素结构钢	Q215—A	牌号由屈服点字母(Q)、屈服点数值、质量等级符号(A、B、C、D)和脱氧方法(F—沸腾钢,b—半镇静钢,Z—镇静钢,TZ—特殊镇静)等四部分按顺序组成 在牌号组成表示方法中“Z”与“TZ”符号可以省略	塑性大,抗拉强度低,易焊接。用于炉撑、铆钉、垫圈、开口销等
	Q235—A		有较高的强度和硬度,延伸率也相当大,可以焊接,用途很广,是一般机械上的主要材料,用于低速轻载齿轮、键、拉杆、钩子、螺栓、套圈等
	Q255—A		延伸率低,抗拉强度高,耐磨性好,焊接性不够好。用于制造不重要的轴、键、弹簧等

续表

名称		牌号	牌号表示方法说明	特性及用途举例
优质碳素结构钢	普通含锰钢	15	牌号数字表示钢中平均含碳量。如“45”表示平均含碳量为0.45%	塑性、韧性、焊接性能和冷冲性能均极好，但强度低。用于螺钉、螺母、法兰盘、渗碳零件等
		45		用于强度要求较高的零件。通常在调质或正火后使用，用于制造齿轮、机床主轴、花键轴、联轴器等。由于它的淬透性差，因此截面大的零件很少采用
	较高含锰钢	45Mn		用于受磨损的零件，如转轴、心轴、齿轮、叉等。焊接性差。还可做较大载荷的离合器、花键盘、凸轮轴、曲轴等
		65Mn		用于制造弹簧、弹簧垫圈、弹簧环，也可用作机床主轴、弹簧卡头、机床丝杠、铁道钢轨等
铸钢		ZG200—400	铸钢件，前面一律加汉语拼音字母“ZG”	用于各种形状的零件，如机座、变速箱壳等
		ZG270—500		用于各种形状的零件，如飞轮、机架、水压机工作缸、横梁等。焊接性尚可
		ZG310—570		用于各种形状的零件，如联轴器、气缸、齿轮及重负荷的机架等

附表 26　　常用有色金属材料

名称	牌号	说明	用途举例
铸造锡青铜	ZQSn5—5—5	Z表示铸造，Q表示青铜，后面符号表示主添加元素，后一组数字表示除基元素铜以外的成分	用于承受摩擦的零件，如轴套、轴承填料和承受10个大气压以下的蒸汽和水的配件
	ZQSn10—1		用于承受剧烈摩擦的零件，如丝杠、轻型轧钢机轴承、蜗轮等
	ZQSn8—12		用于制造轴承的轴瓦及轴套以及在特别重载荷条件下工作的零件
硬铝合金	LY1	LY表示硬铝，后面是顺序号	时效状态下塑性良好。切削加工性在时效状态下良好；在退火状态下降低。耐蚀性中等。系铆接铝合金结构用的主要铆钉材料
	LY8		退火和新淬火状态下塑性中等。焊接性好。切削加工性在时效状态下良好；退火状态下降低。耐蚀性中等。用于各种中等强度的零件和构件、冲压的连接部件、空气螺旋桨叶及铆钉等

附表 27　　热处理名词解释

名词	标注举例	说明	目的	适用范围
退火	Th	加热到临界温度以上，保温一定时间，然后缓慢冷却（例如在炉中冷却）	1. 消除在前一工序（锻造、冷拉等）中所产生的内应力； 2. 降低硬度，改善加工性能； 3. 增加塑性和韧性； 4. 使材料的成分或组织均匀，为以后的热处理准备条件	完全退火适用于含碳量0.8%以下的铸锻焊件；为消除内应力的退火主要用于铸件和焊件

续表

名词	标注举例	说　明	目　的	适用范围
正火	Z	加热到临界温度以上，保温一定时间，再在空气中冷却	1. 细化晶粒； 2. 与退火后相比，强度略有增高，并能改善低碳钢的切削加工性能	用于低、中碳钢。对低碳钢常用以代替退火
淬火	C62（淬火后回火至HRC60～65） Y35（油冷淬火后回火至HRC30～40）	加热到临界温度以上，保温一定时间，再在冷却剂（水、油或盐水）中急速地冷却	1. 提高硬度及强度； 2. 提高耐磨性	用于中、高碳钢。淬火后钢件必须回火
回火	回火	经淬火后再加热到临界温度以下的某一温度，在该温度停留一定时间，然后在水、油或空气中冷却	1. 消除淬火时产生的内应力； 2. 增加韧性，降低硬度	高碳钢制的工具、量具、刃具用低温（150～250℃）回火 弹簧用中温（270～450℃）回火
调质	T235（调质至HB220～250）	在450～650℃进行高温回火称“调质”	可以完全消除内应力，并获得较高的综合力学性能	用于重要的轴、齿轮以及丝杠等零件
表面淬火	H54（火焰加热淬火后，回火到HRC52～58） G52（高频淬火后，回火至HRC50～55）	用火焰或高频电流将零件表面迅速加热至临界温度以上，急速冷却	使零件表面获得高硬度，而心部保持一定的韧性，使零件既耐磨又能承受冲击	用于重要的齿轮以及曲轴、活塞销等
渗碳淬火	S0.5－C59（渗碳层深0.5，淬火硬度HRC56～62）	在渗碳剂中加热到900～950℃，停留一定时间，将碳渗入钢表面，深度约0.5～2毫米，再淬火后回火	增加零件表面硬度和耐磨性，提高材料的疲劳强度	用于含碳量为0.08%～0.25%的低碳钢及低碳合金钢
氮化	D0.3－900（氮化深度0.3，硬度大于HV850）	使工作表面渗入氮元素	增加表面硬度、耐磨性、疲劳强度和耐蚀性	适用于含铝、铬、锰等的合金钢，例如要求耐磨的主轴、量规、样板等
碳氮共渗	Q59（氰化淬火后，回火至HRC56～62）	使工作表面同时饱和碳和氮元素	增加表面硬度、耐磨性、疲劳强度和耐蚀性	适用于碳素钢及合金结构钢，也适用于高速钢的切削工具
时效处理	时效处理	1. 天然时效：在空气中存放半年到一年以上； 2. 人工时效：加热到500～600℃，在这个温度保持10～20小时或更长时间	使铸件消除其内应力而稳定其形状和尺寸	用于机床床身等大型铸件
冰冷处理	冰冷处理	将淬火钢继续冷却至室温以下的处理方法	进一步提高硬度、耐磨性，并使其尺寸趋于稳定	用于滚动轴承的钢球、量规等
发蓝发黑	发蓝或发黑	氧化处理。用加热办法使工件表面形成一层氧化铁所组成的保护性薄膜	防腐蚀、美观	用于一般常见的紧固件

续表

名词	标注举例	说 明	目 的	适用范围
硬度	HBS(布氏硬度)	材料抵抗硬的物体压入零件表面的能力称“硬度”。根据测定方法的不同,可分布氏硬度、洛氏硬度、维氏硬度	硬度测定是为了检验材料经热处理后的力学性能——硬度	用于经退火、正火、调质的零件及铸件的硬度检查
	HRC(洛氏硬度)			用于经淬火、回火及表面化学热处理的零件的硬度检查
	HV(维氏硬度)			特别适用于薄层硬化零件的硬度检查